大数据系列丛书

优化理论与算法基础

杨寿渊 编著

清华大学出版社

北京

内 容 简 介

本书是非线性优化的基础教材，内容涵盖凸集与凸函数、优化问题的一般理论、广义不等式约束优化问题和向量优化问题、梯度下降法与共轭梯度法、牛顿法和拟牛顿法、线性规划与二次规划、约束凸优化问题、机器学习中常用的复合优化算法等非线性优化的核心基础理论与算法. 本书在选材上注重基础并兼顾前沿性， 详细讲述非线性优化和凸优化的重要原理与经典算法的同时，也花了一定篇幅介绍近十几年来优化领域出现的一些新思想、新方法和新算法，以及优化理论与算法在机器学习、经济、统计和金融等领域中的应用. 写作上力求深入浅出，循序渐进，既照顾到学生的理解能力与学习兴趣，又考虑到内容完备性、逻辑严谨性与必要的深度. 为了方便读者动手实践，本书给出实现书中计算实例、应用实例的完整 MATLAB 代码和数据集，以及详细的使用说明和代码注释，读者能够很容易地实现所学方法. 此外，本书还配有由 LaTeX 精心制作的 PDF 课件，方便教师教学使用.

本书可作为大数据、人工智能、应用数学、计算机、管理科学与工程、金融工程等专业的研究生基础课教材，也可以作为相关专业高年级本科生的专业课教材或参考书.

图书在版编目（CIP）数据

优化理论与算法基础 / 杨寿渊编著. -- 北京 ： 清
华大学出版社, 2024. 8. -- (大数据系列丛书).
ISBN 978-7-302-67196-1

Ⅰ. O224；O242.23

中国国家版本馆 CIP 数据核字第 2024X0S363 号

责任编辑：郭　赛
封面设计：常雪影
责任校对：郝美丽
责任印制：丛怀宇

出版发行：清华大学出版社
　　　　网　　　　址：https://www.tup.com.cn, https://www.wqxuetang.com
　　　　地　　　　址：北京清华大学学研大厦 A 座　　　　邮　　编：100084
　　　　社　　总　　机：010-83470000　　　　邮　　购：010-62786544
　　　　投稿与读者服务：010-62776969, c-service@tup.tsinghua.edu.cn
　　　　质　量　反　馈：010-62772015, zhiliang@tup.tsinghua.edu.cn
　　　　课　件　下　载：https://www.tup.com.cn, 010-83470236
印　装　者：三河市龙大印装有限公司
经　　销：全国新华书店
开　　本：185mm×260mm　　　印　　张：26.5　　　字　　数：580 千字
版　　次：2024 年 9 月第 1 版　　　印　　次：2024 年 9 月第 1 次印刷
定　　价：79.00 元

产品编号：105945-01

前 言

PREFACE

"优化"一词译自英文单词 Optimization, 其含义是在一定的约束条件下寻求最优决策或解决问题的最佳方案. 优化与运筹学 (operations research) 密切相关, 二者研究的问题几乎相同, 只不过优化更侧重于从数学和算法的层面来研究这些问题, 因此在很多场合中, 二者被视为同义词. 在自然科学、社会科学、经济、管理、工业、工程、大数据、人工智能、机器学习等众多领域中, 许多问题经过适当的建模转换, 都可表述为一个或多个目标函数在若干约束条件下的最大值或最小值问题, 这就是优化模型. 因此, 建立优化模型、分析和求解优化模型已成为许多学科领域的主要研究范式, 优化理论与方法在这些学科的研究中起着基础性的作用.

近年来, 随着生成式人工智能 (artificial intelligence generated content, AIGC) 的迅猛发展, 人类社会跨入人工智能 2.0 时代, 以 chatGPT 为代表的大模型在社会生产和生活中得到广泛应用, 创造了巨大的效益和社会价值, 机器学习和人工智能已成为先进生产力的代表. 我国政府高度重视人工智能的发展, 制定了相关规划和政策促进人工智能的产品、科研和人才培养的发展.

数据、算法、算力是人工智能的三驾马车, 其中算法是人工智能发展的引擎, 是国内发展相对滞后的一个环节. 开发高效的机器学习和人工智能算法离不开优化模型、优化理论和优化算法的创新, 因此从根源上来讲, 优化理论与算法是人工智能的核心动力.

为了适应人工智能 2.0 时代的人才培养, 江西财经大学在加强优化理论与算法方面的教学, 陆续在本科生和研究生阶段开设了相关课程. 笔者长期从事本科生的"优化模型"和研究生的"优化理论与方法"等课程的教学, 并主持博士新生的优化理论与应用讨论班, 授课对象包括来自多个专业不同层级的学生. 在教学过程中逐渐摸索出学生学习这门课程的需求与障碍, 为了有针对性地教学, 特编写了本书.

本书主要讲述非线性优化特别是凸优化的理论、模型与算法, 在选材上注重基础并兼顾前沿性, 详细讲述非线性优化和凸优化的重要原理与经典算法, 同时花了一定的篇幅介绍近十几年来优化领域出现的一些新思想、新方法和新算法, 以及优化理论与算法在机器学习、经济、统计和金融等领域中的应用. 为了兼顾不同专业学生的需求, 本书对传统优化教材进行了一定的拓展, 增加了广义不等式约束的凸优化问题、效用函数、向量优化、福利经济学基本定理、机器学习中常用的复合优化算法等内容, 作为应用拓展, 还详细介绍了矩阵的核范数、最佳线性无偏估计问题、逻辑回归模型、多分类回归模型、正交距离回归模型、支持向量机与核支持向量机、LASSO 回归模型、非负矩阵分解、字典学习等内容. 在写作上尽量做到深入浅出, 照顾到不同层级的学生, 同时保证完备性和逻辑严谨性, 使学生能够受到良好的学术训练.

本书分为 10 章, 下面对各章内容作概要介绍.

第 1 章是导论与预备知识, 除了欧几里得空间上的点集拓扑、连续函数、凸集等传统内容之外, 本书还详细介绍了多元函数的 Taylor 公式并给出了证明, 因为后续章节将反复用到 Taylor 公式及 Taylor 展开的思想. 凸集分离定理是优化理论的基础性定理, 许多定理和命题的证明都要用到它, 因此给出了此定理的严格证明, 并给出了若干有用的推论. 此外, 作为第 4 章的铺垫, 本书专辟两节讲述了锥、广义不等式、对偶锥、对偶广义不等式等内容.

第 2 章详细讲述凸函数的相关内容, 为讨论凸优化问题和凸优化算法作铺垫. 本书证明凸函数的性质和判定定理的思路与现有教材不同, 是从凸函数的一个最基本的性质 (引理 2.1) 展开的, 由此证明了几乎所有与凸函数性质和判定有关的命题. 作为凸函数的应用, 本章还详细讲述了 Jensen 不等式、向量的 ℓ^p-范数、对偶范数、共轭函数、Fenchel 不等式、Young 不等式、矩阵的谱范数与核范数等内容.

第 3 章介绍优化问题的一般理论, 重点讲述对偶函数、对偶问题、弱对偶性、凸优化问题的强对偶性定理以及各种形式的最优性条件, 本章对强对偶性定理以及各种形式的 Karush-Kuhn-Tucker 定理给出了严格证明, 为学习优化算法及应用优化理论打下基础.

第 4 章讲述广义不等式约束优化问题和向量优化问题, 介绍广义单调性和凸性、效用函数理论、广义不等式约束的凸优化问题、向量优化问题, 作为多目标优化的应用实例, 还证明了福利经济学基本定理. 在讲述广义不等式约束的凸优化问题和向量优化问题时, 本章介绍了锥规划、半定规划、矩问题、投资组合选择问题、投资组合风险定界问题、最佳线性无偏估计问题等一系列应用实例, 让学生开拓思维, 学以致用.

第 5 章讲述优化算法的基础知识, 包括优化算法的收敛性与收敛阶、一维牛顿法和割线法、区间分割法和一维线搜索算法, 为后续的优化算法学习打下基础.

第 6 章介绍梯度下降法与共轭梯度法, 包括梯度下降法及其收敛性分析、共轭梯度法及其收敛性分析、信赖域子问题与截断共轭梯度法, 作为应用, 本章还详细介绍了逻辑回归模型、多分类回归模型以及这两种模型的参数估计问题, 并给出参数估计的梯度下降法和共轭梯度法及实现算法的 MATLAB 代码. 梯度下降法与共轭梯度法是一阶优化算法的代表, 也是学习更高级的优化算法的基础.

第 7 章介绍牛顿法和拟牛顿法, 包括牛顿法及其收敛性分析、拟牛顿法的基本思想及几种常用的拟牛顿法、用牛顿法和拟牛顿法估计逻辑回归参数的计算实例, 作为应用, 本章还介绍了正交距离回归模型及其参数估计, 并给出计算实例. 牛顿法和拟牛顿法是二阶优化算法的代表, 也是学习更高级的优化算法的基础.

第 8 章介绍线性规划和二次规划, 包括线性规划的对偶问题、最优性条件及单纯形算法, 等式约束二次规划的最优性条件、零空间算法及计算实例, 一般二次规划的最优性条件、积极集算法以及如何计算启动点的问题. 线性规划和二次规划的应用非常广泛, 同时它也是学习更高级的优化算法的基础.

第 9 章介绍约束非线性优化, 包括等式约束凸优化问题的最优性条件、牛顿法、初始点不是可行点的牛顿法及计算实例, 不等式约束凸优化问题的内点法和两阶段法, 作为应用, 本章还专辟一节讲述支持向量机模型与核支持向量机模型, 并给出求解算法与计算实例. 本章介绍的算法在图像处理、机器学习、人工智能等领域有广泛应用, 同时是求解更复杂的优化问题的基本模块.

第 10 章介绍机器学习中几种常用的复合优化算法, 内容包括增广 Lagrange 乘数法、次梯度与次微分、复合结构型优化问题的最优性条件、交替方向乘数法、邻近算子与近似点算法、坐标下降法与分块坐标下降法, 作为应用实例, 还穿插介绍了 LASSO 回归模型、非负矩阵分解和字典学习等. 编写本章的目的是使学生对前沿的优化算法与应用有所了解, 以便更快地进入学术前沿, 开展创新性研究.

书中的一些定理、引理、命题的证明及公式的推演需要用到高等代数、矩阵分析、奇异值分解、$\mathbb{R}^n$ 上的反函数定理等知识, 考虑到初学者对这些知识不熟悉, 为了内容的完整性及读者查阅方便, 笔者将这些内容精心整理后放在了附录中.

为了让读者抓住重点, 每章开篇给出了本章学习要点. 为了方便有余力、有兴趣的读者进一步拓展, 笔者在每章末给出了拓展阅读建议.

本书每章都配有一定量的习题, 这些习题中, 有些是为了加深读者对定理或概念的理解而设计的, 有些则是正文中没有证明的性质、命题、定理的非关键部分或推广. 这些习题一般不会太难, 读者完成这些习题可以加深对正文的理解, 同时能够提高自己的推理论证能力. 还有一部分则是课内知识的延伸, 主要是训练学生综合应用所学知识的能力. 书末对部分习题给出了解答或提示, 全部习题的详细解答可到课程网站下载.

为了方便读者动手实践, 本书给出了实现书中计算实例、应用实例的完整 MATLAB 代码和数据集, 以及详细的使用说明和代码注释, 读者能够很容易地实现所学方法. 为方便读者阅读, 本书中的矩阵、向量、矢量等不再单独标示成黑斜体, 统一使用白斜体. 此外, 针对本书的全套教学课件已制作完成, 是由 LaTeX 精心制作的 PDF 课件, 可用常用的 PDF 阅读器播放演示. 这些程序、数据集、课件以及制作课件的 LaTeX 源代码随书籍配套赠送, 可以在清华大学出版社官方网站上免费下载.

在写作本书的过程中, 笔者参考了国内外一些经典的非线性优化、凸优化、机器学习、经济学领域的教材、专著和经典文献, 国内的如袁亚湘院士的非线性优化专著[31], 刘浩洋等的最优化经典教材[67], 李航的统计学习经典教材[77], 周志华的机器学习经典教材[78]; 国外的如 S. Boyd 和 L. Vandenberghe 的凸优化经典著作[6], J. Nocedal 和 S. J. Wright 的数值优化经典著作[66], R. T. Rockafellar 的凸分析专著[13], Dimitri P. Bertsekas 的凸优化理论专著[29], S. Boyd 等的经典文献[109], D. M. Kreps 的微观经济学专著[59], K. J. Arrow 的一般均衡理论专著[63]. 还有其他经典著作, 这里就不一一列举了, 笔者在此对这些教材和著作的作者表示衷心的感谢!

本书的写作得到了国家自然科学基金 (项目号: 10701040) 的资助, 同时得到了江西财经大学信息管理学院的大力支持. 在本书的写作过程中, 方玉明院长、齐亚伟副院长、徐杰主任、华长生老师、易蓉老师、温文娱老师、王民老师给予了笔者鼓励和支持, 并提供了大量宝贵意见, 此外还有多位博士生在讨论课期间对本书的内容提出了宝贵意见, 在此对诸位同仁的无私奉献表示衷心的感谢!

限于笔者学识水平, 尽管做了最大努力, 但书中还是难免存在错漏, 寄望读者诸君给予批评指正, 笔者在此表示衷心的感谢!

杨寿渊

江西财经大学

2024 年 8 月

目 录

CONTENTS

第 1 章

导论与预备知识

学习要点

1. 欧几里得空间 $\mathbb{R}^n$ 的性质及其上的点集拓扑.
2. 连续函数的概念及性质.
3. 多元函数的微分中值定理及 Taylor 公式.
4. 凸集及凸集分离定理.
5. 凸锥及广义不等式.
6. 对偶锥及对偶广义不等式.

1.1 欧几里得空间 $\mathbb{R}^n$ 中的点集

本节介绍欧几里得空间 $\mathbb{R}^n$ 及其上的点集拓扑知识, 为后续章节作铺垫.

1.1.1 集合

设 A 是一个集合, 如果 a 是 A 的元素, 则称 a 属于 A, 记作 $a \in A$, 否则称 a 不属于 A, 记作 $a \notin A$. 如果一个集合不包含任何元素, 则称这个集合是空集, 记作 $\varnothing$. 设 A 和 B 是集合, 如果 A 的每一个元素都是 B 的元素, 则称 A 是 B 的子集, 记作 $A \subseteq B$ 或 $B \supseteq A$. 我们约定空集 $\varnothing$ 是任何一个集合的子集.

设 A 和 B 是集合, A 和 B 的并集记作 $A \cup B$, 其定义为

$$A \cup B := \{x : x \in A \text{ 或 } x \in B\}. \tag{1.1}$$

A 和 B 的交集记作 $A \cap B$, 其定义为

$$A \cap B := \{x : x \in A \text{ 且 } x \in B\}. \tag{1.2}$$

一族集合 $A_\lambda : \lambda \in \Lambda$ 的并集和交集定义如下:

$$\bigcup_{\lambda \in \Lambda} A_\lambda := \{x : \exists \lambda \in \Lambda \text{ 使得 } x \in A_\lambda\}, \tag{1.3}$$

$$\bigcap_{\lambda \in \Lambda} A_\lambda := \{x : x \in A_\lambda, \forall \lambda \in \Lambda\}. \tag{1.4}$$

两个集合 A 与 B 的差定义为

$$A \setminus B := \{x: \ x \in A \ \text{且} \ x \notin B\}. \tag{1.5}$$

不难验证, 集合的差运算具有下列性质:

$$A \setminus \left(\bigcup_{\lambda \in \Lambda} B_\lambda \right) = \bigcap_{\lambda \in \Lambda} (A \setminus B_\lambda), \tag{1.6}$$

$$A \setminus \left(\bigcap_{\lambda \in \Lambda} B_\lambda \right) = \bigcup_{\lambda \in \Lambda} (A \setminus B_\lambda). \tag{1.7}$$

一些数集是常用的, 需要用固定的符号代表它们. 以后如无特别说明, 本书用 $\mathbb{R}$、$\mathbb{Q}$、$\mathbb{Z}$ 和 $\mathbb{N}$ 分别表示实数集、有理数集、整数集和自然数集.

如果一个集合 S 的所有元素可以不重不漏地排成一列, 即

$$x_1, \ x_2, \ x_3, \ \cdots, \ x_k, \ x_{k+1}, \ \cdots$$

则称集合 S 是**可数集** (denumerable set) 或**可列集** (countable set).

一个等价的定义是如果集合 S 中的元素和自然数存在一一对应的关系, 即存在单满映射 $f: S \to \mathbb{N}$, 则称 S 是可数的.

自然数集 $\mathbb{N}$ 本身显然是可数的. 整数集 $\mathbb{Z}$ 也是可数的, 因为我们可以按照如下方式将所有的整数排成一列:

$$0, \ 1, \ -1, \ 2, \ -2, \ 3, \ -3, \ \cdots.$$

多个可数集的并是可数的, 有理数集 $\mathbb{Q}$ 是可数的, 但实数集 $\mathbb{R}$ 不是可数的. 这些命题的详细证明可参见文献 [4] 的 1.4 节.

1.1.2 欧几里得空间 $\mathbb{R}^n$ 的性质

设 $a_i \in \mathbb{R}, i = 1, 2, \cdots, n$, 用 $a = (a_1, a_2, \cdots, a_n)$ 表示 n 维行向量, 其转置是一个列向量, 用 a^{T} 表示. 一个矩阵 $A = (a_{ij})_{m \times n}$ 的转置矩阵用 A^{T} 表示, 如果 $A^{\mathrm{T}} = A$, 则称 A 是对称矩阵.

用 $\mathbb{R}^n$ 表示 n 维欧几里得空间, 其中的元素是形如 $x = (x_1, x_2, \cdots, x_n)^{\mathrm{T}}$ 的向量, 在其上除了定义有加法和数乘运算外, 还定义有**欧几里得内积**运算

$$\langle x, y \rangle = x^{\mathrm{T}} y = \sum_{i=1}^{n} x_i y_i, \qquad \forall \, x, y \in \mathbb{R}^n. \tag{1.8}$$

由欧几里得内积运算可以诱导出下列欧几里得范数

$$\|x\|_2 = \sqrt{\langle x, x \rangle} = \sqrt{\sum_{i=1}^{n} x_i^2}, \qquad \forall \, x = (x_1, x_2, \cdots, x_n)^{\mathrm{T}} \in \mathbb{R}^n, \tag{1.9}$$

也就是给欧几里得空间中的每一个向量赋予了一个长度. 此外, 我们还可以定义两个向量 x 与 y 所成的角 θ 为

$$\theta = \arccos \frac{\langle x, y \rangle}{\|x\|_2 \cdot \|y\|_2}. \tag{1.10}$$

如果 $\langle x, y \rangle = 0$, 则称 x 与 y 是**正交的**, 此时 x 与 y 的夹角为 $\pi/2$.

我们也可以把欧几里得空间 $\mathbb{R}^n$ 中的元素理解为 "点", 两个点 x 与 y 之间的距离定义为

$$d(x, y) = \|x - y\|_2, \tag{1.11}$$

因此欧几里得空间 $\mathbb{R}^n$ 也是一个**距离空间** (或度量空间).

上面定义的内积、范数、距离满足下列性质: 设 $x, y, z \in \mathbb{R}^n, a, b \in \mathbb{R}$, 则有

i). $\langle ax + by, z \rangle = a\langle x, z \rangle + b\langle y, z \rangle$.

ii). $\langle x, y \rangle = \langle y, x \rangle$.

iii). $\|x\|_2 \geqslant 0, \ \forall\, x \in \mathbb{R}^n$, 且只有当 $x = 0$ 时才有 $\|x\|_2 = 0$.

iv). Cauchy-Schwarz 不等式: $|\langle x, y \rangle| \leqslant \|x\|_2 \cdot \|y\|_2$, 当且仅当 x 与 y 线性相关时等号成立.

v). 三角不等式:

$$\|x + y\|_2 \leqslant \|x\|_2 + \|y\|_2, \tag{1.12}$$

$$d(x, z) \leqslant d(x, y) + d(y, z). \tag{1.13}$$

上面 5 条性质中, 性质 i)~iii) 是显然的, 下面证明性质 iv) 和性质 v). 性质 iv) 的证明如下: 对于 $x, y \in \mathbb{R}^n$, 考察下列函数

$$\varphi(t) = \|x + ty\|_2^2, \qquad t \in \mathbb{R}, \tag{1.14}$$

由于 $\varphi(t) \geqslant 0$, 且 $\varphi(t)$ 是实变量 t 的二次函数

$$\varphi(t) = \langle x + ty, x + ty \rangle = t^2 \|y\|_2^2 + 2t\langle x, y \rangle + \|x\|_2^2, \tag{1.15}$$

根据韦达定理得

$$4|\langle x, y \rangle|^2 - 4\|x\|_2^2 \|y\|_2^2 \leqslant 0, \tag{1.16}$$

作等价变形后立刻得到性质 iv). 性质 v) 中不等式 (1.12) 的证明如下:

$$\|x + y\|_2^2 = \langle x + y, x + y \rangle = \|x\|_2^2 + 2\langle x, y \rangle + \|y\|_2^2 \leqslant \|x\|_2^2 + 2\|x\|_2 \cdot \|y\|_2 + \|y\|_2^2$$
$$= (\|x\|_2 + \|y\|_2)^2, \tag{1.17}$$

其中的不等号用到了 Cauchy-Schwarz 不等式. 该不等式两边开方便得到了不等式 (1.12). 至于不等式 (1.13), 可由不等式 (1.12) 直接得到:

$$d(x, z) = \|x - z\|_2 = \|(x - y) + (y - z)\|_2 \leqslant \|x - y\|_2 + \|y - z\|_2 = d(x, y) + d(y, z). \tag{1.18}$$

$\square$

例 **1.1** 将所有 $m \times n$ 的实矩阵所构成的集合记作 $\mathbb{R}^{m \times n}$, 其上的加法运算和数乘运算就是矩阵的加法运算和数乘运算, $\mathbb{R}^{m \times n}$ 关于这种加法和数乘运算显然构成一个线性空间. 在 $\mathbb{R}^{m \times n}$ 上还可以定义下列 **Frobenius 内积**: 对于任意 $A = (a_{ij})_{m \times n}$ 及 $B = (b_{ij})_{m \times n}$, 定义

$$\langle A, B \rangle_F = \operatorname{tr}(A^{\mathrm{T}} B) = \sum_{i=1}^{m} \sum_{j=1}^{n} a_{ij} b_{ij}, \tag{1.19}$$

其中, $\operatorname{tr}(C)$ 表示方阵 C 的**迹 (trace)**, 也即 C 的主对角线上的元素之和. 定义了以上内积后, $\mathbb{R}^{m \times n}$ 成为一个内积空间, 具有与欧几里得空间一样的性质. 由 Frobenius 内积诱导的范数为

$$\|A\|_F := \sqrt{\langle A, A \rangle_F} = \sqrt{\sum_{i=1}^{m} \sum_{j=1}^{n} a_{ij}^2}, \tag{1.20}$$

称为 **Frobenius 范数**.

1.1.3 $\mathbb{R}^n$ 中的点集拓扑

$\mathbb{R}^n$ 中以 x_0 为球心、r 为半径的开球记为 $B(x_0, r)$, 即

$$B(x_0, r) := \{x \in \mathbb{R}^n : \|x - x_0\|_2 < r\}. \tag{1.21}$$

定义 1.1 设 $E \subseteq \mathbb{R}^n$, $x \in E$, 如果存在开球 $B(x, \delta) \subseteq E$, 则称 x 是 E 的**内点 (interior point)**; E 的所有内点所构成的集合称为 E 的**内部 (interior)**, 记为 E°. 对于 $y \in \mathbb{R}^n$, 如果存在开球 $B(y, \delta)$ 与 E 不相交, 则称 y 为 E 的**外点 (exterior point)**. 对于 $z \in \mathbb{R}^n$, 如果对任意 $\delta > 0$ 皆有 $B(z, \delta) \cap E \neq \varnothing$ 且 $B(z, \delta) \cap (\mathbb{R}^n \setminus E) \neq \varnothing$, 则称 z 为 E 的**边界点 (boundary point)**, E 的所有边界点所构成的集合称为 E 的**边界 (boundary)**, 记为 ∂E.

例如, $E = \{(x, y) \in \mathbb{R}^2 : |x| < 1, \ |y| \leqslant 1\}$ 的内部为

$$E^\circ = \{(x, y) \in \mathbb{R}^2 : |x| < 1, \ |y| < 1\}, \tag{1.22}$$

边界为

$$\partial E = \{(x, y) \in \mathbb{R}^2 : |x| = 1, \ |y| \leqslant 1 \ \text{或} \ |x| \leqslant 1, \ |y| = 1\}, \tag{1.23}$$

外点的集合则是

$$\{(x, y) \in \mathbb{R}^2 : |x| > 1 \ \text{或} \ |y| > 1\}. \tag{1.24}$$

定义 1.2 设 $G \subseteq \mathbb{R}^n$, 如果 G 中的每一个点都是内点, 则称 G 为 $\mathbb{R}^n$ 中的**开集 (open set)**; 设 $F \subseteq \mathbb{R}^n$, 如果 $\mathbb{R}^n \setminus F$ 是开集, 则称 F 为**闭集 (closed set)**.

按照定义, 开集 G 与其内部 G° 是相等的, 即 $G = G^\circ$.

开集的性质:

i). 设 $\mathcal{U} = \{U_\lambda : \lambda \in \Lambda\}$ 是一族开集, 则 $\cup_{\lambda \in \Lambda} U_\lambda$ 也是开集;

ii). 设 $U_1, U_2, \cdots, U_m$ 是开集, 则 $\cap_{k=1}^m U_k$ 也是开集.

须指出的是, 无限多个开集的交未必是开集, 例如

$$I_m = \left\{ x \in \mathbb{R} : -\frac{1}{m} < x < 1 + \frac{1}{m} \right\}$$

是开集, 但 $\cap_{m=1}^\infty I_m = [0, 1]$ 是闭集.

定义 1.3 设 $x \in \mathbb{R}^n$, $U \subseteq \mathbb{R}^n$, 如果存在开集 $G \subseteq \mathbb{R}^n$ 使得 $x \in G \subseteq U$, 则称 U 是 x 的**邻域** (neighborhood); 如果 U 本身是开集, 则称 U 为 x 的**开邻域** (open neighborhood).

例如, 开球 $B(x_0, r)$ 就是 x_0 的一个开邻域.

定义 1.4 设 $E \subseteq \mathbb{R}^n$, $x \in \mathbb{R}^n$, 如果对于 x 的任何一个邻域 U 皆有 $U \cap (E \setminus \{x\}) \neq \varnothing$, 则称 x 是 E 的**聚点** (accumulation point); 对于 $y \in E$, 如果存在 y 的邻域 U 使得 $U \cap E = \{y\}$, 则称 y 是 E 的**孤立点** (isolated point).

定义 1.5 设 $E \subseteq \mathbb{R}^n$, 则称 E 的所有聚点和孤立点所构成的集合为 E 的**闭包** (closure), 记作 $\overline{E}$.

命题 1.1 设 $E \subseteq \mathbb{R}^n$, 则 $\overline{E} = E \cup \partial E$.

这个命题的证明留作练习.

命题 1.2 对任意 $E \subseteq \mathbb{R}^n$, E 的闭包 $\overline{E}$ 一定是闭集.

证明 如果 $x \notin \overline{E}$, 则 x 既不属于 E, 也不是 E 的聚点, 因此存在 x 的球形邻域 $B(x, \delta)$ 与 E 不交, 则开球 $B(x, \delta)$ 中的每一个点都不属于 $\overline{E}$, 即 $B(x, \delta) \subseteq \mathbb{R}^n \setminus \overline{E}$, 因此 $\mathbb{R}^n \setminus \overline{E}$ 是开集, 从而 $\overline{E}$ 是闭集. $\square$

定义 1.6 设 $E \subseteq \mathbb{R}^n$, 如果存在开球 $B(0, R) \supseteq E$, 则称 E 是 $\mathbb{R}^n$ 中的**有界集** (bounded set).

定义 1.7 设 $E \subseteq \mathbb{R}^n$, $\mathcal{U} = \{U_\lambda : \lambda \in \Lambda\}$ 是 $\mathbb{R}^n$ 中的一族开集, 如果 $E \subseteq \cup_{\lambda \in \Lambda} U_\lambda$, 则称 $\mathcal{U}$ 是 E 的一个**开覆盖** (open cover); 如果 $\mathcal{U}$ 还是有限集, 则称 $\mathcal{U}$ 是 E 的**有限开覆盖** (finite open cover).

定义 1.8 设 $E \subseteq \mathbb{R}^n$, $\mathcal{U}$ 是 E 的一个覆盖, 如果存在子族 $\mathcal{U}_1 \subseteq \mathcal{U}$ 使得 $\mathcal{U}_1$ 也是 E 的覆盖, 则称 $\mathcal{U}_1$ 是 $\mathcal{U}$ 的**子覆盖** (subcover).

定理 1.1 (Heine-Borel 有限子覆盖定理) 设 E 是 $\mathbb{R}^n$ 中的有界闭集, 则 E 的任何一个开覆盖皆有有限子覆盖.

这个定理在一般的数学分析教材中都可以找到, 其证明可参见文献 [1](下册, 第十一章, 定理 11.1.9, pp. 112), 也可参见文献 [2](第一章, 定理 1.22, pp.43).

1.1.4 $\mathbb{R}^n$ 中的极限

定义 1.9 设 $\{x_k : k = 1, 2, \cdots\}$ 是 $\mathbb{R}^n$ 中的一个点列, 如果存在 $x \in \mathbb{R}^n$ 使得

$$\lim_{k \to \infty} \|x_k - x\|_2 = 0, \tag{1.25}$$

则称 x 是 $\{x_k\}$ 的**极限**, 或者说 $\{x_k\}$ **收敛于** x, 记作 $\lim\limits_{k \to \infty} x_k = x$.

定义 1.10 设 $\{x_k : k = 1, 2, \cdots\}$ 是 $\mathbb{R}^n$ 中的点列, 如果对任意 $\varepsilon > 0$, 存在自然数 N, 使得当 $k > N, p \geqslant 1$ 时恒有

$$\|x_{k+p} - x_k\|_2 < \varepsilon, \tag{1.26}$$

则称 $\{x_k\}$ 是 $\mathbb{R}^n$ 中的 **Cauchy 点列**或**基本点列**.

从定义不难得到: $\{x_k\}$ 是 Cauchy 点列当且仅当

$$\lim_{k \to \infty} \|x_{k+p} - x_k\|_2 = 0, \qquad \forall p \in \mathbb{N}. \tag{1.27}$$

定理 1.2 (Cauchy 收敛原理) 设 $\{x_k : k = 1, 2, \cdots\}$ 是 $\mathbb{R}^n$ 中的点列, 则 $\{x_n\}$ 收敛当且仅当它是 Cauchy 点列.

定理 1.3 (Bolzano-Weierstrass 定理) 设 $\{x_k : k = 1, 2, \cdots\}$ 是 $\mathbb{R}^n$ 中的有界点列, 则 $\{x_k\}$ 必有收敛子列.

Cauchy 收敛原理、Bolzano-Weierstrass 定理及 Heine-Borel 定理是相互等价的命题, 对其证明感兴趣的读者可参见文献 [1](上册第二章, 下册第十一章).

1.1.5 上确界与下确界

定义 1.11 设 $E \subseteq \mathbb{R}$, 如果存在实数 b 使得

$$y \leqslant b, \qquad \forall y \in E, \tag{1.28}$$

则称 b 是 E 的**上界 (upper bound)**, 此时称 E 是**有上界的**.

如果存在实数 a 使得

$$a \leqslant y, \qquad \forall y \in E, \tag{1.29}$$

则称 a 是 E 的**下界 (lower bound)**, 此时称 E 是**有下界的**.

如果一个集合 E 有上界, 则它的上界不是唯一的, 这是因为如果 b 是 E 的上界, 则对任意正数 $c, b + c$ 都是 E 的上界.

定义 1.12 设 $E \subseteq \mathbb{R}$, 如果实数 b_0 是 E 的上界, 且对任意 $\varepsilon > 0$ 皆存在 $y \in E$ 使得

$$y > b_0 - \varepsilon, \tag{1.30}$$

则称 b_0 是 E 的**上确界 (supremum)**, 记作 $b_0 = \sup E$. 如果 E 没有上界, 则记 $\sup E = \infty$.

直观上可以这样来理解, 集合 E 的上确界就是 E 最小的上界. 一个集合的上确界如果存在, 则它是唯一的.

例 1.2　设 $E = \{2 - 3^{-n} : n = 1, 2, \cdots\}$, 则有 $\sup E = 2$, 这是因为 2 是 E 的上界, 且对于任意给定的 $\varepsilon > 0$, 当

$$n > -\frac{\ln \varepsilon}{\ln 3} \tag{1.31}$$

时便有 $y_n := 2 - 3^{-n} \in E$ 满足 $y_n > 2 - \varepsilon$. 注意到 $2 \notin E$, 因此一个集合 E 的上确界未必属于 E.

如果一个集合 E 有下界, 则它的下界不是唯一的, 这是因为如果 a 是 E 的下界, 则对任意正数 $c, a - c$ 都是 E 的下界.

定义 1.13　设 $E \subseteq \mathbb{R}$, 如果实数 a_0 是 E 的下界, 且对任意 $\varepsilon > 0$ 皆存在 $y \in E$ 使得

$$y < a_0 + \varepsilon, \tag{1.32}$$

则称 a_0 是 E 的**下确界 (infimum)**, 记作 $a_0 = \inf E$. 如果 E 没有下界, 则记 $\inf E = -\infty$.

直观上可以这样来理解, 集合 E 的下确界就是 E 最大的下界. 一个集合的下确界如果存在, 则它是唯一的. 一个集合 E 的下确界 $\inf E$ 未必属于 E.

集合 E 的上确界具有下列性质.

命题 1.3　设 E 是实数集 $\mathbb{R}$ 的非空子集, 如果 $\sup E = b_0 < \infty$, 则存在 $\{y_n : n = 1, 2, \cdots\} \subseteq E$ 使得

$$\lim_{n \to \infty} y_n = b_0. \tag{1.33}$$

如果 $\sup E = \infty$, 则存在 $\{y_n : n = 1, 2, \cdots\} \subseteq E$ 使得

$$\lim_{n \to \infty} y_n = \infty. \tag{1.34}$$

证明　根据上确界的定义, 对任意 $\varepsilon > 0$ 都存在 $y \in E$ 使得式 (1.30) 成立, 特别地, 对 $\varepsilon = 1/n$, 存在 $y_n \in E$ 使得

$$b_0 - \frac{1}{n} < y_n \leqslant b_0, \qquad n = 1, 2, \cdots \tag{1.35}$$

令 $n \to \infty$, 根据数列极限的夹逼定理得

$$\lim_{n \to \infty} y_n = b_0. \tag{1.36}$$

如果 $\sup E = \infty$, 则集合 E 没有上界, 因此对任意自然数 n 皆存在 $y_n \in E$ 使得 $y_n > n$, 数列 $\{y_n\}$ 显然满足 $\lim_{n \to \infty} y_n = \infty$. □

用同样的方法可以证明集合 E 的下确界具有下列性质.

命题 1.4　　设 E 是实数集 $\mathbb{R}$ 的非空子集, 如果 $\inf E = a_0 > -\infty$, 则存在 $\{y_n : n = 1, 2, \cdots\} \subseteq E$ 使得

$$\lim_{n \to \infty} y_n = a_0. \tag{1.37}$$

如果 $\inf E = -\infty$, 则存在 $\{y_n : n = 1, 2, \cdots\} \subseteq E$ 使得

$$\lim_{n \to \infty} y_n = -\infty. \tag{1.38}$$

关于上、下确界的存在性, 有下列定理.

定理 1.4 (确界原理)　　设 $E \subseteq \mathbb{R}$, 如果 E 有上界, 则有上确界; 如果 E 有下界, 则有下确界.

确界原理与实数集上的 Cauchy 收敛原理、Bolzano-Weierstrass 定理及 Heine-Borel 定理是相互等价的命题, 对其证明感兴趣的读者可参见文献 [1](上册第二章).

设 $D \subseteq \mathbb{R}^n$, $f : D \to \mathbb{R}$ 是定义在 D 上的实值函数, 记 $f(D) := \{f(x) : x \in D\}$, 称之为 D **在 f 下的像**, 它是 $\mathbb{R}$ 的子集, 因此可以讨论上、下确界. 如果 $\sup f(D)$ 存在, 则称之为 f **在 D 上的上确界**, 记作 $\sup_{x \in D} f(x)$, 即有

$$\sup_{x \in D} f(x) = \sup f(D). \tag{1.39}$$

同理, 定义 f 在 D 上的下确界为

$$\inf_{x \in D} f(x) = \inf f(D). \tag{1.40}$$

如果存在 $x_0 \in D$ 使得

$$f(x_0) = \sup_{x \in D} f(x) = b_0, \tag{1.41}$$

则称 b_0 是 f 在 D 上的**最大值 (maximum)**, 记作

$$b_0 = \max_{x \in D} f(x), \tag{1.42}$$

并称 x_0 是 f 在 D 上的**最大值点 (maximum point)**.

须指出的是, f 在 D 上的上确界即使存在, 也不一定能取到, 因此 f 在 D 上即使有上界, 也未必有最大值.

例 1.3　　设 $D = \{x \in \mathbb{R}^2 : 0 < \|x\|_2 \leqslant 1\}$, 考虑定义在 D 上的函数

$$f(x) = \frac{1}{1 + \|x\|_2^2}, \tag{1.43}$$

则 $\sup_{x \in D} f(x) = 1$, 但 $f(x)$ 在 D 上取不到 1, 因此在 D 上没有最大值.

函数 $f(x)$ 在 D 上的最大值 (如果存在) 是唯一的, 但最大值点可以有许多甚至无穷多个.

如果存在 $x_0 \in D$ 使得

$$f(x_0) = \inf_{x \in D} f(x) = a_0, \tag{1.44}$$

则称 a_0 是 f 在 D 上的**最小值 (minimum)**, 记作

$$a_0 = \min_{x \in D} f(x), \tag{1.45}$$

并称 x_0 是 f 在 D 上的**最小值点 (minimum point)**.

同样, f 在 D 上的下确界即使存在, 也不一定能取到, 因此 f 在 D 上即使有下界, 也未必有最小值. 函数 $f(x)$ 在 D 上的最小值 (如果存在) 是唯一的, 但最小值点可以有多个.

关于函数的上、下确界有下列结果.

定理 1.5 设 D 是 $\mathbb{R}^n$ 的子集, f 是定义在 D 上的实值函数, 则存在 D 中的点列 $\{x_k\}$ 和 $\{y_k\}$ 使得

$$\lim_{k \to \infty} f(x_k) = \sup_{x \in D} f(x), \tag{1.46}$$

$$\lim_{k \to \infty} f(y_k) = \inf_{x \in D} f(x). \tag{1.47}$$

上述结论对 $\sup_{x \in D} f(x) = \infty$ 及 $\inf_{x \in D} f(x) = -\infty$ 的情况也成立.

须指出的是, 定理 1.5中的点列 $\{x_k\}$ 及 $\{y_k\}$ 未必收敛, 但若 D 是有界集, 则根据 Bolzano-Weierstrass 定理, $\{x_k\}$ 及 $\{y_k\}$ 有收敛子列, 因此总可以选出收敛的点列使得定理 1.5的结论成立.

1.2 连 续 函 数

1.2.1 连续函数的定义与性质

定义 1.14 设 E 是 $\mathbb{R}^n$ 的子集, $f : E \to \mathbb{R}^m$ 是一个函数 (映射), $x_0 \in E$, 如果对任意 $\varepsilon > 0$, 存在 $\delta > 0$, 使得当 $x \in B(x_0, \delta) \cap E$ 时恒有

$$\|f(x) - f(x_0)\|_2 < \varepsilon, \tag{1.48}$$

则称 f 在点 x_0 **连续**, 此时也称 x_0 是 f 的连续点.

按照上面的定义, 如果 x_0 是 E 的孤立点, 则 f 在点 x_0 是连续的. 此外, f 在某一点处连续与否和 f 的定义域有关, 取不同的定义域, 结论可能截然不同.

例 1.4 考察函数 $f : \mathbb{R} \to \mathbb{R}$,

$$f(x) = \begin{cases} 1, & x = 0, \\ 0, & x \neq 0. \end{cases} \tag{1.49}$$

显然它在 $x = 0$ 处不连续；但如果把这个函数的定义域改一改，令 $g : \mathbb{Z} \to \mathbb{R}$,

$$g(x) = \begin{cases} 1, & x = 0, \\ 0, & x \neq 0, \end{cases} \tag{1.50}$$

则 g 在 $x = 0$ 处是连续的，这是因为当 $\delta < 1$ 时，$B(0, \delta) \cap \mathbb{Z}$ 只含有一个元素，即 $x = 0$, 自然满足

$$|f(x) - f(0)| < \varepsilon, \qquad \forall x \in B(0, \delta) \cap \mathbb{Z}. \tag{1.51}$$

定义 1.15 设 E 是 $\mathbb{R}^n$ 的子集，$f : E \to \mathbb{R}^m$ 是一个函数 (映射), 如果对任意 $x_0 \in E$, f 在点 x_0 连续，则称 f **在 E 上连续**，或者说 f 是 E 上的连续函数 (映射).

定义 1.16 设 E 是 $\mathbb{R}^n$ 的子集，对于 E 的子集 A, 如果存在 $\mathbb{R}^n$ 中的开集 U 使得 $A = E \cap U$, 则称 A 为 E 中的**相对开集**.

例如，设 $E = \{(x, y) \in \mathbb{R}^2 : |x| \leqslant 1, |y| \leqslant 1\}$, $G = \{(x, y) \in \mathbb{R}^2 : (x-1)^2 + (y-1)^2 < 2\}$, 则 $G \cap E$ 显然不是 $\mathbb{R}^2$ 中的开集，但它是 E 中的相对开集.

设 E 是 $\mathbb{R}^n$ 的子集，$f : E \to \mathbb{R}^m$ 是一个函数 (映射), $V \subseteq \mathbb{R}^m$, 记

$$f^{-1}(V) = \{x \in E : f(x) \in V\}, \tag{1.52}$$

称之为 **V 在映射 f 下的原像**.

定理 1.6 设 E 是 $\mathbb{R}^n$ 的子集，$f : E \to \mathbb{R}^m$ 是映射，则 f 在 E 上连续，当且仅当对于 $\mathbb{R}^m$ 中的任何一个开集 V, $U = f^{-1}(V)$ 是 E 中的相对开集.

证明 先证明充分性，即假设开集的原像是 E 中的相对开集，证明 f 的连续性. 对任意 $x_0 \in E$ 及任意 $\varepsilon > 0$, 设 $y_0 = f(x_0)$, 由于 $V = B(y_0, \varepsilon)$ 是 $\mathbb{R}^m$ 中的开集，因此 $U = f^{-1}(V)$ 是 E 中的相对开集，换言之，存在 $\mathbb{R}^n$ 中的开集 G 使得 $U = G \cap E$, 既然 $x_0 \in U \subseteq G$, 因此存在 $\delta > 0$ 使得 $B(x_0, \delta) \subseteq G$, 于是 $B(x_0, \delta) \cap E \subseteq U$, 从而对任意 $x \in B(x_0, \delta) \cap E$ 皆有 $f(x) \in V = B(y_0, \varepsilon)$, 即

$$\|f(x) - f(x_0)\|_2 = \|f(x) - y_0\|_2 < \varepsilon, \tag{1.53}$$

这就证明了 f 在 x_0 点的连续性，由 $x_0 \in E$ 的任意性得 $f(x)$ 在 E 上连续.

接下来证明必要性，即假设 f 在 E 上连续，证明 $\mathbb{R}^m$ 中的开集在 f 下的原像是 E 中的相对开集. 设 V 是 $\mathbb{R}^m$ 中的开集，$U = f^{-1}(V)$, 对任意 $x_0 \in U$ 皆有 $y_0 = f(x_0) \in V$, 因此存在 $\varepsilon > 0$ 使得 $B(y_0, \varepsilon) \subseteq V$, 由 f 的连续性，存在 $\delta > 0$, 使得当 $x \in B(x_0, \delta) \cap E$ 时恒有 $|f(x) - f(x_0)| < \varepsilon$, 也即 $B(x_0, \delta) \cap E \subseteq f^{-1}(V) = U$, 这样，每一个 $x_0 \in U$ 都可以找到一个开球 $B(x_0, \delta_{x_0})$ 使得 $B(x_0, \delta_{x_0}) \cap E \subseteq U$, 将这些开球取并集，得到一个 $\mathbb{R}^n$ 中的开集为

$$G = \bigcup_{x_0 \in U} B(x_0, \delta_{x_0}), \tag{1.54}$$

则 $U = G \cap E$, 从而证明 U 是 E 中的相对开集. $\square$

定义 1.17 设 $A \subseteq B \subseteq \mathbb{R}^n$, $f : B \to \mathbb{R}^m$ 是一个映射, 定义 $g : A \to \mathbb{R}^m$ 如下:

$$g(x) = f(x), \qquad \forall x \in A, \tag{1.55}$$

称映射 g 为 f 在集合 A 上的**限制** (restriction), 记作 $f|_A$.

推论 1.1 $A \subseteq B \subseteq \mathbb{R}^n$, $f : B \to \mathbb{R}^m$ 是一个映射, $f|_A$ 是 f 在集合 A 上的限制. 如果 f 在 B 上连续, 则 $f|_A$ 在 A 上也连续.

证明 如果 f 在 B 上连续, 则对于 $\mathbb{R}^m$ 中的任何一个开集 V, $U = f^{-1}(V)$ 是 B 中的相对开集, 因此存在 $\mathbb{R}^n$ 中的开集 G 使得 $G \cap B = U$, 又因为

$$f|_A^{-1}(V) = A \cap f^{-1}(V) = A \cap U = A \cap (G \cap B) = G \cap A, \tag{1.56}$$

因此 $f|_A^{-1}(V)$ 是 A 中的相对开集, 根据定理 1.6, $f|_A$ 是 A 上的连续映射. $\square$

定义 1.18 设 E 是 $\mathbb{R}^n$ 的子集, $f : E \to \mathbb{R}^m$ 是映射, 如果对任意 $\varepsilon > 0$, 存在 $\delta > 0$ 使得

$$\|f(x) - f(x')\|_2 < \varepsilon, \qquad \forall x, x' \in E, \ \|x - x'\|_2 < \delta, \tag{1.57}$$

则称 f 在 E 上是**一致连续的** (uniformly continuous).

定理 1.7 (有界闭集上的连续映射的性质) 设 F 是 $\mathbb{R}^n$ 中的有界闭集, $f : F \to \mathbb{R}^m$ 是连续映射, 则

i). f 在 F 上是有界的, 即存在 $R > 0$ 使得 $\|f(x)\|_2 < R$, $\forall x \in F$;

ii). f 在 F 上一致连续;

iii). 如果 $m = 1$, 则 f 在 F 上可取到最大值和最小值.

定理 1.7的证明与有界闭区域上的连续函数的性质的证明是一样的, 在此从略. 有界闭区域上的连续函数的性质定理可参见文献 [1](下册, 第十一章第 3 节).

1.2.2 上极限与下极限

设 $\{x_n : n = 1, 2, \cdots\}$ 是一个实数列, 记

$$a_n = \sup_{k \geqslant n} x_k, \qquad n = 1, 2, \cdots \tag{1.58}$$

如果 $\{x_n\}$ 有上界, 则每一个 a_n 都是有限的, 且 $\{a_n\}$ 是单调非增的, 因此 $\lim\limits_{n \to \infty} a_n = \inf\limits_{n \geqslant 1} a_n$ 存在. 记

$$\varlimsup_{n \to \infty} x_n := \inf_{n \geqslant 1} \sup_{k \geqslant n} x_k, \tag{1.59}$$

称之为数列 $\{x_n\}$ 的**上极限** (upper limit). 如果 $\{x_n\}$ 没有上界, 则记 $\varlimsup\limits_{n \to \infty} x_n = \infty$.

如果数列 $\{x_n\}$ 有下界, 则定义其**下极限** (lower limit) 为

$$\varliminf_{n \to \infty} x_n := \sup_{n \geqslant 1} \inf_{k \geqslant n} x_k, \tag{1.60}$$

如果 $\{x_n\}$ 没有下界, 则记 $\varliminf\limits_{n\to\infty} x_n = -\infty$.

实数列的上、下极限满足下列性质.

$$\varliminf_{n\to\infty} x_n \leqslant \varlimsup_{n\to\infty} x_n, \qquad \varliminf_{n\to\infty} x_n = -\varlimsup_{n\to\infty}(-x_n), \tag{1.61}$$

$$当 \lambda \geqslant 0 时, \qquad \varlimsup_{n\to\infty} \lambda x_n = \lambda \varlimsup_{n\to\infty} x_n, \tag{1.62}$$

$$\varlimsup_{n\to\infty}(x_n + y_n) \leqslant \varlimsup_{n\to\infty} x_n + \varlimsup_{n\to\infty} y_n, \tag{1.63}$$

$$\varliminf_{n\to\infty}(x_n + y_n) \geqslant \varliminf_{n\to\infty} x_n + \varliminf_{n\to\infty} y_n. \tag{1.64}$$

此外, $\{x_n\}$ 存在极限当且仅当它的上、下极限存在且相等.

例 1.5 设

$$x_n = 1 + (-1)^n \frac{n}{n+1}, \qquad n = 1, 2, \cdots \tag{1.65}$$

则有

$$\varlimsup_{n\to\infty} x_n = 2, \qquad \varliminf_{n\to\infty} x_n = 0. \tag{1.66}$$

现在来考虑定义在 $D \subseteq \mathbb{R}^n$ 上的实值函数, 对于 D 的聚点 x_0, 如果存在 $\delta > 0$ 使得

$$\sup\{f(x): x \in D, \ 0 < \|x - x_0\|_2 < \delta\} < \infty, \tag{1.67}$$

则可以定义 $f(x)$ 在 x_0 点的上极限为

$$\varlimsup_{x\to x_0} f(x) := \inf_{r>0} \sup\{f(x): x \in D, \ 0 < \|x - x_0\|_2 < r\}, \tag{1.68}$$

如果 $f(x)$ 在 x_0 的任何一个去心邻域内都是无上界的, 则规定 $\varlimsup\limits_{x\to x_0} f(x) = \infty$.

类似地, 如果存在 $\delta > 0$ 使得

$$\inf\{f(x): x \in D, \ 0 < \|x - x_0\|_2 < \delta\} > -\infty, \tag{1.69}$$

则可以定义 $f(x)$ 在 x_0 点的下极限为

$$\varliminf_{x\to x_0} f(x) := \sup_{r>0} \inf\{f(x): x \in D, \ 0 < \|x - x_0\|_2 < r\}, \tag{1.70}$$

如果 $f(x)$ 在 x_0 的任何一个去心邻域内都是无下界的, 则规定 $\varliminf\limits_{x\to x_0} f(x) = -\infty$.

函数的上、下极限有下列性质.

$$\varliminf_{x\to x_0} f(x) \leqslant \varlimsup_{x\to x_0} f(x), \qquad \varliminf_{x\to x_0} f(x) = -\varlimsup_{x\to x_0}[-f(x)], \tag{1.71}$$

$$当 \lambda \geqslant 0 时, \qquad \varlimsup_{x\to x_0} \lambda f(x) = \lambda \varlimsup_{x\to x_0} f(x), \tag{1.72}$$

$$\overline{\lim_{x \to x_0}} [f(x) + g(x)] \leqslant \overline{\lim_{x \to x_0}} f(x) + \overline{\lim_{x \to x_0}} g(x), \tag{1.73}$$

$$\underline{\lim_{x \to x_0}} [f(x) + g(x)] \geqslant \underline{\lim_{x \to x_0}} f(x) + \underline{\lim_{x \to x_0}} g(x). \tag{1.74}$$

此外, $f(x)$ 在 x_0 点存在极限当且仅当它在 x_0 点的上、下极限存在且相等.

1.2.3　上半连续性与下半连续性

设 $D \subseteq \mathbb{R}^n$, 考虑定义在 D 上的实值函数 $f(x)$, 对于 $x_0 \in D$, 如果对任意 $\varepsilon > 0$ 皆存在 $\delta > 0$ 使得

$$f(x) < f(x_0) + \varepsilon, \qquad \forall x \in B(x_0, \delta) \cap D, \tag{1.75}$$

则称 $f(x)$ 在点 x_0 是**上半连续的** (upper semi-continuous). 如果 f 在 D 上的每一点都是上半连续的, 则称 f 在 D 上是上半连续的.

类似地, 可以定义下半连续性. 对于 $x_0 \in D$, 如果对任意 $\varepsilon > 0$ 皆存在 $\delta > 0$ 使得

$$f(x) > f(x_0) - \varepsilon, \qquad \forall x \in B(x_0, \delta) \cap D, \tag{1.76}$$

则称 $f(x)$ 在点 x_0 是**下半连续的** (lower semi-continuous). 如果 f 在 D 上的每一点都是下半连续的, 则称 f 在 D 上是下半连续的.

从上、下半连续的定义可以推出下列结果.

命题 1.5　设 $D \subseteq \mathbb{R}^n$, $f(x)$ 是定义在 D 上的实值函数.

i). $f(x)$ 在点 $x_0 \in D$ 处上半连续当且仅当 $\overline{\lim_{x \to x_0}} f(x) \leqslant f(x_0)$.

ii). $f(x)$ 在点 $x_0 \in D$ 处下半连续当且仅当 $\underline{\lim_{x \to x_0}} f(x) \geqslant f(x_0)$.

iii). $f(x)$ 在点 $x_0 \in D$ 处连续当且仅当它在点 x_0 处既是上半连续的, 又是下半连续的. 此外, 函数的上、下半连续性还有另一种刻画, 这就是下列命题.

命题 1.6　设 $D \subseteq \mathbb{R}^n$, $f(x)$ 是定义在 D 上的实值函数.

i). $f(x)$ 在 D 上是上半连续的, 当且仅当对任意实数 y, 集合 $\{x \in D : f(x) < y\}$ 是 D 中的相对开集.

ii). $f(x)$ 在 D 上是下半连续的, 当且仅当对任意实数 y, 集合 $\{x \in D : f(x) > y\}$ 是 D 中的相对开集.

1.3　多元函数的微分中值定理与 Taylor 公式

1.3.1　多元函数的微分中值定理

考虑定义在 $D \subseteq \mathbb{R}^n$ 上的实值函数 $f(x)$, 假设它具有一阶连续偏导数. 对于 D 中任意两点 x、y, 如果这两点的连线段也包含在 D 中, 则可定义

$$\varphi(t) = f((1-t)x + ty), \qquad 0 \leqslant t \leqslant 1, \tag{1.77}$$

不难发现, $\varphi(t)$ 具有一阶连续导数:

$$\varphi'(t) = \sum_{i=1}^{n} f_i'((1-t)x+ty)(y_i - x_i) = (y-x)^{\mathrm{T}} \nabla f((1-t)x+ty), \tag{1.78}$$

$$f_i' = \frac{\partial f}{\partial x_i}, \qquad \nabla f = (f_1', f_2', \cdots, f_n')^{\mathrm{T}}, \tag{1.79}$$

其中, ∇f 称为 f 的**梯度 (gradient)**. 根据一元函数的微分中值定理, 存在 $\theta \in (0,1)$ 使得

$$\varphi(1) - \varphi(0) = \varphi'(\theta) = (y-x)^{\mathrm{T}} \nabla f((1-\theta)x + \theta y), \tag{1.80}$$

再注意到 $\varphi(0) = f(x), \varphi(1) = f(y)$, 便得到

$$f(y) - f(x) = (y-x)^{\mathrm{T}} \nabla f((1-\theta)x + \theta y). \tag{1.81}$$

综上所述, 我们证明了如下定理.

定理 1.8 (多元函数的微分中值定理) 设 $f(x)$ 是 $D \subseteq \mathbb{R}^n$ 上的具有一阶连续偏导数的实值函数, x 和 y 是 D 中的两个点, 且这两点的连线段包含在 D 中, 则存在 $\theta \in (0,1)$ 使得式 (1.81) 成立.

推论 1.2 设 $f(x)$ 是 $D \subseteq \mathbb{R}^n$ 上的具有一阶连续偏导数的实值函数, x 是 D 的内点, 则有

$$f(x+h) = f(x) + h^{\mathrm{T}} \nabla f(x) + o(\|h\|_2), \qquad h \to 0. \tag{1.82}$$

证明 根据微分中值定理, 存在 $\theta \in (0,1)$ 使得

$$f(x+h) = f(x) + h^{\mathrm{T}} \nabla f(x+\theta h), \tag{1.83}$$

由于 f 有连续偏导数, 因此

$$\|\nabla f(x+\theta h) - \nabla f(x)\|_2 \to 0, \qquad h \to 0, \tag{1.84}$$

从而有

$$|h^{\mathrm{T}} \nabla f(x+\theta h) - h^{\mathrm{T}} \nabla f(x)| \leqslant \|h\|_2 \cdot \|\nabla f(x+\theta h) - \nabla f(x)\|_2 = o(\|h\|_2), \tag{1.85}$$

联合式 (1.83) 与式 (1.85) 立刻得到式 (1.82). □

定义 1.19 设 $f(x)$ 是 $D \subseteq \mathbb{R}^n$ 上的函数, 如果存在 $L > 0$ 使得

$$|f(x) - f(y)| \leqslant L\|x-y\|_2, \qquad \forall x, y \in D, \tag{1.86}$$

则称 $f(x)$ 在 D 上满足常数为 L 的 **Lipschitz 条件**.

推论 1.3 设 $f(x)$ 是 $\mathbb{R}^n$ 上的具有一阶连续偏导数的实值函数, 如果 f 的一阶偏导数是有界的, 则存在常数 $L > 0$, 使得 f 在 $\mathbb{R}^n$ 上满足常数为 L 的 Lipschitz 条件.

1.3.2 多元函数的 Taylor 公式

先来回顾一下一元函数的 Taylor 公式. 设 $\varphi(t)$ 在 $[0, a]$ 上具有连续的 k 阶导数, 则有

$$\varphi(a) = \varphi(0) + \varphi'(0)a + \frac{1}{2!}\varphi''(0)a^2 + \cdots + \frac{1}{k!}\varphi^{(k)}(0)a^k + R_k(a), \tag{1.87}$$

其中, 余项 $R_k(a) = o(a^k)$. 如果条件再加强一点, 例如假设 $\varphi(t)$ 具有 $k+1$ 阶导数, 则还可以给出余项的表达式为

$$R_k(a) = \frac{1}{(k+1)!}\varphi^{(k+1)}(\xi)a^{k+1}, \qquad \xi \text{是开区间}(0, a)\text{中某个点}, \tag{1.88}$$

$$R_k(a) = \int_0^a \frac{\varphi^{(k+1)}(t)}{k!}(a-t)^k \mathrm{d}t, \tag{1.89}$$

其中, 式 (1.88) 是 **Lagrange 型余项**, 式 (1.89) 是积分形式的余项公式.

现在考虑定义在区域 $D \subseteq \mathbb{R}^n$ 上的多元函数 $f(x)$, 假设它在点 x 的某个球形邻域 $B(x, \delta)$ 内具有 $k+1$ 阶连续偏导数. 当 $h \in \mathbb{R}^n$ 满足 $\|h\|_2 < \delta$ 时, 令 $u = h/\|h\|_2$, 则函数

$$\varphi(t) := f(x + tu) \tag{1.90}$$

在 $[0, \|h\|_2]$ 上具有 $k+1$ 阶连续导数, 因此可以对 $\varphi(t)$ 在区间 $[0, \|h\|_2]$ 上使用 Taylor 公式 (1.87), 于是得到

$$\begin{aligned} f(x+h) &= \varphi(\|h\|_2) \\ &= \varphi(0) + \varphi'(0)\|h\|_2 + \frac{\varphi''(0)}{2!}\|h\|_2^2 + \cdots + \frac{\varphi^{(k)}(0)}{k!}\|h\|_2^k + o(\|h\|_2^k). \end{aligned} \tag{1.91}$$

再来计算 φ 的各阶导数, 利用复合函数求导的链式法则得到

$$\varphi'(t) = \sum_{i=1}^n f_i'(x+tu)u_i = u^{\mathrm{T}}\nabla f(x+tu), \tag{1.92}$$

$$\varphi'(0) = u^{\mathrm{T}}\nabla f(x), \tag{1.93}$$

$$\varphi''(t) = \sum_{i=1}^n \left(\sum_{j=1}^n f_{ij}''(x+tu)u_j \right)u_i = \sum_{i=1}^n \sum_{j=1}^n f_{ij}''(x+tu)u_i u_j$$

$$= u^{\mathrm{T}}\nabla^2 f(x+ut)u, \tag{1.94}$$

$$\varphi''(0) = u^{\mathrm{T}}\nabla^2 f(x)u, \tag{1.95}$$

其中

$$f_{ij}'' = \frac{\partial^2 f}{\partial x_i \partial x_j}, \qquad \nabla^2 f = \left(f_{ij}''\right)_{i,j=1,2,\cdots,n}, \tag{1.96}$$

称 $\nabla^2 f$ 为 f 的 Hesse 矩阵. 继续计算, 得到三阶导数

$$\varphi^{(3)}(t) = \sum_{i,j,k=1}^{n} f_{ijk}^{(3)}(x+tu)u_i u_j u_k, \tag{1.97}$$

用张量乘法表示或许更简洁, 这里不做深入讨论. 将 $\varphi(0) = f(x)$ 及式 (1.93)、式 (1.95) 代入式 (1.91) 得

$$f(x+h) = f(x) + u^{\mathrm{T}}\nabla f(x)\|h\|_2 + \frac{1}{2!}u^{\mathrm{T}}\nabla^2 f(x)u\|h\|_2^2 + o(\|h\|_2^2), \tag{1.98}$$

再注意到 $\|h\|_2 u = h$, 便得到了下列多元函数的二阶 Taylor 公式为

$$f(x+h) = f(x) + h^{\mathrm{T}}\nabla f(x) + \frac{1}{2!}h^{\mathrm{T}}\nabla^2 f(x)h + o(\|h\|_2^2). \tag{1.99}$$

综上所述, 我们证明了如下定理.

定理 1.9 设函数 f 在 $x \in \mathbb{R}^n$ 的某个球形邻域 $B(x, \delta)$ 内存在连续的三阶偏导数, 则当 $\|h\|_2 < \delta$ 时, 二阶 Taylor 公式 (1.99) 成立.

1.4 凸 集

1.4.1 仿射集

称 $A \subseteq \mathbb{R}^n$ 为**仿射集 (affine set)**, 如果对任意 $x, y \in A$ 及 $\theta \in \mathbb{R}$ 皆有

$$\theta x + (1-\theta)y \in A. \tag{1.100}$$

从几何的角度来看, 点集 $\{\theta x + (1-\theta)y : \theta \in \mathbb{R}\}$ 是经过点 x 与 y 的直线, 仿射集要求经过其中任意两点的直线也要包含在其中.

设 A 是仿射集, $x_1, x_2, x_3 \in A, c_1, c_2, c_3 \in \mathbb{R}$, 且满足 $c_1 + c_2 + c_3 = 1$, 则 $c_1 x_1 + c_2 x_2 + c_3 x_3 \in A$, 这是因为

$$c_1 x_1 + c_2 x_2 + c_3 x_3 = (c_1 + c_2)\left(\frac{c_1}{c_1 + c_2}x_1 + \frac{c_2}{c_1 + c_2}x_2\right) + (1 - c_1 - c_2)x_3. \tag{1.101}$$

用数学归纳法还可以证明: 如果 $x_i \in A, c_i \in \mathbb{R}, i = 1, 2, \cdots, k$, 且 $\sum\limits_{i=1}^{k} c_i = 1$, 则 $\sum\limits_{i=1}^{k} c_i x_i \in A$. 通常把形如

$$\sum_{i=1}^{k} c_i x_i, \qquad c_i \in \mathbb{R}, \ i = 1, 2, \cdots, k, \qquad \sum_{i=1}^{k} c_i = 1 \tag{1.102}$$

的线性组合称为 $x_i, i = 1, 2, \cdots, k$ 的**仿射组合 (affine combination)**.

如果 A 是 $\mathbb{R}^n$ 中的仿射集, x_0 是 A 中的任意一点, 令

$$V = A - x_0 := \{x - x_0 : x \in A\}, \tag{1.103}$$

则 V 是 $\mathbb{R}^n$ 的线性子空间, 这是因为对任意 $x, y \in A$ 及实数 α, β 皆有

$$\alpha(x - x_0) + \beta(y - x_0) = (\alpha x + \beta y + (1 - \alpha - \beta)x_0) - x_0 \in V. \tag{1.104}$$

子空间 $A - x_0$ 的维数称为仿射集 A 的维数.

一维的仿射集就是直线, 二维的仿射集就是平面, 三维的仿射集需要读者自己想象.

例 1.6　设 A 是一个 $m \times n$ 的实矩阵, 考虑线性方程组 $Ax = b$ 的解集

$$C := \{x \in \mathbb{R}^n : Ax = b\}, \tag{1.105}$$

则 C 是一个仿射集, 这是因为如果 $x_1, x_2 \in C$, 则

$$A(\theta x_1 + (1 - \theta)x_2) = \theta A x_1 + (1 - \theta)A x_2 = \theta b + (1 - \theta)b = b, \tag{1.106}$$

因此 $\theta x_1 + (1 - \theta)x_2 \in C$.

反过来, $\mathbb{R}^n$ 中的任何一个仿射集都可以表示为某个线性方程组的解集.

设 E 是 $\mathbb{R}^n$ 的任意一个子集, 由 E 中的点的有限仿射组合构成的集合记作 $\mathrm{aff}(E)$, 即

$$\mathrm{aff}(E) = \left\{ \sum_{i=1}^{k} c_i x_i : x_i \in E, c_i \in \mathbb{R}, i = 1, 2, \cdots, k, \ \sum_{i=1}^{k} c_i = 1, \ k = 1, 2, \cdots \right\}, \tag{1.107}$$

称 $\mathrm{aff}(E)$ 为 E 的**仿射包 (affine hull)**, 称 $\mathrm{aff}(E)$ 的维数为 E 的**仿射维数 (affine dimension)**.

1.4.2　凸集

设 $C \subseteq \mathbb{R}^n$, 如果对任意 $x, y \in C$ 皆有

$$\lambda x + (1 - \lambda)y \in C, \qquad \forall \, 0 \leqslant \lambda \leqslant 1, \tag{1.108}$$

则称 C 是**凸集 (convex set)**.

从几何的角度来看, 凸集要求其中任意两点的连线段也包含在其中.

按照定义, 如果 C 是仿射集, 则 C 一定是凸集, 但反过来则不然.

例 1.7　$\mathbb{R}^n$ 中的开球 $B(x_0, r)$ 是凸集, 这是因为对于任意 $x, y \in B(x_0, r)$ 及 $\lambda \in [0, 1]$ 皆有

$$\begin{aligned}
\|\lambda x + (1 - \lambda)y - x_0\|_2 &= \|\lambda(x - x_0) + (1 - \lambda)(y - x_0)\|_2 \\
&\leqslant \lambda\|x - x_0\|_2 + (1 - \lambda)\|y - x_0\|_2 \\
&< \lambda r + (1 - \lambda)r = r,
\end{aligned} \tag{1.109}$$

因此 $\lambda x + (1 - \lambda)y \in B(x_0, r)$. 用同样的方法可以证明 $\mathbb{R}^n$ 中的闭球

$$\overline{B}(x_0, r) := \{x \in \mathbb{R}^n : \|x - x_0\|_2 \leqslant r\} \tag{1.110}$$

是凸集.

对于 $x_1, x_2, \cdots, x_k \in \mathbb{R}^n$, 称形如

$$\sum_{i=1}^{k} c_i x_i, \qquad \sum_{i=1}^{k} c_i = 1, \; c_i \geqslant 0, \; i = 1, 2, \cdots, k \tag{1.111}$$

的线性组合为 $x_1, x_2, \cdots, x_k$ 的**凸组合 (convex combination)**.

命题 1.7 设 $C \subseteq \mathbb{R}^n$, 则 C 是凸集, 当且仅当 C 中任意有限个点的凸组合也包含在 C 中.

证明 充分性是显然的, 只需要证明必要性, 用数学归纳法可以证明, 留作课后练习. □

设 E 是 $\mathbb{R}^n$ 中的点集, 由 E 中的点的有限凸组合构成的集合记作 $\operatorname{conv}(E)$, 称之为 E 的**凸包 (convex hull)**. 根据命题 1.7, E 的凸包 $\operatorname{conv}(E)$ 是凸集, 而且包含 E 的凸集中最小的一个.

例 1.8 设 $x_i \in \mathbb{R}^n, i = 0, 1, \cdots, k$, 如果 $x_i - x_0, i = 1, 2, \cdots, k$ 是线性独立的, 则称 $x_i, i = 0, 1, \cdots, k$ 是**仿射独立的 (affinely independent)**. 此时 $\operatorname{conv}(\{x_0, x_1, \cdots, x_k\})$ 是 $\mathbb{R}^n$ 的一个 k 维凸子集, 称之为 k 维**单纯形 (simplex)**. 一维单纯形是线段, 二维单纯形是三角形 (包含内部区域), 三维单纯形是四面体, 等等. 设 $e_i, i = 1, 2, \cdots, n$ 是 $\mathbb{R}^n$ 中的单位坐标向量, 称

$$\operatorname{conv}(\{0, e_1, e_2, \cdots, e_n\})$$
$$= \left\{ x = (x_1, x_2, \cdots, x_n)^{\mathrm{T}} : x_i \geqslant 0, i = 1, 2, \cdots, n, \sum_{i=1}^{n} x_i \leqslant 1 \right\} \tag{1.112}$$

为**单位单纯形 (unit simplex)**; 称

$$\operatorname{conv}(\{e_1, e_2, \cdots, e_n\})$$
$$= \left\{ x = (x_1, x_2, \cdots, x_n)^{\mathrm{T}} : x_i \geqslant 0, i = 1, 2, \cdots, n, \sum_{i=1}^{n} x_i = 1 \right\} \tag{1.113}$$

为**概率单纯形 (probability simplex)**.

1.4.3 凸集分离定理

设 E 和 F 是 $\mathbb{R}^n$ 的子集, 如果存在 $a \in \mathbb{R}^n, c \in \mathbb{R}$ 使得

$$a^{\mathrm{T}} x \geqslant c, \qquad a^{\mathrm{T}} y \leqslant c, \qquad \forall x \in E, y \in F, \tag{1.114}$$

则称集合 E 和 F 是**分离的**; 如果存在 $a \in \mathbb{R}^n, c \in \mathbb{R}$ 使得

$$a^{\mathrm{T}}x > c, \qquad a^{\mathrm{T}}y < c, \qquad \forall x \in E, y \in F, \tag{1.115}$$

则称集合 E 和 F 是**严格分离的**.

从几何的角度来看, 两个凸集分离是指存在一个超平面 $a^{\mathrm{T}}x = c$ 将它们分隔开, 使之位于超平面的两侧.

本节的核心是凸集分离定理, 即两个不相交的凸集是分离的. 为了证明这个定理, 需要先做一些准备工作.

引理 1.1　设 C 是 $\mathbb{R}^n$ 中的非空闭凸集, 则存在 $x_0 \in C$, 使得

$$\|x_0\|_2 = \min_{x \in C} \|x\|_2. \tag{1.116}$$

证明　不妨设 $\inf\limits_{x \in C} \|x\|_2 = \delta$, 根据定理 1.5, 存在 C 中的点列 $\{x_m\}$ 使得

$$\lim_{m \to \infty} \|x_m\|_2 = \delta. \tag{1.117}$$

注意到对于任意自然数 m, p 皆有

$$\|x_{m+p} - x_m\|_2^2 = 2\|x_{m+p}\|_2^2 + 2\|x_m\|_2^2 - \|x_{m+p} + x_m\|_2^2, \tag{1.118}$$

由于 C 是凸集, 因此 $(x_{m+p} + x_m)/2 \in C$, 从而 $\|(x_{m+p} + x_m)/2\|_2 \geqslant \delta$, 继而推出

$$\|x_{m+p} + x_m\|_2 = 2\left\|\frac{x_{m+p} + x_m}{2}\right\|_2 \geqslant 2\delta, \tag{1.119}$$

联合式 (1.118) 与式 (1.119) 得到

$$\|x_{m+p} - x_m\|_2^2 \leqslant 2\|x_{m+p}\|_2^2 + 2\|x_m\|_2^2 - 4\delta^2 \to 2\delta^2 + 2\delta^2 - 4\delta^2 = 0, m \to \infty, \tag{1.120}$$

根据 Cauchy 收敛原理 (定理 1.2), 点列 $\{x_m\}$ 必收敛, 不妨设它收敛于 x_0, 由于 C 是闭集, 必有 $x_0 \in C$, 由于

$$\delta \leqslant \|x_0\|_2 = \|x_0 - x_m + x_m\|_2 \leqslant \|x_0 - x_m\|_2 + \|x_m\|_2 \to \delta, \qquad m \to \infty, \tag{1.121}$$

因此 $\|x_0\|_2 = \delta$, 引理证明完毕. □

对于 $\mathbb{R}^n$ 的两个子集 A, B 及实数 λ, 定义

$$A + B = \{a + b : a \in A, b \in B\}, \qquad A - B = \{a - b : a \in A, b \in B\}, \tag{1.122}$$

$$\lambda A = \{\lambda a : a \in A\}. \tag{1.123}$$

引理 1.2　设 A, B 是 $\mathbb{R}^n$ 中的凸集, $\lambda \in \mathbb{R}$, 则 $A \cap B, A + B, A - B, \lambda A$ 都是 $\mathbb{R}^n$ 中的凸集.

证明　由凸集的定义立刻得到, 留作课后练习. □

引理 1.3 设 C 是凸集, 则它的闭包 $\overline{C}$ 也是凸集.

证明 对任意 $x, y \in \overline{C}$, 存在 C 中的点列 $\{x_m\}$ 和 $\{y_m\}$ 使得

$$\lim_{m \to \infty} x_m = x, \qquad \lim_{m \to \infty} y_m = y, \tag{1.124}$$

于是

$$\lambda x + (1 - \lambda)y = \lim_{m \to \infty} \left[\lambda x_m + (1 - \lambda)y_m \right], \tag{1.125}$$

由于 C 是凸集, 因此 $z_m := \lambda x_m + (1 - \lambda)y_m \in C, \forall \lambda \in [0, 1], m \in \mathbb{N}$, 从而 $\lambda x + (1 - \lambda)y = \lim_{m \to \infty} z_m \in \overline{C}$, 这就证明了 $\overline{C}$ 是凸集. $\square$

现在可以证明凸集分离定理了.

定理 1.10 (凸集分离定理) 设 E 和 F 是 $\mathbb{R}^n$ 中的两个不相交的非空凸集, 则 E 和 F 是分离的.

证明 记 $K = E - F$, 由于 E、F 是非空凸集, 根据引理 1.2 和引理 1.3, K 及其闭包 $\overline{K}$ 都是非空凸集. 根据引理 1.1, 存在 $v \in \overline{K}$ 使得 $\|v\|_2 = \min_{w \in \overline{K}} \|w\|_2$, 于是对任意 $u \in K$ 及 $0 < t < 1$ 皆有

$$\|v\|_2^2 \leqslant \|v + t(u - v)\|_2^2, \tag{1.126}$$

也即

$$\|v\|_2^2 \leqslant \|v\|_2^2 + 2t\langle v, u - v\rangle + t^2\|u - v\|_2^2, \tag{1.127}$$

整理后得到下列不等式

$$\langle u, v\rangle \geqslant \|v\|_2^2 - \frac{1}{2}t\|u - v\|_2^2. \tag{1.128}$$

由于上式对任意 $t \in (0, 1)$ 皆成立, 令 $t \to 0$ 便得到不等式

$$\langle u, v\rangle \geqslant \|v\|_2^2, \qquad \forall u \in K, \tag{1.129}$$

于是对任意 $x \in E$ 及 $y \in F$ 皆有

$$\langle x - y, v\rangle \geqslant \|v\|_2^2 \geqslant 0, \tag{1.130}$$

由此推出

$$\langle x, v\rangle \geqslant \langle y, v\rangle, \qquad \forall x \in E, y \in F. \tag{1.131}$$

记 $c_1 = \inf_{x \in E}\langle x, v\rangle$, $c_2 = \sup_{y \in F}\langle y, v\rangle$, 则 $c_1 \geqslant c_2$, 取 $c = (c_1 + c_2)/2$, 则 $c_1 \geqslant c \geqslant c_2$, 从而有

$$\langle x, v\rangle \geqslant c \geqslant \langle y, v\rangle, \qquad \forall x \in E, y \in F, \tag{1.132}$$

即超平面 $\langle x, v\rangle - c = 0$ 分离凸集 E 和 F. $\square$

推论 1.4　设 $C \subseteq \mathbb{R}^n$ 是非空凸集, $x_0 \notin C$, 则存在 $a \in \mathbb{R}^n$ 及 $c \in \mathbb{R}$ 使得

$$a^{\mathrm{T}} x_0 \leqslant c \leqslant a^{\mathrm{T}} y, \qquad \forall\, y \in C, \tag{1.133}$$

即超平面 $a^{\mathrm{T}} x = c$ 分离凸集 C 与点 x_0.

定理 1.11 (点与闭凸集严格分离定理)　设 $C \subseteq \mathbb{R}^n$ 是闭凸集, $x_0 \notin C$, 则存在超平面严格分离 C 与点 x_0.

证明　既然 C 是闭的且 $x_0 \notin C$, 则 x_0 必然是 C 的外点, 从而存在 $\delta > 0$ 使得 $B(x_0, \delta)$ 与 C 无交, 于是

$$d(x_0, C) := \inf_{y \in C} \|x_0 - y\|_2 > \delta. \tag{1.134}$$

令 $K = \{x_0\} - C$, 则 K 是闭凸集且 $d(0, K) = d(x_0, C) > \delta$, 根据引理 1.1, 存在 $v \in K$ 使得

$$\|v\|_2 = \min_{u \in K} \|u\|_2 = d(0, K) > \delta, \tag{1.135}$$

用定理 1.10 的证明方法可以证明

$$\langle u, v \rangle \geqslant \|v\|_2^2 > \delta^2, \qquad \forall\, u \in K, \tag{1.136}$$

也即

$$\langle x_0 - y, v \rangle > \delta^2, \qquad \forall\, y \in C, \tag{1.137}$$

由此得到

$$\langle x_0, v \rangle - \delta^2 > \langle y, v \rangle, \qquad \forall\, y \in C, \tag{1.138}$$

因此有

$$\sup_{y \in C} \langle y, v \rangle \leqslant \langle x_0, v \rangle - \delta^2, \tag{1.139}$$

令

$$\alpha = \sup_{y \in C} \langle y, v \rangle + \frac{1}{2}\delta^2, \tag{1.140}$$

则有

$$\langle y, v \rangle < \alpha < \langle x_0, v \rangle, \qquad \forall\, y \in C, \tag{1.141}$$

即超平面 $v^{\mathrm{T}} x = \alpha$ 严格分离凸集 C 与点 x_0. $\square$

定理 1.12 (有界闭凸集与闭凸集严格分离定理)　设 E 和 F 是 $\mathbb{R}^n$ 中两个不相交的非空闭凸集, 且 E 是有界的, 则 E 和 F 是严格分离的.

证明　对于 E 中的任意一点 x, 存在 $\delta_x > 0$ 使得 $B(x, 2\delta_x) \cap F = \varnothing$, 开球族 $\{B(x, \delta_x) : x \in E\}$ 显然是 E 的开覆盖, 由于 E 是有界闭集, 根据 Heine-Borel 有限子覆盖定理 (定理 1.1), 存在有限个开球 $\{B(x_i, r_{x_i}) : i = 1, 2, \cdots, k\}$ 覆盖住 E, 因此有

$$d(x, F) \geqslant \min\{r_{x_i} : i = 1, 2, \cdots, k\} := \delta > 0, \qquad \forall\, x \in E, \tag{1.142}$$

由此推出

$$d(E, F) := \inf_{x \in E, y \in F} \|x - y\|_2 \geqslant \delta > 0. \tag{1.143}$$

令 $K = E - F$, 则 K 也是闭凸集, 根据引理 1.1, 存在 $v \in K$ 使得

$$\|v\|_2 = \min_{u \in K} \|u\|_2 = \min_{x \in E, y \in F} \|x - y\|_2 \geqslant \delta, \tag{1.144}$$

在定理 1.10 的证明过程中我们已经证明了对任意 $x \in E$ 及 $y \in F$ 皆有

$$\langle x - y, v \rangle \geqslant \|v\|_2^2, \tag{1.145}$$

因此有

$$\langle x, v \rangle - \langle y, v \rangle \geqslant \delta^2, \qquad \forall\, x \in E, y \in F, \tag{1.146}$$

从而有

$$\inf_{x \in E} \langle x, v \rangle \geqslant \sup_{y \in F} \langle y, v \rangle + \delta^2, \tag{1.147}$$

取

$$c = \sup_{y \in F} \langle y, v \rangle + \frac{1}{2}\delta^2, \tag{1.148}$$

则有

$$\langle x, v \rangle > c > \langle y, v \rangle, \qquad \forall\, x \in E, y \in F, \tag{1.149}$$

即 E 和 F 被超平面 $\langle x, v \rangle = c$ 严格分离. □

例 1.9　考察线性不等式组

$$a_{i1}x_1 + a_{i2}x_2 + \cdots + a_{in}x_n < b_i, \qquad i = 1, 2, \cdots, m, \tag{1.150}$$

写成矩阵的形式就是

$$Ax \prec b, \tag{1.151}$$

其中, $a \prec b$ 的含义是向量 a 的每个分量小于向量 b 的对应分量. 我们想要搞清楚的问题是在什么条件下不等式组 (1.151) 无解. 令

$$E = \{b - Ax : x \in \mathbb{R}^n\}, \qquad F = \{y \in \mathbb{R}^m : y \succ 0\}, \tag{1.152}$$

则 E 是仿射集, F 是开凸集, 不等式组 (1.151) 无解当且仅当 $E \cap F = \varnothing$, 此时根据凸集分离定理, 存在非零的向量 $\lambda \in \mathbb{R}^m$ 及 $\mu \in \mathbb{R}$ 使得

$$\lambda^{\mathrm{T}} y \geqslant \mu, \qquad \lambda^{\mathrm{T}} z \leqslant \mu, \qquad \forall y \in E, z \in F. \tag{1.153}$$

由第一个条件得到

$$\lambda^{\mathrm{T}}(b - Ax) \geqslant \mu, \quad \Rightarrow \lambda^{\mathrm{T}} Ax \leqslant \lambda^{\mathrm{T}} b - \mu, \qquad \forall x \in \mathbb{R}^n, \tag{1.154}$$

因此必须有 $\lambda^{\mathrm{T}} A = 0$, 从而 $\lambda^{\mathrm{T}} b \geqslant \mu$; 再根据式 (1.153) 中的第二个条件及 $\lambda \neq 0$ 得

$$\lambda \preceq 0, \qquad \mu \geqslant 0, \tag{1.155}$$

其中, $a \succeq b$ 表示向量 a 的每个分量大于或等于向量 b 的对应分量. 综上所述, 不等式组 (1.151) 无解当且仅当下列方程及不等式组有解:

$$\lambda \neq 0, \quad \lambda^{\mathrm{T}} A = 0, \quad \lambda \preceq 0, \quad \lambda^{\mathrm{T}} b \geqslant 0. \tag{1.156}$$

或者说不等式组 (1.151) 与不等式组 (1.156) 有且只能有一个有解, 这就是**择一性**.

例 1.10 (Farkas 引理) 设 l 及 l' 是两个非负整数, $a_0, a_i, b_j \in \mathbb{R}^n, i = 1, 2, \cdots, l, j = 1, 2, \cdots, l'$, 则下列方程及不等式组

$$x^{\mathrm{T}} c < 0, \tag{1.157}$$

$$x^{\mathrm{T}} a_i \leqslant 0, \qquad i = 1, 2, \cdots, l, \tag{1.158}$$

$$x^{\mathrm{T}} b_j = 0, \qquad j = 1, 2, \cdots, l' \tag{1.159}$$

无解当且仅当存在非负实数 $\lambda_i, i = 1, 2, \cdots, l$ 及实数 $\nu_j, j = 1, 2, \cdots, l'$ 使得

$$c = -\sum_{i=1}^{l} \lambda_i a_i + \sum_{j=1}^{l'} \nu_j b_j. \tag{1.160}$$

证明 先证充分性. 如果存在非负实数 $\lambda_i, i = 1, 2, \cdots, l$ 及实数 $\nu_j, j = 1, 2, \cdots, l'$ 使得式 (1.160) 成立, 则

$$x^{\mathrm{T}} c = -\sum_{i=1}^{l} \lambda_i x^{\mathrm{T}} a_i + \sum_{j=1}^{l'} \nu_j x^{\mathrm{T}} b_j, \tag{1.161}$$

如果式 (1.158) 与式 (1.159) 成立, 则 $x^{\mathrm{T}} c \geqslant 0$, 式 (1.157) 必不成立, 因此方程及不等式组 (1.157)~(1.159) 无解.

再证必要性. 令

$$S = \left\{ a = -\sum_{i=1}^{l} \lambda_i a_i + \sum_{j=1}^{l'} \nu_j b_j : \lambda_i \geqslant 0, \nu_j \in \mathbb{R}, i = 1, 2, \cdots, l, j = 1, 2, \cdots, l' \right\}, \quad (1.162)$$

则 S 是闭凸集. 如果不存在非负实数 $\lambda_i, i = 1, 2, \cdots, l$ 及实数 $\nu_j, j = 1, 2, \cdots, l'$ 使得式 (1.160) 成立, 则 $c \notin S$, 根据点与闭凸集严格分离定理 (定理 1.11), 存在 $d \in \mathbb{R}^n$ 及 $\alpha \in \mathbb{R}$ 使得

$$d^{\mathrm{T}} c < \alpha < d^{\mathrm{T}} a, \qquad \forall a \in S. \tag{1.163}$$

由于 $0 \in S$, 因此 $d^{\mathrm{T}} c < \alpha < 0$. 再注意到对任意 $\lambda > 0$ 及任意 $i = 1, 2, \cdots, l$ 皆有 $-\lambda a_i \in S$, 因此有

$$-d^{\mathrm{T}}(\lambda a_i) > \alpha, \quad \Rightarrow \quad d^{\mathrm{T}} a_i < -\frac{\alpha}{\lambda}, \tag{1.164}$$

令 $\lambda \to \infty$, 得到 $d^{\mathrm{T}} a_i \leqslant 0, i = 1, 2, \cdots, l$. 又注意到对任意 $\lambda > 0$ 及 $j = 1, 2, \cdots, l'$ 皆有 $\pm \lambda b_j \in S$, 因此有

$$d^{\mathrm{T}}(\lambda b_j) > \alpha, \quad d^{\mathrm{T}}(-\lambda b_j) > \alpha, \quad \Rightarrow \quad \frac{\alpha}{\lambda} < d^{\mathrm{T}} b_j < -\frac{\alpha}{\lambda}, \tag{1.165}$$

令 $\lambda \to \infty$, 得到 $d^{\mathrm{T}} b_j = 0, j = 1, 2, \cdots, l'$. 综上所述, 我们证明了 $x = d$ 是方程及不等式组 (1.157)~(1.159) 的解, 必要性得证. $\square$

设 $C \subseteq \mathbb{R}^n$, 对于 $x_0 \in \partial C$, 如果存在非零向量 a 使得

$$a^{\mathrm{T}} x \leqslant a^{\mathrm{T}} x_0, \qquad \forall x \in C, \tag{1.166}$$

则称超平面 $a^{\mathrm{T}} x = a^{\mathrm{T}} x_0$ 是 C 在 x_0 点的**承托超平面** (supporting hyperplane).

须指出的是, 并不是每个集合在它的边界点处都有承托超平面. 但如果 C 是凸集, 则承托超平面的存在性是有保障的, 这就是下列定理.

定理 1.13 设 $D \subseteq \mathbb{R}^n$ 是非空凸集, 则它在任意 $x_0 \in \partial D$ 处都有承托超平面.

证明 如果 D 没有内点, 则 D 必位于某个超平面 $a^{\mathrm{T}} x = c$ 中, 此时结论显然成立. 如果 D 有内点, 则 D 内部 D° 是非空凸集, 对于任意 $x_0 \in \partial D$, 由于 $\{x_0\}$ 与 D° 是不相交的非空凸集, 根据凸集分离定理, 存在 $a \in \mathbb{R}^n$ 使得

$$a^{\mathrm{T}} x \leqslant c \leqslant a^{\mathrm{T}} x_0, \qquad \forall x \in D^\circ, \tag{1.167}$$

由于 D 是凸集, 因此 D 中每个点都是 D° 的聚点 (第 1 章习题 24), 由线性函数 $a^{\mathrm{T}} x$ 的连续性得

$$a^{\mathrm{T}} x \leqslant a^{\mathrm{T}} x_0, \qquad \forall x \in D. \tag{1.168}$$

$\square$

1.5 锥

1.5.1 锥和凸锥

设 $C \subseteq \mathbb{R}^n$, 如果对任意 $x \in C$ 及非负实数 θ 皆有 $\theta x \in C$, 则称 C 是**锥 (cone)**; 如果 C 还是凸集, 则称 C 是**凸锥 (convex cone)**.

如果 C 是凸锥, 则对任意 $x_1, x_2 \in C$ 及 $\theta_1, \theta_2 \geqslant 0$ 皆有

$$\theta_1 x_1 + \theta_2 x_2 \in C. \tag{1.169}$$

事实上, 如果 θ_1、θ_2 皆为 0, 则结论显然成立; 如果 θ_1 和 θ_2 中至少有一个大于 0, 则

$$\theta_1 x_1 + \theta_2 x_2 = (\theta_1 + \theta_2) \left(\frac{\theta_1}{\theta_1 + \theta_2} x_1 + \frac{\theta_2}{\theta_1 + \theta_2} x_2 \right) \in C. \tag{1.170}$$

条件 (1.169) 也是 C 为凸锥的充分条件.

对于 $x_1, x_2, \cdots, x_k \in \mathbb{R}^n$, 称形如

$$\theta_1 x_1 + \theta_2 x_2 + \cdots + \theta_k x_k, \qquad \theta_i \geqslant 0, i = 1, 2, \cdots, k \tag{1.171}$$

的线性组合为 $x_1, x_2, \cdots, x_k$ 的**非负线性组合 (nonnegative linear combination)** 或**锥组合 (conic combination)**.

设 $E \subseteq \mathbb{R}^n$, 将 E 中的点的所有有限锥组合所构成的集合记作 cone(E), 称为 E 的**锥包 (conic hull)**, 即

$$\mathrm{cone}(E) := \left\{ \sum_{i=1}^{k} \theta_i x_i : x_i \in E, \theta_i \geqslant 0, i = 1, 2, \cdots, k, \ k \in \mathbb{N} \right\}. \tag{1.172}$$

不难发现, E 的锥包是包含 E 的最小凸锥.

例 1.11 考虑下列点集

$$\mathbb{R}_+^n = \{ x = (x_1, x_2, \cdots, x_n)^{\mathrm{T}} : x_i \geqslant 0, i = 1, 2, \cdots, n \}, \tag{1.173}$$

不难验证 $\mathbb{R}_+^n$ 是一个凸锥, 称为**非负象限 (nonnegative orthannt)**.

例 1.12 考虑下列点集

$$C = \{ (x, t) : x \in \mathbb{R}^n, t \geqslant 0, \|x\|_2 \leqslant t \}, \tag{1.174}$$

则 C 是 $\mathbb{R}^{n+1}$ 中的凸锥. 事实上, 对任意 $(x_1, t_1), (x_2, t_2) \in C$ 及 $\theta_1, \theta_2 \geqslant 0$ 皆有

$$\|\theta_1 x_1 + \theta_2 x_2\|_2 \leqslant \theta_1 \|x_1\|_2 + \theta_2 \|x_2\|_2 \leqslant \theta_1 t_1 + \theta_2 t_2, \tag{1.175}$$

因此

$$(\theta_1 x_1 + \theta_2 x_2, \theta_1 t_1 + \theta_2 t_2) \in C. \tag{1.176}$$

这个凸锥称为**二次锥 (second-order cone)**.

例 1.13 我们称一个 n 阶实对称矩阵 A 是**半正定的** (positive semidefinite), 如果

$$x^{\mathrm{T}} A x \geqslant 0, \qquad \forall x \in \mathbb{R}^n. \tag{1.177}$$

如果 A 还满足 $x^{\mathrm{T}} A x = 0 \Leftrightarrow x = 0$, 则称 A 是**正定的** (positive definite). 记 $\mathbf{S}_{\mathrm{y}}^n$ 为 n 阶实对称矩阵的集合, 则 $\mathbf{S}_{\mathrm{y}}^n$ 是 $\mathbb{R}^{n \times n}$ 的线性子空间, 其中, $\mathbb{R}^{n \times n}$ 表示所有 $n \times n$ 的实矩阵所构成的线性空间. $\mathbf{S}_{\mathrm{y}}^n$ 中的半正定矩阵所构成的集合记作 $\mathbf{S}_{\mathrm{y}+}^n$, 下面证明 $\mathbf{S}_{\mathrm{y}+}^n$ 是一个凸锥. 事实上, 对任意 $A_1, A_2 \in \mathbf{S}_{\mathrm{y}+}^n$ 及 $\theta_1, \theta_2 \geqslant 0$ 皆有

$$x^{\mathrm{T}}(\theta_1 A_1 + \theta_2 A_2) x = \theta_1 x^{\mathrm{T}} A_1 x + \theta_2 x^{\mathrm{T}} A_2 x \geqslant 0, \qquad \forall x \in \mathbb{R}^n, \tag{1.178}$$

因此 $\theta_1 A_1 + \theta_2 A_2 \in \mathbf{S}_{\mathrm{y}+}^n$. 称 $\mathbf{S}_{\mathrm{y}+}^n$ 为**半正定锥** (positive semidefinite cone). $\mathbf{S}_{\mathrm{y}}^n$ 中的正定矩阵所构成的集合记作 $\mathbf{S}_{\mathrm{y}++}^n$, 它实际上是 $\mathbf{S}_{\mathrm{y}+}^n$ 的内部.

1.5.2 广义不等式

设 $K \subseteq \mathbb{R}^n$ 是闭的凸锥, 如果它还满足:

i). K 是实心的 (solid), 即具有非空的内部;

ii). K 是尖的 (pointed), 即不包含任何直线, 也就是说如果 $x \in K \setminus \{0\}$, 则 $-x \notin K$.

则称 K 是一个**正常锥** (proper cone).

如果 K 是一个正常锥, 则可以利用它在 $\mathbb{R}^n$ 上定义一个偏序关系 "$\preceq_K$":

$$x \preceq_K y \qquad \Leftrightarrow \qquad y - x \in K. \tag{1.179}$$

这种偏序关系具有与实数集上的 "$\leqslant$" 关系类似的性质.

i). 自返性: $x \preceq_K x, \forall x \in \mathbb{R}^n$.

ii). 传递性: 如果 $x \preceq_K y$ 且 $y \preceq_K z$, 则 $x \preceq_K z$.

iii). 反对称性: 如果 $x \preceq_K y$ 且 $y \preceq_K x$, 则 $x = y$.

iv). 如果 $x \preceq_K y, u \preceq_K v$, 则 $x + u \preceq_K y + v$.

v). 如果 $x \preceq_K y, \lambda \geqslant 0$, 则 $\lambda x \preceq_K \lambda y$.

vi). 如果 $x_m \preceq_K y_m, m = 1, 2, \cdots$, 且 $\lim\limits_{m \to \infty} x_m = x$, $\lim\limits_{m \to \infty} y_m = y$, 则 $x \preceq_K y$.

但需要指出的是, $\preceq_K$ 并不是全序关系, 即存在 $x, y \in \mathbb{R}^n$ 使得 $x \preceq_K y$ 和 $y \preceq_K x$ 都不成立, 这是与实数集上的 "$\leqslant$" 关系不同的地方.

对于正常锥 K, 我们定义严格偏序关系 "$\prec_K$" 如下:

$$x \prec_K y \qquad \Leftrightarrow \qquad y - x \in K^\circ, \tag{1.180}$$

其中, K° 表示 K 的内部. $\prec_K$ 与实数集上的 "$<$" 关系类似, 具有下列性质.

i). 反自返性: 对任意 $x \in \mathbb{R}^n$, $x \prec_K x$ 都不成立.

ii). 传递性: 如果 $x \prec_K y$ 且 $y \prec_K z$, 则 $x \prec_K z$.

iii). 非对称性: 对于任意 $x, y \in \mathbb{R}^n$, $x \prec_K y$ 与 $y \prec_K x$ 不能同时成立.

iv). 如果 $x \prec_K y$, 则 $x \preceq_K y$.

v). 如果 $x \prec_K y, u \prec_K v$, 则 $x + u \prec_K y + v$.

vi). 如果 $x \prec_K y, \lambda > 0$, 则 $\lambda x \prec_K \lambda y$.

vii). 如果 $x \prec_K y$, 且 $\|u\|_2$ 足够小, 则 $x + u \prec_K y + u$.

通常把由某个正常锥 K 定义的偏序关系 $\preceq_K$ 和 $\prec_K$ 称为**广义不等式** (generalized inequality).

例 1.14 设 $K = \mathbb{R}_+^n$, 即例 1.11定义的非负象限, 它是一个正常锥. 由 K 定义的偏序关系和严格偏序关系就是之前已经使用过的 $\preceq$ 和 $\prec$, 即对任意 $a = (a_1, a_2, \cdots, a_n)^{\mathrm{T}}$ 及 $b = (b_1, b_2, \cdots, b_n)^{\mathrm{T}}$,

$$a \preceq b \qquad \Leftrightarrow \qquad a_i \leqslant b_i, i = 1, 2, \cdots, n, \tag{1.181}$$

$$a \prec b \qquad \Leftrightarrow \qquad a_i < b_i, i = 1, 2, \cdots, n. \tag{1.182}$$

例 1.15 设 $K = \mathbf{S}_{y+}^n$, 即在例 1.13中定义的半正定锥, 它是 $\mathbf{S}_y^n$ 中的正常锥. 由它定义的偏序关系 $\preceq_K$ 和严格偏序关系 $\prec_K$ 为

$$A \preceq_K B \qquad \Leftrightarrow \qquad B - A \text{ 是半正定的}, \tag{1.183}$$

$$A \prec_K B \qquad \Leftrightarrow \qquad B - A \text{ 是正定的}. \tag{1.184}$$

以后我们会将 $\preceq_K$ 和 $\prec_K$ 的脚标省略, 简单地记作 $\preceq$ 和 $\prec$, 即如果 A、B 都是 n 阶实对称矩阵, 则 $A \preceq B$ 表示 $B - A$ 是半正定的, $A \prec B$ 表示 $B - A$ 是正定的, $A \succeq 0$ 表示 A 是半正定的, $A \succ 0$ 表示 A 是正定的, 等等.

1.5.3 最小元与极小元

对于由正常锥 K 定义的偏序关系 $\preceq_K$, 由于它不是全序关系, 因此有些元素是不能比较大小的. 例如, $\mathbb{R}^2$ 上由非负象限 $\mathbb{R}_+^2$ 定义的偏序关系 $\preceq$, 对于 $x = (1, 2)^{\mathrm{T}}$ 和 $y = (2, 1)^{\mathrm{T}}$, 由于 $x - y$ 和 $y - x$ 都不属于 $\mathbb{R}_+^2$, 因此 $x \preceq y$ 和 $y \preceq x$ 都不成立, 即 x 与 y 在这种偏序关系下不能比较大小.

设 $\preceq_K$ 是 $\mathbb{R}^n$ 上的一个偏序关系, $S \subseteq \mathbb{R}^n$, 称 $x \in S$ 是 S 的**最小元** (minimum element), 如果

$$x \preceq_K y, \qquad \forall y \in S. \tag{1.185}$$

称 $x \in S$ 是 S 的**极小元** (minimal element), 如果

$$y \in S, y \preceq_K x, \qquad \Rightarrow \qquad y = x. \tag{1.186}$$

必须指出的是, 在一般的偏序集中, 最小元和极小元是有区别的. 例如, 对于 $\mathbb{R}^2$ 的子集

$$S = \{(x_1, x_2)^{\mathrm{T}} : 0 \leqslant x_1 \leqslant 1, 1 - x_1 \leqslant x_2 \leqslant 1\}, \tag{1.187}$$

$(1, 0)^{\mathrm{T}}$ 是 S 在偏序关系 $\preceq$ 下的极小元, 但不是最小元, 这是因为在 S 中满足 $(x_1, x_2)^{\mathrm{T}} \preceq (1, 0)^{\mathrm{T}}$ 的点只有 $(1, 0)^{\mathrm{T}}$ 自己, 而且 S 中还有许多像 $(1/2, 2/3)^{\mathrm{T}}$ 这样的点无法与 $(1, 0)^{\mathrm{T}}$ 比较大小.

称 $x \in S$ 是 S 的**最大元** (maximum element), 如果

$$y \preceq_K x, \qquad \forall y \in S. \tag{1.188}$$

称 $x \in S$ 是 S 的**极大元** (maximal element), 如果

$$y \in S, \; x \preceq_K y, \qquad \Rightarrow \qquad y = x. \tag{1.189}$$

同样地, 在一般的偏序集中, 最大元和极大元是有区别的.

对于给定的点 $x \in \mathbb{R}^n$, 由于 $x \preceq_K y$ 当且仅当 $y \in x + K$, 因此 $\mathbb{R}^n$ 中满足 $x \preceq_K y$ 的点的集合为 $x + K$, 即将正常锥 K 作平移, 使其顶点位于点 x 处. 由此得到 x 是 $S \subseteq \mathbb{R}^n$ 的最小元的充分必要条件是

$$S \subseteq x + K. \tag{1.190}$$

由于 $y \preceq_K x$ 当且仅当 $x - y \in K$, 也即 $y \in x - K$, 因此 $\mathbb{R}^n$ 中满足 $y \preceq_K x$ 的点的集合为 $x - K$, 从而 x 是 S 的极小元的充分必要条件是

$$S \cap (x - K) = \{x\}. \tag{1.191}$$

1.6 对 偶 锥

1.6.1 对偶锥

设 $K \subseteq \mathbb{R}^n$ 是一个锥, 称

$$K^* := \{y \in \mathbb{R}^n : x^{\mathrm{T}} y \geqslant 0, \forall x \in K\} \tag{1.192}$$

为 K 的**对偶锥** (dual cone).

例 1.16   如果 V 是 $\mathbb{R}^n$ 的线性子空间, 则

$$V^* = V^{\perp} := \{y \in \mathbb{R}^n : y^{\mathrm{T}} x = 0, \; \forall x \in V\}, \tag{1.193}$$

即 V 的**正交补** (orthogonal complement), 这是因为 $y \in V^*$ 当且仅当 $y^{\mathrm{T}} x \geqslant 0, \forall x \in V$, 由于 V 是线性空间, $-x \in V$, 因此这又等价于

$$y^{\mathrm{T}} x \geqslant 0, \qquad y^{\mathrm{T}}(-x) \geqslant 0, \qquad \forall x \in V, \tag{1.194}$$

由此推出 $y^{\mathrm{T}} x = 0, \forall x \in V$, 即 $y \in V^{\perp}$.

例 1.17   考虑非负象限 $K = \mathbb{R}^n_+$, $y \in K^*$ 当且仅当

$$y^{\mathrm{T}} x \geqslant 0, \qquad \forall x \succeq 0, \tag{1.195}$$

只有当 $y \succeq 0$ 时才满足上述条件, 因此 $K^* = K$, 即 $K = \mathbb{R}^n_+$ 是**自对偶的** (self-dual).

命题 1.8　对偶锥具有下列性质:

i).　任何一个锥 K 的对偶锥 K^* 都是闭凸锥;

ii).　如果 $K_1 \subseteq K_2$, 则 $K_2^* \subseteq K_1^*$;

iii).　如果 K 的内部非空, 则 K^* 是尖的 (pointed), 即 $\pm x \in K^* \Leftrightarrow x = 0$;

iv).　K^{**} 是 $\mathrm{conv}(K)$ 的闭包, 即 K 的凸包的闭包.

证明　i). 对任意 $y_1, y_2 \in K^*$ 及 $\theta_1, \theta_2 \geqslant 0$ 皆有

$$(\theta_1 y_1 + \theta_2 y_2)^{\mathrm{T}} x = \theta_1 y_1^{\mathrm{T}} x + \theta_2 y_2^{\mathrm{T}} x \geqslant 0, \qquad \forall x \in K, \tag{1.196}$$

因此 K^* 是凸锥. 设若 $\{y_n\} \subseteq K^*, y_n \to y_0$, 则

$$y_0^{\mathrm{T}} x = \lim_{n \to \infty} y_n^{\mathrm{T}} x \geqslant 0, \qquad \forall x \in K, \tag{1.197}$$

因此 $y_0 \in K^*$, 这就证明了 K^* 是闭的.

ii). 从对偶锥的定义可以直接得到.

iii). 如果 K 具有非空的内部, 则存在内点 x_0, 于是对任意 $u \in \mathbb{R}^n$, 存在 $\delta > 0$, 使得当 $|\lambda| < \delta$ 时恒有 $x_0 + \lambda u \in K$. 如果 $\pm y \in K^*$, 则有

$$y^{\mathrm{T}}(x_0 + \lambda u) \geqslant 0, \qquad -y^{\mathrm{T}}(x_0 + \lambda u) \geqslant 0, \tag{1.198}$$

$$\Rightarrow \qquad y^{\mathrm{T}}(x_0 + \lambda u) = 0, \tag{1.199}$$

由于式 (1.199) 对所有满足 $|\lambda| < \delta$ 的实数 λ 都成立, 因此必有 $y^{\mathrm{T}} u = 0$. 由 $u \in \mathbb{R}^n$ 的任意性可以得到 $y = 0$, 这就证明了 K^* 是尖锥.

iv). 只需要证明任何一个包含 K 的闭凸集必包含 K^{**} 即可. 对任意 $x \in K^{**}$, 按照定义有

$$x^{\mathrm{T}} y \geqslant 0, \qquad \forall y \in K^*. \tag{1.200}$$

设 J 是包含 K 的闭凸集, 如果 $x \notin J$, 则 x 必是 J 的外点, 根据点与闭凸集严格分离定理 (定理 1.11), 存在 $z \in \mathbb{R}^n$ 使得

$$z^{\mathrm{T}} x < \alpha < z^{\mathrm{T}} w, \qquad \forall w \in J, \tag{1.201}$$

特别地, 取 $w = 0$, 得到 $\alpha < 0$. 再注意到对于 $w \in K$ 及任意实数 $t > 0$ 皆有 $tw \in K$, 从而有

$$z^{\mathrm{T}}(tw) > \alpha, \qquad \Rightarrow \qquad z^{\mathrm{T}} w > \frac{\alpha}{t}, \qquad \forall w \in K, t > 0, \tag{1.202}$$

由此推出 $z^{\mathrm{T}} w \geqslant 0, \forall w \in K$, 从而 $z \in K^*$; 再由式 (1.201) 的前一个不等式得 $z^{\mathrm{T}} x < \alpha < 0$, 但这与式 (1.200) 矛盾, 因此必有 $x \in J$. 这就证明了 $K^{**} \subseteq J$. $\square$

推论 1.5　如果 K 是正常锥, 则 K^* 也是, 且有 $K^{**} = K$.

1.6.2 对偶广义不等式

设 $K \subseteq \mathbb{R}^n$ 是一个正常锥,则可以定义偏序关系 "$\preceq_K$",同时根据推论 1.5,K^* 也是正常锥,因此又可以定义偏序关系 "$\preceq_{K^*}$",那么这两个偏序关系有什么联系呢?

定理 1.14 设 K 是 $\mathbb{R}^n$ 中的正常锥,K^* 是其对偶锥,则有

i). $x \preceq_K y$ 当且仅当 $\lambda^T x \leqslant \lambda^T y, \forall \lambda \succeq_{K^*} 0$;

ii). $x \prec_K y$ 当且仅当 $\lambda^T x < \lambda^T y, \forall \lambda \succeq_{K^*} 0, \lambda \neq 0$.

证明 i). $x \preceq_K y$ 当且仅当 $y - x \in K$,按照对偶锥的定义,这又等价于

$$\lambda^T(y - x) \geqslant 0, \qquad \forall \lambda \in K^*, \tag{1.203}$$

即 $\lambda^T x \leqslant \lambda^T y, \forall \lambda \succeq_{K^*} 0$.

ii). 证明留作课后练习 (本章习题 34). $\square$

例 1.18 由于 $K = \mathbb{R}^n_+$ 是自对偶的,因此 $\preceq_K$ 和 $\preceq_{K^*}$ 是同一个,即 $\preceq$. 设 A 是 $m \times n$ 的实矩阵,考察广义不等式 $Ax \preceq b$,它的对偶描述为

$$\lambda^T A x \preceq \lambda^T b, \qquad \forall \lambda \succeq 0. \tag{1.204}$$

设 $K \subseteq \mathbb{R}^n$ 是正常锥,从而在 $\mathbb{R}^n$ 上定义了一个偏序关系 $\preceq_K$. 设 S 是 $\mathbb{R}^n$ 的子集,如果 $x \in S$ 是 S 的最小元,则对任意 $z \in S$ 皆有 $x \preceq_K z$,于是有

$$\lambda^T x \leqslant \lambda^T z, \qquad \forall \lambda \succeq_{K^*} 0, z \in S. \tag{1.205}$$

现在取定 $\lambda \succ_{K^*} 0$,则 x 是函数 $f(z) := \lambda^T z$ 在 S 上的最小值点,而且是唯一的最小值点. 这是因为 $K^{**} = K$,根据定理 1.14,$\lambda \succ_{K^*} 0$ 当且仅当

$$u^T \lambda > 0, \qquad \forall u \succeq_K 0, u \neq 0, \tag{1.206}$$

也即

$$u^T \lambda > 0, \qquad \forall u \in K \setminus \{0\}, \tag{1.207}$$

如果 $x' \in S$ 也是函数 f 的最小值点,由于 x 是 S 关于偏序 $\preceq_K$ 的最小元,因此 $x \preceq_K x'$,从而 $x' - x \in K$;又因为 $\lambda^T x = \lambda^T x'$,因此 $(x' - x)^T \lambda = 0$,根据式 (1.207) 得 $x' - x = 0$,即 $x' = x$,因此 f 在 S 上的最小值点是唯一的.

反之,如果对任意 $\lambda \succ_{K^*} 0$,x 都是 $f(z) := \lambda^T z$ 在 S 上的唯一最小值点,则 x 一定是 S 的最小元,这是因为如果 x 不是 S 的最小元,则存在 $z_0 \in S$ 使得 $z_0 - x \notin K$,于是根据对偶锥的定义,存在 $\widetilde{\lambda} \in K^*$ 使得 $\widetilde{\lambda}^T(z_0 - x) < 0$,从而存在 $\widetilde{\lambda}$ 的某个邻域 $B(\widetilde{\lambda}, \delta)$,使得对所有 $\lambda \in B(\widetilde{\lambda}, \delta)$ 皆有 $\lambda^T(z_0 - x) < 0$,这个邻域必包含有 K^* 的内点,也即满足 $\lambda \succ_{K^*} 0$ 的点,对这些 λ 而言,x 不是 $f(z) = \lambda^T z$ 在 S 上的最小值点,矛盾.

综上所述,我们证明了如下定理.

定理 1.15 设 K 是 $\mathbb{R}^n$ 中的正常锥,K^* 是其对偶锥,$\preceq_K$ 和 $\preceq_{K^*}$ 分别是由 K 和 K^* 定义的偏序关系. 设 S 是 $\mathbb{R}^n$ 的任一非空子集,则 $x \in S$ 是 S 关于偏序关系 $\preceq_K$ 的最小元的充分必要条件是:对任意 $\lambda \succ_{K^*} 0$,x 是函数 $f(z) := \lambda^T z$ 在 S 上的唯一最小值点.

从几何的角度来看, x 是 S 关于偏序关系 $\preceq_K$ 的最小元的充分必要条件是: 对任意 $\lambda \succ_{K^*} 0$, 超平面

$$\lambda^{\mathrm{T}}(z - x) = 0, \qquad z \in \mathbb{R}^n \tag{1.208}$$

是 S 在 x 点的严格承托超平面 (超平面与 S 只有唯一的接触点).

拓展阅读建议

本章我们学习了 $\mathbb{R}^n$ 中的点集拓扑、上下极限、多元函数的 Taylor 公式、凸集、凸锥、对偶锥和广义不等式等知识, 这些知识是学习凸优化理论的必备知识, 在后续章节中将陆续用到, 希望读者认真学习, 打好基础. 关于点集拓扑和连续函数 (映射) 更多知识可参见文献 [3] 和 [4] 的第一章. 多变量的微分学和 Taylor 公式可参见文献 [1, 5]. 关于凸集、凸锥和广义不等式的更多例子和应用可参见文献 [6] 的第一章.

第 1 章习题

1. 证明集合的差运算的 De Morgan 律 (1.6).
2. 设 $A \in \mathbb{R}^{m \times n}, B \in \mathbb{R}^{n \times m}$, 试证明 $\mathrm{tr}(AB) = \mathrm{tr}(BA)$.
3. 设 $A \in \mathbb{R}^{m \times n}, x \in \mathbb{R}^n$, 试证明

$$\|Ax\|_2 \leqslant \|A\|_F \|x\|_2. \tag{1.209}$$

4. 设 A 和 B 都是 $\mathbb{R}^n$ 的子集, 且 $A \subseteq B$, 试证明

$$A^\circ \subseteq B^\circ, \qquad \overline{A} \subseteq \overline{B}. \tag{1.210}$$

5. 请证明命题 1.1.
6. 设 $x_n = n/(n+1) + 1/(-2)^n$, $n = 1, 2, \cdots$, 求数列 $\{x_n\}$ 的上极限和下极限.
7. 设 $f(x) = \sin(1/x)$, 求下列上极限和下极限:

$$\varlimsup_{x \to 0} f(x), \qquad \varliminf_{x \to 0} f(x). \tag{1.211}$$

8. 请证明 12~13 页上、下极限的性质.
9. 请证明命题 1.5.
10. 请证明命题 1.6.
11. 证明函数 $f(x) = \dfrac{1}{x}$ 在区间 $(1, 2]$ 上是一致连续的, 但在区间 $(0, 2]$ 上不是一致连续的.
12. 设函数 f 在开集 D 内有定义, $x_0 \in D$, 证明如果 f 在 x_0 点既是上半连续的又是下半连续的, 则 f 在 x_0 点连续.
13. 设 $a \in \mathbb{R}, b \in \mathbb{R}^n \setminus \{0\}$, 求函数 $\ln |a + b^{\mathrm{T}} x|$ 的梯度向量和 Hesse 矩阵.

14. 设 $f(x,y) = \sin(x+y)$, 求 f 在 $(0,0)$ 点的二阶 Taylor 公式.

15. 求点 $x_0 \in \mathbb{R}^n$ 到超平面 $a^{\mathrm{T}}x = c$ 的距离.

16. 证明 $\mathbb{R}^n$ 中的任何一个仿射集一定是某个线性方程组的解.

17. 请证明命题 1.7.

18. 请证明 $\mathbb{R}$ 中的凸集只能是区间 (或开或闭或半开半闭).

19. 设 A 是 n 阶实正定对称矩阵, 试证明

$$C := \left\{ x \in \mathbb{R}^n : \ x^{\mathrm{T}}Ax + b^{\mathrm{T}}x + c \leqslant 0 \right\} \tag{1.212}$$

是凸集.

20. 请证明引理 1.2.

21. 给定 $S_1, S_2 \subseteq \mathbb{R}^n$, 其中 S_1 是凸集, 定义

$$C := \{ x \in \mathbb{R}^n : \ x + S_2 \subseteq S_1 \}, \tag{1.213}$$

试证明 C 是凸集.

22. 请证明由式 (1.162) 定义的集合是闭凸集.

23. 设 C 是 $\mathbb{R}^n$ 中的凸集, 请证明 C° 也是凸集.

24. 设 C 是 $\mathbb{R}^n$ 中的凸集, 且 C° 非空. 试证明任意 $x \in C$ 都是 C° 的聚点.

25. 设 $A \in \mathbb{R}^{m \times n}, b \in \mathbb{R}^m$, 考虑关于 x 的方程及不等式组

$$Ax = b, \qquad x \succ 0, \tag{1.214}$$

及关于 λ 的不等式组

$$A^{\mathrm{T}}\lambda \succeq 0, \qquad A^{\mathrm{T}}\lambda \neq 0, \qquad b^{\mathrm{T}}\lambda \leqslant 0, \tag{1.215}$$

试证明式 (1.214) 有解当且仅当式 (1.215) 无解.

26. 考虑透视变换

$$p: \mathbb{R}^n \times \mathbb{R}_{++} \ \to \ \mathbb{R}^n, \quad (x,t) \ \mapsto \ x/t, \tag{1.216}$$

其中, $\mathbb{R}_{++}$ 表示正实数集. 试证明: 如果 $C \subseteq \mathbb{R}^n \times \mathbb{R}_{++}$ 是凸集, 则它在透视变换下的像 $p(C)$ 也是凸集.

27. 考虑分式线性变换

$$f(x) = \frac{Ax + b}{c^{\mathrm{T}}x + d}, \tag{1.217}$$

其中, $A \in \mathbb{R}^{m \times n}, b \in \mathbb{R}^m, c \in \mathbb{R}^n, d \in \mathbb{R}$. 这个映射的定义域是

$$\mathcal{D} := \{ x \in \mathbb{R}^n : \ c^{\mathrm{T}}x + d > 0 \}. \tag{1.218}$$

设 $C \subseteq \mathcal{D}$ 是凸集, 试证明它在分式线性变换下的像 $f(C)$ 也是凸集.

28. 设 C 和 D 是 $\mathbb{R}^n$ 的子集, 考虑集合

$$S := \left\{ (a,b) \in \mathbb{R}^{n+1} : \; a^{\mathrm{T}}x \leqslant b \leqslant a^{\mathrm{T}}y, \; \forall\, x \in C, \; y \in D \right\}, \tag{1.219}$$

试证明 S 是 $\mathbb{R}^{n+1}$ 中的凸锥.

29. 请分别给出一个二维实心锥 (solid cone)、尖锥 (pointed cone)、正常锥 (proper cone) 的例子.

30. 设 K 是正常锥, K° 是 K 的内部, 试证明对任意 $x, y \in K^{\circ}$ 及不全为零的非负实数 λ_1, λ_2 皆有 $\lambda_1 x + \lambda_2 y \in K^{\circ}$.

31. 请证明 2.5.2 节定义的严格偏序 $\prec_K$ 的性质 i)~vii).

32. 设 $A \in \mathbb{R}^{m \times n}$, 求 $\{Ax : x \succeq 0\}$ 的对偶锥.

33. 记

$$K := \left\{ x = (x_1, x_2, x_3)^{\mathrm{T}} : \; x_1 \geqslant x_2 \geqslant x_3 \geqslant 0 \right\}, \tag{1.220}$$

请证明 K 是正常锥 (proper·cone), 并求出其对偶锥.

34. 证明定理 1.14 之 ii).

35. 设 $K \subseteq \mathbb{R}^n$ 是正常锥, S 是 $\mathbb{R}^n$ 的子集, 试证明如果 x 是 S 在偏序关系 $\preceq_K$ 下的极小元, 则 $x \in \partial S$ (x 是 S 的边界点).

凸　函　数

2.1　凸函数的定义及判定

2.1.1　凸函数的定义

定义 2.1　设 $C \subseteq \mathbb{R}^n$ 是凸集, f 是定义在 C 上的实值函数, 如果

$$f((1-\theta)x + \theta y) \leqslant (1-\theta)f(x) + \theta f(y), \qquad \forall x, y \in C,\, 0 < \theta < 1, \tag{2.1}$$

则称 f 是 C 上的**凸函数 (convex function)**; 如果

$$f((1-\theta)x + \theta y) < (1-\theta)f(x) + \theta f(y), \qquad \forall x, y \in C,\, x \neq y,\, 0 < \theta < 1, \tag{2.2}$$

则称 f 是 C 上的**严格凸函数 (strictly convex function)**.

对于定义在凸集 C 上的函数 f, 如果 $-f$ 是凸的, 则称 f 是**凹的 (concave)**; 如果 $-f$ 是严格凸的, 则称 f 是**严格凹的 (strictly concave)**.

如果 f 是凸集 C 上的凸函数, 则对于任意的 $x_1, x_2, x_3 \in C$, f 在凸组合 $\lambda_1 x_1 + \lambda_2 x_2 + \lambda_3 x_3$ 上的函数值满足

$$\begin{aligned}
f(\lambda_1 x_1 + \lambda_2 x_2 + \lambda_3 x_3) &= f\left((\lambda_1 + \lambda_2)\frac{\lambda_1 x_1 + \lambda_2 x_2}{\lambda_1 + \lambda_2} + \lambda_3 x_3\right) \\
&\leqslant (\lambda_1 + \lambda_2) f\left(\frac{\lambda_1 x_1 + \lambda_2 x_2}{\lambda_1 + \lambda_2}\right) + \lambda_3 f(x_3) \\
&\leqslant (\lambda_1 + \lambda_2)\left[\frac{\lambda_1 f(x_1)}{\lambda_1 + \lambda_2} + \frac{\lambda_2 f(x_2)}{\lambda_1 + \lambda_2}\right] + \lambda_3 x_3 \\
&= \lambda_1 f(x_1) + \lambda_2 f(x_2) + \lambda_3 f(x_3), \tag{2.3}
\end{aligned}$$

即 f 在 C 中任意 3 个点的凸组合点处的函数值小于或等于这三个点的函数值的凸组合. 这个条件显然也是 f 为凸函数的充分条件. 更一般地, 有下列结果.

命题 2.1 设 $f(x)$ 是定义在凸集 C 的上实值函数, 则 f 为凸函数的充分必要条件是

$$f\left(\sum_{i=1}^{k} \lambda_i x_i\right) \leqslant \sum_{i=1}^{k} \lambda_i f(x_i), \qquad \forall x_i \in C, 0 < \lambda_i < 1, i = 1, 2, \cdots, k, \sum_{i=1}^{n} \lambda_i = 1. \quad (2.4)$$

2.1.2 一元凸函数的判定

如果 f 是 $[a, b]$ 上的可微函数, 则可以借助导数来判断它是否为凸函数. 对于任意 $a \leqslant x < y \leqslant b$, 令

$$\varphi(t) = f((1-t)x + ty) - (1-t)f(x) - tf(y), \quad (2.5)$$

则 $\varphi(0) = 0, \varphi(1) = 0$, 计算 φ 的导数得到

$$\varphi'(t) = f'((1-t)x + ty)(y - x) - [f(y) - f(x)], \quad (2.6)$$

如果 $f'(x)$ 在 $[a, b]$ 上是单调增加的, 则 $\varphi'(t)$ 在 $[0, 1]$ 上是单调增加的. 根据 Lagrange 中值定理, 存在 $x < \xi < y$ 使得

$$f(y) - f(x) = f'(\xi)(y - x), \quad (2.7)$$

因此有

$$\varphi'(0) = f'(x)(y - x) - [f(y) - f(x)] = f'(x)(y - x) - f'(\xi)(y - x) \leqslant 0, \quad (2.8)$$

$$\varphi'(1) = f'(y)(y - x) - [f(y) - f(x)] = f'(y)(y - x) - f'(\xi)(y - x) \geqslant 0, \quad (2.9)$$

记 $t_0 = \inf\{t \in [0, 1] : \varphi'(t) \geqslant 0\}$, 则在 $[0, t_0]$ 上有 $\varphi'(t) \leqslant 0$, 在 $[t_0, 1]$ 上有 $\varphi'(t) \geqslant 0$, 也即在 $[0, t_0]$ 上 φ 是单调递减的, 在 $[t_0, 1]$ 上 φ 是单调递增的, 由于 $\varphi(0) = \varphi(1) = 0$, 因此必有

$$\varphi(t) \leqslant 0, \qquad \forall t \in [0, 1], \quad (2.10)$$

也即

$$f((1-t)x + ty) \leqslant (1-t)f(x) + tf(y). \quad (2.11)$$

综上所述, 我们证明了如下定理.

定理 2.1 设 f 是 $[a, b]$ 上的可微函数, 且其导数 f' 在 $[a, b]$ 上单调增加, 则 f 是 $[a, b]$ 上的凸函数.

如果 f' 在 $[a, b]$ 上是严格单调增加的, 则用同样的方法可以证明 f 在 $[a, b]$ 上是严格凸的, 这就是下列推论.

推论 2.1 设 f 是 $[a, b]$ 上的可微函数, 且其导数 f' 在 $[a, b]$ 上严格单调增加, 则 f 是 $[a, b]$ 上的严格凸函数.

如果 $f(x)$ 在 $[a,b]$ 上存在二阶导数, 则可以利用二阶导数的符号来确定一阶导数的单调性, 因此有下列推论.

推论 2.2 设 f 在 $[a,b]$ 上存在二阶导数. 如果 f'' 在 $[a,b]$ 非负, 则 f 是 $[a,b]$ 上的凸函数; 如果 f'' 在 $[a,b]$ 上非负, 且至多在其中有限个点上 $f''(x) = 0$, 则 f 是 $[a,b]$ 上的严格凸函数.

例 2.1 对于线性函数 $f_1(x) = ax + b$, 由于 $f_1''(x) = 0, \forall x \in \mathbb{R}$, 因此它在 $\mathbb{R}$ 上既是凸的又是凹的.

对于二次函数 $f_2(x) = ax^2 + bx + c$, 由于 $f_2''(x) = 2a$, 因此当 $a > 0$ 时, 它是 $\mathbb{R}$ 上的严格凸函数; 当 $a < 0$ 时, 它是 $\mathbb{R}$ 上的严格凹函数.

对于指数函数 $f_3(x) = a^x$ $(a > 0, a \neq 1)$, 由于 $f_3''(x) = a^x \ln^2 a > 0$, 因此它是 $\mathbb{R}$ 上的严格凸函数.

对于对数函数 $f_4(x) = \log_a x$ $(a > 0, a \neq 1)$, 由于 $f_4''(x) = -1/(x^2 \ln a)$, 因此当 $0 < a < 1$ 时, 它是 $(0, \infty)$ 上的严格凸函数; 当 $a > 1$ 时, 它是 $(0, \infty)$ 上的严格凹函数.

2.1.3 多元凸函数的判定

接下来讨论保证多元函数 $f : C(\subseteq \mathbb{R}^n) \to \mathbb{R}$ 的凸性的条件. 假设 f 在 C 上可微, 则对任意 $x, y \in C$, 由一阶 Taylor 公式得到

$$f(y) = f(x) + (y - x)^{\mathrm{T}} \nabla f(x) + R(x, y), \tag{2.12}$$

直观来看, 如果 f 是凸函数, 则 $z = f(y)$ 的图像应该位于超平面 $z = f(x) + (y - x)^{\mathrm{T}} \nabla f(x)$ 的上方, 因此有

$$f(y) \geqslant f(x) + (y - x)^{\mathrm{T}} \nabla f(x), \tag{2.13}$$

这个条件其实是 f 为凸函数的充分必要条件, 严格证明这一点需要用到下列引理.

引理 2.1 设 C 是 $\mathbb{R}^n$ 中的凸集, $f : C \to \mathbb{R}$ 是 C 上的凸函数, $x, y \in C$ 且 $x \neq y$, 令

$$\psi(t) := \frac{f(x + t(y - x)) - f(x)}{t} \tag{2.14}$$

则 $\psi(t)$ 是 $(0, 1]$ 上的单调增加的函数, 且 $\psi(t) \leqslant f(y) - f(x)$. 如果 f 在 C 上是严格凸的, 则 $\psi(t)$ 在 $(0, 1]$ 上是严格单调增加的, 且 $\psi(t) < f(y) - f(x), \forall 0 < t < 1$.

证明 对于任意的 $x \in C$, 如果 $h \in \mathbb{R}^n$ 使得 $x + h \in C$, 则由 f 的凸性得

$$\begin{aligned}
\frac{f(x + th) - f(x)}{t} &= \frac{f((1-t)x + t(x+h)) - f(x)}{t} \\
&\leqslant \frac{(1-t)f(x) + tf(x+h) - f(x)}{t} \\
&= f(x + h) - f(x), \qquad \forall t \in (0, 1].
\end{aligned} \tag{2.15}$$

在式 (2.15) 中令 $h = y - x$, 立刻得到

$$\psi(t) \leqslant f(y) - f(x), \qquad \forall t \in (0, 1]. \tag{2.16}$$

如果 $0 < t_1 < t_2 \leqslant 1$, 则

$$\psi(t_1) = \frac{f(x + t_1(y - x)) - f(x)}{t_1} = \frac{1}{t_2} \frac{f\left(x + \dfrac{t_1}{t_2} t_2(y - x)\right) - f(x)}{\dfrac{t_1}{t_2}}$$

$$\leqslant \frac{1}{t_2}[f(x + t_2(y - x)) - f(x)] = \psi(t_2), \tag{2.17}$$

其中的不等式用到了式 (2.15), 这就证明了 ψ 的单调性. 如果 f 在 C 上是严格凸的, 则当非零的 $h \in \mathbb{R}^n$ 满足 $x + h \in C$ 时有

$$\frac{f(x + th) - f(x)}{t} = \frac{f((1-t)x + t(x+h)) - f(x)}{t}$$

$$< \frac{(1-t)f(x) + tf(x+h) - f(x)}{t}$$

$$= f(x+h) - f(x), \qquad \forall\, t \in (0,1). \tag{2.18}$$

在式 (2.18) 中令 $h = y - x$ 便得到

$$\psi(t) < f(y) - f(x), \qquad \forall\, 0 < t < 1. \tag{2.19}$$

当 $0 < t_1 < t_2 \leqslant 1$ 时, 利用式 (2.18) 得到

$$\psi(t_1) = \frac{f(x + t_1(y - x)) - f(x)}{t_1} = \frac{1}{t_2} \frac{f\left(x + \dfrac{t_1}{t_2} t_2(y - x)\right) - f(x)}{\dfrac{t_1}{t_2}}$$

$$< \frac{1}{t_2}[f(x + t_2(y - x)) - f(x)] = \psi(t_2), \tag{2.20}$$

这就证明了 ψ 的严格单调性. $\square$

现在我们可以给出定义在凸集上的可微函数的凸性的判定条件了.

定理 2.2 设 C 是 $\mathbb{R}^n$ 中的凸集, $f : C \to \mathbb{R}$ 是可微函数. 则 f 是凸函数当且仅当对任意 $x, y \in C$ 皆有不等式 (2.13), 或者说下列不等式成立

$$R(x, y) := f(y) - f(x) - (y - x)^{\mathrm{T}} \nabla f(x) \geqslant 0. \tag{2.21}$$

f 是严格凸函数当且仅当对任意 $x, y \in C, x \neq y$ 皆有

$$f(y) > f(x) + (y - x)^{\mathrm{T}} \nabla f(x), \tag{2.22}$$

或者说 $R(x, y) > 0$.

证明 先证必要性. 如果 f 是 C 上的凸函数, 根据引理 2.1, 对任意 $x, y \in C$ 及 $0 < t < 1$ 皆有

$$f(y) \geqslant f(x) + \frac{f(x + t(y - x)) - f(x)}{t}, \tag{2.23}$$

令 $t \to 0$ 便得到不等式 (2.13). 如果 f 是严格凸的, 根据引理 2.1, $\psi(t) := [f(x + t(y - x)) - f(x)]/t$ 在 $(0, 1)$ 上是严格单调增加的, 因此有

$$f(y) = f(x) + \psi(1) > f(x) + \psi\left(\frac{1}{2}\right) > f(x) + \psi(t), \qquad \forall 0 < t < \frac{1}{2}, \qquad (2.24)$$

令 $t \to 0$ 便得到式 (2.22).

再证充分性. 设若不等式 (2.13) 对任意 $x, y \in C$ 皆成立, 对任意给定的 $0 < \theta < 1$, 令 $w = \theta x + (1 - \theta)y$, 则有

$$f(x) \geqslant f(w) + (x - w)^{\mathrm{T}} \nabla f(w), \qquad (2.25)$$

$$f(y) \geqslant f(w) + (y - w)^{\mathrm{T}} \nabla f(w), \qquad (2.26)$$

分别用 θ 和 $1 - \theta$ 乘以式 (2.25) 和式 (2.26), 再相加, 得

$$\begin{aligned}
&\theta f(x) + (1 - \theta)f(y) \\
\geqslant{}& \theta f(w) + (1 - \theta)f(w) + [\theta(x - w) + (1 - \theta)(y - w)]^{\mathrm{T}} \nabla f(w) \\
={}& f(w), \qquad (2.27)
\end{aligned}$$

即

$$\theta f(x) + (1 - \theta)f(y) \geqslant f(\theta x + (1 - \theta)y), \qquad (2.28)$$

这就证明了 f 是凸函数.

如果不等式 (2.22) 对任意 $x, y \in C$ 皆成立, 用同样的方法可以证明

$$\theta f(x) + (1 - \theta)f(y) > f(\theta x + (1 - \theta)y), \qquad \forall x, y \in C,\ x \neq y,\ 0 < \theta < 1, \qquad (2.29)$$

即 f 是严格凸的. $\square$

定义 2.2 设 f 在凸集 $C \subseteq \mathbb{R}^n$ 上可微, 如果

$$\langle \nabla f(y) - \nabla f(x), y - x \rangle \geqslant 0, \qquad \forall x, y \in C, \qquad (2.30)$$

则称 f 在 C 上具有**单调梯度**.

定理 2.3 设 f 是定义在凸集 $C \subseteq \mathbb{R}^n$ 上的可微函数, 则 f 是凸函数当且仅当 f 在 C 上具有单调梯度.

证明 先证充分性. 对任意 $x, y \in C$, 考察下列函数

$$\varphi(t) := f((1 - t)x + ty) = f(x + t(y - x)), \qquad (2.31)$$

对其求导, 得

$$\varphi'(t) = (y - x)^{\mathrm{T}} \nabla f(x + t(y - x)), \qquad (2.32)$$

对于任意 $0 \leqslant \alpha < \beta \leqslant 1$ 皆有

$$\varphi'(\beta) - \varphi'(\alpha) = (y - x)^{\mathrm{T}}\left(\nabla f(x + \beta(y - x)) - \nabla f(x + \alpha(y - x))\right)$$
$$= \frac{1}{\beta - \alpha}\langle \nabla f(u) - \nabla f(v), u - v\rangle, \tag{2.33}$$

其中, $u = x + \beta(y - x), v = x + \alpha(y - x)$. 如果 f 在 C 上具有单调梯度, 则 $\varphi'(\beta) - \varphi'(\alpha) \geqslant 0$, 即 φ' 是单调增加的, 根据定理 2.1, φ 是 $[0,1]$ 上的凸函数, 从而有

$$\varphi(\lambda) = \varphi((1 - \lambda)\cdot 0 + \lambda \cdot 1) \leqslant (1 - \lambda)\varphi(0) + \lambda\varphi(1)$$
$$= (1 - \lambda)f(x) + \lambda f(y), \qquad \forall 0 < \lambda < 1, \tag{2.34}$$

也即

$$f((1 - \lambda)x + \lambda y) \leqslant (1 - \lambda)f(x) + \lambda f(y), \qquad \forall x, y \in C, 0 < \lambda < 1, \tag{2.35}$$

这就证明了 f 是 C 上的凸函数.

再证必要性. 如果 f 是 C 上的凸函数, 根据定理 2.2, 对任意 $x, y \in C$ 皆有

$$R(x, y) = f(y) - f(x) - (y - x)^{\mathrm{T}}\nabla f(x) \geqslant 0, \tag{2.36}$$

也即

$$f(y) - f(x) \geqslant \langle \nabla f(x), y - x\rangle, \tag{2.37}$$

同理可得

$$f(x) - f(y) \geqslant \langle \nabla f(y), x - y\rangle, \tag{2.38}$$

不等式两边乘以 -1, 得

$$\langle \nabla f(y), y - x\rangle \geqslant f(y) - f(x), \tag{2.39}$$

将不等式 (2.37) 和不等式 (2.39) 相加, 并移项整理, 得

$$\langle \nabla f(y) - \nabla f(x), y - x\rangle \geqslant 0, \tag{2.40}$$

这就证明了 f 在 C 上具有单调梯度. □

如果 f 在凸集 C 上有连续的二阶偏导数, 则可以借助二阶偏导数来判定其凸性, 有下列定理.

定理 2.4 设 C 是 $\mathbb{R}^n$ 中的开凸集, f 是定义在 C 上的二阶连续可微的函数, 则 f 是凸函数当且仅当其 Hesse 矩阵 $\nabla^2 f$ 在 C 上是半正定的; 如果 $\nabla^2 f$ 在 C 上是正定的, 则 f 是严格凸函数.

证明 对于任意 $x, y \in C, x \neq y$, 根据 Taylor 公式得

$$f(y) = f(x) + (y-x)^{\mathrm{T}} \nabla f(x) + \frac{1}{2}(y-x)^{\mathrm{T}} \cdot \nabla^2 f(x+\theta(y-x)) \cdot (y-x), \quad (2.41)$$

其中, $0 < \theta < 1$. 如果 $\nabla^2 f$ 在 C 上是半正定的, 则

$$f(y) \geqslant f(x) + (y-x)^{\mathrm{T}} \nabla f(x), \quad (2.42)$$

根据定理 2.2, f 是凸函数; 如果 $\nabla^2 f$ 在 C 上是正定的, 则

$$f(y) > f(x) + (y-x)^{\mathrm{T}} \nabla f(x), \quad (2.43)$$

根据定理 2.2, f 是严格凸函数.

反过来, 如果 $\nabla^2 f$ 在某点 $x \in C$ 不是半正定的, 则存在 $y \in C$ 使得

$$(y-x)^{\mathrm{T}} \cdot \nabla^2 f(x) \cdot (y-x) < 0, \quad (2.44)$$

由 $\nabla^2 f$ 的连续性, 存在 $\delta > 0$ 使得

$$(y-x)^{\mathrm{T}} \cdot \nabla^2 f(x+r(y-x)) \cdot (y-x) < 0, \qquad \forall\, 0 \leqslant r \leqslant \delta, \quad (2.45)$$

于是

$$\begin{aligned}
f(x+\delta(y-x)) = {}& f(x) + \delta(y-x)^{\mathrm{T}} \nabla f(x) \\
& + \frac{\delta^2}{2}(y-x)^{\mathrm{T}} \cdot \nabla^2 f(x+\theta\delta(y-x)) \cdot (y-x) \quad (0 < \theta < 1) \\
< {}& f(x) + \delta(y-x)^{\mathrm{T}} \nabla f(x), \quad (2.46)
\end{aligned}$$

由此推出

$$f(x+\delta(y-x)) - f(x) - \delta(y-x)^{\mathrm{T}} \nabla f(x) < 0, \quad (2.47)$$

但根据定理 2.2, 这与 f 是凸函数矛盾, 因此 $\nabla^2 f$ 在 C 上必是半正定的. □

例 2.2 考察下列二次函数

$$f(x) := \frac{1}{2} x^{\mathrm{T}} A x + b^{\mathrm{T}} x + c, \qquad x \in \mathbb{R}^n \quad (2.48)$$

其中, A 是 n 阶实对称矩阵, $b \in \mathbb{R}^n, c \in \mathbb{R}$. 利用附录 C 中介绍的向量和矩阵函数求导方法, 计算得到 $\nabla^2 f(x) = A$, 因此当且仅当 $A \succ 0$ 时, f 是严格凸的; 当且仅当 $A \succeq 0$ 时, f 是凸的.

例 2.3 考虑函数

$$f(x) := \max_{1 \leqslant i \leqslant n} x_i, \qquad x = (x_1, x_2, \cdots, x_n)^{\mathrm{T}} \in \mathbb{R}^n, \quad (2.49)$$

则 f 是 $\mathbb{R}^n$ 上的凸函数. 事实上, 对任意 $x, y \in \mathbb{R}^n$ 及 $0 < \theta < 1$ 皆有

$$\begin{aligned}
f(\theta x + (1-\theta)y) = \max_{1 \leqslant i \leqslant n}[\theta x_i + (1-\theta)y_i] &\leqslant \theta \max_{1 \leqslant i \leqslant n} x_i + (1-\theta) \max_{1 \leqslant i \leqslant n} y_i \\
&= \theta f(x) + (1-\theta)f(y). \quad (2.50)
\end{aligned}$$

例 2.4　考察下列函数

$$g(x) := \ln\left(\sum_{i=1}^{n} e^{x_i}\right), \qquad x = (x_1, x_2, \cdots, x_n)^{\mathrm{T}} \in \mathbb{R}^n, \tag{2.51}$$

则 g 是 $\mathbb{R}^n$ 上的凸函数, 这是因为

$$\frac{\partial^2 g}{\partial x_i \partial x_j} = -\frac{1}{\left(\sum\limits_{k=1}^{n} e^{x_k}\right)^2} e^{x_i} e^{x_j} + \frac{1}{\sum\limits_{k=1}^{n} e^{x_k}} \delta_{i,j} e^{x_i}, \qquad \delta_{i,j} = \begin{cases} 1, & i = j, \\ 0, & i \neq j. \end{cases} \tag{2.52}$$

因此对于任意 $v = (v_1, v_2, \cdots, v_n)^{\mathrm{T}} \in \mathbb{R}^n$ 皆有

$$v^{\mathrm{T}} \cdot \nabla^2 g(x) \cdot v = \frac{1}{\left(\sum\limits_{k=1}^{n} e^{x_k}\right)^2} \left[\left(\sum_{i=1}^{n} e^{x_i}\right)\left(\sum_{i=1}^{n} e^{x_i} v_i^2\right) - \left(\sum_{i=1}^{n} v_i e^{x_i}\right)^2\right] \geqslant 0, \tag{2.53}$$

其中最后一步用到了 Cauchy-Schwarz 不等式. 这就证明了 $\nabla^2 g$ 是半正定的, 从而 g 是凸函数.

这个函数与例 2.3介绍的函数有联系, 事实上, 有下列不等式:

$$\max_{1 \leqslant i \leqslant n} x_i \leqslant g(x) \leqslant \max_{1 \leqslant i \leqslant n} x_i + \ln n. \tag{2.54}$$

2.2　凸函数的性质

2.2.1　一元凸函数的连续性与单边导数

本节讨论一元凸函数的连续性和单边导数的存在性.

先来看定义在闭区间 $[a, b]$ 上的凸函数 f, 对任意满足 $a < c < b$ 的实数 c 皆有不等式

$$\frac{f(c) - f(a)}{c - a} \leqslant \frac{f(b) - f(a)}{b - a} \leqslant \frac{f(b) - f(c)}{b - c}. \tag{2.55}$$

其几何意义如图 2.1 所示, 其中, k_{ac}、k_{ab}、k_{cb} 代表相应线段的斜率.

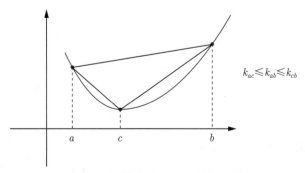

图 2.1　不等式 (2.55) 的几何意义

不等式 (2.55) 的证明如下. 根据引理 2.1, 函数

$$\psi(t) := \frac{f(a + t(b - a)) - f(a)}{t} \tag{2.56}$$

在 $(0, 1]$ 上是单调增加的, 因此有 $\psi((c - a)/(b - a)) \leqslant \psi(1)$, 即

$$\frac{f(c) - f(a)}{\frac{c - a}{b - a}} \leqslant f(b) - f(a), \tag{2.57}$$

变形后即可得到不等式 (2.55) 中的第一个不等式. 至于第二个不等式, 把 a 和 b 互换一下, 考虑函数

$$\psi_1(t) = \frac{f(b + t(a - b)) - f(b)}{t}, \qquad 0 \leqslant t \leqslant 1 \tag{2.58}$$

也是单调增加的, 因此 $\psi_1((c - b)/(a - b)) < \psi_1(1)$, 即

$$\frac{f(c) - f(b)}{\frac{c - b}{a - b}} \leqslant f(a) - f(b), \tag{2.59}$$

变形后即可得到式 (2.55) 中的第二个不等式.

现在对于任意一个开区间 I, 假设 f 是 I 上的凸函数, 对于 I 中的任意一个闭区间 $[a_1, b_1]$, 存在 $a, b \in I$ 使得 $a < a_1 < b_1 < b$, 对于区间 $[a_1, b_1]$ 中任意两点 $x < y$, 由不等式 (2.55) 得

$$\frac{f(y) - f(x)}{y - x} \geqslant \frac{f(y) - f(a)}{y - a} \geqslant \frac{f(a_1) - f(a)}{a_1 - a}, \tag{2.60}$$

$$\frac{f(y) - f(x)}{y - x} \leqslant \frac{f(b) - f(x)}{b - x} \leqslant \frac{f(b) - f(b_1)}{b - b_1}, \tag{2.61}$$

令

$$L = \max \left\{ \left| \frac{f(a_1) - f(a)}{a_1 - a} \right|, \left| \frac{f(b) - f(b_1)}{b - b_1} \right| \right\}, \tag{2.62}$$

则有

$$\left| \frac{f(y) - f(x)}{y - x} \right| \leqslant L, \qquad \Rightarrow \qquad |f(y) - f(x)| \leqslant L|y - x|, \tag{2.63}$$

即 f 在 $[a_1, b_1]$ 上满足 Lipschitz 条件.

综上所述, 我们实际上证明了如下定理.

定理 2.5 设 f 是定义在开区间 I 上的凸函数, 则 f 在这个开区间内的任意一个闭区间 $[a_1, b_1]$ 上满足 Lipschitz 条件, 从而在该闭区间上是一致连续的.

推论 2.3 设 D 是 $\mathbb{R}$ 中的凸集, 且其内部 D° 非空, f 是定义在 D 上的凸函数, 则 f 在 D° 内连续, 即 D 的每个内点都是 f 的连续点.

接下来讨论凸函数的单边导数. 设 f 是定义在开区间 (a, b) 上的凸函数, 对于任意 $x \in (a, b)$, 存在 $\delta > 0$ 使得 $[x - \delta, x + \delta] \subseteq (a, b)$, 根据不等式 (2.55), 函数

$$h(t) := \frac{f(x + t) - f(x)}{t}, \qquad 0 < t \leqslant \delta \tag{2.64}$$

是单调增加的, 再根据定理 2.5, h 在 $(0, \delta]$ 上还是有界的, 因此 $\lim_{t \to 0^+} h(t)$ 存在, 即 f 在点 x 的右导数

$$f'_+(x) := \lim_{t \to 0^+} \frac{f(x + t) - f(x)}{t} \tag{2.65}$$

存在.

用同样的方法可以证明 f 在点 x 的左导数

$$f'_-(x) := \lim_{t \to 0^-} \frac{f(x + t) - f(x)}{t} \tag{2.66}$$

存在.

综上所述, 我们证明了如下定理.

定理 2.6 设 f 是定义在开区间 I 上的凸函数, 则 f 在 I 中每点 x 处都存在左导数 $f'_-(x)$ 和右导数 $f'_+(x)$.

需要指出的是, 虽然左导数 $f'_-(x)$ 和右导数 $f'_+(x)$ 皆存在, 但 f 在点 x 处不一定可导, 因为左、右导数可能不相等. 但可以证明, 开区间 I 上的凸函数是**几乎处处可导**的, 即除了 I 的一个 Lebesgue 测度为 0 的子集外, 其余点都是 f 的可导点.

2.2.2 多元凸函数的连续性

本小节讨论多元凸函数的连续性. 设 D 是 $\mathbb{R}^n$ 中的非空开凸集, f 是定义在 D 上的凸函数, 我们将证明 f 在 D 内满足**局部 Lipschitz 条件**, 即对任意 $x \in D$, 存在 $\delta > 0$ 及 $L > 0$ 使得

$$|f(y) - f(z)| \leqslant L\|y - z\|_2, \qquad \forall y, z \in B(x, \delta). \tag{2.67}$$

为了证明这一点, 需要先做一些铺垫.

记 $e_1, e_2, \cdots, e_n$ 为 $\mathbb{R}^n$ 的单位坐标向量, 对给定的 $x \in \mathbb{R}^n$ 及 $\delta > 0$, 记

$$v_{\pm i} := x \pm \delta e_i, \qquad i = 1, 2, \cdots, n \tag{2.68}$$

$$V(x, \delta) := \{v_{\pm i} : i = 1, 2, \cdots, n\}. \tag{2.69}$$

引理 2.2 如果 f 是定义在 $\mathrm{conv}(V(x, \delta))$ 上的凸函数, 则 f 在 $B(x, \delta/n)$ 上有界.

证明　先证明 $\overline{B}(x, \delta/n) \subseteq \mathrm{conv}(V(x, \delta))$. 这是因为

$$y \in \overline{B}(x, \delta/n) \qquad \Leftrightarrow \qquad y = x + u, \quad \|u\|_2 \leqslant \frac{\delta}{n}, \tag{2.70}$$

设 $u = \sum\limits_{i=1}^{n} \alpha_i e_i$, 则

$$|\alpha_i| \leqslant \sqrt{\sum_{k=1}^{n} |\alpha_k|^2} = \|u\|_2 \leqslant \frac{\delta}{n}, \qquad i = 1, 2, \cdots, n, \tag{2.71}$$

因此存在 $\theta_i \in [0, 1]$ 使得 $\alpha_i = \theta_i(\delta/n) - (1 - \theta_i)(\delta/n), i = 1, 2, \cdots, n$, 于是

$$
\begin{aligned}
y &= x + \sum_{i=1}^{n} \alpha_i e_i = \sum_{i=1}^{n} \left[\frac{x}{n} + \alpha_i e_i \right] \\
&= \sum_{i=1}^{n} \left[\theta_i \left(\frac{x}{n} + \frac{\delta}{n} e_i \right) + (1 - \theta_i) \left(\frac{x}{n} - \frac{\delta}{n} e_i \right) \right] \\
&= \sum_{i=1}^{n} \frac{1}{n} \left[\theta_i(x + \delta e_i) + (1 - \theta_i)(x - \delta e_i) \right] \\
&= \sum_{i=1}^{n} \frac{\theta_i}{n} v_i + \sum_{i=1}^{n} \frac{(1 - \theta_i)}{n} v_{-i} \in \mathrm{conv}(V(x, \delta)),
\end{aligned} \tag{2.72}
$$

这就证明了 $\overline{B}(x, \delta/n) \subseteq \mathrm{conv}(V(x, \delta))$.

接下来证明 f 在 $\mathrm{conv}(V(x, \delta))$ 上有上界, 从而在 $B(x, \delta/n)$ 上有上界. 事实上, 对任意 $y \in \mathrm{conv}(V(x, \delta))$, 存在非负实数 $\lambda_{\pm i}, i = 1, 2, \cdots, n$ 使得

$$y = \sum_{i=1}^{n} (\lambda_i v_i + \lambda_{-i} v_{-i}), \qquad \sum_{i=1}^{n} (\lambda_i + \lambda_{-i}) = 1, \tag{2.73}$$

于是由 f 的凸性得

$$
\begin{aligned}
f(y) &\leqslant \sum_{i=1}^{n} (\lambda_i f(v_i) + \lambda_{-i} f(v_{-i})) \\
&\leqslant M \sum_{i=1}^{n} (\lambda_i + \lambda_{-i}) = M,
\end{aligned} \tag{2.74}
$$

其中

$$M = \max\{f(v_{\pm i}) : i = 1, 2, \cdots, n\}. \tag{2.75}$$

最后证明 f 在 $B(x, \delta/n)$ 上有下界. 事实上, 对任意 $y \in B(x, \delta/n)$, 由于 $z := 2x - y$ 满足

$$\|z - x\|_2 = \|2x - y - x\|_2 = \|x - y\|_2 < \frac{\delta}{n}, \tag{2.76}$$

因此 $z \in B(x, \delta/n)$. 由 f 的凸性得

$$f(x) = f\left(\frac{1}{2}z + \frac{1}{2}y\right) \leqslant \frac{1}{2}f(z) + \frac{1}{2}f(y), \tag{2.77}$$

变形后得到

$$f(y) \geqslant 2f(x) - f(z) \geqslant 2f(x) - M, \tag{2.78}$$

其中, M 是 f 在 $B(x, \delta/n)$ 上的上界. 这就完成了 f 在 $B(x, \delta/n)$ 上的有界性证明. $\square$

定理 2.7 设 D 是 $\mathbb{R}^n$ 中的非空开凸集, f 是定义在 D 上的凸函数, 则 f 在 D 中每一点皆满足局部 Lipschitz 条件, 从而在 D 内连续.

证明 对任意 $x \in D$, 存在 $\delta > 0$, 使得 $\text{conv}(V(x, \delta)) \subseteq D$, 从而 $B(x, \delta/n) \subseteq D$, 根据引理 2.2, f 在 $B(x, \delta/n)$ 上是有界的, 即存在 $M > 0$ 使得 $|f(y)| \leqslant M, \forall y \in B(x, \delta/n)$. 对于任意 $y, z \in B(x, \delta/2n)$, 令

$$u = y + \frac{\delta}{2n\|y-z\|_2}(y-z), \tag{2.79}$$

则

$$\|u-x\|_2 = \left\|y-x+\frac{\delta}{2n\|y-z\|_2}(y-z)\right\|_2 \leqslant \|y-x\|_2 + \left\|\frac{\delta}{2n\|y-z\|_2}(y-z)\right\|_2 < \frac{\delta}{n}, \tag{2.80}$$

因此 $u \in B(x, \delta/n)$, 且 y 可以表示为 u 和 z 的凸组合

$$y = \frac{2n\|y-z\|_2}{2n\|y-z\|_2 + \delta}u + \frac{\delta}{2n\|y-z\|_2 + \delta}z, \tag{2.81}$$

由于 f 是凸函数, 因此有

$$f(y) \leqslant \frac{2n\|y-z\|_2}{2n\|y-z\|_2 + \delta}f(u) + \frac{\delta}{2n\|y-z\|_2 + \delta}f(z), \tag{2.82}$$

$$\Rightarrow \quad f(y) - f(z) \leqslant \frac{2n\|y-z\|_2}{2n\|y-z\|_2 + \delta}(f(u) - f(z)) \leqslant \frac{4nM}{\delta}\|y-z\|_2, \tag{2.83}$$

对换 y 和 z 又可得到不等式

$$f(z) - f(y) \leqslant \frac{4nM}{\delta}\|z-y\|_2, \tag{2.84}$$

因此有

$$|f(y) - f(z)| \leqslant \frac{4nM}{\delta}\|y-z\|_2, \tag{2.85}$$

定理得证. $\square$

推论 2.4 设 D 是 $\mathbb{R}^n$ 中的凸集, 且 D 的内部非空, f 是 D 上的凸函数, 则 f 在 D 的内部连续.

2.2.3　上图与下水平集

本小节讨论凸函数的上图和下水平集的性质.

定义 2.3　设 f 是定义在 $D \subseteq \mathbb{R}^n$ 上的实值函数. 称

$$\mathrm{graph}(f) := \{(x, y): \ x \in D, y = f(x)\} \tag{2.86}$$

为 f 的**图像 (graph)**; 称

$$\mathrm{epi}(f) := \{(x, y): \ x \in D, y \geqslant f(x)\} \tag{2.87}$$

为 f 的**上图 (epigraph)**; 对于给定的实数 α, 称

$$D_\alpha := \{x \in D: \ f(x) \leqslant \alpha\} \tag{2.88}$$

为 f 的α-**下水平集 (α-sublevel set)**.

关于上图, 有下列定理.

定理 2.8　设 f 是定义在凸集 $C \subseteq \mathbb{R}^n$ 上的函数, 则 f 是凸函数当且仅当 $\mathrm{epi}(f)$ 是凸集.

证明　先证必要性. 如果 f 是凸函数, 则对任意 $(x_1, y_1), (x_2, y_2) \in \mathrm{epi}(f)$ 及 $\theta \in [0,1]$ 皆有

$$f(\theta x_1 + (1-\theta)x_2) \leqslant \theta f(x_1) + (1-\theta)f(x_2) \leqslant \theta y_1 + (1-\theta)y_2, \tag{2.89}$$

因此

$$\theta(x_1, y_1) + (1-\theta)(x_2, y_2) = (\theta x_1 + (1-\theta)x_2, \theta y_1 + (1-\theta)y_2) \in \mathrm{epi}(f), \tag{2.90}$$

从而 $\mathrm{epi}(f)$ 是凸集.

再证充分性. 设若 $\mathrm{epi}(f)$ 是凸集, 对任意 $x_1, x_2 \in D$, 由于 $(x_1, f(x_1)), (x_2, f(x_2)) \in \mathrm{epi}(f)$, 因此

$$\begin{aligned}
&\theta(x_1, f(x_1)) + (1-\theta)(x_2, f(x_2)) \\
&= (\theta x_1 + (1-\theta)x_2, \theta f(x_1) + (1-\theta)f(x_2)) \in \mathrm{epi}(f), \qquad \forall\, \theta \in [0,1],
\end{aligned} \tag{2.91}$$

由上图 $\mathrm{epi}(f)$ 的定义得到

$$f(\theta x_1 + (1-\theta)x_2) \leqslant \theta f(x_1) + (1-\theta)f(x_2), \qquad \forall\, \theta \in [0,1], \tag{2.92}$$

即 f 是凸函数. $\square$

关于下水平集, 有下列命题.

命题 2.2　设 f 是定义在凸集 $C \subseteq \mathbb{R}^n$ 上的凸函数, 则对任意实数 α, f 的 α-下水平集 C_α 是凸集 (可能是空集).

证明 设若 $x_1, x_2 \in C_\alpha$, 则 $f(x_1), f(x_2) \leqslant \alpha$, 由 f 的凸性得

$$f(\theta x_1 + (1-\theta)x_2) \leqslant \theta f(x_1) + (1-\theta)f(x_2) \leqslant \alpha, \qquad \forall \theta \in [0, 1], \tag{2.93}$$

因此 $\theta x_1 + (1-\theta)x_2 \in C_\alpha$, 这就证明了 C_α 是凸集. $\square$

需要指出的是, 上述命题的逆命题不成立, 即对于定义在凸集 C 上的函数, 下水平集 C_α 为凸集并不能保证 f 是凸函数. 例如

$$f(x) = |x|^{1/2}, \qquad x \in \mathbb{R} \tag{2.94}$$

对任意实数 α, 它的下水平集 $C_\alpha = \{x \in \mathbb{R}: \ -\alpha^2 \leqslant x \leqslant \alpha^2\}$ 是凸集, 但它不是凸函数.

对于定义在凸集 C 上函数 f, 如果对任意实数 α, 它的下水平集 C_α 是凸集, 则称之为 **拟凸函数** (quasiconvex function).

2.2.4 凸函数的极值

本小节讨论凸函数的极值.

定义 2.4 设 f 是定义在 $D \subseteq \mathbb{R}^n$ 上的函数, 如果 $x_0 \in D$ 满足

$$f(x_0) \leqslant f(x), \qquad \forall x \in D, \tag{2.95}$$

则称 x_0 为 f 的**全局极小值点** (global minimum point), 称 $f(x_0)$ 为函数 f 的**全局极小值** (global minimum value); 如果

$$f(x_0) < f(x), \qquad \forall x \in D \setminus \{x_0\}, \tag{2.96}$$

则称 x_0 是 f 的**严格全局极小值点** (strict global minimum point). 如果存在 $x_1 \in D$ 使得

$$f(x_1) \geqslant f(x), \qquad \forall x \in D, \tag{2.97}$$

则称 x_1 为 f 的**全局极大值点** (global maximum point), 称 $f(x_1)$ 为函数 f 的**全局极大值** (global maximum value); 如果

$$f(x_1) > f(x), \qquad \forall x \in D \setminus \{x_1\}, \tag{2.98}$$

则称 x_1 为 f 的**严格全局极大值点** (strict global maximum point).

定义 2.5 设 f 是定义在 $D \subseteq \mathbb{R}^n$ 上的函数, 对于 $x_0 \in D$, 如果存在 $\delta > 0$ 使得

$$f(x_0) \leqslant f(x), \qquad \forall x \in B(x_0, \delta) \cap D, \tag{2.99}$$

则称 x_0 为 f 的**局部极小值点** (local minimum point), 称 $f(x_0)$ 为函数 f 的**局部极小值** (local minimum value). 对于 $x_1 \in D$, 如果存在 $\delta > 0$ 使得

$$f(x_1) \geqslant f(x), \qquad \forall x \in B(x_1, \delta) \cap D, \tag{2.100}$$

则称 x_1 为 f 的**局部极大值点** (local maximum point), 称 $f(x_1)$ 为函数 f 的**局部极大值** (local maximum value). 类似地, 也可以定义**严格局部极小值点** (strict local minimum point) 和**严格局部极大值点** (strict local maximum point).

关于凸函数的极小值, 有下列重要定理.

定理 2.9 设 f 是定义在凸集 $C \subseteq \mathbb{R}^n$ 的实值函数. 如果 f 是凸函数, 则 f 的局部极小值点也是全局极小值点. 如果 f 是严格凸函数, 则 f 的全局极小值点也是严格全局小值点, 而且是唯一的.

证明 设 $x' \in C$ 是 f 的局部极小值点, 下面用反证法证明它是 f 的全局极小值点. 设若还有 $x'' \in C$ 使得 $f(x'') < f(x')$, 则由 f 的凸性得

$$
\begin{aligned}
f(\lambda x' + (1 - \lambda)x'') &\leqslant \lambda f(x') + (1 - \lambda)f(x'') \\
&< \lambda f(x') + (1 - \lambda)f(x') \\
&= f(x'), \qquad \forall 0 < \lambda < 1.
\end{aligned}
\tag{2.101}
$$

现在取

$$
\lambda_n = \frac{n - 1}{n}, \qquad x_n = \lambda_n x' + (1 - \lambda_n)x'', \qquad n = 1, 2, \cdots,
\tag{2.102}
$$

则有

$$
f(x_n) < f(x'), \qquad n = 1, 2, \cdots, \qquad \lim_{n \to \infty} x_n = x',
\tag{2.103}
$$

但这与 x' 是 f 的局部极小值点矛盾.

如果 f 是严格凸的, 则 f 的全局极小值点 x' 也是 f 严格全局极小值点, 而且是唯一的. 事实上, 设若还有 $x'' \in C \setminus \{x'\}$ 使得 $f(x'') = f(x')$, 则由 f 的严格凸性得

$$
f\left(\frac{1}{2}x' + \frac{1}{2}x''\right) < \frac{1}{2}f(x') + \frac{1}{2}f(x'') = f(x'),
\tag{2.104}
$$

因此 f 在 $x_m := (x' + x'')/2 \in C$ 点的取值比在 x' 点的值更小, 但这与 x' 是 f 的全局极小值点矛盾. □

2.3 保持凸性的运算

本节讨论保持函数凸性的运算.

I. 非负线性组合 (锥组合).

$$
f = \sum_{i=1}^{k} \lambda_i f_i, \qquad \lambda_i \geqslant 0, i = 1, 2, \cdots,
\tag{2.105}
$$

如果 $f_1, f_2, \cdots, f_k$ 是凸集 $C \subseteq \mathbb{R}^n$ 上的凸函数, 则其非负线性组合 (2.105) 也是 C 上的凸函数, 这是因为对任意 $x, y \in C$ 及 $0 < \theta < 1$ 皆有

$$
f(\theta x + (1 - \theta)y) = \sum_{i=1}^{k} \lambda_i f_i(\theta x + (1 - \theta)y) \leqslant \sum_{i=1}^{k} \lambda_i \left[\theta f_i(x) + (1 - \theta)f_i(y)\right]
$$

$$=\theta\sum_{i=1}^{k}\lambda_i f_i(x)+(1-\theta)\sum_{i=1}^{k}\lambda_i f_i(y)$$

$$=\theta f(x)+(1-\theta)f(y). \tag{2.106}$$

II. 凸函数与仿射变换的复合是凸函数. 设 $f:\mathbb{R}^n\to\mathbb{R}$ 是凸函数, $A\in\mathbb{R}^{n\times m}, b\in\mathbb{R}^n$, C 是 $\mathbb{R}^m$ 中的凸集, 则

$$g(x):=f(Ax+b),\qquad x\in C \tag{2.107}$$

是 C 上的凸函数.

III. 函数逐点取最大. 设 f_1 和 f_2 是定义在凸集 $C\subseteq\mathbb{R}^n$ 上的凸函数, 令

$$f(x)=\max\{f_1(x),f_2(x)\},\qquad x\in C, \tag{2.108}$$

则 f 也是 C 上的凸函数, 这是因为对任意实数 a、b、c、d 及非负实数 λ 皆有

$$\max\{a+b,c+d\}\leqslant\max\{a,c\}+\max\{b,d\},\qquad \max\{\lambda a,\lambda b\}=\lambda\max\{a,b\}, \tag{2.109}$$

因此对任意 $x,y\in C$ 及 $0<\theta<1$ 皆有

$$\begin{aligned}f(\theta x+(1-\theta)y)&=\max\{f_1(\theta x+(1-\theta)y),f_2(\theta x+(1-\theta)y)\}\\&\leqslant\max\{(\theta f_1(x)+(1-\theta)f_1(y),\theta f_2(x)+(1-\theta)f_2(y)\}\\&\leqslant\theta\max\{f_1(x),f_2(x)\}+(1-\theta)\max\{f_1(y),f_2(y)\}\\&=\theta f(x)+(1-\theta)f(y).\end{aligned} \tag{2.110}$$

以上结果显然可以推广至 k 个凸函数取最大, 即如果 $f_i, i=1,2,\cdots,k$ 是凸集 C 上的凸函数, 则

$$f(x)=\max_{1\leqslant i\leqslant k}f_i(x),\qquad x\in C \tag{2.111}$$

也是 C 上的凸函数.

更一般地, 设 $f(\cdot,y)$ 对于任意给定的 $y\in D$ 都是凸集 C 上的凸函数, 且 $\sup\limits_{y\in D}f(x,y)<\infty,\forall x\in C$, 则

$$g(x):=\sup_{y\in D}f(x,y),\qquad x\in C \tag{2.112}$$

是 C 上的凸函数.

例 2.5 设 A 是 $\mathbb{R}^n$ 的非空子集, 定义

$$s_A(x):=\sup\{x^{\mathrm{T}}y:\ y\in A\}, \tag{2.113}$$

同时规定 s_A 的定义域为

$$D=\{x\in\mathbb{R}^n:\ s_A(x)<\infty\}. \tag{2.114}$$

则 D 是凸集, s_A 是 D 上的凸函数. 这是因为

$$
\sup\{(\theta x_1 + (1-\theta)x_2)^{\mathrm{T}} y : y \in A\} \leqslant \theta \sup\{x_1^{\mathrm{T}} y : y \in A\} + (1-\theta) \sup\{x_2^{\mathrm{T}} y : y \in A\},
$$
$$
\forall x_1, x_2 \in \mathbb{R}^n, \quad 0 < \theta < 1. \tag{2.115}
$$

s_A 称为 A 的**支撑函数**, 它可以看作一族线性函数的上确界.

IV. 对凸函数的一部分分量取小. 设 $C \subseteq \mathbb{R}^p$ 和 $D \subseteq \mathbb{R}^q$ 是非空凸集, $f(x,y)$ 是定义在 $C \times D$ 上的凸函数, 且假设

$$
g(x) := \inf_{y \in D} f(x,y) > -\infty, \qquad \forall x \in C, \tag{2.116}
$$

则 $g(x)$ 是 C 上的凸函数.

这一结论的证明如下: 对任意 $x_1, x_2 \in C, \theta \in (0,1)$ 及任意 $\varepsilon > 0$, 根据下确界的定义, 存在 $y_1, y_2 \in D$ 使得

$$
f(x_1, y_1) < g(x_1) + \varepsilon, \qquad f(x_2, y_2) < g(x_2) + \varepsilon, \tag{2.117}
$$

于是

$$
\begin{aligned}
g((1-\theta)x_1 + \theta x_2) &\leqslant f((1-\theta)x_1 + \theta x_2, (1-\theta)y_1 + \theta y_2) \leqslant (1-\theta)f(x_1, y_1) + \theta f(x_2, y_2) \\
&< (1-\theta)(g(x_1) + \varepsilon) + \theta(g(x_2) + \varepsilon) \\
&= (1-\theta)g(x_1) + \theta g(x_2) + \varepsilon,
\end{aligned} \tag{2.118}
$$

由正数 ε 的任意性得

$$
g((1-\theta)x_1 + \theta x_2) \leqslant (1-\theta)g(x_1) + \theta g(x_2). \tag{2.119}
$$

例 2.6 考察矩阵

$$
M = \begin{pmatrix} A & B \\ B^{\mathrm{T}} & C \end{pmatrix}, \tag{2.120}
$$

其中, A 和 C 分别是 $p \times p$ 和 $q \times q$ 的实对称矩阵, B 是 $p \times q$ 的实矩阵. 我们来讨论 M 非负定的条件.

首先, $M \succeq 0$ 必须 $A \succeq 0$ 且 $C \succeq 0$. 这是因为

$$
(x^{\mathrm{T}}, 0_q^{\mathrm{T}}) M \begin{pmatrix} x \\ 0_q \end{pmatrix} = x^{\mathrm{T}} A x, \qquad (0_p^{\mathrm{T}}, y^{\mathrm{T}}) M \begin{pmatrix} 0_p \\ y \end{pmatrix} = y^{\mathrm{T}} C y, \tag{2.121}
$$

其中, 0_p 和 0_q 分别表示 p 维和 q 维零向量, 由此可见 $M \succeq 0$ 必须

$$
x^{\mathrm{T}} A x \geqslant 0, \qquad y^{\mathrm{T}} C y \geqslant 0, \qquad \forall x \in \mathbb{R}^p, \ y \in \mathbb{R}^q, \tag{2.122}
$$

因此 $A \succeq 0$ 且 $C \succeq 0$.

其次, 如果 $M \succeq 0$, 则

$$f(x,y) = (x^{\mathrm{T}}, y^{\mathrm{T}}) M \begin{pmatrix} x \\ y \end{pmatrix} = x^{\mathrm{T}} A x + 2 x^{\mathrm{T}} B y + y^{\mathrm{T}} C y \qquad (2.123)$$

是 (x,y) 的凸函数, 且是非负的, 因此

$$g(x) := \inf_{y \in \mathbb{R}^q} f(x,y) \qquad (2.124)$$

是 $\mathbb{R}^p$ 上的凸函数. 接下来求 $g(x)$ 的表达式. 由于

$$\frac{\partial f}{\partial y} = 2 C y + 2 B^{\mathrm{T}} x,$$

因此在极值点处应满足 $C y = -B^{\mathrm{T}} x$, 这个方程的解可能不唯一, 其最小范数解为

$$y = -C^+ B^{\mathrm{T}} x, \qquad (2.125)$$

其中, C^+ 表示 C 的 Moore-Penrose 伪逆 (定义及性质见附录 B.5), 于是有

$$g(x) = x^{\mathrm{T}} A x - 2 x^{\mathrm{T}} B C^+ B^{\mathrm{T}} x + x^{\mathrm{T}} B C^+ C C^+ B^{\mathrm{T}} x = x^{\mathrm{T}} \left(A - B C^+ B^{\mathrm{T}} \right) x, \qquad (2.126)$$

由于 g 是凸函数, 因此必有

$$A - B C^+ B^{\mathrm{T}} \succeq 0. \qquad (2.127)$$

同理可得

$$C - B^{\mathrm{T}} A^+ B \succeq 0. \qquad (2.128)$$

综上所述, 矩阵 M 非负定的必要条件是 A、C 非负定且条件 (2.127)、(2.128) 成立.

　　V. 函数的复合. 设 C 是 $\mathbb{R}^n$ 中的凸集, $g : C \to \mathbb{R}$ 是凸函数, D 是 $\mathbb{R}$ 中的凸集, $h : D \to \mathbb{R}$ 是单调增加的凸函数, 且 g 的值域 $\mathrm{Ran}(g) \subseteq D$, 则复合函数 $f(x) = h(g(x))$ 是 C 上的凸函数. 这是因为

$$\begin{aligned} f(\theta x + (1-\theta) y) &= h(g(\theta x + (1-\theta) y)) \leqslant h(\theta g(x) + (1-\theta) g(y)) \\ &\leqslant \theta h(g(x)) + (1-\theta) h(g(y)) \\ &= \theta f(x) + (1-\theta) f(y), \qquad \forall x, y \in C, \ 0 < \theta < 1. \end{aligned} \qquad (2.129)$$

如果 $g : C \to \mathbb{R}$ 是凹函数, $h : D \to \mathbb{R}$ 是单调减少的凸函数, 且 g 的值域 $\mathrm{Ran}(g) \subseteq D$, 则复合函数 $f(x) = h(g(x))$ 是 C 上的凸函数. 证明方法与上面类似.

　　设 C 是 $\mathbb{R}^n$ 中的凸集, $g = (g_1, g_2, \cdots, g_m)$, 且每个 $g_i : C \to \mathbb{R}$ 是凸函数, D 是 $\mathbb{R}^m$ 中的凸集, $h : D \to \mathbb{R}$ 是凸函数且对每个变量是单调增加的, 且 g 的值域 $\mathrm{Ran}(g) \subseteq D$, 则复合函数 $f(x) = h(g(x))$ 是 C 上的凸函数. 这是因为

$$f(\theta x + (1-\theta) y) = h(g(\theta x + (1-\theta) y)) \leqslant h(\theta g(x) + (1-\theta) g(y))$$

$$\leqslant \theta h(g(x)) + (1-\theta)h(g(y))$$
$$= \theta f(x) + (1-\theta)f(y), \qquad \forall x, y \in C, \ 0 < \theta < 1. \qquad (2.130)$$

如果每个 $g_i : C \to \mathbb{R}$ 是凹函数, $h : D \to \mathbb{R}$ 是凸函数, 且对每个变量是单调减少的, 则复合函数 $f(x) = h(g(x))$ 是 C 上的凸函数. 证明方法与上面类似.

2.4 应用及例子

2.4.1 ℓ^p-范数

我们先给出一般范数的定义.

定义 2.6 设 X 是一个线性空间, $\|\cdot\|$ 是定义在 X 上的一个非负实值函数, 称 $\|\cdot\|$ 是 X 上的一个**范数 (norm)**, 如果它满足下列条件:

i). 正定性: $\|x\| \geqslant 0, \forall x \in X$, 且 $\|x\| = 0$ 当且仅当 $x = 0$;

ii). 齐次性: $\|\lambda x\| = |\lambda| \cdot \|x\|, \forall x \in X, \lambda \in \mathbb{R}$;

iii). 三角不等式: $\|x + y\| \leqslant \|x\| + \|y\|, \forall x, y \in X$.

如果线性空间 X 上定义有一个范数 $\|\cdot\|$, 则称 $(X, \|\cdot\|)$ 是一个**赋范线性空间 (normed linear space)**, 在明确定义在其上的范数的情况下, 通常将 $(X, \|\cdot\|)$ 简记为 X.

例 2.7 在 $\mathbb{R}^n$ 上定义

$$\|x\|_2 := \left(\sum_{i=1}^n x_i^2\right)^{1/2}, \qquad \forall x = (x_1, x_2, \cdots, x_n)^{\mathrm{T}} \in \mathbb{R}^n, \qquad (2.131)$$

则 $\|\cdot\|_2$ 满足范数定义的三个条件, 因此是 $\mathbb{R}^n$ 上的范数, 这就是所谓的**欧几里得范数**或**欧氏范数**.

在 $\mathbb{R}^{m \times n}$ 上定义

$$\|A\|_F := \left(\operatorname{tr}(A^{\mathrm{T}} A)\right)^{1/2} = \left(\sum_{i,j=1}^n a_{ij}^2\right)^{1/2}, \qquad \forall A = (a_{ij})_{m \times n} \in \mathbb{R}^{m \times n}, \qquad (2.132)$$

则 $\|\cdot\|_F$ 满足范数定义的三个条件, 因此是 $\mathbb{R}^{m \times n}$ 上的范数, 这就是所谓的 **Frobenius 范数**.

例 2.8 设 $p \geqslant 1$, 在 $\mathbb{R}^n$ 上定义

$$\|u\|_p = \left(\sum_{i=1}^n |u_i|^p\right)^{1/p}, \qquad \forall u = (u_1, u_2, \cdots, u_n)^{\mathrm{T}} \in \mathbb{R}^n, \qquad (2.133)$$

则 $\|\cdot\|_p$ 是 $\mathbb{R}^n$ 上的一个范数, 通常称之为ℓ^p-**范数**. 证明 $\|\cdot\|_p$ 满足正定性和齐次性是很容易的, 难点在于证明它满足三角不等式, 为了证明这一点, 需要用到一个很有名的不等式, 即 Hölder 不等式.

设 $p, q > 1$, 如果 $1/p + 1/q = 1$, 则称 q 是 p 的**共轭指标**, 同时规定 1 的共轭指标是 ∞, 并定义

$$\|u\|_\infty = \max_{1 \leqslant i \leqslant n} |u_i|. \tag{2.134}$$

引理 2.3 (Young 不等式)   设 $p > 1$, q 是 p 的共轭指标, $a, b > 0$, 则有

$$ab \leqslant \frac{a^p}{p} + \frac{b^q}{q}, \tag{2.135}$$

且等号成立当且仅当 $a^p = b^q$.

证明   由于自然对数函数 $y = \ln x$ 在 $(0, +\infty)$ 上是严格凹的, $1/p + 1/q = 1$, 因此

$$\frac{1}{p} \ln x + \frac{1}{q} \ln y \leqslant \ln\left(\frac{1}{p}x + \frac{1}{q}y\right), \qquad \forall x, y > 0. \tag{2.136}$$

在式 (2.136) 中取 $x = a^p$, $y = b^q$, 得

$$\ln(ab) = \frac{1}{p} \ln a^p + \frac{1}{q} \ln b^q \leqslant \ln\left(\frac{a^p}{p} + \frac{b^q}{q}\right), \tag{2.137}$$

再由自然对数函数的单调性推出式 (2.135). 由于自然对数函数是严格凹的, 因此只有当 $a^p = b^q$ 时等式成立, 引理得证. $\square$

定理 2.10 (Hölder 不等式)   设 $p \geqslant 1$, q 是 p 的共轭指标, 则

$$\sum_{i=1}^n |u_i v_i| \leqslant \|u\|_p \|v\|_q, \qquad \forall u, v \in \mathbb{R}^n. \tag{2.138}$$

当 $p = 1$ 时, 式 (2.138) 中的等号成立当且仅当 $|u_i| \cdot |v_i| = |u_i| \|v\|_\infty, i = 1, 2, \cdots, n$, 即存在常数 c 使得

$$|v_i| \begin{cases} = c, & |u_i| > 0 \\ \leqslant c, & u_i = 0 \end{cases}, \qquad i = 1, 2, \cdots, n. \tag{2.139}$$

当 $p > 1$ 时, 式 (2.138) 中的等号成立当且仅当

$$\frac{|u_i|^p}{\|u\|_p^p} = \frac{|v_i|^q}{\|v\|_q^q}, \qquad i = 1, 2, \cdots, n, \tag{2.140}$$

即

$$\frac{|v_i|}{\|v\|_q} = \frac{|u_i|^{p-1}}{\|u\|_p^{p-1}}, \qquad i = 1, 2, \cdots, n. \tag{2.141}$$

证明 当 $p=1$ 时, 不难验证不等式 (2.138) 是成立的, 只需要考虑 $p>1$ 的情形. 如果 u 和 v 中有一个是零向量, 则不等式 (2.138) 两边皆为零, 因此是成立的; 如果 u 和 v 皆不为零, 则由 Young 不等式得

$$\frac{|u_iv_i|}{\|u\|_p\|v\|_q}=\frac{|u_i|}{\|u\|_p}\frac{|v_i|}{\|v\|_q}\leqslant\frac{1}{p}\frac{|u_i|^p}{\|u\|_p^p}+\frac{1}{q}\frac{|v_i|^q}{\|v\|_q^q}, \tag{2.142}$$

不等式 (2.142) 两端求和, 得

$$\begin{aligned}\frac{\sum\limits_{i=1}^n|u_iv_i|}{\|u\|_p\|v\|_q}&\leqslant\frac{1}{p}\frac{\sum\limits_{i=1}^n|u_i|^p}{\|u\|_p^p}+\frac{1}{q}\frac{\sum\limits_{i=1}^n|v_i|^q}{\|v\|_q^q}\\&=\frac{1}{p}\frac{\|u\|_p^p}{\|u\|_p^p}+\frac{1}{q}\frac{\|v\|_q^q}{\|v\|_q^q}\\&=\frac{1}{p}+\frac{1}{q}=1,\end{aligned} \tag{2.143}$$

将不等式 (2.143) 变形, 立刻得到式 (2.138).

当 $p=1$ 时, 式 (2.138) 中的等号成立的条件可以直接验证; 当 $p>1$ 时, 式 (2.138) 中的等号成立的条件可由 Young 不等式成立的条件得到. □

现在我们可以证明例 2.8中定义的范数满足三角不等式了.

定理 2.11 (Minkowski 不等式) 设 $p\geqslant1$, 则有

$$\|u+v\|_p\leqslant\|u\|_p+\|v\|_p,\qquad\forall u,v\in\mathbb{R}^n. \tag{2.144}$$

证明 首先注意到

$$\|u+v\|_p^p=\sum_{i=1}^n|u_i+v_i|^p=\sum_{i=1}^n|u_i+v_i|\cdot|u_i+v_i|^{p-1}$$

$$\leqslant\sum_{i=1}^n(|u_i|+|v_i|)\,|u_i+v_i|^{p-1}, \tag{2.145}$$

设 q 是 p 的共轭指标, 由 Hölder 不等式得

$$\begin{aligned}\sum_{i=1}^n|u_i|\cdot|u_i+v_i|^{p-1}&\leqslant\left(\sum_{i=1}^n|u_i|^p\right)^{1/p}\left(\sum_{i=1}^n|u_i+v_i|^{(p-1)q}\right)^{1/q}\\&=\|u\|_p\left(\sum_{i=1}^n|u_i+v_i|^p\right)^{(p-1)/p}\\&=\|u\|_p\|u+v\|_p^{p-1},\end{aligned} \tag{2.146}$$

同理可证

$$\sum_{i=1}^n|v_i|\cdot|u_i+v_i|^{p-1}\leqslant\|v\|_p\|u+v\|_p^{p-1}, \tag{2.147}$$

联立不等式 (2.145)、(2.146) 和 (2.147) 得

$$\|u+v\|_p^p \leqslant (\|u\|_p + \|v\|_p) \|u+v\|_p^{p-1}, \tag{2.148}$$

不等式 (2.148) 两边同除以 $\|u+v\|_p^{p-1}$, 立刻得到式 (2.144). □

当 $p=2$ 时, $\|\cdot\|_2$ 就是欧几里得范数.

接下来介绍对偶范数的概念.

设 $\|\cdot\|$ 是 $\mathbb{R}^n$ 上的一个范数, 定义

$$\|x\|_* := \sup\{x^{\mathrm{T}}y:\ y \in \mathbb{R}^n,\ \|y\| \leqslant 1\}, \qquad \forall x \in \mathbb{R}^n, \tag{2.149}$$

则 $\|\cdot\|_*$ 也是 $\mathbb{R}^n$ 上的范数, 称为 $\|\cdot\|$ 的**对偶范数 (dual norm)**. 下面证明 $\|\cdot\|_*$ 是 $\mathbb{R}^n$ 上的范数. 首先注意到

$$\|x\|_* = \sup\{|x^{\mathrm{T}}y|:\ y \in \mathbb{R}^n,\ \|y\| \leqslant 1\}, \qquad \forall x \in \mathbb{R}^n, \tag{2.150}$$

因此 $\|\cdot\|_*$ 的正定性和齐次性都是显然的, 故只需要证明它满足三角不等式即可. 事实上

$$
\begin{aligned}
\|x+z\|_* &= \sup\{|(x+z)^{\mathrm{T}}y|:\ y \in \mathbb{R}^n,\ \|y\| \leqslant 1\} \leqslant \sup\{|x^{\mathrm{T}}y| + |z^{\mathrm{T}}y|:\ y \in \mathbb{R}^n,\ \|y\| \leqslant 1\} \\
&\leqslant \sup\{|x^{\mathrm{T}}y|:\ y \in \mathbb{R}^n,\ \|y\| \leqslant 1\} + \sup\{|z^{\mathrm{T}}y|:\ y \in \mathbb{R}^n,\ \|y\| \leqslant 1\} \\
&= \|x\|_* + \|z\|_*.
\end{aligned}
\tag{2.151}
$$

命题 2.3　设 $1 < p < \infty$, 则 $\|\cdot\|_p$ 的对偶范数是 $\|\cdot\|_q$, 其中 $q := p/(p-1)$ 是 p 的共轭指标. $\|\cdot\|_1$ 的对偶范数是 $\|\cdot\|_\infty$.

证明　我们只证命题的前半部分. 记 $\|\cdot\|_p$ 的对偶范数为 $\|\cdot\|_{p*}$, 当 $x=0$ 时显然有 $\|x\|_{p*} = 0 = \|x\|_q$, 因此不妨设 $x \neq 0$. 由 Hölder 不等式得

$$|x^{\mathrm{T}}y| = \left| \sum_{i=1}^n x_i y_i \right| \leqslant \sum_{i=1}^n |x_i y_i| \leqslant \|x\|_q \|y\|_p, \tag{2.152}$$

因此

$$\|x\|_{p*} = \sup\{|x^{\mathrm{T}}y|:\ y \in \mathbb{R}^n,\ \|y\|_p \leqslant 1\} \leqslant \|x\|_q, \tag{2.153}$$

接下来还需证明存在 $y \in \mathbb{R}^n,\ \|y\|_p \leqslant 1$ 使得 $x^{\mathrm{T}}y = \|x\|_q$. 事实上, 取

$$y_i = \mathrm{sgn}(x_i) \frac{|x_i|^{q-1}}{\|x\|_q^{q-1}}, \qquad i = 1, 2, \cdots, n, \tag{2.154}$$

其中

$$\mathrm{sgn}(x) = \begin{cases} 1, & x > 0, \\ 0, & x = 0, \\ -1, & x < 0. \end{cases} \tag{2.155}$$

则 $y = (y_1, y_2, \cdots, y_n)^{\mathrm{T}}$ 满足

$$\|y\|_p^p = \sum_{i=1}^{n} |y_i|^p = \sum_{i=1}^{n} \frac{|x_i|^{p(q-1)}}{\|x\|_q^{p(q-1)}} = \sum_{i=1}^{n} \frac{|x_i|^q}{\|x\|_q^q} = \frac{\|x\|_q^q}{\|x\|_q^q} = 1, \tag{2.156}$$

$$x^{\mathrm{T}} y = \sum_{i=1}^{n} x_i \mathrm{sgn}(x_i) \frac{|x_i|^{q-1}}{\|x\|_q^{q-1}} = \sum_{i=1}^{n} |x_i| \frac{|x_i|^{q-1}}{\|x\|_q^{q-1}} = \sum_{i=1}^{n} \frac{|x_i|^q}{\|x\|_q^{q-1}}$$

$$= \frac{\|x\|_q^q}{\|x\|_q^{q-1}} = \|x\|_q. \tag{2.157}$$

这就证明了 $\|x\|_{p*} = \|x\|_q$. $\square$

当 $p = 2$ 时, $\|\cdot\|_2$ 就是欧几里得范数, 它的对偶范数就是它自己.

2.4.2　Jensen 不等式

如果 ϕ 是定义在某个实数区间 I 上的凸函数, $x_i \in I, a_i \geqslant 0, i = 1, 2, \cdots, k$, 且至少有一个 a_i 不为 0, 则根据命题 2.1 得

$$\phi\left(\frac{\sum_{i=1}^{k} a_i x_i}{\sum_{j=1}^{k} a_j}\right) \leqslant \frac{1}{\sum_{j=1}^{k} a_j} \sum_{i=1}^{k} a_i \phi(x_i). \tag{2.158}$$

这就是有限形式的 **Jensen 不等式 (Jensen's inequality)**. 如果 ψ 为凹函数, 则有

$$\psi\left(\frac{\sum_{i=1}^{k} a_i x_i}{\sum_{j=1}^{k} a_j}\right) \geqslant \frac{1}{\sum_{j=1}^{k} a_j} \sum_{i=1}^{k} a_i \psi(x_i). \tag{2.159}$$

作为特殊情形, 取 $a_1 = a_2 = \cdots = a_k = 1/k$, 则式 (2.158) 与式 (2.159) 分别化为

$$\phi\left(\frac{\sum_{i=1}^{k} x_i}{k}\right) \leqslant \frac{1}{k} \sum_{i=1}^{k} \phi(x_i), \tag{2.160}$$

$$\psi\left(\frac{\sum_{i=1}^{k} x_i}{k}\right) \geqslant \frac{1}{k} \sum_{i=1}^{k} \psi(x_i). \tag{2.161}$$

令 $\psi(x) = \ln x$, 则 ψ 是 $(0, +\infty)$ 上的严格凹函数, 对于正实数 $x_1, x_2, \cdots, x_k$, 由式 (2.161) 得

$$\ln\left(\frac{\sum\limits_{i=1}^{k} x_i}{k}\right) \geqslant \frac{1}{k}\sum_{i=1}^{k}\ln x_i = \ln\left[\sqrt[k]{x_1 x_2 \cdots x_k}\right], \tag{2.162}$$

由此得到

$$\frac{\sum\limits_{i=1}^{k} x_i}{k} \geqslant \sqrt[k]{x_1 x_2 \cdots x_k}, \tag{2.163}$$

这就是著名的**算术平均/几何平均不等式 (arithmetic-mean/geometric-mean inequality)**.

在介绍更一般形式的 Jensen 不等式之前, 需要引入一个新的概念——**次导数**.

设 I 是一个实数区间, $\phi: I \to \mathbb{R}$ 是一个实值函数, 对于 $x_0 \in I$, 如果存在实数 c 使得

$$\phi(x) \geqslant \phi(x_0) + c(x - x_0), \qquad \forall\, x \in I, \tag{2.164}$$

则称 c 是 ϕ 在 x_0 点的**次导数 (subderivative)**.

例 2.9 考察函数 $\phi(x) = |x|$, 当 $-1 \leqslant c \leqslant 1$ 时皆有

$$\phi(x) \geqslant \phi(0) + c(x - 0), \tag{2.165}$$

因此闭区间 $[-1, 1]$ 中的每一个实数 c 都是 ϕ 在 $x = 0$ 点的次导数. 由此可见, 一个函数在某点的次导数可能有多个.

关于次导数的存在性, 有下列结果.

命题 2.4 设 I 是实数集 $\mathbb{R}$ 上的开区间, ϕ 是 I 上的实值函数, 如果 ϕ 是凸函数, 则对任意 $x_0 \in I$, ϕ 在 x_0 点都存在次导数.

证明 既然 ϕ 是凸函数, 它的上图 $\mathrm{epi}(\phi)$ 是非空凸集, 且 $(x_0, \phi(x_0)) \in \partial\mathrm{epi}(\phi)$, 根据定理 1.13, 凸集 $\mathrm{epi}(\phi)$ 在点 $(x_0, \phi(x_0))$ 存在承托超平面, 即存在 $a = (a_1, a_2)^{\mathrm{T}} \in \mathbb{R}^2 \setminus \{0\}$ 使得

$$a^{\mathrm{T}}\begin{pmatrix} x \\ y \end{pmatrix} \leqslant a^{\mathrm{T}}\begin{pmatrix} x_0 \\ \phi(x_0) \end{pmatrix}, \qquad \forall\,(x, y) \in \mathrm{epi}(\phi), \tag{2.166}$$

即

$$a_1 x + a_2 y \leqslant a_1 x_0 + a_2 \phi(x_0), \qquad \forall\, x \in I, y \geqslant \phi(x), \tag{2.167}$$

由此推出 $a_2 \leqslant 0$, 但如果 $a_2 = 0$, 则 $a_1 x \leqslant a_1 x_0, \forall x \in I$, 这是不可能的, 因此必有 $a_2 < 0$. 由于 $(x, \phi(x)) \in \mathrm{epi}(\phi), \forall x \in I$, 因此有

$$a_1 x + a_2 \phi(x) \leqslant a_1 x_0 + a_2 \phi(x_0), \qquad \forall\, x \in I, \tag{2.168}$$

不等式两边同除以 a_2 并移项, 得

$$\phi(x) \geqslant -\frac{a_1}{a_2}(x - x_0) + \phi(x_0), \qquad \forall x \in I, \tag{2.169}$$

令 $c = -a_1/a_2$ 便得到

$$\phi(x) \geqslant \phi(x_0) + c(x - x_0), \qquad \forall x \in I, \tag{2.170}$$

即 c 是 ϕ 在 x_0 点的次导数. □

如果凸函数 ϕ 在 x_0 点可导, 则

$$\lim_{x \to x_0} \frac{\phi(x) - \phi(x_0)}{x - x_0} = \phi'(x_0), \quad \Rightarrow \quad \phi(x) = \phi(x_0) + \phi'(x_0)(x - x_0) + R(x, x_0), \tag{2.171}$$

由于 ϕ 是凸函数, 因此余项 $R(x, x_0) \geqslant 0$, 且 $R(x, x_0) = o(|x - x_0|)$, 由此推出 ϕ 在 x_0 点存在唯一的次导数 $c = \phi'(x_0)$.

下面是更一般形式的 Jensen 不等式.

定理 2.12 设 $(\Omega, \mathcal{F}, \mu)$ 是一个测度空间, 且 $\mu(\Omega) < \infty$, $X = X(\omega)$ 是定义在 Ω 上的可测函数, 且假设 $\int_\Omega X \mathrm{d}\mu$ 存在. 设 ϕ 是定义在 $\mathbb{R}$ 上的凸函数, 则有

$$\phi\left(\frac{1}{\mu(\Omega)} \int_\Omega X \mathrm{d}\mu\right) \leqslant \frac{1}{\mu(\Omega)} \int_\Omega \phi(X) \mathrm{d}\mu. \tag{2.172}$$

证明 记

$$s_0 = \frac{1}{\mu(\Omega)} \int_\Omega X \mathrm{d}\mu, \tag{2.173}$$

由于 ϕ 是 $\mathbb{R}$ 上的凸函数, 因此在 s_0 点存在次导数 c, 即有

$$\phi(s) \geqslant \phi(s_0) + c(s - s_0), \qquad \forall s \in \mathbb{R}, \tag{2.174}$$

特别地, 有

$$\phi(X(\omega)) \geqslant \phi(s_0) + c(X(\omega) - s_0), \qquad \forall \omega \in \Omega, \tag{2.175}$$

不等式两边积分, 得

$$\int_\Omega \phi(X) \mathrm{d}\mu \geqslant \phi(s_0) \int_\Omega \mathrm{d}\mu + c\left(\int_\Omega X \mathrm{d}\mu - s_0 \int_\Omega \mathrm{d}\mu\right), \tag{2.176}$$

注意到 $\int_\Omega \mathrm{d}\mu = \mu(\Omega)$, 化简后得到

$$\int_\Omega \phi(X) \mathrm{d}\mu \geqslant \mu(\Omega)\phi(s_0), \tag{2.177}$$

由此立刻导出不等式 (2.172). □

推论 2.5　设 $(\Omega, \mathcal{F}, P)$ 是一个概率空间 (满足 $P(\Omega) = 1$ 的测度空间), X 是定义在 Ω 上的随机变量 (可测函数), 且假设其数学期望 $\mathbf{E}X := \int_{\Omega} X \mathrm{d}P$ 存在. 设 ϕ 是定义在 $\mathbb{R}$ 上的凸函数, 则有

$$\phi(\mathbf{E}X) \leqslant \mathbf{E}[\phi(X)]. \tag{2.178}$$

2.4.3　凸函数/凹函数的例子

例 2.10　**几何平均 (geometric mean)** 考虑下列函数

$$f(x) = \left(\prod_{i=1}^{n} x_i \right)^{1/n}, \qquad x = (x_1, x_2, \cdots, x_n)^{\mathrm{T}} \in \mathbb{R}_{++}^n, \tag{2.179}$$

其中, $\mathbb{R}_{++}^n$ 表示锥 $\mathbb{R}_+^n$ 的内部, 即

$$\mathbb{R}_{++}^n = \{ x = (x_1, x_2, \cdots, x_n)^{\mathrm{T}} : \ x_i > 0, i = 1, 2, \cdots, n \}. \tag{2.180}$$

为了判断 f 的凹凸性, 需要计算其 Hesse 矩阵, 其二阶偏导数为

$$\frac{\partial^2 f}{\partial x_i^2} = -(n-1) \frac{f(x)}{n^2 x_i^2}, \qquad \frac{\partial^2 f}{\partial x_i \partial x_j} = \frac{f(x)}{n^2 x_i x_j}, \quad i \neq j, \tag{2.181}$$

因此其 Hesse 矩阵为

$$\nabla^2 f(x) = -\frac{f(x)}{n^2}(nD - A), \quad D = \operatorname{diag}\left(\frac{1}{x_1^2}, \frac{1}{x_2^2}, \cdots, \frac{1}{x_n^2}\right), \quad A = \left(\frac{1}{x_i x_j}\right)_{n \times n}, \tag{2.182}$$

于是

$$
\begin{aligned}
v^{\mathrm{T}} \nabla^2 f(x) v &= -\frac{f(x)}{n^2} \left[n \sum_{i=1}^{n} \frac{v_i^2}{x_i^2} - \sum_{i=1}^{n} \sum_{j=1}^{n} \frac{v_i v_j}{x_i x_j} \right] \\
&= -\frac{f(x)}{n^2} \left[n \sum_{i=1}^{n} \frac{v_i^2}{x_i^2} - \left(\sum_{i=1}^{n} \frac{v_i}{x_i} \right)^2 \right] \\
&\leqslant 0,
\end{aligned}
\tag{2.183}
$$

其中最后一步是因为根据 Cauchy-Schwarz 不等式有

$$\left(\sum_{i=1}^{n} \frac{v_i}{x_i} \right)^2 = \left(\sum_{i=1}^{n} 1 \cdot \frac{v_i}{x_i} \right)^2 \leqslant \left(\sum_{i=1}^{n} 1^2 \right) \left(\sum_{i=1}^{n} \frac{v_i^2}{x_i^2} \right) = n \sum_{i=1}^{n} \frac{v_i^2}{x_i^2}. \tag{2.184}$$

因此 $\nabla^2 f(x) \preceq 0$, 从而 f 是凹函数.

例 **2.11**   **对数行列式 (Log-determinant)** 考虑下列函数

$$f(X) = \ln(\det X), \qquad \forall X \in \mathbf{S}^n_{y++}. \tag{2.185}$$

其中, $\mathbf{S}^n_{y++}$ 表示锥 $\mathbf{S}^n_{y+}$ 的内部, 即所有 n 阶实对称正定矩阵所构成的集合. 下面证明 f 是凹函数.

我们只需证明对于任意实对称正定矩阵 X、Y, 函数 $g(t) := f(X + tY)$ 在其定义区间内是凹函数即可. 注意到

$$\begin{aligned}
g(t) &= \ln\left[\det(X + tY)\right] = \ln\left[\det\left(X^{1/2}(I + tX^{-1/2}YX^{-1/2})X^{1/2}\right)\right] \\
&= \ln\left[\det\left(I + tX^{-1/2}YX^{-1/2}\right)\right] + \ln(\det X),
\end{aligned} \tag{2.186}$$

设矩阵 $Q := X^{-1/2}YX^{-1/2}$ 的特征分解 (实对称矩阵的特征分解可参考附录 A 的定理 A.4) 为

$$Q = U\Lambda U^{\mathrm{T}}, \qquad U^{\mathrm{T}}U = I, \qquad \Lambda = \begin{pmatrix} \lambda_1 & 0 & \cdots & 0 \\ 0 & \lambda_2 & \cdots & 0 \\ \vdots & \vdots & \ddots & \vdots \\ 0 & 0 & \cdots & \lambda_n \end{pmatrix}, \tag{2.187}$$

则有

$$\begin{aligned}
g(t) &= \ln\left[\det(I + tQ)\right] + \ln(\det X) = \ln\left[\det\left(U(I + t\Lambda)U^{\mathrm{T}}\right)\right] + \ln(\det X) \\
&= \ln\left[\det(I + t\Lambda)\right] + \ln(\det X) \\
&= \sum_{i=1}^{n} \ln(1 + t\lambda_i) + \ln(\det X),
\end{aligned} \tag{2.188}$$

因此

$$g''(t) = -\sum_{i=1}^{n} \frac{\lambda_i^2}{(1 + t\lambda_i)^2} < 0, \tag{2.189}$$

由此推出 g 是凹函数, 从而 f 也是凹函数. $\square$

设 A 是 $m \times n$ 的实矩阵, 则 A 可以看作一个 $\mathbb{R}^n$ 到 $\mathbb{R}^m$ 的线性算子 (线性变换):

$$A : \mathbb{R}^n \to \mathbb{R}^m, \qquad x \mapsto Ax, \tag{2.190}$$

称

$$\|A\|_{\mathrm{spec}} := \sup\{\|Ax\|_2 : x \in \mathbb{R}^n, \|x\|_2 \leqslant 1\} \tag{2.191}$$

为 A 的**谱范数 (spectral norm)**. 之所以叫这个名称, 是因为它与 A 的谱有密切联系, 事实上, 它就等于 A 的最大奇异值 (奇异值的定义及性质可参考附录 B). 为了证明这一点, 需要先给出谱范数的一个等价定义.

首先有下列等式

$$\sup\{\|Ax\|_2 : x \in \mathbb{R}^n, \|x\|_2 \leqslant 1\} = \sup\{\|Ax\|_2 : x \in \mathbb{R}^n, \|x\|_2 = 1\}. \tag{2.192}$$

这是因为

$$
\begin{aligned}
\sup\{\|Ax\|_2 : x \in \mathbb{R}^n, \|x\|_2 \leqslant 1\} &\leqslant \sup\left\{ \frac{\|Ax\|_2}{\|x\|_2} : x \in \mathbb{R}^n, 0 < \|x\|_2 \leqslant 1 \right\} \\
&= \sup\left\{ \left\| A\left(\frac{x}{\|x\|_2}\right) \right\|_2 : x \in \mathbb{R}^n, 0 < \|x\|_2 \leqslant 1 \right\} \\
&\leqslant \sup\{\|Au\|_2 : u \in \mathbb{R}^n, \|u\|_2 = 1\},
\end{aligned}
\tag{2.193}
$$

且显然有

$$\sup\{\|Au\|_2 : u \in \mathbb{R}^n, \|u\|_2 \leqslant 1\} \geqslant \sup\{\|Au\|_2 : u \in \mathbb{R}^n, \|u\|_2 = 1\}, \tag{2.194}$$

因此式 (2.192) 成立.

由式 (2.192) 可得到谱范数的下列等价定义:

$$\|A\|_{\text{spec}} = \sup\{\|Ax\|_2 : x \in \mathbb{R}^n, \|x\|_2 = 1\}. \tag{2.195}$$

由这个等价定义可知 $\|A\|_{\text{spec}}^2$ 是 $g(x) := \|Ax\|_2^2$ 在约束条件 $\|x\|_2^2 = 1$ 下的最大值, 根据 Lagrange 乘数法, 考虑 Lagrange 函数

$$L(x, \lambda) := \|Ax\|_2^2 + \lambda(1 - \|x\|_2^2), \tag{2.196}$$

在最大值点处应满足下列方程

$$
\begin{cases}
\dfrac{\partial L}{\partial x} = 2A^{\text{T}}Ax - 2\lambda x = 0 \\[2mm]
\dfrac{\partial L}{\partial \lambda} = 1 - \|x\|_2^2 = 0
\end{cases}
, \tag{2.197}
$$

因此有

$$A^{\text{T}}Ax = \lambda x, \qquad \lambda = \lambda\|x\|_2^2 = x^{\text{T}}(\lambda x) = x^{\text{T}}(A^{\text{T}}Ax) = \|Ax\|_2^2 = g(x), \tag{2.198}$$

这说明 $g(x)$ 在约束条件 $\|x\|_2^2 = 1$ 下的最大值点 x 是 $H := A^{\text{T}}A$ 的最大特征值 λ_1 所对应的单位特征向量, 而且 λ_1 正是 $g(x)$ 在所给约束条件下的最大值, 因此有

$$\|A\|_{\text{spec}} = \sqrt{\lambda_1}, \tag{2.199}$$

根据 A 的奇异值与 H 的特征值的关系 (附录 B 的定理 B.1), $\sqrt{\lambda_1}$ 就是 A 的最大奇异值.

例 2.12 考虑定义在 $\mathbb{R}^{m \times n}$ 上的函数

$$f(A) := \|A\|_{\text{spec}}, \qquad A \in \mathbb{R}^{m \times n}, \tag{2.200}$$

则 f 是凸函数. 下面来证明这一点.

首先由于欧几里得范数 $\|\cdot\|_2$ 的对偶范数是它自己, 因此有

$$
\begin{aligned}
\|x\|_2 &= \sup\{y^{\mathrm{T}}x : \; y \in \mathbb{R}^n, \|y\|_2 \leqslant 1\} \\
&= \sup\{y^{\mathrm{T}}x : \; y \in \mathbb{R}^n, \|y\|_2 = 1\}, \qquad \forall\, x \in \mathbb{R}^n.
\end{aligned} \tag{2.201}
$$

再利用谱范数的等价定义得

$$
\begin{aligned}
f(A) &= \sup\{\|Ax\|_2 : \; x \in \mathbb{R}^n, \; \|x\|_2 = 1\} \\
&= \sup\{y^{\mathrm{T}}Ax : \; y \in \mathbb{R}^m, \; x \in \mathbb{R}^n, \; \|y\|_2 = 1, \; \|x\|_2 = 1\},
\end{aligned} \tag{2.202}
$$

对于固定的 x 和 y, $\phi(A, x, y) := y^{\mathrm{T}}Ax$ 是 A 的线性函数, 当然也是凸函数, 因此

$$f(A) = \sup_{\|x\|_2 = 1, \|y\|_2 = 1} \phi(A, x, y), \qquad A \in \mathbb{R}^{m \times n} \tag{2.203}$$

是凸函数. □

不难验证 $\|\cdot\|_{\text{spec}}$ 满足正定性和齐次性条件, 至于三角不等式, 可以由齐次性和凸函数的性质推出

$$
\begin{aligned}
\|A + B\|_{\text{spec}} &= 2 \left\| \frac{1}{2}A + \frac{1}{2}B \right\|_{\text{spec}} \leqslant 2 \left(\frac{1}{2}\|A\|_{\text{spec}} + \frac{1}{2}\|B\|_{\text{spec}} \right) \\
&= \|A\|_{\text{spec}} + \|B\|_{\text{spec}}.
\end{aligned} \tag{2.204}
$$

因此 $\|\cdot\|_{\text{spec}}$ 满足范数定义的三个条件, 是一个真正意义上的范数.

2.5 共 轭 函 数

2.5.1 共轭函数的定义与计算实例

设 f 是定义在 $D \subseteq \mathbb{R}^n$ 上的实值函数, 定义

$$f^*(y) := \sup_{x \in D}(y^{\mathrm{T}}x - f(x)), \tag{2.205}$$

称 f^* 为 f 的共轭函数, 其定义域为

$$\text{Dom}(f^*) = \left\{ y \in \mathbb{R}^n : \; \sup_{x \in D}(y^{\mathrm{T}}x - f(x)) < \infty \right\}. \tag{2.206}$$

对于一元函数 $f(x)$, 有 $f^*(y) = \sup\limits_{x \in D}(yx - f(x))$, 其几何意义是经过原点的斜率为 y 直线 $z = yx$ 与函数 $z = f(x)$ 的差的最大值, 如图 2.2 所示.

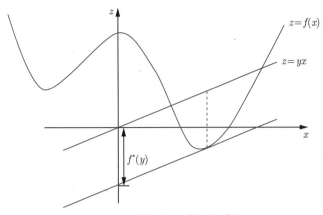

图 2.2　函数 $f^*(y)$ 的几何意义

须指出的是, 不管原函数 f 是不是凸函数, 其共轭函数 f^* 一定是凸函数. 这是因为 f^* 是由一族凸函数 $\phi_x(y) := yx - f(x)$ 逐点取上确界得到的.

例 2.13　设 $f(x) = ax + b$, 则

$$f^*(y) = \sup_{x \in \mathbb{R}}(yx - ax - b) = \begin{cases} -b, & y = a \\ \infty, & y \neq a \end{cases}, \tag{2.207}$$

因此 f^* 只在 $y = a$ 这一点有定义.

例 2.14　设 $f(x) = -\ln x$, 则当 $y \geqslant 0$ 时, $g_y(x) := yx + \ln x$ 无上界; 当 $y < 0$ 时, $g_y(x)$ 在 $x = -1/y$ 点取得最大值 $-1 - \ln(-y)$, 因此有

$$f^*(y) = \sup_{x > 0}(yx + \ln x) = \begin{cases} -1 - \ln(-y), & y < 0 \\ \infty, & y \geqslant 0 \end{cases}. \tag{2.208}$$

共轭函数 f^* 的定义域为 $\{y : y < 0\}$.

例 2.15　设 $f(x) = e^x$, 则当 $y < 0$ 时, $g_y(x) := yx - e^x \to \infty, x \to -\infty$, 因此 $g_y(x)$ 无上界; 当 $y = 0$ 时, $g_y(x) = -e^x$, 因此 $\sup_{x \in \mathbb{R}} g_y(x) = 0$; 当 $y > 0$ 时, $g_y(x)$ 在 $x = \ln y$ 这一点取得最大值 $y \ln y - y$. 因此有

$$f^*(y) = \sup_{x \in \mathbb{R}}(yx - e^x) = \begin{cases} \infty, & y < 0 \\ 0, & y = 0 \\ y \ln y - y, & y > 0 \end{cases}, \tag{2.209}$$

共轭函数 f^* 的定义域为 $\{y : y \geqslant 0\}$.

例 2.16　设 $f(x) = x \ln x$, 在 $x = 0$ 点补充定义 $f(0) = 0$, 则 f 是 $[0, \infty)$ 上的连续函数. 下面来求其共轭函数. 记

$$g_y(x) := yx - x \ln x, \tag{2.210}$$

求其导数, 得

$$g_y'(x) = y - \ln x - 1, \tag{2.211}$$

g_y' 有唯一的零点 $x = \mathrm{e}^{y-1}$, 在区间 $(0, \mathrm{e}^{y-1})$ 上 $g_y'(x) > 0$, 在区间 $(\mathrm{e}^{y-1}, \infty)$ 上 $g_y'(x) < 0$, 因此 g_y 在 $x = \mathrm{e}^{y-1}$ 点取得最大值 e^{y-1}. 由此得到

$$f^*(y) = \sup_{x \geqslant 0} g_y(x) = \mathrm{e}^{y-1}, \qquad y \in \mathbb{R}. \tag{2.212}$$

例 2.17　设 H 是一个 n 阶实对称正定矩阵, 考察函数 $f(x) = \frac{1}{2}x^\mathrm{T}Hx$, 求其共轭函数. 令

$$g_y(x) := y^\mathrm{T}x - \frac{1}{2}x^\mathrm{T}Hx, \tag{2.213}$$

则有

$$\nabla g_y(x) = y - Hx, \qquad \nabla^2 g_y(x) = -H \prec 0, \tag{2.214}$$

因此 $x = H^{-1}y$ 是 g_y 的局部极大值点, 又因为 g_y 是严格凹的, 因此 $x = H^{-1}y$ 也是 g_y 的全局极大值点, 全局极大值为

$$g_y(H^{-1}y) = \frac{1}{2}y^\mathrm{T}H^{-1}y. \tag{2.215}$$

由此可得到 f 的共轭函数

$$f^*(y) = \sup_{x \in \mathbb{R}^n} g_y(x) = \frac{1}{2}y^\mathrm{T}H^{-1}y, \qquad y \in \mathbb{R}^n. \tag{2.216}$$

例 2.18　考虑下列函数

$$f(X) = \ln(\det X^{-1}), \qquad X \in \mathbf{S}_{\mathrm{y}++}^n, \tag{2.217}$$

下面求其共轭函数. $\mathbf{S}_\mathrm{y}^n$ 上的内积为 Frobenius 内积, 因此

$$f^*(Y) = \sup_{X \in \mathbf{S}_{\mathrm{y}++}^n} (\langle Y, X \rangle_F - f(X)) = \sup_{X \in \mathbf{S}_{\mathrm{y}++}^n} (\mathrm{tr}(Y^\mathrm{T}X) + \ln(\det X)). \tag{2.218}$$

令

$$g_Y(X) := \mathrm{tr}(Y^\mathrm{T}X) + \ln(\det X), \tag{2.219}$$

首先需要确定 g_Y 何时有上界. 设 λ 是 Y^T 的一个特征值, v 是相应的单位特征向量, 令 $X = I + tvv^\mathrm{T}$, 则有

$$g_Y(X) = \mathrm{tr}(Y^\mathrm{T} + t\lambda vv^\mathrm{T}) + \ln(\det(I + tvv^\mathrm{T}))$$

$$
\begin{aligned}
&= \mathrm{tr}(Y) + \lambda t\, \mathrm{tr}(vv^{\mathrm{T}}) + \ln\big(\det\big(I + tvv^{\mathrm{T}}\big)\big) \\
&= \mathrm{tr}(Y) + \lambda t + \ln(1+t),
\end{aligned} \tag{2.220}
$$

如果 $\lambda \geqslant 0$, 则当 $t \to \infty$ 时, $g_Y(X) \to \infty$, g_Y 无上界. 因此只有当 Y 的特征值都小于 0 时, 即当 $Y \prec 0$ 时, g_Y 才能有上界.

当 $Y \prec 0$ 时, Y 的特征值都是负数, 设其特征分解 (实对称矩阵的特征分解参考附录 A 的定理 A.4 和式 (A.41)) 为

$$
Y = \sum_{i=1}^{n} \lambda_i u_i u_i^{\mathrm{T}}, \qquad 0 > \lambda_1 \geqslant \lambda_2 \geqslant \cdots \geqslant \lambda_n, \tag{2.221}
$$

则对任意 $x \in \mathbb{R}^n$ 皆有

$$
\begin{aligned}
\mathrm{tr}(Yxx^{\mathrm{T}}) &= \mathrm{tr}(x^{\mathrm{T}}(Yx)) = \mathrm{tr}\left(x^{\mathrm{T}} \sum_{i=1}^{n} \big(\lambda_i u_i u_i^{\mathrm{T}}\big) x\right) \\
&= \sum_{i=1}^{n} \lambda_i \,\mathrm{tr}\big(x^{\mathrm{T}} u_i u_i^{\mathrm{T}} x\big) \\
&= \sum_{i=1}^{n} \lambda_i (x^{\mathrm{T}} u_i)^2 \\
&\leqslant \lambda_1 \sum_{i=1}^{n} (x^{\mathrm{T}} u_i)^2 \\
&= \lambda_1 x^{\mathrm{T}} \left(\sum_{i=1}^{n} u_i u_i^{\mathrm{T}}\right) x \\
&= \lambda_1 x^{\mathrm{T}} I x = \lambda_1 \|x\|_2^2.
\end{aligned} \tag{2.222}
$$

现在设 X 的特征分解为

$$
X = \sum_{i=1}^{n} \gamma_i v_i v_i^{\mathrm{T}}, \qquad \gamma_1 \geqslant \gamma_2 \geqslant \cdots \geqslant \gamma_n > 0, \tag{2.223}
$$

则有

$$
\mathrm{tr}(YX) = \sum_{i=1}^{n} \gamma_i \,\mathrm{tr}(Yv_i v_i^{\mathrm{T}}) \leqslant \sum_{i=1}^{n} \gamma_i \lambda_1 \|v_i\|_2^2 = \lambda_1 \sum_{i=1}^{n} \gamma_i, \tag{2.224}
$$

于是有

$$
g_Y(X) \leqslant \lambda_1 \sum_{i=1}^{n} \gamma_i + \sum_{i=1}^{n} \ln \gamma_i = \sum_{i=1}^{n} (\lambda_1 \gamma_i + \ln \gamma_i), \tag{2.225}
$$

注意到函数 $\varphi(s) := \lambda_1 s + \ln s$ 在 $s = -1/\lambda_1$ 点取得最大值 $-1 - \ln(-\lambda_1)$, 因此有

$$g_Y(X) \leqslant \sum_{i=1}^{n} (-1 - \ln(-\lambda_1)) = -n - n\ln(-\lambda_1), \tag{2.226}$$

这就证明了当 $Y \prec 0$ 时 $g_Y(X)$ 有上界, 从而 $f^*(Y)$ 有定义.

现在利用附录 C 中的式 (C.17) 和式 (C.31) 得

$$\nabla g_Y(X) = Y + X^{-1}, \tag{2.227}$$

因此 g_Y 在 $X = -Y^{-1}$ 点取得最大值 $-n + \ln\det(-Y^{-1})$, 即有

$$f^*(Y) = \sup_{X \in \mathbf{S}_{y++}^n} g_Y(X) = -n + \ln\det(-Y^{-1}), \qquad Y \prec 0. \tag{2.228}$$

例 2.19　考虑下列函数

$$f(x) = \ln\left(\sum_{i=1}^{n} \mathrm{e}^{x_i}\right), \qquad x = (x_1, x_2, \cdots, x_n)^{\mathrm{T}} \in \mathbb{R}^n, \tag{2.229}$$

下面求其共轭函数. 记

$$g_y(x) = y^{\mathrm{T}} x - f(x), \tag{2.230}$$

则

$$\frac{\partial g_y}{\partial x_i} = y_i - \frac{1}{\sum\limits_{k=1}^{n} \mathrm{e}^{x_k}} \mathrm{e}^{x_i}, \qquad i = 1, 2, \cdots, n, \tag{2.231}$$

当 $y \preceq 0$ 时, g_y 无上界; 当 $y \succ 0$ 时, g_y 取最大值的条件是

$$\frac{\partial g_y}{\partial x_i} = 0, \quad i = 1, 2, \cdots, n, \quad \Rightarrow \quad \frac{1}{\sum\limits_{k=1}^{n} \mathrm{e}^{x_k}} \mathrm{e}^{x_i} = y_i, \quad i = 1, 2, \cdots, n, \tag{2.232}$$

因此 y 还必须满足 $\sum\limits_{i=1}^{n} y_i = 1$. 对式 (2.232) 中后一个方程两边取对数, 然后移项, 得

$$x_i = \ln\left(\sum_{i=1}^{n} \mathrm{e}^{x_i}\right) + \ln y_i, \qquad i = 1, 2, \cdots, n, \tag{2.233}$$

因此在 g_y 的最大值点处应满足

$$g_y(x) = y^{\mathrm{T}} x - \ln\left(\sum_{k=1}^{n} \mathrm{e}^{x_k}\right) = \sum_{i=1}^{n} y_i \ln\left(\sum_{k=1}^{n} \mathrm{e}^{x_k}\right) + \sum_{i=1}^{n} y_i \ln y_i - \ln\left(\sum_{k=1}^{n} \mathrm{e}^{x_k}\right)$$

$$= \sum_{i=1}^{n} y_i \ln y_i. \tag{2.234}$$

综上所述, f 的共轭函数为

$$f^*(y) = \sup_{x \in \mathbb{R}^n} g_y(x) = \begin{cases} \sum\limits_{i=1}^{n} y_i \ln y_i, & y \succ 0, \sum\limits_{i=1}^{n} y_i = 1 \\ \infty, & \text{其他} \end{cases}. \tag{2.235}$$

例 2.20 设 $\|\cdot\|$ 是 $\mathbb{R}^n$ 上的任意一个范数, 设 $f(x) = \|x\|$, 试求 f 的共轭函数.

设 $\|\cdot\|_*$ 是 $\|\cdot\|$ 的对偶范数, 根据对偶范数的定义得

$$\|y\|_* = \sup\{x^{\mathrm{T}}y : \|x\| \leqslant 1\}, \tag{2.236}$$

如果 $\|y\|_* > 1$, 则存在 $x_0 \in \mathbb{R}^n$ 满足

$$\|x_0\| \leqslant 1, \qquad x_0^{\mathrm{T}} y > 1, \tag{2.237}$$

于是有

$$(tx_0)^{\mathrm{T}} y - \|tx_0\| = t(x_0^{\mathrm{T}} y - \|x_0\|) \to \infty, \qquad t \to \infty, \tag{2.238}$$

因此当 $\|y\|_* > 1$ 时, $g_y(x) := x^{\mathrm{T}} y - f(x)$ 无上界. 当 $\|y\|_* \leqslant 1$ 时, 有

$$x^{\mathrm{T}} y = \|x\| \left(\frac{x}{\|x\|}\right)^{\mathrm{T}} y \leqslant \|x\| \cdot \|y\|_* \leqslant \|x\|, \tag{2.239}$$

因此有

$$g_y(x) = x^{\mathrm{T}} y - \|x\| \leqslant 0, \tag{2.240}$$

又因为 $g_y(0) = 0$, 因此有

$$\sup_{x \in \mathbb{R}^n} g_y(x) = 0. \tag{2.241}$$

综上所述, f 的共轭函数为

$$f^*(y) = \sup_{x \in \mathbb{R}^n} g_y(x) = \begin{cases} 0, & \|y\|_* \leqslant 1 \\ \infty, & \|y\|_* > 1 \end{cases}. \tag{2.242}$$

例 2.21 设 $\|\cdot\|$ 是 $\mathbb{R}^n$ 上的任意一个范数, 设 $f(x) = \|x\|^2$, 试求 f 的共轭函数.

注意到

$$g_y(x) \quad := \quad y^{\mathrm{T}} x - f(x) \leqslant \|x\| \cdot \|y\|_* - \|x\|^2 = -\left(\|x\| - \frac{1}{2}\|y\|_*\right)^2 + \frac{1}{4}\|y\|_*^2$$

$$\leqslant \frac{1}{4}\|y\|_*^2, \tag{2.243}$$

由于

$$\|y\|_* = \sup\{y^{\mathrm{T}}x : \|x\| = 1\}, \tag{2.244}$$

因此存在 $x_0 \in \mathbb{R}^n$ 满足 $\|x_0\| = 1$ 且 $y^{\mathrm{T}}x_0 = \|y\|_*$, 于是有

$$g_y(\lambda x_0) = \lambda\|y\|_* - \lambda^2, \qquad \forall\, \lambda \in \mathbb{R}, \tag{2.245}$$

当 $\lambda = \|y\|_*/2$ 时, 上式取得最大值 $g_y(\lambda x_0) = \|y\|_*^2/4$. 因此有

$$f^*(y) = \sup_{x \in \mathbb{R}^n} g_y(x) = \frac{1}{4}\|y\|_*^2, \qquad y \in \mathbb{R}^n. \tag{2.246}$$

2.5.2　共轭函数的性质

由共轭函数的定义可得

$$f^*(y) + f(x) \geqslant (x^{\mathrm{T}}y - f(x)) + f(x) = x^{\mathrm{T}}y, \tag{2.247}$$

这就是 **Fenchel 不等式 (Fenchel's inequality)**.

例 2.22　设 f 是区间 $[0, \infty)$ 上的严格单调递增的函数, g 是 f 的反函数, 令

$$F(x) = \int_0^x f(t)\mathrm{d}t, \qquad x \geqslant 0, \tag{2.248}$$

则 F 的共轭函数为

$$F^*(y) = \sup_{x \geqslant 0}(xy - F(x)) := \sup_{x \geqslant 0} h_y(x), \tag{2.249}$$

其中, $h_y(x) = xy - F(x)$. 注意到 $h_y'(x) = y - f(x)$, 因此 h_y 在 $x = g(y)$ 点取得最大值, 从而有

$$\begin{aligned}
F^*(y) &= h_y(g(y)) = yg(y) - \int_0^{g(y)} f(t)\mathrm{d}t = \int_0^{g(y)} (y - f(t))\,\mathrm{d}t \\
&= \int_0^{g(y)} \left(\int_{f(t)}^y \mathrm{d}s\right)\mathrm{d}t \\
&= \int_0^y \left(\int_0^{g(s)} \mathrm{d}t\right)\mathrm{d}s \\
&= \int_0^y g(s)\mathrm{d}s,
\end{aligned} \tag{2.250}$$

其中, 倒数第二个等号是交换积分秩序的结果, 如图 2.3 所示. 于是由 Fenchel 不等式得

$$\int_0^x f(t)\mathrm{d}t + \int_0^y g(t)\mathrm{d}t = F(x) + F^*(y) \geqslant xy, \qquad \forall\, x, y > 0. \tag{2.251}$$

这就是一般形式的 **Young 不等式**.

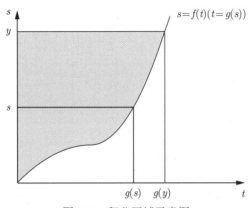

图 2.3　积分区域示意图

设 $p > 1$, 如果令 $f(t) = t^{p-1}$, 则其反函数为 $g(t) = t^{1/(p-1)}$, 于是由式 (2.251) 得

$$\frac{x^p}{p} + \frac{y^q}{q} \geqslant xy, \tag{2.252}$$

其中, $q := p/(p-1)$ 是 p 的共轭指标, 这正是引理 2.3中的不等式.

例 2.23　设 H 是 n 阶实正定对称矩阵, 考虑函数 $f(x) = \frac{1}{2}x^\mathrm{T}Hx$, 例 2.17已经求出其共轭函数为 $f^*(y) = \frac{1}{2}y^\mathrm{T}H^{-1}y$, 因此根据 Fenchel 不等式得

$$\frac{1}{2}x^\mathrm{T}Hx + \frac{1}{2}y^\mathrm{T}H^{-1}y \geqslant x^\mathrm{T}y, \qquad \forall\, x, y \in \mathbb{R}^n. \tag{2.253}$$

如果 f 是 $\mathbb{R}^n$ 上的可微严格凸函数, 则 $g_y(x) = x^\mathrm{T}y - f(x)$ 是 $\mathbb{R}^n$ 上的可微严格凹函数, 因此 x 是 g_y 的最大值点的充要条件是

$$\nabla g_y(x) = y - \nabla f(x) = 0, \tag{2.254}$$

即 x 满足方程 $\nabla f(x) = y$, 由于 f 是严格凸的, 因此这个方程有唯一解 (本章习题 15), 记为 $x(y)$, 当 y 变化时, $x(y)$ 随之变化, 这样就建立了 x 与 y 之间的函数关系. 因此有

$$f^*(y) = g_y(x(y)) = x(y)^\mathrm{T}y - f(x(y)). \tag{2.255}$$

在物理学中, 称从 $\{f, x\}$ 到 $\{f^*, y\}$ 的变换为 **Legendre 变换 (Legendre transform)**.

　接下来看几种常见的运算对共轭函数的影响.

首先是 f 与常数 c 的和的共轭函数

$$(f+c)^*(y) = \sup_{x \in D}(y^{\mathrm{T}}x - f(x) - c) = -c + \sup_{x \in D}(y^{\mathrm{T}}x - f(x)) = -c + f^*(y)$$

$$= f^*(y) - c. \tag{2.256}$$

其次是 af $(a > 0)$ 的共轭函数

$$(af)^*(y) = \sup_{x \in D}(y^{\mathrm{T}}x - af(x)) = a\sup_{x \in D}\left(\left(\frac{y}{a}\right)^{\mathrm{T}}x - f(x)\right)$$

$$= af^*\left(\frac{y}{a}\right). \tag{2.257}$$

联立式 (2.256) 与式 (2.257) 得

$$(af+c)^*(y) = af^*\left(\frac{y}{a}\right) - c. \tag{2.258}$$

须指出的是, $(f+g)^*$ 一般不等于 $f^* + g^*$.

设 $g(x) = f(Ax+b)$, 其中 A 是非奇异的 n 阶方阵, 同时假设

$$AD + b := \{Ax + b : x \in D\} = D. \tag{2.259}$$

令 $x' = Ax + b$, 则有 $x = A^{-1}(x' - b)$, 于是

$$g^*(y) = \sup_{x \in D}\left(y^{\mathrm{T}}x - f(Ax+b)\right) = \sup_{x' \in D}\left(y^{\mathrm{T}}A^{-1}(x'-b) - f(x')\right)$$

$$= -y^{\mathrm{T}}A^{-1}b + \sup_{x' \in D}\left(y^{\mathrm{T}}A^{-1}x' - f(x')\right)$$

$$= f^*((A^{-1})^{\mathrm{T}}y) - b^{\mathrm{T}}(A^{-1})^{\mathrm{T}}y. \tag{2.260}$$

2.6 矩阵的核范数

核范数是对矩阵的秩的最佳凸逼近, 近年来被广泛应用于矩阵的低秩分解、图像恢复和计算机视觉领域 [7-11].

设矩阵 $A \in \mathbb{R}^{m \times n}$ 的奇异值为 $\sigma_1 \geqslant \sigma_2 \geqslant \cdots \geqslant \sigma_s \geqslant 0$, 其中 $s = \min\{m, n\}$, 定义

$$\|A\|_{\mathrm{nu}} = \sum_{i=1}^{s}\sigma_i, \tag{2.261}$$

称为 A 的核范数 (nuclear norm) 或迹范数 (trace norm) 或樊畿范数 (**Ky Fan's norm**). 根据附录 B 的定理 B.1 得

$$\|A\|_{\mathrm{nu}} = \mathrm{tr}((A^{\mathrm{T}}A)^{1/2}), \tag{2.262}$$

这是核范数的另一等价表达.

首先需要证明 $\|\cdot\|_{\mathrm{nu}}$ 是一个真正的范数, 即满足一般范数定义的三个条件. 正定性和齐次性可以由式 (2.262) 直接得出, 但要证明它满足三角不等式却不简单, 下面证明 $\|\cdot\|_{\mathrm{nu}}$ 是 2.4.3 节介绍的谱范数 $\|\cdot\|_{\mathrm{spec}}$ 的对偶范数, 从而间接地证明 $\|\cdot\|_{\mathrm{nu}}$ 是一个范数.

定理 2.13 设 $\|\cdot\|_{\mathrm{nu}}$ 由式 (2.261) 定义, 则有

$$\|Y\|_{\mathrm{nu}} = \sup\left\{\langle X, Y\rangle_F : X \in \mathbb{R}^{m\times n}, \|X\|_{\mathrm{spec}} \leqslant 1\right\}, \tag{2.263}$$

即 $\|\cdot\|_{\mathrm{nu}}$ 是 $\|\cdot\|_{\mathrm{spec}}$ 的对偶范数.

证明 设 Y 的奇异值分解为

$$Y = U\Sigma V^{\mathrm{T}}, \quad U = (u_1, u_2, \cdots, u_s), \quad V = (v_1, v_2, \cdots, v_s), \quad s = \min\{m, n\}, \tag{2.264}$$

$$\Sigma = \begin{pmatrix} \sigma_1 & 0 & \cdots & 0 \\ 0 & \sigma_2 & \cdots & 0 \\ \vdots & \vdots & \ddots & \vdots \\ 0 & 0 & \cdots & \sigma_s \end{pmatrix}_{s\times s}, \tag{2.265}$$

其中, $\sigma_1 \geqslant \sigma_2 \geqslant \cdots \geqslant \sigma_s$ 是 Y 的奇异值, $u_1, u_2, \cdots, u_s$ 和 $v_1, v_2, \cdots, v_s$ 分别是对应的左、右奇异向量, 且这两组向量都是规范正交的. 于是对任意满足 $\|X\|_{\mathrm{spec}} \leqslant 1$ 的 $X \in \mathbb{R}^{m\times n}$ 皆有

$$\langle X, Y\rangle_F = \mathrm{tr}(X^{\mathrm{T}}Y) = \mathrm{tr}(X^{\mathrm{T}}U\Sigma V^{\mathrm{T}}) = \mathrm{tr}(V^{\mathrm{T}}X^{\mathrm{T}}U\Sigma) = \langle U^{\mathrm{T}}XV, \Sigma\rangle_F$$
$$= \sum_{i=1}^{s}(U^{\mathrm{T}}XV)_{ii}\sigma_i, \tag{2.266}$$

其中, $(U^{\mathrm{T}}XV)_{ii}$ 表示矩阵 $(U^{\mathrm{T}}XV)$ 的第 i 个主对角元素. 由分块矩阵的乘法法则易得

$$(U^{\mathrm{T}}XV)_{ii} = u_i^{\mathrm{T}}Xv_i, \quad i = 1, 2, \cdots, s, \tag{2.267}$$

其中, u_i 和 v_i 分别表示 U 和 V 的第 i 个列向量, 即 σ_i 所对应的左、右单位奇异向量, 长度为 1. 再注意到

$$(U^{\mathrm{T}}XV)_{ii} = u_i^{\mathrm{T}}Xv_i \leqslant \|u_i\|_2\|Xv_i\|_2 \leqslant \|u_i\|_2\|X\|_{\mathrm{spec}}\|v_i\|_2 = \|X\|_{\mathrm{spec}}, \tag{2.268}$$

便有

$$\langle X, Y\rangle_F \leqslant \sum_{i=1}^{s}\|X\|_{\mathrm{spec}}\sigma_i \leqslant \sum_{i=1}^{s}\sigma_i = \|Y\|_{\mathrm{nu}}. \tag{2.269}$$

如果令 $X = UV^{\mathrm{T}}$, 则 X 的奇异值都是 1, 因此 $\|X\|_{\mathrm{spec}} \leqslant 1$, 且有

$$\langle X, Y\rangle_F = \mathrm{tr}(X^{\mathrm{T}}Y) = \mathrm{tr}(VU^{\mathrm{T}}U\Sigma V^{\mathrm{T}}) = \mathrm{tr}(V^{\mathrm{T}}VU^{\mathrm{T}}U\Sigma)$$
$$= \mathrm{tr}(\Sigma) = \|Y\|_{\mathrm{nu}}, \tag{2.270}$$

因此式 (2.263) 成立. $\square$

再来看看核范数和 1.1.1 节介绍的 Frobenius 范数 $\|\cdot\|_F$ 以及谱范数 $\|\cdot\|_{\mathrm{spec}}$ 的大小有什么关系. 根据附录 B 的式 (B.25) 得

$$\|A\|_F = \sqrt{\mathrm{tr}(A^{\mathrm{T}}A)} = \sqrt{\sum_{i=1}^{s}\sigma_i^2}, \qquad s = \min\{m, n\}, \tag{2.271}$$

根据式 (2.199) 得

$$\|A\|_{\mathrm{spec}} = \sigma_1, \tag{2.272}$$

其中, σ_1 表示 A 的最大奇异值. 因此这几个矩阵范数有下列关系:

$$\|A\|_{\mathrm{spec}} \leqslant \|A\|_F \leqslant \|A\|_{\mathrm{nu}} \leqslant n\|A\|_{\mathrm{spec}}, \tag{2.273}$$

因此这几个范数是等价范数, 即它们所确定的拓扑是一样的.

称一个定义在 $\mathbb{R}^{n\times n}$ 上的范数 $\|\cdot\|$ 是**次可乘的 (submultiplicative)**, 如果它满足

$$\|AB\| \leqslant \|A\| \cdot \|B\|, \qquad \forall A, B \in \mathbb{R}^{n\times n}. \tag{2.274}$$

定理 2.14 范数 $\|\cdot\|_{\mathrm{spec}}$、$\|\cdot\|_F$ 和 $\|\cdot\|_{\mathrm{nu}}$ 在 $\mathbb{R}^{n\times n}$ 上都是次可乘的.

证明 首先, 根据谱范数的定义得

$$\|Ax\|_2 \leqslant \|A\|_{\mathrm{spec}}\|x\|_2, \qquad \forall A \in \mathbb{R}^{n\times n}, \; x \in \mathbb{R}^n, \tag{2.275}$$

因此有

$$\|ABx\|_2 \leqslant \|A\|_{\mathrm{spec}}\|Bx\|_2 \leqslant \|A\|_{\mathrm{spec}}\|B\|_{\mathrm{spec}}\|x\|_2, \tag{2.276}$$

由此立刻得到 $\|AB\|_{\mathrm{spec}} \leqslant \|A\|_{\mathrm{spec}}\|B\|_{\mathrm{spec}}$.

其次, 对任意 $A, B \in \mathbb{R}^{n\times n}$, 设 $A = (a_{ij})_{n\times n}, B = (b_{ij})_{n\times n}, AB = C = (c_{ij})_{n\times n}$, 则根据 Cauchy-Schwarz 不等式得

$$c_{ij}^2 = \left(\sum_{k=1}^{n} a_{ik}b_{kj}\right)^2 \leqslant \left(\sum_{k=1}^{n} a_{ik}^2\right)\left(\sum_{k=1}^{n} b_{kj}^2\right), \tag{2.277}$$

于是

$$\begin{aligned}
\|C\|_F^2 &= \sum_{i=1}^{n}\sum_{j=1}^{n} c_{ij}^2 \leqslant \sum_{i=1}^{n}\sum_{j=1}^{n}\left(\sum_{k=1}^{n} a_{ik}^2\right)\left(\sum_{k=1}^{n} b_{kj}^2\right) \\
&= \left(\sum_{i=1}^{n}\sum_{k=1}^{n} a_{ik}^2\right)\left(\sum_{j=1}^{n}\sum_{k=1}^{n} b_{kj}^2\right) \\
&= \|A\|_F^2\|B\|_F^2,
\end{aligned} \tag{2.278}$$

开方后得到 $\|C\|_F \leqslant \|A\|_F \|B\|_F$.

再证明 $\|\cdot\|_{\mathrm{nu}}$ 的次可乘性. 根据定理 2.13, $\|\cdot\|_{\mathrm{nu}}$ 是 $\|\cdot\|_{\mathrm{spec}}$ 的对偶范数, 因此有

$$
\begin{aligned}
\langle X, AB \rangle_F = \mathrm{tr}(X^{\mathrm{T}} AB) = \langle A^{\mathrm{T}} X, B \rangle_F &\leqslant \|A^{\mathrm{T}} X\|_{\mathrm{spec}} \|B\|_{\mathrm{nu}} \\
&\leqslant \|X\|_{\mathrm{spec}} \|A^{\mathrm{T}}\|_{\mathrm{spec}} \|B\|_{\mathrm{nu}} \\
&= \|X\|_{\mathrm{spec}} \|A\|_{\mathrm{spec}} \|B\|_{\mathrm{nu}} \\
&\leqslant \|X\|_{\mathrm{spec}} \|A\|_{\mathrm{nu}} \|B\|_{\mathrm{nu}},
\end{aligned}
\tag{2.279}
$$

由此立刻得到

$$
\|AB\|_{\mathrm{nu}} = \sup \left\{ \langle X, AB \rangle_F : \ X \in \mathbb{R}^{n \times n}, \ \|X\|_{\mathrm{spec}} \leqslant 1 \right\} \leqslant \|A\|_{\mathrm{nu}} \|B\|_{\mathrm{nu}}.
\tag{2.280}
$$

$\square$

核范数之所以重要是因为它是矩阵的秩的最佳凸逼近. 为了说清楚这个问题, 我们引入一个概念. 设 $C \subseteq \mathbb{R}^{m \times n}$ 是凸集, $f : C \to \mathbb{R}$ 是实值函数, 如果凸函数 $g : C \to \mathbb{R}$ 满足 $g(x) \leqslant f(x), \forall x \in C$ 且对任意满足 $\phi(x) \leqslant f(x), \forall x \in C$ 的凸函数 ϕ 皆有

$$
\phi(x) \leqslant g(x), \qquad \forall x \in C,
\tag{2.281}
$$

则称 g 是 f 的 (最大) **凸包络 (convex envelope)**. 简单地说, 函数 f 的凸包络就是小于或等于 f 的凸函数之全体的上确界, 是与 f 最接近的凸函数.

现在考虑定义在 $\mathbb{R}^{m \times n}$ 上的函数

$$
f(X) = \mathrm{rank}(X),
\tag{2.282}
$$

其中, $\mathrm{rank}(X)$ 表示矩阵 X 的秩, 这是一个非凸函数, 与之有关的优化问题在机器学习领域比比皆是, 因此非常重要. 但由于它不是凸函数, 因此目标函数或约束条件中包含这个函数的优化问题一般是 **NP 难问题 (NP hard problem)**, 没有有效算法.

如何解决这个问题呢? 一个很自然的想法是用一个与 f 接近的凸函数代替它. 用哪个凸函数好呢? Fazel[12] 证明了核范数 $\|\cdot\|_{\mathrm{nu}}$ 是最佳选择, 这就是下面的定理.

定理 2.15　**M. Fazel** 秩函数 $f(X) = \mathrm{rank}(X)$ 在凸集

$$
C := \left\{ X \in \mathbb{R}^{m \times n} : \|X\|_{\mathrm{spec}} \leqslant 1 \right\}
\tag{2.283}
$$

上的凸包络为 $g(X) = \|X\|_{\mathrm{nu}}$, 即核范数.

这个定理的证明很长, 感兴趣的读者可参考 Fazel 的博士论文 [12], 在此从略.

拓展阅读建议

本章较为系统地介绍了凸函数的定义、性质及典型例子, 同时介绍了 Jensen 不等式、共轭函数、对偶范数以及三种比较常用的矩阵范数. 这些知识是现代优化理论与应用的基础, 需要读者牢固掌握. 关于凸函数的更多知识可参考凸分析经典教材 [13-15] 以及凸优化

经典教材 [16-17],关于矩阵的特征分解的更多知识可参考附录 A 和文献 [18-19],关于矩阵的奇异值分解和矩阵分析的更多知识可参考附录 B、附录 C 以及文献 [20-26],关于熵、条件熵、互信息、Kullback-Leibler 散度等信息论的重要函数的性质被列为习题 (习题 9~12),并给出了详细解答,更多与信息论有关的凸函数知识可参见文献 [27].

第 2 章习题

1. 设 $C \subseteq \mathbb{R}^n$ 是凸集,f 是 C 上的函数. 如果 f 满足

$$f\left(\frac{x+y}{2}\right) \leqslant \frac{f(x)+f(y)}{2}, \qquad \forall\, x,y \in C, \tag{2.284}$$

则称 f 在 C 上是**中点凸的 (midpoint convex)**. 试证明: 如果 f 在 C 上是中点凸且连续的, 则 f 是 C 上的凸函数.

2. 设 f 是定义在 $\mathbb{R}$ 上的凸函数,$a,b \in \mathbb{R}, a < b$.

i). 请证明

$$f(x) \leqslant \frac{b-x}{b-a}f(a) + \frac{x-a}{b-a}f(b), \qquad \forall\, x \in [a,b]. \tag{2.285}$$

ii). 请证明

$$\frac{f(x)-f(a)}{x-a} \leqslant \frac{f(b)-f(a)}{b-a} \leqslant \frac{f(b)-f(x)}{b-x}, \qquad \forall\, a < x < b. \tag{2.286}$$

iii). 如果 f 是可微的, 则有

$$f'(a) \leqslant \frac{f(b)-f(a)}{b-a} \leqslant f'(b). \tag{2.287}$$

3. 设 f 是区间 $[a,b]$ 上的严格单增的凸函数, 其反函数为 g, 请讨论 g 的凹凸性.

4. 设 f 是定义在 $\mathbb{R}^n$ 上的连续函数. 试证明: f 是凸函数当且仅当

$$\int_0^1 f(x+\lambda(y-x))\mathrm{d}\lambda \leqslant \frac{f(x)+f(y)}{2}, \qquad \forall\, x,y \in \mathbb{R}^n. \tag{2.288}$$

5. 设 f 是定义在 $[0,+\infty)$ 上的凸函数, 定义

$$F(x) = \frac{1}{x}\int_0^x f(t)\mathrm{d}t, \qquad \forall\, x > 0, \tag{2.289}$$

证明 F 是开区间 $(0,\infty)$ 上的凸函数.

6. 设 f 是 $\mathbb{R}^n$ 上的凸函数, 试证明: 如果 f 有上界, 则 f 必为常数.

7. 设 f 是在凸集 $C \subseteq \mathbb{R}^n$ 上有定义的函数,x_0 是 $\mathbb{R}^n$ 中任意一点,$A \in \mathbb{R}^{n \times m}$, 定义

$$D := \{x \in \mathbb{R}^m : Ax + x_0 \in C\}, \tag{2.290}$$

$$g(x) := f(Ax + x_0). \tag{2.291}$$

i). 证明 D 是凸集.

ii). 如果 f 在 C 上是二阶连续可微的, 证明 g 是 D 上的凸函数当且仅当

$$A^{\mathrm{T}} \nabla^2 f(Ax + x_0) A \succeq 0, \qquad \forall\, x \in D. \tag{2.292}$$

iii). 仍假设 f 在 C 上是二阶连续可微的, 并设矩阵 $B \in \mathbb{R}^{p \times n}$ 满足

$$BA = 0, \qquad \mathrm{rank}(B) + \mathrm{rank}(A) = n, \tag{2.293}$$

证明如果对任意 $x \in D$ 皆存在 $\lambda \in \mathbb{R}$ 使得

$$\nabla^2 f(Ax + x_0) + \lambda B^{\mathrm{T}} B \succeq 0, \tag{2.294}$$

则 g 是 D 上的凸函数.

8. 设 f 是 $\mathbb{R}$ 上的凸函数, ξ 是实随机变量, 满足 $\mathbf{E}\xi = 0, \mathrm{var}(\xi) < \infty$. 试证明: 对于任意实数 $x_0 \in \mathbb{R}$ 皆有

$$\mathbf{E}\left[f(x_0 + \xi)\right] \geqslant f(x_0). \tag{2.295}$$

9. 设 X 是在有限集 $\mathcal{X}$ 上取值的随机变量, 记 $p_X(x) = \mathbf{P}\{X = x\}$, $\forall\, x \in \mathcal{X}$, 同时约定 $0 \log_2 0 = 0$. 称

$$H(X) := -\sum_{x \in \mathcal{X}} p_X(x) \log_2 p_X(x) \tag{2.296}$$

为随机变量 X 的熵 (entropy). 设 X 是在 $\mathcal{X}$ 上取值的随机变量, Y 是在 $\mathcal{Y}$ 上取值的随机变量, 则联合随机变量 (X, Y) 在 $\mathcal{X} \times \mathcal{Y}$ 上取值, 其分布为

$$p(x, y) := \mathbf{P}\{X = x, Y = y\}, \qquad x \in \mathcal{X},\ y \in \mathcal{Y}. \tag{2.297}$$

联合随机变量 (X, Y) 的熵为

$$H(X, Y) = -\sum_{x \in \mathcal{X}, y \in \mathcal{Y}} p(x, y) \log_2 p(x, y). \tag{2.298}$$

记 $p(x|y) := \mathbf{P}\{X = x | Y = y\}$, 则

$$H(X|Y = y) := -\sum_{x \in \mathcal{X}} p(x|y) \log_2 p(x|y) \tag{2.299}$$

是条件随机变量 $(X|Y = y)$ 的熵, 令

$$H(X|Y) = \sum_{y \in \mathcal{Y}} p_Y(y) H(X|Y = y) = -\sum_{y \in \mathcal{Y}} p_Y(y) \sum_{x \in \mathcal{X}} p(x|y) \log_2 p(x|y), \tag{2.300}$$

称之为 X 对 Y 的**条件熵 (conditional entropy)**. 请证明下列命题:

i). 对任意在有限集上取值的随机变量 X 与 Y 皆有 $H(X,Y) \leqslant H(X) + H(Y)$.

ii). 对任意在有限集上取值的随机变量 X 与 Y 皆有

$$H(X,Y) = H(Y) + H(X|Y), \tag{2.301}$$

这个公式也称为熵的**链式法则 (chain rule)**, 对于 n 个随机变量也有链式法则

$$H(X_1, X_2, \cdots, X_n) = H(X_1) + H(X_2|X_1) + H(X_3|X_1, X_2) + \cdots$$
$$+ H(X_n|X_1, X_2, \cdots, X_{n-1}). \tag{2.302}$$

iii). 如果 X 与 Y 是独立的, 则有 $H(X|Y) = H(X)$, 从而有 $H(X,Y) = H(X) + H(Y)$.

iv). 对任意在有限集上取值的随机变量 X 与 Y 皆有 $H(X|Y) \leqslant H(X)$.

注意: 并不是对所有的 $x \in \mathcal{X}$ 都有 $H(X|Y=y) \leqslant H(X)$, 如果把 $\varphi(y) := H(X|Y=y)$ 看成一个函数, 则 $\varphi(y)$ 并非对所有 $y \in \mathcal{Y}$ 都有 $\varphi(y) \leqslant H(X)$, 而是数学期望 $\mathbf{E}[\varphi(Y)] = H(X|Y) \leqslant H(X)$.

10. 考虑服从两点分布的随机变量 X, 设 $\mathbf{P}\{X=1\} = q, \mathbf{P}\{X=0\} = 1 - q$. 记 X 的熵为 $H(q)$.

i). 求 $H(q)$ 的表达式.

ii). 证明 $H(q)$ 是严格凹函数.

iii). 证明 $H(1-q) = H(q)$, 即 $H(q)$ 的图像关于直线 $q = 1/2$ 对称.

iv). 求 $H(q)$ 的最大值及最大值点.

11. 设 X 和 Y 分别是取值于有限集 $\mathcal{X}$ 和 $\mathcal{Y}$ 中的随机变量, 定义

$$I(X;Y) := H(X) - H(X|Y), \tag{2.303}$$

称之为 X 与 Y 的**互信息 (mutual information)**, 它计量的是 X 中能被 Y 所反映的那部分信息. 根据习题 9 的结论 iv), 互信息 $I(X;Y)$ 总是非负的. 设 X, Y, Z 分别是取值于有限集 $\mathcal{X}, \mathcal{Y}, \mathcal{Z}$ 中的随机变量, 定义

$$I(X;Y|Z) := H(X|Z) - H(X|Y,Z), \tag{2.304}$$

称之为 X 与 Y 对 Z 的**条件互信息 (conditional mutual information)**.

i). 证明互信息是对称的, 即

$$I(X;Y) = I(Y;X). \tag{2.305}$$

ii). 证明公式

$$I(X;Y) = \sum_{x \in \mathcal{X}, y \in \mathcal{Y}} p(x,y) \log_2 \frac{p(x,y)}{p_X(x)p_Y(y)}, \tag{2.306}$$

由此推出, 只有当 X 与 Y 独立时, 才有 $I(X;Y) = 0$ 以及 $I(X;X) = H(X)$.

iii). 证明公式

$$I(X;Y) = H(X) + H(Y) - H(X,Y). \tag{2.307}$$

iv). 证明公式

$$I(X,Y;Z) = I(X;Z) + I(Y;Z|X), \tag{2.308}$$

更一般地, 有链式法则

$$I(X_1, X_2, \cdots, X_n; Z) = I(X_1; Z) + I(X_2; Z|X_1) + I(X_3; Z|X_1, X_2) + \cdots$$
$$+ I(X_n; Z|X_1, X_2, \cdots, X_{n-1}). \tag{2.309}$$

12. 设 $\mathcal{X}$ 是有限集, p 和 q 是定义在 $\mathcal{X}$ 上的两个概率分布. 定义

$$D(p\|q) := \sum_{x \in \mathcal{X}} p(x) \log_2 \frac{p(x)}{q(x)}, \tag{2.310}$$

称之为 p 与 q 的 **相对熵 (relative entropy)** 或 **Kullback-Leibler 散度**.

i). 证明相对熵总是非负的.

ii). 考虑两个 0-1 分布

$$p(0) = p(1) = 1/2, \qquad q(1) = 1/4, \quad q(0) = 3/4, \tag{2.311}$$

请验证 $D(p\|q) \neq D(q\|p)$.

iii). 设 p_1, q_1, p_2, q_2 都是有限集 $\mathcal{X}$ 上的概率分布, $0 < \lambda < 1$, 令 $p = \lambda p_1 + (1-\lambda)p_2$, $q = \lambda q_1 + (1 - \lambda)q_2$, 则有

$$D(p\|q) \leqslant \lambda D(p_1\|q_1) + (1 - \lambda)D(p_2\|q_2), \tag{2.312}$$

即 $D(\cdot\|\cdot)$ 是凸函数.

13. 设 $A \in \mathbb{R}^{n \times n}$, 证明

$$\|A\|_{\mathrm{spec}} \leqslant \|A\|_F \leqslant \sqrt{n}\|A\|_{\mathrm{spec}}. \tag{2.313}$$

14. 设 A 是 $n \times n$ 的实对称矩阵, 其特征值的绝对值按从大到小排列为 $|\lambda_1| \geqslant |\lambda_2| \geqslant \cdots \geqslant |\lambda_n|$. 请证明

$$\|A\|_F = \sqrt{\sum_{i=1}^{n} \lambda_i^2}, \qquad \|A\|_{\mathrm{spec}} = |\lambda_1|. \tag{2.314}$$

15. 设 f 是开凸集 $C \subseteq \mathbb{R}^n$ 上严格凸的可微函数, 试证明如果方程 $\nabla f(x) = a$ 存在解, 则解是唯一的.

16. 对于 $0 < \alpha \leqslant 1$, 定义

$$u_\alpha(x) = \frac{x^\alpha - 1}{\alpha}, \qquad x \geqslant 0.$$

i). 证明 u_α 是单增的凹函数.

ii). 证明

$$\lim_{\alpha \to 0} u_\alpha(x) = \ln x, \qquad \forall\, x > 0. \tag{2.315}$$

17. 设 $0 < p < 1$, 证明

$$f(x) = \left(\sum_{i=1}^{n} x_i^p\right)^{1/p} \tag{2.316}$$

是 $\mathbb{R}_{++}$ 上的凹函数.

18.

i). 证明 $f(X) = \mathrm{tr}(X)$ 是 $\mathbf{S}_{y++}^n$ 上的凸函数.

ii). 证明 $g(X) = (\det X)^{1/n}$ 是 $\mathbf{S}_{y++}^n$ 上的凹函数.

19. 设 $C \subseteq \mathbb{R}^n$ 是凸集, 定义

$$M_C(x) := \inf\left\{t > 0 : \frac{x}{t} \in C\right\}, \tag{2.317}$$

称之为 C 的 **Minkowski 函数**.

i). 画图分析, 找出 M_C 的定义域.

ii). 证明 M_C 具有齐次性, 即满足 $M_C(\lambda x) = \lambda M_C(x), \forall\, \lambda \geqslant 0$.

iii). 证明 M_C 是凸函数.

iv). 如果 C 是有界闭集, 且是对称的 (如果 $x \in C$, 则 $-x \in C$), 证明 M_C 是 $\mathbb{R}^n$ 上的范数.

20. 设 $C \subseteq \mathbb{R}^n$, 令

$$S_C(y) := \sup\left\{y^{\mathrm{T}} x : x \in C\right\}, \tag{2.318}$$

称之为 C 的支撑函数 (support function).

i). 找出 S_C 的定义域 D, 并证明 D 是凸集.

ii). 证明 S_C 是凸函数.

iii). 证明 $S_C = S_{\mathrm{conv}(C)}$.

iv). 设 A 和 B 是 $\mathbb{R}^n$ 的子集, 证明

$$S_{A+B} = S_A + S_B, \tag{2.319}$$

$$S_{A \cup B} = \max\{S_A, S_B\}. \tag{2.320}$$

如果 B 是闭凸集, 证明 $A \subseteq B$ 当且仅当

$$S_A(y) \leqslant S_B(y), \qquad \forall y \in \mathbb{R}^n. \tag{2.321}$$

21. 求共轭函数.

i). 已知 $f(x) = x^2 + x + 1, x \in \mathbb{R}$, 求 f^*.

ii). 已知 $f(x) = x^p \ (p > 1), x > 0$, 求 f^*.

iii). 已知 $f(x) = \max_{1 \leqslant i \leqslant n} x_i, x \in \mathbb{R}^n$, 求 f^*.

iv). 已知 $f(x) = -\left(\prod_{i=1}^{n} x_i \right)^{1/n}, x \in \mathbb{R}^n_{++}$, 求 f^*.

v). 已知

$$f(x, t) = -\ln\left(t^2 - x^{\mathrm{T}} x\right), \qquad (x, t) \in \mathbb{R}^n \times \mathbb{R}, \quad \|x\|_2 < t. \tag{2.322}$$

求 f^*.

<h1>优 化 问 题</h1>

学习要点

1. 理解一般优化问题的有关概念.
2. 理解凸优化问题的概念，掌握其性质.
3. 理解对偶函数的概念，会求常见优化问题的对偶函数.
4. 理解优化问题的强对偶性及弱对偶性，掌握相关定理.
5. 掌握一些常用的最优性条件.
6. 理解并能应用几种不同形式的 Karush-Kuhn-Tucker 定理.

3.1 优化问题

优化问题的一般形式为

$$\min f(x) \tag{3.1}$$

$$\text{s.t.} \quad g_i(x) \leqslant 0, \qquad i = 1, 2, \cdots, m, \tag{3.2}$$

$$h_j(x) = 0, \qquad j = 1, 2, \cdots, l. \tag{3.3}$$

其中, $f : \text{Dom}(f)(\subseteq \mathbb{R}^n) \to \mathbb{R}$ 称为**目标函数 (objective function)**, 每个 g_i 和 h_i 都是定义在 $\mathbb{R}^n$ 中某个子集上的实值函数. 式 (3.2) 和式 (3.3) 是**约束 (constraint)**, 前者为不等式约束, 后者为等式约束. 称

$$\mathcal{D} := \text{Dom}(f) \bigcap \left(\bigcap_{i=1}^{m} \text{Dom}(g_i) \right) \bigcap \left(\bigcap_{j=1}^{l} \text{Dom}(h_j) \right) \tag{3.4}$$

为优化问题 (3.1)~(3.3) 的**定义域**, 它是目标函数和所有约束函数的定义域的交集. 称

$$S_F := \{ x \in \mathcal{D} : g_i(x) \leqslant 0, \ h_j(x) = 0, \ i = 1, 2, \cdots, m, \ j = 1, 2, \cdots, l \} \tag{3.5}$$

为优化问题 (3.1)~(3.3) 的**可行集 (feasible set)** 或**约束集 (constraint set)**.
    称

$$p^* := \inf \{ f(x) : x \in S_F \} \tag{3.6}$$

为优化问题 (3.1)∼(3.3) 的**最优值 (optimal value)**, 如果 $S_F = \varnothing$, 则约定 $p^* = \infty$. 如果存在 $x^* \in S_F$ 使得 $f(x^*) = p^*$, 则称 x^* 是优化问题 (3.1)∼(3.3) 的**最优点 (optimal point)** 或**最优解 (optimal solution)**. 最优点可能不是唯一的, 把所有最优点所组成的集合称为**最优集 (optimal set)**.

如果优化问题 (3.1)∼(3.3) 的可行集非空, 则称它是**可行的 (feasible)**; 如果它的最优集非空, 则称它是**可解的 (solvable)**, 此时它的最优值是**可达到的 (attainable)**.

对于 $\varepsilon > 0$, 如果可行点 $x \in S_F$ 满足 $f(x) < p^* + \varepsilon$, 则称 x 是优化问题 (3.1)∼(3.3) 的**ε-次优点 (ε-suboptimal point)**, 所有 ε-次优点所组成的集合称为**ε-次优集 (ε-suboptimal set)**.

对于可行点 $x_0 \in S_F$, 如果存在 $\delta > 0$ 使得

$$f(x_0) = \inf\{f(x): \ x \in S_F \cap B(x_0, \delta)\}, \tag{3.7}$$

则称 x_0 是优化问题 (3.1)∼(3.3) 的**局部最优点 (locally optimal point)**.

在优化问题 (3.1)∼(3.3) 中, 对于可行点 x, 如果 $g_i(x) = 0$, 则称不等式约束 $g_i(x) \leqslant 0$ 是**积极的 (active)**, 否则称它是**非积极的 (inactive)**. 等式约束总是积极的.

注意: 某个约束条件是积极的还是非积极的依赖于可行点 x, 对于不同的可行点 x, 结论可能不一样.

如果删除某个约束条件不会改变可行集, 则称该约束条件是**冗余的 (redundant)**.

我们说两个优化问题是**等价的 (equivalent)**, 即从其中一个问题的解可以导出另一个问题的解.

例如优化问题

$$\max -f(x), \qquad \text{s.t.} \ \ g_i(x) \leqslant 0, \qquad i = 1, 2, \cdots, m \tag{3.8}$$

与优化问题

$$\min f(x), \qquad \text{s.t.} \ \ g_i(x) \leqslant 0, \qquad i = 1, 2, \cdots, m \tag{3.9}$$

是等价的.

又如, 优化问题

$$\min_{x \in \mathbb{R}^n} \|Ax - b\|_2 \tag{3.10}$$

与优化问题

$$\min_{x \in \mathbb{R}^n} \|Ax - b\|_2^2 \tag{3.11}$$

也是等价的.

再如, 优化问题

$$\min_{x \in \mathbb{R}^n} \mathrm{e}^{f(x)}, \qquad \text{s.t.} \ \ Ax \leqslant b \tag{3.12}$$

与优化问题

$$\min_{x \in \mathbb{R}^n} f(x), \qquad \text{s.t.} \quad Ax \leqslant b \tag{3.13}$$

是等价的.

3.2 凸优化问题

3.2.1 凸优化问题的概念

凸优化问题 (convex optimization problem) 的一般形式为

$$\min f(x) \tag{3.14}$$
$$\text{s.t.} \qquad g_i(x) \leqslant 0, \qquad i = 1, 2, \cdots, m, \tag{3.15}$$
$$a_j^{\mathrm{T}} x = b_j, \qquad j = 1, 2, \cdots, l. \tag{3.16}$$

其中, $f, g_i, i = 1, 2, \cdots, m$ 是凸函数. 凸优化问题的可行集显然是凸集, 凸优化问题的特点可概括为可行集是凸集, 目标函数是凸函数.

如果 f 是凹函数, 则优化问题

$$\max f(x) \tag{3.17}$$
$$\text{s.t.} \qquad g_i(x) \leqslant 0, \qquad i = 1, 2, \cdots, m, \tag{3.18}$$
$$a_j^{\mathrm{T}} x = b_j, \qquad j = 1, 2, \cdots, l \tag{3.19}$$

与凸优化问题

$$\min -f(x) \tag{3.20}$$
$$\text{s.t.} \qquad g_i(x) \leqslant 0, \qquad i = 1, 2, \cdots, m, \tag{3.21}$$
$$a_j^{\mathrm{T}} x = b_j, \qquad j = 1, 2, \cdots, l \tag{3.22}$$

等价, 因此我们也称 (3.17)~(3.19) 是凸优化问题.

在优化问题 (3.14)~(3.16) 中, 如果 f 是拟凸函数, 则称之为**拟凸优化问题 (quasiconvex problem)**, 凸优化问题显然也是拟凸优化问题.

3.2.2 凸优化问题的性质

命题 3.1   拟凸优化问题的 ε-次优集一定是凸集, 特别地, 其最优集一定是凸集.

证明   拟凸优化问题的 ε-次优集可表示为

$$X_\varepsilon = \{x \in \mathbb{R}^n : f(x) \leqslant p^* + \varepsilon\} \cap S_F, \tag{3.23}$$

其中, p^* 是该优化问题的最优值, S_F 是可行集. 由于 f 是拟凸函数, 因此下水平集 $\{x \in \mathbb{R}^n : f(x) \leqslant p^* + \varepsilon\}$ 是凸集, 又因为 S_F 也是凸集, 因此 X_ε 是凸集. $\square$

对于凸优化问题 (3.14)~(3.16), 根据定理 2.9, 有下列结论.

定理 3.1   凸优化问题 (3.14)~(3.16) 的局部最优点一定是全局最优点; 如果 f 是严格凸的, 则凸优化问题的最优点 (如果存在) 是唯一的.

接下来讨论凸优化问题 (3.14)~(3.16) 的最优性条件. 假设 f 是可微的凸函数, 设 S_F 是该优化问题的可行集, 根据定理 2.2, 对任意 $x, y \in S_F$ 皆有

$$f(y) \geqslant f(x) + (y - x)^{\mathrm{T}} \nabla f(x). \tag{3.24}$$

如果在 x 点满足

$$(y - x)^{\mathrm{T}} \nabla f(x) \geqslant 0, \qquad \forall y \in S_F, \tag{3.25}$$

则有

$$f(x) \leqslant f(y) - (y - x)^{\mathrm{T}} \nabla f(x) \leqslant f(y), \qquad \forall y \in S_F, \tag{3.26}$$

因此 x 是最优点.

反之, 如果 $x \in S_F$ 是最优点, 则有

$$f(x) \leqslant f((1 - t)x + ty), \qquad \forall y \in S_F, 0 \leqslant t \leqslant 1. \tag{3.27}$$

令 $\varphi(t) = f((1 - t)x + ty), 0 \leqslant t \leqslant 1$, 则 φ 是可微的, 且 $\varphi(t) \geqslant \varphi(0), \forall 0 \leqslant t \leqslant 1$, 因此有

$$\varphi'(0) = \lim_{t \to 0^+} \frac{\varphi(t) - \varphi(0)}{t} \geqslant 0, \tag{3.28}$$

由此立刻得到

$$(y - x)^{\mathrm{T}} \nabla f(x) = \varphi'(0) \geqslant 0. \tag{3.29}$$

综上所述, 我们证明了如下定理.

定理 3.2   设 f 是可微的凸函数, S_F 是凸优化问题 (3.14)~(3.16) 的可行集. 则 $x \in S_F$ 是最优点当且仅当条件 (3.25) 成立.

推论 3.1   设 $C \subseteq \mathbb{R}^n$ 是开凸集, f 是定义在 C 上的可微凸函数, 考虑优化问题

$$\min_{x \in C} f(x), \tag{3.30}$$

$x \in C$ 是它的最优点的充分必要条件是 $\nabla f(x) = 0$.

证明   先证必要性. 设 $x \in C$ 是最优点, 由于 C 是开集, 因此存在 $r > 0$ 使得 $\overline{B}(x, r) \subseteq C$, 于是

$$f(x + tu) \geqslant f(x), \qquad \forall u \in \mathbb{R}^n, \|u\|_2 = 1, \ -r \leqslant t \leqslant r. \tag{3.31}$$

令 $\varphi(t) = f(x + tu), -r \leqslant t \leqslant r$, 则 φ 是可微的, 且 φ 在 $t = 0$ 处取得最小值, 因此有 $\varphi'(0) = 0$, 由此得到

$$u^{\mathrm{T}} \nabla f(x) = \varphi'(0) = 0, \qquad \forall u \in \mathbb{R}^n, \|u\|_2 = 1, \tag{3.32}$$

因此必有 $\nabla f(x) = 0$, 否则取 $u = \nabla f(x)/\|\nabla f(x)\|_2$, 则有 $\|u\|_2 = 1$ 且 $u^{\mathrm{T}} \nabla f(x) = \|\nabla f(x)\|_2 \neq 0$, 矛盾.

再证充分性. 由于 f 是 C 上的凸函数, 根据定理 2.9 得

$$f(y) \geqslant f(x) + (y - x)^{\mathrm{T}} \nabla f(x), \qquad \forall y \in C, \tag{3.33}$$

如果 $\nabla f(x) = 0$, 则有 $f(x) \leqslant f(y), \forall y \in C$, 因此 x 是最优点. □

    例 3.1 设

$$f(x) = \frac{1}{2} x^{\mathrm{T}} P x + q^{\mathrm{T}} x + r, \qquad x \in \mathbb{R}^n, \tag{3.34}$$

其中 $P \succeq 0$. 考察优化问题

$$\min_{x \in \mathbb{R}^n} f(x), \tag{3.35}$$

由于 $\nabla^2 f(x) = P, \forall x \in \mathbb{R}^n$, 因此 f 是凸函数. 根据推论 3.1, $x \in \mathbb{R}^n$ 是最优点当且仅当 $\nabla f(x) = 0$, 即 $Px = -q$. 当 $P \succ 0$ 时, 方程 $Px = -q$ 有唯一解, 此时优化问题有唯一最优点; 当 P 是奇异矩阵且 $q \in \mathcal{R}(P)$ 时, 其中 $\mathcal{R}(P)$ 表示 P 的**像空间 (image space)**, 方程 $Px = -q$ 有无穷多个解, 此时优化问题有无穷多个最优点; 当 P 是奇异矩阵且 $q \notin \mathcal{R}(P)$ 时, 方程 $Px = -q$ 无解, 此时优化问题没有最优点.

    接下来考虑只带有等式约束的凸优化问题

$$\min f(x), \qquad \text{s.t.} \quad Ax = b, \tag{3.36}$$

其中, $A = (a_{ij})_{m \times n}, b \in \mathbb{R}^m$. 该优化问题的可行集是方程 $Ax = b$ 的解集, 是一个仿射集. 根据定理 3.2, 可行点 x 是最优点当且仅当

$$(y - x)^{\mathrm{T}} \nabla f(x) \geqslant 0, \qquad \forall y \in \{y \in \mathbb{R}^n : Ay = b\}, \tag{3.37}$$

由于仿射集 $\{y \in \mathbb{R}^n : Ay = b\}$ 中的元素都可表示为

$$y = x + v, \qquad v \in \mathcal{N}(A), \tag{3.38}$$

其中, $\mathcal{N}(A)$ 表示 A 的**零空间 (null space)**, 因此式 (3.37) 等价于

$$v^{\mathrm{T}} \nabla f(x) \geqslant 0, \qquad \forall v \in \mathcal{N}(A), \tag{3.39}$$

由于 $\mathcal{N}(A)$ 是一个线性空间, 因此上述条件等价于

$$v^{\mathrm{T}} \nabla f(x) = 0, \qquad \forall v \in \mathcal{N}(A), \tag{3.40}$$

即 $\nabla f(x) \in \mathcal{N}(A)^{\perp}$. 注意到 $\mathcal{N}(A)^{\perp} = \mathcal{R}(A^{\mathrm{T}})$, 因此式 (3.40) 又等价于存在 $\nu \in \mathbb{R}^m$ 使得

$$\nabla f(x) + A^{\mathrm{T}} \nu = 0, \tag{3.41}$$

它与可行性条件 $Ax = b$ 一起构成了 Lagrange 乘数法的最优性条件.

    综上所述, 我们证明了如下定理.

定理 3.3 $x \in \mathbb{R}^n$ 是凸优化问题 (3.36) 的最优点的充分必要条件是存在 $\nu \in \mathbb{R}^m$, 使得它满足下列 Lagrange 乘数法最优性条件:

$$Ax = b, \qquad \nabla f(x) + A^{\mathrm{T}}\nu = 0. \tag{3.42}$$

再来考虑下列凸优化问题:

$$\min f(x), \qquad \text{s.t.} \quad x \succeq 0, \tag{3.43}$$

其中, f 是凸函数. 此时最优性条件为

$$x \succeq 0, \qquad (y - x)^{\mathrm{T}}\nabla f(x) \geqslant 0, \qquad \forall y \succeq 0. \tag{3.44}$$

从以上条件不难推出 $\nabla f(x) \succeq 0$, 否则 $(y-x)^{\mathrm{T}}\nabla f(x)$ 作为 y 的函数在非负象限上无下界, 违背了条件 $(y-x)^{\mathrm{T}}\nabla f(x) \geqslant 0$. 由第二个条件得到

$$y^{\mathrm{T}}\nabla f(x) \geqslant x^{\mathrm{T}}\nabla f(x), \qquad \forall y \succeq 0, \tag{3.45}$$

取 $y = 0$ 便得到 $x^{\mathrm{T}}\nabla f(x) \leqslant 0$, 又因为 $x \succeq 0, \nabla f(x) \succeq 0$, 因此 $x^{\mathrm{T}}\nabla f(x) \geqslant 0$, 从而只能是 $x^{\mathrm{T}}\nabla f(x) = 0$. 再注意到

$$x^{\mathrm{T}}\nabla f(x) = \sum_{i=1}^{n} x_i(\nabla f(x))_i, \tag{3.46}$$

其中, $(\nabla f(x))_i$ 表示梯度向量 $\nabla f(x)$ 的第 i 个分量. 上式中每一项都是非负的, 因此 $x^{\mathrm{T}}\nabla f(x) = 0$ 当且仅当

$$x_i(\nabla f(x))_i = 0, \qquad i = 1, 2, \cdots, n. \tag{3.47}$$

这个条件称为**互补性** (complementarity).

综上所述, 我们证明了下列结果.

定理 3.4 $x \in \mathbb{R}^n$ 是凸优化问题 (3.43) 的最优点的充分必要条件是

$$x \succeq 0, \qquad \nabla f(x) \succeq 0, \qquad x_i(\nabla f(x))_i = 0, \qquad i = 1, 2, \cdots, n. \tag{3.48}$$

3.3 Lagrange 对偶函数

3.3.1 Lagrange 对偶函数的定义

现在回到一般的优化问题 (3.1)~(3.3), 假设该问题的定义域 $\mathcal{D}$ 非空, 并设 p^* 是该问题的最优值.

定义 $L : \mathcal{D} \times \mathbb{R}^m \times \mathbb{R}^l \to \mathbb{R}$ 为

$$L(x, \lambda, \nu) := f(x) + \sum_{i=1}^{m} \lambda_i g_i(x) + \sum_{j=1}^{l} \nu_j h_j(x), \tag{3.49}$$

称之为优化问题 (3.1)~(3.3) 的 Lagrange 函数, 其中, λ 和 ν 称为 **Lagrange 乘数 (Lagrange multiplier)** 或**对偶变量 (dual variable)**.

定义 3.1 设 $L(x, \lambda, \nu)$ 是优化问题 (3.1)~(3.3) 的 Lagrange 函数, 由式 (3.49) 定义, 令

$$L_D(\lambda, \nu) := \inf_{x \in \mathcal{D}} L(x, \lambda, \nu), \qquad \lambda \in \mathbb{R}^m, \ \nu \in \mathbb{R}^l, \tag{3.50}$$

称之为优化问题 (3.1)~(3.3) 的 **Lagrange 对偶函数 (Lagrange dual function)** 或简称之为**对偶函数 (dual function)**.

对于给定的 $x \in \mathcal{D}$, $L(x, \lambda, \nu)$ 是 λ 和 ν 的线性函数, 因此对偶函数 L_D 是一族线性函数的逐点下确界, 从而是凸函数, 无论原优化问题是不是凸优化问题.

例 3.2 考虑优化问题

$$\min x^{\mathrm{T}} x, \qquad \text{s.t.} \quad Ax = b, \tag{3.51}$$

其中, A 是 $l \times n$ 的实矩阵, $l \leqslant n$. 此优化问题的 Lagrange 函数为

$$L(x, \nu) = x^{\mathrm{T}} x + \sum_{j=1}^{l} \nu_j (x^{\mathrm{T}} a_j - b_j) = x^{\mathrm{T}} x + \nu^{\mathrm{T}} (Ax - b), \tag{3.52}$$

其中, a_j 表示 A 的第 j 个行向量, b_j 表示 b 的第 j 个分量. 为了找到对偶函数, 需要固定 ν 找 $L(x, \nu)$ 的最小值. 注意到 $\nabla_x^2 L = 2I \succ 0$, 因此 $L(\cdot, \nu)$ 是一个严格凸函数, 它取最小值的充分必要条件是 $\nabla_x L(x, \nu) = 0$, 即

$$2x + A^{\mathrm{T}} \nu = 0, \tag{3.53}$$

由此解得最小值点为 $x = -(A^{\mathrm{T}} \nu)/2$, 因此有

$$L_D(\nu) = \inf_{x \in \mathbb{R}^n} L(x, \nu) = \frac{1}{4} \nu^{\mathrm{T}} A A^{\mathrm{T}} \nu + \nu^{\mathrm{T}} \left(-\frac{1}{2} A A^{\mathrm{T}} \nu - b \right) = -\frac{1}{4} \nu^{\mathrm{T}} A A^{\mathrm{T}} \nu - \nu^{\mathrm{T}} b, \tag{3.54}$$

这就是优化问题 (3.51) 的 Lagrange 对偶函数.

例 3.3 考察线性规划问题

$$\min c^{\mathrm{T}} x, \qquad \text{s.t.} \quad Ax = b, \ x \succeq 0. \tag{3.55}$$

其中, $c \in \mathbb{R}^n, b \in \mathbb{R}^l$, A 是 $l \times n$ 的实矩阵, $l \leqslant n$. 首先将不等式约束等价变形为 $-x \preceq 0$, 不难写出此优化问题的 Lagrange 函数为

$$\begin{aligned} L(x, \lambda, \nu) &= c^{\mathrm{T}} x - \lambda^{\mathrm{T}} x + \nu^{\mathrm{T}} (Ax - b) \\ &= (c - \lambda + A^{\mathrm{T}} \nu)^{\mathrm{T}} x - \nu^{\mathrm{T}} b, \qquad x, \ \lambda \in \mathbb{R}^n, \ \nu \in \mathbb{R}^l. \end{aligned} \tag{3.56}$$

不难看出, 只有当 $c - \lambda + A^{\mathrm{T}} \nu = 0$ 时 $L(x, \lambda, \nu)$ 有下界 $-\nu^{\mathrm{T}} b$, 因此对偶函数为

$$L_D(\lambda, \nu) = \inf_{x \in \mathbb{R}^n} L(x, \lambda, \nu) = \begin{cases} -\nu^{\mathrm{T}} b, & c - \lambda + A^{\mathrm{T}} \nu = 0 \\ -\infty, & \text{其他} \end{cases}. \tag{3.57}$$

3.3.2　最优值的下界估计

利用 Lagrange 对偶函数可以给出原优化问题的最优值 p^* 的下界估计. 事实上, 有如下结果.

定理 3.5　设 $L_D(\lambda, \nu)$ 是优化问题 (3.1)~(3.3) 的 Lagrange 对偶函数, p^* 是该问题的最优值, 则有

$$L_D(\lambda, \nu) \leqslant p^*, \qquad \forall \lambda \succeq 0, \ \nu \in \mathbb{R}^l. \tag{3.58}$$

证明　设 $\mathcal{D}$ 和 S_F 是优化问题 (3.1)~(3.3) 的定义域和可行集, $L(x, \lambda, \nu)$ 是此优化问题的 Lagrange 函数, 则对任意 $x \in S_F$ 皆有

$$g_i(x) \leqslant 0, \qquad i = 1, 2, \cdots, m, \qquad h_j(x) = 0, j = 1, 2, \cdots, l, \tag{3.59}$$

于是当 $\lambda \succeq 0$ 时, 有

$$L(x, \lambda, \nu) = f(x) + \sum_{i=1}^{m} \lambda_i g_i(x) + \sum_{j=1}^{l} \nu_j h_j(x) \leqslant f(x), \tag{3.60}$$

从而得到

$$L_D(\lambda, \nu) = \inf_{z \in \mathcal{D}} L(z, \lambda, \nu) \leqslant L(x, \lambda, \nu) \leqslant f(x), \tag{3.61}$$

由于上式对于任意 $x \in S_F$ 皆成立, 因此有

$$L_D(\lambda, \nu) \leqslant \inf_{x \in S_F} f(x) = p^*. \tag{3.62}$$

□

在例 3.2中, 我们已经求出了优化问题 (3.51) 的对偶函数

$$L_D(\nu) = -\frac{1}{4} \nu^{\mathrm{T}} A A^{\mathrm{T}} \nu - \nu^{\mathrm{T}} b, \tag{3.63}$$

设 p^* 是该优化问题的最优值, 根据定理 3.5得

$$L_D(\nu) \leqslant p^*, \qquad \forall \nu \in \mathbb{R}^l, \tag{3.64}$$

因此有

$$p^* \geqslant \sup_{\nu \in \mathbb{R}^l} L_D(\nu), \tag{3.65}$$

如果 A 是行满秩的, 则 $A A^{\mathrm{T}}$ 可逆, $L_D(\nu)$ 取最大值的充分必要条件为

$$\nabla L_D(\nu) = -\frac{1}{2} A A^{\mathrm{T}} \nu - b = 0, \tag{3.66}$$

由此推出最大值点为 $\nu = -2(AA^{\mathrm{T}})^{-1}b$, 将其代入 L_D 的表达式得到 L_D 的最大值为 $b^{\mathrm{T}}(AA^{\mathrm{T}})^{-1}b$, 因此有

$$p^* \geqslant \sup_{\nu \in \mathbb{R}^p} L_D(\nu) = b^{\mathrm{T}}(AA^{\mathrm{T}})^{-1}b. \tag{3.67}$$

在例 3.3中, 我们求出了线性规划问题 (3.55) 的对偶函数

$$L_D(\lambda, \nu) = \begin{cases} -\nu^{\mathrm{T}}b, & \lambda + A^{\mathrm{T}}\nu = c \\ -\infty, & \text{其他} \end{cases}, \tag{3.68}$$

因此该问题的最优值 p^* 满足

$$p^* \geqslant \sup_{\lambda \succeq 0, \nu \in \mathbb{R}^p} L_D(\lambda, \nu) = \sup\left\{-\nu^{\mathrm{T}}b : \lambda + A^{\mathrm{T}}\nu = c, \ \lambda \succeq 0\right\}. \tag{3.69}$$

3.3.3 Lagrange 对偶函数与共轭函数的关系

Lagrange 对偶与第 2 章讲的共轭函数有密切联系, 本小节给出一些例子. 先回忆一下共轭函数的定义为

$$f^*(y) = \sup_{x \in \mathrm{Dom}(f)} (y^{\mathrm{T}}x - f(x)). \tag{3.70}$$

例 3.4　考察优化问题

$$\min f(x), \qquad \text{s.t.} \quad Ax \preceq b, \ Cx = d, \tag{3.71}$$

其 Lagrange 函数为

$$L(x, \lambda, \nu) = f(x) + \lambda^{\mathrm{T}}(Ax - b) + \nu^{\mathrm{T}}(Cx - d), \tag{3.72}$$

因此其对偶函数为

$$\begin{aligned} L_D(\lambda, \nu) &= \inf_{x \in \mathrm{Dom}(f)} L(x, \lambda, \nu) = \inf_{x \in \mathrm{Dom}(f)}\left\{f(x) + (C^{\mathrm{T}}\nu + A^{\mathrm{T}}\lambda)^{\mathrm{T}}x - \lambda^{\mathrm{T}}b - \nu^{\mathrm{T}}d\right\} \\ &= -\lambda^{\mathrm{T}}b - \nu^{\mathrm{T}}d - \sup_{x \in \mathrm{Dom}(f)}\left\{-(C^{\mathrm{T}}\nu + A^{\mathrm{T}}\lambda)^{\mathrm{T}}x - f(x)\right\} \\ &= -\lambda^{\mathrm{T}}b - \nu^{\mathrm{T}}d - f^*\left(-C^{\mathrm{T}}\nu - A^{\mathrm{T}}\lambda\right). \end{aligned} \tag{3.73}$$

例 3.5　考察优化问题

$$\min \|x\|, \qquad \text{s.t.} \quad Ax = b. \tag{3.74}$$

其中, $\|\cdot\|$ 是 $\mathbb{R}^n$ 上的一个一般的范数, 其 Lagrange 函数为

$$L(x, \nu) = \|x\| + \nu^{\mathrm{T}}(Ax - b), \tag{3.75}$$

因此其对偶函数为

$$L_D(\nu) = \inf_{x \in \mathbb{R}^n} L(x, \nu) = -\nu^{\mathrm{T}}b - \sup_{x \in \mathbb{R}^n} \left(-(A^{\mathrm{T}}\nu)^{\mathrm{T}}x - \|x\| \right)$$

$$= -\nu^{\mathrm{T}}b - f^*(-A^{\mathrm{T}}\nu), \tag{3.76}$$

其中, f^* 是函数 $f(x) = \|x\|$ 的共轭函数. 利用例 2.20 的结论得到

$$L_D(\nu) = \begin{cases} -\nu^{\mathrm{T}}b, & \|A^{\mathrm{T}}\nu\|_* \leqslant 1 \\ -\infty, & \text{其他} \end{cases}. \tag{3.77}$$

例 3.6　考察熵最大化问题

$$\min f(x) = \sum_{i=1}^{n} x_i \ln x_i, \qquad \text{s.t.} \quad Ax \preceq b, \quad \sum_{i=1}^{n} x_i = 1. \tag{3.78}$$

其中, $-f(x)$ 代表概率分布 $P\{X = i\} = x_i, i = 1, 2, \cdots, n$ 的熵. 我们先来计算 f 的共轭函数.

$$f^*(y) = \sup_{x \succ 0} \left(y^{\mathrm{T}}x - \sum_{i=1}^{n} x_i \ln x_i \right) = \sup_{x \succ 0} \left(\sum_{i=1}^{n} (x_i y_i - x_i \ln x_i) \right)$$

$$= \sum_{i=1}^{n} \sup_{x_i > 0} (x_i y_i - x_i \ln x_i)$$

$$= \sum_{i=1}^{n} \mathrm{e}^{y_i - 1}. \tag{3.79}$$

现在利用例 3.4 的结论得到

$$L_D(\lambda, \nu) = -\nu - \lambda^{\mathrm{T}}b - f^*(-\nu \mathbb{1}_{n \times 1} - A^{\mathrm{T}}\lambda)$$

$$= -\nu - \lambda^{\mathrm{T}}b - \sum_{i=1}^{n} \mathrm{e}^{-\nu - a_i^{\mathrm{T}}\lambda - 1}$$

$$= -\nu - \lambda^{\mathrm{T}}b - \mathrm{e}^{-\nu - 1} \sum_{i=1}^{n} \mathrm{e}^{-a_i^{\mathrm{T}}\lambda}, \tag{3.80}$$

其中, $\mathbb{1}_{n \times 1}$ 表示元素全是 1 的 $n \times 1$ 矩阵, a_i 表示 A 的第 i 个列向量.

例 3.7　考察优化问题

$$\min f(X) = \ln\left(\det X^{-1}\right), \qquad \text{s.t.} \quad a_i^{\mathrm{T}}Xa_i \leqslant 1, \qquad i = 1, 2, \cdots, m, \tag{3.81}$$

其中, 矩阵 X 在 $\mathbf{S}_{\mathrm{y++}}^n$ 中取值. 注意到 $\det X^{-1}$ 与椭球 $a^{\mathrm{T}}Xa \leqslant 1$ 的体积呈比例, 因此这个问题的本质是要找一个中心在坐标原点的椭球 $a^{\mathrm{T}}Xa \leqslant 1$ 以覆盖住给定点 $a_i, i = 1, 2, \cdots, m$, 并使其具有最小体积. 约束条件 $a_i^{\mathrm{T}}Xa_i \leqslant 1$ 是线性的, 可以等价地写成

$$\mathrm{tr}\left((a_i a_i^{\mathrm{T}})X\right) \leqslant 1, \qquad i = 1, 2, \cdots, m. \tag{3.82}$$

利用例 2.18的结论得到

$$f^*(Y) = \sup_{X \in \mathbf{s}^n_{y++}} g_Y(X) = \begin{cases} -n + \ln\det(-Y^{-1}), & Y \prec 0 \\ \infty, & Y \succeq 0 \end{cases}, \tag{3.83}$$

再利用例 3.4的结论得到

$$L_D(\lambda) = -\lambda^{\mathrm{T}} \mathbb{1}_{m\times 1} - f^*\left(-\sum_{i=1}^m \lambda_i a_i a_i^{\mathrm{T}}\right)$$

$$= \begin{cases} -\sum_{i=1}^m \lambda_i + n + \ln\left(\det\left(\sum_{i=1}^m \lambda_i a_i a_i^{\mathrm{T}}\right)\right), & \sum_{i=1}^m \lambda_i a_i a_i^{\mathrm{T}} \succ 0 \\ -\infty, & \text{其他} \end{cases}. \tag{3.84}$$

3.4 Lagrange 对偶问题

3.4.1 对偶问题的概念及例子

回到一般的优化问题 (3.1)~(3.3), 设它的最优值为 p^*, Lagrange 对偶函数为 $L_D(\lambda, \nu)$. 根据定理 3.5得

$$L_D(\lambda, \nu) \leqslant p^*, \qquad \forall \lambda \succeq 0, \ \nu \in \mathbb{R}^l, \tag{3.85}$$

即任意满足 $\lambda \succeq 0$ 的有序对 (λ, ν) 都给出了 p^* 的一个下界 $L_D(\lambda, \nu)$. 现在想要找一个最优的下界, 就需要求解优化问题

$$\max L_D(\lambda, \nu), \qquad \mathrm{s.t.} \quad \lambda \succeq 0, \tag{3.86}$$

我们称式 (3.86) 为优化问题 (3.1)~(3.3) 的 **Lagrange 对偶问题 (Lagrange dual problem)**, 或简称之为**对偶问题 (dual problem)**. 如果 (λ, ν) 满足 $\lambda \succeq 0$ 且 $L_D(\lambda, \nu) > -\infty$, 则称之为**对偶可行点 (dual feasible point)**. 所有对偶可行点的集合称为**对偶可行集 (dual feasible set)**. 称对偶问题 (3.86) 的最优点 (λ^*, ν^*) 为**对偶最优点 (dual optimal point)**.

须指出的是, 无论原问题是否为凸优化问题, 其对偶问题一定是凸优化问题.

例 3.8 考察例 3.3中的线性规划问题 (3.55), 我们已经求出了其对偶函数为

$$L_D(\lambda, \nu) = \begin{cases} -\nu^{\mathrm{T}} b, & c - \lambda + A^{\mathrm{T}}\nu = 0 \\ -\infty, & \text{其他} \end{cases}, \tag{3.87}$$

因此其对偶问题是

$$\max L_D(\lambda, \nu) = \begin{cases} -\nu^{\mathrm{T}} b, & c - \lambda + A^{\mathrm{T}}\nu = 0 \\ -\infty, & \text{其他} \end{cases}. \tag{3.88}$$

$$\text{s.t.} \quad \lambda \succeq 0, \tag{3.89}$$

注意目标函数中隐含了约束条件 $c - \lambda + A^{\mathrm{T}}\nu = 0$, 因此上述问题等价于

$$\max -\nu^{\mathrm{T}}b, \qquad \text{s.t.} \quad \lambda \succeq 0, \quad c - \lambda + A^{\mathrm{T}}\nu = 0. \tag{3.90}$$

利用等式约束条件消掉 λ 后得到等价问题

$$\max -\nu^{\mathrm{T}}b, \qquad \text{s.t.} \quad A^{\mathrm{T}}\nu + c \succeq 0. \tag{3.91}$$

上述问题也被称作线性规划问题 (3.55) 的对偶问题.

设 p^* 是原问题 (3.1)~(3.3) 的最优值, d^* 是对偶问题 (3.86) 的最优值, 则有

$$d^* \leqslant p^*. \tag{3.92}$$

这个性质称为**弱对偶性 (weak duality)**. 我们称 $p^* - d^*$ 为**最优对偶间隙 (optimal duality gap)**.

例 3.9 我们来考虑一个集合划分的问题. 设 $E = \{v_i : i = 1, 2, \cdots, n\}$, 我们需要将其中的元素分成两类, 如果 v_i 被分到第一类, 则给其赋予标签 $x_i = 1$, 如果 v_i 被分到第二类, 则给其赋予标签 $x_i = -1$, 因此将 E 中的元素分类就相当于给出一个标签向量 $x = (x_1, x_2, \cdots, x_n)^{\mathrm{T}}$, 它的每一个分量 x_i 取 1 或 -1. 现在来考虑分类代价函数, 如果 x_i 与 x_j 被划分在同一类, 则分类代价为 $2w_{ij}$, 否则分类代价为 $-2w_{ij}$, 则总的分类代价为

$$f(x) = \sum_{i=1}^{n}\sum_{j=1}^{n} x_i x_j w_{ij} = x^{\mathrm{T}}Wx, \tag{3.93}$$

其中, $W = (w_{ij})_{n\times n}$ 是一个 n 阶实对称矩阵. 集合划分问题就是要找一个代价最小的划分, 即

$$\min f(x) = x^{\mathrm{T}}Wx, \qquad \text{s.t.} \quad x_i^2 = 1, \quad i = 1, 2, \cdots, n. \tag{3.94}$$

这是一个非凸的优化问题, 下面找其对偶问题, 其 Lagrange 函数为

$$L(x, \nu) = x^{\mathrm{T}}Wx + \sum_{i=1}^{n} \nu_i(x_i^2 - 1) = x^{\mathrm{T}}(W + D_\nu)x - \sum_{i=1}^{n} \nu_i, \tag{3.95}$$

其中, D_ν 表示以 $\nu_1, \nu_2, \cdots, \nu_n$ 为对角元素的对角矩阵. 因此对偶函数为

$$L_D(\nu) = \inf_{x\in\mathbb{R}^n} L(x, \nu) = \begin{cases} -\sum_{i=1}^{n} \nu_i, & W + D_\nu \succeq 0 \\ -\infty, & \text{其他} \end{cases}, \tag{3.96}$$

因此对偶问题为

$$\max_{\nu\in\mathbb{R}^n} L_D(\nu) = \begin{cases} -\sum_{i=1}^{n} \nu_i, & W + D_\nu \succeq 0 \\ -\infty, & \text{其他} \end{cases}. \tag{3.97}$$

由于目标函数中隐含了约束条件 $W + D_\nu \succeq 0$, 因此上述问题又等价于

$$\max -\sum_{i=1}^{n} \nu_i, \qquad \text{s.t.} \quad W + D_\nu \succeq 0. \tag{3.98}$$

这是一个凸优化问题, 有非常有效的算法可以求解这类问题.

3.4.2 强对偶性

弱对偶性表明优化问题的最优值 p^* 与对偶最优值 d^* 满足 $d^* \leqslant p^*$. 那么等式是否成立呢? 对于一般的优化问题, 并不能保证 $d^* = p^*$. 例如优化问题

$$\min f(x) = \mathrm{e}^{-x_1}, \qquad \text{s.t.} \quad \frac{x_1^2}{x_2} \leqslant 0, \tag{3.99}$$

其中, $x = (x_1, x_2)^{\mathrm{T}}$ 在 $\mathcal{D} := \{(x_1, x_2)^{\mathrm{T}} : \ x_2 > 0\}$ 中取值. 这个问题的可行集是 $S_F = \{(0, x_2)^{\mathrm{T}} : \ x_2 > 0\}$, 因此最优值为 $p^* = 1$, 其对偶函数为

$$L_D(\lambda) = \inf_{x \in \mathcal{D}} \left(\mathrm{e}^{-x_1} + \lambda \frac{x_1^2}{x_2} \right) = \begin{cases} 0, & \lambda \geqslant 0 \\ -\infty, & \lambda < 0. \end{cases} \tag{3.100}$$

因此对偶问题为

$$\max_{\lambda \geqslant 0} L_D(\lambda), \tag{3.101}$$

对偶最优值为 $d^* = 0$, 从而有 $d^* < p^*$.

如果一个优化问题的最优值 p^* 和对偶最优值 d^* 相等, 即 $p^* = d^*$, 则称它满足**强对偶性 (strong duality)**.

接下来研究保证强对偶性的条件.

对于 $\mathbb{R}^n$ 的子集 E, 其仿射包为 $\mathrm{aff}(E)$, 如果 E 的仿射维数小于 n, 则 $\mathrm{aff}(E)$ 是一个维数小于 n 的仿射集. 对于 $x \in E$, 如果存在开球 $B(x, r) := \{z \in \mathbb{R}^n : \|z - x\|_2 < r\}$ 使得

$$B(x, r) \cap \mathrm{aff}(E) \subseteq E, \tag{3.102}$$

则称 x 是 E 的**相对内点 (relative interior point)**. 称 E 的所有相对内点所构成的集合为 E 的**相对内部 (relative interior)**, 记为 $\mathrm{relint}(E)$.

回到凸优化问题 (3.14)~(3.16), 设其定义域为 $\mathcal{D}$, 如果存在 $x \in \mathrm{relint}(\mathcal{D})$ 使得

$$g_i(x) < 0, \qquad i = 1, 2, \cdots, m, \qquad a_j^{\mathrm{T}} x - b_j = 0, \qquad j = 1, 2, \cdots, l, \tag{3.103}$$

则称该优化问题满足 **Slater 条件 (Slater's condition)**, 称这样的点 x 为**严格可行点 (strictly feasible point)**.

如果 $g_i, i = 1, 2, \cdots, m$ 中含有仿射函数, 不妨设前 $k(k \leqslant m)$ 个是仿射函数, 则可以将 Slater 条件减弱, 定义**弱 Salter 条件 (weak Slater's condition)** 为存在 $x \in \mathrm{relint}(\mathcal{D})$ 使得

$$
\begin{aligned}
& g_i(x) \leqslant 0, \quad i = 1, 2, \cdots, k, \qquad g_i(x) < 0, \quad i = k+1, k+2, \cdots, m, \\
& a_j^{\mathrm{T}} x - b_j = 0, \quad j = 1, 2, \cdots, l.
\end{aligned}
\tag{3.104}
$$

定理 3.6　对于凸优化问题 (3.14)~(3.16), 如果它满足 Slater 条件, 则它满足强对偶性, 而且对偶最优值是可达到的. 如果不等式约束函数中有仿射函数, 则只需满足弱 Slater 条件, 上述结论就成立.

证明　我们只证 $\mathcal{D}$ 的仿射维数等于 n 的情形, 此时 $\mathrm{relint}(\mathcal{D}) = D^\circ$. 先证明定理的第一部分. 首先, 我们可以假设 $a_1, a_2, \cdots, a_l$ 线性无关, 否则可以去掉一些冗余的等式约束直至剩余向量线性无关, 这样做不会改变问题的可行集, 最优值 p^* 和对偶最优值 d^* 都不会改变. 为了表示简洁, 令

$$
g = (g_1, g_2, \cdots, g_m)^{\mathrm{T}}, \qquad h_j(x) = a_j^{\mathrm{T}} x - b_j, \qquad h = (h_1, h_2, \cdots, h_l)^{\mathrm{T}}.
\tag{3.105}
$$

采用这些记号可将凸优化问题 (3.14)~(3.16) 表示为

$$
\min f(x), \qquad \text{s.t.} \quad g(x) \preceq 0, \quad h(x) = 0.
\tag{3.106}
$$

原问题的 Lagrange 函数为

$$
L(x, \lambda, \nu) = f(x) + \lambda^{\mathrm{T}} g(x) + \nu^{\mathrm{T}} h(x).
\tag{3.107}
$$

现在定义 $\mathbb{R}^m \times \mathbb{R}^l \times \mathbb{R}$ 的子集

$$
\mathcal{A} := \{(u, v, t) : \exists x \in \mathcal{D}, g(x) \preceq u, h(x) = v, f(x) \leqslant t\},
\tag{3.108}
$$

如果原问题是可行的, 则 $\mathcal{A}$ 非空. 这是因为如果 x_0 是原问题的可行点, 则对任意满足 $s \geqslant f(x_0)$ 的实数 s 皆有 $(0, 0, s) \in \mathcal{A}$. 此外, $\mathcal{A}$ 还是凸集. 这是因为对任意 $(u, v, t), (\tilde{u}, \tilde{v}, \tilde{t}) \in \mathcal{A}$, 存在 $x, \tilde{x} \in \mathcal{D}$ 使得

$$
g(x) \preceq u, \quad g(\tilde{x}) \preceq \tilde{u}, \quad h(x) = v, \quad h(\tilde{x}) = \tilde{v}, \quad f(x) \leqslant t, \quad f(\tilde{x}) \leqslant \tilde{t},
\tag{3.109}
$$

由于 g 的每个分量是凸函数, h 的每个分量是仿射函数, f 是凸函数, 因此对任意 $0 < \theta < 1$ 皆有

$$
g((1-\theta)x + \theta\tilde{x}) \preceq (1-\theta)g(x) + \theta g(\tilde{x}) \preceq (1-\theta)u + \theta\tilde{u},
\tag{3.110}
$$

$$
h((1-\theta)x + \theta\tilde{x}) = (1-\theta)h(x) + \theta h(\tilde{x}) = (1-\theta)v + \theta\tilde{v},
\tag{3.111}
$$

$$
f((1-\theta)x + \theta\tilde{x}) \leqslant (1-\theta)f(x) + \theta f(\tilde{x}) \leqslant (1-\theta)t + \theta\tilde{t},
\tag{3.112}
$$

由于 $\mathcal{D}$ 是凸集, 因此 $(1-\theta)x + \theta\tilde{x} \in \mathcal{D}$, 由此得出

$$
(1-\theta)(u, v, t) + \theta(\tilde{u}, \tilde{v}, \tilde{t}) \in \mathcal{A},
\tag{3.113}
$$

这就证明了 $\mathcal{A}$ 是凸集.

再定义

$$\mathcal{B} := \{(0, 0, s) \in \mathbb{R}^m \times \mathbb{R}^l \times \mathbb{R} : s < p^*\}, \tag{3.114}$$

则 $\mathcal{B}$ 显然也是凸集, 且 $\mathcal{A} \cap \mathcal{B} = \varnothing$. 这是因为如果 $(0, 0, s) \in \mathcal{A}$, 则存在 $x_0 \in \mathcal{D}$ 使得

$$g(x_0) \preceq 0, \quad h(x_0) = 0, \quad f(x_0) \leqslant s, \tag{3.115}$$

因此

$$s \geqslant f(x_0) \geqslant \inf_{x \in S_F} f(x) = p^*, \tag{3.116}$$

其中, S_F 是原优化问题的可行集, 因此 $(0, 0, s) \notin \mathcal{B}$.

如果原凸优化问题满足 Slater 条件, 则原问题至少有一个可行点, 因此 $p^* < \infty$, 如果 $p^* = -\infty$, 则根据弱对偶性, $d^* = -\infty$, 定理结论成立. 如果 $p^* > -\infty$, 则 $\mathcal{A}$ 和 $\mathcal{B}$ 都是非空凸集, 根据凸集分离定理, 存在 $(\tilde{\lambda}, \tilde{\nu}, \mu) \neq 0$ 使得

$$\tilde{\lambda}^{\mathrm{T}} u + \tilde{\nu}^{\mathrm{T}} v + \mu t \geqslant \alpha, \qquad \forall (u, v, t) \in \mathcal{A}, \tag{3.117}$$

$$\mu s \leqslant \alpha, \qquad \forall (0, 0, s) \in \mathcal{B}, \tag{3.118}$$

由式 (3.117) 得 $\tilde{\lambda} \succeq 0, \mu \geqslant 0$, 否则 $\tilde{\lambda}^{\mathrm{T}} u + \tilde{\nu}^{\mathrm{T}} v + \mu t$ 在 $\mathcal{A}$ 上无下界. 再由式 (3.118) 得 $\mu s \leqslant \alpha, \forall s < p^*$, 由此推出 $\mu p^* \leqslant \alpha$. 综合以上推论得

$$\tilde{\lambda}^{\mathrm{T}} u + \tilde{\nu}^{\mathrm{T}} v + \mu t \geqslant \alpha, \quad \tilde{\lambda} \succeq 0, \quad \mu \geqslant 0, \quad \mu p^* \leqslant \alpha, \quad \forall (u, v, t) \in \mathcal{A}. \tag{3.119}$$

对任意 $x \in \mathcal{D}$ 皆有 $(g(x), h(x), f(x)) \in \mathcal{A}$, 因此有

$$\tilde{\lambda}^{\mathrm{T}} g(x) + \tilde{\nu}^{\mathrm{T}} h(x) + \mu f(x) \geqslant \alpha \geqslant \mu p^*. \tag{3.120}$$

如果 $\mu > 0$, 则由式 (3.120) 得到

$$\frac{1}{\mu} \tilde{\lambda}^{\mathrm{T}} g(x) + \frac{1}{\mu} \tilde{\nu}^{\mathrm{T}} h(x) + f(x) \geqslant p^*, \qquad \forall x \in \mathcal{D}, \tag{3.121}$$

即

$$L\left(x, \frac{\tilde{\lambda}}{\mu}, \frac{\tilde{\nu}}{\mu}\right) \geqslant p^*, \qquad \forall x \in \mathcal{D}, \tag{3.122}$$

因此有

$$L_D\left(\frac{\tilde{\lambda}}{\mu}, \frac{\tilde{\nu}}{\mu}\right) = \inf_{x \in \mathcal{D}} L\left(x, \frac{\tilde{\lambda}}{\mu}, \frac{\tilde{\nu}}{\mu}\right) \geqslant p^*, \tag{3.123}$$

由此得到 $d^* = \sup\limits_{\lambda \geqslant 0, \nu \in \mathbb{R}^l} L_D(\lambda, \nu) \geqslant p^*$, 结合弱对偶性立刻得到 $d^* = p^*$, 这就证明了强对偶性, 而且证明了对偶最优值是可达到的.

接下来证明 μ 不可能为零. 如果 $\mu = 0$, 则由式 (3.120) 得到

$$\tilde{\lambda}^{\mathrm{T}} g(x) + \tilde{\nu}^{\mathrm{T}} h(x) \geqslant 0, \qquad \forall\, x \in \mathcal{D}. \tag{3.124}$$

根据 Slater 条件, 存在 $\tilde{x} \in \mathcal{D}^{\circ}$ 使得 $g(\tilde{x}) \prec 0, h(\tilde{x}) = 0$, 将其代入式 (3.124) 得

$$\tilde{\lambda}^{\mathrm{T}} g(\tilde{x}) \geqslant 0, \tag{3.125}$$

由于 $\tilde{\lambda} \succeq 0$, 因此必有 $\tilde{\lambda} = 0$, 于是由式 (3.124) 得

$$\tilde{\nu}^{\mathrm{T}} h(x) \geqslant 0, \qquad \forall\, x \in \mathcal{D}. \tag{3.126}$$

既然 $(\tilde{\lambda}, \tilde{\nu}, \mu) \neq 0$, 必有 $\tilde{\nu} \neq 0$. 由于 $\tilde{x} \in \mathcal{D}^{\circ}$, 因此存在 $\delta > 0$, 使得当 $y \in B(0, \delta)$ 时恒有 $\tilde{x} + y \in \mathcal{D}$, 于是有

$$\tilde{\nu}^{\mathrm{T}} A^{\mathrm{T}} y = \tilde{\nu}^{\mathrm{T}} h(\tilde{x} + y) \geqslant 0, \qquad \forall\, \|y\|_2 < \delta, \tag{3.127}$$

其中, $A = (a_1, a_2, \cdots, a_l), h(x) = A^{\mathrm{T}} x - b, b = (b_1, b_2, \cdots, b_l)^{\mathrm{T}}$. 由此得到

$$A\tilde{\nu} = 0,$$

即

$$\sum_{j=1}^{l} \tilde{\nu}_j a_j = 0, \tag{3.128}$$

由于已经假设 $a_1, a_2, \cdots, a_l$ 线性无关, 因此必有 $\tilde{\nu} = 0$, 矛盾.

接下来证明定理的第二部分. 如果原问题含有仿射不等式约束, 例如

$$a_0^{\mathrm{T}} x - b_0 \leqslant 0, \tag{3.129}$$

则加入松弛变量 y 使其转换为等式约束, 原问题等价于

$$\min \varphi(x, y) = f(x), \tag{3.130}$$

$$\text{s.t.} \quad g(x) \preceq 0, \quad a_0^{\mathrm{T}} x + y - b_0 = 0, \quad a_j^{\mathrm{T}} x - b_j = 0, \quad j = 1, 2, \cdots, l, \tag{3.131}$$

此时问题的定义域为

$$\mathcal{D}' = \{(x, y):\ x \in \mathcal{D}, y \in \mathbb{R}\}. \tag{3.132}$$

如果原问题满足弱 Slater 条件, 则加松弛变量后的问题满足 Slater 条件, 根据已经证明的前部分结论, 存在 $\tilde{\lambda} \succeq 0, \tilde{\nu} \in \mathbb{R}^p$ 及 $\tilde{\nu}_0 \in \mathbb{R}$ 使得

$$L_D'(\tilde{\lambda}, \tilde{\nu}, \tilde{\nu}_0) = \inf_{(x, y) \in \mathcal{D}'} L'(x, y, \tilde{\lambda}, \tilde{\nu}, \tilde{\nu}_0)$$

$$:= \inf_{(x,y)\in\mathcal{D}'} f(x) + \tilde{\lambda}^{\mathrm{T}}g(x) + \tilde{\nu}^{\mathrm{T}}h(x) + \tilde{\nu}_0(a_0^{\mathrm{T}}x + y - b_0) = p^*. \quad (3.133)$$

如果 $p^* = -\infty$, 则定理结论显然成立. 如果 p^* 是有限实数, 则必有 $\tilde{\nu}_0 = 0$(否则 $\tilde{\nu}_0(a_0^{\mathrm{T}}x + y - b_0)$ 无下界), 此时原问题的 Lagrange 函数满足

$$L(x, \tilde{\lambda}, \tilde{\nu}, \tilde{\nu}_0) = f(x) + \tilde{\lambda}^{\mathrm{T}}g(x) + \tilde{\nu}^{\mathrm{T}}h(x) + \tilde{\nu}_0(a_0^{\mathrm{T}}x - b_0), \quad (3.134)$$

因此有

$$L_D(\tilde{\lambda}, \tilde{\nu}, \tilde{\nu}_0) = \inf_{x\in\mathcal{D}} L(x, \tilde{\lambda}, \tilde{\nu}, \tilde{\nu}_0) = \inf_{(x,0)\in\mathcal{D}'} L'(x, 0, \tilde{\lambda}, \tilde{\nu}, \tilde{\nu}_0)$$

$$\geqslant \inf_{(x,y)\in\mathcal{D}'} L'(x, y, \tilde{\lambda}, \tilde{\nu}, \tilde{\nu}_0) = p^*, \quad (3.135)$$

由此推出 $d^* \geqslant p^*$, 强对偶性得证. $\square$

例 3.10　考虑仿射约束凸优化问题

$$\min f(x), \qquad \text{s.t.} \quad Cx \leqslant d, \quad Ax = b, \quad (3.136)$$

其中, $f: \mathbb{R}^n \to \mathbb{R}$ 是凸函数, C 是 $m \times n$ 的实矩阵, A 是 $l \times n$ 的实矩阵. 只要该问题是可行的, 就一定满足弱 Slater 条件, 根据定理 3.6, 它满足强对偶性, 而且存在 $\tilde{\lambda} \in \mathbb{R}^m, \tilde{\nu} \in \mathbb{R}^p$ 使得 $L_D(\tilde{\lambda}, \tilde{\nu}) = d^* = p^*$.

作为特例, 线性规划问题

$$\min \alpha^{\mathrm{T}}x, \qquad \text{s.t.} \quad c_i^{\mathrm{T}}x \leqslant d_i, \ i = 1, 2, \cdots, m, \quad a_j^{\mathrm{T}}x = b_j, \ j = 1, 2, \cdots, l \quad (3.137)$$

只要是可行的, 就满足强对偶性, 而且对偶最优值是可以取到的.

例 3.11　回到例 3.6 的熵最大化问题 (3.78), 我们已经求出其对偶函数

$$L_D(\lambda, \nu) = -\nu - \lambda^{\mathrm{T}}b - \mathrm{e}^{-\nu-1}\sum_{i=1}^{n}\mathrm{e}^{-a_i^{\mathrm{T}}\lambda}, \quad (3.138)$$

因此对偶问题为

$$\max L_D(\lambda, \nu) = -\nu - \lambda^{\mathrm{T}}b - \mathrm{e}^{-\nu-1}\sum_{i=1}^{n}\mathrm{e}^{-a_i^{\mathrm{T}}\lambda}, \qquad \text{s.t.} \quad \lambda \succeq 0. \quad (3.139)$$

这个问题还可以简化, 对于给定的 $\lambda \succeq 0$, 先将 $L_D(\lambda, \nu)$ 对 ν 取最大值, 得

$$\sup_{\nu\in\mathbb{R}} L_D(\lambda, \nu) = -\ln\left(\sum_{i=1}^{n}\mathrm{e}^{-a_i^{\mathrm{T}}\lambda}\right) - \lambda^{\mathrm{T}}b, \quad (3.140)$$

因此对偶问题 (3.139) 等价于

$$\max -\ln\left(\sum_{i=1}^{n}\mathrm{e}^{-a_i^{\mathrm{T}}\lambda}\right) - \lambda^{\mathrm{T}}b, \qquad \text{s.t.} \quad \lambda \succeq 0, \quad (3.141)$$

这是一个带有非负约束的几何规划问题, 而且是凸优化问题. 由于原问题的约束条件都是仿射约束, 根据定理 3.6, 只要存在 $x \succ 0$ 满足 $Ax \preceq b$ 及 $\sum_{i=1}^{n} x_i = 1$, 它就满足强对偶性, 而且对偶最优值 $d^* = p^*$ 是可取到的.

例 3.12　回到例 3.7介绍的最小体积椭圆覆盖问题 (3.81), 我们已经求出其对偶函数

$$L_D(\lambda) = \begin{cases} -\sum_{i=1}^{m} \lambda_i + n + \ln\left(\det\left(\sum_{i=1}^{m} \lambda_i a_i a_i^{\mathrm{T}}\right)\right), & \sum_{i=1}^{m} \lambda_i a_i a_i^{\mathrm{T}} \succ 0 \\ -\infty, & \text{其他} \end{cases}, \quad (3.142)$$

因此对偶问题为

$$\max -\sum_{i=1}^{m} \lambda_i + n + \ln\left(\det\left(\sum_{i=1}^{m} \lambda_i a_i a_i^{\mathrm{T}}\right)\right), \quad \text{s.t.} \quad \lambda \succ 0. \quad (3.143)$$

原问题的不等式约束 $a_i^{\mathrm{T}} X a_i \leqslant 1$ 对变量 X 是仿射约束, 因此只要满足弱 Slater 条件, 原问题就具有强对偶性. 弱 Slater 条件相当于存在 $X \in S_{++}$ 使得

$$a_i^{\mathrm{T}} X a_i \leqslant 1, \qquad i = 1, 2, \cdots, m, \quad (3.144)$$

即原问题是可行的.

3.5　最优性条件

3.5.1　无约束优化问题的最优性条件

本小节我们考虑无约束优化问题

$$\min_{x \in \mathcal{D}} f(x), \quad (3.145)$$

其中, $\mathcal{D}$ 是 $\mathbb{R}^n$ 中的开集, f 是一阶连续可微的, 这里并不假设 f 是凸函数. 如果 $x^* \in \mathcal{D}$ 是局部最优点, 则对任意 $v \in \mathbb{R}^n$, 当实数 t 的绝对值足够小时必有

$$f(x^*) \leqslant f(x^* + tv). \quad (3.146)$$

记 $\varphi(t) := f(x^* + tv)$, 则 φ 在 $t = 0$ 处取得局部极小值, 因此有

$$\varphi'(0) = v^{\mathrm{T}} \nabla f(x^*) = 0, \quad (3.147)$$

由 v 的任意性推出 $\nabla f(x^*) = 0$. 于是我们得到了下列必要条件.

定理 3.7　设 $\mathcal{D}$ 是 $\mathbb{R}^n$ 中的开集, f 是一阶连续可微的, 则 x^* 是无约束优化问题 (3.145) 的局部极小点的必要条件是 $\nabla f(x^*) = 0$.

须指出的是, 上述条件是必要的, 但不是充分的. 如果 f 是二阶连续可微的, 则有下列充分条件.

定理 **3.8** 设 $\mathcal{D}$ 是 $\mathbb{R}^n$ 中的开集, f 是二阶连续可微的, 则 x^* 是无约束优化问题 (3.145) 的严格局部极小点的充分条件是

$$\nabla f(x^*) = 0, \qquad \nabla^2 f(x^*) \succ 0. \tag{3.148}$$

证明 由于 f 二阶连续可微, 因此 $\nabla^2 f(x)$ 是连续依赖于 x 的, 因此存在 $\delta > 0$, 使得当 $x \in B(x^*, \delta)$ 时恒有 $\nabla^2 f(x) \succ 0$. 对任意 $x \in B(x^*, \delta) \setminus \{x^*\}$, 由 Taylor 公式得

$$f(x) = f(x^*) + (x - x^*)^T \nabla f(x^*) + \frac{1}{2}(x - x^*)^T \nabla^2 f(x^* + \theta(x - x^*))(x - x^*)$$

$$= f(x^*) + \frac{1}{2}(x - x^*)^T \nabla^2 f(x^* + \theta(x - x^*))(x - x^*), \tag{3.149}$$

其中, $0 < \theta < 1$. 由于 $x^* + \theta(x - x^*) \in B(x^*, \delta)$, 因此 $\nabla^2 f(x^* + \theta(x - x^*)) \succ 0$, 从而有

$$(x - x^*)^T \nabla^2 f(x^* + \theta(x - x^*))(x - x^*) > 0, \tag{3.150}$$

由此得到 $f(x) > f(x^*), \forall x \in B(x^*, \delta) \setminus \{x^*\}$, 这就证明了 x^* 是 f 的严格局部极小点. $\square$

3.5.2 只含等式约束的优化问题的最优条件

先考虑只含有一个等式约束的优化问题

$$\min f(x), \qquad \text{s.t.} \quad h_1(x) = 0, \tag{3.151}$$

我们假设问题的定义域是 $\mathbb{R}^n$ 中的开集, 目标函数 f 和约束函数 h_1 都是一阶连续可微的.

设 x^* 是问题 (3.151) 的局部极小点, v 是与 $\nabla h_1(x^*)$ 正交的向量, 则有

$$f(x^* + tv) = f(x^*) + tv^T \nabla f(x^*) + o(t), \tag{3.152}$$

$$h_1(x^* + tv) = h_1(x^*) + tv^T \nabla h_1(x^*) + o(t) = h_1(x^*) + o(t), \tag{3.153}$$

如果忽略高阶无穷小量 $o(t)$, 则有

$$f(x^* + tv) \approx f(x^*) + tv^T \nabla f(x^*), \tag{3.154}$$

$$h_1(x^* + tv) \approx h_1(x^*) = 0, \tag{3.155}$$

由于 x^* 是问题 (3.151) 的局部极小点, 因此必有 $v^T \nabla f(x^*) = 0$. 换言之, 每一个与 $\nabla h_1(x^*)$ 正交的向量都必须与 $\nabla f(x^*)$ 正交, 因此 $\nabla f(x^*)$ 与 $\nabla h_1(x^*)$ 共线, 或者说存在 $\nu \in \mathbb{R}$ 使得

$$\nabla f(x^*) = \nu \nabla h_1(x^*). \tag{3.156}$$

再来看有多个等式约束的优化问题

$$\min f(x), \qquad \text{s.t.} \quad h_j(x) = 0, \quad j = 1, 2, \cdots, l. \tag{3.157}$$

设 x^* 是问题 (3.157) 的局部极小点, 记 $W = \text{Span}\{\nabla h_j(x^*) : j = 1, 2, \cdots, l\}$, 即由约束函数的梯度张成的线性空间, 设 $v \in W^\perp$, 则有

$$v^T \nabla h_j(x^*) = 0, \qquad j = 1, 2, \cdots, l. \tag{3.158}$$

于是对于绝对值足够小的 t 有

$$f(x^* + tv) = f(x^*) + tv^{\mathrm{T}}\nabla f(x^*) + o(t), \tag{3.159}$$

$$h_j(x^* + tv) = h_j(x^*) + tv^{\mathrm{T}}\nabla h_j(x^*) + o(t) = h_j(x^*) + o(t), \qquad j = 1, 2, \cdots, l. \tag{3.160}$$

如果忽略高阶无穷小量 $o(t)$, 则有

$$f(x^* + tv) \approx f(x^*) + tv^{\mathrm{T}}\nabla f(x^*), \tag{3.161}$$

$$h_j(x^* + tv) \approx h_j(x^*) = 0, \qquad j = 1, 2, \cdots, l. \tag{3.162}$$

由于 x^* 是问题 (3.157) 的局部极小点, 因此必有 $v^{\mathrm{T}}\nabla f(x^*) = 0$. 换言之, $\nabla f(x^*)$ 与 $W^{\perp}$ 中每一个向量都正交, 因此 $\nabla f(x^*) \in W$, 从而存在实数 $\nu_1, \nu_2, \cdots, \nu_l$ 使得

$$\nabla f(x^*) = \sum_{j=1}^{l} \nu_j \nabla h_j(x^*). \tag{3.163}$$

归纳以上分析的结果, 得到下列定理.

定理 3.9　设优化问题 (3.157) 的定义域 $\mathcal{D}$ 是 $\mathbb{R}^n$ 的开子集, 目标函数 f 和等式约束函数 $h_j, j = 1, 2, \cdots, l$ 都是连续可微的, 且 $l < n$. 设 W 是由约束函数的梯度向量 $\nabla h_j(x^*), j = 1, 2, \cdots, l$ 张成的向量空间. 则 x^* 是该优化问题的局部极小点的必要条件是 $\nabla f(x^*) \in W$, 即存在 $\nu = (\nu_1, \nu_2, \cdots, \nu_l)^{\mathrm{T}} \in \mathbb{R}^l$ 使得式 (3.163) 成立.

前面的分析非常粗略, 不能充当定理的证明. 下面给出定理的严格证明.

证明　首先可以假设约束函数在点 x^* 的梯度向量

$$\nabla h_1(x^*), \nabla h_2(x^*), \cdots, \nabla h_l(x^*), \tag{3.164}$$

线性无关, 否则可以去掉 (在该点的) 冗余约束, 使得剩余的梯度向量线性无关.

接下来用反证法证明定理结论成立. 如果 $\nabla f(x^*) \notin W$, 设 $P_W(\nabla f(x^*))$ 是 $\nabla f(x^*)$ 在 W 上的正交投影, 则 $v = \nabla f(x^*) - P_W(\nabla f(x^*))$ 是与 W 正交的非零向量, 且 $v^{\mathrm{T}}\nabla f(x^*) > 0$. 令 $u = v/\|v\|_2$ 并将其将扩充为 $W^{\perp}$ 的规范正交基

$$\{u, u^{(1)}, u^{(2)}, \cdots, u^{(n-l-1)}\}, \tag{3.165}$$

考虑关于 x 的方程组

$$\begin{cases} h_j(x) = 0, & j = 1, 2, \cdots, l & (3.166) \\ (u^{(k)})^{\mathrm{T}}(x - x^*) = 0, & k = 1, 2, \cdots, n-l-1, & (3.167) \\ u^{\mathrm{T}}(x - x^*) = t & (3.168) \end{cases}$$

其中, t 是一个可变参数. 下面用反函数定理 (附录 D 中的定理 D.1) 证明方程组 (3.166)~(3.168) 在局部范围内有解 $x = x(t)$, 而且它是 t 的连续可微函数. 记

$$\begin{cases} \phi_j(x) = h_j(x), & j = 1, 2, \cdots, l & (3.169) \\ \phi_{l+k}(x) = (u^{(k)})^{\mathrm{T}}(x - x^*), & k = 1, 2, \cdots, n-l-1, & (3.170) \\ \phi_n(x) = u^{\mathrm{T}}(x - x^*), & \phi = (\phi_1, \phi_2, \cdots, \phi_n)^{\mathrm{T}} & (3.171) \end{cases}$$

则 $\phi\colon \mathcal{D}(\subseteq \mathbb{R}^n) \to \mathbb{R}^n$ 是连续可微映射, 且 $\phi(x^*)=0$, $D\phi(x^*)$ 的行向量的转置为

$$\nabla h_1(x^*), \cdots, \nabla h_l(x^*), u^{(1)}, \cdots, u^{(n-l-1)}, u, \tag{3.172}$$

它们是线性无关的, 因此 $D\phi(x^*)$ 是非奇异的, 根据反函数定理, 存在 x^* 的开邻域 V 使得 $\phi\colon V \to \phi(V)$ 是微分同胚, 从而存在连续可微的反函数 ϕ^{-1} 使得

$$\phi^{-1}(\phi(x)) = x, \qquad \phi(\phi^{-1}(y)) = y, \qquad \forall\, x \in V,\ y \in \phi(V). \tag{3.173}$$

由于 $\phi(V)$ 是开集, 且点 $(0,0,\cdots,0,0)^{\mathrm{T}} \in \phi(V)$, 因此存在 $\delta > 0$, 使得

$$(0,0,\cdots,0,t)^{\mathrm{T}} \in \phi(V), \qquad \forall -\delta < t < \delta. \tag{3.174}$$

现在定义

$$x(t) := \phi^{-1}(0,0,\cdots,0,t), \qquad \forall -\delta < t < \delta, \tag{3.175}$$

则有 $x(0) = x^*$ 及

$$\phi(x(t)) = \phi(\phi^{-1}(0,0,\cdots,0,t)) = (0,0,\cdots,0,t)^{\mathrm{T}}, \qquad \forall -\delta < t < \delta, \tag{3.176}$$

即 $x(t)$ 是方程组 (3.166)~(3.168) 的解. 将 $x(t)$ 代入这些方程, 然后对 t 求导, 并令 $t=0$, 得

$$\begin{cases} (x'(0))^{\mathrm{T}}\nabla h_j(x^*) = 0, & j = 1,2,\cdots,l \tag{3.177} \\ (x'(0))^{\mathrm{T}} u^{(k)} = 0, & k = 1,2,\cdots,n-l-1, \tag{3.178} \\ (x'(0))^{\mathrm{T}} u = 1 \tag{3.179} \end{cases}$$

因此必有 $x'(0) = u$. 令 $\psi(t) = f(x(t))$, 则有

$$\psi'(0) = (x'(0))^{\mathrm{T}}\nabla f(x^*) = u^{\mathrm{T}}\nabla f(x^*) > 0 \tag{3.180}$$

因此 $t=0$ 必不是 $\psi(t)$ 的局部极小点, 从而 $x^* = x(0)$ 必不是优化问题 (3.157) 的局部极小点, 矛盾. $\square$

如果将优化问题 (3.157) 的 Lagrange 函数写为

$$L(x,\nu) = f(x) - \nu^{\mathrm{T}} h(x) = f(x) - \sum_{j=1}^{l} \nu_j h_j(x), \tag{3.181}$$

则可行条件 $h(x^*) = 0$ 及必要条件 (3.163) 都可以通过 L 的一阶条件得到:

$$\nabla_x L(x^*,\mu) = 0 \quad \Leftrightarrow \quad \nabla f(x^*) = \sum_{j=1}^{l} \nu_j \nabla h_j(x^*), \tag{3.182}$$

$$\nabla_\nu L(x^*,\nu) = 0 \quad \Leftrightarrow \quad h(x^*) = 0. \tag{3.183}$$

因此可以通过解上述方程组寻找候选极值点, 这就是 **Lagrange 乘数法 (Lagrange multiplier)** 的基本原理.

优化问题 (3.157) 取局部极小值的充分条件需要用到 Hesse 矩阵 $\nabla_{xx}^2 L(x,\nu)$, 比较复杂, 在此从略.

3.5.3 只含不等式约束的优化问题的最优条件

本小节我们考虑只含不等式约束的优化问题

$$\min f(x), \qquad \text{s.t.} \quad g_i(x) \leqslant 0, \quad i = 1, 2, \cdots, m, \tag{3.184}$$

其中, f 和 $g_i, i = 1, 2, \cdots, m$ 都是连续可微函数, 我们假设问题的定义域 $\mathcal{D}$ 是 $\mathbb{R}^n$ 中的开集.

设 x^* 是问题 (3.184) 的局部极小点, 如果 $g_j(x^*) = 0$, 则称约束条件 $g_j(x) \leqslant 0$ 是**积极的 (active)**; 如果 $g_i(x^*) < 0$, 则称约束条件 $g_i(x) \leqslant 0$ 是**不积极的**. 记

$$\mathcal{A}(x^*) = \{j : g_j(x^*) = 0\}, \tag{3.185}$$

即积极约束条件的指标集.

如果 $\mathcal{A}(x^*) = \varnothing$, 则所有约束条件在该点不起作用, 或者说 x^* 是可行集 S_F 的内点, 此时必有 $\nabla f(x^*) = 0$.

如果 $\mathcal{A}(x^*) \neq \varnothing$, 则对于 $j \in \mathcal{A}(x^*)$, 在该点可以将 $g_j(x) \leqslant 0$ 视为等式约束 $g_j(x) = 0$, 根据 3.5.2 节的分析, 应该有

$$\nabla f(x^*) = \sum_{j \in \mathcal{A}(x^*)} \alpha_j \nabla g_j(x^*), \tag{3.186}$$

而且由于 $-\nabla g_j(x^*)$ 代表 g_j 下降最快的方向, $\nabla f(x^*)$ 代表 f 增长最快的方向, 因此 $\nabla f(x^*)$ 与 $-\nabla g_j(x^*)$ 所成的角应该小于 $\pi/2$ (否则沿着 $-\nabla f(x^*)$ 方向走目标函数值还可以更小, 且不违背约束条件), 即 $\alpha_j \leqslant 0$. 令 $\lambda_j = -\alpha_j$, 得

$$\nabla f(x^*) = - \sum_{j \in \mathcal{A}(x^*)} \lambda_j \nabla g_j(x^*). \tag{3.187}$$

但要严格证明这一点还需要一些其他条件, 其中最常用的就是 Mangasarian 和 Fromovitz 提出的**约束规范条件** [28]:

$$\{v \in \mathbb{R}^n : v^{\mathrm{T}} \nabla g_j(x^*) > 0, \ \forall j \in \mathcal{A}(x^*)\} \neq \varnothing. \tag{3.188}$$

这个条件称为 **MF 约束规范条件 (MF constraint qualification)**.

定理 3.10 **(Karush-Kuhn-Tucker 定理 I[①])** 设优化问题 (3.184) 的定义域 $\mathcal{D}$ 是 $\mathbb{R}^n$ 的开子集, f 和 $g_i, i = 1, 2, \cdots, m$ 都是连续可微的, x^* 是该问题的局部极小点. 如果 $\mathcal{A}(x^*) = \varnothing$, 则必有 $\nabla f(x^*) = 0$. 如果 $\mathcal{A}(x^*) \neq \varnothing$ 且在 x^* 点满足 MF 约束规范条件, 则存在 $\lambda_j \geqslant 0, j \in \mathcal{A}(x^*)$ 使得式 (3.187) 成立.

证明 定理的第一部分结论实际上就是无约束优化问题取局部极值的必要条件, 前面已经证明过了, 因此我们只需证明第二部分结论. 设 $\mathcal{A}(x^*) \neq \varnothing$ 且在 x^* 点满足 MF 约束规范条件, 下面用反证法证明存在 $\lambda_j \geqslant 0, j \in \mathcal{A}(x^*)$ 使得式 (3.187) 成立.

---

① 这个定理以及后面的几个定理的原型是由 Kuhn 和 Tucker 于 1951 年公开发表的, 后来研究者发现, 早在 1939 年, 美国数学家兼物理学家 Karush 就在他的硕士论文中提出了类似的定理.

令

$$K := \left\{ - \sum_{j \in \mathcal{A}(x^*)} \lambda_j \nabla g_j(x^*) : \ \lambda_j \geqslant 0, \ j \in \mathcal{A}(x^*) \right\}, \tag{3.189}$$

则 K 是一个闭凸锥. 如果定理结论不成立, 则 $\nabla f(x^*) \notin K$, 根据点与闭凸集严格分离定理 (定理 1.11), 存在 $v' \in \mathbb{R}^n$ 使得

$$v'^{\mathrm{T}} \nabla f(x^*) < c < v'^{\mathrm{T}} y, \qquad \forall y \in K, \tag{3.190}$$

由于 $0 \in K$, 因此 $c < 0$. 如果存在 $y_0 \in K$ 使得 $v'^{\mathrm{T}} y_0 < 0$, 则对任意实数 $\gamma > 0$ 皆有 $\gamma y_0 \in K$, 但 $v'^{\mathrm{T}}(\gamma y_0) = \gamma(v'^{\mathrm{T}} y_0) \to -\infty, \gamma \to \infty$, 这与式 (3.190) 矛盾, 因此必有

$$v'^{\mathrm{T}} y \geqslant 0, \qquad \forall y \in K. \tag{3.191}$$

特别地, 有

$$v'^{\mathrm{T}}(-\nabla g_j(x^*)) \geqslant 0, \qquad \Rightarrow \qquad v'^{\mathrm{T}} \nabla g_j(x^*) \leqslant 0, \qquad \forall j \in \mathcal{A}(x^*). \tag{3.192}$$

再根据 MF 约束规范条件 (3.188), 存在 $v'' \in \mathbb{R}^n$ 使得

$$(v'')^{\mathrm{T}} \nabla g_j(x^*) > 0, \qquad \forall j \in \mathcal{A}(x^*), \tag{3.193}$$

令 $v = \theta v' + (\theta - 1) v'', 0 < \theta < 1$, 则当 θ 充分靠近 1 时有

$$v^{\mathrm{T}} \nabla g_j(x^*) = \theta v'^{\mathrm{T}} \nabla g_j(x^*) + (\theta - 1)(v'')^{\mathrm{T}} \nabla g_j(x^*) < 0, \qquad \forall j \in \mathcal{A}(x^*), \tag{3.194}$$

$$\begin{aligned} v^{\mathrm{T}} \nabla f(x^*) &= \theta v'^{\mathrm{T}} \nabla f(x^*) + (\theta - 1)(v'')^{\mathrm{T}} \nabla f(x^*) \\ &< c\theta + (\theta - 1)(v'')^{\mathrm{T}} \nabla f(x^*) \\ &< 0. \end{aligned} \tag{3.195}$$

对于 $j \in \mathcal{A}(x^*)$, 由于

$$g_j(x^* + tv) = g_j(x^*) + tv^{\mathrm{T}} \nabla g_j(x^*) + o(t) = tv^{\mathrm{T}} \nabla g_j(x^*) + o(t), \tag{3.196}$$

因此存在 $\delta_1 > 0$ 使得

$$g_j(x^* + tv) < 0, \qquad \forall \, 0 < t \leqslant \delta_1, \ j \in \mathcal{A}(x^*). \tag{3.197}$$

对于 $i \notin \mathcal{A}(x^*)$ 有 $g_i(x^*) < 0$, 由于 g_i 是连续可微的, 因此存在 $\delta_2 > 0$ 使得

$$g_i(x^* + tv) < 0, \qquad \forall \, |t| \leqslant \delta_2, \ i \notin \mathcal{A}(x^*). \tag{3.198}$$

又由于 f 是连续可微的, 因此有

$$f(x^* + tv) = f(x^*) + tv^{\mathrm{T}} \nabla f(x^*) + o(t), \tag{3.199}$$

从而存在 $\delta_3 > 0$ 使得

$$f(x^* + tv) < f(x^*), \qquad \forall\, 0 < t < \delta_3. \tag{3.200}$$

取 $\delta = \min\{\delta_1, \delta_2, \delta_3\}$, 则当 $0 < t < \delta$ 时, 有

$$f(x^* + tv) < f(x^*), \qquad g_i(x^* + tv) < 0, \quad \forall\, i = 1, 2, \cdots, m, \tag{3.201}$$

这与 x^* 是原问题的局部极小值点矛盾, 定理得证. $\square$

如果补充定义 $\lambda_i = 0, i \notin \mathcal{A}(x^*)$, 则有

$$\nabla f(x^*) = -\sum_{i=1}^{m} \lambda_i \nabla g_i(x^*). \tag{3.202}$$

此外, 由于当 $i \in \mathcal{A}(x^*)$ 时有 $g_i(x^*) = 0$, 当 $i \notin \mathcal{A}(x^*)$ 时有 $\lambda_i = 0$, 因此

$$\lambda_i g_i(x^*) = 0, \qquad i = 1, 2, \cdots, m. \tag{3.203}$$

这个条件称为**互补松弛 (complementary slackness)**.

综上所述, 我们得到了下列推论.

推论 3.2 设优化问题 (3.184) 的定义域 $\mathcal{D}$ 是 $\mathbb{R}^n$ 的开子集, f 和 $g_i, i = 1, 2, \cdots, m$ 都是连续可微的, x^* 是该问题的局部极小点, 且在点 x^* 处满足 MF 约束规范条件, 则存在 $\lambda_i \geqslant 0, i = 1, 2, \cdots, m$ 使得式 (3.202) 成立, 且满足互补松弛条件 (3.203).

3.5.4 一般形式的 Karush-Kuhn-Tucker 定理

现在考虑一般形式的可微优化问题

$$\min f(x), \tag{3.204}$$

$$\text{s.t.} \quad g_i(x) \leqslant 0, \quad h_j(x) = 0, \quad i = 1, 2, \cdots, m,\ j = 1, 2, \cdots, l. \tag{3.205}$$

我们假设问题的定义域 $\mathcal{D}$ 是 $\mathbb{R}^n$ 中的开集, 目标函数和约束函数都是连续可微函数, 且 $l < n$.

设 X 是优化问题 (3.204)~(3.205) 的可行集, $x^* \in X$, 对于向量 $u \in \mathbb{R}^n$, 如果存在 $\delta > 0$ 使得

$$x^* + tu \in X, \qquad \forall\, t \in [0, \delta], \tag{3.206}$$

则称 u 是点 x^* 的**可行方向 (feasible direction)**, 点 x^* 的所有可行方向的集合记作 $FD(x^*, X)$.

如果存在 $\mathbb{R}^n$ 中的序列 $\{u_k\}$ 以及正实数序列 $\{\delta_k\}$ 使得

$$u_k \to u, \qquad \delta_k \to 0, \qquad x^* + \delta_k u_k \in X, \tag{3.207}$$

则称 u 是可行集 X 在点 x^* 的**切方向 (tangent)**, 有些文献中也称之为**序列可行方向**. 可行集 X 在点 x^* 的所有切方向的集合记作 $SFD(x^*, X)$, 它是一个锥, 因此称之为 X 在点 x^* 的**切锥 (tangent cone)**.

如果 $u \in \mathbb{R}^n$ 满足

$$u^{\mathrm{T}} \nabla g_i(x^*) \leqslant 0, \qquad u^{\mathrm{T}} \nabla h_j(x^*) = 0, \qquad \forall i \in \mathcal{A}(x^*), \quad j = 1, 2 \cdots, l, \tag{3.208}$$

则称 u 是点 x^* 的**线性化可行方向**, 点 x^* 的所有线性化可行方向的集合记作 $LFD(x^*, X)$.

引理 3.1 对于可微优化问题 (3.204)~(3.205) 有

$$FD(x^*, X) \subseteq SFD(x^*, X) \subseteq LFD(x^*, X), \qquad \forall x^* \in X. \tag{3.209}$$

证明 第一个包含关系是显然的, 下面证明第二个包含关系. 对任意 $u \in SFD(x^*, X)$, 按照定义, 存在 $\mathbb{R}^n$ 中的序列 $\{u_k\}$ 以及正实数序列 $\{\delta_k\}$ 使得

$$u_k \to u, \qquad \delta_k \to 0, \qquad x^* + \delta_k u_k \in X, \tag{3.210}$$

于是当 $k \to \infty$ 时有

$$g_i(x^* + \delta_k u_k) = g_i(x^*) + \delta_k u_k^{\mathrm{T}} \nabla g_i(x^*) + o(\delta_k), \tag{3.211}$$

$$h_j(x^* + \delta_k u_k) = h_j(x^*) + \delta_k u_k^{\mathrm{T}} \nabla h_j(x^*) + o(\delta_k), \tag{3.212}$$

再注意到 $g_i(x^*) = 0, i \in \mathcal{A}(x^*), h_j(x^*) = 0, j = 1, 2, \cdots, l$, 因此有

$$0 \geqslant g_i(x^* + \delta_k u_k) = \delta_k u_k^{\mathrm{T}} \nabla g_i(x^*) + o(\delta_k), \qquad i \in \mathcal{A}(x^*), \tag{3.213}$$

$$0 = h_j(x^* + \delta_k u_k) = \delta_k u_k^{\mathrm{T}} \nabla h_j(x^*) + o(\delta_k), \qquad j = 1, 2, \cdots, l. \tag{3.214}$$

不等式及方程两边除以 δ_k 并令 $k \to \infty$ 得到

$$u^{\mathrm{T}} \nabla g_i(x^*) \leqslant 0, \qquad i \in \mathcal{A}(x^*), \tag{3.215}$$

$$u^{\mathrm{T}} \nabla h_j(x^*) = 0, \qquad j = 1, 2, \cdots, l. \tag{3.216}$$

即 $u \in LFD(x^*, X)$. $\square$

如果可微优化问题 (3.204)~(3.205) 在 x^* 点还满足下列约束规范条件:

$$\nabla g_i(x^*), \ i \in \mathcal{A}(x^*) \quad \text{线性无关}, \tag{3.217}$$

$$S^* := \left\{ u \in \mathbb{R}^n : u^{\mathrm{T}} \nabla g_i(x^*) < 0, \ i \in \mathcal{A}(x^*), \ u^{\mathrm{T}} \nabla h_j(x^*) = 0, \ j = 1, 2, \cdots, l. \right\}$$
$$\neq \varnothing. \tag{3.218}$$

则可以证明 $SFD(x^*, X) = LFD(x^*, X)$. 条件 (3.217) 和 (3.218) 也是由 Mangasarian 和 Fromovitz 提出的, 因此也称为 **MF 约束规范条件**. 为了证明 $SFD(x^*, X) = LFD(x^*, X)$, 需要用到下列事实:

$$(S^*)^{cl} = LFD(x^*, X). \tag{3.219}$$

这是因为 $LFD(x^*, X)$ 是线性子空间 $\{u \in \mathbb{R}^n : u^{\mathrm{T}} \nabla h_j(x^*) = 0, \ j = 1, 2, \cdots, l\}$ 上的闭凸集, 且 $\mathrm{relint}(LFD(x^*, X)) = S^*$.

命题 3.2　如果可微优化问题 (3.204)~(3.205)在 $x^* \in X$ 满足MF条件(3.217)和(3.218)，则有 $SFD(x^*, X) = LFD(x^*, X)$.

证明　首先，$SFD(x^*, X)$ 是闭集，这一点不难由定义证明. 既然 $(S^*)^{cl} = LFD(x^*, X)$，则只需证明 $S^* \subseteq SFD(x^*, X)$.

对任意 $u \in S^*$，不妨设 $\|u\|_2 = 1$，按照定义，u 与 $\nabla h_j(x^*)$，$j = 1, 2, \cdots, l$ 都正交，因此

$$W := \mathrm{Span}\{\nabla h_1(x^*), \cdots, \nabla h_l(x^*), u\} \tag{3.220}$$

是 $l + 1$ 维的线性空间. 因此 $W^\perp$ 是 $n - l - 1$ 维的，设 $u^{(1)}, u^{(2)}, \cdots, u^{(n-l-1)}$ 是 $W^\perp$ 的标准正交基，则

$$\nabla h_1(x^*), \cdots, \nabla h_l(x^*), u^{(1)}, \cdots, u^{(n-l-1)}, u \tag{3.221}$$

是线性无关的. 考虑方程组 (3.166)~(3.168)，在证明定理 3.9的过程中我们已经证明了这个方程组在局部范围内有唯一解 $x(t)$，即存在 $\delta_1 > 0$ 使得对所有 $t \in [-\delta_1, \delta_1]$，$x(t)$ 都是这个方程组的解，特别地，有

$$h_j(x(t)) = 0 \qquad \forall j = 1, 2, \cdots, l,\ t \in [-\delta_1, \delta_1], \tag{3.222}$$

$$x(0) = x^*, \qquad x'(0) = u. \tag{3.223}$$

再注意到当 $i \in \mathcal{A}(x^*)$ 时有

$$g_i(x(0)) = g_i(x^*) = 0, \qquad \left.\frac{\mathrm{d}}{\mathrm{d}t} g_i(x(t))\right|_{t=0} = (x'(0))^{\mathrm{T}} \nabla g_i(x^*) = u^{\mathrm{T}} \nabla g_i(x^*) < 0, \tag{3.224}$$

因此存在正数 $\delta < \delta_1$ 使得

$$g_i(x(t)) \leqslant 0, \qquad \forall i \in \mathcal{A}(x^*),\ t \in [0, \delta].$$

当 $i \notin \mathcal{A}(x^*)$ 时有 $g_i(x(0)) = g_i(x^*) < 0$，由连续性推出当正数 δ 充分小时有

$$g_i(x(t)) < 0, \qquad \forall i \notin \mathcal{A}(x^*),\ t \in [0, \delta].$$

从而有

$$x(t) \in X, \qquad \forall t \in [0, \delta]. \tag{3.225}$$

现在取一列单调递减的正实数 $\{t_k\} \subseteq [0, \delta]$，使得 $t_k \to 0$，并令 $v_k = (x(t_k) - x^*)/t_k$，则有

$$x^* + t_k v_k = x(t_k) \in X, \tag{3.226}$$

$$\lim_{k \to \infty} v_k = \lim_{k \to \infty} \frac{x(t_k) - x(0)}{t_k - 0} = x'(0) = u, \tag{3.227}$$

因此 $u \in SFD(x^*, X)$. 由 $u \in S^*$ 的任意性，命题得证. $\square$

还有一个比较常用的约束规范条件为

向量组 $\{\nabla g_i(x^*) : i \in \mathcal{A}(x^*)\} \cup \{\nabla h_j(x^*) : j = 1, 2, \cdots, l\}$ 线性无关. (3.228)

这个约束规条件称为**线性独立约束规范 (linearly independent constraint qualification, LICQ)**.

命题 3.3 LICQ 条件 (3.228) 蕴含 MF 条件 (3.217)~(3.218).

证明 如果 $\mathcal{A}(x^*) = \varnothing$, 则显然有 $0 \in S^*$, 因此 MF 条件成立.

如果 $\mathcal{A}(x^*)$ 只有一个元素, 不妨设 $\mathcal{A}(x^*) = \{1\}$, 设 U_0 是由 $\nabla h_j(x^*), j = 1, 2, \cdots, l$ 生成的线性子空间, $U_0^\perp$ 表示其正交补空间, 设若对任意 $u \in U_0^\perp$ 皆有 $u^T \nabla g_1(x^*) = 0$, 则必有 $\nabla g_1(x^*) \in U_0$, 但这与 LICQ 条件矛盾, 因此反设不成立, 必存在 $u^{(1)} \in U_0^\perp$ 使得 $(u^{(1)})^T \nabla g_1(x^*) < 0$, 即 MF 条件成立.

如果 $\mathcal{A}(x^*)$ 有两个元素, 不妨设 $\mathcal{A}(x^*) = \{1, 2\}$ 根据上一段证明, 存在 $u^{(1)} \in U_0^\perp$ 使得 $(u^{(1)})^T \nabla g_1(x^*) < 0$, 令 $U_1 = \mathrm{Span}\{U_0 \cup \{\nabla g_1(x^*)\}\}$, 则存在 $v^{(1)} \in U_1^\perp$ 使得 $(v^{(1)})^T \nabla g_2(x^*) < 0$, 令 $u^{(2)} = u^{(1)} + \gamma_1 v^{(1)}$, 则 $u^{(2)} \in U_0^\perp$, 当正实数 γ_1 取得足够大时必有

$$(u^{(2)})^T \nabla g_1(x^*) = (u^{(1)})^T \nabla g_1(x^*) + \gamma_1 (v^{(1)})^T \nabla g_1(x^*) < 0, \tag{3.229}$$

$$(u^{(2)})^T \nabla g_2(x^*) = (u^{(1)})^T \nabla g_2(x^*) + \gamma_1 (v^{(1)})^T \nabla g_2(x^*) < 0, \tag{3.230}$$

因此 $u^{(2)} \in S^*$, MF 条件成立.

对于一般情形, $\mathcal{A}(x^*)$ 有 k 个元素, 可以用数学归纳法证明命题结论成立. $\square$

借助序列可行方向可以给出可微优化问题 (3.204)~(3.205) 在点 x^* 取局部极小值的必要条件.

命题 3.4 设 $x^* \in X$ 是可微优化问题 (3.204)~(3.205) 的局部极小点, 则有

$$u^T \nabla f(x^*) \geqslant 0, \qquad \forall u \in SFD(x^*, X). \tag{3.231}$$

证明 对任意 $u \in SFD(x^*, X)$, 按照定义, 存在 $\{u_k\} \subseteq \mathbb{R}^n$ 及正实数列 $\{\delta_k\}$ 使得

$$u_k \to u, \qquad \delta_k \to 0, \qquad x^* + \delta_k u_k \in X, \tag{3.232}$$

由一阶 Taylor 公式 (推论 1.2) 得

$$f(x^* + \delta_k u_k) = f(x^*) + \delta_k u_k^T \nabla f(x^*) + o(\delta_k). \tag{3.233}$$

由于 x^* 是局部极小点, 因此有

$$\delta_k u_k^T \nabla f(x^*) + o(\delta_k) = f(x^* + \delta_k u_k) - f(x^*) \geqslant 0, \tag{3.234}$$

不等式两边同除以 δ_k, 并令 $k \to \infty$, 得 $u^T \nabla f(x^*) \geqslant 0$, 命题得证. $\square$

此外, 还有下列充分条件.

命题 3.5 对于微优化问题 (3.204)~(3.205), 如果 $x^* \in X$ 满足

$$u^T \nabla f(x^*) > 0, \qquad \forall u \in SFD(x^*, X), \tag{3.235}$$

则 x^* 一定是该问题的局部严格极小点.

证明 用反证法. 如果 x^* 不是原问题的局部严格极小点, 则存在 $\{x_k\} \subseteq X$ 使得

$$x_k \to x^*, \qquad f(x_k) \leqslant f(x^*), \qquad k = 1, 2, \cdots \tag{3.236}$$

现在令 $\delta_k = \|x_k - x^*\|_2$, $u_k = (x_k - x^*)/\delta_k$, 则 $\{u_k\}$ 是 $\mathbb{R}^n$ 中的有界点列, 根据 Bolzano-Weierstrass 定理 (定理 1.3), 它存在收敛子列, 不妨设这个收敛子列就是它自己, 即 $u_k \to u, k \to \infty$, 则有

$$u_k \to u, \qquad \delta_k \to 0, \qquad x^* + \delta_k u_k = x_k \in X, \qquad k = 1, 2, \cdots \tag{3.237}$$

因此 $u \in SFD(x^*, X)$. 但

$$u^{\mathrm{T}}\nabla f(x^*) = \lim_{k \to \infty} \frac{f(x^* + \delta_k u) - f(x^*)}{\delta_k} = \lim_{k \to \infty} \frac{f(x^* + \delta_k u_k) - f(x^*)}{\delta_k}$$
$$= \lim_{k \to \infty} \frac{f(x_k) - f(x^*)}{\delta_k} \leqslant 0, \tag{3.238}$$

矛盾. $\square$

现在可以给出优化问题 (3.204)~(3.205) 的 Karush-Kuhn-Tucker 条件了.

定理 3.11 (Karush-Kuhn-Tucker 定理 II) 设 x^* 是可微优化问题 (3.204)~(3.205) 的局部极小点, 如果 $SFD(x^*, X) = LFD(x^*, X)$, 则存在 $\lambda_i^* \geqslant 0, i = 1, 2, \cdots, m$ 及 $\nu_j^* \in \mathbb{R}, j = 1, 2, \cdots, l$ 使得

$$\nabla f(x^*) = -\sum_{i=1}^{m} \lambda_i^* \nabla g_i(x^*) - \sum_{j=1}^{l} \nu_j^* \nabla h_j(x^*), \tag{3.239}$$

$$\lambda_i^* g_i(x^*) = 0, \qquad i = 1, 2, \cdots, m. \tag{3.240}$$

其中, 条件 (3.239) 和 (3.240) 称为 **Karush-Kuhn-Tucker 条件**, 简称为 **KKT 条件**; 满足这两个条件的点称为 **KKT 点**.

证明 首先我们断言下列关于 u 的方程及不等式组无解:

$$\begin{cases} u^{\mathrm{T}}\nabla f(x^*) < 0, & \tag{3.241} \\ u^{\mathrm{T}}\nabla g_i(x^*) \leqslant 0, & i \in \mathcal{A}(x^*), \tag{3.242} \\ u^{\mathrm{T}}\nabla h_j(x^*) = 0, & j = 1, 2, \cdots, l. \tag{3.243} \end{cases}$$

这是因为如果某个向量 u 满足不等式组 (3.242) 及方程组 (3.243), 则 $u \in LFD(x^*, X)$, 又因为已经假设 $SFD(x^*, X) = LFD(x^*, X)$, 因此 $u \in SFD(x^*, X)$, 再由命题 3.4 得 $u^{\mathrm{T}}\nabla f(x^*) \geqslant 0$, 但这与不等式 (3.241) 矛盾, 因此方程及不等式组 (3.241)~(3.243) 无解. 根据 Farkas 引理 (参见例 1.10), 存在非负实数 $\lambda_i^*, i \in \mathcal{A}(x^*)$ 及实数 $\nu_j^*, j = 1, 2, \cdots, l$ 使得

$$\nabla f(x^*) = -\sum_{i \in \mathcal{A}(x^*)} \lambda_i^* \nabla g_i(x^*) - \sum_{j=1}^{l} \nu_j^* \nabla h_j(x^*), \tag{3.244}$$

再对 $i \notin \mathcal{A}(x^*)$ 补充定义 $\lambda_i^* = 0$, 立刻得到式 (3.239) 和式 (3.240). $\square$

由定理 3.11 和命题 3.2 可得到下列推论.

推论 3.3 (Karush-Kuhn-Tucker 定理 III) 设 x^* 是可微优化问题 (3.204)$\sim$(3.205) 的局部极小点, 且满足满足 MF 条件 (3.217) 和 (3.218) 或 LICQ 条件 (3.228), 则存在 $\lambda_i^* \geqslant 0, i = 1, 2, \cdots, m$ 及 $\nu_j^* \in \mathbb{R}, j = 1, 2, \cdots, l$ 使得 KKT 条件 (3.239) 和 (3.240) 成立.

如果可微优化问题 (3.204)$\sim$(3.205) 满足强对偶性, 并且最优值 p^* 和对偶最优值 d^* 都是可以取到的, 即

$$f(x^*) = p^* = d^* = L_D(\lambda^*, \nu^*), \tag{3.245}$$

则可以从另一个角度导出 KKT 条件, 下面来做这件事.

首先把原问题的 Lagrange 函数写出来, 即

$$L(x, \lambda, \nu) = f(x) + \sum_{i=1}^{m} \lambda_i g_i(x) + \sum_{j=1}^{p} \nu_j h_j(x), \tag{3.246}$$

其对偶函数为

$$L_D(\lambda, \nu) = \inf_{x \in \mathcal{D}} L(x, \lambda, \nu). \tag{3.247}$$

注意到

$$f(x^*) = L_D(\lambda^*, \nu^*) = \inf_{x \in \mathcal{D}} L(x, \lambda^*, \nu^*) \leqslant L(x^*, \lambda^*, \nu^*), \tag{3.248}$$

由于 $\lambda^* \succeq 0, g(x^*) \preceq 0, h(x^*) = 0$, 因此

$$L(x^*, \lambda^*, \nu^*) = f(x^*) + \sum_{i=1}^{m} \lambda_i^* g_i(x^*) + \sum_{j=1}^{p} \nu_j^* h_j(x^*) \leqslant f(x^*). \tag{3.249}$$

联立式 (3.248) 与式 (3.249) 得

$$L(x^*, \lambda^*, \nu^*) = \inf_{x \in \mathcal{D}} L(x, \lambda^*, \nu^*), \tag{3.250}$$

$$L(x^*, \lambda^*, \nu^*) = f(x^*), \tag{3.251}$$

由于 $h_j(x^*) = 0, j = 1, 2, \cdots, l$, 由式 (3.251) 推出

$$\sum_{i=1}^{m} \lambda_i^* g_i(x^*) = 0. \tag{3.252}$$

由式 (3.250) 推出

$$0 = \nabla_x L(x, \lambda^*, \nu^*)|_{x=x^*} = \nabla f(x^*) + \sum_{i=1}^{m} \lambda_i^* \nabla g_i(x^*) + \sum_{j=1}^{p} \nu_j^* \nabla h_j(x^*), \tag{3.253}$$

方程 (3.253) 显然与式 (3.239) 等价; 至于方程 (3.252), 由于参与求和的项同号, 因此它与互补松弛条件 (3.240) 等价.

综上所述, 我们证明了下列定理.

定理 3.12 (Karush-Kuhn-Tucker 定理 IV)　如果可微优化问题 (3.204)~(3.205) 满足强对偶性, 且最优值 p^* 和对偶最优值 d^* 都是可以达到的, 设 x^* 和 (λ^*, ν^*) 分别是原问题的最优点和对偶问题的最优点, 则 KTT 条件 (3.239) 和 (3.240) 成立.

3.5.5　凸优化问题的 Karush-Kuhn-Tucker 定理

现在考虑可微的凸优化问题

$$\min f(x), \qquad \text{s.t.} \quad g_i(x) \preceq 0, \quad a_j^{\mathrm{T}} x - b_j = 0, \quad i=1,2,\cdots,m, \ j=1,2,\cdots,l. \tag{3.254}$$

其中, f 和 $g_i, i=1,2,\cdots,m$ 是可微的凸函数, 问题的定义域 $\mathcal{D}$ 是 $\mathbb{R}^n$ 中的开凸集.

显然, 3.5.4 节的所有结果都适用于可微凸优化问题 (3.254). 凸优化问题更有优势的地方是存在更容易检验的条件以保证 KKT 定理成立.

回想一下, 在 3.4.2 节我们引入了 Slater 条件, 即

$$\{x \in \mathrm{relint}(\mathcal{D}) : g_i(x) < 0, \ i=1,2,\cdots,m, \ a_j^{\mathrm{T}} x - b_j = 0, \ j=1,2,\cdots,l\} \neq \varnothing. \tag{3.255}$$

这个条件能保证凸优化问题的强对偶性, 而且能保证对偶最优点 (λ^*, ν^*) 的存在性. 如果凸优化问题 (3.254) 在 x^* 取局部极小值, 则 x^* 也是全局极小点, 根据定理 3.12, 原问题在 x^* 点满足 KTT 条件 (3.239) 和 (3.240). 这就是下面的定理.

定理 3.13 (Karush-Kuhn-Tucker 定理 V)　如果可微凸优化问题 (3.254) 满足 Slater 条件, 则它满足强对偶性 $d^* = p^*$, 且存在对偶最优点 (λ^*, ν^*). 如果 $x^* \in \mathcal{D}$ 是原问题的极小点, 则对偶最优点 (λ^*, ν^*) 使 KTT 条件 (3.239) 和 (3.240) 成立 (其中 $h_j(x) = a_j^{\mathrm{T}} x - b_j$).

一般来说, Slater 条件比 MF 约束规范条件更容易检验, 对于很多常见的凸优化问题, Slater 条件是显然的.

拓展阅读建议

本章介绍了一般优化问题和凸优化问题的有关概念和基础知识、Lagrange 对偶函数和对偶问题、Slater 条件和强对偶性定理、各种不同情形下的最优性条件等. 这些知识是现代优化理论与应用的基础, 需要读者牢固掌握. 关于对偶函数和对偶问题的更多例子, 可参考 S. Boyd 和 Lieven Vandenberghe 的经典著作 [6], 关于对偶问题更深入的理论可参见文献 [29]. 此外, 2009 年还有一篇关于凸优化问题的对偶性和 Legendre 变换的深刻联系的论文发表在美国数学年刊上 [30]. 关于 Karush-Kuhn-Tucker 定理以及各种约束规范条件的深入知识可参见文献 [29, 31-33].

第 3 章习题

1. 考虑优化问题

$$\begin{aligned} \min \quad & f(x), \qquad x = (x_1, x_2) \in \mathbb{R}^2, \\ \text{s.t.} \quad & 2x_1 + x_2 \geqslant 1, \end{aligned} \tag{3.256}$$

$$x_1 + 3x_2 \geqslant 1, \tag{3.257}$$

$$x_1, x_2 \geqslant 0. \tag{3.258}$$

(1) 用图形将上述优化问题的可行集表示出来.

(2) 分别对下列目标函数 f 求上述优化问题的最优点和最优值.

(a) $f(x) = x_1 + x_2$

(b) $f(x) = -x_1 - x_2$

(c) $f(x) = x_1$

(d) $f(x) = \max\{x_1, x_2\}$

(e) $f(x) = x_1^2 + 9x_2^2$

2. 设

$$P = \begin{pmatrix} 13 & 12 & -2 \\ 12 & 17 & 6 \\ -2 & 6 & 12 \end{pmatrix}, \qquad q = \begin{pmatrix} -22.0 \\ -14.5 \\ -3.0 \end{pmatrix},$$

(1) 求函数 $f(x) = x^{\mathrm{T}}Px + q^{\mathrm{T}}x + 1$ 的最小值点和最小值.

(2) 求解下列带等式约束的优化问题.

$$\min \quad f(x) = x^{\mathrm{T}}Px + q^{\mathrm{T}}x + 1 \tag{3.259}$$

$$\text{s.t.} \quad 3x_1 + x_2 + 2x_3 = 5. \tag{3.260}$$

3. 设 H 是 $n \times n$ 的实对称矩阵, v 是一个 n 维列向量, 试证明: 如果 v 与 H 的每一个非零特征值所对应的特征向量正交, 则或者 $v = 0$, 或者 v 是 H 的关于特征值 $\lambda = 0$ 的特征向量.

4. 设

$$H = \begin{pmatrix} 6 & 6 & -4 \\ 6 & 9 & 4 \\ -4 & 4 & 26 \end{pmatrix}, \qquad \eta = \begin{pmatrix} 4 \\ -3 \\ 1 \end{pmatrix},$$

求解下列优化问题.

$$\min \quad f(x) = \frac{1}{2}x^{\mathrm{T}}Hx - \eta^{\mathrm{T}}x + 6, \qquad x = (x_1, x_2, x_3)^{\mathrm{T}} \in \mathbb{R}^3, \tag{3.261}$$

$$\text{s.t.} \quad x \succeq 0. \tag{3.262}$$

5. (**Parseval 等式**) 设 $v_1, v_2, \cdots, v_n$ 是 $\mathbb{R}^n$ 的规范正交基. 试证明对任意 $x \in \mathbb{R}^n$ 皆有

$$\sum_{i=1}^{n} |\langle x, v_i \rangle|^2 = \|x\|^2. \tag{3.263}$$

6. (矩阵的迹的另一种表示) 设 C 是一个 n 阶方阵, $w_1, w_2, \cdots, w_n$ 是 $\mathbb{R}^n$ 的规范正交基, 试证明

$$\operatorname{tr}(C) = \sum_{i=1}^{n} \langle Cw_i, w_i \rangle. \tag{3.264}$$

7. **Huber 惩罚函数**定义为

$$\phi(s) = \begin{cases} s^2, & |s| \leqslant M \\ M(2|s| - M), & |s| > M \end{cases}, \tag{3.265}$$

设 $a_i \in \mathbb{R}^n, i = 1, 2, \cdots, m, A = (a_1, a_2, \cdots, a_m)$. 证明下列三个优化问题是等价的.

(1) **鲁棒最小二乘问题** (robust least-squares problem).

$$\min \quad \sum_{i=1}^{m} \phi(a_i^{\mathrm{T}} x - b_i). \tag{3.266}$$

(2) **带权重变量的最小二乘问题** (least-squares problem with variable weights).

$$\min \quad \sum_{i=1}^{m} \frac{(a_i^{\mathrm{T}} - b_i)^2}{w_i + 1} + M \sum_{i=1}^{n} w_i, \tag{3.267}$$

$$\text{s.t.} \quad w \succeq 0. \tag{3.268}$$

(3) **二次规划** (quadratic program).

$$\min \quad \sum_{i=1}^{m} (u_i^2 + 2Mv_i), \tag{3.269}$$

$$\text{s.t.} \quad -u - v \preceq A^{\mathrm{T}} x - b \preceq u + v, \tag{3.270}$$

$$0 \preceq u \leqslant M\mathbb{1}_m, \qquad v \succeq 0. \tag{3.271}$$

其中, $\mathbb{1}_m$ 表示元素全为 1 的 m 维列向量.

8. 考虑优化问题

$$\min \quad f(x), \qquad x = (x_1, x_2, \cdots, x_n)^{\mathrm{T}} \in \mathbb{R}^n, \tag{3.272}$$

$$\text{s.t.} \quad h(x) = 0. \tag{3.273}$$

其中, f 和 h 都是凸函数, 定义域为 $\mathbb{R}^n$. 试证明: 如果 f 对某个变量 x_i 是严格单调增加的, h 对 x_i 是严格单调减小的, 则优化问题 (3.272)~(3.273) 与下列凸优化问题等价

$$\min \quad f(x), \qquad x = (x_1, x_2, \cdots, x_n)^{\mathrm{T}} \in \mathbb{R}^n, \tag{3.274}$$

$$\text{s.t.} \quad h(x) \leqslant 0. \tag{3.275}$$

9. 求下列线性规划问题的最优值.

$$\min \quad c^{\mathrm{T}}x, \qquad \text{s.t.} \quad Ax \preceq b, \tag{3.276}$$

其中, A 是 n 阶非奇异矩阵, $b, c \in \mathbb{R}^n$.

10. 将下列优化问题转化为等价的线性规划问题.

(1) ℓ^∞-范数逼近问题

$$\min \quad \|Ax - b\|_\infty. \tag{3.277}$$

(2) ℓ^1-范数逼近问题

$$\min \quad \|Ax - b\|_1. \tag{3.278}$$

(3)

$$\min \quad \|Ax - b\|_1, \qquad \text{s.t.} \quad \|x\|_\infty \leqslant 1. \tag{3.279}$$

(4)

$$\min \quad \|x\|_1, \qquad \text{s.t.} \quad \|Ax - b\|_\infty \leqslant 1. \tag{3.280}$$

(5)

$$\min \quad \|Ax - b\|_1 + \|x\|_\infty. \tag{3.281}$$

11. 利用几何意义求解下列二次规划问题.

(1)

$$\min \quad c^{\mathrm{T}}x, \qquad \text{s.t.} \quad x^{\mathrm{T}}Ax \leqslant 1. \tag{3.282}$$

其中, $c \in \mathbb{R}^n$, $A \in \mathbf{S}^n_{\mathrm{y}++}$.

(2)

$$\min \quad c^{\mathrm{T}}x, \qquad \text{s.t.} \quad (x - b)^{\mathrm{T}}A(x - b) \leqslant 1. \tag{3.283}$$

其中, $c, b \in \mathbb{R}^n$, $A \in \mathbf{S}^n_{\mathrm{y}++}$.

(3)

$$\min \quad x^{\mathrm{T}}Bx, \qquad \text{s.t.} \quad x^{\mathrm{T}}Ax \leqslant 1. \tag{3.284}$$

其中, $A \in \mathbf{S}^n_{\mathrm{y}++}$, $B \in \mathbf{S}^n_{\mathrm{y}+}$.

12. **考虑二次约束二次规划问题 (quadratic constrained quadratic program, QCQP)**

$$\min \quad \frac{1}{2}x^{\mathrm{T}}Px + q^{\mathrm{T}}x + r, \tag{3.285}$$

$$\text{s.t.} \quad x^{\mathrm{T}}x \leqslant 1. \tag{3.286}$$

其中, $P \in \mathbf{S}_{\mathrm{y}++}^n, q \in \mathbb{R}^n, r \in \mathbb{R}$. 请证明其最优点为

$$x^* = -(P + \lambda I)^{-1}q, \tag{3.287}$$

其中, $\lambda = \max\{0, \bar{\lambda}\}$, 请证明 $\bar{\lambda}$ 是下列关于 λ 的方程的最大实根.

$$q^{\mathrm{T}}(P + \lambda I)^{-2}q = 1. \tag{3.288}$$

13. 请证明附录 B 中矩阵伪逆的性质 (B.58) 和 (B.5).

14. 设 A 是一个 $m \times n$ 的实矩阵, 试证明一个 $n \times n$ 的实矩阵 B 是 A 的伪逆当且仅当它满足下面 4 个条件.

(1) $ABA = A$ (2) $BAB = B$ (3) $(AB)^{\mathrm{T}} = AB$ (4) $(BA)^{\mathrm{T}} = BA$

15. 考虑优化问题

$$\min \quad f(x) = x_2 + x_2, \qquad x = (x_1, x_2)^{\mathrm{T}} \in \mathbb{R}^2, \tag{3.289}$$

$$\text{s.t.} \quad x_1^2 + 4x_2^2 \leqslant 1. \tag{3.290}$$

(1) 求优化问题 (3.289)~(3.289) 的可行集、最优值和最优解.

(2) 请写出其 Lagrange 函数 $L(x, \lambda)$, 并求其对偶函数 $L_D(\lambda)$.

(3) 请写出其对偶问题, 找出对偶问题的最优解, 并判断是否满足强对偶性.

(4) 设 $u > 0, p^*(u)$ 是优化问题

$$\min \quad f(x) = x_2 + x_2, \qquad x = (x_1, x_2)^{\mathrm{T}} \in \mathbb{R}^2, \tag{3.291}$$

$$\text{s.t.} \quad x_1^2 + 4x_2^2 \leqslant u \tag{3.292}$$

的最优值, 求 $\mathrm{d}p^*/\mathrm{d}u|_{u=0}$ 的值.

16. 设 $g: \mathbb{R}^n \to \mathbb{R}$ 及其共轭函数 g^* 已知, $c \in \mathbb{R}^n \setminus \{0\}$. 考虑优化问题

$$\min \quad c^{\mathrm{T}}x, \qquad \text{s.t.} \quad g(x) \leqslant 0, \tag{3.293}$$

求其对偶函数及对偶问题, 并证明对偶问题是凸优化问题.

17. 考虑线性规划问题

$$\min \quad c^{\mathrm{T}}x, \qquad \text{s.t.} \quad Ax \preceq b, \tag{3.294}$$

其中, $c \in \mathbb{R}^n, A \in \mathbb{R}^{m \times n}, b \in \mathbb{R}^m$. 对任意 $w \succeq 0$, 记

$$H_w := \{x \in \mathbb{R}^n : w^{\mathrm{T}}Ax \leqslant w^{\mathrm{T}}b\}.$$

(1) 设 S_F 是线性规划问题 (3.294) 的可行集, 证明对任意 $w \succeq 0$ 皆有 $S_F \subseteq H_w$.

(2) 设 p^* 是线性规划问题 (3.294) 的最优值, 证明

$$p^* \geqslant \sup_{w \succeq 0} \inf_{x \in H_w} c^{\mathrm{T}}x, \tag{3.295}$$

并指出它与 Lagrange 对偶问题的联系.

18. 考虑解析中心问题 (analytic centering problem)

$$\min \quad -\sum_{i=1}^{m} \ln\left(b_i - a_i^{\mathrm{T}} x\right), \tag{3.296}$$

其中, $a_i \in \mathbb{R}^n, b_i \in \mathbb{R}, i = 1, 2, \cdots, m$. 引入变量 $y_i = b_i - a_i^{\mathrm{T}} x, i = 1, 2, \cdots, m$, 则原问题可转换为

$$\min \quad -\sum_{i=1}^{m} \ln y_i, \tag{3.297}$$

$$\text{s.t.} \quad y_i + a_i^{\mathrm{T}} x - b_i = 0, i = 1, 2, \cdots, m. \tag{3.298}$$

求优化问题 (3.297)~(3.298) 的对偶问题.

19. 考虑优化问题

$$\min \quad \mathrm{e}^{-x}, \qquad \text{s.t.} \quad \frac{x^2}{y} \leqslant 0, \tag{3.299}$$

并设其定义域为 $\mathcal{D} = \{(x, y): y > 0\}$.

(1) 证明式 (3.299) 是一个凸优化问题.

(2) 找出优化问题的可行域和最优值 p^*.

(3) 找出优化问题的对偶问题和对偶最优值, 并判断优化问题是否满足强对偶性.

(4) 判断优化问题是否满足 Slater 条件.

(5) 考虑优化问题

$$\min \quad \mathrm{e}^{-x}, \qquad \text{s.t.} \quad \frac{x^2}{y} \leqslant u, \tag{3.300}$$

并设其定义域为 $\mathcal{D} = \{(x, y): y > 0\}$, 求其最优值 $p^*(u)$.

20. 考虑优化问题

$$\min \quad f(x), \qquad x \in \mathbb{R}, \qquad \text{s.t.} \quad g(x) \leqslant 0, \tag{3.301}$$

定义

$$\mathcal{G} := \{(u, t): \exists x \in \mathcal{D} \text{ s.t. } f(x) = t, \ g(x) = u\},$$

$$\mathcal{A} := \{(u, t): \exists x \in \mathcal{D} \text{ s.t. } f(x) \leqslant t, \ g(x) \leqslant u\}.$$

(1) 当 $f(x) = x, g(x) = x^2$ 时, 画图表示集合 $\mathcal{G}$ 和 $\mathcal{A}$.

(2) 当 $f(x) = x, g(x) = x^2 - 1$ 时, 画图表示集合 $\mathcal{G}$ 和 $\mathcal{A}$.

(3) 当 $f(x) = x, g(x) = |x|$ 时, 画图表示集合 $\mathcal{G}$ 和 $\mathcal{A}$.

(4) 当 $f(x) = x^3, g(x) = -x + 1$ 时, 画图表示集合 $\mathcal{G}$ 和 $\mathcal{A}$.

(5) 当 $f(x) = x^3, g(x) = -x + 1, \mathcal{D} = \mathbb{R}_+$ 时, 画图表示集合 $\mathcal{G}$ 和 $\mathcal{A}$.

21. 考虑优化问题

$$\min \quad x_1^2 + x_2^2, \qquad x = (x_1, x_2)^{\mathrm{T}} \in \mathbb{R}^2, \tag{3.302}$$

$$\text{s.t.} \quad (x_1 - 1)^2 + (x_2 - 1)^2 \leqslant 1, \tag{3.303}$$

$$(x_1 - 1)^2 + (x_2 + 1)^2 \leqslant 1. \tag{3.304}$$

(1) 请画出优化问题 (3.302)~(3.304) 的可行集以及目标函数的等高线.

(2) 求优化问题 (3.302)~(3.304) 的最优点和最优值.

(3) 给出 KKT 条件, 并判断最优点是否满足 KKT 条件.

(4) 写出对偶问题, 求出对偶最优值, 并判断是否满足强对偶性.

22. 考虑下列**带等式约束条件的最小二成问题 (equality constrained least squares)**

$$\min \quad \|Ax - b\|_2^2, \qquad \text{s.t.} \quad Gx = h, \tag{3.305}$$

其中, $A \in \mathbb{R}^{m \times n}, \text{rank}(A) = n, G \in \mathbb{R}^{p \times n}, \text{rank}(G) = n$. 请写出此优化问题的 KKT 条件, 并求出其最优点 x^* 和对偶最优点 λ^*.

23. 考虑优化问题

$$\min \quad -3x_1^2 + x_2^2 + 2x_3^2 + 2(x_1 + x_2 + x_3), \qquad x = (x_1, x_2, x_3)^{\mathrm{T}} \in \mathbb{R}^3, \tag{3.306}$$

$$\text{s.t.} \quad x_1^2 + x_2^2 + x_3^2 = 1. \tag{3.307}$$

(1) 请写出其 KKT 条件.

(2) 请求出其 KKT 点.

(3) 判断哪些 KKT 点是最优点.

(4) 判断此优化问题是否满足强对偶性.

24. 考虑优化问题

$$\min \quad \text{tr}(X) - \ln \det X, \qquad X \in \mathbf{S}_{y++}^n, \tag{3.308}$$

$$\text{s.t.} \quad Xs = y, \tag{3.309}$$

其中, $s, y \in \mathbb{R}^n$ 是给定的向量, 且满足 $s^{\mathrm{T}} y = 1$.

(1) 请写出优化问题 (3.308)、(3.309) 的 KKT 条件.

(2) 求优化问题 (3.308)、(3.309) 的最优解.

广义不等式约束与向量优化

4.1 广义单调性与凸性

4.1.1 相关概念回顾

所谓凸锥, 等价的定义就是对非负线性组合封闭的子集, 即如果 $K \subseteq \mathbb{R}^n$ 满足

$$\sum_{i=1}^{m} \alpha_i x_i \in K, \qquad \forall\, x_i \in K, \ \alpha_i \geqslant 0, \tag{4.1}$$

则 K 是凸锥. 称凸锥 K 是实心的 (solid), 是指它具有非空的内部, 即存在内点; 称凸锥 K 是尖的 (pointed), 是指如果 $x \in K \setminus \{0\}$, 则 $-x \notin K$. 如果凸锥 K 是闭的、实心的、尖的, 则称它是正常锥 (proper cone), 有些中文文献中也译成**真锥**.

由 $\mathbb{R}^n$ 中的正常锥 K 可以定义 $\mathbb{R}^n$ 上的偏序关系 $\preceq_K$ 和严格偏序关系 $\prec_K$, 即 $x \preceq_K y$ 当且仅当 $y - x \in K$; $x \prec_K y$ 当且仅当 $y - x \in K^\circ$. 由 $\preceq_K$ 和 $\prec_K$ 建立的不等关系系统称为广义不等式.

例如非负象限 $\mathbb{R}_+^n = \{x \in \mathbb{R}^n : x_i \geqslant 0, i = 1, 2, \cdots, n\}$ 就是 $\mathbb{R}^n$ 中的正常锥, 由它定义的偏序关系和严格偏序关系就是

$$x \preceq y \quad \Leftrightarrow \quad x_i \leqslant y_i, \ i = 1, 2, \cdots, n, \tag{4.2}$$

$$x \prec y \quad \Leftrightarrow \quad x_i < y_i, \ i = 1, 2, \cdots, n, \tag{4.3}$$

这是我们一直使用的符号.

又如 n 阶实对称矩阵的全体 $\mathbf{S}_y^n$ 构成 $\mathbb{R}^{n \times n}$ 的线性子空间, 并且继承了 $\mathbb{R}^{n \times n}$ 上的 Frobenius 范数, 因此它是一个赋范线性空间. 前面我们用 $\mathbf{S}_{y+}^n$ 表示 n 阶非负定实对称矩阵的全体, 它是 $\mathbf{S}_y^n$ 中的正常锥, 其内部为 $\mathbf{S}_{y++}^n$, 即所有 n 阶正定实对称矩阵的全体. 由正常锥 $\mathbf{S}_{y+}^n$ 定义的偏序关系为

$$A \preceq B \qquad \Leftrightarrow \qquad B - A \in \mathbf{S}_{y+}^n, \tag{4.4}$$

即 $A \preceq B$ 当且仅当 $B - A$ 是非负定的; 由 $\mathbf{S}_{y+}^n$ 定义的严格偏序关系为

$$A \prec B \qquad \Leftrightarrow \qquad B - A \in \mathbf{S}_{y++}^n, \tag{4.5}$$

即 $A \prec B$ 当且仅当 $B - A$ 是正定的.

必须指出, 偏序关系 $\preceq_K$ 与实数集 $\mathbb{R}$ 上的 "$\leqslant$" 并不完全一样, $\preceq_K$ 一般不是全序关系, 有可能存在不能比较的元素 x、y, 即 $x \preceq_K y$ 和 $y \preceq_K x$ 都不成立.

考虑偏序集 $(S, \preceq_K)$, 设 $x \in S$, 如果对任意 $y \in S$ 皆有 $x \preceq_K y$, 则称 x 是 S 的极小元 (minimal element); 如果对任意 $y \in S$, 只要 $y \preceq_K x$, 就必有 $y = x$, 则称 x 是 S 的最小元 (minimum element).

偏序集 $(S, \preceq_K)$ 的最小元是唯一的, 这是因为如果 x 和 x' 都是 S 的最小元, 则 $x \preceq_K x'$ 且 $x' \preceq_K x$, 因此必有 $x = x'$.

偏序集 $(S, \preceq_K)$ 的极小元未必是唯一的, 例如 $\mathbb{R}^2$ 的子集

$$S = \{(x_1, x_2) : x_1 \in [0,1],\ 1 - x_1^2 \leqslant x_2 \leqslant 1\} \tag{4.6}$$

关于偏序关系 "$\preceq$" 的极小元就有无穷多个. 事实上, 对任意 $t \in [0,1]$, 点 $(t, 1 - t^2)$ 都是 S 的极小元, 这是因为如果 $(x_1, x_2) \in S$ 满足 $(x_1, x_2) \preceq (t, 1 - t^2)$, 则有

$$x_1 \leqslant t, \quad 1 - t^2 \geqslant x_2 \geqslant 1 - x_1^2 \geqslant 1 - t^2, \quad \Rightarrow \quad x_2 = 1 - t^2,\ x_1 = t.$$

最小元一定是极小元, 但反过来则不然.

1.5.3 节中得到了最小元和极小元的充分必要条件, 即 x 是 $S \subseteq \mathbb{R}^n$ 的 (关于偏序关系 $\preceq_K$ 的) 最小元当且仅当 $S \subseteq x + K$; x 是 S 极小元当且仅当 $S \cap (x - K) = \{x\}$. 这些结论对于一般的带有偏序关系 $\preceq_K$ 的赋范线性空间 V 的子集 S 也是成立的.

4.1.2　在偏序集上取值的函数

设 X 是赋范线性空间, Y 是带有偏序关系 $\preceq_K$ 的赋范线性空间, 其中 K 是 Y 中的正常锥. 设 D 是 X 的子集, 称映射 $f : D \to Y$ 为定义在 D 上的、在偏序集 Y 上取值的函数.

设 C 是 X 的凸子集, 称 $f : C \to Y$ 是 **K-凸的** (**K-convex**), 如果

$$f(\lambda x + (1 - \lambda)y) \preceq_K \lambda f(x) + (1 - \lambda)f(y), \qquad \forall x, y \in C,\ 0 < \lambda < 1. \tag{4.7}$$

称 f 是**严格 K-凸的** (**strictly K-convex**), 如果

$$f(\lambda x + (1 - \lambda)y) \prec_K \lambda f(x) + (1 - \lambda)f(y), \qquad \forall x, y \in C,\ x \neq y,\ 0 < \lambda < 1. \tag{4.8}$$

例 4.1　考察向量值函数 $f:\ C(\subseteq \mathbb{R}^n) \to \mathbb{R}^m$, 其中 C 是 $\mathbb{R}^n$ 的凸子集, 设 $\preceq$ 是由 $\mathbb{R}^m_+$ 定义的偏序, 我们来讨论 f 为 (关于 "$\preceq$" 的) 凸函数的条件. 设其分量为 $f_i:\ C \to \mathbb{R}, i = 1, 2, \cdots, m$. 如果每一个分量 f_i 都是 C 上的凸函数, 则有

$$f_i(\lambda x + (1-\lambda)y) \leqslant \lambda f_i(x) + (1-\lambda)f_i(y),$$

$$\forall x, y, \in C, \ \ 0 < \lambda < 1, \ \ i = 1, 2, \cdots, m, \tag{4.9}$$

因此有

$$f(\lambda x + (1-\lambda)y) \preceq \lambda f(x) + (1-\lambda)f(y), \qquad \forall x, y, \in C, \ \ 0 < \lambda < 1, \tag{4.10}$$

即 f 是凸函数. 反之, 如果 f 是凸函数, 则条件 (4.10) 成立, 由此推出条件 (4.9) 成立, 因此每个分量 f_i 都是凸函数.

综上所述, 我们证明了向量值函数 $f:\ C \to \mathbb{R}^m$ 是凸函数当且仅当它的每个分量函数 $f_i:\ C \to \mathbb{R}^m$ 是凸函数.

同理可证, 向量值函数 $f:\ C \to \mathbb{R}^m$ 是严格凸函数当且仅当它的每个分量函数 $f_i:\ C \to \mathbb{R}^m$ 是严格凸函数.

例 4.2　考察矩阵值函数

$$f:\ \mathbb{R}^{n \times m} \ \to \ \mathbf{S}^n_y, \qquad X \ \mapsto \ f(X) = XX^{\mathrm{T}}, \tag{4.11}$$

其中, $\mathbf{S}^n_y$ 上有由半正定锥 $\mathbf{S}^n_{y+}$ 定义的偏序关系 $\preceq$. 下面证明 f 是 (关于 "$\preceq$" 的) 凸函数.

首先注意到对于实对称矩阵 A 和 B, $A \preceq B$ 当且仅当 $B - A$ 是半正定的, 而 $B - A$ 半正定当且仅当

$$v^{\mathrm{T}}Av \leqslant v^{\mathrm{T}}Bv, \qquad \forall v \in \mathbb{R}^n, \tag{4.12}$$

因此我们只需证明对任意 $X, Y \in \mathbb{R}^{n \times m}$ 及任意 $0 < \lambda < 1$ 皆有

$$v^{\mathrm{T}}\left(\lambda X + (1-\lambda)Y\right)\left(\lambda X + (1-\lambda)Y\right)^{\mathrm{T}}v \leqslant v^{\mathrm{T}}\left(\lambda XX^{\mathrm{T}} + (1-\lambda)YY^{\mathrm{T}}\right)v, \qquad \forall v \in \mathbb{R}^n. \tag{4.13}$$

记不等式 (4.13) 左边的式子为 L, 右边为 R, 则有

$$\begin{aligned}
L &= \lambda^2 v^{\mathrm{T}}XX^{\mathrm{T}}v + 2\lambda(1-\lambda)v^{\mathrm{T}}XY^{\mathrm{T}}v + (1-\lambda)^2 v^{\mathrm{T}}YY^{\mathrm{T}}v \\
&= \lambda^2\|X^{\mathrm{T}}v\|_2^2 + 2\lambda(1-\lambda)\langle X^{\mathrm{T}}v, Y^{\mathrm{T}}v\rangle + (1-\lambda)^2\|Y^{\mathrm{T}}v\|_2^2 \\
&\leqslant \lambda^2\|X^{\mathrm{T}}v\|_2^2 + 2\lambda(1-\lambda)\|X^{\mathrm{T}}v\|_2\|Y^{\mathrm{T}}v\|_2 + (1-\lambda)^2\|Y^{\mathrm{T}}v\|_2^2 \\
&= \left[\lambda\|X^{\mathrm{T}}v\|_2 + (1-\lambda)\|Y^{\mathrm{T}}v\|_2\right]^2 \\
&= \left[\sqrt{\lambda}\cdot\sqrt{\lambda}\|X^{\mathrm{T}}v\|_2 + \sqrt{1-\lambda}\cdot\sqrt{1-\lambda}\|Y^{\mathrm{T}}v\|_2\right]^2 \\
&\leqslant \left(\lambda + (1-\lambda)\right)\left(\lambda\|X^{\mathrm{T}}v\|_2^2 + (1-\lambda)\|Y^{\mathrm{T}}v\|_2^2\right) \\
&= \lambda\|X^{\mathrm{T}}v\|_2^2 + (1-\lambda)\|Y^{\mathrm{T}}v\|_2^2 = R, \tag{4.14}
\end{aligned}$$

其中, 两个不等号都用到了 Cauchy-Schwarz 不等式.

以后我们把像上面这种在 $\mathbf{S}_y^n$ 中取值、关于半正定锥偏序 "$\preceq$" 的凸函数简称为**矩阵凸函数 (matrix convex function)**.

如果 X 和 Y 都是偏序集, 则可以讨论函数 $f: X \to Y$ 的单调性. 我们称 f 是单调增加的, 如果

$$f(x) \preceq f(x'), \qquad \forall\, x, x' \in X, \quad x \preceq x'. \tag{4.15}$$

我们称 f 是严格单调增加的, 如果

$$f(x) \prec f(x'), \qquad \forall\, x, x', \quad x \preceq x', \text{且}\ x \neq x'. \tag{4.16}$$

例 4.3　考虑函数 $f: \mathbb{R}^n \to \mathbb{R}$, 记

$$\psi_i(t) := f(x_1, \cdots, x_{i-1}, t, x_{i+1}, \cdots, x_n), \qquad t \in \mathbb{R}, \quad i = 1, 2, \cdots, n, \tag{4.17}$$

则 f 是单调增加的当且仅当每一个 ψ_i 都是单调增加的, 即在冻结其余变量的条件下, f 是每个变量 x_i 的增函数. 如果每个 ψ_i 都是严格单调增加的, 则 f 是严格单调增加的.

例 4.4　考虑函数

$$f:\ \ \mathbf{S}_{y+} \ \ \to \ \ \mathbb{R}, \qquad A \mapsto f(A) = \det A, \tag{4.18}$$

则 f 是单调增加的. 下面我们来证明这一点. 首先, 如果 B 和 H 都是非负定的, 则

$$\det(B + H) \geqslant \det B. \tag{4.19}$$

这是因为存在正交矩阵 U 使得 $H = UDU^{\mathrm{T}}$, 其中 $D = \mathrm{diag}(d_1, d_2, \cdots, d_n)$, 每个 d_i 都是非负的, 于是

$$\det(B + H) = \det\left(U(U^{\mathrm{T}}BU + D)U^{\mathrm{T}}\right) = \det\left(U^{\mathrm{T}}BU + D\right) = \det(P + D), \tag{4.20}$$

其中, $P := U^{\mathrm{T}}BU$ 也是非负定的. 记 $D_i = \mathrm{diag}(0, \cdots, 0, d_i, 0, \cdots, 0)$, 则 $D = \sum\limits_{i=1}^{n} D_i$. 对于任意非负定矩阵 P 有

$$\det(P + D_i) = \det P + d_i P_{ii}, \tag{4.21}$$

其中, P_{ii} 为矩阵 P 的第 i 个主对角元素 p_{ii} 所对应的余子式. 既然 P 是非负定的, 根据附录 A.4 中的定理 A.6, 每个 P_{ii} 都是非负的, 因此有

$$\det(P + D_i) \geqslant \det P, \tag{4.22}$$

递归使用这一结论便可得到

$$\det(P + D) \geqslant \det P, \tag{4.23}$$

于是有

$$\det(B + H) = \det(P + D) \geqslant \det P = \det B. \tag{4.24}$$

现在可以证明 f 的单调性了. 设 A 和 B 是非负定的且 $B \preceq A$, 则 $A - B$ 也是非负定的, 于是由式 (4.19) 得

$$f(A) = \det A = \det(B + (A - B)) \geqslant \det(B) = f(B), \tag{4.25}$$

这就证明了 f 是单调增加的.

4.1.3 可微函数的单调性和凸性条件

考虑偏序集 $(\mathbb{R}^n, \preceq_K)$, 其中 $\preceq_K$ 是由正常锥 K 所定义的偏序, 设 $f : C(\subseteq \mathbb{R}^n) \to \mathbb{R}$ 是连续可微函数, 其中 C 是开凸集, 我们来讨论 f 在 C 上关于偏序 "$\preceq_K$" 单调增加的条件.

如果 f 是单调增加的, 则当 $x \preceq_K y$ 时有 $f(x) \leqslant f(y)$. 现在设 $x \preceq_K y$ 且 $x \neq y$, 则 $y - x \in K$, 于是对任意 $t \geqslant 0$ 皆有 $t(y - x) \in K$, 从而 $x \preceq_K x + t(y - x)$. 由一阶 Taylor 公式得

$$f(x + t(y - x)) = f(x) + t(y - x)^{\mathrm{T}} \nabla f(x + \theta t(y - x)), \tag{4.26}$$

由于 $f(x) \leqslant f(x + t(y - x)), \forall t \geqslant 0$, 因此必须有

$$\lim_{t \to 0^+} (y - x)^{\mathrm{T}} \nabla f(x + \theta t(y - x)) \geqslant 0, \tag{4.27}$$

即

$$(y - x)^{\mathrm{T}} \nabla f(x) \geqslant 0, \tag{4.28}$$

由 $y - x \in K$ 的任意性得 $\nabla f(x) \in K^*$, 其中 K^* 是 K 的对偶锥. $\nabla f(x) \in K^*$ 等价于下列对偶广义不等式

$$\nabla f(x) \succeq_{K^*} 0. \tag{4.29}$$

因此 f 在凸集 C 上关于偏序 "$\preceq_K$" 单调增加的必要条件是任意点 $x \in C$ 处的梯度皆满足对偶广义不等式 (4.29). 可以证明这个条件也是充分的 (本章习题 1), 因此有下列定理.

定理 4.1 设 C 是 $\mathbb{R}^n$ 中的开凸集, K 是 $\mathbb{R}^n$ 中的正常锥, $f : C \to \mathbb{R}$ 是连续可微函数. 则 f 在 C 上关于偏序 $\preceq_K$ 单调增加充要条件是

$$\nabla f(x) \succeq_{K^*} 0, \qquad \forall x \in C, \tag{4.30}$$

其中, K^* 是 K 的对偶锥.

如果

$$\nabla f(x) \succ_{K^*} 0, \qquad \forall x \in C, \tag{4.31}$$

则 f 在 C 上关于偏序 $\preceq_K$ 严格单调增加 (本章习题 1), 其逆命题一般不成立.

接下来看 K-凸性的条件. 考虑函数 $f : C(\subseteq \mathbb{R}^n) \to \mathbb{R}^m$, 其中 C 是 $\mathbb{R}^n$ 中的开凸集, $\mathbb{R}^m$ 上有偏序关系 $\preceq_K$. 如果 f 是 K-凸的, 则对任意 $x, y \in C$ 及 $0 < \theta < 1$ 皆有

$$f(\theta x + (1 - \theta)y) \preceq_K \theta f(x) + (1 - \theta)f(y), \tag{4.32}$$

根据定理 1.14, 不等式 (4.32) 等价于

$$w^{\mathrm{T}} f(\theta x + (1 - \theta)y) \leqslant \theta w^{\mathrm{T}} f(x) + (1 - \theta)w^{\mathrm{T}} f(y), \qquad \forall w \in K^*, \tag{4.33}$$

其中, K^* 是 K 的对偶锥. 因此如果 f 是 K-凸的, 则对任意 $w \in K^*$, 标量值函数 $w^{\mathrm{T}} f$ 是 (通常意义下的) 凸函数. 其逆命题也是成立的, 即如果对任意 $w \in K^*$, 标量值函数 $w^{\mathrm{T}} f$ 是凸函数, 则 f 是 K-凸的.

同理, 根据定理 1.14 之 ii) 可得

$$f(\theta x + (1 - \theta)y) \prec_K \theta f(x) + (1 - \theta)f(y)$$
$$\Leftrightarrow \quad w^{\mathrm{T}} f(\theta x + (1 - \theta)y) < \theta w^{\mathrm{T}} f(x) + (1 - \theta)w^{\mathrm{T}} f(y), \qquad \forall w \in K^* \setminus \{0\}, \tag{4.34}$$

因此 f 是严格 K-凸的当且仅当对任意 $w \in K^* \setminus \{0\}$, 标量值函数 $w^{\mathrm{T}} f$ 是严格凸的.

综上所述, 得到如下定理.

定理 4.2 设 C 是 $\mathbb{R}^n$ 中的凸集, K 是 $\mathbb{R}^m$ 中的正常锥, $f : C \to \mathbb{R}^m$. 则 f 是 K-凸的当且仅当对任意 $w \in K^*$, 标量值函数 $w^{\mathrm{T}} f$ 是凸函数; f 是严格 K-凸的当且仅当对任意 $w \in K^* \setminus \{0\}$, 标量值函数 $w^{\mathrm{T}} f$ 是严格凸函数.

接下来进一步假设 f 是连续可微的, 寻找刻画 K-凸性的条件. 根据定理 4.2, f 是 K-凸的当且仅当对任意 $w \in K^*$, 标量值函数 $g = w^{\mathrm{T}} f$ 是凸的, 从而有

$$g(y) \geqslant g(x) + (y - x)^{\mathrm{T}} \nabla g(x), \qquad \forall x, y \in C. \tag{4.35}$$

注意到

$$(y - x)^{\mathrm{T}} \nabla g(x) = w^{\mathrm{T}} Df(x)(y - x), \qquad Df = \left(\frac{\partial f_i}{\partial x_j} \right)_{i=1,2,\cdots,m, \ j=1,2,\cdots,n}, \tag{4.36}$$

其中, Df 称为向量值函数 f 的 **Jacobi 矩阵**, 也就是微分. 将 $g = w^{\mathrm{T}} f$ 和式 (4.36) 代入式 (4.35) 得

$$w^{\mathrm{T}} f(y) \geqslant w^{\mathrm{T}} [f(x) + Df(x)(y - x)], \qquad \forall w \in K^*, \ x, y \in C, \tag{4.37}$$

由此得到

$$f(y) \succeq_K f(x) + Df(x)(y - x), \qquad \forall x, y \in C, \tag{4.38}$$

这就是 K-凸性的充分必要条件.

同理可得, f 严格 K-凸的充分必要条件是

$$f(y) \succ_K f(x) + Df(x)(y - x), \qquad \forall x, y \in C, \ x \neq y. \tag{4.39}$$

综上所述, 得到如下定理.

定理 4.3 设 C 是 $\mathbb{R}^n$ 中的凸集, K 是 $\mathbb{R}^m$ 中的正常锥, $f : C \to \mathbb{R}^m$. 则 f 是 K-凸的当且仅当条件 (4.38) 成立; f 是严格 K-凸的当且仅当条件 (4.39) 成立.

4.2 效用函数相关知识

4.2.1 偏序、全序和预序

前面我们已经用到了偏序、全序等二元关系的概念, 现在回过头来给出一般性的表述.

设 S 是一个非空集合, $S \times S$ 表示 S 与 S 的笛卡儿直积, 即

$$S \times S = \{(x, y) : x, y \in S\}.$$

称 $S \times S$ 的任何一个子集 R 为集合 S 上的一个**二元关系 (binary relation)**, 或简称为**关系**.

设 R 是 S 上的二元关系, 对于 $x, y \in S$, 如果 $(x, y) \in R$, 则记作 xRy.

例 4.5 设 $S = \{1, 2, 3\}$, 令

$$R_1 = \{(1, 1), (2, 2), (3, 3)\}, \qquad R_2 = \{(1, 2), (1, 3), (2, 3)\},$$

则 R_1 和 R_2 都是集合 S 上的二元关系. 此外, 不难发现 xR_1y 当且仅当 $x = y$, 因此 R_1 实际上就是数集 S 上的相等关系, 我们习惯记作 "$=$". R_2 实际上是数集 S 上的小于关系 "$<$".

定义 4.1 设 R 是集合 S 上的二元关系.

i). 如果对任意 $x \in S$ 皆有 xRx, 则称 R 是**自反的 (reflexive)**.

ii). 如果对任意 $x, y \in S$, xRy 当且仅当 yRx, 则称 R 是**对称的 (symmetric)**.

iii). 如果对任意 $x, y \in S$, xRy 且 $yRx \Rightarrow x = y$, 则称 R 是**反对称的 (antisymmetric)**.

iv). 如果对任意 $x, y, z \in S$, xRy 且 $yRz \Rightarrow xRz$, 则称 R 是**传递的 (transitive)**.

v). 如果对任意 $x, y \in S$, xRy 和 yRx 二者至少有一个成立, 则称 R 是**完全的 (complete)**.

定义 4.2 如果非空集合 S 上的二元关系 R 是自反的、对称的和传递的, 则称 R 是 S 上的**等价关系 (equivalence relation)**.

例如实数集上的相等关系、整数集上的同余关系、三角形的全等关系等都是等价关系.

设 $\sim$ 是非空集合 S 上的等价关系, 对任意 $x \in S$, 称

$$[x]_\sim := \{y \in S : y \sim x\}$$

为 x 所属的**等价类**. 不难发现, 不同的等价类是彼此不相交的, 且 S 是这些等价类的并集. 称以这些等价类为元素的集合为 S 关于等价关系 $\sim$ 的**商集 (quotient set)**, 记作 $S/\sim$, 即

$$S/\sim = \{[x]_\sim : x \in S\}.$$

例 4.6 设 $\equiv_m$ 表示整数集 $\mathbb{Z}$ 上的模 m 同余关系, 即

$$x \equiv_m y \qquad \Leftrightarrow \qquad m \mid (x - y),$$

其中, $m \mid n$ 表示 m 整除 n. 对于 $x \in \mathbb{Z}$, 它关于等价关系 $\equiv_m$ 的等价类为

$$[x]_{\equiv_m} = \{km + x : k \in \mathbb{Z}\}.$$

$\mathbb{Z}$ 关于等价关系 $\equiv_m$ 的商集为

$$\mathbb{Z}/\equiv_m = \{[x]_{\equiv_m} : x \in \mathbb{Z}\}.$$

定义 4.3 设 $\preceq$ 是非空集合 S 上的二元关系, 如果它是自反的、反对称的和传递的, 则称它是 S 上的**偏序关系** (简称**偏序** (partial order)), 称 $(S, \preceq)$ 为**偏序集**.

例如 $\mathbb{R}^n$ 上由正常锥 K 定义的关系 $\preceq_K$ 就是偏序关系.

设 "$\preceq$" 是非空集合 S 上的偏序关系, 对于 $x, y \in S$, 如果 $x \preceq y$ 且 $y \npreceq x$, 则记 $x \prec y$. 由于偏序具有反对称性, 因此 $x \prec y$ 的充分必要条件是 $x \preceq y$ 且 $x \neq y$. 显然 $x \prec y$ 与 $y \prec x$ 不能同时成立.

须指出的是, 对于由正常锥 K 定义的偏序 $\preceq_K$, 这里定义的严格偏序与 1.5.2 节定义的严格偏序并不一样.

对于偏序集 $(S, \preceq)$ 中的两个元素 x, y, 如果 $x \preceq y$ 和 $y \preceq x$ 二者至少有一个成立, 则称 x 与 y 是**可比较的**. 根据偏序的自反性, 每个元素 x 与它自己是可比较的, 但偏序集不能保证其中任意两个元素都可比较.

定义 4.4 如果非空集合 S 上的偏序关系 "$\preceq$" 是完全的, 则称 "$\preceq$" 是 S 上的**全序** (total order) 或**线性序** (linear order), 此时称 $(S, \preceq)$ 为**全序集**.

例如, 实数集上的 "$\leqslant$" 就是全序关系. $\mathbb{R}^n$ 上由正常锥定义的偏序 $\preceq_K$ 通常不是全序. 但我们确实可以在 $\mathbb{R}^n$ 上定义全序关系, 请看下面的例子.

例 4.7 (字典序) 对于 $x = (x_1, x_2, \cdots, x_n)^\mathrm{T}, y = (y_1, y_2, \cdots, y_n)^\mathrm{T} \in \mathbb{R}^n$, 如果 $x = y$ 或者存在 $1 \leqslant k \leqslant n$ 使得

$$x_i = y_i, \quad \forall 1 \leqslant i \leqslant k - 1, \quad x_k < y_k, \tag{4.40}$$

则记 $x \preceq y$, 则 "$\preceq$" 是 $\mathbb{R}^n$ 上的全序关系, 称之为 $\mathbb{R}^n$ 上的**字典序** (lexicographical order).

除了偏序和全序关系之外, 还有一种二元关系在经济学中占有非常重要的地位, 那就是**预序** (preorder), 在经济学中通常称为**偏好** (preference). 下面给出其定义.

定义 4.5 设 $\preceq$ 是集合 S 上的二元关系, 如果它是自反的、传递的, 则称它是 S 上的**预序关系** (preorder relation) 或**偏好关系** (preference relation), 简称为**预序**或**偏好**. 如果 $\preceq$ 还是完全的, 则称它是**完全预序关系** (complete preorder relation) 或**完全偏好关系** (complete preference relation).

如果 $\preceq$ 是非空集合 S 上的完全偏好关系, 则对任意 $x, y \in S$, $x \preceq y$ 和 $y \preceq x$ 二者中至少有一个成立, 即 S 中任何两个元素都可以比较.

设 $(S, \preceq)$ 是偏好集, 如果 S 中的元素 x 和 y 满足 $x \preceq y$ 且 $y \npreceq x$, 则记作 $x \prec y$. 如果 $(S, \preceq)$ 是完全偏好集, 则只要 $y \npreceq x$ 必然 $x \preceq y$, 从而 $x \prec y$.

须指出的是, 对于预序而言, $x \preceq y$ 且 $x \neq y$ 并不能保证 $x \prec y$, 因为如果没有反对称性, 则有可能存在 $x \neq y$ 同时满足 $x \preceq y$ 和 $y \preceq x$, 经济学称这样的点是 **(偏好) 无差异的**.

对于预序集 $(S, \preceq)$ 中的点 x 和 y, 如果 $x \preceq y$ 且 $y \preceq x$, 则记作 $x \sim y$.

全序集一定是预序集, 但反之则不然.

4.2.2 效用函数

为了方便定量化研究消费者的偏好, 经济学家引入了**效用函数 (utility function)** 的概念.

定义 4.6 设 $(S, \preceq)$ 是一个偏好集 (预序集), 如果存在函数 $U : S \to \mathbb{R}$ 使得

$$x \prec y \;\Rightarrow\; U(x) < U(y), \qquad x \sim y \;\Rightarrow\; U(x) = U(y), \qquad \forall x, y \in S, \qquad (4.41)$$

则称 U 是偏好集 $(S, \preceq)$ 上的一个 **Richter-Peleg 效用函数 (Richter-Peleg utility function)**, 或者说 U 是偏好关系 $\preceq$ 的一个**表示 (representation)**, 此时称偏好关系 $\preceq$ 是**可表的 (representable)**.

如果 $(S, \preceq)$ 是完全偏好集, U 是其上的效用函数, 则

$$x \preceq y \;\Leftrightarrow\; U(x) \leqslant U(y), \qquad \forall x, y \in S. \qquad (4.42)$$

这是因为如果 $x \preceq y$, 则 $x \prec y$ 或 $x \sim y$, 因此有 $U(x) \leqslant U(y)$; 如果 $U(x) \leqslant U(y)$, 由于偏好关系 $\preceq$ 是完全的, 因此 $x \preceq y$ 或 $x \succeq y$, 如果 $x \npreceq y$, 则 $x \succ y$, 由效用函数的定义推出 $U(x) > U(y)$, 矛盾. 反之, 如果完全偏好集 $(S, \preceq)$ 上的实值函数 U 满足式 (4.42), 则它一定满足定义 4.6, 因此式 (4.42) 可以作为完全偏好集上的效用函数的等价定义.

不是每个偏好集上都存在效用函数, 下面给出一个例子.

例 4.8 设 $\preceq$ 是 $B = [0,1] \times [0,1]$ 上的字典序, 则 $(B, \preceq)$ 上没有效用函数. 下面我们用反证法证明这一点. 设若 U 是 $(B, \preceq)$ 上的效用函数, 对任意 $x \in [0,1]$, 根据字典序的定义得 $(x, 0) \prec (x, 1)$, 因此有

$$U((x, 0)) < U((x, 1)). \qquad (4.43)$$

记 $\alpha_x = U((x,0)), \beta_x = U((x,1))$, 则 $\alpha_x < \beta_x$. 用 I_x 表示开区间 (α_x, β_x), 则当 $x \neq y$ 时, I_x 与 I_y 必不相交. 这是因为如果 $x < y$, 则 $(x,1) \prec (y,0)$, 因此 $\beta_x < \alpha_y$, 从而 $I_x \cap I_y = \varnothing$. 现在从每个开区间 I_x 中取一个有理数 q_x, 则建立了一个从闭区间 $[0,1]$ 到有理数子集 $\{q_x : x \in [0,1]\}$ 的一一对应, 但这是不可能的, 因为有理数集是可数集, 而闭区间 $[0,1]$ 是不可数集 (文献 [4], 1.4 节).

对于可数的完全偏好集, 一定存在效用函数, 这就是下列定理.

定理 4.4 设 S 是可数集, $\preceq$ 是 S 上的完全偏好, 则 $\preceq$ 是可表示的, 即 $(S, \preceq)$ 上存在效用函数.

证明　既然 S 是可数集, 它的全部元素必然可以不遗漏地排成一列

$$x_1, x_2, \cdots, x_k, x_{k+1}, \cdots$$

对于任意 $x \in S$, 令

$$c_k(x) = \begin{cases} 1, & x_k \preceq x \\ 0, & x_k \succ x \end{cases}, \tag{4.44}$$

$$U(x) = \sum_{k=1}^{\infty} c_k(x) \frac{1}{3^k}, \tag{4.45}$$

则当 $x \preceq y$ 时, 必然有 $c_k(x) \leqslant c_k(y), \forall k$, 从而有 $U(x) \leqslant U(y)$.

另一方面, 如果 $U(x) \leqslant U(y)$, 则或者

$$c_k(x) = c_k(y), \qquad \forall k = 1, 2, \cdots \tag{4.46}$$

或者存在 $p \geqslant 1$ 使得

$$c_k(x) = c_k(y), \qquad k < p, \qquad c_p(x) < c_p(y). \tag{4.47}$$

这是因为如果式 (4.46) 不成立, 则存在 $p \geqslant 1$ 使得

$$c_k(x) = c_k(y), \qquad k < p, \qquad c_p(x) \neq c_p(y), \tag{4.48}$$

若 $c_p(x) > c_p(y)$, 则必有 $c_p(x) = 1, c_p(y) = 0$, 从而有

$$U(x) - U(y) = \frac{1}{3^p} + \sum_{k=p+1}^{\infty} (c_k(x) - c_k(y)) \frac{1}{3^k} \geqslant \frac{1}{3^p} - \sum_{k=p+1}^{\infty} \frac{1}{3^k} = \frac{1}{3^p} - \frac{1}{2 \times 3^p} > 0, \tag{4.49}$$

这与 $U(x) \leqslant U(y)$ 矛盾, 因此只能是式 (4.47) 成立.

如果式 (4.46) 成立, 则由于 $x \in S$ 必等于某个 x_j, 于是有

$$c_j(y) = c_j(x) = c_j(x_j) = 1,$$

从而由 $c_j(y)$ 的定义得 $x_j \preceq y$, 即 $x \preceq y$. 如果式 (4.47) 成立, 则 $c_p(x) = 0, c_p(y) = 1$, 因此有

$$x \prec x_p \preceq y,$$

由此推出 $x \prec y$.

综上所述, 我们证明了 $U(x) \leqslant U(y)$ 当且仅当 $x \preceq y$, 因此 U 是 $(S, \preceq)$ 上的效用函数.
□

定义 4.7　对于偏好集 $(S, \preceq)$, 如果子集 $D \subseteq S$ 使得对任意满足 $x \prec y$ 的 $x, y \in S$ 皆存在 $z \in D$ 使得

$$x \prec z \prec y, \tag{4.50}$$

则称它是 S 的 $\preceq$-**稠密子集**.

例如有理数集 $\mathbb{Q}$ 是偏好集 $(\mathbb{R}, \preceq)$ 的 $\preceq$-稠密子集, 而且是可数的.

定理 4.5 设 $(S, \preceq)$ 是完全偏好集, 且存在可数的 $\preceq$-稠密子集, 则存在定义在 $(S, \preceq)$ 上的效用函数.

证明 根据题设, S 存在可数的 $\preceq$-稠密子集 $D \subseteq S$. 根据定理 4.4, 存在定义在 D 上的效用函数 U, 且经过尺度变换后可假设 U 在区间 $[0, 1]$ 上取值. 现在我们要将 U 的定义扩张到 S 上去, 使之成为 S 上的效用函数 $\widetilde{U}$. 对任意 $x \in S$, 令

$$\widetilde{U}(x) = \begin{cases} 0, & \{z \in D : z \preceq x\} = \varnothing, \\ \sup\{U(z) : z \in D, z \preceq x\}, & \text{其他}. \end{cases} \tag{4.51}$$

接下来需证明 $\widetilde{U}$ 是 S 上的效用函数. 首先, 对任意满足 $x \preceq y$ 的 $x, y \in S$, 显然有

$$\{z \in D : z \preceq x\} \subseteq \{z \in D : z \preceq y\},$$

因此有 $\widetilde{U}(x) \leqslant \widetilde{U}(y)$. 由此进一步推出当 $x, y \in S$ 满足 $x \sim y$ 时有 $\widetilde{U}(x) = \widetilde{U}(y)$. 其次, 对任意 $x, y \in S, x \prec y$, 根据 D 的 $\preceq$-稠密性, 存在 $z, z' \in D$ 使得 $x \prec z \prec z' \prec y$, 于是有

$$\widetilde{U}(x) \leqslant U(z) < U(z') \leqslant \widetilde{U}(y),$$

从而有 $\widetilde{U}(x) < \widetilde{U}(y)$. 综合以上结果便证明了 $\widetilde{U}$ 是 S 上的效用函数. $\square$

4.2.3 连续效用函数

经济学中研究的偏好集通常是带有距离结构的, 接下来讨论距离空间上的偏好和效用函数.

定义 4.8 设 X 是非空集合, 如果映射 $d : X \times X \to \mathbb{R}_+$ 满足下列条件.

i). 正定性: 对任意 $x, y \in X$ 皆有 $d(x, y) \geqslant 0$, 且 $d(x, y) = 0$ 当且仅当 $x = y$.

ii). 对称性: 对任意 $x, y \in X$ 皆有 $d(x, y) = d(y, x)$.

iii). 三角不等式: 对任意 $x, y, z \in X$ 皆有 $d(x, z) \leqslant d(x, y) + d(y, z)$.

则称它是 X 上的一个**距离**, 并称 (X, d) 为**距离空间**.

在上下文已明确距离 d 指的是哪个距离或不需要指明具体距离的情况下, 通常将距离空间 (X, d) 简记为 X.

例如, 在 $\mathbb{R}^n$ 中定义欧几里得距离

$$d(x, y) = \sqrt{\sum_{i=1}^{n} (x_i - y_i)^2},$$

则 $(\mathbb{R}^n, d)$ 构成一个距离空间, 这就是欧几里得空间. $\mathbb{R}^n$ 的任何一个非空子集 E 上当然也可以计算欧几里得距离, 或者说 E **继承**了欧几里得距离, 因此 (E, d) 也是距离空间, 称为欧几里得空间 $\mathbb{R}^n$ 的 (**距离**) **子空间**.

一般地, 设 (X, d) 是一个距离空间, E 是 X 的子集, 则 E 继承了距离 d, 因此 (E, d) 也是距离空间, 称它是 (X, d) 的 (**距离**) **子空间**.

距离空间中以 x 为球心、以 r 为半径的开球定义为

$$B(x, r) = \{y \in X: \ d(x, y) < r\}.$$

设 E 是距离空间 X 的子集, 对于 $x \in E$, 如果存在 $r > 0$ 使得 $B(x, r) \subseteq E$, 则称 x 是 E 的内点. 还可以定义外点、边界点、聚点、孤立点等概念, 与 $\mathbb{R}^n$ 中的对应概念定义是完全类似的, 不再赘述.

设 X 是距离空间, 如果 $E \subseteq X$ 的所有点都是内点, 则称 E 是开集; 如果 E 是开集, 则称其补集 $X \setminus E$ 为闭集. 按照定义, $\varnothing$ 和 X 既是开集, 又是闭集.

在距离空间 (X, d) 中, 集合 E 的闭包 $\overline{E}$ 是 E 的所有聚点和孤立点的集合, 也是 E 的内点和边界点的集合, 还是包含 E 的所有闭集中的最小的一个.

定义 4.9 设 (X, d) 是距离空间, 如果 X 的子集中既是开集又是闭集的只有 $\varnothing$ 和 X, 则称 X 是**连通的 (connected)**.

从直观上来看, X 是连通的, 就是 X 是连成一片的, 没有分隔成几块. 例如 $\mathbb{R}^2$ 是连通的, 但

$$X = \{(x_1, x_2): \ x_1 \neq 0, \ x_2 \neq 0\}$$

不是连通的, 它由 4 块组成.

定义 4.10 设 (X, d) 是距离空间, D 是 X 的子集, 如果 $\overline{D} = X$, 则称 D 是 X 的**稠密子集**. 如果 X 存在可数稠密子集, 则称 (X, d) 是**可分的 (separable)** 距离空间.

需注意的是, 这里的 "稠密子集" 与 4.2.2 节定义的 "$\preceq$-稠密子集" 是不同的, 后者的 "稠密" 是针对偏好关系 $\preceq$ 而言的, 而这里的 "稠密" 是针对距离 d 而言的.

例 4.9 设 $\mathbb{Q}^n$ 是 $\mathbb{R}^n$ 中的有理点 (坐标为有理数的点) 所构成的集合, 则在欧几里得距离的意义下, $\mathbb{Q}^n$ 是 $\mathbb{R}^n$ 的稠密子集, 而且是可数的, 因此 $\mathbb{R}^n$ 是可分的距离空间.

定理 4.6 设 (X, d) 是距离空间, $Y \subseteq X$, 如果 (X, d) 是可分的, 则距离子空间 (Y, d) 也是可分的.

证明 设 D 是 X 的可数稠密子集, 记

$$D_m := \{z \in D: \ B(z, 1/m) \cap Y \neq \varnothing\},$$

由于 D 是 X 的稠密子集, 因此对每一个自然数 m, 开球族 $\{B(z, 1/m): z \in D\}$ 必然覆盖 X, 自然也覆盖了 Y, 从而 D_m 必不是空集. 由于 D 是可数的, 因此每个 D_m 都是 (至多) 可数的, 不妨设

$$D_m = \{z_{m,i}: \ i = 1, 2, \cdots\}, \qquad m = 1, 2, \cdots$$

由于 $E_{m,i} := B(z_{m,i}, 1/m) \cap Y \neq \varnothing$, 因此可从每个 $E_{m,i}$ 中取一点 $y_{m,i}$, 把取出的点作成一个集合

$$Y' := \{y_{m,i}: \ m, i = 1, 2, \cdots\},$$

则 Y' 是 Y 的可数稠密子集, 从而 (Y, d) 是可分的距离空间. Y' 在 (Y, d) 中的稠密性证明如下: 对任意 $y \in Y$ 及任意 $\varepsilon > 0$, 取 $m > 2/\varepsilon$, 由于开球族 $\{B(z_{m,i}, 1/m): i = 1, 2, \cdots\}$

覆盖 Y, 因此存在某个 i 使得 $y \in B(z_{m,i}, 1/m)$, 于是

$$d(y_{m,i}, y) \leqslant d(y_{m,i}, z_{m,i}) + d(z_{m,i}, y) < \frac{1}{m} + \frac{1}{m} < \varepsilon,$$

由 $y \in Y$ 及 $\varepsilon > 0$ 的任意性, 推出 Y' 是 Y 的稠密子集. $\square$

定义 4.11 设 (X, d) 是距离空间, $\mathscr{B}$ 是 (X, d) 中的一族开集, 如果对于 (X, d) 中的任意一个开集 U, 皆存在 $\mathscr{B}$ 的子族 $\mathscr{V}$ 使得

$$U = \bigcup_{V \in \mathscr{V}} V,$$

则称 $\mathscr{B}$ 是 (X, d) 的**拓扑基**.

例 4.10 考察欧几里得空间 $(\mathbb{R}^n, d)$, 其中 d 是 $\mathbb{R}^n$ 上的欧几里得距离. 令

$$\mathscr{B} := \{B(q, 1/m) : q \in \mathbb{Q}^n, m = 1, 2, \cdots\}, \tag{4.52}$$

则 $\mathscr{B}$ 是 $(\mathbb{R}^n, d)$ 的拓扑基, 而且是可数的拓扑基 ($\mathscr{B}$ 是可数集). 下面证明 $\mathscr{B}$ 是 $(\mathbb{R}^n, d)$ 的拓扑基. 对于任意开集 $U \subseteq \mathbb{R}^n$, 对每个 $x \in U$, 必存在自然数 $m(x)$ 使得

$$B(x, 1/m(x)) \subseteq U,$$

由于 $\mathbb{Q}^n$ 是 $\mathbb{R}^n$ 的稠密子集, 因此对任意 $x \in U$, 存在 $q \in \mathbb{Q}^n$ 使得

$$d(x, q) < \frac{1}{4m(x)},$$

于是有

$$x \in B(q, 1/3m(x)) \subseteq B(x, 1/m(x)) \subseteq U,$$

这就证明了对任意 $x \in U$ 皆存在开球 $B \in \mathscr{B}$, $B \subseteq U$, 使得 $x \in B$, 因此有

$$U = \bigcup_{B \in \mathscr{B}, B \subseteq U} B.$$

命题 4.1 设 $\mathscr{B}$ 是距离空间 (X, d) 的拓扑基, 则对任意开集 $U \subseteq X$ 皆有

$$U = \bigcup_{V \in \mathscr{B}, V \subseteq U} V. \tag{4.53}$$

证明 注意到式 (4.53) 的等号右边每一个参与并集运算的 V 都是 U 的子集, 因此右边必包含于 U. 另一方面, 由于 $\mathscr{B}$ 是 X 的拓扑基, 因此存在子族 $\mathscr{V} \subseteq \mathscr{B}$ 使得

$$U = \bigcup_{V \in \mathscr{V}} V,$$

显然子族 $\mathscr{V}$ 中的每一个 V 都必须是 U 的子集, 因此有

$$\mathscr{V} \subseteq \{V \in \mathscr{B} : V \subseteq U\},$$

从而有

$$U = \bigcup_{V \in \mathscr{V}} V \subseteq \bigcup_{V \in \mathscr{B}, V \subseteq U} V \subseteq U,$$

因此式 (4.53) 成立. □

定理 4.7 如果距离空间 (X, d) 是可分的, 则它一定有可数的拓扑基.

证明 设 D 是 X 的可数稠密子集, 令

$$\mathscr{B} := \{B(z, 1/m) : z \in D, \ m = 1, 2, \cdots\},$$

则 $\mathscr{B}$ 是 (X, d) 的可数拓扑基, 证明方法与例 4.10 类似, 从略. □

设 $\preceq$ 是 X 上的偏好关系, 定义

$$L_{\preceq}(x) := \{y \in X : y \preceq x\}, \tag{4.54}$$

$$L_{\prec}(x) := \{y \in X : y \prec x\}, \tag{4.55}$$

$$U_{\preceq}(x) := \{y \in X : y \succeq x\}, \tag{4.56}$$

$$U_{\prec}(x) := \{y \in X : y \succ x\}. \tag{4.57}$$

定义 4.12 设 (X, d) 是距离空间, $\preceq$ 是 X 上的偏好关系, 如果对任意 $x \in X$, $L_{\prec}(x)$ 都是 X 中的开集, 则称 $\preceq$ 是**上半连续的** (upper semicontinuous); 如果对任意 $x \in X$, $U_{\prec}(x)$ 都是 X 中的开集, 则称 $\preceq$ 是**下半连续的** (lower semicontinuous); 如果 $\preceq$ 既是上半连续的又是下半连续的, 则称 $\preceq$ 是**连续的** (continous).

例如实数集 $\mathbb{R}$ 上的 "$\leqslant$" 关系, 对任意 $x \in \mathbb{R}$, $L_{<}(x) = (-\infty, x)$ 和 $U_{<}(x) = (x, +\infty)$ 都是开集, 因此 "$\leqslant$" 是连续偏好.

设 $\preceq$ 是定义在距离空间 (X, d) 上的偏好关系, 如果 $\preceq$ 是上半连续的, 则当 $x \prec y$ 时, 由于 $x \in L_{\prec}(y)$ 且 $L_{\prec}(y)$ 开集, 因此存在开球 $B(x, r) \subseteq L_{\prec}(y)$, 即

$$x' \prec y, \qquad \forall x' \in B(x, r),$$

也即当 x' 与 x 充分靠近时必然有 $x' \prec y$. 类似地, 如果 $\preceq$ 是下半连续的, 则当 $x \prec y$ 时, 存在开球 $B(y, r) \subseteq U_{\prec}(x)$, 即

$$x \prec y', \qquad \forall y' \in B(y, r).$$

命题 4.2 设 (X, d) 是距离空间, $\preceq$ 是 X 上的完全的连续偏好, 如果 $x, y \in X$ 满足 $y \prec x$, 则存在 x 的球形邻域 $B(x, r)$ 和 y 的球形邻域 $B(y, \delta)$ 使得

$$x' \prec y', \qquad \forall x' \in B(x, r), \ y' \in B(y, \delta). \tag{4.58}$$

证明 由于 $\preceq$ 是连续偏好, 因此 $L_{\prec}(y)$ 是开集, 由于 $x \prec y$, 因此 $x \in L_{\prec}(y)$, 从而存在开球 $B(x, r) \subseteq L_{\prec}(y)$.

如果

$$x' \preceq x, \qquad \forall x' \in B(x, r),$$

由于 y 属于开集 $U_\prec(x)$，因此存在开球 $B(y,\delta) \subseteq U_\prec(x)$，于是有

$$x' \preceq x \prec y', \qquad \forall x' \in B(x,r), \ y' \in B(y,\delta),$$

故此时命题结论成立.

如果存在 $x_1 \in B(x,r)$ 使得 $x \prec x_1$，则 $x \in L_\prec(x_1)$，因此存在开球 $B(x,r_1) \subseteq L_\prec(x_1)$，另一方面，由于 y 属于开集 $U_\prec(x_1)$，因此存在开球 $B(y,\delta) \subseteq U_\prec(x_1)$，因此有

$$x' \prec x_1 \prec y', \qquad \forall x' \in B(x,r_1), \ y' \in B(y,\delta),$$

此时命题结论亦成立. □

命题 4.3 如果 (X,d) 是连通的距离空间，$\preceq$ 是 X 上完全的连续偏好，则 X 是 $\preceq$-稠密的，即对任意 $x,y \in X$，只要 $x \prec y$，就存在 $z \in X$ 使得 $x \prec z \prec y$.

证明 用反证法. 如果对于 $x \prec y$ 不存在 $z \in X$ 使得 $x \prec z \prec y$，则

$$X = L_\preceq(x) \cup U_\preceq(y), \tag{4.59}$$

由于 $\preceq$ 是连续偏好，因此 $L_\prec(x)$ 和 $U_\prec(y)$ 都是开集，又因为 $\preceq$ 是完全的，因此

$$L_\preceq(x) = X \setminus U_\prec(x), \qquad U_\preceq(y) = X \setminus L_\prec(y),$$

从而 $L_\preceq(x)$ 和 $U_\preceq(y)$ 都是闭集，利用式 (4.59) 又推出 $L_\preceq(x)$ 和 $U_\preceq(y)$ 都是开集，且都非空，这与 X 的连通性矛盾. □

对于定义在度量空间 (X,d) 上的函数 f，可以讨论其上半连续性和下半连续性，其定义方式与 $\mathbb{R}^n$ 上的函数的上、下半连续性完全类似，参见 1.2.3 节.

设 f 是定义在度量空间 (X,d) 上的实值函数，定义

$$f_S(x) := \lim_{r \to 0} \sup\{f(y) : y \in B(x,r)\}, \qquad \forall x \in X, \tag{4.60}$$

$$f_L(x) := \lim_{r \to 0} \inf\{f(y) : y \in B(x,r)\}, \qquad \forall x \in X. \tag{4.61}$$

命题 4.4 设 f 是定义在度量空间 (X,d) 上的实值函数，f_S 和 f_L 分别由式 (4.60) 和式 (4.61) 定义，则 f_S 是上半连续的，f_L 是下半连续的.

证明 我们只证 f_S 的上半连续性，f_L 的下半连续性的证明完全类似. 对任意 $x_0 \in X$，如果 $f_S(x_0) = \infty$，则 f_S 在点 x_0 处显然是上半连续的；如果 $f_S(x_0) = A < \infty$，则对任意 $\varepsilon > 0$，存在 $r > 0$，使得

$$\sup\{f(x) : x \in B(x_0,r)\} < A + \varepsilon,$$

对任意 $x \in B(x_0,r)$，存在 $\delta > 0$ 使得 $B(x,\delta) \subseteq B(x_0,r)$，从而有

$$f(y) < A + \varepsilon, \qquad \forall y \in B(x,\delta),$$

由此推出

$$f_S(x) = \lim_{r' \to 0} \sup\{f(y) : y \in B(x,r')\} \leqslant A + \varepsilon, \qquad \forall x \in B(x,r),$$

于是有

$$\varlimsup_{x \to x_0} f_S(x) = \lim_{r \to 0} \sup \{f_S(x): \ x \in B(x_0, r) \setminus \{x_0\}\}$$
$$\leqslant A + \varepsilon,$$

由 $\varepsilon > 0$ 的任意性得

$$\varlimsup_{x \to x_0} f_S(x) \leqslant A = f_S(x_0),$$

根据命题 1.5 之 i), f_S 在点 x_0 处上半连续, 由 $x_0 \in X$ 的任意性, f_S 在 X 上是上半连续的.
□

定理 4.8 (Rader-Debreu 效用表示定理)　① 设 (X, d) 是可分的距离空间, $\preceq$ 是 X 上的完全偏好关系. 如果 $\preceq$ 是上半连续的, 则 X 上存在上半连续的效用函数; 如果 $\preceq$ 是下半连续的, 则 X 上存在下半连续的效用函数; 如果 $\preceq$ 是连续的, 则 X 上存在连续的效用函数.

证明　我们只证明当 $\preceq$ 是 (X, d) 上的上半连续完全偏好关系时, 它是可表示的, 定理其余部分结论的证明可参见文献 [38-41]. 由于 (X, d) 是可分的距离空间, 根据定理 4.7, 它有可数的拓扑基

$$\mathscr{B} = \{B_i: \ i = 1, 2, \cdots\}.$$

如果 $\preceq$ 是上半连续的, 则对任意 $x \in X$, $L_{\prec}(x)$ 都是开集, 再根据命题 4.1, $L_{\prec}(x)$ 可表示为

$$L_{\prec}(x) = \bigcup_{B_i \in \mathscr{B}, B_i \subseteq L_{\prec}(x)} B_i.$$

现在令

$$c_k(x) := \begin{cases} 1, & B_k \subseteq L_{\prec}(x), \\ 0, & \text{其他.} \end{cases} \tag{4.62}$$

$$U(x) := \sum_{k=1}^{\infty} c_k(x) \frac{1}{3^k}, \tag{4.63}$$

先验证 U 是效用函数. 对任意 $x, y \in X$, 如果 $x \preceq y$, 则 $L_{\prec}(x) \subseteq L_{\prec}(y)$, 因此 $c_k(x) \leqslant c_k(y), \forall k$, 从而有 $U(x) \leqslant U(y)$.

如果 $U(x) \leqslant U(y)$, 则或者

$$c_k(x) = c_k(y), \qquad \forall k = 1, 2, \cdots \tag{4.64}$$

或者存在 $p \geqslant 1$ 使得

$$c_k(x) = c_k(y), \qquad k < p, \qquad c_p(x) < c_p(y). \tag{4.65}$$

---

① 用连续函数表示偏好关系由 G. Debreu 首先提出 [37], 并于 1964 年给出了证明 [38], T. Rader 给出了用上半连续函数表示上半连续完全偏好关系的简化证明, 即本定理的第一个结论 [39]. 后来, J. Y. Jaffray 又给出了连续效用函数存在性的基础证明 [40].

这是因为如果式 (4.64) 不成立, 则存在 $p \geqslant 1$ 使得

$$c_k(x) = c_k(y), \qquad k < p, \qquad c_p(x) \neq c_p(y), \tag{4.66}$$

若 $c_p(x) > c_p(y)$, 则必有 $c_p(x) = 1, c_p(y) = 0$, 从而有

$$U(x) - U(y) = \frac{1}{3^p} + \sum_{k=p+1}^{\infty} (c_k(x) - c_k(y))\frac{1}{3^k} \geqslant \frac{1}{3^p} - \sum_{k=p+1}^{\infty} \frac{1}{3^k} = \frac{1}{3^p} - \frac{1}{2 \times 3^p} > 0, \tag{4.67}$$

这与 $U(x) \leqslant U(y)$ 矛盾, 因此只能是式 (4.65) 成立.

如果式 (4.64) 成立, 则 $L_{\prec}(x)$ 和 $L_{\prec}(y)$ 是同一族开集的并, 因此 $L_{\prec}(x) = L_{\prec}(y)$, 从而必有 $x \sim y$, 否则必然是 $x \prec y$ 或 $y \prec x$, 如果 $x \prec y$, 则 $x \in L_{\prec}(y)$ 但 $x \notin L_{\prec}(x)$; 如果 $y \prec x$, 则 $y \in L_{\prec}(x)$ 但 $y \notin L_{\prec}(y)$, 二者都与 $L_{\prec}(x) = L_{\prec}(y)$ 矛盾.

如果式 (4.65) 成立, 则 $c_p(x) = 0, c_p(y) = 1$, 因此 $B_p \subseteq L_{\prec}(y)$ 但 $B_p \nsubseteq L_{\prec}(x)$; 如果 $x \succ y$, 则 $L_{\prec}(x) \supseteq L_{\prec}(y)$, 矛盾, 因此只能是 $x \preceq y$.

综上所述, 我们证明了 $U(x) \leqslant U(y)$ 当且仅当 $x \preceq y$, 因此 U 是 $(S, \preceq)$ 上的效用函数. $\square$

4.2.4 von Neumann-Morgenstern 期望效用函数

设 $(S, \preceq)$ 是偏好集, 如果存在 $x_U \in S$ 使得

$$x \preceq x_U, \qquad \forall x \in S,$$

则称 S 是 $\preceq$-**有上界的**; 如果存在 $x_L \in S$ 使得

$$x \succeq x_L, \qquad \forall x \in S,$$

则称 S 是 $\preceq$-**有下界的**; 如果 S 既是 $\preceq$-有上界的, 又是 $\preceq$-有下界的, 则称 S 是 $\preceq$-**有界的**.

设 C 是凸集, $\preceq$ 是定义在 C 上的偏好关系, 如果对任意 $p, q, r \in C, 0 < \lambda \leqslant 1$ 皆有

$$p \preceq q \quad \Leftrightarrow \quad \lambda p + (1 - \lambda)r \preceq \lambda q + (1 - \lambda)r, \tag{4.68}$$

则称偏好关系 $\preceq$ 是**仿射的 (affine)**, 或者说是**满足独立性公理的**.

在有限状态集 $S = \{s_1, s_2, \cdots, s_n\}$ 上取值的随机变量的集合记为 R^S, 一个随机变量 $X \in R^S$ 可以用它的概率分布表示为

$$p(s) := \mathbf{P}\{X = s\}, \qquad \forall s \in S, \tag{4.69}$$

这样的概率分布显然满足 $\sum_{s \in S} p(s) = 1$, 因此所有这样的概率分布的集合是一个概率单纯形, 以 $\mathscr{L}_S$ 记之. 在经济学中称概率分布 $p \in \mathscr{L}_S$ 为**彩票 (lottery)**, 代表某种结果具有不确定性的选择或资产. 几个 "彩票" 的线性组合一般不再是 "彩票", 但几个 "彩票" 的凸组合一定还是 "彩票", 因此 "彩票" 对凸组合运算是封闭的.

经济学关心彩票集 $\mathscr{L}_S$ 上的偏好关系的表示问题. 我们假设 $\preceq$ 是 $\mathscr{L}_S$ 上的有界的完全偏好, 且满足连续性和独立性公理, 下面来推导 $(\mathscr{L}_S, \preceq)$ 上的效用函数的形式.

设 p_L 和 p_U 分别是 $(\mathscr{L}_S, \preceq)$ 的最小元和最大元, 则有 $p_L \preceq p_U$. 如果 $p_L \sim p_U$, 则 $(\mathscr{L}_S, \preceq)$ 上的效用函数必是常数. 因此只需讨论 $p_L \prec p_U$ 的情形.

对任意 $0 \leqslant \lambda \leqslant 1$, 记 $z_\lambda = (1-\lambda)p_L + \lambda p_U$, 则可以证明 z_λ 是随 λ 增加而严格单调增加的, 即当 $\lambda < \lambda'$ 时, 必有 $z_\lambda \prec z_{\lambda'}$. 为了证明这一点, 需要用到下列引理.

引理 4.1 (Shapley-Baucells 引理)　设 $C \subseteq \mathbb{R}^n$ 是凸集, $\preceq$ 是 C 上的偏好关系, 且满足独立性公理. 则对任意 $p, q \in C$, $p \succeq q$ 当且仅当存在 $\lambda > 0$ 和 $p', q' \in C, p' \succeq q'$ 使得

$$p - q = \lambda(p' - q').$$

证明　先来看必要性. 如果 $p \succeq q$, 取 $\lambda = 1, p' = p, q' = q$, 则有 $p - q = \lambda(p' - q')$.

再来看充分性. 如果存在 $p' \succeq q'$ 及 $\lambda > 0$ 使得 $p - q = \lambda(p' - q')$, 则有

$$\frac{1}{1+\lambda}p + \frac{\lambda}{1+\lambda}q' = \frac{1}{1+\lambda}p + \frac{\lambda}{1+\lambda}\left[p' - \frac{1}{\lambda}(p-q)\right]$$

$$= \frac{1}{1+\lambda}q + \frac{\lambda}{1+\lambda}p', \tag{4.70}$$

由于 $p' \succeq q'$, 根据独立性公理得

$$\frac{1}{1+\lambda}q + \frac{\lambda}{1+\lambda}p' \succeq \frac{1}{1+\lambda}q + \frac{\lambda}{1+\lambda}q', \tag{4.71}$$

从而有

$$\frac{1}{1+\lambda}p + \frac{\lambda}{1+\lambda}q' \succeq \frac{1}{1+\lambda}q + \frac{\lambda}{1+\lambda}q', \tag{4.72}$$

再次利用独立性公理得到 $p \succeq q$. □

现在可以证明 z_λ 关于 λ 的严格单调递增性了, 这就是下列命题.

命题 4.5　设 $C \subseteq \mathbb{R}^n$ 是凸集, $\preceq$ 是 C 上的满足独立性公理的偏好关系, $p_L, p_U \in C$ 满足 $p_L \prec p_U$, 对于 $0 \leqslant \lambda \leqslant 1$, 记 $z_\lambda = (1-\lambda)p_L + \lambda p_U$, 则 $z_\lambda \prec z_{\lambda'}$ 当且仅当 $\lambda < \lambda'$.

证明　只需注意到

$$z_{\lambda'} - z_\lambda = (\lambda' - \lambda)(p_U - p_L),$$

便可由引理 4.1 得到命题结论. □

为了找到 $\mathscr{L}_S$ 上的效用函数, 对任意 $p \in \mathscr{L}_S$, 定义

$$L(p) = \inf\{\lambda \in [0,1] : z_\lambda \succeq p\}, \quad \text{其中 } z_\lambda = (1-\lambda)p_L + \lambda p_U. \tag{4.73}$$

命题 4.6 设 $\mathscr{L}_S$ 是有限状态空间 $S = \{s_1, s_2, \cdots, s_n\}$ 上的彩票集 (概率分布的集合), $\preceq$ 是 $\mathscr{L}_S$ 上的满足独立性公理的连续偏好, $L : \mathscr{L}_S \to [0,1]$ 由式 (4.73) 定义, 则有

i). 对任意 $p \in \mathscr{L}_S$, $p \sim z_\lambda$ 当且仅当 $L(p) = \lambda$.

ii). 对任意 $p, q \in \mathscr{L}_S$, $p \succeq q$ 当且仅当 $L(p) \geqslant L(q)$.

iii). L 是 $\mathscr{L}_S$ 上的仿射函数, 即满足

$$L\left(\sum_{i=1}^{k} \lambda_i p_i\right) = \sum_{i=1}^{k} \lambda_i L(p_i), \qquad \forall p_i \in \mathscr{L}_S, \lambda_i \geqslant 0, \sum_{i=1}^{k} \lambda_i = 1. \tag{4.74}$$

性质 ii) 和 iii) 表明 L 是一个仿射的效用函数.

证明 i). 先来看必要性. 如果 $p \sim z_\lambda$, 则由函数 L 的定义和命题 4.5 得

$$L(p) = \inf\{\lambda' \in [0,1] : z_{\lambda'} \succeq p\} = \inf\{\lambda' \in [0,1] : z_{\lambda'} \succeq z_\lambda\} = \lambda. \tag{4.75}$$

再来看充分性. 由于 $\preceq$ 是连续偏好, 因此 $A(p) := \{\lambda' \in [0,1] : z_{\lambda'} \succeq p\}$ 是闭集, 如果 $L(p) = \lambda$, 则 $\lambda \in A(p)$, 因此有 $z_\lambda \succeq p$. 接下来只需再证明 $z_\lambda \not\succ p$ 即可. 由于 $\preceq$ 是连续偏好, 因此 $V(p) := \{\lambda' \in [0,1] : z_{\lambda'} \succ p\}$ 是 $[0,1]$ 中的相对开集, 如果 $z_\lambda \succ p$, 则 $\lambda \in V(p)$, 因此必存在 $\varepsilon > 0$ 使得 $\lambda - \varepsilon \in V(p) \subseteq A(p)$, 但这与 $\lambda = \inf A(p)$ 矛盾.

ii). 先证必要性. 设 $L(q) = \lambda$, 则由 i) 得 $q \sim z_\lambda$, 如果 $p \sim q$, 则 $p \sim z_\lambda$, 从而 $L(p) = \lambda = L(q)$; 如果 $p \succ q$, 则 $p \succ z_\lambda$, 因此 $z_\lambda \in L_\prec(p)$, 由于 $\preceq$ 是连续偏好, 因此 $L_\prec(p)$ 是开集, 从而存在 $\varepsilon > 0$ 使得 $z_{\lambda+\varepsilon} \in L_\prec(p)$, 于是

$$p \succ z_{\lambda+\varepsilon} \succ z_\lambda,$$

从而有

$$L(p) \geqslant \lambda + \varepsilon > \lambda = L(q).$$

再证充分性. 如果 $L(p) = L(q)$, 则由 i) 得 $p \sim q$; 如果 $L(p) > L(q)$, 记 $L(p) = \lambda', L(q) = \lambda$, 则由 i) 得 $p \sim z_{\lambda'}, q \sim z_\lambda$. 由于 $\lambda' > \lambda$, 由命题 4.5 得 $z_{\lambda'} \succ z_\lambda$, 由此得到 $p \succ p'$. 综上所述, 只要 $L(p) \geqslant L(q)$, 便有 $p \succeq q$, 充分性得证.

iii). 对任意 $p_1, p_2 \in \mathscr{L}_S$, 设 $L(p_1) = \mu_1, L(p_2) = \mu_2$, 则有

$$p_1 \sim z_{\mu_1}, \qquad p_2 \sim z_{\mu_2},$$

对任意满足 $\lambda_1 + \lambda_2 = 1$ 的非负实数 λ_1, λ_2, 由独立性公理和 shapley-Baucells 引理 (引理 4.1) 得

$$\lambda_1 p_1 + \lambda_2 p_2 \sim \lambda_1 z_{\mu_1} + \lambda_2 z_{\mu_2},$$

于是有

$$\begin{aligned} L\left(\lambda_1 p_1 + \lambda_2 p_2\right) &= L\left(\lambda_1 z_{\mu_1} + \lambda_2 z_{\mu_2}\right) = L(z_{\lambda_1\mu_1 + \lambda_2\mu_2}) \\ &= \lambda_1\mu_1 + \lambda_2\mu_2 \\ &= \lambda_1 L(p_1) + \lambda_2 L(p_2). \end{aligned} \tag{4.76}$$

对 k 应用数学归纳法可以证明 L 是仿射函数. $\square$

用 δ_{s_i} 表示状态空间 S 上的退化彩票 (概率分布)

$$\mathbf{P}\{X = s_i\} = 1, \qquad \mathbf{P}\{X = s_j\} = 0, \quad j \neq i, \tag{4.77}$$

则 $\mathscr{L}_S$ 中任何一个元素 p 都可以唯一地表示成退化彩票

$$\delta_{s_i}, \qquad i = 1, 2, \cdots, n$$

的凸组合

$$p = \sum_{i=1}^{n} p(s_i)\delta_{s_i}, \tag{4.78}$$

由于 L 是仿射函数, 因此有

$$L(p) = \sum_{i=1}^{n} p(s_i)L\left(\delta_{s_i}\right), \tag{4.79}$$

这个公式如何理解呢? 由于退化彩票 δ_{s_i} 的结果是确定的, 就是状态 s_i, 因此 $L(\delta_{s_i})$ 就是状态 s_i 的效用. 对任意彩票 p, 其结果为状态 s_i 的概率为 $p(s_i)$, 因此其期望效用为

$$\sum_{i=1}^{n} p(s_i)L\left(\delta_{s_i}\right).$$

正是由于这个原因, 式 (4.79) 被 von Neumann 和 Morgenstern 称为**期望效用函数 (expected utility function)**[42].

综上所述, 我们证明了下列定理.

定理 4.9 (von Neumann-Morgenstern 期望效用函数定理)　设 $\mathscr{L}_S$ 是有限状态空间 $S = \{s_1, s_2, \cdots, s_n\}$ 上的彩票集 (概率分布的集合), $\preceq$ 是 $\mathscr{L}_S$ 上的满足独立性公理的、完全的、有界的、连续偏好, 则 $(\mathscr{L}_S, \preceq)$ 上存在形如式 (4.79) 的期望效用函数.

4.3　广义不等式约束的凸优化问题

4.3.1　问题的一般形式

带广义不等式约束的凸优化问题的一般形式为

$$\min f(x) \tag{4.80}$$

$$\text{s.t.} \quad g_i(x) \preceq_{K_i} 0, \qquad i = 1, 2, \cdots, m, \tag{4.81}$$

$$Ax = b. \tag{4.82}$$

其中, $f : \mathbb{R}^n \to \mathbb{R}$ 是凸函数, K_i 是 $\mathbb{R}^{k_i}$ 中的正常锥, $g_i : \mathbb{R}^n \to \mathbb{R}^{k_i}$ 是 K_i-凸的.

带广义不等式约束的凸优化问题 (4.80)~(4.82) 与传统凸优化问题 (3.14)~(3.16) 具有完全类似的性质, 例如:

i). 可行集、下水平集、最优集都是凸集.

ii). 局部最优点必然是全局最优点.

iii). 最优性条件与传统凸优化问题完全一样.

例 4.11 锥规划 (cone program) 考察优化问题

$$\min c^{\mathrm{T}} x \tag{4.83}$$

$$\text{s.t.} \quad Fx + g \preceq_K 0, \tag{4.84}$$

$$Ax = b. \tag{4.85}$$

其中, $F \in \mathbb{R}^{m \times n}, g \in \mathbb{R}^m$, K 是 $\mathbb{R}^m$ 中的正常锥. 称之为**锥规划 (cone program)** 或**锥形式问题 (cone form problem)**. 当 K 取为非负象限时, 锥规划问题退化为线性规划问题.

还有两种形式的锥规划在文献中经常出现. 一种是**标准锥规划**:

$$\min c^{\mathrm{T}} x \tag{4.86}$$

$$\text{s.t.} \quad x \succeq_K 0, \tag{4.87}$$

$$Ax = b. \tag{4.88}$$

相当于在不等式约束 (4.84) 中取 $F = -I, g = 0$.

另一种是**只含不等式约束的锥规划**:

$$\min c^{\mathrm{T}} x, \qquad \text{s.t.} \ Fx + g \preceq_K b. \tag{4.89}$$

4.3.2 半定规划

考虑优化问题

$$\min c^{\mathrm{T}} x \tag{4.90}$$

$$\text{s.t.} \quad x_1 F_1 + x_2 F_2 + \cdots + x_n F_n + G \preceq 0, \tag{4.91}$$

$$Ax = b. \tag{4.92}$$

其中, $F_1, F_2, \cdots, F_n, G \in \mathbf{S}_{\mathrm{y}}^n, A \in \mathbb{R}^{l \times n}$, "$\preceq$" 是由半正定锥 $\mathbf{S}_{\mathrm{y+}}^n$ 定义的偏序. 这个优化问题通常称为**半定规划 (semidefinite program, SDP)**. 如果 $F_1, F_2, \cdots, F_n, G$ 都是对角矩阵, 则半定规划问题 (4.90)~(4.92) 退化为线性规划问题.

此外, 还有两种形式的半定规划问题在文献中经常出现. 一种是**标准半定规划**:

$$\min \operatorname{tr}(C^{\mathrm{T}} X) \tag{4.93}$$

$$\text{s.t.} \quad \operatorname{tr}(A_i^{\mathrm{T}} X) = b_i, \qquad i = 1, 2, \cdots, l, \tag{4.94}$$

$$X \succeq 0. \tag{4.95}$$

其中, $A_1, A_2, \cdots, A_l, C \in \mathbf{S}_{\mathrm{y}}^n$, 决策变量 X 也在 $\mathbf{S}_{\mathrm{y}}^n$ 中取值.

另一种是含有多个线性矩阵不等式约束的半定规划问题:

$$\min c^{\mathrm{T}} x \tag{4.96}$$

$$\text{s.t.} \quad F^{(i)}(x) = x_1 F_1^{(i)} + x_2 F_2^{(i)} + \cdots + x_n F_n^{(i)} \preceq 0, \quad i = 1, 2, \cdots, m, \tag{4.97}$$

$$Gx \preceq h, \quad Ax = b. \tag{4.98}$$

这种半定规划问题可以通过构造一个大的分块对角矩阵将其转换为形如式 (4.90)~ 式 (4.92) 的半定规划问题

$$\min c^{\mathrm{T}} x \tag{4.99}$$

$$\text{s.t.} \quad \operatorname{diag}\left(Gx - h, F^{(1)}(x), F^{(2)}(x), \cdots, F^{(m)}(x)\right) \preceq 0, \tag{4.100}$$

$$Ax = b. \tag{4.101}$$

4.3.3 一些例子

例 4.12 (二阶锥规划) 考虑优化问题

$$\min c^{\mathrm{T}} x \tag{4.102}$$

$$\text{s.t.} \quad \|A_i x + b_i\|_2 \leqslant c_i^{\mathrm{T}} x + d_i, \quad i = 1, 2, \cdots, m, \tag{4.103}$$

$$Fx = g. \tag{4.104}$$

其中, $A_i \in \mathbb{R}^{n_i \times n}, F \in \mathbb{R}^{p \times n}$, 决策变量 $x \in \mathbb{R}^n$. 这个问题称为**二阶锥规划 (second order cone program)**. 为了将其转换为锥规划的一般形式, 定义

$$K_i := \left\{ (y, t) \in \mathbb{R}^{n_i+1} : \|y\|_2 \leqslant t \right\}, \tag{4.105}$$

则 K_i 是正常锥, 二阶锥规划 (4.102)~(4.104) 可表述为

$$\min c^{\mathrm{T}} x \tag{4.106}$$

$$\text{s.t.} \quad -\left(A_i x + b_i, c_i^{\mathrm{T}} x + d_i\right) \preceq_{K_i} 0, \quad i = 1, 2, \cdots, m, \tag{4.107}$$

$$Fx = g. \tag{4.108}$$

例 4.13 考虑矩阵范数最小化问题

$$\min_{x \in \mathbb{R}^n} \left\| A_0 + \sum_{i=1}^{n} x_i A_i \right\|_{\mathrm{spec}}, \tag{4.109}$$

其中, $A_i \in \mathbb{R}^{p \times q}$ 是给定的矩阵, $\|\cdot\|_{\mathrm{spec}}$ 是矩阵的谱范数. 下面我们设法将其转换成一个半定规划问题. 记

$$A(x) := A_0 + \sum_{i=1}^{n} x_i A_i,$$

根据 2.4.3 节的讨论, $\|A(x)\|_{\mathrm{spec}}^2$ 是 $A(x)^{\mathrm{T}} A(x)$ 的最大特征值, 因此优化问题 (4.109) 等价于

$$\min s \tag{4.110}$$

$$\text{s.t.} \qquad A(x)^{\mathrm{T}} A(x) \preceq s^2 I. \tag{4.111}$$

现在构造分块矩阵

$$B := \begin{pmatrix} sI_p & A \\ A^{\mathrm{T}} & sI_q \end{pmatrix}, \tag{4.112}$$

则 $A^{\mathrm{T}} A \preceq s^2 I$ 当且仅当 $B \succeq 0$(本章习题 4). 因此优化问题 (4.113)~(4.114) 等价于

$$\min s \tag{4.113}$$

$$\text{s.t.} \qquad - \begin{pmatrix} sI_p & A(x) \\ A(x)^{\mathrm{T}} & sI_q \end{pmatrix} \preceq 0. \tag{4.114}$$

例 4.14 (矩问题) 设 X 是随机变量, 对于非负整数 k, 称 $m_k := \mathbf{E}[X^k]$(假设它存在) 为 X 的 k-**阶矩**. 如果 X 存在直到 $2n$ 阶矩, 则

$$\mathbf{E} \left[\left(\sum_{k=1}^{n} c_k X^k \right)^2 \right] = \sum_{k=1}^{n} \sum_{l=1}^{n} c_k c_l m_{k+l} = c^{\mathrm{T}} H c, \tag{4.115}$$

其中, H 为 **Hankel 矩阵**

$$H = H(m_0, m_1, \cdots, m_n) := \begin{pmatrix} m_0 & m_1 & m_2 & \cdots & m_{n-1} & m_n \\ m_1 & m_2 & m_3 & \cdots & m_n & m_{n+1} \\ m_2 & m_3 & m_4 & \cdots & m_{n+1} & m_{n+2} \\ \vdots & \vdots & \vdots & \ddots & \vdots & \vdots \\ m_{n-1} & m_n & m_{n+1} & \cdots & m_{2n-2} & m_{2n-1} \\ m_n & m_{n+1} & m_{n+2} & \cdots & m_{2n-1} & m_{2n} \end{pmatrix}. \tag{4.116}$$

由此可见, 一个随机变量的各阶矩总是使得相应的 Hankel 矩阵 $H \succeq 0$. 现在考虑这样的问题, 如果我们知道 X 的各阶矩的取值范围为

$$\underline{\mu_k} \leqslant m_k \leqslant \overline{\mu_k}, \qquad k = 1, 2, \cdots, 2n, \tag{4.117}$$

需要确定随机变量

$$p(X) = \sum_{i=0}^{2n} c_i X^i \tag{4.118}$$

的数学期望的取值范围, 其中 $c_i, i = 0, 1, \cdots, n$ 是给定的实数. $\mathbf{E}[p(X)]$ 的上 (下) 界可以通过求解下列优化问题得到:

$$\max(\min) E[p(X)] = c_0 + \sum_{i=1}^{2n} c_i m_i, \tag{4.119}$$

$$\text{s.t. } \underline{\mu_k} \leqslant m_k \leqslant \overline{\mu_k}, \ k = 1, 2, \cdots, 2n, \tag{4.120}$$

$$H(1, m_1, \cdots, m_{2n}) \succeq 0. \tag{4.121}$$

其中, 条件 (4.121) 可以表述为

$$-\sum_{i=0}^{2n} m_i F_i \preceq 0, \tag{4.122}$$

其中, F_i 是将 Hankel 矩阵 H 中 m_i 所在位置的元素置为 1、其余元素置为 0 而得到. 进一步可以将上述问题转换为形如式 (4.90)~ 式 (4.92) 的半定规划.

例 4.15 (投资组合选择问题)　考虑将 1 万美元投资于 n 只股票, 投资于第 i 只股票的头寸 (金额) 为 x_i, 股票的相对价格 (投资期末的价格与投资期初的价格的比值) 为 p_i, 是一个随机变量, 到期后总的投资回报为

$$r = \sum_{i=1}^{n} x_i p_i = p^{\mathrm{T}} x. \tag{4.123}$$

由于每只股票的相对价格是随机变量, 因此投资回报 r 也是随机变量, 其数学期望和方差分别为

$$\mathbf{E}[r] = \mathbf{E}[p^{\mathrm{T}} x] = \overline{p}^{\mathrm{T}} x, \qquad \overline{p} = \mathbf{E}[p], \tag{4.124}$$

$$\mathrm{var}(r) = \mathrm{cov}(p^{\mathrm{T}} x, p^{\mathrm{T}} x) = x^{\mathrm{T}} \mathrm{cov}(p, p) x = x^{\mathrm{T}} \Sigma x, \qquad \Sigma = \mathrm{cov}(p, p). \tag{4.125}$$

Markowitz 考虑了这样一个问题 [43], 在给定平均回报 $\mathbf{E}[r]$ 的下限的条件下, 如何选择投资组合向量 x 使得风险 (回报的方差 $\mathrm{var}(x)$) 最小. 如果市场不允许做空, 则投资组合选择问题可表示成优化问题

$$\min f(x) = x^{\mathrm{T}} \Sigma x, \tag{4.126}$$

$$\text{s.t. } \overline{p}^{\mathrm{T}} x \geqslant r_0, \qquad \sum_{i=1}^{n} x_i = 1, \qquad x \succeq 0. \tag{4.127}$$

如果市场允许做空, 即投资者在行情看跌时可以在期初借入股票出售, 到期末再从市场上购回同样数量的股票偿还债主, 则问题要复杂一些. 我们将该投资者在投资期初持有的资产分为两种: 第一种是多头头寸 $x^{(L)} = (x_1^{(L)}, x_2^{(L)}, \cdots, x_n^{(L)})^{\mathrm{T}}$, 即在投资期初买入持有的股票, 第二种是空头头寸 $x^{(S)} = (x_1^{(S)}, x_2^{(S)}, \cdots, x_n^{(S)})^{\mathrm{T}}$, 即在投资期初借入并卖出做空的股票数量. 借入股票时需要用账户资产作质押, 设质押率为 η, 则多头头寸和空头头寸应满足关系

$$\sum_{i=1}^{n} x_i^{(S)} \leqslant \eta \sum_{i=1}^{n} x_i^{(L)}. \tag{4.128}$$

因此允许做空的投资组合选择问题可表示为

$$\min f(x) = x^{\mathrm{T}} \Sigma x, \tag{4.129}$$

$$\text{s.t. } x = x^{(L)} - x^{(S)}, \quad x^{(L)} \succeq 0, \quad x^{(S)} \succeq 0, \quad \sum_{i=1}^{n} x_i^{(S)} \leqslant \eta \sum_{i=1}^{n} x_i^{(L)},$$

$$\bar{p}^{\mathrm{T}} x \geqslant r_0, \quad \sum_{i=1}^{n} x_i^{(L)} = 1. \tag{4.130}$$

例 4.16 (投资组合风险定界问题) 在 Markowitz 投资组合选择模型 (4.126)~(4.127) 中, 我们假设资产相对价格 p 的均值 $\bar{p}$ 和协方差矩阵 Σ 已知, 要寻找投资组合向量 x. 但有些时候投资者持有的组合资产 x 是已知的, 资产相对价格的协方差矩阵 Σ 是未知的, 只有部分信息, 需要估计投资回报的方差 $\mathrm{var}(p^{\mathrm{T}} x) = x^{\mathrm{T}} \Sigma x$ 的上界, 即所谓的**最坏方差 (worst-case variance)**, 这就是所谓的**投资组合风险定界 (bounding of portfolio risk)**.

如果知道协方差矩阵 $\Sigma = (\sigma_{ij})_{n \times n}$ 的每一个矩阵元素的取值范围是

$$a_{ij} \leqslant \sigma_{ij} \leqslant b_{ij}, \qquad i, j = 1, 2, \cdots, n,$$

则投资组合风险定界问题可表示成优化问题

$$\max f(\Sigma) = x^{\mathrm{T}} \Sigma x = \mathrm{tr}(C\Sigma), \qquad C = xx^{\mathrm{T}}, \tag{4.131}$$

$$\text{s.t. } \Sigma \succeq 0, \qquad a_{ij} \leqslant \sigma_{ij} \leqslant b_{ij}, \qquad i, j = 1, 2, \cdots, n. \tag{4.132}$$

这是一个半定规划问题.

如果知道某些特定资产组合 $u^{(k)}$ 的方差为 s_k, 则只需将约束条件 (4.132) 改为

$$\text{s.t. } \Sigma \succeq 0, \qquad \mathrm{tr}(B^{(k)}\Sigma) = s_k, \qquad B^{(k)} = u^{(k)} \left(u^{(k)}\right)^{\mathrm{T}}, \qquad k = 1, 2, \cdots, m. \tag{4.133}$$

如果已知道 Σ 的估计量 $\widehat{\Sigma}$, 并且知道在一定置信水平下有 $q(\widehat{\Sigma} - \Sigma) \leqslant b$, 其中 q 是定义在 $\mathbf{S}_{\mathrm{y}}^n$ 上的二次型, b 是一个正实数, 则只需将约束条件 (4.132) 改为

$$\text{s.t. } \Sigma \succeq 0, \qquad q(\widehat{\Sigma} - \Sigma) \leqslant b. \tag{4.134}$$

如果股票的相对价格 p 服从因子模型

$$p = Lz + \varepsilon, \tag{4.135}$$

其中, $z = (z_1, z_2, \cdots, z_m)^{\mathrm{T}}$ 表示影响股票相对价格的潜在公共因子, $L = (l_{ij})_{n \times m}$ 是因子载荷矩阵, $\varepsilon = (\varepsilon_1, \varepsilon_2, \cdots, \varepsilon_n)^{\mathrm{T}}$ 是特殊因子, 包含相对价格 p 中不能够被公共因子 z 所解释的部分. 我们假设公共因子与特殊因子不相关, 特殊因子与特殊因子不相关, 但不假设公共因子之间不相关. 基于这些假设, 通过计算容易得到

$$\Sigma = \mathrm{cov}(p, p) = \mathrm{cov}(Lz + \varepsilon, Lz + \varepsilon) = L\Sigma_z L^{\mathrm{T}} + D,$$

其中, Σ_z 是公共因子的协方差阵, D 是对角矩阵, 其主对角元素是特殊因子的方差. 如果 L 和 D 给定, 则 Σ 是 Σ_z 的仿射函数, 投资组合风险定界问题转换为优化问题

$$\max f(\Sigma) = x^{\mathrm{T}} \Sigma x = \mathrm{tr}(C\Sigma), \qquad C = xx^{\mathrm{T}}, \qquad \Sigma = L\Sigma_z L^{\mathrm{T}} + D, \tag{4.136}$$

关于 Σ 的凸约束条件 $g(\Sigma) \leqslant 0$ 也转化为关于 Σ_z 的凸约束条件 $g(L\Sigma_z L^{\mathrm{T}} + D) \leqslant 0$.

如果有关于股票价格之间的相关系数 ρ_{ij} 的先验知识, 例如知道 $a_{ij} \leqslant \rho_{ij} \leqslant b_{ij}$, 为了利用这些先验知识, 只需将约束条件 (4.132) 改为

$$\text{s.t.}\quad \Sigma \succeq 0, \qquad a_{ij} \leqslant \rho_{ij} = \frac{\sigma_{ij}}{\sqrt{\sigma_{ii}\sigma_{jj}}} \leqslant b_{ij}, \quad \text{for } i \neq j, \tag{4.137}$$

其中, σ_{ij} 是协方差矩阵 Σ 的第 i 行第 j 列的元素, 即 p_i 与 p_j 的协方差. 通常 p_i 的方差 σ_{ii} 是已知的, 因此式 (4.137) 是线性不等式约束.

4.4　向量优化

4.4.1　向量优化问题

考虑向量值优化函数 $f : D(\subseteq \mathbb{R}^n) \to \mathbb{R}^m$, 设 $K \subseteq \mathbb{R}^m$ 是正常锥, $\preceq_K$ 是由 K 定义的偏序关系, 向量优化问题的一般形式为

$$\min\ (\text{关于偏序} \preceq_K) \quad f(x), \tag{4.138}$$

$$\text{s.t.}\ g_i(x) \leqslant 0, \qquad i = 1, 2, \cdots, q, \tag{4.139}$$

$$h_j(x) = 0, \qquad j = 1, 2, \cdots, l. \tag{4.140}$$

其中, g_i 和 h_i 分别是不等式约束和等式约束函数. 与传统优化问题的不同在于, 这里的 "最小化" 是在偏序关系 $\preceq_K$ 下的优化, 在偏序集中需要区分最小元和极小元.

与传统优化问题一样, 向量优化问题 (4.138)~(4.140) 的定义域 $\mathcal{D}$ 是目标函数 f 及所有约束函数 g_i, h_j 的定义域的交集, 可行集 S_F 为 $\mathcal{D}$ 中满足约束条件 (4.139)~(4.140) 的点之全体. 记

$$\mathcal{O} = \{f(x) : x \in S_F\}, \tag{4.141}$$

称之为向量优化问题 (4.138)~(4.140) 的**值域**. $\mathcal{O}$ 是 $\mathbb{R}^m$ 的子集, 继承了 $\mathbb{R}^m$ 上的偏序关系 $\preceq_K$, 因此是一个偏序集.

如果 $x \in S_F$ 使得 $f(x)$ 是 $\mathcal{O}$ 的最小元, 即

$$f(x) \preceq_K f(x'), \qquad \forall x' \in S_F, \tag{4.142}$$

则称 x 是向量优化问题 (4.138)~(4.140) 的**最优解**或**最优点**, 称 $f(x)$ 为向量优化问题 (4.138)~(4.140) 的**最优值**.

由于偏序关系未必是完全的, 因此偏序集 $(\mathcal{O}, \preceq_F)$ 中极可能存在不可比较的点, 因此向量优化问题 (4.138)~(4.140) 在很多情况下不存在最优值和最优解.

如果 $x \in S_F$ 使得 $f(x)$ 是 $\mathcal{O}$ 的极小元, 即对任意 $x' \in S_F$, 只要 $f(x') \preceq_K f(x)$, 就必有 $f(x') = f(x)$, 则称 x 是向量优化问题 (4.138)~(4.140) 的 **Pareto 最优解**或 **Pareto 有效解**, 称 $f(x)$ 为向量优化问题 (4.138)~(4.140) 的 **Pareto 最优值**.

按照定义, 最优解 (值) 一定是 Pareto 最优解 (值), 但反之则不然.

例 4.17 (最佳线性无偏估计)　考虑线性回归问题

$$y_i = a_1 x_{i1} + a_2 x_{i2} + a_m x_{im} + \varepsilon_i, \qquad i = 1, 2, \cdots, n, \tag{4.143}$$

其中, ε 代表测量误差, 是随机变量, 我们假设 $\varepsilon_i, i = 1, 2, \cdots, n$ 服从标准正态分布, 且是相互独立的. 给定解释变量的测量值

$$X = (x_{ij})_{n \times m}$$

和应变量的测量值 $y = (y_1, y_2, \cdots, y_n)^{\mathrm{T}}$, 需要估计系数向量 $a = (a_1, a_2, \cdots, a_m)^{\mathrm{T}}$.

在线性回归模型中, 参数 $a \in \mathbb{R}^m$ 的所谓**线性估计 (linear estimator)** 就是形如 $\widehat{a} = Fy + c$ 的估计, 其中 F 是 $m \times n$ 的矩阵, 是非随机的确定矩阵, c 是确定的 m 维实向量. 称线性估计 $\widehat{a} = Fy + c$ 是**无偏的 (unbiased)**, 是指对任意参数 $a \in \mathbb{R}^m$ 皆有 $\mathbf{E}[\widehat{a}] = a$. 由于 $y = Xa + \varepsilon$, 其中 $\varepsilon = (\varepsilon_1, \varepsilon_2, \cdots, \varepsilon_n)^{\mathrm{T}}$, 因此有

$$\mathbf{E}\left[\widehat{a} - a\right] = \mathbf{E}\left[F(Xa + \varepsilon) + c - a\right] = FXa + c - a, \tag{4.144}$$

如果估计是无偏的, 则对任意参数 $a \in \mathbb{R}^m$ 皆有 $\mathbf{E}[\widehat{a} - a] = 0$, 即

$$(FX - I)a = c, \qquad \forall \, a \in \mathbb{R}^m,$$

因此, 必有 $c = 0, FX = I$(m 阶单位矩阵), 即线性无偏估计具有 $\widehat{a} = Fy$ 的形式. 在接下来的讨论中, 我们把线性无偏估计 $\widehat{a} = Fy$ 简单地用矩阵 F 表示. 估计量 $\widehat{a}$ 的协方差矩阵为

$$\begin{aligned}
\mathrm{cov}(\widehat{a}, \widehat{a}) &= \mathbf{E}\left[(\widehat{a} - a)(\widehat{a} - a)^{\mathrm{T}}\right] = \mathbf{E}[(F\varepsilon)(F\varepsilon)^{\mathrm{T}}] = F\mathbf{E}[\varepsilon\varepsilon^{\mathrm{T}}]F^{\mathrm{T}} \\
&= FIF^{\mathrm{T}} = FF^{\mathrm{T}}.
\end{aligned} \tag{4.145}$$

线性无偏估计 F 的好坏可以用估计量 $\widehat{a} = Fy$ 的协方差阵的 "大小" 来度量. 定义

$$\varphi(F) = FF^{\mathrm{T}}, \qquad \forall \, F \in \mathbb{R}^{m \times n}, \tag{4.146}$$

则 φ 是在偏序集 $(\mathbf{S}_{\mathrm{y}+}^m, \preceq)$ 上取值的函数, 其中 $\mathbf{S}_{\mathrm{y}+}^m$ 是半正定锥. 对于线性无偏估计 F_1 和 F_2, 如果 $\varphi(F_1) \preceq \varphi(F_2)$, 则称 F_1 比 F_2 好. 如果 F 满足

$$\varphi(F) \preceq \varphi(F'), \qquad \forall \, F' \in \mathbb{R}^{m \times n}, \tag{4.147}$$

则称 F 是线性回归问题的**最佳线性无偏估计 (best linear unbiased estimator)**. 找最佳线性无偏估计就相当于求解下列向量优化问题

$$\min (\text{关于偏序} \preceq) \quad \varphi(F) = FF^{\mathrm{T}}, \ F \in \mathbb{R}^{m \times n}, \tag{4.148}$$

$$\text{s.t. } FX = I. \tag{4.149}$$

接下来我们假设 $n \geqslant m, \mathrm{rank}(X) = m$, 证明**最小二乘估计** $F^* = (X^{\mathrm{T}}X)^{-1}X^{\mathrm{T}}$ 是最佳线性无偏估计. 注意到

$$\varphi(F^*) = (X^{\mathrm{T}}X)^{-1}X^{\mathrm{T}} \cdot X(X^{\mathrm{T}}X)^{-1} = (X^{\mathrm{T}}X)^{-1}, \tag{4.150}$$

因此对任意满足 $FX = I$ 的矩阵 $F \in \mathbb{R}^{m \times n}$ 皆有

$$
\begin{aligned}
\varphi(F) - \varphi(F^*) &= FF^{\mathrm{T}} - (X^{\mathrm{T}}X)^{-1} \\
&= \left(F - (X^{\mathrm{T}}X)^{-1}X^{\mathrm{T}}\right)\left(F - (X^{\mathrm{T}}X)^{-1}X^{\mathrm{T}}\right)^{\mathrm{T}} \succeq 0,
\end{aligned}
\tag{4.151}
$$

其中, 第二个等号可直接用矩阵转置和乘法运算律将等号右边的式子展开化简得到, "$\succeq$" 是因为对任何一个实矩阵 A, AA^{T} 都是非负定的. 由此推出

$$
\varphi(F^*) \preceq \varphi(F), \qquad \forall F \in \mathbb{R}^{m \times n},
$$

即 $F^* = (X^{\mathrm{T}}X)^{-1}X^{\mathrm{T}}$ 是最佳线性无偏估计.

例 4.18　在例 4.15中, 我们介绍了 Markowitz 的组合投资选择模型, 设 x 是投资组合向量, p 是资产的相对价格向量, 则投资回报为 $r = p^{\mathrm{T}}x$, 设 p 的均值向量为 $\bar{p}$, 协方差矩阵为 Σ, 则有

$$
\mathbf{E}[r] = \bar{p}^{\mathrm{T}}x, \qquad \mathrm{var}(r) = x^{\mathrm{T}}\Sigma x.
$$

定义向量值函数

$$
f: \quad \mathbb{R}^n \quad \to \quad \mathbb{R}^2, \quad x \mapsto f(x) = (-\bar{p}^{\mathrm{T}}x, x^{\mathrm{T}}\Sigma x)^{\mathrm{T}},
\tag{4.152}
$$

则资产选择问题可以表示为向量优化问题

$$
\min \ (\text{关于偏序} \preceq) \quad f(x) = (-\bar{p}^{\mathrm{T}}x, x^{\mathrm{T}}\Sigma x)^{\mathrm{T}}, \qquad x \in \mathbb{R}^n
\tag{4.153}
$$

$$
\mathrm{s.t.} \ \sum_{i=1}^{n} x_i = 1, \ \ x \succeq 0.
\tag{4.154}
$$

其中, "最小化" 是指在偏序关系 $\preceq$ 下的最小化, 这个优化问题没有最优值, 只有 Pareto 最优值, 且 Pareto 最优值不止一个.

4.4.2　向量优化问题的标量化

接下来讨论如何将向量优化问题的求解转换为传统标量优化问题的求解.

设 K^* 是 K 的对偶锥, 如果 x^* 是向量优化问题 (4.138)~(4.140) 的最优点, 则 $f(x^*)$ 是值域 $\mathcal{O}$ 的最小元, 于是根据定理 1.15, 对任意 $\lambda \succ_{K^*} 0$, $f(x^*)$ 是函数 $\varphi(z) := \lambda^{\mathrm{T}}z$ 在 $\mathcal{O}$ 上的唯一最小值点, 从而 x^* 是函数 $\lambda^{\mathrm{T}}f(x)$ 在可行集 S_F 上的最小值点, 即 x^* 是下列标量优化问题的最优解:

$$
\min \quad \lambda^{\mathrm{T}}f(x),
\tag{4.155}
$$

$$
\mathrm{s.t.} \quad g_i(x) \leqslant 0, \qquad i = 1, 2, \cdots, q,
\tag{4.156}
$$

$$
h_j(x) = 0, \qquad j = 1, 2, \cdots, l.
\tag{4.157}
$$

优化问题 (4.155)~(4.157) 称为向量优化问题 (4.138)~(4.140) 的**标量化**或**数量化**. 因此向量优化问题 (4.138)~(4.140) 的最优解可以通过解标量化问题 (4.155)~(4.157) 得到, 这就是标量化的思想.

在标量化问题 (4.155)~(4.157) 中, λ 的选取是任意的, 只要 $\lambda \succ_{K^*} 0(\lambda$ 是 K^* 的内点) 即可. 只要原向量优化问题存在最优解, 无论选取哪个 $\lambda \succ_{K^*} 0$ 都可以得到最优解.

标量化的思想也可用于找 Pareto 最优解. 设 $\lambda \succ_{K^*} 0$, 如果 $x^\Delta \in S_F$ 是标量化问题 (4.155)~(4.157) 的最优解, 则 x^Δ 是向量优化问题 (4.138)~(4.140) 的 Pareto 最优解. 这一点可以用反证法证明: 如果不然, 则存在 $x \in S_F$ 使得 $f(x) \preceq_K f(x^\Delta)$ 且 $f(x) \neq f(x^\Delta)$, 根据推论 1.5 和定理 1.14 之 ii), 对任意 $\lambda \succ_{K^*} 0$ 皆有 $\lambda^{\mathrm{T}} f(x) < \lambda^{\mathrm{T}} f(x^\Delta)$, 但这与 x^Δ 是标量化问题 (4.155)~(4.157) 的最优解矛盾.

我们可以通过选取不同的 $\lambda \succ_{K^*} 0$ 并求解相应的标量化问题来寻找向量优化问题 (4.138)~(4.140) 的 Pareto 最优解, λ 可以理解为权重向量, 调整 λ 各分量之间的比值相当于给目标函数 f 各分量赋予不同的权重. 不同的权重向量可能对应不同的 Pareto 最优解. 如果仅选取一个 λ 解相应的标量化问题, 一般不能找到原向量问题的全部 Pareto 最优解, 需要在 $(K^*)^\circ$ 内不断改变 λ 的值, 才能得到不同的 Pareto 最优解. 此外, 对某些向量优化问题, 有些 Pareto 最优解是无法通过解标量化问题得到的.

定理 4.10　设 $K \subseteq \mathbb{R}^m$ 是正常锥, $\lambda \succ_{K^*} 0$, $\mathcal{O}$ 是向量优化问题 (4.138)~(4.140) 的值域. 则 x^Δ 是标量化问题 (4.155)~(4.157) 的最优解当且仅当

$$\{z \in \mathbb{R}^m : \lambda^{\mathrm{T}}(z - f(x^\Delta)) = 0\} \tag{4.158}$$

是 $\mathcal{O}$ 的承托超平面.

证明　x^Δ 是标量化问题 (4.155)~(4.157) 的最优解当且仅当

$$\lambda^{\mathrm{T}} f(x) \geqslant \lambda^{\mathrm{T}} f(x^\Delta), \qquad \forall\, x \in S_F,$$

即

$$\lambda^{\mathrm{T}} z \geqslant \lambda^{\mathrm{T}} f(x^\Delta), \qquad \forall\, z \in \mathcal{O},$$

移项后得到

$$\lambda^{\mathrm{T}}(z - f(x^\Delta)) \geqslant 0, \qquad \forall\, z \in \mathcal{O},$$

即 (4.158) 是 $\mathcal{O}$ 的承托超平面. $\square$

4.4.3　凸向量优化问题

设 $K \subseteq \mathbb{R}^m$ 是正常锥, $f : D(\subseteq \mathbb{R}^n) \to \mathbb{R}^m$ 是向量值函数. 考虑向量优化问题

$$\min\ (\text{关于偏序} \preceq_K)\quad f(x), \tag{4.159}$$

$$\text{s.t.}\ \ g_i(x) \leqslant 0, \qquad i = 1, 2, \cdots, q, \tag{4.160}$$

$$a_j^{\mathrm{T}} x - b_j = 0, \qquad j = 1, 2, \cdots, l. \tag{4.161}$$

其中, 目标函数 f 是 K-凸函数, $g_i, i = 1, 2, \cdots, m$ 是凸函数, 称这种向量优化问题为**凸向量优化问题**.

用 S_F 表示向量优化问题 (4.159)~(4.161) 的可行集, $\mathcal{O}$ 表示其值域, 则

$$\begin{aligned} \mathcal{O} + K &= \{t \in \mathbb{R}^m : \exists\, x \in S_F,\, y \in K,\ \text{s.t.}\ t = f(x) + y\} \\ &= \{t \in \mathbb{R}^m : \exists\, x \in S_F,\ \text{s.t.}\ f(x) \preceq_K t\}. \end{aligned} \tag{4.162}$$

引理 4.2 y 是 $\mathcal{O}$ 的极小元当且仅当 y 是 $\mathcal{A} = \mathcal{O} + K$ 的极小元.

证明 先证必要性. 设 y 是 $\mathcal{O}$ 的极小元, 如果 $z \in \mathcal{A}$ 使得 $z \preceq_K y$, 按照 $\mathcal{A}$ 的定义及式 (4.162), 存在 $y' \in \mathcal{O}$ 使得 $y' \preceq_K z$, 于是有 $y' \preceq_K z \preceq_K y$, 由于 y 是 $\mathcal{O}$ 的极小元, 因此必有 $y' = y$, 从而由偏序 $\preceq_K$ 的反对称性得 $z = y$, 这就证明了 y 是 $\mathcal{A}$ 的极小元.

再来看充分性. 设 z 是 $\mathcal{A}$ 的极小元, 则一定有 $z \in \mathcal{O}$, 对任意 $y \in \mathcal{O}$, 必然也有 $y \in \mathcal{A}$, 因此如果 $y \preceq_K z$, 必有 $y = z$, 这就证明了 z 也是 $\mathcal{O}$ 的极小元. $\square$

引理 4.3 $\mathcal{A} = \mathcal{O} + K$ 是凸集.

证明 对任意 $y_1, y_2 \in \mathcal{A}$, 根据式 (4.162), 存在 $x_1, x_2 \in S_F$ 使得

$$f(x_1) \preceq_K y_1, \qquad f(x_2) \preceq_K y_2,$$

对任意 $0 < s < 1$, 由于凸向量优化问题 (4.159)~(4.161) 的可行集 S_F 是凸集, 因此 $(1-s)x_1 + sx_2 \in S_F$, 又由于目标函数 f 是 K-凸的, 因此有

$$f((1-s)x_1 + sx_2) \preceq_K (1-s)f(x_1) + sf(x_2) \preceq_K (1-s)y_1 + sy_2,$$

从而有 $(1-s)y_1 + sy_2 \in \mathcal{A}$, 这就证明了 $\mathcal{A}$ 是凸集. $\square$

定理 4.11 设 $K \subseteq \mathbb{R}^m$ 是正常锥, $f : D(\subseteq \mathbb{R}^n) \to \mathbb{R}^m$ 是向量值函数. 如果 $x^\Delta \in S_F$ 是凸向量优化问题 (4.159)~(4.161) 的 Pareto 最优解, 则存在 $\lambda \in K^* \setminus \{0\}$ 使得 x^Δ 是下列标量化问题的解:

$$\min \quad \lambda^T f(x), \tag{4.163}$$

$$\text{s.t.} \quad g_i(x) \leqslant 0, \qquad i = 1, 2, \cdots, q, \tag{4.164}$$

$$a_j^T x - b_j = 0, \qquad j = 1, 2, \cdots, l. \tag{4.165}$$

证明 如果 $x^\Delta \in S_F$ 是凸向量优化问题 (4.159)~(4.161) 的 Pareto 最优解, 则 $f(x^\Delta)$ 是值域 $\mathcal{O}$ 的极小元, 根据引理 4.2, $f(x^\Delta)$ 也是 $\mathcal{A} = \mathcal{O} + K$ 的极小元, 从而是 $\mathcal{A}$ 的边界点, 根据引理 4.3, $\mathcal{A}$ 是凸集, 再根据定理 1.13, $\mathcal{A}$ 在点 $f(x^\Delta)$ 处有承托超平面, 即存在非零向量 λ 使得

$$\lambda^T(z - f(x^\Delta)) \geqslant 0, \qquad \forall z \in \mathcal{A}. \tag{4.166}$$

对任意 $y \in K$, 由于 $y + f(x^\Delta) \in \mathcal{A}$, 因此有

$$\lambda^T y = \lambda^T(y + f(x^\Delta) - f(x^\Delta)) \geqslant 0,$$

由 $y \in K$ 的任意性推出 $\lambda \in K^*$. 既然 $\mathcal{O}$ 是 $\mathcal{A}$ 的子集, 因此由式 (4.166) 得

$$\lambda^T(z - f(x^\Delta)) \geqslant 0, \qquad \forall z \in \mathcal{O},$$

即

$$\lambda^T f(x^\Delta) \leqslant \lambda^T f(x), \qquad \forall x \in S_F,$$

这就证明了 x^Δ 是标量化问题 (4.163)~(4.165) 的最优解. $\square$

须指出的是, 对于一般的 $\lambda \in K^* \setminus \{0\}$, 标量化问题 (4.163)~(4.165) 的最优解未必是原问题 (4.159)~(4.161) 的 Pareto 最优解. 但根据定理 4.10, 当 $\lambda \succ_{K^*} 0 (\lambda$ 是 K^* 的内点) 时, 标量化问题 (4.163)~(4.165) 的最优解一定是原问题 (4.159)~(4.161) 的 Pareto 最优解.

因此求解凸向量优化问题 (4.159)~(4.161) 的一般过程是这样的: 先对满足 $\lambda \succ_{K^*} 0$ 的权重向量求解标量化问题 (4.163)~(4.165), 得到原问题的 Pareto 最优解, 如果还没有找到满意的解, 则再对 $K^* \setminus \{0\}$ 中的其余权重向量 λ 求解相应的标量化问题, 并鉴别其最优解是否为原问题的 Pareto 最优解.

在向量优化问题 (4.138)~(4.140) 中, 如果正常锥 K 取非负象限 $\mathbb{R}_+^n$, 则称之为**多准则优化 (multicriterion optimization)** 或**多目标优化 (multi-objective optimization)** 问题.

前面得到的一般向量优化问题的结果显然适用于多准则优化问题.

4.5 福利经济学基本定理

4.5.1 产品经济系统

一个**产品经济系统 (production economy system)** 由 n 个消费者、k 家生产企业和 m 种产品组成, 产品中包括劳动力等生产要素, 产品的价格 $p = (p_1, p_2, \cdots, p_m)^{\mathrm{T}}$ 由市场决定, 单个消费者或单个企业无力左右价格. 第 i 个消费者消费产品的数量用 m 维向量 $x_i = (x_{1i}, x_{2i}, \cdots, x_{mi})^{\mathrm{T}}$ 表示, 它受预算约束

$$p^{\mathrm{T}} x_i \leqslant p^{\mathrm{T}} w_i + \sum_{j=1}^{k} \theta_{ij} p^{\mathrm{T}} y_j, \tag{4.167}$$

其中, $w_i = (w_{1i}, w_{2i}, \cdots, w_{mi})^{\mathrm{T}}$ 为初始财产 (可以理解为该消费者在上一期消费后剩余的产品数量), θ_{ij} 为第 i 个消费者持有第 j 家生产企业的股份, 满足

$$\sum_{i=1}^{n} \theta_{ij} = 1, \qquad j = 1, 2, \cdots, k.$$

第 j 家企业的产品产量为 $y_j = (y_{1j}, y_{2j}, \cdots, y_{mj})^{\mathrm{T}}$, 产品按照股份分配. 第 i 个消费者的消费偏好可用效用函数表示为

$$u_i : D_i(\subseteq \mathbb{R}^m) \to \mathbb{R}, \quad x_i \mapsto u_i(x_i), \tag{4.168}$$

其中, D_i 是效用函数的定义域. 消费者的理性选择是在预算约束下最大化效用 $u_i(x_i)$, 即求解优化问题

$$\max u_i(x_i), \qquad x_i \in D_i, \tag{4.169}$$

$$\text{s.t.} \quad p^{\mathrm{T}} x_i \leqslant p^{\mathrm{T}} w_i + \sum_{j=1}^{k} \theta_{ij} p^{\mathrm{T}} y_j. \tag{4.170}$$

第 j 家生产企业的生产计划用向量 $y_j = (y_{1j}, y_{2j}, \cdots, y_{mj})^{\mathrm{T}}$ 表示, 其中, y_{lj} 表示该企业计划生产第 l 种产品的数量, 可以是负数, 代表生产过程需消耗该种产品. 企业的生产利润为 $p^{\mathrm{T}} y_j$, 企业对生产计划的理性选择遵循利润最大化原则, 即求解优化问题

$$\max p^{\mathrm{T}} y_j, \qquad y_j \in P_j. \tag{4.171}$$

其中, P_j 代表该生产企业产量的可行集.

接下来要分析所有消费者和生产企业的总体行为, n 个消费者的消费选择可表示为

$$x = (x_1, x_2, \cdots, x_n) \in D_1 \times D_2 \times \cdots \times D_n,$$

是一个向量组 (或者看作 $m \times n$ 的矩阵). k 家企业的生产计划可表示为

$$y = (y_1, y_2, \cdots, y_k) \in P_1 \times P_2 \times \cdots \times P_k,$$

也是一个向量组 (或者看作 $m \times k$ 的矩阵). 把对偶 (x, y) 称为一个**配置 (allocation)**.

如果配置 (x, y) 满足

$$\sum_{i=1}^{n} x_i \preceq \sum_{i=1}^{n} w_i + \sum_{j=1}^{n} y_j, \tag{4.172}$$

则称它是**弱平衡的 (weakly balanced)**; 如果它满足

$$\sum_{i=1}^{n} x_i = \sum_{i=1}^{n} w_i + \sum_{j=1}^{n} y_j, \tag{4.173}$$

则称它是**平衡的 (balanced)**. 只有当一个配置是弱平衡的, 它才是可行的.

对于给定的价格 p 和产品供应量 y, 优化问题 (4.169)~(4.170) 的可行集记作 $B_i(p, y)$, 称为第 i 个消费者的**预算集 (budget set)**, 即

$$B_i(p, y) = \left\{ x_i \in D_i : p^{\mathrm{T}} x_i \leqslant p^{\mathrm{T}} w_i + \sum_{j=1}^{k} \theta_{ij} p^{\mathrm{T}} y_j \right\}. \tag{4.174}$$

我们来归纳一下, 决定一个产品经济系统的要素有

$$PE := \{ D_i, w_i, u_i, P_j, \theta_{ij}, i = 1, 2, \cdots, m, j = 1, 2, \cdots, k \}, \tag{4.175}$$

以后就用它来表示一个产品经济系统.

定义 4.13 对于由式 (4.175) 定义的产品经济系统 PE, 如果配置 $(\tilde{x}, \tilde{y})$ 和价格 $\tilde{p}$ 满足下列条件:

i). **效用最大化**: 对所有 $i = 1, 2, \cdots, n$ 皆有

$$u_i(\tilde{x}_i) = \max_{x_i \in B_i(\tilde{p}, \tilde{y})} u_i(x_i), \tag{4.176}$$

即 $\tilde{x}_i$ 是 (以 $\tilde{p}$ 代替 p, 以 $\tilde{y}$ 代替 y 的) 优化问题 (4.169)~(4.170) 的解.

ii). **利润最大化**: 对所有 $j = 1, 2, \cdots, k$ 皆有

$$\tilde{p}^{\mathrm{T}} \tilde{y}_j = \max_{y_j \in P_j} \tilde{p}^{\mathrm{T}} y_j, \tag{4.177}$$

即 $\tilde{y}_j$ 是 (以 $\tilde{p}$ 代替 p 的) 优化问题 (4.171) 的解.

iii). **弱平衡条件**:

$$\sum_{i=1}^{n} \tilde{x}_i \preceq \sum_{i=1}^{n} w_i + \sum_{j=1}^{n} \tilde{y}_j. \tag{4.178}$$

则称 $\{(\tilde{x}, \tilde{y}), \tilde{p}\}$ 是一个**竞争性均衡 (competitive equilibrium)** 或 **Walras 均衡 (Walrasian equilibrium)**.

从经济学角度来看, 竞争性均衡是这样一种状态, 在价格水平为 $\tilde{p}$ 时, 每个消费者 i 的效用在预算约束下的最大值点为 $\tilde{x}_i$, 每家生产企业的利润的最大值点为 $\tilde{y}_i$, 因此无论是消费者还是生产企业, 都没有动机改变现状, 导致这种状态得以维持, 具有一定的稳定性.

在一定的条件下竞争性均衡是存在的, 但证明比较复杂, 这里不作深入讨论, 感兴趣的读者可参见文献 [44], Existence Theorem III.

4.5.2 福利经济学基本定理

福利经济学关心的是生产出来的产品该如何分配给消费者消费, 才能使所有消费者的效用达到最优. 设经济系统中有 n 个消费者、m 种产品和 k 家生产企业, 第 i 个消费者的初始财产为 w_i, 消费数量为 x_i, 效用函数为 $u_i: D_i(\subseteq \mathbb{R}^m) \to \mathbb{R}$, 第 j 家生产企业的产量为 y_j, 受产能的限制, y_j 有一个取值范围 P_j. 消费者的消费数量受到产品总量的限制, 必须满足约束条件

$$\sum_{i=1}^{n} x_i \preceq \sum_{i=1}^{n} w_i + \sum_{j=1}^{k} y_j.$$

福利经济学关心的问题可表述为

$$\max \quad u(x) = (u_1(x_1), u_2(x_2), \cdots, u_n(x_n))^{\mathrm{T}}, \tag{4.179}$$

$$\text{s.t.} \quad x_i \in D_i, \; y_j \in P_j, \; i = 1, 2, \cdots, n, \; j = 1, 2, \cdots, k, \tag{4.180}$$

$$\sum_{i=1}^{n} x_i \preceq \sum_{i=1}^{n} w_i + \sum_{j=1}^{k} y_j. \tag{4.181}$$

其中, $x = (x_1, x_2, \cdots, x_n)$ 称为消费选择, $y = (y_1, y_2, \cdots, y_k)$ 称为生产计划, (x, y) 称为一个配置. 只有满足约束条件 (4.180)、(4.181) 的配置才是可行的, 称为可行配置. 所有可行配置之全体记作 S_F, 也就是优化问题 (4.179)~(4.181) 的可行集.

优化问题 (4.179)~(4.181) 是一个多目标优化问题, 一般没有最优解, 只有 Pareto 最优解 (经济学中称为 Pareto 有效解), 下面给出其具体定义. 称配置 (x, y) 是优化问题 (4.179)~(4.181) 的 **Pareto 最优解**, 是指:

i). (x, y) 是可行的;

ii). 如果可行配置 (x', y') 满足 $u(x') \succeq u(x)$, 则必有 $u(x') = u(x)$.

如果可行配置 (x', y') 与 (x, y) 满足 $u(x') \succeq u(x)$, 且存在 i 使得 $u_i(x_i') > u_i(x_i)$, 则称 (x', y') 是 (x, y) 的 **Pareto 改进**. 不难看出, 可行配置 (x, y) 是优化问题 (4.179)~(4.181) 的 Pareto 最优解当且仅当它没有 Pareto 改进.

4.5.1 节介绍了竞争性均衡的概念, 我们知道了竞争性均衡是经济系统的相对稳定状态, 一个重要的问题是这种状态是否为 Pareto 有效的. 说得具体一点, 设 PE 是由式 (4.175) 定义的产品经济系统, $\{(\tilde{x}, \tilde{y}), \tilde{p}\}$ 是其竞争性均衡, 试问配置 $(\tilde{x}, \tilde{y})$ 是否为优化问题 (4.179)~(4.181) 的 Pareto 最优解? 这个问题的答案是肯定的, 这就是下面要讲的**福利经济学基本定理**. 在介绍这个定理之前, 需要先引入一个概念.

设 $u_i : D_i(\subseteq \mathbb{R}^m) \to \mathbb{R}$ 是一个效用函数, 如果对任意 $x_i \in D_i$ 及任意 $\delta > 0$, 皆存在 $x_i' \in B(x_i, \delta) \cap D_i$ 使得 $u_i(x_i') > u_i(x_i)$, 则称效用函数 u_i 是**局部非饱和的 (locally non-satiated)**.

定理 4.12 (福利经济学第一基本定理) 设 PE 是由式 (4.175) 定义的产品经济系统, 且效用函数 $u_i, i = 1, 2, \cdots, n$ 是局部非饱和的, $\{(\tilde{x}, \tilde{y}), \tilde{p}\}$ 是 PE 的竞争性均衡, 则它是 Pareto 有效的, 即 $(\tilde{x}, \tilde{y})$ 是优化问题 (4.179)~(4.181) 的 Pareto 最优解.

证明 用反证法. 设若 $(\tilde{x}, \tilde{y})$ 不是优化问题 (4.179)~(4.181) 的 Pareto 最优解, 则存在可行配置 (x, y) 使得 $u(x) \succeq u(\tilde{x})$, 且存在 i 使得 $u_i(x_i) > u_i(\tilde{x}_i)$. 根据竞争性均衡的定义得

$$u_i(\tilde{x}_i) = \max_{x_i \in B_i(\tilde{p}, \tilde{y})} u_i(x_i),$$

因此 $x_i \notin B_i(\tilde{p}, \tilde{y})$, 从而有

$$\tilde{p}^{\mathrm{T}} x_i > \tilde{p}^{\mathrm{T}} w_i + \sum_{j=1}^{k} \theta_{ij} \tilde{p}^{\mathrm{T}} \tilde{y}_j. \tag{4.182}$$

接下来证明

$$\tilde{p}^{\mathrm{T}} x_l \geqslant \tilde{p}^{\mathrm{T}} w_l + \sum_{j=1}^{k} \theta_{lj} \tilde{p}^{\mathrm{T}} \tilde{y}_j, \qquad l \neq i. \tag{4.183}$$

如果不然, 则有

$$\delta := \frac{\tilde{p}^{\mathrm{T}} w_l + \sum_{j=1}^{k} \theta_{lj} \tilde{p}^{\mathrm{T}} \tilde{y}_j - \tilde{p}^{\mathrm{T}} x_l}{\|\tilde{p}\|_2} > 0,$$

由于效用函数 u_l 是局部非饱和的, 因此存在 $x_l' \in B(x_l, \delta) \cap D_l$ 使得 $u_l(x_l') > u_l(x_l)$, 于是

$$\tilde{p}^{\mathrm{T}}x_l' = \tilde{p}^{\mathrm{T}}(x_l' - x_l) + \tilde{p}^{\mathrm{T}}x_l = \tilde{p}^{\mathrm{T}}(x_l' - x_l) + \left(\tilde{p}^{\mathrm{T}}w_l + \sum_{j=1}^{k} \theta_{lj}\tilde{p}^{\mathrm{T}}\tilde{y}_j - \|\tilde{p}\|_2\delta \right)$$

$$\leqslant \|\tilde{p}\|_2\|x_l' - x_l\|_2 + \left(\tilde{p}^{\mathrm{T}}w_l + \sum_{j=1}^{k} \theta_{lj}\tilde{p}^{\mathrm{T}}\tilde{y}_j - \|\tilde{p}\|_2\delta \right)$$

$$\leqslant \tilde{p}^{\mathrm{T}}w_l + \sum_{j=1}^{k} \theta_{lj}\tilde{p}^{\mathrm{T}}\tilde{y}_j,$$

且有 $u_l(x_l') > u_l(x_l) \geqslant u_l(\tilde{x}_l)$, 但这与竞争性均衡的效用最大化性质矛盾, 因此反设不成立, 这就证明了式 (4.183). 将式 (4.182) 与式 (4.183) 中的不等式相加, 得

$$\sum_{l=1}^{n} \tilde{p}^{\mathrm{T}}x_l > \sum_{l=1}^{n} \tilde{p}^{\mathrm{T}}w_l + \sum_{j=1}^{k} \tilde{p}^{\mathrm{T}}\tilde{y}_j, \tag{4.184}$$

根据竞争性均衡的利润最大化性质得 $\tilde{p}^{\mathrm{T}}\tilde{y}_j \geqslant \tilde{p}^{\mathrm{T}}y_j, j = 1, 2, \cdots, k,$ 因此有

$$\sum_{l=1}^{n} \tilde{p}^{\mathrm{T}}x_l > \sum_{l=1}^{n} \tilde{p}^{\mathrm{T}}w_l + \sum_{j=1}^{k} \tilde{p}^{\mathrm{T}}y_j. \tag{4.185}$$

但另一方面, 由于 (x, y) 是可行配置, 因此有

$$\sum_{l=1}^{n} x_l \preceq \sum_{l=1}^{n} w_l + \sum_{j=1}^{n} y_j, \tag{4.186}$$

由于 $\tilde{p} \succeq 0,$ 用 $\tilde{p}^{\mathrm{T}}$ 左乘不等式 (4.186) 得

$$\sum_{l=1}^{n} \tilde{p}^{\mathrm{T}}x_l \leqslant \sum_{l=1}^{n} \tilde{p}^{\mathrm{T}}w_l + \sum_{j=1}^{n} \tilde{p}^{\mathrm{T}}y_j, \tag{4.187}$$

与不等式 (4.185) 矛盾, 定理得证. □

拓展阅读建议

本章介绍了带广义不等式约束的优化问题和向量优化问题, 作为拓展和应用, 还介绍了效用函数理论以及福利经济学基本定理. 这些知识是研究决策理论、宏微观经济学、博弈论、机器学习、数理金融等学科领域所必备的, 希望读者牢固掌握. 关于带广义不等式约束的优化问题可参考文献 [6] 的第 4 章及后面的习题. 关于向量优化问题和多准则优化问题的更多例子可参考文献 [6] 的第 5 章及后面的习题. 关于锥形式的更多知识可参考文献 [45] 的 6.4 节. 关于锥规划的系统知识及应用例子可参考文献 [46]. 关于半定规划的系统研究可参考 Alizadeh 的博士论文[47], 半定规划的应用研究有非常多的文献, 如在控制论中的应

用[48-50], 在通信与信号处理中的应用[51-53], 以及在组合优化中的应用[54]. 关于多目标优化和 Pareto 最优性的最早专著是 Pareto 于 1906 年出版的专著[55], 之后这一套理论在经济学中盛行, 读者可参考文献 [44, 56]. 关于偏好和效用函数理论的专著可参考文献 [44, 57-59], 关于期望效用函数的早期经典著作是文献 [42], 近期研究不确定情形下的偏好的经济学著作有文献 [60-61]. 偏好学习 (preference learning) 与逆强化学习 (inverse reinforce learning) 密切相关, 最近成为人工智能的一个前沿研究领域, 读者可参考文献 [62]. 关于竞争性均衡的存在性可参考 Arrow 的专著[63]. 关于福利经济学基本定理的拓展可参考文献 [64-65].

第 4 章习题

1. 设 C 是 $\mathbb{R}^n$ 中的开凸集, K 是 $\mathbb{R}^n$ 中的正常锥, f 是定义在 C 上的连续可微函数. 证明:

(1) 如果

$$\nabla f(x) \succeq_{K^*} 0, \qquad \forall x \in C, \tag{4.188}$$

则 f 是单调增加的.

(2) 如果

$$\nabla f(x) \succ_{K^*} 0, \qquad \forall x \in C, \tag{4.189}$$

则 f 是严格单调增加的.

2. 设 $(S, \preceq)$ 是偏好集, 证明:

(1) 如果 $x, y, z \in S$ 满足 $x \sim y, y \sim z$, 则必有 $x \sim z$.

(2) 如果 $x, y, z \in S$ 满足 $x \succ y, y \succeq z$, 则必有 $x \succ z$.

3. 设 $\preceq$ 是凸集 C 上的偏好关系, 且满足独立性公理. 证明:

(1) 如果 $x \preceq y, u \preceq v, 0 < \lambda \leqslant 1$, 则有

$$\lambda x + (1 - \lambda)u \preceq \lambda y + (1 - \lambda)v. \tag{4.190}$$

(2) 如果 $x \sim y, u \sim v, 0 < \lambda < 1$, 则有

$$\lambda x + (1 - \lambda)u \sim \lambda y + (1 - \lambda)v. \tag{4.191}$$

4. 设 $A \in \mathbb{R}^{p \times q}, s \geqslant 0$, 令

$$B = \begin{pmatrix} sI_p & A \\ A^{\mathrm{T}} & sI_q \end{pmatrix},$$

其中, I_p 和 I_q 分别是 p 阶和 q 阶单位矩阵. 试证明 $A^{\mathrm{T}}A \preceq s^2 I$ 当且仅当 $B \succeq 0$.

优化算法基础知识

学习要点

1. 理解优化算法的收敛性和收敛阶等概念.
2. 掌握一维牛顿法和割线法.
3. 掌握区间分割法.
4. 掌握几种常用的线搜索算法及其收敛性分析.

5.1 算法的收敛性与收敛速度

绝大多数非线性优化问题是无法求出其解析解的, 只能通过数值逼近的方法求其近似解.

优化问题数值算法的基本原理是从某个初始点 $x_0 \in \mathbb{R}^n$ 出发, 按照某种计算步骤产生一列点 $\{x_k : k = 0, 1, 2, \cdots\}$, 使得 x_k 逼近该优化问题的最优点 (或局部最优点). 当然, 最优点或局部最优点事先是不知道的, 有时候也用满足某种最优性条件的点代替它, 例如 KKT 点.

用 X^* 表示要寻找的最优点的集合, $\{x_k\}$ 表示由某种算法产生的点列, 如果

$$d(x_k, X^*) := \inf_{x \in X^*} \|x_k - x\|_2 \to 0, \qquad k \to \infty, \tag{5.1}$$

则称 $\{x_k\}$ **弱收敛于** X^*; 如果存在 $x^* \in X^*$ 使得

$$\lim_{k \to \infty} \|x_k - x^*\|_2 = 0, \tag{5.2}$$

则称 $\{x_k\}$ **强收敛于** X^*.

显然, 如果 $\{x_k\}$ 强收敛于 X^*, 则 $\{x_k\}$ 必弱收敛于 X^*.

接下来讨论收敛速度的问题. 设 $\{x_k\}$ 收敛于 $x^* \in X^*$, 对于 $p \geqslant 0$, 称

$$Q_p := \varlimsup_{k \to \infty} \frac{\|x_{k+1} - x^*\|_2}{\|x_k - x^*\|_2^p} \tag{5.3}$$

为 $\{x_k\}$ 的**商收敛因子**, 简称为 Q 因子; 称

$$R_p := \begin{cases} \varlimsup_{k \to \infty} \|x_k - x^*\|_2^{1/k}, & p = 1 \\ \varlimsup_{k \to \infty} \|x_k - x^*\|_2^{1/p^k}, & p > 1 \end{cases} \tag{5.4}$$

为 $\{x_k\}$ 的**根收敛因子**, 简称为 R 因子. 称

$$O_Q := \inf\{p \geqslant 1 : Q_p = \infty\} \tag{5.5}$$

为 $\{x_k\}$ 的**商收敛阶**, 简称为 Q 收敛阶; 称

$$O_R := \inf\{p \geqslant 1 : R_p = \infty\} \tag{5.6}$$

为 $\{x_k\}$ 的**根收敛阶**, 简称为 R 收敛阶.

对于收敛点列 $\{x_k\}$, 可以证明其 Q 收敛阶不会超过其 R 收敛阶[34]. 目前文献中用得比较多的是 Q 收敛阶, 以后我们提到的收敛因子都是指 Q 收敛因子, 收敛阶都是指 Q 收敛阶.

定义 5.1　设点列 $\{x_k\}$ 收敛于 x^*, 如果 $Q_1 = 0$, 则称 $\{x_k\}$ **超线性收敛于** x^*; 如果 $0 < Q_1 < 1$, 则称 $\{x_k\}$ **线性收敛于** x^*; 如果 $Q_1 \geqslant 1$, 则称 $\{x_k\}$ **次线性收敛于** x^*.

如果 $\{x_k\}$ 超线性收敛于 x^*, 则有

$$\varlimsup_{k \to \infty} \frac{\|x_{k+1} - x^*\|_2}{\|x_k - x^*\|_2} = 0, \tag{5.7}$$

由于

$$\frac{\|x_{k+1} - x^*\|_2}{\|x_k - x^*\|_2} \geqslant \frac{\|x_{k+1} - x^*\|_2}{\|x_k - x_{k+1}\|_2 + \|x_{k+1} - x^*\|_2}$$

$$= \frac{\dfrac{\|x_{k+1} - x^*\|_2}{\|x_k - x_{k+1}\|_2}}{1 + \dfrac{\|x_{k+1} - x^*\|_2}{\|x_k - x_{k+1}\|_2}}, \tag{5.8}$$

同理可得

$$\frac{\|x_{k+1} - x^*\|_2}{\|x_k - x_{k+1}\|_2} \geqslant \frac{\dfrac{\|x_{k+1} - x^*\|_2}{\|x_k - x^*\|_2}}{1 + \dfrac{\|x_{k+1} - x^*\|_2}{\|x_k - x^*\|_2}}, \tag{5.9}$$

因此式 (5.7) 成立当且仅当

$$\varlimsup_{k \to \infty} \frac{\|x_{k+1} - x^*\|_2}{\|x_k - x_{k+1}\|_2} = 0. \tag{5.10}$$

这说明当相邻两次迭代的结果相差很小时, x_{k+1} 已经距离 x^* 很近了, 这就为算法提供了一个很好的停机判断准则.

定义 5.2　设点列 $\{x_k\}$ 收敛于 x^*, 如果 $Q_2 = 0$, 则称 $\{x_k\}$ **超二次收敛于** x^*; 如果 $0 < Q_2 < \infty$, 则称 $\{x_k\}$ **二次收敛于** x^*; 如果 $Q_2 = \infty$, 则称 $\{x_k\}$ **次二次收敛于** x^*.

类似地, 可以定义超三次收敛、三次收敛、次三次收敛等概念.

5.2　一维牛顿法与割线法

本节我们考虑一维优化问题

$$\min_{x \in \mathbb{R}} f(x) \tag{5.11}$$

的优化算法. 我们假设 $f(x)$ 具有二阶连续导数. 如果 x^* 是式 (5.11) 的极小点, 则必有 $f'(x^*) = 0$, 因此可以通过求方程 $f'(x) = 0$ 的根求得候选极小点. 当然, 求这个方程的根也并非易事, 需要用逐次逼近的方法求其近似值. **牛顿法** (也称为**牛顿切线法**) 就是这样一种方法.

下面介绍牛顿法的基本思想. 首先选一个初始点 $x_0 \in \mathbb{R}$, 如果 $f'(x_0) = 0$, 则 x_0 就是我们要找的点. 如果 $f'(x_0) \neq 0$, 则可以考虑对 x_0 作适当的修正, 例如使 $x_0 + h$ 比 x_0 更接近 f' 的根 x^*. 如何确定修正量 h 呢? 我们当然希望 $f'(x_0 + h) = 0$, 但这个方程与 $f'(x) = 0$ 是等价的, 无法求出其精确解, 于是考虑在 x_0 附近用一阶 Taylor 多项式逼近 f', 即

$$f'(x_0 + h) = f'(x_0) + f''(x_0)h + o(|h|) \approx f'(x_0) + f''(x_0)h, \tag{5.12}$$

通过求解近似方程 $f'(x_0) + f''(x_0)h = 0$ 确定修正量 h. 这是一个线性方程, 很容易求得其唯一的实根为

$$h = -\frac{f'(x_0)}{f''(x_0)}, \tag{5.13}$$

令

$$x_1 = x_0 + h = x_0 - \frac{f'(x_0)}{f''(x_0)}, \tag{5.14}$$

则在一定的条件下, x_1 确实比 x_0 更接近 x^*.

如果 $f'(x_1) \neq 0$, 则可以重复以上过程对 x_1 进行修正: 在 x_1 点附近用一阶 Taylor 多项式 $f'(x_1) + f''(x_1)h$ 近似代替 $f'(x_1 + h)$, 通过解线性方程 $f'(x_1) + f''(x_1)h = 0$ 确定修正量 $h = -f'(x_1)/f''(x_1)$, 令

$$x_2 = x_1 + h = x_1 - f'(x_1)/f''(x_1). \tag{5.15}$$

如果 $f'(x_2) \neq 0$, 则再重复以上步骤, 直至某次迭代后得到的点 x_k 满足 $f'(x_k) = 0$ 或者其绝对值足够小, 停机并输出 x_k.

以上计算过程可用算法表示如下.

Algorithm 1 (一维牛顿法 I)

Input:

The initial point $x_0 \in \mathbb{R}$;

The tolerance bound ε;

Output:

The approximation of the extreme point x

$x \leftarrow x_0$;

while $|f'(x)| \geqslant \varepsilon$ **do**

　　compute $h = -f'(x)/f''(x)$;

　　$x \leftarrow x + h$;

end while

Output x;

关于以上算法的收敛性, 有下列结果.

定理 5.1　设 f 二次连续可微, $f'(x^*) = 0, f''(x^*) \neq 0$, 则当 x_0 充分靠近 x^* 时, 有 $x_k \to x^*$, 且

$$\lim_{k \to \infty} \frac{|x_{k+1} - x^*|}{|x_k - x^*|} = 0, \tag{5.16}$$

即算法 Algorithm 1 是超线性收敛的.

证明　根据算法的迭代公式得

$$\begin{aligned} x_{k+1} - x^* &= x_k - f'(x_k)/f''(x_k) - x^* \\ &= x_k - x^* - \left(f'(x^*) + \int_{x^*}^{x_k} f''(x)\mathrm{d}x \right) / f''(x_k) \\ &= \int_{x^*}^{x_k} [f''(x_k) - f''(x)]\,\mathrm{d}x / f''(x_k), \end{aligned} \tag{5.17}$$

其中, 最后一个等号用到了条件 $f'(x^*) = 0$. 由于 $f''(x^*) \neq 0$, 不妨设 $f''(x^*) > 0$; 由于 f'' 连续, 因此存在 $\delta > 0$ 使得当 $x, y \in [x^* - \delta, x^* + \delta]$ 时恒有 $f''(x) > f''(x^*)/2, |f''(x) - f''(y)| < f''(x^*)/4$, 从而有

$$\frac{|f''(x) - f''(y)|}{f''(x)} < \frac{1}{2}, \tag{5.18}$$

因此当 $x_k \in [x^* - \delta, x^* + \delta]$ 时有

$$|x_{k+1} - x^*| = \left| \int_{x^*}^{x_k} \frac{f''(x_k) - f''(x)}{f''(x_k)}\mathrm{d}x \right| \leqslant \frac{1}{2}|x_k - x^*|, \tag{5.19}$$

由此立刻推出 $x_k \to x^*$. 既然 $x_k \to x^*$, 当 $k \to \infty$ 时必有

$$\left| \frac{f''(x_k) - f''(x)}{f''(x_k)} \right| \to 0, \qquad \forall x \in [x^*, x_k], \tag{5.20}$$

而且是一致收敛的, 因此有

$$|x_{k+1} - x^*| = \left| \int_{x^*}^{x_k} \frac{f''(x_k) - f''(x)}{f''(x_k)} \mathrm{d}x \right| = |x_k - x^*| \cdot o(1), \tag{5.21}$$

即式 (5.16) 成立. □

算法 Algorithm 1 求出的只是导数的零点, 既可能是局部极小值点, 也可能是局部极大值点, 一个完善的算法应能够判断是极小值点还是极大值点, 如果落入极大值点, 还要能够跳出来继续寻找极小值点. 将以上因素都考虑进去的算法就是全局牛顿算法, 我们不作深入讨论, 感兴趣的读者可参见文献 [31] 的 2.1 节.

一维牛顿法的关键迭代公式为

$$x_{k+1} = x_k - \frac{f'(x_k)}{f''(x_k)}, \tag{5.22}$$

需要用到二阶导数 $f''(x_k)$. 如果用差商近似代替 $f''(x_k)$, 即

$$f''(x_k) \approx \frac{f'(x_k) - f'(x_{k-1})}{x_k - x_{k-1}}, \tag{5.23}$$

便得到了迭代公式

$$x_{k+1} = x_k - \frac{f'(x_k)(x_k - x_{k-1})}{f'(x_k) - f'(x_{k-1})}, \tag{5.24}$$

由此得到的算法便是**割线法**, 具体算法如 Algorithm 2 所示.

Algorithm 2 (割线法)

Input:

    The initial point $x_0, x_1 \in \mathbb{R}$;

    The tolerance bound ε;

Output:

    The approximation of the extreme point x_{II}

    $x_I \leftarrow x_0$;

    $x_{II} \leftarrow x_1$;

    while $|f'(x_{II})| \geqslant \varepsilon$ **do**

        compute $h = -f'(x_{II})(x_{II} - x_I)/(f'(x_{II}) - f'(x_I))$;

        $x_I \leftarrow x_{II}$;

        $x_{II} \leftarrow x_{II} + h$;

    end while

    Output x_{II};

关于割线法的收敛性的证明以及收敛阶的估计不作深入讨论, 感兴趣的读者可参见文献 [31] 的 2.2 节.

5.3　区间分割法

本节讨论求解**单峰函数**最小值问题的方法——**区间分割法**. 称 f 是区间 $[a,b]$ 上的**单峰函数 (unimodal function)**, 如果存在 $x^* \in [a,b]$ 使得 f 在 $[a,x^*]$ 上严格单调递减, 在 $[x^*,b]$ 上严格单调递增.

从单峰函数的定义不难发现, $[a,b]$ 上的单峰函数 f 有唯一的全局极小值点 x^*. 如何定位极小值点 x^* 呢? 我们可以在区间 $[a,b]$ 上取两点 x_1, x_2 使得

$$a < x_1 < x_2 < b,$$

如果 $f(x_1) < f(x_2)$, 则可以断定 $x^* \in [a, x_2]$; 如果 $f(x_1) > f(x_2)$, 则可以断定 $x^* \in [x_1, b]$; 如果 $f(x_1) = f(x_2)$, 则可以断定 $x^* \in [x_1, x_2]$. 综上所述, 通过计算两点的函数值 $f(x_1)$ 和 $f(x_2)$, 我们可以把 x^* 定位在一个更小的区间中, 这就是区间分割法的核心思想. 通过反复的区间分割, 可以给出极小值点 x^* 任意精度的逼近.

如何选择区间分点 x_1 和 x_2 呢? 最容易想到的就是选择 x_1 和 x_2 为区间 $[a,b]$ 的三等分点:

$$x_1 = a + \frac{1}{3}(b - a), \qquad x_2 = a + \frac{2}{3}(b - a), \tag{5.25}$$

对应的区间分割算法就是算法 Algorithm 3.

Algorithm 3 (区间分割算法 I)

Input:
　The initial interval $[a, b]$;
　The tolerance bound ε;

Output:
　The approximation of the extreme point x_m

　$a_m \leftarrow a$;
　$b_m \leftarrow b$;
　while $b_m - a_m \geqslant \varepsilon$ **do**
　　$x_1 \leftarrow a_m + (b_m - a_m)/3$;
　　$x_2 \leftarrow a_m + 2(b_m - a_m)/3$;
　　if $f(x_1) < f(x_2)$ **then**
　　　$b_m \leftarrow x_2$;
　　else
　　　if $f(x_1) > f(x_2)$ **then**
　　　　$a_m \leftarrow x_1$;
　　　else
　　　　$a_m \leftarrow x_1$;

$b_m \leftarrow x_2;$

  end if

 end if

end while

Output $x_m = (a_m + b_m)/2;$

算法 Algorithm 3 输出结果的精度由最终的小区间 $[a_m, b_m]$ 的长度决定, 满足不等式

$$|x_m - x^*| \leqslant \frac{b_m - a_m}{2}. \tag{5.26}$$

因此算法的收敛速度取决于每次区间分割后极小值点 x^* 所在的估计区间与原来的估计区间相比缩小了多少. 设分割前的区间为 $[a_{m-1}, b_{m-1}]$, 分割后 x^* 所在的区间为 $[a_m, b_m]$, 则 $[a_m, b_m]$ 或者是 $[a_{m-1}, x_2]$, 或者是 $[x_1, b_{m-1}]$, 或者是 $[x_1, x_2]$, 因此分割后与分割前的区间长度之比满足

$$\frac{b_m - a_m}{b_{m-1} - a_{m-1}} \leqslant \frac{\max\{x_2 - a_{m-1}, b_{m-1} - x_1, x_2 - x_1\}}{b_{m-1} - a_{m-1}}$$
$$= \frac{\max\{x_2 - a_{m-1}, b_{m-1} - x_1\}}{b_{m-1} - a_{m-1}}. \tag{5.27}$$

当 x_1 和 x_2 是区间 $[a_{m-1}, b_{m-1}]$ 的三等分点时, 有

$$\frac{b_m - a_m}{b_{m-1} - a_{m-1}} \leqslant \frac{2}{3}. \tag{5.28}$$

经过 m 次区间分割后得到的近似极小值点 x_m 的误差估计为

$$|x_m - x^*| \leqslant \frac{b_m - a_m}{2} \leqslant \frac{1}{2}\left(\frac{2}{3}\right)^m (b - a). \tag{5.29}$$

为了提高计算效率, 我们可以在分割点的选择及算法的设计上做一些改进. 我们选择分点 $a < x < y < b$ 使得

$$x - a = b - y, \qquad \frac{y - a}{b - a} = \frac{x - a}{y - a}, \tag{5.30}$$

令 $\gamma = (y - a)/(b - a)$, 则有

$$\gamma = \frac{1}{\gamma} - 1, \tag{5.31}$$

整理后得到一元二次方程

$$\gamma^2 + \gamma - 1 = 0, \tag{5.32}$$

这个方程有两个实根, 但由于 $\gamma > 0$, 因此只能是

$$\gamma = \frac{\sqrt{5} - 1}{2} \approx 0.618, \tag{5.33}$$

这正是**黄金分割比**. 不难看出

$$\frac{b-y}{b-x} = \frac{x-a}{y-a} = \gamma. \tag{5.34}$$

如果 $f(x) < f(y)$, 则极小值点 x^* 必落在区间 $[a, y]$ 中, 只需令 $x_1 = a+(y-x)$, 则 a, x_1, x, y 满足黄金分割条件, 只需再计算 $f(x_1)$ 的值便可进一步分割区间 $[a, y]$, 更精确地定位 x^*; 如果 $f(x) \geqslant f(y)$, 则极小值点 x^* 必落在区间 $[x, b]$ 中, 只需令 $y_1 = b-(y-x)$, 则 x, y, y_1, b 满足黄金分割条件, 只需再计算 $f(y_1)$ 的值便可进一步分割区间 $[x, b]$, 更精确地定位 x^*.

现在设计**黄金分割算法**如 Algorithm 4 所示.

Algorithm 4 (黄金分割算法)

Input:

The initial interval $[a, b]$;

The tolerance bound ε;

Output:

The approximation of the extreme point x_m

$a_m \leftarrow a$;
$b_m \leftarrow b$;
$\gamma \leftarrow (\sqrt{5}-1)/2$;
$y \leftarrow a_m + \gamma(b_m - a_m)$;
$x \leftarrow a_m + (b_m - y)$;
$v_x \leftarrow f(x)$;
$v_y \leftarrow f(y)$;
while $b_m - a_m \geqslant \varepsilon$ **do**
 if $v_x < v_y$ **then**
  $b_m \leftarrow y$;
  $y \leftarrow x$;
  $v_y \leftarrow v_x$;
  $x \leftarrow a_m + (b_m - y)$;
  $v_x \leftarrow f(x)$;
 else
  $a_m \leftarrow x$;
  $x \leftarrow y$;
  $v_x \leftarrow v_y$;
  $y \leftarrow b_m - (x - a_m)$;
  $v_y \leftarrow f(y)$;
 end if
end while
Output $x_m = (a_m + b_m)/2$;

黄金分割算法 Algorithm 4 每次分割后所得的估计区间的长度是分割前估计区间的长度的 γ 倍, 因此有误差估计公式

$$|x_m - x^*| \leqslant \frac{b_m - a_m}{2} \leqslant \frac{1}{2}\gamma^m (b-a), \tag{5.35}$$

其中, m 是区间分割的次数. 与算法 Algorithm 3 相比有两点好处: 一是黄金分割比 $\gamma <$ 2/3, 从而黄金分割算法收敛得更快; 二是黄金分割算法的每次迭代只需计算一个点的函数值, 而算法 Algorithm 3 的每次迭代需要计算两个点的函数值, 因此黄金分割算法的效率更高.

如果 f 存在一阶导数, 则极小值点 x^* 是唯一满足 $f'(x) = 0$ 的点, 因此可以通过求方程 $f'(x) = 0$ 的根来寻找 x^*. 可以用**对分法**求方程 $f'(x) = 0$ 的近似根: 设 c 是区间 $[a, b]$ 的中点, 如果 $f'(c) < 0$, 则方程的根 $x^* \in [c, b]$, 否则 $x^* \in [a, c]$, 继续对分 $[c, b]$ 或 $[a, c]$ 可得到更小的估计区间, 重复此过程可得到 x^* 的任意精度的逼近. 具体算法如 Algorithm 5 所示.

Algorithm 5 (对分法)

Input:

    The initial interval $[a, b]$;

    The tolerance bound ε;

Output:

    The approximation of the extreme point x_m

    $B \leftarrow 1$;

    while $b - a \geqslant \varepsilon$ **do**

      $c \leftarrow (a + b)/2$;

      if $f'(c) < 0$ **then**

        $a \leftarrow c$;

      else

        if $f'(c) = 0$ **then**

          Output $x_m = c$;

          $B \leftarrow 0$;

          Stop;

        else

          $b \leftarrow c$;

        end if

      end if

    end while

    if $B = 1$ **then**

      Output $x_m = (a + b)/2$;

    end if

对分法每次区间分割后估计区间的长度缩减为分割前估计区间的长度的一半, 因此有误差估计公式

$$|x_m - x^*| \leqslant \left(\frac{1}{2}\right)^{m+1} (b - a), \tag{5.36}$$

其中, m 是区间分割的次数. 对分法的效率比三等分法和黄金分割法的都高, 前提是 f 可导.

5.4 线 搜 索

线搜索 (line search) 是指找多元函数在一条直线上的最大值点或最小值点. 线搜索问题一般形式为

$$\min_{s>0} f(x_k + sd_k), \tag{5.37}$$

其中, $x_k \in \mathbb{R}^n$ 是某些优化算法迭代过程中到达的某一点, $d_k \in \mathbb{R}^n$ 代表接下来的行走方向, 通常满足 $d_k^{\mathrm{T}} \nabla f(x_k) < 0$, 沿着这个方向走能够保证目标函数 f 的值下降. 线搜索问题之所以重要是因为它出现在许多非线性优化算法的迭代步骤中, 对这些优算法的计算效率都有直接影响.

由于线搜索问题本质上是一维优化问题, 因此可以用前面两节介绍的一维优化算法来求解.

记 $\varphi(s) = f(x_k + sd_k)$, 并假设 f 具有一阶连续偏导数, 则有

$$\varphi'(s) = d_k^{\mathrm{T}} \nabla f(x_k + sd_k), \tag{5.38}$$

因此优化问题 (5.37) 在 $s = s^*$ 处取极小值的必要条件为

$$d_k^{\mathrm{T}} \nabla f(x_k + s^* d_k) = 0. \tag{5.39}$$

如果 f 是二阶连续可微的, 则有

$$\varphi''(s) = d_k^{\mathrm{T}} \nabla^2 f(x_k + sd_k) d_k, \tag{5.40}$$

因此优化问题 (5.37) 在 $s = s^*$ 处取局部极小值的充分条件为

$$d_k^{\mathrm{T}} \nabla f(x_k + s^* d_k) = 0, \qquad d_k^{\mathrm{T}} \nabla^2 f(x_k + s^* d_k) d_k > 0. \tag{5.41}$$

如果 f 是凸函数, 则 φ 也是凸函数, 此时 $\varphi'(s^*) = 0$ 足以保证 φ 在 $s = s^*$ 处取得全局极小值.

精确求解优化问题 (5.37) 称为**精确线搜索 (exact line search)**, 前面两节介绍的牛顿法、割线法和区间分割法都可以用于精确线搜索. 精确线搜索通常需要很多的计算时间, 会严重拖慢优化算法的计算速度, 因此并不常用. 实践中用得更多的是**非精确线搜索 (inexact line search)**, 目的是快速地找到某个近似解 s_I 以满足某些指定的条件, 这些条件能够保证非线性优化算法的整体收敛性.

一种比较常用的非精确线搜索是 **Wolfe 线搜索**, 它寻找 $s_I > 0$ 满足

$$f(x) - f(x + s_I d) \geqslant -s_I b_1 d^{\mathrm{T}} \nabla f(x), \tag{5.42}$$

$$d^{\mathrm{T}} \nabla f(x + s_I d) \geqslant b_2 d^{\mathrm{T}} \nabla f(x), \tag{5.43}$$

其中, b_1 和 b_2 是两个常数, 且满足 $0 < b_1 \leqslant b_2 < 1$[35]. 条件 (5.42) 是为了保证当自变量由 x 走到新的位置 $x + s_I d$ 时目标函数 f 的值下降得足够多 (与步长 s_I 成正比), 通常称

为**充分下降条件 (sufficient decrease condition)** 或 **Armijo** 条件; 条件 (5.43) 称为**曲率条件 (curvature condition)**, 用来排除过小的步长; 这两个条件合起来就是 **Wolfe** 条件. 接下来我们证明当 f 和 d 满足一定的条件时, 确实存在 s_I 满足条件 (5.42) 和 (5.43).

定理 5.2 设 f 是 $\mathbb{R}^n$ 上的连续可微函数, $d \in \mathbb{R}^n$ 使得 $d^{\mathrm{T}}\nabla f(x) < 0$ 且 $\varphi(s) := f(x + sd)$ 在开区间 $(0, \infty)$ 内有下界, 则必存在 $s_I > 0$ 满足条件 (5.42) 和 (5.43).

证明 根据多元函数的微分中值定理 (定理 1.8) 得

$$\varphi(s) := f(x + sd) = f(x) + sd^{\mathrm{T}}\nabla f(x) + o(s) = \varphi(0) + cs + o(s),$$

其中, $c = d^{\mathrm{T}}\nabla f(x) < 0$. 由于 $b_1 < 1$, 当 s 充分小时必有 $\varphi(s) \leqslant \varphi(0) + b_1 cs$, 记

$$s_0 := \sup\{a : \varphi(s) \leqslant \varphi(0) + b_1 cs, \ \forall s \in [0, a]\},$$

则显然有 $s_0 > 0$, 又因为 φ 在开区间 $(0, \infty)$ 内有下界, 因此当 s 充分大时必然有 $\varphi(s) > \varphi(0) + b_1 cs$, 从而必有 $s_0 < \infty$. 此外还有

$$\varphi(s_0) = \varphi(0) + b_1 cs_0. \tag{5.44}$$

这是因为如果不然, 则 $\varphi(s_0) < \varphi(0) + b_1 cs_0$, 因此存在正数 ε 使得

$$\varphi(s_0) = \varphi(0) + b_1 cs_0 - \varepsilon, \tag{5.45}$$

由于 φ 是连续可微的, 因此存在正数 δ_1 使得

$$\varphi(s_0 + s) < \varphi(s_0) + \frac{\varepsilon}{2}, \qquad \forall s \in [0, \delta_1], \tag{5.46}$$

现在取

$$\delta := \min\left\{\delta_1, -\frac{\varepsilon}{2b_1 c}\right\},$$

则有 $\delta > 0$, 且

$$\begin{aligned}
\varphi(s_0 + \delta) &< \varphi(s_0) + \frac{\varepsilon}{2} = \varphi(0) + b_1 cs_0 - \varepsilon + \frac{\varepsilon}{2} \\
&= \varphi(0) + b_1 c(s_0 + \delta) - b_1 c\delta - \frac{\varepsilon}{2} \\
&\leqslant \varphi(0) + b_1 c(s_0 + \delta),
\end{aligned} \tag{5.47}$$

但这与 s_0 的定义矛盾, 因此式 (5.44) 成立.

根据一元函数的微分中值定理, 存在 $s_I \in [0, s_0]$ 使得

$$\varphi'(s_I) = \frac{\varphi(s_0) - \varphi(0)}{s_0} = b_1 c \geqslant b_2 c = b_2 d^{\mathrm{T}}\nabla f(x), \tag{5.48}$$

再注意到 $\varphi'(s_I) = d^{\mathrm{T}}\nabla f(x + s_I d)$ 便可得到不等式 (5.43). 由于 $s_I \in (0, s_0)$, 因此 $\varphi(s_I) \leqslant \varphi(0) + b_1 cs_I$, 从而满足不等式 (5.42). $\square$

为了保证更多非线性优化算法的收敛性, 研究者提出了如下比式 (5.43) 更强的条件:

$$\left| d^{\mathrm{T}} \nabla f(x + s_I d) \right| \leqslant -b_2 d^{\mathrm{T}} \nabla f(x), \tag{5.49}$$

它的好处就是控制 $\varphi'(s_I)$ 不能取太大的正值, 从而剔除一些远离最优值的步长. 通常把条件 (5.42) 和 (5.49) 合称为强 **Wolfe 条件**, 相应的线搜索为强 **Wolfe 线搜索**. 对定理 5.2 的证明方法稍做修改后可以证明存在步长 s_I 满足强 Wolfe 条件.

接下来介绍一种求满足充分下降条件 (5.42) 的步长 s_I 的算法, 即**回溯线搜索 (back-tracking line search)**. 我们假设 f 是连续可微的, 并令 $\varphi(s) = f(x + sd)$, $c = d^{\mathrm{T}} \nabla f(x)$. 此时条件 (5.42) 等价于

$$\varphi(0) - \varphi(s_I) \geqslant -b_1 c s_I. \tag{5.50}$$

回溯线搜索的基本思想是先给一个初始步长 $s_0 > 0$, 并选定一个收缩率 $0 < \rho < 1$, 将 s_0 赋值给 s_I, 如果 s_I 满足条件 (5.50), 则输出 s_I, 算法终止; 否则将 ρs_I 赋值给 s_I, 并检验更新后的 s_I 是否满足条件 (5.50), 如果满足, 则输出 s_I 并终止, 否则继续更新 s_I, 重复以上过程, 每次更新后 s_I 将缩小至更新前的 ρ 倍, 因此经过若干次更新后, s_I 将变得足够小使得条件 (5.50) 成立. 下面是算法的伪代码.

Algorithm 6 (回溯线搜索)

Input:

    The constant $0 < b_1 < 1$;

    The contraction rate $0 < \rho < 1$;

    The initial step length s_0;

Output:

    The step length s_I satisfying condition (5.50)

    Compute $c = \varphi'(0) = d^{\mathrm{T}} \nabla f(x)$;

    $s_I \leftarrow s_0$;

    $y_0 \leftarrow \varphi(0) = f(x)$;

    $y \leftarrow \varphi(s_I) = f(x + s_I d)$;

    $z \leftarrow -b_1 c s_I$;

    while $y_0 - y < z$ **do**

        $s_I \leftarrow \rho s_I$;

        $y \leftarrow \varphi(s_I) = f(x + s_I d)$;

        $z \leftarrow -b_1 c s_I$;

    end while

    Output s_I;

回溯线搜索算法 Algorithm 6 能够保证所得的步长 s_I 不至于太小, 在大多数情况下能够保证非线性优化算法的收敛性, 而且算法简单, 因此在实践中用得比较多.

为了减少迭代更新的次数, 研究者对回溯线搜索作了一些改进, 即将插值多项式引入算法. 先计算 $\varphi(0)$、$\varphi'(0)$ 和 $\varphi(s_0)$ 的值, 然后用待定系数法求一个二次多项式 $q_2(s)$ 使得

$$q_2(0) = \varphi(0), \qquad q_2'(0) = \varphi'(0), \qquad q_2(s_0) = \varphi(s_0), \tag{5.51}$$

经简单计算后可以得到 $q_2(x)$ 的表达式为

$$q_2(s) = \left(\frac{\varphi(s_0) - \varphi(0) - s_0\varphi'(0)}{s_0^2} \right) s^2 + \varphi'(0)s + \varphi(0). \tag{5.52}$$

一般来说, 二次多项式 q_2 能够很好地逼近 φ, 因此 q_2 的最小值点是 φ 的最小值点的很好的近似. 为了求 q_2 的最小值点, 令 $q_2'(s) = 0$, 解得 q_2 的最小值点为

$$s_1 = -\frac{\varphi'(0)s_0}{2[\varphi(s_0) - \varphi(0) - s_0\varphi'(0)]}, \tag{5.53}$$

如果 s_1 满足充分下降条件 (5.50), 则输出 $s_I = s_1$ 并停机; 否则构造一个三次多项式 q_3, 满足条件

$$q_3(0) = \varphi(0), \qquad q_3'(0) = \varphi'(0), \qquad q_3(s_0) = \varphi(s_0), \qquad q_3(s_1) = \varphi(s_1), \tag{5.54}$$

利用待定系数法计算得到 q_3 的表达式为

$$q_3(s) = as^3 + bs^2 + \varphi'(0)s + \varphi(0), \tag{5.55}$$

$$\begin{pmatrix} a \\ b \end{pmatrix} = \frac{1}{s_0^2 s_1^2 (s_1 - s_0)} \begin{pmatrix} s_0^2 & -s_1^2 \\ -s_0^3 & s_1^3 \end{pmatrix} \begin{pmatrix} \varphi(s_1) - \varphi(0) - \varphi'(0)s_1 \\ \varphi(s_0) - \varphi(0) - \varphi'(0)s_0 \end{pmatrix}. \tag{5.56}$$

三次多项式 q_3 可以很好地逼近 φ, 因此 q_3 的最小值点是 φ 的最小值点的很好的近似. 令 $q_3'(s) = 0$, 解得 q_3 在正实数区间内有唯一驻点

$$s_2 = \frac{-b + \sqrt{b^2 - 3a\varphi'(0)}}{3a}, \tag{5.57}$$

如果 s_2 满足充分下降条件 (5.50), 则输出 $s_I = s_2$ 并停机; 否则将 s_1 赋值给 s_0, s_2 赋值给 s_1, 重新计算满足条件 (5.54) 的三次插值多项式 q_3, 并求其在正实数区间内的极小值点, 检验其是否满足充分下降条件. 重复这个过程, 经过若干次迭代后可得到满足充分下降条件的步长 s_I.

在具体实现的过程中, 可能会出现当前计算得到的 s_2 与 s_1 (上一次迭代的 s_2) 相差很小, 例如 $|s_2 - s_1|$ 小于给定的阈值 ε, 这时令 $s_2 = s_1/2$ 以加快收敛速度. 详细的算法见 Algorithm 7.

Algorithm 7 (基于插值的回溯线搜索)

Input:

The constant $0 < b_1 < 1$;

The threshold $\varepsilon > 0$;

The initial step length s_0;

Output:

The step length s_I satisfying condition (5.50)

Compute $\varphi(0)$ and $\varphi(s_0)$;
Compute $c = \varphi'(0) = d^{\mathrm{T}} \nabla f(x)$;
if $\varphi(0) - \varphi(s_0) \geqslant -b_1 c s_0$ **then**
    $s_I \leftarrow s_0$;
else
    Compute s_1 using formula (5.53);
    if $\varphi(0) - \varphi(s_1) \geqslant -b_1 c s_1$ **then**
        $s_I \leftarrow s_1$;
    else
        Compute s_2 using formula (5.56) and (5.57);
        while $\varphi(0) - \varphi(s_2) < -b_1 c s_2$ **do**
            $s_0 \leftarrow s_1$;
            $s_1 \leftarrow s_2$;
            Recompute s_2 using formula (5.56) and (5.57);
            if $|s_2 - s_1| < \varepsilon$ **then**
                $s_2 \leftarrow s_1/2$;
            end if
        end while
        $s_I \leftarrow s_2$;
    end if
end if
Output s_I;

接下来讨论 Wolfe 线搜索算法. 曲率条件 (5.43) 等价于条件

$$\varphi'(s_I) \geqslant b_2 \varphi'(0). \tag{5.58}$$

算法 Algorithm 8 是用对分法计算满足 Wolfe 条件的步长 s_I 的算法.

Algorithm 8 (对分 Wolfe 线搜索算法)

Input:
    The constant $0 < b_1 \leqslant b_2 < 1$;
Output:
    The step length s_I satisfying the Wolfe condition (5.50) and (5.58)

$s_1 \leftarrow 0$, $s_2 \leftarrow \infty$, $s_I \leftarrow 1$;
Compute $\varphi(0)$ and $c = \varphi'(0) = d^{\mathrm{T}} \nabla f(x)$;
Compute $\varphi(s_I)$ and $\varphi'(s_I) = d^{\mathrm{T}} \nabla f(x + s_I d)$;
while $\varphi(0) - \varphi(s_I) < -b_1 c s_I$ or $\varphi'(s_I) < b_2 c$ **do**
    if $\varphi(0) - \varphi(s_I) < -b_1 c s_I$ **then**
        $s_2 \leftarrow s_I$;
        $s_I \leftarrow (s_1 + s_2)/2$;
    else
        $s_1 \leftarrow s_I$;
        if $s_2 = \infty$ **then**
            $s_I \leftarrow 2s_1$;

```
    else
        s_I ← (s₁ + s₂)/2;
    end if
    end if
    Compute φ(s_I) and φ'(s_I) = dᵀ∇f(x + s_I d);
end while
Output s_I;
```

在算法 Algorithm 8 中, 只有当充分下降条件和曲率条件都得到满足时才停止 while 循环. 在 while 循环中, 第一层 if-else 判断分支表示当充分下降条件不满足时, 步长 s_I 取得过大, 因此通过依次执行 $s_2 \leftarrow s_I$ 和 $s_I \leftarrow (s_1 + s_2)/2$ 把 s_I 调小; 当充分下降条件满足时, 只能是曲率条件不满足, 说明 s_I 取得太小, 需要把它调大一些.

在对分 Wolfe 线搜索算法 Algorithm 8中, 如果把判定条件 $\varphi'(s_I) < b_2 c$ 改为 $|\varphi'(s_I)| > -b_2 c$, 便得到了强 Wolfe 线搜索的对分算法.

为了加快算法的收敛速度, 我们也可以采用多项式插值法来更新步长. 启动算法前, 做赋值

$$s_1 \leftarrow 0, \quad s_2 \leftarrow \infty, \quad s_I \leftarrow 1,$$

如果 s_I 已满足 Wolfe 条件, 则输出 s_I 并停机; 否则, 分如下两种情况进行处理.

情况 I: s_I 不满足充分下降条件. 出现这种情况说明在区间 $[s_1, s_I]$ 中存在满足 Wolfe 条件的点, 因此做如下更新:

$$s_2 \leftarrow s_I. \tag{5.59}$$

情况 II: s_I 满足充分下降条件, 但不满足曲率条件 (5.58). 出现这种情况说明在区间 $[s_I, s_2]$ 中有满足 Wolfe 条件的点. 由于此时 $s_2 = \infty$, 找一个三次多项 $p_3(s)$ 满足插值条件

$$p_3(s_1) = \varphi(s_1), \qquad p_3'(s_1) = \varphi'(s_1), \qquad p_3(s_I) = \varphi(s_I), \qquad p_3'(s_I) = \varphi'(s_I), \tag{5.60}$$

这个多项式在局部范围可以很好地逼近 φ, 因此其最小值点接近 φ 的最小值点. 令 $p_3'(s) = 0$, 求得其最小值点为

$$s_m = s_1 - \frac{\varphi'(s_1)(s_I - s_1)}{\sqrt{(\beta - \varphi'(s_1))^2 - \varphi'(s_1)\varphi'(s_I)} - \beta}, \tag{5.61}$$

$$其中, \qquad \beta = 2\varphi'(s_1) + \varphi'(s_I) - \frac{3(\varphi(s_I) - \varphi(s_1))}{s_I - s_1}, \tag{5.62}$$

接下来先暂存当前 s_I 的值: $s_0 \leftarrow s_I$, 再对 s_I 进行更新: 如果 s_m 落在区间

$$[s_I + (s_I - s_1), s_I + 9(s_I - s_1)] \tag{5.63}$$

中, 则 $s_I \leftarrow s_m$; 否则需要做截断处理, 取与 s_m 最靠近的一个区间端点, 即

$$s_I \quad \leftarrow \quad \min\{\max\{s_m, s_I + (s_I - s_1)\}, s_I + 9(s_I - s_1)\}. \tag{5.64}$$

再对 s_1 进行更新: $s_1 \leftarrow s_0$.

如果算法执行到某一步出现 $0 \leqslant s_1 < s_I < s_2 < \infty$ 的情况, 则接下来也是先判断 s_I 是否满足 Wolfe 条件. 如果 s_I 满足 Wolfe 条件, 则输出 s_I 并停机; 否则, 分如下两种情况进行处理.

情况 III: s_I 不满足充分下降条件. 处理方法与情况 I 一样.

情况 IV: s_I 满足充分下降条件, 但不满足曲率条件 (5.58). 先做如下更新: $s_1 \leftarrow s_I$; 接下来又分两种情况进行处理:

i). 如果 $\varphi'(s_2) > 0$, 找三次多项式 $q_3(s)$ 满足插值条件

$$q_3(s_1) = \varphi(s_1), \qquad q_3'(s_1) = \varphi'(s_1), \qquad q_3(s_2) = \varphi(s_2), \qquad q_3'(s_2) = \varphi'(s_2), \qquad (5.65)$$

这个多项式在局部范围可以很好地逼近 φ, 因此其最小值点接近 φ 的最小值点. 插值多项式 q_3 在正实数区间有唯一的极小值点

$$s_m = s_1 - \frac{\varphi'(s_1)(s_2 - s_1)}{\sqrt{(\beta - \varphi'(s_1))^2 - \varphi'(s_1)\varphi'(s_2)} - \beta}, \qquad (5.66)$$

$$\text{其中,} \qquad \beta = 2\varphi'(s_1) + \varphi'(s_2) - \frac{3(\varphi(s_2) - \varphi(s_1))}{s_2 - s_1}, \qquad (5.67)$$

如果 s_m 落在区间

$$[s_1 + \tau(s_2 - s_1), s_2 - \tau(s_2 - s_1)] \qquad (5.68)$$

中, 则做更新 $s_I \leftarrow s_m$; 否则先截断至该区间, 再做更新:

$$s_I \quad \leftarrow \quad \min\{\max\{s_m, s_1 + \tau(s_2 - s_1)\}, s_2 - \tau(s_2 - s_1)\}, \qquad (5.69)$$

其中, τ 是一个收缩率参数, 可取 $\tau = 0.1$, 用来保证每次迭代后区间 $[s_1, s_2]$ 缩短一定的比例.

ii). 如果 $\varphi'(s_2) \leqslant 0$, 则找二次多项式 $p_2(s)$ 满足插值条件

$$p_2(s_1) = \varphi(s_1), \qquad p_2'(s_1) = \varphi'(s_1), \qquad p_2(s_2) = \varphi(s_2), \qquad (5.70)$$

这个多项式在局部范围可以很好地逼近 φ, 因此其最小值点接近 φ 的最小值点. 令 $p_2'(s) = 0$, 求得其最小值点为

$$s_m = s_1 + \frac{1}{2}(s_2 - s_1) \Big/ \left[1 - \frac{\varphi(s_2) - \varphi(s_1)}{\varphi'(s_1)(s_2 - s_1)}\right], \qquad (5.71)$$

如果 s_m 落在由式 (5.68) 定义的区间, 则 $s_I \leftarrow s_m$; 否则仍用式 (5.69) 对步长 s_I 进行更新.

Algorithm 9 是以上算法的完整伪代码.

Algorithm 9 (基于插值的 Wolfe 线搜索)

Input:

    The constant $0 < b_1 \leqslant b_2 < 1$;

Output:

    The step length s_I satisfying the Wolfe condition (5.50) and (5.58)

$s_1 \leftarrow 0, \quad s_I \leftarrow 1, \quad s_2 \leftarrow \infty, \quad \tau \leftarrow 0.1$;

Compute $\varphi(0)$ and $c = \varphi'(0) = d^{\mathrm{T}} \nabla f(x)$;

while $\varphi(0) - \varphi(s_I) < -b_1 c s_I$ **or** $\varphi'(s_I) < b_2 c$ **do**

    if $\varphi(0) - \varphi(s_I) < -b_1 c s_I$ **then**

        $s_2 \leftarrow s_I$;

    else

        if $s_2 = \infty$ **then**

            Compute s_m using formula (5.61) and (5.62);

            $s_0 \leftarrow s_I$;

            if $s_m \in [s_I + (s_I - s_1), s_I + 9(s_I - s_1)]$ **then**

                $s_I \leftarrow s_m$;

            else

                $s_I \leftarrow \min\{\max\{s_m, s_I + (s_I - s_1)\}, s_I + 9(s_I - s_1)\}$;

            end if

            $s_1 \leftarrow s_0$;

        else

            $s_1 \leftarrow s_I$;

            if $\varphi'(s_2) > 0$ **then**

                Compute s_m using formula (5.66) and (5.67);

                if $s_m \in [s_1 + \tau(s_2 - s_1), s_2 - \tau(s_2 - s_1)]$ **then**

                    $s_I \leftarrow s_m$;

                else

                    $s_I \leftarrow \min\{\max\{s_m, s_1 + \tau(s_2 - s_1)\}, s_2 - \tau(s_2 - s_1)\}$;

                end if

            else

                Compute s_m using formula (5.71);

                if $s_m \in [s_1 + \tau(s_2 - s_1), s_2 - \tau(s_2 - s_1)]$ **then**

                    $s_I \leftarrow s_m$;

                else

                  $s_I \leftarrow \min\{\max\{s_m, s_1 + \tau(s_2 - s_1)\}, s_2 - \tau(s_2 - s_1)\}$;

                end if

            end if

        end if

    end if

end while

Output s_I;

如果是计算满足强 Wolfe 条件的步长 s_I, 则需要对 Algorithm 9 作一些修改, 详见

Algorithm 10.

Algorithm 10 (基于插值的强 Wolfe 线搜索)

Input:

The constant $0 < b_1 \leqslant b_2 < 1$;

Output:

The step length s_I satisfying the strong Wolfe condition (5.50) and (5.49)

$s_1 \leftarrow 0, \quad s_I \leftarrow 1, \quad s_2 \leftarrow \infty, \quad \tau \leftarrow 0.1$;

Compute $\varphi(0)$ and $c = \varphi'(0) = d^{\mathrm{T}} \nabla f(x)$;

while $\varphi(0) - \varphi(s_I) < -b_1 c s_I$ or $|\varphi'(s_I)| > -b_2 c$ **do**

  if $\varphi(0) - \varphi(s_I) < -b_1 c s_I$ **then**

    $s_2 \leftarrow s_I$;

  else

    if $\varphi'(s_I) < 0$ **then**

      if $s_2 = \infty$ **then**

        Compute s_m using formula (5.61) and (5.62);

        $s_0 \leftarrow s_I$;

        if $s_m \in [s_I + (s_I - s_1), s_I + 9(s_I - s_1)]$ **then**

          $s_I \leftarrow s_m$;

        else

          $s_I \leftarrow \min\{\max\{s_m, s_I + (s_I - s_1)\}, s_I + 9(s_I - s_1)\}$;

        end if

        $s_1 \leftarrow s_0$;

      else

        $s_1 \leftarrow s_I$;

        if $\varphi'(s_2) > 0$ **then**

          Compute s_m using formula (5.66) and (5.67);

          if $s_m \in [s_1 + \tau(s_2 - s_1), s_2 - \tau(s_2 - s_1)]$ **then**

            $s_I \leftarrow s_m$;

          else

            $s_I \leftarrow \min\{\max\{s_m, s_1 + \tau(s_2 - s_1)\}, s_2 - \tau(s_2 - s_1)\}$;

          end if

        else

          Compute s_m using formula (5.71);

          if $s_m \in [s_1 + \tau(s_2 - s_1), s_2 - \tau(s_2 - s_1)]$ **then**

            $s_I \leftarrow s_m$;

          else

            $s_I \leftarrow \min\{\max\{s_m, s_1 + \tau(s_2 - s_1)\}, s_2 - \tau(s_2 - s_1)\}$;

          end if

        end if

      end if

    else

      $s_2 \leftarrow s_I$;

    end if

end if

end while

Output s_I;

接下来考虑线搜索函数下降量的估计问题.

称定义在 $\mathbb{R}^n$ 上的函数 f 是**一致凸的** (uniformly convex), 如果存在常数 $\eta > 0$ 使得

$$(y - x)^{\mathrm{T}} [\nabla f(y) - \nabla f(x)] \geqslant \eta \|y - x\|_2^2, \qquad \forall\, x, y \in \mathbb{R}^n. \tag{5.72}$$

定理 5.3　设 f 是 $\mathbb{R}^n$ 上的一致凸函数, s^* 是精确线搜索问题

$$\min_{s > 0} f(x + sd) \tag{5.73}$$

的解, 则存在 $\eta > 0$ 使得

$$f(x) - f(x + s^* d) \geqslant \frac{1}{2} \eta \|s^* d\|_2^2. \tag{5.74}$$

证明　注意到 $\varphi(s) := f(x + sd)$ 的导数为 $\varphi'(s) = d^{\mathrm{T}} \nabla f(x + sd)$, 且由于 s^* 是 φ 的极小值点, 因此有 $\varphi'(s^*) = 0$, 于是有

$$f(x) - f(x + s^* d) = \varphi(0) - \varphi(s^*) = -\int_0^{s^*} \varphi'(s)\,\mathrm{d}s = \int_0^{s^*} [\varphi'(s^*) - \varphi'(s)]\,\mathrm{d}s$$

$$= \int_0^{s^*} d^{\mathrm{T}} [\nabla f(x + s^* d) - \nabla f(x + sd)]\,\mathrm{d}s$$

$$= \int_0^{s^*} \frac{1}{s^* - s} (x + s^* d - x - sd)^{\mathrm{T}} [\nabla f(x + s^* d) - \nabla f(x + sd)]\,\mathrm{d}s$$

$$\geqslant \int_0^{s^*} \frac{1}{s^* - s} \eta \|x + s^* d - x - sd\|_2^2\,\mathrm{d}s$$

$$= \|d\|_2^2 \eta \int_0^{s^*} (s^* - s)\,\mathrm{d}s$$

$$= \frac{1}{2} \eta \|s^* d\|_2^2. \tag{5.75}$$

□

对于非精确线搜索, 有下列结果.

定理 5.4　设 f 是 $\mathbb{R}^n$ 上的一致凸函数, 且其梯度 $\nabla f(x)$ 满足 Lipschitz 连续性条件

$$\|\nabla f(x) - \nabla f(y)\|_2 \leqslant M \|x - y\|_2, \qquad \forall\, x, y \in \mathbb{R}^n. \tag{5.76}$$

如果步长 s_I 满足充分下降条件 (5.42), 则有

$$f(x) - f(x + s_I d) \geqslant \frac{b_1 \eta}{1 + \sqrt{M/\eta}} \|s_I d\|_2^2. \tag{5.77}$$

证明　如果 $d^{\mathrm{T}}\nabla f(x + s_I d) \leqslant 0$, 则有

$$
\begin{aligned}
f(x) - f(x + s_I d) &= -\int_0^{s_I} d^{\mathrm{T}}\nabla f(x + sd)\mathrm{d}s \\
&\geqslant \int_0^{s_I} d^{\mathrm{T}}\left[\nabla f(x + s_I d) - \nabla f(x + sd)\right]\mathrm{d}s \\
&\geqslant \frac{1}{2}\eta\|s_I d\|_2^2,
\end{aligned}
\tag{5.78}
$$

由于 $0 < b_1 < 1$ 且 $M \geqslant \eta$, 因此不等式 (5.77) 成立.

如果 $d^{\mathrm{T}}\nabla f(x + s_I d) > 0$, 由于 $d^{\mathrm{T}}\nabla f(x) < 0$, 根据连续函数的介值定理, 必存在 $0 < s_0 < s_I$ 使得 $d^{\mathrm{T}}\nabla f(x + s_0 d) = 0$, 于是

$$
\begin{aligned}
f(x) - f(x + s_0 d) &= -\int_0^{s_0} d^{\mathrm{T}}\nabla f(x + sd)\mathrm{d}s \\
&= \int_0^{s_0} d^{\mathrm{T}}\left[\nabla f(x + s_0 d) - \nabla f(x + sd)\right]\mathrm{d}s \\
&\leqslant \|d\|_2 \int_0^{s_0} M\|s_0 d - sd\|_2\mathrm{d}s \\
&= \frac{1}{2}M\|s_0 d\|_2^2.
\end{aligned}
\tag{5.79}
$$

另外, 由定理 5.3 的证明过程可得

$$
f(x + s_I d) - f(x + s_0 d) \geqslant \frac{1}{2}\eta(s_I - s_0)^2\|d\|_2^2,
\tag{5.80}
$$

由于 $f(x + s_I d) < f(x)$, 由式 (5.79) 和式 (5.80) 得

$$
\frac{1}{2}\eta(s_I - s_0)^2\|d\|_2^2 \leqslant \frac{1}{2}M\|s_0 d\|_2^2,
\tag{5.81}
$$

化简后得

$$
\frac{s_I}{s_0} \leqslant 1 + \sqrt{M/\eta}.
\tag{5.82}
$$

联立充分下降条件 (5.42)、一致凸性和式 (5.82) 得

$$
\begin{aligned}
f(x) - f(x + s_I d) &\geqslant -b_1 s_I d^{\mathrm{T}}\nabla f(x) \\
&= b_1 s_I d^{\mathrm{T}}\left[\nabla f(x + s_0 d) - \nabla f(x)\right] \\
&\geqslant b_1 \frac{s_I}{s_0}\eta\|s_0 d\|_2^2 \\
&= b_1 \frac{s_0}{s_I}\eta\|s_I d\|_2^2
\end{aligned}
$$

$$\geqslant \frac{b_1 \eta}{1 + \sqrt{M/\eta}} \|s_I d\|_2^2. \tag{5.83}$$

□

拓展阅读建议

本章介绍了优化算法的收敛性、收敛阶等概念, 牛顿切线法、牛顿割线法、区间分割法等一维优化算法, 以及精确线搜索和几种重要的近似线搜索算法. 这些知识是进一步学习优化算法的基础, 读者必须牢固掌握. 关于优化算法的收敛性和收敛阶, 以及一维优化算法收敛阶估计更深入的知识可参考袁亚湘院士的专著[31]; 关于线搜索算法的深入讨论可参见文献 [66-67]; 关于插值类型的线搜索算法的深入讨论可参见文献 [68].

第 5 章习题

1. 设 U 是 $\mathbb{R}^n$ 中的区域, $f : U \to U$ 是映射, 如果存在常数 $0 < L < 1$ 使得

$$\|f(x) - f(y)\|_2 \leqslant L\|x - y\|_2, \qquad \forall\, x, y \in U, \tag{5.84}$$

则称 f 是 U 上的**压缩映射 (contraction map)**. 试证明如下**压缩映射原理 (contraction mapping principle)**: 如果 f 是 U 上的压缩映射, 则存在唯一的 $x^* \in U$ 使得 $f(x^*) = x^*$.

2. 考察迭代序列

$$x_0 = 3, \qquad x_{k+1} = \frac{14}{x_k + 1}, \qquad k = 1, 2, \cdots,$$

试证明 $\{x_k\}$ 是收敛的, 并确定其收敛阶.

3. 设 f 在 $\mathbb{R}$ 上三阶连续可微, 且 $f'(x^*) = 0, f''(x^*) \neq 0$, 令

$$\varphi(x) = x - \frac{f'(x)}{f''(x)}.$$

i). 证明存在 $\delta > 0$, 使得 φ 在区间 $[x^* - \delta, x^* + \delta]$ 上是压缩映射.

ii). 考察迭代序列

$$x_{k+1} = \varphi(x_k), \qquad k = 1, 2, \cdots,$$

证明当初始点 $x_0 \in [x^* - \delta, x^* + \delta]$ 时点列 $\{x_k\}$ 收敛于 x^*, 即证明牛顿切线法的局部收敛性.

4. 设

$$f(x) = \frac{1}{2} x^{\mathrm{T}} H x - g^{\mathrm{T}} x, \qquad \forall\, x \in \mathbb{R}^n, \tag{5.85}$$

其中, H 是实正定对称矩阵, $g \in \mathbb{R}^n$. 对于 $x_k \in \mathbb{R}^n$ 及满足下降性条件 $d_k^{\mathrm{T}} \nabla f(x_k) < 0$ 的方向向量 d_k, 求解精确线搜索问题

$$\min_{s>0} f(x_k + sd_k). \tag{5.86}$$

5. 试证明 $\mathbb{R}^n$ 上的一致凸函数一定是严格凸的.

第6章

梯度下降法与共轭梯度法

学习要点

1. 掌握梯度下降法的原理、实现方法和收敛性分析.
2. 掌握共轭梯度法的基本思想、原理和实现方法.
3. 掌握信赖域子问题的最优性条件和截断共轭梯度法.
4. 理解逻辑回归模型和多分类回归模型.
5. 会用梯度下降法和共轭梯度法求解逻辑回归模型的参数估计问题.

6.1 梯度下降法

6.1.1 梯度下降法的基本思想与算法

设 f 是定义在 $\mathbb{R}^n$ 上的连续可微函数, 考虑不带约束条件的优化问题

$$\min_{x \in \mathbb{R}^n} f(x). \tag{6.1}$$

如果按照高等数学中的做法, 应该先求其梯度 $\nabla f(x)$, 然后令 $\nabla f(x) = 0$, 通过解方程 (组) 找到候选极值点. 但这个方程 (组) 一般是非线性的, 找不到解析解, 即便是求数值解也不简单.

如何解决这个问题呢? 我们可以从某个初始点 x_0 出发, 选择一个使得函数值下降的方向 d_0, 沿着此方向往前走适当的步长 s_0 到达一个新的位置 $x_1 := x_0 + s_0 d_0$, 再重新选择函数值下降的方向 d_1 和步长 s_1 往前走一步, 到达新的位置 $x_2 := x_1 + s_1 d_1$, 如此反复迭代下去, 便得到了一列点

$$x_0, \ x_1, \ x_2, \ \cdots, \ x_k, \ \cdots, \tag{6.2}$$

在一定的条件下可以保证 $f(x_k)$ 不断逼近最优值 $p^* = f(x^*)$, 这就是**下降法 (descent method)** 的基本思想.

下降法收敛与否取决于两个因素, 一是下降方向的选择, 二是步长的选择. 先来看下降方向的选择. 给定 $x \in \mathbb{R}^n$, 我们来考察 f 在点 x 附近的变化情况. 由一阶 Taylor 公式得

$$f(x + su) = f(x) + su^{\mathrm{T}} \nabla f(x) + o(s), \tag{6.3}$$

当 s 很小时, 可以忽略高阶无穷小量 $o(s)$, 得到

$$f(x + su) \approx f(x) + su^{\mathrm{T}}\nabla f(x), \tag{6.4}$$

现在固定 s, 让 u 在单位球面 $\partial B(0,1) := \{u \in \mathbb{R}^n : \|u\| = 1\}$ 上变化, 改变 u 即改变前进方向, 不难发现, 当 u 取与梯度向量 $\nabla f(x)$ 相反的方向时 $u^{\mathrm{T}}\nabla f(x)$ 取最小值, 因此负梯度方向 $-\nabla f(x)$ 是函数 f 在点 x 下降最快的方向.

受以上分析的启发, 我们在设计下降法时每一步都选择负梯度方向作为前进方向, 这就是**梯度下降法 (gradient descent method)** 或**最陡下降法 (steepest descent method)**. 算法 Algorithm 11 是梯度下降法的算法框架.

Algorithm 11 (梯度下降法的算法框架)

Input:

The initial point $x_0 \in \mathbb{R}^n$;

The tolerance bound ε;

Output:

The approximation of the extreme point x_e

$x \leftarrow x_0$;

Compute $\nabla f(x)$;

while $\|\nabla f(x)\|_2 > \varepsilon$ **do**

$\quad d \leftarrow -\nabla f(x)$;

$\quad$ Compute the step length s;

$\quad$ Renew the position of the point: $x \leftarrow x + sd$;

end while

$x_e \leftarrow x$;

Output x_e;

再来看步长的确定方法. 最简单的就是固定步长法, 即每次迭代的步长都取事先给定的步长值. 但这种方法有一个弊端, 就是难以确定一个合适的步长, 如果步长取得太小, 则所需迭代次数会大大增加, 导致算法收敛得很慢; 如果步长取得太大, 则导致算法不收敛, 无法达到所需计算精度. 对 Algorithm 11 的停止条件做一些修改以控制迭代次数的上限, 同时令步长取定值, 便得到了典型的固定步长梯度下降法 Algorithm 12.

Algorithm 12 (固定步长梯度下降法)

Input:

The initial point $x_0 \in \mathbb{R}^n$;

The fixed step length s;

The tolerance bound ε;

The largest number of iterations N;

Output:

The approximation of the extreme point x_e

$x \leftarrow x_0, k \leftarrow 0$;

Compute $\nabla f(x)$;

---

while $\|\nabla f(x)\|_2 > \varepsilon$ **and** $k \leqslant N$ **do**
    $d \leftarrow -\nabla f(x)$;
    Renew the position of the point: $x \leftarrow x + sd$;
    $k \leftarrow k + 1$;
end while
$x_e \leftarrow x$;
Output x_e;

    另一种是自适应步长法, 即在每次迭代前根据实际情况选择合适的步长. 第 5 章介绍的线搜索算法都可以用于确定步长. 例如, 采用回溯线搜索的自适应步长梯度下降算法, 如 Algorithm 13 所示.

Algorithm 13 (基于回溯线搜索的自适应步长梯度下降法)

Input:
    The initial point $x_0 \in \mathbb{R}^n$;
    The tolerance bound ε;
    The constant $0 < b_1 < 1$;
    The contraction rate parameter ρ;
Output:
    The approximation of the extreme point x_e

$x \leftarrow x_0$;
Compute $\nabla f(x)$;
while $\|\nabla f(x)\|_2 > \varepsilon$ **do**
    $d \leftarrow -\nabla f(x)$;
    $s \leftarrow 1$;
    while $f(x) - f(x + sd) < -b_1 sd^{\mathrm{T}} \nabla f(x)$ **do**
        $s \leftarrow \rho s$;
    end while
    Renew the position of the point: $x \leftarrow x + sd$;
end while
$x_e \leftarrow x$;
Output x_e;

    为了减少计算步长的时间消耗, Barzilai 和 Borwein 提出了如下步长计算公式 [36]:

$$s_k = \frac{(x_k - x_{k-1})^{\mathrm{T}} (\nabla f(x_k) - \nabla f(x_{k-1}))}{\|\nabla f(x_k) - \nabla f(x_{k-1})\|_2^2}, \tag{6.5}$$

其中, x_k 代表当前点, x_{k-1} 代表上一次迭代前的点. 基于以上步长计算公式的梯度下降法如 Algorithm 14 所示.

Algorithm 14 (基于 Barzilai-Borwein 公式的自适应步长梯度下降法)

Input:
    The initial point $x_0 \in \mathbb{R}^n$;
    The tolerance bound ε;

Output:

The approximation of the extreme point x_e

$d \leftarrow -\nabla f(x_0)$;

Compute the step length s using line search;

$x_1 \leftarrow x_0 + sd$;

while $\|\nabla f(x_1)\|_2 > \varepsilon$ **do**

    $d \leftarrow -\nabla f(x_1)$;

    Renew the step length:

$$s \quad \leftarrow \quad \frac{(x_1 - x_0)^{\mathrm{T}} \left(\nabla f(x_1) - \nabla f(x_0)\right)}{\|\nabla f(x_1) - \nabla f(x_0)\|_2^2};$$

    $x_0 \leftarrow x_1$;

    $x_1 \leftarrow x_1 + sd$;

end while

$x_e \leftarrow x_1$;

Output x_e;

6.1.2 强凸性

设 D 是 $\mathbb{R}^n$ 中的区域, f 是 D 上的二阶连续可微函数, 其 Hesse 矩阵为 $\nabla^2 f$. 如果存在实数 $m > 0$ 使得

$$\nabla^2 f(x) \succeq mI, \qquad \forall\, x \in D, \tag{6.6}$$

则称 f 在 D 上是**强凸的 (strongly convex)**. 广义不等式 (6.6) 的含义是 $\nabla^2 f(x) - mI$ 是半正定矩阵, 即

$$v^{\mathrm{T}} \nabla^2 f(x) v - m v^{\mathrm{T}} v \geqslant 0, \qquad \forall\, x \in D, \ \ v \in \mathbb{R}^n. \tag{6.7}$$

如果 D 是凸区域, 则 D 上的强凸函数一定是严格凸的. 这是因为对任意 $x, y \in D, x \neq y$ 皆存在 $0 < \theta < 1$ 使得

$$f(y) = f(x) + (y - x)^{\mathrm{T}} \nabla f(x) + \frac{1}{2}(y - x)^{\mathrm{T}} \nabla^2 f(x + \theta(y - x))(y - x), \tag{6.8}$$

于是由强凸性得到

$$f(y) \geqslant f(x) + (y - x)^{\mathrm{T}} \nabla f(x) + \frac{m}{2}\|y - x\|_2^2 > f(x) + (y - x)^{\mathrm{T}} \nabla f(x), \tag{6.9}$$

再由定理 2.2 推出 f 是严格凸的.

由强凸性还可以导出下列结果.

命题 6.1 设 D 是 $\mathbb{R}^n$ 中的区域, f 是 D 上的强凸函数, 满足条件 (6.6), $x \in D$ 且 $x - (1/m)\nabla f(x) \in D$, 则对任意 $y \in D$ 皆有

$$f(y) \geqslant f(x) - \frac{1}{2m}\|\nabla f(x)\|_2^2. \tag{6.10}$$

证明　由强凸性得

$$f(y) \geqslant f(x) + (y-x)^{\mathrm{T}}\nabla f(x) + \frac{m}{2}\|y-x\|_2^2, \tag{6.11}$$

上式等号右边是 y 的二次函数, 在点 $y = x-(1/m)\nabla f(x)$ 处取得最小值 $f(x)-\dfrac{1}{2m}\|\nabla f(x)\|_2^2$, 因此不等式 (6.10) 成立. □

由命题 6.1 可以得到下列重要结果.

定理 6.1　设 D 是 $\mathbb{R}^n$ 中的区域, f 是 D 上的强凸函数, $p^* = f(x^*)$ 是优化问题

$$\min_{x\in D} f(x) \tag{6.12}$$

的最优值, $x \in D$ 且 $x - (1/m)\nabla f(x) \in D$. 则有

$$f(x) \leqslant p^* + \frac{1}{2m}\|\nabla f(x)\|_2^2. \tag{6.13}$$

证明　由命题 6.1 得

$$p^* = f(x^*) \geqslant f(x) - \frac{1}{2m}\|\nabla f(x)\|_2^2, \tag{6.14}$$

变形即得到不等式 (6.13). □

定理 6.1表明, 对于强凸函数, 当梯度的范数 $\|\nabla f(x)\|_2$ 足够小时, 可以保证函数值 $f(x)$ 充分接近最优值 p^*. 我们可以利用这一点来估计梯度下降法的误差. 设梯度下降法经过 k 次迭代后到达点 x_k, 如果 $\|\nabla f(x_k)\|_2 < \varepsilon$, 则有

$$f(x_k) \leqslant p^* + \frac{\varepsilon^2}{2m}, \tag{6.15}$$

这说明 $f(x_k)$ 已经很接近最优值 p^*, 误差不超过 $\varepsilon^2/2m$. 这个估计称为**次优性估计**, 它是梯度下降法停机准则的理论依据.

还有一个问题, 就是如何估计 x 与最优点 x^* 之间的偏差, 对于一般的函数, 难以做到这一点, 但对于强凸函数, 却可以得到一个很漂亮的结果.

定理 6.2　设 D 是 $\mathbb{R}^n$ 中的区域, f 是 D 上的强凸函数, x^* 是优化问题 (6.12) 的最优点, $x \in D$ 且 $x - (1/m)\nabla f(x) \in D$, 则有

$$\|x-x^*\|_2 \leqslant \frac{2}{m}\|\nabla f(x)\|_2. \tag{6.16}$$

证明　由 f 的强凸性得

$$\begin{aligned}
f(x^*) &\geqslant f(x) + (x^*-x)^{\mathrm{T}}\nabla f(x) + \frac{m}{2}\|x^*-x\|_2^2 \\
&\geqslant f(x) - \|x^*-x\|_2\|\nabla f(x)\|_2 + \frac{m}{2}\|x^*-x\|_2^2, \tag{6.17}
\end{aligned}$$

其中, 第二个不等号应用了 Cauchy-Schwarz 不等式. 由于 $f(x) \geqslant f(x^*)$, 因此有

$$-\|x^* - x\|_2 \|\nabla f(x)\|_2 + \frac{m}{2}\|x^* - x\|_2^2 \leqslant 0, \tag{6.18}$$

整理后得到式 (6.16). □

6.1.3　梯度下降法的收敛性与误差分析

考虑优化问题 (6.1), 我们来分析一般的梯度下降法 Algorithm 11 的误差. 设迭代算法的初始点为 x_0, 定义

$$D_0 := \{x \in \mathbb{R}^n : f(x) \leqslant f(x_0)\}. \tag{6.19}$$

设由 Algorithm 11 产生的点列为 $\{x_k : k = 0, 1, 2, \cdots\}$, 则有

$$x_{k+1} = x_k + s_k d_k, \tag{6.20}$$

其中, $d_k = -\nabla f(x_k)$ 是方向, s_k 是步长.

接下来分析采用精确线搜索确定步长的梯度下降法的收敛性.

引理 6.1　设 f 是 $\mathbb{R}^n$ 上的二阶连续可微函数, $d \in \mathbb{R}^n$ 且 $d^{\mathrm{T}}\nabla f(x) < 0$, s^* 是精确线搜索问题 (5.73) 的解, 如果

$$\nabla^2 f(x + sd) \preceq MI, \qquad \forall\, s > 0, \tag{6.21}$$

则有

$$f(x) - f(x + s^*d) \geqslant \frac{1}{2M}\|\nabla f(x)\|_2^2 \cos^2\theta, \tag{6.22}$$

其中, θ 是向量 d 与梯度向量 $\nabla f(x)$ 所成的角.

证明　由 Taylor 公式及 Hesse 矩阵的有界性得

$$
\begin{aligned}
f(x + sd) &= f(x) + sd^{\mathrm{T}}\nabla f(x) + \frac{1}{2}s^2 d^{\mathrm{T}}\nabla^2 f(x + td)d \\
&\leqslant f(x) + sd^{\mathrm{T}}\nabla f(x) + \frac{M}{2}s^2\|d\|_2^2, \qquad \forall\, s > 0,
\end{aligned}
\tag{6.23}
$$

由此推出

$$f(x) - f(x + sd) \geqslant -sd^{\mathrm{T}}\nabla f(x) - \frac{M}{2}s^2\|d\|_2^2, \qquad \forall\, s > 0, \tag{6.24}$$

上式右边是 s 的二次函数, 在点 $s_m := -(d^{\mathrm{T}}\nabla f(x))/(M\|d\|_2^2)$ 处取得最大值

$$\frac{(d^{\mathrm{T}}\nabla f(x))^2}{2M\|d\|_2^2} = \frac{1}{2M}\|\nabla f(x)\|_2^2 \cos^2\theta. \tag{6.25}$$

由于 s^* 是精确线搜索问题 (5.73) 的解且 $s_m > 0$, 因此 $f(x + s^*d) \leqslant f(x + s_m d)$, 从而有

$$f(x) - f(x + s^*d) \geqslant f(x) - f(x + s_m d) \geqslant \frac{1}{2M} \|\nabla f(x)\|_2^2 \cos^2 \theta. \qquad (6.26)$$

$\square$

定理 6.3 设在 Algorithm 11 中取 $\varepsilon = 0$, 步长由精确线搜索确定, $\{x_k : k = 0, 1, 2, \cdots\}$ 是该算法产生的点列. 假设 f 在 $\mathbb{R}^n$ 上二次连续可微, 在 D_0 上有下界, 并且

$$\nabla^2 f(x) \preceq MI, \qquad \forall x \in \mathbb{R}^n. \qquad (6.27)$$

如果 Algorithm 11 不有限终止, 则必有

$$\lim_{k \to \infty} \|\nabla f(x_k)\|_2 = 0. \qquad (6.28)$$

证明 由引理 6.1 得

$$f(x_k) - f(x_{k+1}) = f(x_k) - f(x_k + s_k d_k) \geqslant \frac{1}{2M} \|\nabla f(x_k)\|_2^2. \qquad (6.29)$$

如果算法不有限终止

$$f(x_0) - f(x_k) = \sum_{i=0}^{k-1} (f(x_i) - f(x_{i+1})) \geqslant \frac{1}{2M} \sum_{i=0}^{k-1} \|\nabla f(x_i)\|_2^2, \qquad \forall k = 1, 2, \cdots, \qquad (6.30)$$

由于 f 有下界, 因此数列 $\{f(x_0) - f(x_k)\}$ 有上界, 从而级数

$$\sum_{i=0}^{\infty} \|\nabla f(x_i)\|_2^2$$

收敛, 由此推出式 (6.28) 成立. $\square$

注: 在定理 6.3 中, 将 $\mathbb{R}^n$ 改成 $\mathbb{R}^n$ 中的区域 D, 同时要求 $D_0 := \{x \in \mathbb{R}^n : f(x) \leqslant f(x_0)\} \subseteq D$, 则结论仍然成立.

定理 6.3 只给出了算法收敛性的结论, 没有给出误差估计. 下面的定理给出了精确线搜索梯度下降法的误差估计.

定理 6.4 在 Algorithm 11 中取 $\varepsilon = 0$, 迭代步长由精确线搜索确定. 设 $\{x_k : k = 0, 1, 2, \cdots\}$ 是该算法产生的点列. 假设 f 在 $\mathbb{R}^n$ 上二次连续可微, x^* 是优化问题 (6.1) 的最优点, 并且存在 $0 < m \leqslant M < \infty$ 使得

$$mI \preceq \nabla^2 f(x) \preceq MI, \qquad \forall x \in \mathbb{R}^n. \qquad (6.31)$$

则有

$$\varlimsup_{k \to \infty} \frac{f(x_{k+1}) - f(x^*)}{f(x_k) - f(x^*)} \leqslant \frac{M - m}{M}. \qquad (6.32)$$

证明 由引理 6.1 得

$$f(x_{k+1}) \leqslant f(x_k) - \frac{1}{2M}\|\nabla f(x_k)\|_2^2, \tag{6.33}$$

不等式两边同减 $f(x^*)$, 得

$$f(x_{k+1}) - f(x^*) \leqslant f(x_k) - f(x^*) - \frac{1}{2M}\|\nabla f(x_k)\|_2^2. \tag{6.34}$$

另外, 由定理 6.1 得

$$\|\nabla f(x_k)\|_2^2 \geqslant 2m\left[f(x_k) - f(x^*)\right], \tag{6.35}$$

联立不等式 (6.34) 与 (6.35) 得

$$f(x_{k+1}) - f(x^*) \leqslant \frac{M-m}{M}\left[f(x_k) - f(x^*)\right], \tag{6.36}$$

不等式两边同除以 $[f(x_k) - f(x^*)]$ 得

$$\frac{f(x_{k+1}) - f(x^*)}{f(x_k) - f(x^*)} \leqslant \frac{M-m}{M}, \tag{6.37}$$

上述不等式两边取上极限便得到式 (6.32). □

注: 定理 6.4 表明如果 f 是强凸的且其 Hesse 矩阵有上界, 则基于精确线搜索产生的函数值序列 $\{f(x_k)\}$ 至少线性收敛于最优值 $p^* = f(x^*)$.

接下来分析基于 Wolfe 线搜索的梯度下降法的收敛性. 此时, 步长 s_k 满足充分下降条件

$$f(x_k) - f(x_{k+1}) \geqslant -s_k b_1 d_k^{\mathrm{T}} \nabla f(x_k) \tag{6.38}$$

及曲率条件

$$d_k^{\mathrm{T}} \nabla f(x_{k+1}) \geqslant b_2 d_k^{\mathrm{T}} \nabla f(x_k). \tag{6.39}$$

我们先不假设每次迭代选择的方向 d_k 是负梯度方向, 只假设 $d_k^{\mathrm{T}} \nabla f(x_k) < 0$, 即保证 d_k 指向函数值下降的方向, 证明一个一般性的结果.

定理 6.5 设下降法每次迭代方向 d_k 的选取使得 $d_k^{\mathrm{T}} \nabla f(x_k) < 0$, 迭代步长 s_k 满足 Wolfe 条件 (6.38) 和 (6.39), 算法产生的点列为 $\{x_k : k = 0, 1, 2, \cdots\}$. 设 f 在 $\mathbb{R}^n$ 的某个区域 D 中连续可微且有下界, $x_0 \in D$ 且

$$D_0 = \{x \in \mathbb{R}^n : f(x) \leqslant f(x_0)\} \subseteq D. \tag{6.40}$$

还假设 ∇f 在 D 中满足 Lipschitz 条件

$$\|\nabla f(x) - \nabla f(y)\|_2 \leqslant L\|x - y\|_2, \qquad \forall x, y \in D_0, \tag{6.41}$$

则有

$$\sum_{k=0}^{\infty} \|\nabla f(x_k)\|_2^2 \cos^2 \theta_k < \infty, \tag{6.42}$$

其中, θ_k 是向量 d_k 与 $\nabla f(x_k)$ 所成的角, 满足

$$\cos \theta_k = \frac{d_k^{\mathrm{T}} \nabla f(x_k)}{\|d_k\|_2 \|\nabla f(x_k)\|_2}. \tag{6.43}$$

证明 由曲率条件 (6.39) 得

$$d_k^{\mathrm{T}} \left[\nabla f(x_{k+1}) - \nabla f(x_k)\right] \geqslant (b_2 - 1) d_k^{\mathrm{T}} \nabla f(x_k), \tag{6.44}$$

再利用 Cauchy-Schwarz 不等式与 Lipschitz 条件 (6.41) 得

$$L s_k \|d_k\|_2^2 \geqslant (b_2 - 1) d_k^{\mathrm{T}} \nabla f(x_k), \tag{6.45}$$

变形后得到

$$s_k \leqslant \frac{b_2 - 1}{L} \frac{d_k^{\mathrm{T}} \nabla f(x_k)}{\|d_k\|_2^2}, \tag{6.46}$$

再利用充分下降条件 (6.38) 得

$$f(x_k) - f(x_{k+1}) \geqslant -s_k b_1 d_k^{\mathrm{T}} \nabla f(x_k) \geqslant \frac{(1-b_2)b_1}{L} \frac{\left(d_k^{\mathrm{T}} \nabla f(x_k)\right)^2}{\|d_k\|_2^2 \|\nabla f(x_k)\|_2^2} \|\nabla f(x_k)\|_2^2$$

$$= \frac{(1-b_2)b_1}{L} \cos^2 \theta_k \|\nabla f(x_k)\|_2^2, \tag{6.47}$$

变形后得到

$$\cos^2 \theta_k \|\nabla f(x_k)\|_2^2 \leqslant \frac{L}{(1-b_2)b_1} \left[f(x_k) - f(x_{k+1})\right]. \tag{6.48}$$

于是有

$$\sum_{i=0}^{k-1} \cos^2 \theta_i \|\nabla f(x_i)\|_2^2 \leqslant \frac{L}{(1-b_2)b_1} \sum_{i=0}^{k-1} \left[f(x_i) - f(x_{i+1})\right]$$

$$= \frac{L}{(1-b_2)b_1} \left[f(x_0) - f(x_k)\right]. \tag{6.49}$$

由于 f 有下界, 因此当 $k \to \infty$ 时, 不等式 (6.49) 最右边的 $f(x_0) - f(x_k)$ 有上界, 因此式 (6.42) 成立. □

从定理 6.5 可以立即推出基于 Wolfe 线搜索的梯度下降法的收敛性.

定理 6.6 在 Algorithm 11 中取 $\varepsilon = 0$, 迭代步长由 Wolfe 线搜索确定. 设 $\{x_k : k = 0, 1, 2, \cdots\}$ 是该算法产生的点列. 假设 f 满足定理 6.5 的条件, 则有

$$\sum_{k=0}^{\infty} \|\nabla f(x_k)\|_2^2 < \infty, \tag{6.50}$$

从而有

$$\lim_{k \to \infty} \|\nabla f(x_k)\|_2 = 0. \tag{6.51}$$

证明 只需注意到此时 $d_k = -\nabla f(x_k)$, 因此 $\cos\theta_k = -1$, 将其代入式 (6.42) 便得到式 (6.50). $\square$

定理 6.5 给出了一大类基于 Wolfe 线搜索下降算法的收敛性. 事实上, 只需 θ_k 满足

$$\alpha := \varliminf_{k \to \infty} \theta_k > \pi/2, \tag{6.52}$$

便有式 (6.50), 从而 $\nabla f(x_k) \to 0$.

如果 f 在 D_0 上还是强凸的, 则可以由定理 6.2 得到 Wolfe 线搜索下降算法的强收敛性.

推论 6.1 设 $\{x_k\}$ 是由基于 Wolfe 线搜索的下降算法产生的点列, θ_k 是方向 d_k 与梯度方向 $\nabla f(x_k)$ 所成的角, 满足条件 (6.52), f 满足定理 6.5 的条件, 且在 D_0 上是强凸的, 则优化问题 $\min_{x \in D} f(x)$ 有唯一最优点 x^*, 且有

$$\lim_{k \to \infty} \|x_k - x^*\|_2 = 0. \tag{6.53}$$

定理 6.5、定理 6.6 和推论 6.1 都依赖于 Lipschitz 条件 (6.41), 但有时这个条件不好检验, 需要寻找其他替代条件. 如果 f 在凸集 D 上二阶连续可微, 且

$$\nabla^2 f(x) \preceq MI, \qquad \forall\, x \in D, \tag{6.54}$$

则 $\nabla f(x)$ 在 D 上满足常数为 M 的 Lipschitz 条件 (本章习题 1 之 iii)), 还可以证明如果 f 在 D 上是强凸的, 则 f 在 D 上是一致凸的 (本章习题 1 之 iv)).

6.2 共轭梯度法

6.2.1 无约束二次优化问题的共轭梯度法

在实际应用中, 常常需要求解形如 $Ax = b$ 的线性方程组, 有些时候方程的个数会超过未知数的个数, 因此没有传统意义下的解, 这时只能退而求其次, 寻找 x 使得 $\|Ax - b\|_2$ 最小化, 这就是所谓的**最小二乘解**. 由于

$$\|Ax - b\|_2^2 = (Ax - b)^{\mathrm{T}}(Ax - b) = x^{\mathrm{T}} A^{\mathrm{T}} A x - 2b^{\mathrm{T}} A x + \|b\|_2^2, \tag{6.55}$$

因此找最小二乘解相当于求解优化问题

$$\min_{x \in \mathbb{R}^n} f(x) = \frac{1}{2} x^{\mathrm{T}} A^{\mathrm{T}} A x - b^{\mathrm{T}} A x. \tag{6.56}$$

令 $H = A^{\mathrm{T}} A, g = A^{\mathrm{T}} b$, 则上述优化问题可表述为

$$\min_{x \in \mathbb{R}^n} f(x) = \frac{1}{2} x^{\mathrm{T}} H x - g^{\mathrm{T}} x. \tag{6.57}$$

接下来考虑优化问题 (6.57), 假设 $H \in \mathbb{R}^{n \times n}$ 是对称正定的. 利用 H 定义内积

$$\langle x, y \rangle_H := x^{\mathrm{T}} H y, \qquad \forall x, y \in \mathbb{R}^n, \tag{6.58}$$

不难验证 $\langle \cdot, \cdot \rangle_H$ 确实满足一般内积的定义, 是真正意义上的内积, 不妨称之为H-内积. 如果两个向量 x 与 y 满足

$$\langle x, y \rangle_H = 0,$$

则称 x 与 y 是相互H-共轭的, 或者说其中一个是另一个的H-共轭向量, 在明确是关于哪个矩阵共轭的情况下, 也可以省略 H.

如果向量 $d_1, d_2, \cdots, d_k$ 两两 H-共轭, 则称之为H-共轭向量组. 不难证明 H-共轭向量组是线性无关组. 如果 $\mathbb{R}^n$ 中一组向量 $d_1, d_2, \cdots, d_n$ 是 H-共轭的, 则它构成 $\mathbb{R}^n$ 的基, 因此 $\mathbb{R}^n$ 中的任何一个向量 x 皆可唯一地表示成

$$x = \sum_{i=1}^n \alpha_i d_i \tag{6.59}$$

的形式. 将式 (6.59) 代入式 (6.57) 的目标函数 f 的表达式中, 得到等价优化问题

$$\min_{\alpha_i \in \mathbb{R}, i=1,2,\cdots,n} \sum_{i=1}^n \left[\frac{1}{2} \alpha_i^2 d_i^{\mathrm{T}} H d_i - \alpha_i g^{\mathrm{T}} d_i \right]. \tag{6.60}$$

不难看出这个优化问题是可分离变量的, 即只需独立求解如下 n 个一维优化问题即可:

$$\min_{\alpha_i \in \mathbb{R}} \frac{1}{2} \alpha_i^2 d_i^{\mathrm{T}} H d_i - \alpha_i g^{\mathrm{T}} d_i, \qquad i = 1, 2, \cdots, n. \tag{6.61}$$

上述优化问题的解很容易得到:

$$\alpha_i = \frac{g^{\mathrm{T}} d_i}{d_i^{\mathrm{T}} H d_i}, \qquad i = 1, 2, \cdots, n. \tag{6.62}$$

由此可见, 问题的关键在于寻找 n 个彼此 H-共轭的向量. 当然, 一次找到 n 个彼此 H-共轭的向量比较困难, 我们不必这么做. 可行的策略是分步进行, 第一次寻找一个向量 d_1, 并利用式 (6.62) 求出 α_1; 然后添加一个向量 d_2, 使之与 d_1 共轭, 并利用式 (6.62) 求出 α_2; 如

此下去, 每次添加一个向量 d_i 并求出相应的 α_i, 经过 n 次迭代后便得到了优化问题 (6.60) 的解.

接下来讨论更多的算法细节. 给定初始点 $x_1 \in \mathbb{R}^n$, 接下来通过一系列迭代步骤到达最优点 x^*.

第 1 步: 选取负梯度向量 $d_1 = -\nabla f(x_1) = g - Hx_1$ 作为共轭向量组的第一个向量, 然后通过精确线搜索

$$\min_\alpha \varphi(\alpha) := f(x_1 + \alpha d_1) \tag{6.63}$$

求得最优步长 α_1. 注意到

$$\varphi'(\alpha) = d_1^{\mathrm{T}} \nabla f(x_1 + \alpha d_1) = d_1^{\mathrm{T}} [H(x_1 + \alpha d_1) - g], \tag{6.64}$$

令 $\varphi'(\alpha) = 0$, 解得最优步长为

$$\alpha_1 = -\frac{d_1^{\mathrm{T}}(Hx_1 - g)}{d_1^{\mathrm{T}} H d_1} = -\frac{d_1^{\mathrm{T}} \eta_1}{d_1^{\mathrm{T}} H d_1}, \tag{6.65}$$

其中, $\eta_1 = \nabla f(x_1) = Hx_1 - g$.

第 2 步: 更新点的位置: $x_2 = x_1 + \alpha_1 d_1$, 计算 f 在点 x_2 的梯度向量

$$\eta_2 = \nabla f(x_2) = Hx_2 - g, \tag{6.66}$$

如果 $\eta_2 = 0$, 则说明 x_2 已是最优点, 输出 $x^* = x_2$ 并停机; 否则需要寻找向量 d_2, 使之与 d_1 共轭.

注意到 $\varphi(\alpha) := f(x_1 + \alpha d_1)$ 在点 $\alpha = \alpha_1$ 取得最小值, 因此 $\varphi'(\alpha_1) = 0$, 即

$$0 = d_1^{\mathrm{T}} \nabla f(x_1 + \alpha_1 d_1) = d_1^{\mathrm{T}} \nabla f(x_2) = d_1^{\mathrm{T}} \eta_2, \tag{6.67}$$

因此 η_2 与 d_1 垂直. 注意到 f 在点 x_2 的负梯度方向 $-\eta_2$ 并不与 d_1 共轭, 为了得到与 d_1 共轭的方向, 需对其作修正. 令 $d_2 = -\eta_2 + \beta_1 d_1$, 其中 β_1 是待定系数. 为使 d_2 与 d_1 共轭, 必须满足

$$0 = \langle d_1, d_2 \rangle_H = \langle d_1, -\eta_2 + \beta_1 d_1 \rangle_H = -\langle d_1, \eta_2 \rangle_H + \beta_1 \langle d_1, d_1 \rangle_H, \tag{6.68}$$

因此

$$\beta_1 = \frac{\langle d_1, \eta_2 \rangle_H}{\langle d_1, d_1 \rangle_H} = \frac{d_1^{\mathrm{T}} H \eta_2}{d_1^{\mathrm{T}} H d_1}, \tag{6.69}$$

由此得到 d_2 的表达式为

$$d_2 = -\eta_2 + \frac{d_1^{\mathrm{T}} H \eta_2}{d_1^{\mathrm{T}} H d_1} d_1. \tag{6.70}$$

确定最优步长的方法与上一步一样, 求 $\varphi(\alpha) := f(x_2 + \alpha d_2)$ 的导数, 并令其等于零, 得到方程

$$0 = d_2^{\mathrm{T}} \nabla f(x_2 + \alpha d_2) = d_2^{\mathrm{T}} [H(x_2 + \alpha d_2) - g], \tag{6.71}$$

解这个方程得到最优步长

$$\alpha_2 = -\frac{d_2^{\mathrm{T}}(Hx_2 - g)}{d_2^{\mathrm{T}} H d_2} = -\frac{d_2^{\mathrm{T}} \eta_2}{d_2^{\mathrm{T}} H d_2}. \tag{6.72}$$

第 3 步: 更新点的位置: $x_3 = x_2 + \alpha_2 d_2$, 计算 f 在 x_3 点的梯度向量

$$\eta_3 = \nabla f(x_3) = Hx_3 - g, \tag{6.73}$$

如果 $\eta_3 = 0$, 则说明 x_3 已是最优点, 输出 $x^* = x_3$ 并停机; 否则需要寻找向量 d_3, 使之与 d_1, d_2 共轭.

首先证明 $\langle d_1, \eta_3 \rangle_H = 0$. 证明过程如下: 首先注意到 $\varphi(\alpha) := f(x_2 + \alpha d_2)$ 在点 $\alpha = \alpha_2$ 处取得最小值, 因此 $\varphi'(\alpha_2) = 0$, 由此得到

$$d_2^{\mathrm{T}} \eta_3 = d_2^{\mathrm{T}} \nabla f(x_3) = d_2^{\mathrm{T}} \nabla f(x_2 + \alpha_2 d_2) = \varphi'(\alpha_2) = 0. \tag{6.74}$$

由于第二步已经证明了 $d_1^{\mathrm{T}} \eta_2 = 0$, 因此有

$$\begin{aligned} d_1^{\mathrm{T}} \eta_3 &= d_1^{\mathrm{T}}(Hx_3 - g) = d_1^{\mathrm{T}} [H(x_2 + \alpha_2 d_2) - g] = d_1^{\mathrm{T}} [Hx_2 - g + \alpha_2 H d_2] \\ &= d_1^{\mathrm{T}} [\eta_2 + \alpha_2 H d_2] \\ &= d_1^{\mathrm{T}} \eta_2 + \alpha_2 \langle d_1, d_2 \rangle_H \\ &= 0, \end{aligned} \tag{6.75}$$

其中, 最后一个等号用到了 d_1 与 d_2 共轭的性质. 由于 $\eta_1 = -d_1$, 再根据式 (6.70), η_2 是 d_1 与 d_2 的线性组合, 因此有

$$\eta_3^{\mathrm{T}} \eta_1 = 0, \qquad \eta_3^{\mathrm{T}} \eta_2 = 0. \tag{6.76}$$

再注意到

$$\eta_2 - \eta_1 = (Hx_2 - g) - (Hx_1 - g) = H(x_2 - x_1) = \alpha_1 H d_1, \tag{6.77}$$

因此有

$$\langle d_1, \eta_3 \rangle_H = \eta_3^{\mathrm{T}} H d_1 = \frac{1}{\alpha_1} \eta_3^{\mathrm{T}} (\eta_2 - \eta_1) = 0. \tag{6.78}$$

令 $d_3 = -\eta_3 + \beta_1 d_1 + \beta_2 d_2$, 欲使 d_3 与 d_1, d_2 共轭, 必须有

$$0 = \langle d_1, d_3 \rangle_H = \beta_1 \langle d_1, d_1 \rangle_H, \tag{6.79}$$

$$0 = \langle d_2, d_3 \rangle_H = -\langle d_2, \eta_3 \rangle_H + \beta_2 \langle d_2, d_2 \rangle_H, \tag{6.80}$$

解这两个方程, 得

$$\beta_1 = 0, \qquad \beta_2 = \frac{d_2^{\mathrm{T}} H \eta_3}{d_2^{\mathrm{T}} H d_2}, \tag{6.81}$$

因此

$$d_3 = -\eta_3 + \frac{d_2^{\mathrm{T}} H \eta_3}{d_2^{\mathrm{T}} H d_2} d_2. \tag{6.82}$$

确定最优步长的方法与上一步一样, 求 $\varphi(\alpha) := f(x_3 + \alpha d_3)$ 的导数, 并令其等于零, 最后解得

$$\alpha_3 = -\frac{d_3^{\mathrm{T}} \eta_3}{d_3^{\mathrm{T}} H d_3}. \tag{6.83}$$

第 $k+1$ 步: 如果 $\eta_k = \nabla f(x_k) \neq 0$, 则继续更新点的位置: $x_{k+1} = x_k + \alpha_k d_k$, 计算 f 在 x_{k+1} 点的梯度向量

$$\eta_{k+1} = \nabla f(x_{k+1}) = H x_{k+1} - g, \tag{6.84}$$

如果 $\eta_{k+1} = 0$, 则说明 x_{k+1} 已是最优点, 输出 $x^* = x_{k+1}$ 并停机; 否则需要寻找向量 d_{k+1}, 使之与 $d_1, d_2, \cdots, d_k$ 共轭.

由于 $\varphi(\alpha) := f(x_k + \alpha d_k)$ 在点 $\alpha = \alpha_k$ 取得最小值, 因此 $\varphi'(\alpha_k) = 0$, 由此得到 $d_k^{\mathrm{T}} \eta_{k+1} = 0$. 反复利用式 (6.75) 中的技巧可以证明 (参见本章习题 3)

$$d_i^{\mathrm{T}} \eta_{k+1} = 0, \qquad i = 1, 2, \cdots, k. \tag{6.85}$$

由于 η_i 是 $d_1, d_2, \cdots, d_i$ 的线性组合, 因此有

$$\eta_{k+1}^{\mathrm{T}} \eta_i = 0, \qquad i = 1, 2, \cdots, k. \tag{6.86}$$

再注意到

$$\eta_{i+1} - \eta_i = (H x_{i+1} - g) - (H x_i - g) = H(x_{i+1} - x_i) = \alpha_i H d_i, \tag{6.87}$$

因此有

$$\langle d_i, \eta_{k+1} \rangle_H = \eta_{k+1}^{\mathrm{T}} H d_i = \frac{1}{\alpha_i} \eta_{k+1}^{\mathrm{T}} (\eta_{i+1} - \eta_i) = 0, \qquad i = 1, 2, \cdots, k-1. \tag{6.88}$$

令 $d_{k+1} = -\eta_{k+1} + \beta_1 d_1 + \cdots + \beta_k d_k$, 欲使 d_{k+1} 与 $d_1, d_2, \cdots, d_k$ 共轭, 必须满足

$$0 = \langle d_i, d_{k+1} \rangle_H = \beta_i \langle d_i, d_i \rangle_H, \qquad i = 1, 2, \cdots, k-1, \tag{6.89}$$

$$0 = \langle d_k, d_{k+1} \rangle_H = -\langle d_k, \eta_{k+1} \rangle_H + \beta_k \langle d_k, d_k \rangle_H, \tag{6.90}$$

解这些方程得到

$$\beta_i = 0, \qquad i = 1, 2, \cdots, k-1, \qquad \beta_k = \frac{d_k^{\mathrm{T}} H \eta_{k+1}}{d_k^{\mathrm{T}} H d_k}, \tag{6.91}$$

因此

$$d_{k+1} = -\eta_{k+1} + \frac{d_k^{\mathrm{T}} H \eta_{k+1}}{d_k^{\mathrm{T}} H d_k} d_k. \tag{6.92}$$

最优步长为

$$\alpha_{k+1} = -\frac{d_{k+1}^{\mathrm{T}} \eta_{k+1}}{d_{k+1}^{\mathrm{T}} H d_{k+1}}, \tag{6.93}$$

推导过程与前面一样, 不再赘述.

整个算法的伪代码如 Algorithm 15 所示.

Algorithm 15 (无约束二次优化的共轭梯度法)

Input:

The parameters defining the quadratic function $f(x) = \frac{1}{2} x^{\mathrm{T}} H x - g^{\mathrm{T}} x$, including a positive symmetric matrix $H \in \mathbb{R}^{n \times n}$ and a vector $g \in \mathbb{R}^n$;

The initial point $x_0 \in \mathbb{R}^n$.

Output:

The minimum point $x_{\min}$.

Initialization: $x \leftarrow x_0$;

Compute the gradient: $\eta \leftarrow \nabla f(x) = Hx - g$;

Compute the first direction vector: $d \leftarrow -\eta$;

while $\|\eta\|_2 > 0$ **do**

    Compute the step length:

$$\alpha \leftarrow -\frac{d^{\mathrm{T}} \eta}{d^{\mathrm{T}} H d};$$

    Renew the point x : $x \leftarrow x + \alpha d$;

    Recompute the gradient: $\eta \leftarrow \nabla f(x) = Hx - g$;

    if $\|\eta\|_2 > 0$ **then**

        Recompute the direction vector:

$$d \leftarrow -\eta + \frac{d^{\mathrm{T}} H \eta}{d^{\mathrm{T}} H d} d;$$

    end if

end while

$x_{\min} \leftarrow x$;

Output $x_{\min}$;

关于共轭梯度法 Algorithm 15 的收敛性, 有下列结果.

定理 6.7 设 $f(x) := (1/2)x^{\mathrm{T}}Hx - g^{\mathrm{T}}x$ 是定义在 $\mathbb{R}^n$ 上的二次函数, 其中 H 是正定对称矩阵. 则共轭梯度法 Algorithm 15 经过不超过 n 次迭代后就会终止, 即存在 $m \leqslant n$, 使得 $\eta_m = \nabla f(x_m) = 0$.

证明 如果 Algorithm 15 经过 $n-1$ 次迭代还没有终止, 则得到了一组两两共轭的方向向量 $d_1, d_2, \cdots, d_n$ 以及一组非零的梯度向量

$$\eta_i = \nabla f(x_i), i = 1, 2, \cdots, n,$$

且满足

$$x_{i+1} = x_i + \alpha_i d_i, \qquad i = 1, 2, \cdots, n-1, \tag{6.94}$$

$$\eta_k^{\mathrm{T}} d_i = 0, \qquad 1 \leqslant i < k \leqslant n, \tag{6.95}$$

$$\langle \eta_k, d_i \rangle_H = 0, \qquad 0 \leqslant i \leqslant k-2, \quad k \leqslant n. \tag{6.96}$$

现在进行第 n 次迭代. 先解精确线搜索问题 $\min\limits_{\alpha>0} f(x_n + \alpha d_n)$ 得到最优步长 α_n, 然后得到下一个点 $x_{n+1} = x_n + \alpha_n d_n$, 再计算 f 在这一点的梯度

$$\eta_{n+1} = \nabla f(x_{n+1}) = Hx_{n+1} - g. \tag{6.97}$$

下面证明 η_{n+1} 与 $d_1, d_2, \cdots, d_n$ 皆正交. 首先, 由于 $\varphi(\alpha) := f(x_n + \alpha d_n)$ 在 $\alpha = \alpha_n$ 处取得最小值, 因此 $\varphi'(\alpha_n) = 0$, 由此得到

$$0 = \varphi'(\alpha_n) = d_n^{\mathrm{T}} \nabla f(x_n + \alpha_n d_n) = d_n^{\mathrm{T}} \nabla f(x_{n+1}) = d_n^{\mathrm{T}} \eta_{n+1}, \tag{6.98}$$

因此 η_{n+1} 与 d_n 正交. 其次, 注意到

$$\eta_{n+1} = Hx_{n+1} - g = H(x_n + \alpha_n d_n) - g = (Hx_n - g) + \alpha_n Hd_n = \eta_n + \alpha_n Hd_n,$$

因此有

$$d_{n-1}^{\mathrm{T}} \eta_{n+1} = d_{n-1}^{\mathrm{T}} \eta_n + \alpha_n \langle d_{n-1}, d_n \rangle_H = 0. \tag{6.99}$$

用同样的方法可以导出 $d_i^{\mathrm{T}} \eta_{n+1} = 0$, $1 \leqslant i \leqslant n-2$, 因此 η_{n+1} 与 $d_1, d_2, \cdots, d_n$ 皆正交. 由于 $d_1, d_2, \cdots, d_n$ 是两两共轭的, 因此是线性无关组, 从而构成 $\mathbb{R}^n$ 的基, 既然 η_{n+1} 与这个基中的每个向量都正交, 故必有 $\eta_{n+1} = 0$. $\square$

注: 理论上 $\mathbb{R}^n$ 上的无约束二次优化问题的共轭梯度法经过至多 n 次迭代后梯度必降为零, 但实际计算时, 由于存在舍入误差和其他干扰, 算法无法有限步终止, 因此需取一个小的正数 ε, 将 Algorithm 15 中的 While 循环判断条件改为 $\|\nabla f(x)\|_2 > \varepsilon$. 此外, 如果初始方向 d_1 不取负梯度, 则无法保证算法有限步终止.

例 6.1 设

$$H = \begin{pmatrix} 561 & 247 & -132 & 314 \\ 247 & 470 & -129 & 52 \\ -132 & -129 & 139 & -36 \\ 314 & 52 & -36 & 326 \end{pmatrix}, \qquad g = \begin{pmatrix} 8 \\ -19 \\ 2 \\ 11 \end{pmatrix},$$

求无约束优化问题

$$\min_{x \in \mathbb{R}^4} \frac{1}{2} x^{\mathrm{T}} H x - g^{\mathrm{T}} x$$

的解.

我们取初始点为 $x_0 = (0,0,0,0)^{\mathrm{T}}$, 计算过程编写为一个 MATLAB 函数, 代码如下.

```
function [xmin,numIteration]=conjgateGrad(H,g,x0)
%%这个函数的功能是用梯度下降法求解二次优化问题
%%min (1/2)x'Hx-g'x
%%初始值为x0
%%输出参数xmin为最小值点, numIteration为迭代次数

x=x0;
eta=H*x-g;
d=-eta;                    %%初始方向d取负梯度方向
e=eps;                     %%eps为浮点数的相对精度
k=0;                       %%迭代次数计数器
while (eta'*eta>e)
    alpha=-d'*eta/(d'*H*d);
    x=x+alpha*d;
    eta=H*x-g;
    if (eta'*eta>e)
        d=-eta+(d'*H*eta)/(d'*H*d)*d;
    end
    k=k+1;
end
xmin=x;
numIteration=k;
```

计算结果表明, 经过 4 次迭代后停机输出最小值点

$$x_{\min} = (0.033796995562425, -0.061492394679370, -0.007964385655910,$$

$$0.010118497034089)^{\mathrm{T}}.$$

但是如果初始方向 d_1 不取负梯度, 则停机时迭代次数会远远超过 4, 例如取初始方向为 $(0,0,0,1)^{\mathrm{T}}$, 则需迭代 33 次才满足停机条件.

6.2.2 非线性共轭梯度法

6.2.1 节介绍了无约束二次优化问题的共轭梯度算法 Algorithm 15, 一个很自然的问题是共轭梯度算法可否用于求解一般非线性函数的无约束优化问题. 答案是肯定的. 早在 1964 年, Fletcher 和 Reeves[69] 便对 Algorithm 15 作了改进, 提出了迭代格式

$$x_{k+1} = x_k + \alpha_k d_k, \tag{6.100}$$

$$d_{k+1} = -\nabla f(x_{k+1}) + \frac{\|\nabla f(x_{k+1})\|_2^2}{\|\nabla f(x_k)\|_2^2} d_k, \tag{6.101}$$

其中, 步长 α_k 由 (精确或非精确) 线搜索算法计算, 这种算法称为 **Fletcher-Reeves 非线性共轭梯度法**, 其伪代码如 Algorithm 16 所示.

Algorithm 16 (Fletcher-Reeves 非线性共轭梯度法)

Input:

　The nonlinear objective function $f(x)$;

　The initial point $x_0 \in \mathbb{R}^n$.

Output:

　The minimum point $x_{\min}$.

　Initialization:　$x \leftarrow x_0$;

　Compute the gradient:　$\eta \leftarrow \nabla f(x)$;

　Compute the first direction vector:　$d \leftarrow -\eta$;

　Compute the squared norm of $\eta : n_0 = \|\eta\|_2^2$;

　while $n_0 > 0$ **do**

　　Compute the step length α using line search;

　　Renew the point $x : x \leftarrow x + \alpha d$;

　　Compute the gradient at current point:　$\eta \leftarrow \nabla f(x)$;

　　Compute the squared norm of the gradient at current point:　$n_1 = \|\eta\|_2^2$;

　　if $n_1 > 0$ **then**

　　　Compute the direction vector at current point:

$$d \quad \leftarrow \quad -\eta + \frac{n_1}{n_0} d;$$

　　end if

　　Renew $n_0 : n_0 \leftarrow n_1$;

　end while

　$x_{\min} \leftarrow x$;

　Output $x_{\min}$;

如果迭代步长 α_k 是精确线搜索得到的, 则 $\varphi(s) := f(x_k + s d_k)$ 在点 $s = \alpha_k$ 取得最小值, 因此有

$$0 = \varphi'(\alpha_k) = d_k^{\mathrm{T}} \nabla f(x_k + \alpha_k d_k) = d_k^{\mathrm{T}} \nabla f(x_{k+1}). \tag{6.102}$$

用 $\nabla f(x_{k+1})^{\mathrm{T}}$ 左乘方程 (6.101) 的两边得

$$\begin{aligned}
\nabla f(x_{k+1})^{\mathrm{T}} d_{k+1} &= -\|\nabla f(x_{k+1})\|_2^2 + \frac{\|\nabla f(x_{k+1})\|_2^2}{\|\nabla f(x_k)\|_2^2} \nabla f(x_{k+1})^{\mathrm{T}} d_k \\
&= -\|\nabla f(x_{k+1})\|_2^2 < 0,
\end{aligned} \tag{6.103}$$

因此方向向量 d_{k+1} 与梯度向量 $\nabla f(x_{k+1})$ 的角度大于 $90°$, 这说明 d_{k+1} 是目标函数值下降的方向, 从而能够保证每一步迭代都使目标函数的值减小.

如果步长 α_k 不是精确线搜索得到的, 但满足强 Wolfe 条件

$$f(x_k + \alpha_k d_k) \leqslant f(x_k) + b_1 \alpha_k d_k^{\mathrm{T}} \nabla f(x_k), \tag{6.104}$$

$$\left| d_k^{\mathrm{T}} \nabla f(x_k + \alpha_k d_k) \right| \leqslant -b_2 d_k^{\mathrm{T}} \nabla f(x_k), \tag{6.105}$$

其中, $0 < b_1 < b_2 < 1/2$, 也可以证明 d_k 是目标函数的下降方向. 满足强 Wolfe 条件的步长可由强 Wolfe 线搜索算法 Algorithm 10 得到.

后来, Polak 和 Ribière 将迭代公式 (6.101) 修改为下列形式:

$$d_{k+1} = -\nabla f(x_{k+1}) + \frac{(\nabla f(x_{k+1}) - \nabla f(x_k))^{\mathrm{T}} \nabla f(x_{k+1})}{\|\nabla f(x_k)\|_2^2} d_k, \tag{6.106}$$

采用迭代公式 (6.100) 和 (6.106) 的非线性共轭梯度法称为 **Polak-Ribière 算法**[70]. 戴彧虹和袁亚湘提出将式 (6.101) 替换为公式[71]

$$d_{k+1} = -\nabla f(x_{k+1}) + \frac{\|\nabla f(x_{k+1})\|_2^2}{d_k^{\mathrm{T}} (\nabla f(x_{k+1}) - \nabla f(x_k))} d_k. \tag{6.107}$$

关于这些算法的收敛性分析可参见文献 [31, 66].

为了加速共轭梯度法的收敛, Powell 提出了**重开始 (restart) 技巧**[72], 即每迭代满 n 次后就重新将搜索方向设为当前点的负梯度方向. 可以证明, 通过重开始技巧可将梯度下降法的收敛速度由线性收敛提高到 n 步超线性收敛, 即满足

$$\lim_{k \to \infty} \frac{\|x_{k+n} - x^*\|_2}{\|x_k - x^*\|_2} = 0. \tag{6.108}$$

6.3 信赖域子问题

6.3.1 信赖域子问题及其最优性条件

在用信赖域方法求解无约束非线性优化问题时, 每次迭代都要求解一个形如

$$\min \quad \phi(x) = \frac{1}{2} x^{\mathrm{T}} B x + g^{\mathrm{T}} x + c, \qquad x \in \mathbb{R}^n, \tag{6.109}$$

$$\text{s.t.} \quad \|x\|_2 \leqslant R \tag{6.110}$$

的问题, 其中 B 是 n 阶实对称矩阵, $g \in \mathbb{R}^n, c \in \mathbb{R}, R > 0$. 我们称这个优化问题为**信赖域子问题 (trust-region subproblem)**.

接下来我们分析信赖域子问题的最优性条件. 注意到约束条件 (6.110) 与下列条件等价:

$$\frac{1}{2}(\|x\|_2^2 - R^2) \leqslant 0, \tag{6.111}$$

因此其 Lagrange 函数为

$$L(x, \lambda) = \phi(x) + \frac{\lambda}{2}(\|x\|_2^2 - R^2). \tag{6.112}$$

根据 Karush-Kuhn-Tucker 定理 I 之推论 (推论 3.2), x^* 是信赖域子问题的最优解的必要条件是存在 $\lambda^* \geqslant 0$ 使得

$$\nabla\phi(x^*) = -\lambda^* x^*, \qquad \lambda^*(\|x^*\|_2^2 - R^2) = 0, \qquad \|x^*\|_2^2 - R^2 \leqslant 0, \tag{6.113}$$

即

$$(B + \lambda^* I)x^* = -g, \qquad \lambda^*(\|x^*\|_2 - R) = 0, \qquad \|x^*\|_2 \leqslant R. \tag{6.114}$$

下面我们证明 $B + \lambda^* I \succeq 0$. 如果 $\|x^*\|_2 < R$, 则 x^* 是 ϕ 的无约束最小值点, 因此必有 $B = \nabla^2\phi(x^*) \succeq 0$, 从而 $B + \lambda^* I \succeq 0$. 如果 $\|x^*\|_2 = R$, 则有

$$\phi(x) \geqslant \phi(x^*), \qquad \forall x \in \mathbb{R}^n, \ \|x\|_2 = R, \tag{6.115}$$

于是有

$$\phi(x) \geqslant \phi(x^*) + \frac{\lambda^*}{2}\left(\|x^*\|_2^2 - \|x\|_2^2\right), \qquad \forall x \in \mathbb{R}^n, \ \|x\|_2 = R, \tag{6.116}$$

根据式 (6.114), $g = -(B + \lambda^* I)x^*$, 因此有

$$\phi(x^*) = \frac{1}{2}(x^*)^{\mathrm{T}} B x^* - (x^*)^{\mathrm{T}}(B + \lambda^* I)x^* + c, \tag{6.117}$$

联立式 (6.116) 与式 (6.117) 得

$$(x - x^*)^{\mathrm{T}}(B + \lambda^* I)(x - x^*) \geqslant 0, \qquad \forall x \in \mathbb{R}^n, \ \|x\|_2 = R, \tag{6.118}$$

由于

$$E := \left\{ w = \pm\frac{x - x^*}{\|x - x^*\|_2} : \ \|x\|_2 = R, \ x \neq x^* \right\} \tag{6.119}$$

是单位球面的稠密子集 (只有一对对径点取不到, 其余地方全部填满), 因此必有 $B + \lambda^* I \succeq 0$.

综上所述, 我们证明了 x^* 信赖域子问题 (6.109)~(6.110) 的最优解的必要条件是 x^* 是可行点, 且存在 $\lambda^* \geqslant 0$ 使得

$$(B + \lambda^* I)x^* = -g, \qquad \lambda^*(\|x^*\|_2 - R) = 0, \qquad B + \lambda^* I \succeq 0. \tag{6.120}$$

事实上, 这个条件也是充分的, 这就是下列定理[73].

定理 6.8　x^* 是信赖域子问题 (6.109)~(6.110) 的最优解的充分必要条件是 x^* 是可行点, 且存在 $\lambda^* \geqslant 0$ 使得式 (6.120) 成立.

证明　前面的分析已经证明了必要性, 接下来只需证明充分性即可. 如果对于可行点 x^* 存在 $\lambda^* \geqslant 0$ 使得式 (6.120) 成立, 根据例 3.1, x^* 是下列二次函数的最小值点:

$$\psi(x) := \frac{1}{2}x^{\mathrm{T}}(B + \lambda^* I)x + g^{\mathrm{T}}x + c = \phi(x) + \frac{\lambda^*}{2}\|x\|_2^2, \tag{6.121}$$

于是对任意 $x \in \mathbb{R}^n$ 皆有

$$\phi(x) + \frac{\lambda^*}{2}\|x\|_2^2 \geqslant \phi(x^*) + \frac{\lambda^*}{2}\|x^*\|_2^2, \tag{6.122}$$

移项变形后得到

$$\phi(x) \geqslant \phi(x^*) + \frac{\lambda^*}{2}\left(\|x^*\|_2^2 - \|x\|_2^2\right), \tag{6.123}$$

于是当 $\|x\|_2 \leqslant R$ 时有

$$\phi(x) \geqslant \phi(x^*) + \frac{\lambda^*}{2}\left(\|x^*\|_2^2 - R^2\right) = \phi(x^*) + \frac{\lambda^*}{2}\left(\|x^*\|_2 - R\right)\left(\|x^*\|_2 + R\right)$$

$$= \phi(x^*). \qquad (\text{因为 } \lambda^*(\|x^*\|_2 - R) = 0) \tag{6.124}$$

这就证明了 x^* 是信赖域子问题 (6.109)~(6.110) 的最优解. □

6.3.2　截断共轭梯度法

为了计算信赖域子问题的数值解, Toint[74] 和 Steihaug[75] 对共轭梯度法 Algorithm 15 作了改进, 提出了**截断共轭梯度法 (truncated conjugate gradient algorithm)**.

计算信赖域子问题的精确解是非常费时的, 在信赖域算法中不必为每一步迭代都计算子问题的精确解, 取而代之的是满足一定条件的近似解, 其中最常用的就是所谓的 **Cauchy 点**.

Cauchy 点的形式为 $x^C = \tau x^S$, 其中 x^S 是下列优化问题的解:

$$\min \quad g^{\mathrm{T}}x + c, \qquad \text{s.t.} \quad \|x\|_2 \leqslant R, \tag{6.125}$$

τ 是下列优化问题的解:

$$\min \quad \phi(\tau x^S), \qquad \text{s.t.} \quad \|\tau x^S\|_2 \leqslant R. \tag{6.126}$$

在信赖域算法中, 如果每一步迭代求得子问题的近似解 x^A 都不比 Cauchy 点差 (x^A 使目标函数 ϕ 下降的量不小于 Cauchy 点使目标函数下降的量), 则可以保证信赖域算法的整体收敛性. 因此求子问题 (6.109)~(6.110) 的优于 Cauchy 点的近似解成为设计信赖域算法的关键.

截断共轭梯度法是一种求子问题 (6.109)~(6.110) 的近似解的算法, 它能保证求得的近似解不比 Cauchy 点差. 下面给出算法的伪代码描述 (算法 Algorithm 17).

Algorithm 17 (Toint-Steihaug 截断共轭梯度法)

Input:

The parameters defining the quadratic function $\phi(x) = \frac{1}{2}x^{\mathrm{T}}Bx + g^{\mathrm{T}}x + c$, including a symmetric

matrix $B \in \mathbb{R}^{n \times n}$, a vector $g \in \mathbb{R}^n$, and a constant $c \in \mathbb{R}$;

The radius of the trust-region R.

The tolerance bound ε;

Output:

The approximate solution $x_{\min}$.

Initialization: $x \leftarrow 0, \eta \leftarrow g, d \leftarrow -\eta = -g$;

Initialization the stopping criterion logic variable: $L \leftarrow 0$;

while $L = 0$ **do**

  if $\|\eta\|_2 < \varepsilon$ **then**

    $L \leftarrow 1$;

  else

    $\gamma \leftarrow d^{\mathrm{T}}Bd$;

    if $\gamma > 0$ **then**

      $\alpha \leftarrow -\eta^{\mathrm{T}}\eta/\gamma$;

      if $\|x + \alpha d\|_2 < R$ **then**

        Renew the point $x : x \leftarrow x + \alpha d$;

        $\eta_1 \leftarrow \eta + \alpha Bd$;

        Renew the direction d:

$$d \quad \leftarrow \quad -\eta_1 + \frac{\|\eta_1\|_2^2}{\|\eta\|_2^2}d;$$

        Renew $\eta : \eta \leftarrow \eta_1$;

      else

        Find $\alpha_1 \geqslant 0$ such that $\|x + \alpha_1 d\|_2 = R$;

        Renew the point x: $x \leftarrow x + \alpha_1 d$;

        $L \leftarrow 1$;

      end if

    else

      Find $\alpha_1 \in \mathbb{R}$ such that

$$\phi(x + \alpha_1 d) = \min \phi(x + \alpha d), \qquad \text{s.t. } \|x + \alpha d\|_2 = R;$$

      Renew the point x: $x \leftarrow x + \alpha_1 d$;

      $L \leftarrow 1$;

    end if

  end if

end while

$x_{\min} \leftarrow x$;

Output $x_{\min}$;

算法 Algorithm 17 中有一步需要解关于实变量 α 的方程:

$$\|x + \alpha d\|_2 = R, \tag{6.127}$$

这实际上是一个一元二次方程

$$\alpha^2 \|d\|_2^2 + 2\alpha(d^{\mathrm{T}}x) + \|x\|_2^2 - R^2 = 0, \tag{6.128}$$

当 $\|x\|_2 < R$ 时, 它有两个实根

$$\alpha = \frac{-d^{\mathrm{T}}x \pm \sqrt{(d^{\mathrm{T}}x)^2 + (R^2 - \|x\|_2^2)\|d\|_2^2}}{\|d\|_2^2}. \tag{6.129}$$

还有一步需要求解优化问题

$$\min \quad \phi(x + \alpha d), \quad \alpha \in \mathbb{R}, \qquad \text{s.t.} \quad \|x + \alpha d\|_2 = R, \tag{6.130}$$

这个优化问题的可行点只有两个, 就是方程 (6.128) 的两个实根, 因此只需要从两个实根中挑一个对应目标函数值小的即可.

对于算法 Algorithm 17, 如果 $\|g\| \geqslant \varepsilon$, 则其输出 $x_{\min}$ 不会比 Cauchy 点 x^C 差, 即有

$$\phi(x_{\min}) \leqslant \phi(x^C), \tag{6.131}$$

关于这个结论的分析论证可参考文献 [66] 第 172 页. 因此采用截断共轭梯度法的信赖域算法的收敛性是有保障的.

6.4 逻辑回归问题

6.4.1 逻辑回归模型

设有一列训练样本 (x_i, y_i), $i = 1, 2, \cdots, N$, 其中 $x_i \in \mathbb{R}^n, y_i \in \{0, 1\}$, 变量 x 可以理解为影响试验结果的因素, 是由多个变量组成的向量, y 为试验结果, $y = 1$ 表示试验成功, $y = 0$ 表示试验失败. 对于未来的试验, 在试验结果出来之前, 我们不能确定 $y = 1$ 还是 $y = 0$, 但可以通过观察变量 x 的值来预测试验成功的概率, 即条件概率 $p(x) = \mathbf{P}(y = 1|x)$, 我们希望通过训练样本数据找到条件概率 p 对 x 的依赖关系, 并用某种函数表示出来. 最简单的一类函数是线性函数, 因此我们很自然地想到线性模型

$$p(x) = w^{\mathrm{T}}x + b, \tag{6.132}$$

其中, $w \in \mathbb{R}^n$ 是系数向量, $b \in \mathbb{R}$ 是偏移量. 但在这个模型中, $p(x)$ 的值可能超出区间 $[0, 1]$ 的范围, 与概率在区间 $[0, 1]$ 中取值的要求不符, 因此需要再套上一个函数, 使得 $p(x)$ 在 $[0, 1]$ 上取值. 哪个函数满足要求呢? 考察函数

$$\sigma(u) = \frac{\mathrm{e}^u}{\mathrm{e}^u + 1} = \frac{1}{1 + \mathrm{e}^{-u}}, \tag{6.133}$$

这个函数称为 **Sigmoid 函数**或 **Logistic 函数**, 它将任何一个实数变换到区间 $[0,1]$ 上, 而且是单调光滑的. 现在我们考虑模型

$$p(x) = p(x; w, b) := \sigma(w^{\mathrm{T}}x + b) = \frac{1}{1 + \mathrm{e}^{-(w^{\mathrm{T}}x+b)}}, \tag{6.134}$$

这就是**逻辑回归模型** (logistic regression model).

6.4.2　模型参数估计

逻辑回归的基本思想是选择参数 w 和 b 的值, 使得模型 (6.134) 能够最好地拟合给定的样本数据. 那么如何判断拟合的好坏呢? 这需要有一个度量标准. 设有一列样本数据 $(x_i, y_i), i = 1, 2, \cdots, N$, 它们是独立同分布的, 且有

$$\mathbf{P}(y = 1|x_i) = p(x_i; w, b) := \frac{1}{1 + \mathrm{e}^{-(w^{\mathrm{T}}x_i+b)}}, \qquad \mathbf{P}(y = 0|x_i) = 1 - p(x_i; w, b),$$

因此在 $x = x_i$ 的条件下 $y = y_i$ 的概率为

$$\mathbf{P}(y = y_i|x = x_i) = p(x_i; w, b)^{y_i}(1 - p(x_i; w, b))^{1-y_i},$$

将 N 个样本的条件概率相乘得

$$\ell(w, b) := \prod_{i=1}^{N} p(x_i; w, b)^{y_i} (1 - p(x_i; w, b))^{1-y_i}, \tag{6.135}$$

这个函数在统计学中称为**似然函数** (likelihood function). 既然样本数据是已经观测到的, 是实实在在发生了的事件, 逻辑回归模型理应使它们同时发生的概率最大, 因此应该选择参数 w 和 b 使得似然函数 $\ell(w, b)$ 最大化, 即模型参数应该是下列优化问题的解:

$$\max \quad \ell(w, b), \qquad w \in \mathbb{R}^n, \; b \in \mathbb{R}, \tag{6.136}$$

这就是**极大似然估计** (maximum likelihood estimation) 的基本思想, 称优化问题 (6.136) 的解为逻辑回归模型 (6.134) 的参数的**极大似然估计**, 记作 $(\widehat{w}, \widehat{b})$.

为了表示简洁, 令

$$\theta_0 = b, \quad \theta_i = w_i, \quad i = 1, 2, \cdots, n, \quad \theta = (\theta_0, \theta_1, \cdots, \theta_n)^{\mathrm{T}}, \tag{6.137}$$

$$\widetilde{x}_i = (1, x_{1i}, x_{2i}, \cdots, x_{ni})^{\mathrm{T}}, \qquad i = 1, 2, \cdots, N, \tag{6.138}$$

则优化问题 (6.136) 可表示为

$$\max \quad \ell(\theta) = \prod_{i=1}^{N} \left(\frac{1}{1 + \mathrm{e}^{-\widetilde{x}_i^{\mathrm{T}}\theta}}\right)^{y_i} \left(\frac{\mathrm{e}^{-\widetilde{x}_i^{\mathrm{T}}\theta}}{1 + \mathrm{e}^{-\widetilde{x}_i^{\mathrm{T}}\theta}}\right)^{1-y_i}, \qquad \theta \in \mathbb{R}^{n+1}. \tag{6.139}$$

但这个问题并不太好解, ℓ 不是凸函数或凹函数, 求导也很麻烦. 因此对其取对数, 得

$$L(\theta) \quad := \quad \ln \ell(\theta) = -\sum_{i=1}^{N}(1 - y_i)\widetilde{x}_i^{\mathrm{T}}\theta - \sum_{i=1}^{N} \ln\left(1 + \mathrm{e}^{-\widetilde{x}_i^{\mathrm{T}}\theta}\right)$$

$$= \sum_{i=1}^{N} y_i \widetilde{x}_i^{\mathrm{T}} \theta - \sum_{i=1}^{N} \ln\left(1 + \mathrm{e}^{\widetilde{x}_i^{\mathrm{T}} \theta}\right), \tag{6.140}$$

这个函数称为对数似然函数 (log-likelihood function). 由于自然对数函数是严格单调增加的, 因此优化问题 (6.136) 等价于优化问题

$$\min \quad f(\theta) = -L(\theta) = \sum_{i=1}^{N} \ln\left(1 + \mathrm{e}^{\widetilde{x}_i^{\mathrm{T}} \theta}\right) - \sum_{i=1}^{N} y_i \widetilde{x}_i^{\mathrm{T}} \theta, \qquad \theta \in \mathbb{R}^{n+1}, \tag{6.141}$$

这是一个凸优化问题 (本章习题 4), 用梯度下降法或非线性共轭梯度法都可以计算其全局最优解.

下面计算目标函数 f 的梯度. 注意到

$$[\ln(1 + \mathrm{e}^u)]' = \frac{\mathrm{e}^u}{1 + \mathrm{e}^u} = \sigma(u), \tag{6.142}$$

因此有

$$\nabla f(\theta) = \sum_{i=1}^{N} \sigma(\widetilde{x}_i^{\mathrm{T}} \theta) \widetilde{x}_i - \sum_{i=1}^{N} y_i \widetilde{x}_i = \sum_{i=1}^{N} \left(\sigma(\widetilde{x}_i^{\mathrm{T}} \theta) - y_i\right) \widetilde{x}_i. \tag{6.143}$$

算法 Algorithm 18 是解优化问题 (6.141) 的梯度下降法.

Algorithm 18 (逻辑回归问题的梯度下降法)

Input:

The training data $(x_i, y_i), x_i \in \mathbb{R}^n, y_i \in \{0, 1\}, i = 1, 2, \cdots, N$;

The initial point $\theta_0 \in \mathbb{R}^{n+1}$;

The tolerance bound ε;

Output:

The maximum likelihood estimation $\widehat{\theta}$

$\theta \leftarrow \theta_0$;

Compute $\nabla f(\theta) = \sum\limits_{i=1}^{N} \left(\sigma(\widetilde{x}_i^{\mathrm{T}} \theta) - y_i\right) \widetilde{x}_i$;

while $\|\nabla f(\theta)\|_2 > \varepsilon$ **do**

    $d \leftarrow -\nabla f(\theta)$;

    Compute the step length α;

    Renew the position of the point: $\theta \leftarrow \theta + \alpha d$;

    Recompute the gradient: $\nabla f(\theta) = \sum\limits_{i=1}^{N} \left(\sigma(\widetilde{x}_i^{\mathrm{T}} \theta) - y_i\right) \widetilde{x}_i$;

end while

$\widehat{\theta} \leftarrow \theta$;

Output $\widehat{\theta}$;

算法 Algorithm 18 中步长 α 的选择可以是固定步长、精确线搜索或近似线搜索. 如果采用精确线搜索确定步长, 则需要求一元函数 $\varphi(s) := f(\theta + sd)$ 的最小值点, 由于

$$\varphi'(s) = d^{\mathrm{T}} \nabla f(\theta + sd) = d^{\mathrm{T}} \left(\sum_{i=1}^{N} \left(\sigma(\widetilde{x}_i^{\mathrm{T}}(\theta + sd)) - y_i \right) \widetilde{x}_i \right), \tag{6.144}$$

因此可以用对分法求 φ 的最小值点 α, 即最优步长. 算法如 Algorithm 19 所示.

Algorithm 19 (逻辑回归的对分精确线搜索算法)

Input:
    The training data $(x_i, y_i), x_i \in \mathbb{R}^n, y_i \in \{0, 1\}, i = 1, 2, \cdots, N$;
    The current point $\theta \in \mathbb{R}^{n+1}$;
    The current direction $d \in \mathbb{R}^{n+1}$;
    The tolerance bound ε;
Output:
    The optimal step length α

  $s_0 \leftarrow 0, s_1 \leftarrow 1$;
  Compute $\varphi'(s_1) = d^{\mathrm{T}} \left(\sum_{i=1}^{N} \left(\sigma(\widetilde{x}_i^{\mathrm{T}}(\theta + s_1 d)) - y_i \right) \widetilde{x}_i \right)$;
  while $\varphi'(s_1) < 0$ **do**
    $s_1 \leftarrow 2s_1$;
    Compute $\varphi'(s_1) = d^{\mathrm{T}} \left(\sum_{i=1}^{N} \left(\sigma(\widetilde{x}_i^{\mathrm{T}}(\theta + s_1 d)) - y_i \right) \widetilde{x}_i \right)$;
  end while
  $B \leftarrow 1$;
  while $s_1 - s_0 \geqslant \varepsilon$ **do**
    $t \leftarrow (s_0 + s_1)/2$;
    Compute $\varphi'(t) = d^{\mathrm{T}} \left(\sum_{i=1}^{N} \left(\sigma(\widetilde{x}_i^{\mathrm{T}}(\theta + td)) - y_i \right) \widetilde{x}_i \right)$;
    if $\varphi'(t) < 0$ **then**
      $s_0 \leftarrow t$;
    else
      if $\varphi'(t) = 0$ **then**
        Output $\alpha = t$;
        $B \leftarrow 0$;
        Stop;
      else
        $s_1 \leftarrow t$;
      end if
    end if
  end while
  if $B = 1$ **then**
    Output $\alpha = (s_0 + s_1)/2$;
  end if

在算法 Algorithm 19 中，前一个 while 循环是为了确定区间 $[0, s_1]$ 的右端点 s_1，使得 $\varphi'(s_1) > 0$. 由于 d 是函数值下降方向，因此 $\varphi'(0) < 0$，于是在区间 $[0, s_1]$ 中必有 φ' 的零点. 后一个 while 循环才开始对分法.

如果采用近似线搜索，则比较常用的是 Wolfe 线搜索. 算法 Algorithm 20 是根据 5.4 节算法 Algorithm 8 设计的逻辑回归的对分 Wolfe 线搜索算法.

Algorithm 20 (逻辑回归的对分 Wolfe 线搜索算法)

Input:

 The training data $(x_i, y_i), x_i \in \mathbb{R}^n, y_i \in \{0, 1\}, i = 1, 2, \cdots, N$;

 The current point $\theta \in \mathbb{R}^{n+1}$;

 The current direction $d \in \mathbb{R}^{n+1}$;

 The constant $0 < b_1 \leqslant b_2 < 1/2$;

Output:

 The step length α satisfying the Wolfe condition.

 $s_1 \leftarrow 0, s_2 \leftarrow \infty, t \leftarrow 1$;

 Compute $\varphi(0) = f(\theta) = \sum\limits_{i=1}^{N} \ln\left(1 + \mathrm{e}^{\widetilde{x}_i^{\mathrm{T}}\theta}\right) - \sum\limits_{i=1}^{N} y_i \widetilde{x}_i^{\mathrm{T}}\theta$;

 Compute $\varphi'(0) = d^{\mathrm{T}}\left(\sum\limits_{i=1}^{N} \left(\sigma(\widetilde{x}_i^{\mathrm{T}}\theta) - y_i\right)\widetilde{x}_i\right)$;

 Compute $\varphi(t) = f(\theta + td)$;

 Compute $\varphi'(t) = d^{\mathrm{T}}\left(\sum\limits_{i=1}^{N} \left(\sigma(\widetilde{x}_i^{\mathrm{T}}(\theta + td)) - y_i\right)\widetilde{x}_i\right)$;

 while $\varphi(0) - \varphi(t) < -b_1\varphi'(0)t$ or $\varphi'(t) < b_2\varphi'(0)$ **do**

  if $\varphi(0) - \varphi(t) < -b_1\varphi'(0)t$ **then**

   $s_2 \leftarrow t$;

   $t \leftarrow (s_1 + s_2)/2$;

  else

   $s_1 \leftarrow t$;

   if $s_2 = \infty$ **then**

    $t \leftarrow 2s_1$;

   else

    $t \leftarrow (s_1 + s_2)/2$;

   end if

  end if

  Compute $\varphi(t), \varphi'(t)$;

 end while

 $\alpha \leftarrow t$;

 Output α;

优化问题 (6.141) 也可以用非线性共轭梯度法求解，算法如 Algorithm 21 所示.

Algorithm 21 (逻辑回归问题的 Fletcher-Reeves 共轭梯度法)

Input:

 The training data $(x_i, y_i), x_i \in \mathbb{R}^n, y_i \in \{0, 1\}, i = 1, 2, \cdots, N$;

The initial point $\theta_0 \in \mathbb{R}^{n+1}$;

The tolerance bound ε;

Output:

The maximum likelihood estimation $\widehat{\theta}$

Initialization: $\theta \leftarrow \theta_0$;

Compute the gradient: $\eta \leftarrow \nabla f(\theta) = \sum_{i=1}^{N} \left(\sigma(\widetilde{x}_i^{\mathrm{T}}\theta) - y_i\right)\widetilde{x}_i$;

Compute the first direction vector: $d \leftarrow -\eta$;

Compute the squared norm of $\eta : n_0 = \|\eta\|_2^2$;

while $n_0 > \varepsilon$ **do**

　　Compute the step length α using line search;

　　Renew the point $\theta : \theta \leftarrow \theta + \alpha d$;

　　Compute the gradient at current point: $\eta \leftarrow \nabla f(\theta) = \sum_{i=1}^{N} \left(\sigma(\widetilde{x}_i^{\mathrm{T}}\theta) - y_i\right)\widetilde{x}_i$;

　　Compute the squared norm of the gradient at current point: $n_1 = \|\eta\|_2^2$;

　　if $n_1 > 0$ **then**

　　　　Compute the direction vector at current point:

　　　　$d \quad \leftarrow \quad -\eta + \dfrac{n_1}{n_0}d$;

　　end if

　　Renew $n_0 : n_0 \leftarrow n_1$;

end while

$\widehat{\theta} \leftarrow \theta$;

Output $\widehat{\theta}$;

关于代价函数 $f(\theta)$ 的数值计算还需要补充一点, 如果直接按照公式

$$f(\theta) = \sum_{i=1}^{N} \ln\left(1 + \mathrm{e}^{\widetilde{x}_i^{\mathrm{T}}\theta}\right) - \sum_{i=1}^{N} y_i\widetilde{x}_i^{\mathrm{T}}\theta$$

进行计算, 则很容易逾界造成错误, 因为其中有指数函数 $\mathrm{e}^{\widetilde{x}_i^{\mathrm{T}}\theta}$, 只要指数大到一定程度, 例如指数达到 500, 就超过了软件处理的数值范围. 当指数 u 是一个很大的正数时, 可做下列近似:

$$\ln(1 + \mathrm{e}^u) \approx \ln \mathrm{e}^u = u. \tag{6.145}$$

定义

$$\rho(u) = \begin{cases} \ln(1 + \mathrm{e}^u), & u \leqslant 30, \\ u, & u > 30, \end{cases} \tag{6.146}$$

则 $\rho(u)$ 与 $\ln(1 + \mathrm{e}^u)$ 的误差小于 10^{-13}, 精度完全符合要求. 因此我们可以用下列公式计算代价函数 $f(\theta)$ 的值:

$$f(\theta) \approx \sum_{i=1}^{N} \rho(\widetilde{x}_i^{\mathrm{T}}\theta) - \sum_{i=1}^{N} y_i\widetilde{x}_i^{\mathrm{T}}\theta. \tag{6.147}$$

6.4.3 计算实例

本小节我们给出一个计算实例.

例 6.2 给定样本数据 $(x_i, y_i), x_i \in \mathbb{R}^3, y_i \in \{0,1\}, i = 1, 2, \cdots, 14$, 用不同的算法估计逻辑回归模型

$$p(x) = \frac{1}{1 + \mathrm{e}^{-(w^\mathrm{T} x + b)}} = \frac{1}{1 + \mathrm{e}^{-\widetilde{x}^\mathrm{T} \theta}} \tag{6.148}$$

的参数. 训练样本数据组织成 $X = (x_1, x_2, \cdots, x_{14})$ 和 $y = (y_1, y_2, \cdots, y_{14})$ 的形式, 其中 X 是一个 3×14 的矩阵, 每一列代表一个样本. 由于矩阵 X 太宽不好展示, 故将其分为两个子块 X_1 和 X_2, X_1 由 X 的前 7 列构成, X_2 由 X 的后 7 列构成, 具体数据如下:

$$X_1 = \begin{pmatrix} 0.34 & -0.43 & 0.26 & -0.10 & -0.49 & 0.36 & -0.35 \\ -0.33 & -0.31 & 0.47 & 0.31 & 0.04 & -0.11 & -0.20 \\ -0.25 & 0.27 & -0.30 & 0.03 & 0.50 & 0.40 & 0.12 \end{pmatrix},$$

$$X_2 = \begin{pmatrix} -0.05 & 0.13 & 0.05 & -0.32 & -0.27 & 0.11 & -0.23 \\ 0.48 & 0.07 & 0.42 & 0.21 & 0.35 & 0.16 & -0.37 \\ 0.09 & -0.03 & -0.14 & 0.38 & -0.07 & 0.24 & -0.48 \end{pmatrix},$$

$$X = (X_1, X_2),$$

$$y = (1, 1, 0, 0, 1, 1, 1, 0, 1, 0, 1, 0, 1, 0).$$

固定步长梯度下降法的 MATLAB 程序如下:

```
function [theta_op,Loss]=fixedStepGradLogic(X,y,alpha)
%%这个函数的功能是用固定步长梯度下降法估计逻辑回归模型的参数
%%输入参数：X--解释变量的样本数据，每一列代表一个样本
%%      y--被解释变量的样本数据，为一维行向量，取0或1，与X中的数据一一对应
%%          alpha--步长
%%输出参数：theta_op--模型参数的估计值，Loss损失函数f的值
%%%%%%%%%%%%%%%%%%%%%%%%%%%%%%%%%%%%%%%%%%%%%%%%
[n,N]=size(X);                   %%算出样本数据的维数和样本的个数
X=[ones(1,N);X];                 %%添加一行元素1放在矩阵X的最上面一行
y=y';                            %%将y转置成列向量
ep=1e-08;                        %%误差上界epsilon
theta=zeros(n+1,1);              %%初始化
grf=X*(sigm(X'*theta)-y);        %%计算f的梯度向量，调用了sigm()函数
grfn=grf'*grf;                   %%计算梯度范数的平方
while grfn>ep
    d=-grf;
    theta=theta+alpha*d;
    grf=X*(sigm(X'*theta)-y);
    grfn=grf'*grf;
end
```

```
theta_op=theta;
Loss=LogicLoss(theta,X,y);    %%调用LogicLoss()计算损失函数(目标函数)的值
end


%%%%%%%%下面是Sigmoid函数的定义
function v=sigm(u)
[l1,l2]=size(u);
v=zeros(l1,l2);
for i1=1:l1
    for i2=1:l2
        v(i1,i2)=1/(1+exp(-u(i1,i2)));
    end
end
end


%%%%下面是计算逻辑回归损失函数的程序

function Loss=LogicLoss(theta,X,y)
%%输入参数: theta--模型参数向量
%%X--解释变量数据矩阵每一列代表一个样本, 第1行元素是添加的1, 对应常数项
%%y--应变量数据, 行向量
%%输出参数: Loss--损失函数的值
%%%%%%%%%%%%%%%%%%%%%%%%%%%%%%%%%%%%
[n,N]=size(X);
Loss=0;
for i=1:N
    Loss=Loss+rho(X(:,i)'*theta)-y(i)*(X(:,i)'*theta);
end
end


function rhovalue=rho(u)
%%定义函数rho近似代替log(1+exp(u))
%%%%%%%%%%%%%%%%%%%%%%%%%%%%%%%%%%%%%
if u<=30
    rhovalue=log(1+exp(u));
else
    rhovalue=u;
end
end
```

下面是用精确线搜索梯度下降法计算逻辑回归参数的 MATLAB 程序, 其中, 函数 LogicExactLS() 是实现精确线搜索算法 Algorithm 19 的程序.

```
function [theta_op,Loss]=exactLineSearchGradLogic(X,y)
%%这个函数的功能是用精确线搜索梯度下降法估计逻辑回归模型的参数
%%输入参数：X--解释变量的样本数据，每一列代表一个样本
%%      y--被解释变量的样本数据，为一维行向量，取0或1，与X中的数据一一对应
%%输出参数：theta_op--模型参数的估计值，Loss损失函数f的值
%%%%%%%%%%%%%%%%%%%%%%%%%%%%%%%%%%%%%%%%%%%%%%%
[n,N]=size(X);                %%算出样本数据的维数和样本的个数
X=[ones(1,N);X];              %%添加一行元素1放在矩阵X的最上面一行
y=y';                         %%将y转置成列向量
ep=1e-08;                     %%误差上界epsilon
theta=zeros(n+1,1);           %%初始化
grf=X*(sigm(X'*theta)-y);     %%计算f的梯度向量，调用了sigm()函数
grfn=grf'*grf;                %%计算梯度范数的平方
while grfn>ep
    d=-grf;
    alpha=LogicExactLS(theta,d,X,y);  %%调用精确线搜索函数LogicExactLS()
    theta=theta+alpha*d;
    grf=X*(sigm(X'*theta)-y);
    grfn=grf'*grf;
end
theta_op=theta;
Loss=LogicLoss(theta,X,y);         %%计算损失函数的值
end


%%%%这个函数实现逻辑回归的对分法精确线搜索算法
function alpha=LogicExactLS(theta,d,X,y)
%%输入参数：theta--当前点，d--当前搜索方向
%%X--解释变量数据矩阵每一列代表一个样本，第1行元素是添加的1，对应常数项
%%y--应变量数据，行向量
%%输出参数：alpha--最优步长
%%%%%%%%%%%%%%%%%%%%%%%%%%%%%%%%%%%%%%%%%%%%%%%%
epb=0.0000001;
s0=0;
s1=1;
dphi=d'*X*(sigm(X'*(theta+s1*d))-y);     %%计算phi在点s1的导数
while dphi<0
    s1=2*s1;
    dphi=d'*X*(sigm(X'*(theta+s1*d))-y);
end
B=1;
while s1-s0>=epb
    t=(s0+s1)/2;
    dphi=d'*X*(sigm(X'*(theta+t*d))-y);  %%计算phi在点t的导数
    if dphi<0
```

```
            s0=t;
        else
            if dphi==0
                alpha=t;
                B=0;
                break
            else
                s1=t;
            end
        end
end
if B==1
    alpha=(s0+s1)/2;
end
end
```

下面的算法是用非线性共轭梯度法计算逻辑回归参数的 MATLAB 程序, 即算法 Algorithm 21 的实现. 其中, 步长由精确线搜索算法 Algorithm 19 确定.

```
function [theta_op,Loss]=exactLSConjugateGradLogic(X,y)
%%这个函数的功能是用精确线搜索共轭梯度法估计逻辑回归模型的参数
%%输入参数: X-- 解释变量的样本数据, 每一列代表一个样本
%%      y--被解释变量的样本数据, 为一维行向量, 取0或1, 与X中的数据一一对应
%%输出参数: theta_op--模型参数的估计值, Loss损失函数f的值
%%%%%%%%%%%%%%%%%%%%%%%%%%%%%%%%%%%%%%%%%%%%%%%
[n,N]=size(X);                %%算出样本数据的维数和样本的个数
X=[ones(1,N);X];              %%添加一行元素1放在矩阵X的最上面一行
y=y';                         %%将y转置成列向量
ep=1e-08;                     %%误差上界epsilon
theta=zeros(n+1,1);           %%初始化
grf=X*(sigm(X'*theta)-y);     %%计算f的梯度向量, 调用了sigm()函数
grfn=grf'*grf;                %%计算梯度范数的平方
d=-grf;                       %%初始搜索方向d取负梯度
while grfn>ep
    alpha=LogicExactLS(theta,d,X,y);   %%调用精确线搜索函数LogicExactLS()
    theta=theta+alpha*d;               %%更新点theta
    grf=X*(sigm(X'*theta)-y);          %%计算f在当前点的梯度向量
    grfn1=grf'*grf;                    %%计算当前梯度范数的平方
    if grfn1>0
        d=-grf+(grfn1/grfn)*d;         %%计算当前点的搜索方向
    end
    grfn=grfn1;
end
theta_op=theta;
```

```
Loss=LogicLoss(theta,X,y);        %%计算损失函数的值
end
```

为了比较这三种算法的效率, 我们取初始点 $\theta_0 = (0, 0, 0, 0)^{\mathrm{T}}$, 对固定步长梯度下降法取固定步长为 $\alpha = 10$, 另外两种算法则由精确线搜索算法 Algorithm 19 确定步长, 当梯度向量满足 $\|\nabla f(\theta)\|_2^2 < 10^{-8}$ 时停止循环并输出结果, 比较这三种算法的迭代次数、运算时间以及代价函数 (目标函数) 值 $f(\widehat{\theta})$, 其中, 运算时间是相应程序段运行 100 次的平均时间, 结果如表 6.1 所示.

表 6.1   三种算法的比较

算法	固定步长梯度下降法	精确线搜索梯度下降法	非线性共轭梯度法
迭代次数	6323	230	37
运行时间/秒	0.0165	0.0239	0.0042
$f(\widehat{\theta})$	7.1807×10^{-4}	8.4050×10^{-4}	3.3061×10^{-4}

从表 6.1 可以看出, 对于这个计算实例, 在这三种算法中, 非线性共轭梯度法的效率最高.

6.4.4　多分类问题

在前面介绍的逻辑回归模型中, 应变量 y 只能取 0 或 1 两个值, 这就是所谓二分类问题. 现在我们对问题进行拓展, 假设应变量 y 可以在有限集 $\mathcal{C} := \{1, 2, \cdots, m\}$ 中取值, 这就是所谓的多分类问题, 变量 y 通常称为**类别标签**.

给定一组训练样本 $(x_i, y_i), x_i \in \mathbb{R}^n, y_i \in \mathcal{C}, i = 1, 2, \cdots, N$, 需要找一个函数来模拟条件概率 $p_k(x) := \mathbf{P}(y = k | x), k = 1, 2, \cdots, m$, 即当解释变量值为 x 时类别标签为 $y = k$ 的条件概率, 一旦估计出 $p_1(x), p_2(x), \cdots, p_m(x)$ 的大小, 我们便可以比较这些条件概率的大小, 挑选出最大的 $p_k(x)$, 判定样本最可能来自第 k 个类.

用什么函数模拟 $p_k(x)$ 好呢? 须注意到条件概率 $p_k(x), k = 1, 2, \cdots, m$ 必须满足归一性条件

$$\sum_{k=1}^{m} p_k(x) = 1, \tag{6.149}$$

在机器学习领域常用下列函数来模拟 $p_k(x)$:

$$p_k(x) = \frac{\mathrm{e}^{w_k^{\mathrm{T}} x + b_k}}{\sum\limits_{j=1}^{m} \mathrm{e}^{w_j^{\mathrm{T}} x + b_j}}, \qquad k = 1, 2, \cdots, m, \tag{6.150}$$

这类模型称为**对数线性模型 (log-linear model)**. 为了表示简洁, 定义

$$\rho_k(u) := \frac{\mathrm{e}^{u_k}}{\sum\limits_{j=1}^{m} \mathrm{e}^{u_j}}, \qquad u = (u_1, u_2, \cdots, u_m)^{\mathrm{T}} \in \mathbb{R}^m, k = 1, 2, \cdots, m, \tag{6.151}$$

称之为 **softmax 函数**. 利用 softmax 函数可将对数线性模型简单地表示为

$$p_k(x) = \rho_k(W^{\mathrm{T}}x + b), \qquad W = (w_1, w_2, \cdots, w_m), b = (b_1, b_2, \cdots, b_m)^{\mathrm{T}}. \quad (6.152)$$

令

$$\theta_j = (b_j, w_{1j}, w_{2j}, \cdots, w_{nj})^{\mathrm{T}}, \qquad j = 1, 2, \cdots, m, \quad (6.153)$$

$$\Theta = (\theta_1, \theta_2, \cdots, \theta_m), \quad (6.154)$$

$$\widetilde{x}_i = (1, x_{1i}, x_{2i}, \cdots, x_{ni})^{\mathrm{T}}, \qquad i = 1, 2, \cdots, N, \quad (6.155)$$

则有

$$p_k(x_i) = \frac{\mathrm{e}^{\theta_k^{\mathrm{T}} \widetilde{x}_i}}{\sum\limits_{j=1}^{m} \mathrm{e}^{\theta_j^{\mathrm{T}} \widetilde{x}_i}} = \rho_k(\Theta^{\mathrm{T}} \widetilde{x}_i), \qquad k = 1, 2, \cdots, m. \quad (6.156)$$

接下来需要构造一个损失函数以度量模型对数据的拟合优度. 为了表示方便, 我们将标签变量转换为 m 维的二进制向量

$$y = 1 \quad \Leftrightarrow \quad y = (1, 0, 0, \cdots, 0, 0)^{\mathrm{T}}, \qquad y = 2 \quad \Leftrightarrow \quad y = (0, 1, 0, \cdots, 0, 0)^{\mathrm{T}},$$

$$y = 3 \quad \Leftrightarrow \quad y = (0, 0, 1, \cdots, 0, 0)^{\mathrm{T}}, \qquad \cdots,$$

$$y = m - 1 \quad \Leftrightarrow \quad y = (0, 0, 0, \cdots, 1, 0)^{\mathrm{T}}, \qquad y = m \quad \Leftrightarrow \quad y = (0, 0, 0, \cdots, 0, 1)^{\mathrm{T}}.$$

做了这种转换之后便有

$$\mathbf{P}(y = y_i | x = x_i) = \prod_{k=1}^{m} p_k(x_i; \Theta)^{y_{ki}}, \qquad y_i = (y_{1i}, y_{2i}, \cdots, y_{mi})^{\mathrm{T}}, \quad (6.157)$$

因此似然函数为

$$\ell(\Theta) = \prod_{i=1}^{N} \prod_{k=1}^{m} p_k(x_i; \Theta)^{y_{ki}}, \quad (6.158)$$

对其取负对数得到

$$f(\Theta) := -\ln \ell(\Theta) = -\sum_{i=1}^{N} \sum_{k=1}^{m} y_{ki} \ln p_k(x_i; \Theta), \quad (6.159)$$

这个函数在机器学习中称为**交叉熵代价函数 (cross entropy cost function)**. 于是多分类模型 (6.156) 的参数估计问题便可表示为

$$\min f(\Theta) = -\sum_{i=1}^{N} \sum_{k=1}^{m} y_{ki} \ln p_k(x_i; \Theta), \qquad \Theta \in \mathbb{R}^{(n+1) \times m}. \quad (6.160)$$

记

$$L_i = -\sum_{k=1}^{m} y_{ki} \ln p_k(x_i; \Theta), \tag{6.161}$$

注意到

$$\ln p_k(x_i; \Theta) = \ln \frac{e^{\theta_k^{\mathrm{T}} \widetilde{x}_i}}{\sum\limits_{j=1}^{m} e^{\theta_j^{\mathrm{T}} \widetilde{x}_i}} = \theta_k^{\mathrm{T}} \widetilde{x}_i - \ln \left(\sum_{j=1}^{m} e^{\theta_j^{\mathrm{T}} \widetilde{x}_i} \right), \tag{6.162}$$

因此有

$$\begin{aligned}
\frac{\partial L_i}{\partial \theta_l} &= \sum_{k=1}^{m} y_{ki} \left(\frac{e^{\theta_l^{\mathrm{T}} \widetilde{x}_i}}{\sum\limits_{j=1}^{m} e^{\theta_j^{\mathrm{T}} \widetilde{x}_i}} \widetilde{x}_i - \delta_{kl} \widetilde{x}_i \right) = \sum_{k=1}^{m} \frac{e^{\theta_l^{\mathrm{T}} \widetilde{x}_i}}{\sum\limits_{j=1}^{m} e^{\theta_j^{\mathrm{T}} \widetilde{x}_i}} \widetilde{x}_i y_{ki} - y_{li} \widetilde{x}_i \\
&= \frac{e^{\theta_l^{\mathrm{T}} \widetilde{x}_i}}{\sum\limits_{j=1}^{m} e^{\theta_j^{\mathrm{T}} \widetilde{x}_i}} \widetilde{x}_i - y_{li} \widetilde{x}_i \qquad \left(\because \sum_{k=1}^{m} y_{ki} = 1 \right) \\
&= [p_l(x_i; \Theta) - y_{li}] \widetilde{x}_i, \tag{6.163}
\end{aligned}$$

从而有

$$\frac{\partial f}{\partial \theta_l} = \sum_{i=1}^{N} \frac{\partial L_i}{\partial \theta_l} = \sum_{i=1}^{N} [p_l(x_i; \Theta) - y_{li}] \widetilde{x}_i, \qquad l = 1, 2, \cdots, m. \tag{6.164}$$

记

$$\begin{aligned}
\widetilde{X} &= (\widetilde{x}_1, \widetilde{x}_2, \cdots, \widetilde{x}_N), \qquad r_{li} = p_l(x_i; \Theta) - y_{li}, \\
R &= (r_{li})_{l=1,2,\cdots,m, i=1,2,\cdots,N},
\end{aligned} \tag{6.165}$$

则 f 的梯度 (矩阵) 可表示为

$$\nabla f(\Theta) = \left(\frac{\partial f}{\partial \theta_1}, \frac{\partial f}{\partial \theta_2}, \cdots, \frac{\partial f}{\partial \theta_m} \right) = \widetilde{X} R^{\mathrm{T}}. \tag{6.166}$$

令 $\varphi(s) = f(\Theta + sD), D \in \mathbb{R}^{(n+1) \times m}$, 则有

$$\varphi'(s) = \langle D, \nabla f(\Theta + sD) \rangle_F, \tag{6.167}$$

其中, $\langle \cdot, \cdot \rangle_F$ 是 Frobenius 内积.

算法 Algorithm 22 给出了多分类模型参数估计的梯度下降法框架.

Algorithm 22 (多分类模型参数估计的梯度下降法)

Input:

The training data $x_i \in \mathbb{R}^n, y_i \in \{0,1\}^m, i = 1, 2, \cdots, N$, where m is the number of classes, y_i is the vectorized labels;

The initial point $\Theta_0 \in \mathbb{R}^{(n+1) \times m}$;

The tolerance bound ε;

Output:

The maximum likelihood estimation $\widehat{\Theta}$

$\Theta \leftarrow \Theta_0$;

Compute the gradient $\nabla f(\Theta)$ using formula (6.150), (6.165) and (6.166);

while $\|\nabla f(\Theta)\|_F > \varepsilon$ **do**

　　$D \leftarrow -\nabla f(\Theta)$;

　　Compute the step length α;

　　Renew the position of the point: $\Theta \leftarrow \Theta + \alpha D$;

　　Recompute the gradient $\nabla f(\Theta)$ using formula (6.150), (6.165) and (6.166);

end while

$\widehat{\Theta} \leftarrow \Theta$;

Output $\widehat{\Theta}$;

　　算法 Algorithm 22 中步长 α 可以取固定步长或用精确线搜索或近似线搜索算法计算.

　　多分类模型参数估计也可以用 Fletcher-Reeves 共轭梯度法求解, 算法如 Algorithm 23 所示.

Algorithm 23 (多分类模型参数估计的 Fletcher-Reeves 共轭梯度法)

Input:

The training data $x_i \in \mathbb{R}^n, y_i \in \{0,1\}^m, i = 1, 2, \cdots, N$, where m is the number of classes, y_i is the vectorized labels;

The initial point $\Theta_0 \in \mathbb{R}^{(n+1) \times m}$;

The tolerance bound ε;

Output:

The maximum likelihood estimation $\widehat{\Theta}$

Initialization: $\Theta \leftarrow \Theta_0$;

Compute the gradient $\eta = \nabla f(\Theta)$ using formula (6.150), (6.165) and (6.166);

Compute the first direction vector: $D \leftarrow -\eta$;

Compute the squared norm of $\eta : n_0 = \|\eta\|_F^2$;

while $n_0 > \varepsilon$ **do**

　　Compute the step length α using line search;

　　Renew the point $\Theta : \Theta \leftarrow \theta + \alpha D$;

　　Compute the gradient $\eta = \nabla f(\Theta)$ at current point using formula (6.150), (6.165) and (6.166);

　　Compute the squared norm of the gradient at current point: $n_1 = \|\eta\|_F^2$;

　　if $n_1 > 0$ **then**

Compute the direction vector at current point:

$$D \quad \leftarrow \quad -\eta + \frac{n_1}{n_0}D;$$

    end if
    Renew $n_0 : n_0 \leftarrow n_1$;
end while
$\widehat{\Theta} \leftarrow \Theta$;
Output $\widehat{\Theta}$;

拓展阅读建议

    本章介绍了梯度下降法、共轭梯度法、截断共轭梯度法等无约束优化算法, 以及这些算法在逻辑回归模型中的应用. 这些优化算法是应用非常广泛的主流优化算法, 也是学习其他更高级优化算法的基础, 读者必须牢固掌握. 对于梯度下降法及其收敛性分析, 本书已经做了很详尽的讨论; 关于次梯度算法和随机梯度下降法的深入介绍可参考文献 [67]; 关于信赖域方法和截断共轭梯度法的深入介绍可参考文献 [31, 66]; 关于逻辑回归和多分类回归在机器学习中的应用可参考文献 [76-78].

第 6 章习题

1. 设 C 是 $\mathbb{R}^n$ 中的开凸集, f 是 C 上的二阶连续可微函数, ∇f 是 f 的梯度, $x, y \in C$, 令

$$\psi(s) = \nabla f((1-s)x + sy), \qquad 0 \leqslant s \leqslant 1. \tag{6.168}$$

i). 求 $\psi'(s)$.

ii). 证明等式

$$\nabla f(y) - \nabla f(x) = \int_0^1 \nabla^2 f(x + s(y-x))(y-x)\mathrm{d}s. \tag{6.169}$$

iii). 如果 $\nabla^2 f(x) \preceq MI, \forall\, x \in C$, 则有

$$\|\nabla f(y) - \nabla f(x)\|_2 \leqslant M\|y - x\|_2, \tag{6.170}$$

即 ∇f 在 C 上满足常数为 M 的 Lipschitz 条件.

iv). 如果 f 在 C 上是强凸的, 则 f 在 C 上是一致凸的 (一致凸性的定义见 5.4 节).

2. 设 H 是实正定对称矩阵, $d_1, d_2, \cdots, d_k$ 是关于 H 的共轭向量组, 证明 $d_1, d_2, \cdots, d_k$ 是线性无关组.

3. 证明 6.4 节中的式 (6.85).

4. 证明优化问题 (6.141) 是凸优化问题.

5. 分别用梯度下降法和共轭梯度法计算 $\min\limits_{x\in\mathbb{R}^6} f(x)=x^{\mathrm{T}}Hx+b^{\mathrm{T}}x$ 的最优点和最优值, 并对两种算法的收敛速度和时间开销加以比较. 其中

$$H=\begin{pmatrix} 5.8 & 1.2 & -1.7 & -2.6 & -0.4 & 1.8 \\ 1.2 & 8.5 & -0.1 & 1.0 & 4.6 & -1.3 \\ -1.7 & -0.1 & 20.6 & 7.7 & -1.8 & 13.8 \\ -2.6 & 1.0 & 7.7 & 11.1 & -1.8 & 3.9 \\ -0.4 & 4.6 & -1.8 & -1.8 & 11.3 & -8.1 \\ 1.8 & -1.3 & 13.8 & 3.9 & -8.1 & 18.6 \end{pmatrix},$$

$$b=(-6.2, 5.5, 2.7, -2.1, 8.4, -1.0)^{\mathrm{T}}.$$

6. 分别用精确线搜索和 Wolfe 线搜索的梯度下降法和共轭梯度法计算 6.4.3 节例 6.2 中的逻辑回归问题的参数, 并对这几种方法加以比较.

第7章

牛顿法与拟牛顿法

7.1 牛 顿 法

7.1.1 牛顿法的基本思想

考虑无约束优化问题

$$\min f(x), \qquad x \in \mathbb{R}^n, \tag{7.1}$$

我们假设 f 是二阶连续可微的, 需要找它的局部极小点.

牛顿法的基本步骤和梯度下降法是一样的, 唯一的区别就是选择搜索方向的方法不一样. 假设经过若干迭代步骤已经到达当前点 x_k, 需要确定接下来的搜索方向和步长. 由于已经假设 f 二阶连续可微, 因此有下列二阶 Taylor 展开式

$$f(x_k + v) = f(x_k) + v^{\mathrm{T}} \nabla f(x_k) + \frac{1}{2} v^{\mathrm{T}} \nabla^2 f(x_k) v + o(\|v\|_2^2), \tag{7.2}$$

因此当 $\|v\|_2$ 足够小时, 非线性函数 $f(x_k + v)$ 可由二次函数

$$\psi(v) := f(x_k) + v^{\mathrm{T}} \nabla f(x_k) + \frac{1}{2} v^{\mathrm{T}} \nabla^2 f(x_k) v \tag{7.3}$$

很好地逼近. 这个二次函数取极小值的必要条件是

$$0 = \nabla \psi(v) = \nabla f(x_k) + \nabla^2 f(x_k) v, \tag{7.4}$$

如果 $\nabla^2 f(x_k) \succ 0$, 则 ψ 有唯一的严格全局极小值点

$$v_k^N := - \left[\nabla^2 f(x_k) \right]^{-1} \nabla f(x_k), \tag{7.5}$$

这个向量称为**牛顿步 (Newton step)**，它无疑是搜索方向的最佳选择，而且步长 $\alpha = 1$ 是最好的选择．如果目标函数 f 是强凸的 (定义见 6.1.2 节)，则每一步迭代都能保证 $\nabla^2 f(x_k) \succ 0$，因此牛顿步 v_k^N 总是存在，从而可以用算法 Algorithm 24 找 f 的最优点 x^*．

Algorithm 24 (牛顿法)

Input:

The initial point $x_0 \in \mathbb{R}^n$;

The tolerance bound ε.

Output:

The approximation of the optimal point x_e.

$x \leftarrow x_0$;

Compute the gradient $\nabla f(x)$;

while $\|\nabla f(x)\| > \varepsilon$ **do**

　　Compute Hessian matrix $\nabla^2 f(x)$;

　　Compute the Newton step v^N by solving the linear equation $\nabla^2 f(x)v^N = -\nabla f(x)$;

　　Renew the point: $x \leftarrow x + v^N$;

end while

$x_e \leftarrow x$;

Output x_e;

但是对一般的 f，并不能保证 $\nabla^2 f(x_k)$ 正定，因此牛顿步可能无法定义，需要对算法 Algorithm 24 做一些修改才能运行，我们将在 7.1.2 节讨论这个问题.

7.1.2　Hesse 矩阵不正定时的处理

如果迭代到某一步 Hesse 矩阵 $H := \nabla^2 f(x_k)$ 不是正定的，则方程组 (7.4) 或者无解，或者解不是下降方向，这时候牛顿步是没有定义的，需要另寻目标函数 f 下降的方向.

如果已经得到 H 的谱分解

$$H = \sum_{i=1}^n \lambda_i u_i u_i^{\mathrm{T}} = U\Lambda U^{\mathrm{T}}, \qquad \lambda_1 \geqslant \lambda_2 \geqslant \cdots \geqslant \lambda_n, \tag{7.6}$$

如果 $\lambda_n < 0$，则 H 是不定的，这时可以选择一个适当的常数 $\beta > 0$，并令

$$c := |\lambda_n| + \beta(\lambda_1 - \lambda_n), \tag{7.7}$$

$$H' := \sum_{i=1}^n (\lambda_i + c)u_i u_i^{\mathrm{T}} = U(\Lambda + cI)U^{\mathrm{T}}, \tag{7.8}$$

则 H' 的条件数为

$$\kappa = \frac{\lambda_1 + c}{\lambda_n + c} = \frac{\lambda_1 + |\lambda_n| + \beta(\lambda_1 - \lambda_n)}{\beta(\lambda_1 - \lambda_n)} = \frac{\beta + 1}{\beta}, \tag{7.9}$$

因此可以通过调节 β 控制 H' 的条件数，只要 β 不是太小，H' 的条件数就不会太大.

实际上, 即使 $\lambda_n > 0$, 但在很接近 0 时, 也会因 H 的条件数太大而导致方程组 (7.4) 的解不稳定, 因此只要 $\lambda_n < \beta(\lambda_1 - \lambda_n)$, 就应该对 H 做修改, 修改方式与上面一样. 接下来就是通过解方程组

$$H'd_k = -\nabla f(x_k) \tag{7.10}$$

得到向量 d_k, 用线搜索求步长 α_k, 然后用 $\alpha_k d_k$ 代替牛顿步 v_k^N. 在算法 Algorithm 24 中加入以上处理过程, 便得到了一种全局牛顿法, 如算法 Algorithm 25 所示.

Algorithm 25 (全局牛顿法 I)

Input:

  The initial point $x_0 \in \mathbb{R}^n$;

  The parameter $\beta > 0$;

  The tolerance bound ε;

Output:

  The approximation of the optimal point x_e

  $x \leftarrow x_0$;

  Compute the gradient$\nabla f(x)$;

  while $\|\nabla f(x)\|_2 > \varepsilon$ **do**

    Compute Hessian matrix: $H \leftarrow \nabla^2 f(x)$;

    Compute the spectral decomposition: $H = U\Lambda U^{\mathrm{T}}$

    if $\lambda_n \geqslant \beta(\lambda_1 - \lambda_n)$ **then**

      $v^N \leftarrow -U\Lambda^{-1}U^{\mathrm{T}}\nabla f(x)$;

      Renew the point: $x \leftarrow x + v^N$;

    else

      $c \leftarrow |\lambda_n| + \beta(\lambda_1 - \lambda_n)$;

      $d \leftarrow -U(\Lambda + cI)^{-1}U^{\mathrm{T}}\nabla f(x)$;

      Compute the step length α using line search;

      Renew the point: $x \leftarrow x + \alpha d$;

    end if

  end while

  $x_e \leftarrow x$;

  Output x_e;

Algorithm 25 有一个缺点, 就是每次迭代都要计算 H 的谱分解, 这本身是一个很耗时的计算过程, 在许多应用场景中都是禁止的.

Levenberg[79] 和 Marquardt[80] 则提出选择适当的正数 γ 使得矩阵 $(H + \gamma I)$ 的条件数合适, 然后通过解方程

$$(H + \gamma I)d_k = -\nabla f(x_k) \tag{7.11}$$

求得向量 d_k 以代替牛顿步 v_k^N. 这种方法固然不需要求谱分解, 但是如何确定参数 γ 是一个难题, 需要解一个与信赖域子问题相当的优化问题.

Gill、Murray 和 Wright 提出一种修改 Cholesky 分解方法用于计算牛顿步的替代量[81]. 如果 H 是正定的, 则 H 可以分解成

$$H = LDL^{\mathrm{T}}, \tag{7.12}$$

其中, L 是对角元素为 1 的下三角矩阵, D 是对角矩阵, 且对角元素都大于 0. 如何求 L 和 D 呢? 我们先来分析三阶矩阵的例子. 为使

$$\begin{pmatrix} 1 & 0 & 0 \\ l_{21} & 1 & 0 \\ l_{31} & l_{32} & 1 \end{pmatrix} \begin{pmatrix} d_{11} & 0 & 0 \\ 0 & d_{22} & 0 \\ 0 & 0 & d_{33} \end{pmatrix} \begin{pmatrix} 1 & l_{21} & l_{31} \\ 0 & 1 & l_{32} \\ 0 & 0 & 1 \end{pmatrix} = \begin{pmatrix} h_{11} & h_{21} & h_{31} \\ h_{21} & h_{22} & h_{32} \\ h_{31} & h_{32} & h_{33} \end{pmatrix}, \tag{7.13}$$

必须有

$$\begin{aligned} d_{11} &= h_{11}, & l_{21} &= h_{21}/d_{11}, & l_{31} &= h_{31}/d_{11}, \\ d_{22} &= h_{22} - d_{11}l_{21}^2, & l_{23} &= (h_{32} - d_{11}l_{21}l_{31})/d_{22}, \\ d_{33} &= h_{33} - d_{11}l_{31}^2 - d_{22}l_{32}^2. \end{aligned} \tag{7.14}$$

对于一般的正定实对称矩阵 H, 可用算法 Algorithm 26 求其 Cholesky 分解.

Algorithm 26 (LDL^{T} 形式的 Cholesky 分解)

Input:

The positive symmetric matrix $H \in \mathbf{S}_{\mathrm{y++}}^n$;

Output:

The lower triangular matrix L with unit diagonal elements, and the diagonal matrix D with positive diagonal elements, such that $H = LDL^{\mathrm{T}}$.

Initializing $L \leftarrow I_n, \quad D \leftarrow 0_{n \times n}, C \leftarrow 0_{n \times n}$;

for $j = 1, 2, \cdots, n$ **do**

$\quad c_{jj} \leftarrow h_{jj} - \sum_{s=1}^{j-1} d_{ss}l_{js}^2$;

$\quad d_{jj} \leftarrow c_{jj}$;

$\quad$ **for** $i = j+1, j+2, \cdots, n$ **do**

$\quad\quad c_{ij} \leftarrow h_{ij} - \sum_{s=1}^{j-1} d_{ss}l_{is}l_{js}$;

$\quad\quad l_{ij} \leftarrow c_{ij}/d_{jj}$;

$\quad$ **end for**

end for

Output L and D;

算法 Algorithm 26 的中间变量 c_{ij} 在这里是不必要的, 之所以引入, 是为了便于介绍后续修改 Cholesky 分解方法.

如果 H 不是正定的, 则 H 的 Cholesky 分解不存在, 我们对算法 Algorithm 26 作修改, 得到算法 Algorithm 27.

Algorithm 27 (修改的 Cholesky 算法)

Input:

The real symmetric matrix $H \in \mathbf{S}_y^n$;

The positive parameters β and δ;

Output:

The lower triangular matrix L with unit diagonal elements, and the diagonal matrix D with positive diagonal elements, such that $H = LDL^{\mathrm{T}}$.

Initializing $L \leftarrow I_n, \quad D \leftarrow 0_{n \times n}, C \leftarrow 0_{n \times n}$;

for $j = 1, 2, \cdots, n$ **do**

    for $i = j, j+1, \cdots, n$ **do**

$$c_{ij} \leftarrow h_{ij} - \sum_{s=1}^{j-1} d_{ss} l_{is} l_{js};$$

    end for

    $\theta_j \leftarrow \max\{|c_{ij}| : \ j < i \leqslant n\}$;

$$d_{jj} \leftarrow \max\left\{|c_{jj}|, \left(\frac{\theta_j}{\beta}\right)^2, \delta\right\};$$

    for $i = j+1, j+2, \cdots, n$ **do**

        $l_{ij} \leftarrow c_{ij}/d_{jj}$;

    end for

end for

Output L and D;

由算法 Algorithm 27 求得的 L 和 D 满足性质

$$d_{jj} \geqslant \delta, \qquad |l_{ij}|\sqrt{d_{jj}} \leqslant \beta, \qquad j = 1, 2, \cdots, n, \ \ i = j+1, j+2, \cdots, n, \tag{7.15}$$

因此矩阵 LDL^{T} 的条件数不会太大, 用来代替 H 是合适的 [81-82].

将修改 Cholesky 算法融入牛顿法后, 便得到了算法 Algorithm 28.

Algorithm 28 (全局牛顿法 II)

Input:

The initial point $x_0 \in \mathbb{R}^n$;

The positive parameters β and δ;

The tolerance bound ε;

Output:

The approximation of the optimal point x_e

$x \leftarrow x_0$;

Compute the gradient $\nabla f(x)$;

while $\|\nabla f(x)\| > \varepsilon$ **do**

    Compute Hessian matrix: $\quad H \leftarrow \nabla^2 f(x)$;

    Initializing $L \leftarrow I_n, \quad D \leftarrow 0_{n \times n}, C \leftarrow 0_{n \times n}$;

Initializing the boolean variable $B \leftarrow 1$;

for $j = 1, 2, \cdots, n$ **do**

　　for $i = j, j + 1, \cdots, n$ **do**

　　　　$c_{ij} \leftarrow h_{ij} - \sum\limits_{s=1}^{j-1} d_{ss} l_{is} l_{js}$;

　　end for

　　$\theta_j \leftarrow \max\{|c_{ij}| : j < i \leqslant n\}$;

　　if $c_{jj} > \max\{\theta_j^2/\beta^2, \delta\}$ **then**

　　　　$d_{jj} \leftarrow c_{jj}$;

　　else

　　　　$d_{jj} \leftarrow \max\{|c_{jj}|, \theta_j^2/\beta^2, \delta\}$;

　　　　$B \leftarrow 0$;

　　end if

　　for $i = j + 1, j + 2, \cdots, n$ **do**

　　　　$l_{ij} \leftarrow c_{ij}/d_{jj}$;

　　end for

end for

if $B = 1$ **then**

　　$v^N \leftarrow -L^{-\mathrm{T}} D^{-1} L^{-1} \nabla f(x)$;

　　Renew the point: $x \leftarrow x + v^N$;

else

　　$d \leftarrow -L^{-\mathrm{T}} D^{-1} L^{-1} \nabla f(x)$;

　　Compute the step length α using line search;

　　Renew the point: $x \leftarrow x + \alpha d$;

end if

end while

$x_e \leftarrow x$;

Output x_e;

7.1.3　牛顿法的收敛性

设 f 是二阶连续可微的, 如果在点 x^* 处满足 $\nabla f(x^*) = 0, \nabla^2 f(x^*) \succ 0$, 则 x^* 是 f 的局部极小值点. 设 $\lambda_1(x)$ 和 $\lambda_n(x)$ 分别是 $\nabla^2 f(x)$ 的最大特征值和最小特征值, 由于 f 的二阶偏导数是连续的, 因此 $\lambda_1(x)$ 和 $\lambda_n(x)$ 都是连续函数, 故存在 x^* 的某个开邻域 V 使得

$$\lambda_1(x) \leqslant \frac{3}{2}\lambda_1(x^*) := M, \qquad \lambda_n(x) \geqslant \frac{1}{2}\lambda_n(x^*) := m > 0 \qquad \forall\, x \in V, \tag{7.16}$$

由此得到

$$mI \preceq \nabla^2 f(x) \preceq MI, \qquad \forall\, x \in V, \tag{7.17}$$

因此 f 至少在 x^* 的某个邻域内满足强凸性和 Hesse 矩阵有界的性质.

接下来我们假设 D 是极小值点 x^* 的一个凸邻域, f 是 D 上的二阶连续可微的有界函数, 且

$$mI \preceq \nabla^2 f(x) \preceq MI, \qquad \forall\, x \in D, \tag{7.18}$$

$\{x_k\}$ 是由牛顿法 Algorithm 24 产生的点列, 且 $\{x_k\} \subseteq D$. 下面分析 $\{\|\nabla f(x_k)\|_2\}$ 和 $\{x_k\}$ 的收敛性.

根据牛顿法, 点列 $\{x_k\}$ 满足

$$x_{k+1} = x_k + v_k^N, \qquad v_k^N = -\left[\nabla^2 f(x_k)\right]^{-1} \nabla f(x_k), \tag{7.19}$$

因此牛顿步 v_k^N 与梯度向量 $\nabla f(x_k)$ 的夹角 θ_k 满足

$$\cos \theta_k = \frac{(v_k^N)^{\mathrm{T}} \nabla f(x_k)}{\|v_k^N\|_2 \|\nabla f(x_k)\|_2} \leqslant -\frac{m\|\nabla f(x_k)\|_2^2}{M\|\nabla f(x_k)\|_2^2} = -\frac{m}{M}, \tag{7.20}$$

于是根据引理 6.1 得

$$f(x_k) - f(x_{k+1}) \geqslant \frac{1}{2M} \|\nabla f(x_k)\|_2^2 \cos^2 \theta_k \geqslant \frac{m^2}{2M^3} \|\nabla f(x_k)\|_2^2, \tag{7.21}$$

从而有

$$\frac{m^2}{2M^3} \sum_{k=1}^{K} \|\nabla f(x_k)\|_2^2 \leqslant \sum_{k=1}^{K} [f(x_k) - f(x_{k+1})] = f(x_1) - f(x_{K+1}), \qquad \forall K, \tag{7.22}$$

令 $K \to \infty$, 由于 (7.22) 式右边的 $f(x_1) - f(x_K)$ 是有界数列, 因此级数 $\sum\limits_{k=1}^{\infty} \|\nabla f(x_k)\|_2^2$ 收敛, 从而有

$$\lim_{k \to \infty} \|\nabla f(x_k)\|_2^2 = 0, \tag{7.23}$$

这就证明了 $\{\|\nabla f(x_k)\|_2^2\}$ 的收敛性. 根据定理 6.2 得

$$\|x_k - x^*\|_2 \leqslant \frac{2}{m} \|\nabla f(x_k)\|_2, \tag{7.24}$$

因此点列 $\{x_k\}$ 收敛于 x^*.

综上所述, 我们证明了下列定理.

定理 7.1 设 f 是凸区域 D 上的二阶连续可微的有界函数, 且存在常数 $0 < m \leqslant M < \infty$ 使得式 (7.18) 成立. 设 $x^* \in D$ 是 f 的极小值点, $\{x_k\}$ 是由牛顿法 Algorithm 24 产生的点列, 且 $\{x_k\} \subseteq D$. 则有

$$\lim_{k \to \infty} \|\nabla f(x_k)\|_2 = 0, \qquad \lim_{k \to \infty} \|x_k - x^*\|_2 = 0, \tag{7.25}$$

即牛顿法是强收敛的.

根据定理 7.1 及本节开头的一段分析, 还可以得到以下关于牛顿法局部收敛性的推论.

推论 7.1 设 f 是 $\mathbb{R}^n$ 中某个区域 D 上的二阶连续可微函数, $x^* \in D$ 是 f 的局部极小点, 且 $\nabla^2 f(x^*) \succ 0$, $\{x_k\}$ 是由牛顿法 Algorithm 24 产生的点列, 则当起始点 x_1 充分靠近 x^* 时, 必有式 (7.25) 成立.

接下来估计牛顿法的收敛速度. 设 $x, y \in \mathbb{R}^n$, 考虑向量值函数

$$\psi(t) := \nabla f(x + ty), \qquad t \in \mathbb{R}, \tag{7.26}$$

利用复合求导法则求出其导数为

$$\psi'(t) = \nabla^2 f(x + ty)y, \tag{7.27}$$

利用微积分基本公式得

$$\nabla f(x + y) - \nabla f(x) = \psi(1) - \psi(0) = \int_0^1 \psi'(t)\mathrm{d}t = \int_0^1 \nabla^2 f(x + ty)y\mathrm{d}t. \tag{7.28}$$

利用这个公式得到

$$-\nabla f(x_k) = \nabla f(x^*) - \nabla f(x_k) = \int_0^1 \nabla^2 f(x_k + t(x^* - x_k))(x^* - x_k)\mathrm{d}t, \tag{7.29}$$

于是有

$$
\begin{aligned}
x_{k+1} - x^* &= x_k + v_k^N - x^* = x_k - x^* - \left[\nabla^2 f(x_k)\right]^{-1} \nabla f(x_k) \\
&= \left[\nabla^2 f(x_k)\right]^{-1} \left(\nabla^2 f(x_k)(x_k - x^*) - \nabla f(x_k)\right) \\
&= \left[\nabla^2 f(x_k)\right]^{-1} \left(\int_0^1 \nabla^2 f(x_k)(x_k - x^*)\mathrm{d}t + \int_0^1 \nabla^2 f(x_k + t(x^* - x_k))(x^* - x_k)\mathrm{d}t\right) \\
&= \left[\nabla^2 f(x_k)\right]^{-1} \int_0^1 \left[\nabla^2 f(x_k) - \nabla^2 f(x_k + t(x^* - x_k))\right](x_k - x^*)\mathrm{d}t. \tag{7.30}
\end{aligned}
$$

由于 $\nabla^2 f(x_k) \succeq mI$, 因此 $\left[\nabla^2 f(x_k)\right]^{-1} \preceq (1/m)I$, 如果 $\nabla^2 f$ 还满足 Lipschitz 连续性条件

$$\left\|\nabla^2 f(x) - \nabla^2 f(y)\right\|_{\mathrm{spec}} \leqslant L\|x - y\|_2, \qquad \forall\, x, y \in D, \tag{7.31}$$

则由式 (7.30) 可得

$$
\begin{aligned}
\|x_{k+1} - x^*\|_2 &\leqslant \frac{1}{m} \int_0^1 \left\|\nabla^2 f(x_k) - \nabla^2 f(x_k + t(x^* - x_k))\right\|_{\mathrm{spec}} \|x_k - x^*\|_2 \mathrm{d}t \\
&\leqslant \frac{1}{m} \int_0^1 Lt\|x^* - x_k\|_2^2 \mathrm{d}t \\
&= \frac{L}{2m}\|x^* - x_k\|_2^2, \tag{7.32}
\end{aligned}
$$

因此 $\{x_k\}$ 二阶收敛于 x^*.

综上所述, 我们证明了下面的定理.

定理 7.2　设 f 是凸区域 D 上的二阶连续可微的有界函数, 存在常数 $0 < m \leqslant M < \infty$ 使得式 (7.18) 成立, 且 $\nabla^2 f$ 满足 Lipschitz 条件 (7.31). 设 $x^* \in D$ 是 f 的极小值点, $\{x_k\}$ 是由牛顿法 Algorithm 24 产生的点列, 且 $\{x_k\} \subseteq D$. 则 $\{x_k\}$ 二阶收敛于 x^*.

根据定理 7.2 及本节开头的一段分析, 可得到下列推论.

推论 7.2 设 f 是 $\mathbb{R}^n$ 中某个区域 D 上的二阶连续可微函数, $x^* \in D$ 是 f 的局部极小点, $\nabla^2 f(x^*) \succ 0$, 且 $\nabla^2 f$ 在 x^* 的某个邻域内满足局部 Lipschitz 条件. 设 $\{x_k\}$ 是由牛顿法 Algorithm 24 产生的点列, 则当起始点 x_1 充分靠近 x^* 时, $\{x_k\}$ 必然二阶收敛于 x^*.

对于像 Algorithm 25 和 Algorithm 28 这样的全局牛顿法, 如果 f 在其定义域 D 上是二阶连续可微的, $\mathcal{L} := \{x \in D : f(x) \leqslant f(x_0)\}$ 是有界闭集, 且参数选择能够保证对 Hesse 矩阵修改后的矩阵 H_k' 的条件数 κ_k' 满足

$$\kappa_k' := \frac{\lambda_1(H_k')}{\lambda_n(H_k')} \leqslant C, \qquad \forall k = 1, 2, \cdots \tag{7.33}$$

则必有 $\|\nabla f(x_k)\| \to 0$. 这个结果的证明比较复杂, 可参考 Moré 和 Sorensen 的文章[82].

7.1.4 计算实例

回到 6.4 节介绍的逻辑回归模型

$$p(x) = \sigma(w^\mathrm{T} x + b) = \sigma(\widetilde{x}^\mathrm{T} \theta), \qquad \sigma(u) = \frac{1}{1 + \mathrm{e}^{-u}}, \tag{7.34}$$

给定样本数据 $(x_i, y_i), x_i \in \mathbb{R}^n, y_i \in \{0, 1\}, i = 1, 2, \cdots, N$, 通过解下列优化问题来估计参数 θ:

$$\min \quad f(\theta) = \sum_{i=1}^N \ln \left(1 + \mathrm{e}^{\widetilde{x}_i^\mathrm{T} \theta} \right) - \sum_{i=1}^N y_i \widetilde{x}_i^\mathrm{T} \theta, \qquad \theta = (\theta_0, \theta_1, \cdots, \theta_n)^\mathrm{T} \in \mathbb{R}^{n+1}. \tag{7.35}$$

我们已经求得 f 的梯度为

$$\nabla f(\theta) = \sum_{i=1}^N \sigma(\widetilde{x}_i^\mathrm{T} \theta) \widetilde{x}_i - \sum_{i=1}^N y_i \widetilde{x}_i. \tag{7.36}$$

为了使用牛顿法, 还需要计算 f 的 Hesse 矩阵. 注意到

$$\sigma'(u) = \frac{\mathrm{e}^{-u}}{(1 + \mathrm{e}^{-u})^2} = \sigma(u)(1 - \sigma(u)),$$

$$\frac{\partial \sigma(\widetilde{x}_i^\mathrm{T} \theta)}{\partial \theta_l} = \sigma'(\widetilde{x}_i^\mathrm{T} \theta) \widetilde{x}_{li} = \sigma(\widetilde{x}_i^\mathrm{T} \theta) \left(1 - \sigma(\widetilde{x}_i^\mathrm{T} \theta) \right) \widetilde{x}_{li},$$

因此有

$$\frac{\partial^2 f}{\partial \theta_k \partial \theta_l} = \frac{\partial}{\partial \theta_l} \left(\sum_{i=1}^N \sigma(\widetilde{x}_i^\mathrm{T} \theta) \widetilde{x}_{ki} \right)$$

$$= \sum_{i=1}^N \sigma(\widetilde{x}_i^\mathrm{T} \theta) \left(1 - \sigma(\widetilde{x}_i^\mathrm{T} \theta) \right) \widetilde{x}_{ki} \widetilde{x}_{li}, \tag{7.37}$$

由此得到

$$\nabla^2 f(\theta) = \sum_{i=1}^{N} \sigma(\widetilde{x}_i^{\mathrm{T}}\theta)\left(1 - \sigma(\widetilde{x}_i^{\mathrm{T}}\theta)\right)\widetilde{x}_i\widetilde{x}_i^{\mathrm{T}}. \tag{7.38}$$

如果令 $z_i = \sigma(\widetilde{x}_i^{\mathrm{T}}\theta)\left(1 - \sigma(\widetilde{x}_i^{\mathrm{T}}\theta)\right), i = 1, 2, \cdots, N,$ 则有

$$\nabla^2 f(\theta) = \widetilde{X} Z \widetilde{X}^{\mathrm{T}}, \qquad Z = \begin{pmatrix} z_1 & 0 & \cdots & 0 \\ 0 & z_2 & 0 & 0 \\ \vdots & \vdots & \ddots & \vdots \\ 0 & 0 & 0 & z_N \end{pmatrix}. \tag{7.39}$$

算法 Algorithm 29 是基于全局牛顿法 Algorithm 25 的逻辑回归参数估计算法.

Algorithm 29 (使用谱分解的逻辑回归参数估计牛顿法)

Input:

The training data $(x_i, y_i), x_i \in \mathbb{R}^n, y_i \in \{0, 1\}, i = 1, 2, \cdots, N$;

The initial point $\theta_0 \in \mathbb{R}^n$;

The parameter $\beta > 0$;

The tolerance bound ε;

Output:

The approximation of the optimal point θ_e

$\theta \leftarrow \theta_0$;

Compute the gradient $\nabla f(\theta) = \sum\limits_{i=1}^{N}\left(\sigma(\widetilde{x}_i^{\mathrm{T}}\theta) - y_i\right)\widetilde{x}_i$;

while $\|\nabla f(\theta)\|_2 > \varepsilon$ **do**

    Compute Hessian matrix $H = \nabla^2 f(\theta)$ using formula (7.38) or (7.39);

    Compute the spectral decomposition: $H = U\Lambda U^{\mathrm{T}}$

    if $\lambda_n \geqslant \beta(\lambda_1 - \lambda_n)$ **then**

        $v^N \leftarrow -U\Lambda^{-1}U^{\mathrm{T}}\nabla f(\theta)$;

        Renew the point: $\theta \leftarrow \theta + v^N$;

    else

        $c \leftarrow |\lambda_n| + \beta(\lambda_1 - \lambda_n)$;

        $d \leftarrow -U(\Lambda + cI)^{-1}U^{\mathrm{T}}\nabla f(\theta)$;

        Compute the step length α using line search;

        Renew the point: $\theta \leftarrow \theta + \alpha d$;

    end if

end while

$\theta_e \leftarrow \theta$;

Output θ_e;

下面是实现算法 Algorithm 29 的 MATLAB 代码.

```
function [theta_op,Cost]=modifyEigenNeewtonLogic(X,y)
```

```
%%这个函数用修改谱分解牛顿法估计逻辑回归参数
%%输入参数：X--解释变量的样本数据，每一列代表一个样本
%%      y--被解释变量的样本数据，为一维行向量，取0或1，与X中的数据一一对应
%%输出参数：theta_op--模型参数的估计值，Cost--代价函数f的值
%%%%%%%%%%%%%%%%%%%%%%%%%%%%%%%%%%%%%%%%%%%%%%
beta=0.000001;                    %%这个参数的设置可以修改
[n,N]=size(X);                    %%算出样本数据的维数和样本的个数
X=[ones(1,N);X];                  %%添加一行元素1放在矩阵X的最上面一行
y=y';                             %%将y转置成列向量
ep=1e-08;                         %%误差上界epsilon
theta=zeros(n+1,1);               %%初始化
grf=X*(sigm(X'*theta)-y);         %%计算f的梯度向量
grfn=grf'*grf;                    %%计算梯度范数的平方
while grfn>ep
    H=X*diag(sigm(X'*theta).*(1-sigm(X'*theta)))*X';       %%计算Hesse矩阵
    [U,D]=eig(H);                                          %%计算H的谱分解
    lambda1=max(diag(D));                                  %%最大特征值
    lambdan=min(diag(D));                                  %%最小特征值
    if lambdan>beta*(lambda1-lambdan)
        vN=-U*inv(D)*U'*grf;
        theta=theta+vN;
    else
        c=abs(lambdan)+beta*(lambda1-lambdan);
        d=-U*inv(D+c*eye(n+1))*U'*grf;       %%d只是牛顿步的近似代替
        alpha=LogicExactLS(theta,d,X,y);     %%调用线搜索函数LogicExactLS()
        theta=theta+alpha*d;                 %%更新theta
    end
    grf=X*(sigm(X'*theta)-y);            %%计算f在当前点的梯度向量
    grfn=grf'*grf;                       %%计算当前梯度范数的平方
end
theta_op=theta;
Cost=LogicLoss(theta,X,y);           %%计算损失函数的值
end
```

以上程序调用了函数 LogicExactLS() 和 LogicLoss()，这两个函数的 MATLAB 代码在 6.4 节已经给出.

也可以基于修改 Cholesky 分解设计逻辑回归牛顿法，这就是下面的算法 Algorithm 30.

Algorithm 30 (基于修改 Cholesky 分解的逻辑回归参数估计牛顿法)

Input:

The training data $(x_i, y_i), x_i \in \mathbb{R}^n, y_i \in \{0, 1\}, i = 1, 2, \cdots, N$;

The initial point $\theta_0 \in \mathbb{R}^n$;

The positive parameters β and δ;

The tolerance bound ε;

Output:

The approximation of the optimal point θ_e

$\theta \leftarrow \theta_0$;

Compute the gradient $\nabla f(\theta) = \sum\limits_{i=1}^{N} \left(\sigma(\widetilde{x}_i^{\mathrm{T}} \theta) - y_i \right) \widetilde{x}_i$;

while $\|\nabla f(\theta)\| > \varepsilon$ **do**

    Compute Hessian matrix $H = \nabla^2 f(\theta)$ using formula (7.38) or (7.39);

    Initializing $L \leftarrow I_n, \quad D \leftarrow 0_{n \times n}, C \leftarrow 0_{n \times n}$;

    Initializing the boolean variable $B \leftarrow 0$;

    for $j = 1, 2, \cdots, n$ **do**

        for $i = j, j+1, \cdots, n$ **do**

            $c_{ij} \leftarrow h_{ij} - \sum\limits_{s=1}^{j-1} d_{ss} l_{is} l_{js}$;

        end for

        $\theta_j \leftarrow \max\{|c_{ij}| : \ j < i \leqslant n\}$;

        if $c_{jj} > \max\{\theta_j^2/\beta^2, \delta\}$ **then**

            $d_{jj} \leftarrow c_{jj}$;

        else

            $d_{jj} \leftarrow \max\{|c_{jj}|, \theta_j^2/\beta^2, \delta\}$;

            $B \leftarrow 1$;

        end if

        for $i = j+1, j+2, \cdots, n$ **do**

            $l_{ij} \leftarrow c_{ij}/d_{jj}$;

        end for

    end for

    if $B = 0$ **then**

        $v^N \leftarrow -L^{-\mathrm{T}} D^{-1} L^{-1} \nabla f(x)$;

        Renew the point: $\theta \leftarrow \theta + v^N$;

    else

        $d \leftarrow -L^{-\mathrm{T}} D^{-1} L^{-1} \nabla f(x)$;

        Compute the step length α using line search;

        Renew the point: $\theta \leftarrow \theta + \alpha d$;

    end if

end while

$\theta_e \leftarrow \theta$;

Output θ_e;

下面是实现算法 Algorithm 30 的 MATLAB 代码.

```
function [theta_op,Cost]=modifyCholeskyNeewtonLogic(X,y)
%%这个函数用修改Cholesky牛顿法估计逻辑回归参数
%%输入参数: X--解释变量的样本数据, 每一列代表一个样本
%%      y--被解释变量的样本数据, 为一维行向量, 取0或1, 与X中的数据一一对应
%%输出参数: theta_op--模型参数的估计值, Cost--代价函数f的值
```

```
%%%%%%%%%%%%%%%%%%%%%%%%%%%%%%%%%%%%%%%%%%
beta=10000;   delta=0.0000001;        %%这两个参数的设置可以修改
[n,N]=size(X);                 %%算出样本数据的维数和样本的个数
X=[ones(1,N);X];               %%添加一行元素1放在矩阵X的最上面一行
y=y';                          %%将y转置成列向量
ep=1e-08;                      %%误差上界epsilon
theta=zeros(n+1,1);            %%初始化
grf=X*(sigm(X'*theta)-y);      %%计算f的梯度向量
grfn=grf'*grf;                 %%计算梯度范数的平方
while grfn>ep
    H=X*diag(sigm(X'*theta).*(1-sigm(X'*theta)))*X';     %%计算Hesse矩阵
    [L,D,modify]=modifiedCholesky(H,beta,delta);
                                %%调用函数modifiedCholesky()
    if modify==0
        vN=-L'\(D\(L\grf));                              %%计算牛顿步
        theta=theta+vN;                                 %%更新theta

    else
        d=-L'\(D\(L\grf));            %%d只是牛顿步的近似代替
        alpha=LogicExactLS(theta,d,X,y);
                                %%调用精确线搜索函数LogicExactLS()
        theta=theta+alpha*d;        %%更新theta

    end

    grf=X*(sigm(X'*theta)-y);       %%计算f在当前点的梯度向量
    grfn=grf'*grf;                  %%计算当前梯度范数的平方
end
theta_op=theta;
Cost=LogicLoss(theta,X,y);        %%计算损失函数的值
end
```

以上程序调用了 3 个函数: LogicExactLS()、LogicLoss() 和 modifiedCholesky(), 前两个函数的 MATLAB 代码已在 6.4 节给出, 第 3 个函数的 MATLAB 代码如下.

```
function [L,D,modify]=modifiedCholesky(H,beta,delta)
%%这个函数实现修改的Cholesky分解
%%输入参数: H--实对称矩阵, beta, delta--两个正实数, 用于控制修改矩阵的
%%  条件数
%%输出参数: L--对角元素为1的下三角矩阵, D--对角矩阵, 对角元素大于0,
%%         当H正定且条件数不太大时, H=LDL', 否则LDL'是H的近似
%%         modify--逻辑变量, 当H正定且条件数不太大时, 做的是传统Cholesky
%%  分解, 没有修改,
%%         此时modify=0; 否则有修改, modify=1.
```

```
%%%%%%%%%%%%%%%%%%%%%%%%%%%%%%%%%%%%%%%%%%%%%%%%%%%%%%%%%%%%%%%%%%
n=size(H,1);
L=diag(ones(n,1));
D=zeros(n,n);
C=zeros(n,n);
modify=0;
for j=1:n
    for i=j:n
        C(i,j)=H(i,j);
        for s=1:j-1
            C(i,j)=C(i,j)-D(s,s)*L(i,s)*L(j,s);
        end
    end
    if j<n
        thet=max(abs(C(j+1:n,j)));
    else
        thet=0;
    end

    m1=max((thet*thet)/(beta*beta),delta);
    if C(j,j)>m1
        D(j,j)=C(j,j);
    else
        D(j,j)=max(abs(C(j,j)),m1);
        modify=1;
    end
    for i=j+1:n
        L(i,j)=C(i,j)/D(j,j);
    end
end
end
```

接下来我们做一个实验, 分别用梯度下降法 (Algorithm 19)、共轭梯度法 (Algorithm 21)、修改谱分解的牛顿法 (Algorithm 29) 和修改 Cholesky 分解的牛顿法 (Algorithm 30) 计算 6.4.3 节的逻辑回归参数估计问题, 即例 6.2, 前两种算法用精确线搜索确定步长, 后两种算法在无法使用牛顿步的情况下也用精确线搜索确定步长. 取初始点为 $\theta_0 = (0,0,0,0)^{\mathrm{T}}$, 当梯度向量满足 $\|\nabla f(\theta)\|_2^2 < 10^{-8}$ 时停止循环并输出结果, 比较这三种算法的迭代次数、运算时间以及代价函数 (目标函数) 值 $f(\hat{\theta})$, 其中, 运算时间是相应程序段运行 100 次的平均时间. 结果如表 7.1 所示.

从表 7.1 可以看出, 对于这个计算实例, 这四种算法中后两种算法的效率明显高于前两种算法. 对于这个例子, 修改 Cholesky 分解的牛顿法比修改谱分解的牛顿法效率略高. 对于更高维的优化问题, 修改 Cholesky 分解的牛顿法的优势更明显.

表 7.1　四种算法的比较

算法	梯度下降法	共轭梯度法	修改谱分解	修改 Cholesky 分解
迭代次数	230	37	10	10
运行时间/秒	2.3963×10^{-2}	4.1875×10^{-3}	3.6797×10^{-5}	2.7511×10^{-5}
$f(\widehat{\theta})$	8.4050×10^{-4}	3.3061×10^{-4}	7.1501×10^{-4}	7.1501×10^{-4}

7.2　拟牛顿法

7.2.1　拟牛顿法的基本思想

传统牛顿法有两个主要缺点, 一是每一步迭代都需要计算 Hesse 矩阵 $H_k = \nabla^2 f(x_k)$, 如果目标函数比较复杂, 则计算二阶导数耗时且不稳定; 二是每一步迭代都需要通过解方程 $H_k d_k = -\nabla f(x_k)$ 来计算牛顿步, 而且还需要根据 H_k 是否正定来做出不同的处理, 这也是非常耗时的, 而且这让算法本身变得复杂, 容易出错.

20 世纪 50 年代中期, 物理学家 W. C. Davidon 在美国阿贡实验室工作, 需要解一些规模很大的优化问题. 他一开始用的是坐标梯度下降法, 需要迭代很多次, 计算时间非常长, 经常在结果出来之前计算机就崩溃了. 为了提升计算效率, Davidon 提出了拟牛顿法 (quasi-Newton algorithm), 这种方法一方面收敛速度比梯度下降法快很多, 另一方面又不像牛顿法那样需要频繁计算 Hesse 矩阵和解线性方程组. 后来的事实证明这是非线性优化领域最具创造性的思想, 一大批研究者追随这一研究, 使拟牛顿法成为非线性优化领域最成功的算法. 有趣的是这么一项开创性的研究工作在投稿后居然被拒绝发表, 在随后的三十多年都只是以技术报告的形式存在, 直至 1991 年才在 *SIAM Journal on Optimization* 首卷首期上发表[83].

为了避免每一步迭代都计算 Hesse 矩阵 H_k, 就必须找一个近似矩阵 M_k 替代它, 这个 M_k 当然要是对称的, 最好还要是正定的. 除此之外, H_k 的哪些关键性质需要保留呢? 注意到当 $s_k \in \mathbb{R}^n$ 长度很小时, 有

$$\nabla f(x_k + s_k) = \nabla f(x_k) + \int_0^1 \nabla^2 f(x_k + ts_k) s_k \mathrm{d}t$$

$$= \nabla f(x_k) + \nabla^2 f(x_{k+1}) s_k + \int_0^1 \left[\nabla^2 f(x_k + ts_k) - \nabla^2 f(x_{k+1}) \right] s_k \mathrm{d}t$$

$$\approx \nabla f(x_k) + \nabla^2 f(x_{k+1}) s_k, \tag{7.40}$$

取 $s_k = x_{k+1} - x_k$, 则有

$$\nabla f(x_{k+1}) - \nabla f(x_k) \approx \nabla^2 f(x_{k+1}) s_k, \tag{7.41}$$

记 $y_k = \nabla f(x_{k+1}) - \nabla f(x_k)$, 则有

$$H_{k+1} s_k \approx y_k, \tag{7.42}$$

这就启发了我们, 作为 H_{k+1} 的替代, M_{k+1} 应满足方程

$$M_{k+1} s_k = y_k, \tag{7.43}$$

这个方程称为**拟牛顿方程 (quasi-Newton equation)** 或**割线方程 (secant equation)**.

如何得到满足拟牛顿方程的实对称矩阵 M_k 呢? Davidon 等提出了一种迭代更新的思想. 如果 M_k 已得到, 为了求 M_{k+1}, 设

$$M_{k+1} = M_k + (\delta M)_k, \tag{7.44}$$

其中, $(\delta M)_k$ 代表修正量. 由于 M_k 和 M_{k+1} 是对称的, 因此 $(\delta M)_k$ 也必须是对称的. 最简单的实对称矩阵就是秩 1 矩阵 uu^{T}, 其中 $u \in \mathbb{R}^n$. 下面来推导当 uu^{T} 取何值时, $M_{k+1} = M_k + uu^{\mathrm{T}}$ 满足拟牛顿方程. 由 $(M_k + uu^{\mathrm{T}})s_k = y_k$ 得

$$uu^{\mathrm{T}}s_k = y_k - M_k s_k, \qquad 即 \qquad (u^{\mathrm{T}}s_k)u = y_k - M_k s_k, \tag{7.45}$$

因此 u 必须与 $y_k - M_k s_k$ 共线, 即存在常数 λ 使得 $u = \lambda(y_k - M_k s_k)$. 将其代入 M_{k+1} 所满足的拟牛顿方程, 得

$$\left[M_k + \lambda^2(y_k - M_k s_k)(y_k - M_k s_k)^{\mathrm{T}}\right] s_k = y_k, \tag{7.46}$$

整理后, 得

$$\lambda^2 \left[(y_k - M_k s_k)^{\mathrm{T}}s_k\right](y_k - M_k s_k) = y_k - M_k s_k, \tag{7.47}$$

因此必有 $\lambda^2 \left[(y_k - M_k s_k)^{\mathrm{T}}s_k\right] = 1$, 即

$$\lambda^2 = \frac{1}{(y_k - M_k s_k)^{\mathrm{T}}s_k}, \tag{7.48}$$

由此得到

$$(\delta M)_k = uu^{\mathrm{T}} = \lambda^2(y_k - M_k s_k)(y_k - M_k s_k)^{\mathrm{T}} = \frac{(y_k - M_k s_k)(y_k - M_k s_k)^{\mathrm{T}}}{(y_k - M_k s_k)^{\mathrm{T}}s_k} \tag{7.49}$$

从而有迭代公式

$$M_{k+1} = M_k + \frac{(y_k - M_k s_k)(y_k - M_k s_k)^{\mathrm{T}}}{(y_k - M_k s_k)^{\mathrm{T}}s_k}, \tag{7.50}$$

这就是所谓的**对称秩 1 (symmetric-rank-one)** 公式, 简称 SR1 公式. 记 $W_k = M_k^{-1}$, 利用附录 E 中的 Sherman-Morrison 公式 (E.1) 可得

$$W_{k+1} = W_k + \frac{(s_k - W_k y_k)(s_k - W_k y_k)^{\mathrm{T}}}{(s_k - W_k y_k)^{\mathrm{T}}y_k}. \tag{7.51}$$

利用迭代公式 (7.51) 可以设计不用计算 Hesse 矩阵和解方程组的优化算法, 这就是拟牛顿法的一个例子, 具体算法放在 7.2.2 节讲解.

7.2.2 几种常用的拟牛顿法

7.2.1 节我们导出了 SR1 迭代公式 (7.50) 和 (7.51), 可以利用式 (7.51) 设计一个拟牛顿算法, 如算法 Algorithm 31 所示.

Algorithm 31 (SR1 算法)

Input:

The initial point $x_0 \in \mathbb{R}^n$ and the initial inverse Hessian approximation $W_0 \in \mathbf{S}^n_{y++}$;

A very small positive parameters r (for example, $r = 10^{-8}$);

The tolerance bound ε;

Output:

The approximation of the optimal point x_e

$x \leftarrow x_0$;

$W \leftarrow W_0$;

Compute the gradient $\nabla f(x)$;

while $\|\nabla f(x)\|_2 > \varepsilon$ **do**

    Compute search direction d: $d = -W\nabla f(x)$;

    Compute the step length α using line search;

    $x_1 \leftarrow x + \alpha d$;

    $s \leftarrow x_1 - x$;

    $y \leftarrow \nabla f(x_1) - \nabla f(x)$;

    if $|(s - Wy)^{\mathrm{T}}y| > r\|s - Wy\|_2\|y\|$ **then**

        Renew the inverse Hessian approximation W:

$$W \quad \leftarrow \quad W + \frac{(s - Wy)(s - Wy)^{\mathrm{T}}}{(s - Wy)^{\mathrm{T}}y};$$

    end if

    $x \leftarrow x_1$;

    Recompute the gradient $\nabla f(x)$;

end while

$x_e \leftarrow x$;

Output x_e;

之所以要在算法 Algorithm 31 中加入一个 IF 判断, 是因为当 $(s_k - W_k y_k)^{\mathrm{T}} y_k = 0$ 时, 迭代公式 (7.51) 不能用, 通过分析方程 (7.47) 不难发现, 此时或者不存在 $u = \lambda(y_k - M_k s_k)$ 使得 $M_k + uu^{\mathrm{T}}$ 满足拟牛顿条件, 或者 M_k 本身就满足拟牛顿条件, 因此这时不需要对 M_k 或者 W_k 进行更新.

SR1 算法还有一个缺点, 就是无法保证迭代产生的 M_k 的正定性. 即使 M_0 是正定的, 也无法保证 $M_1, M_2, \cdots, M_n$ 的正定性, 即使对正定二次优化问题都是如此. 正是由于这个原因, 它在实践中用得不多, 逐渐被后来提出的新算法取代了.

接下来讨论另一种重要的拟牛顿法. 令

$$G_k = \int_0^1 \nabla^2 f(x_k + t(x_{k+1} - x_k))\mathrm{d}t, \tag{7.52}$$

即 Hesse 矩阵在线段 $\overline{x_k x_{k+1}}$ 上的平均, 则有

$$
\begin{aligned}
G_k s_k = G_k(x_{k+1} - x_k) &= \int_0^1 \nabla^2 f(x_k + t(x_{k+1} - x_k))(x_{k+1} - x_k)\mathrm{d}t \\
&= \nabla f(x_{k+1}) - \nabla f(x_k) \\
&= y_k,
\end{aligned} \tag{7.53}
$$

因此 G_k 是满足拟牛顿条件的, 但是没法用, 因为它本身依赖于 Hesse 矩阵. 可以考虑找另外一个实对称矩阵 M, 使得

$$
J(M) := \|G_k^{1/2}(M - M_k)G_k^{1/2}\|_F
$$

最小化, 更具体一点, 就是考虑优化问题

$$
\min \quad J(M) = \|G_k^{1/2}(M - M_k)G_k^{1/2}\|_F, \tag{7.54}
$$

$$
M \in \mathbf{S}_y^n, \qquad M s_k = y_k, \tag{7.55}
$$

这个优化问题存在唯一解[84]

$$
M_{k+1} = \left(I - \frac{y_k s_k^{\mathrm{T}}}{y_k^{\mathrm{T}} s_k}\right) M_k \left(I - \frac{s_k y_k^{\mathrm{T}}}{y_k^{\mathrm{T}} s_k}\right) + \frac{y_k y_k^{\mathrm{T}}}{y_k^{\mathrm{T}} s_k}, \tag{7.56}
$$

这就是 Davidon 提出的迭代公式, 后来 Fletcher 和 Powell 将 Davidon 的公式整理成如下形式:

$$
M_{k+1} = M_k - \frac{M_k s_k y_k^{\mathrm{T}} + y_k s_k^{\mathrm{T}} M_k}{s_k^{\mathrm{T}} y_k} + \left(1 + \frac{s_k^{\mathrm{T}} M_k s_k}{s_k^{\mathrm{T}} y_k}\right)\frac{y_k y_k^{\mathrm{T}}}{s_k^{\mathrm{T}} y_k}. \tag{7.57}
$$

利用附录 E 中的 Sherman-Morrison 公式 (E.1) 不难从 Davidon 公式 (7.56) 得到 $W_k = M_k^{-1}$ 的迭代公式, 经整理后得到

$$
W_{k+1} = W_k - \frac{W_k y_k y_k^{\mathrm{T}} W_k}{y_k^{\mathrm{T}} W_k y_k} + \frac{s_k s_k^{\mathrm{T}}}{s_k^{\mathrm{T}} y_k}. \tag{7.58}
$$

通常把基于迭代公式 (7.56) 或式 (7.57) 或式 (7.58) 的拟牛顿法称为 **DFP 算法**. 算法 Algorithm 32 是基于迭代公式 (7.58) 的 DFP 算法.

Algorithm 32 (DFP 算法)

Input:

    The initial point $x_0 \in \mathbb{R}^n$ and the initial inverse Hessian approximation $W_0 \in \mathbf{S}_{y++}^n$;

    The tolerance bound ε;

Output:

    The approximation of the optimal point x_e

    $x \leftarrow x_0$;

$W \leftarrow W_0$;

Compute the gradient $\nabla f(x)$;

while $\|\nabla f(x)\|_2 > \varepsilon$ **do**

    Compute search direction d: $d = -W\nabla f(x)$;

    Compute the step length α using line search;

    $x_1 \leftarrow x + \alpha d$;

    $s \leftarrow x_1 - x$;

    $y \leftarrow \nabla f(x_1) - \nabla f(x)$;

    Renew the inverse Hessian approximation W:

$$W \quad \leftarrow \quad W - \frac{Wyy^{\mathrm{T}}W}{y^{\mathrm{T}}Wy} + \frac{ss^{\mathrm{T}}}{s^{\mathrm{T}}y};$$

    $x \leftarrow x_1$;

    Recompute the gradient $\nabla f(x)$;

end while

$x_e \leftarrow x$;

Output x_e;

在 DFP 算法中, 为了保证 M_{k+1} 是正定的, 必须满足条件

$$s_k^{\mathrm{T}} y_k = s_k M_{k+1} s_k > 0, \tag{7.59}$$

下面来寻找保证上述不等式成立的条件. 根据 DFP 算法得 $s_k = x_{k+1} - x_k = \alpha_k d_k, y_k = \nabla f(x_{k+1}) - \nabla f(x_k)$, 如果 d_k 是目标函数的下降方向, 则 $d_k^{\mathrm{T}}\nabla f(x_k) < 0$, 如果再假设步长 α_k 满足曲率条件

$$d_k^{\mathrm{T}}\nabla f(x_{k+1}) \geqslant b_2 d_k^{\mathrm{T}}\nabla f(x_k), \qquad 0 < b_2 < 1, \tag{7.60}$$

则有

$$\begin{aligned}
s_k^{\mathrm{T}} y_k &= \alpha_k d_k^{\mathrm{T}}\nabla f(x_{k+1}) - \alpha_k d_k^{\mathrm{T}}\nabla f(x_k) \\
&\geqslant \alpha_k b_2 d_k^{\mathrm{T}}\nabla f(x_k) - \alpha_k d_k^{\mathrm{T}}\nabla f(x_k) \\
&= \alpha_k(b_2 - 1)d_k^{\mathrm{T}}\nabla f(x_k) > 0,
\end{aligned} \tag{7.61}$$

因此 d_k 是下降方向及曲率条件 (7.60) 足以保证条件 (7.59).

如果 $s_k^{\mathrm{T}} y_k > 0$ 且 M_k 正定, 则对任意 $v \in \mathbb{R}^n \setminus \{0\}$ 皆有

$$\begin{aligned}
v^{\mathrm{T}} M_{k+1} v &= v^{\mathrm{T}}\left[\left(I - \frac{y_k s_k^{\mathrm{T}}}{y_k^{\mathrm{T}} s_k}\right) M_k \left(I - \frac{s_k y_k^{\mathrm{T}}}{y_k^{\mathrm{T}} s_k}\right) + \frac{y_k y_k^{\mathrm{T}}}{y_k^{\mathrm{T}} s_k}\right] v \\
&= u^{\mathrm{T}} M_k u + \frac{(v^{\mathrm{T}} y_k)^2}{y_k^{\mathrm{T}} s_k},
\end{aligned} \tag{7.62}$$

其中

$$u = v - \frac{(v^{\mathrm{T}} y_k)s_k}{y_k^{\mathrm{T}} s_k}.$$

如果 M_k 是正定的, 则 $u^{\mathrm{T}} M_k u \geqslant 0$, 如果 $v^{\mathrm{T}} y_k \neq 0$, 则 $(v^{\mathrm{T}} y_k)^2/(y_k^{\mathrm{T}} s_k) > 0$, 从而 $v^{\mathrm{T}} M_{k+1} v > 0$; 如果 $v^{\mathrm{T}} y_k = 0$, 则 $u = v \neq 0$, 因此必有 $v^{\mathrm{T}} M_{k+1} v > 0$, 这就证明了 M_{k+1} 是正定的. 由 M_{k+1} 的正定性可推出其逆矩阵 W_{k+1} 的正定性, 继而推出

$$(\nabla f(x_{k+1}))^{\mathrm{T}} d_{k+1} = -(\nabla f(x_{k+1}))^{\mathrm{T}} W_{k+1} \nabla f(x_{k+1}) < 0, \tag{7.63}$$

即 d_{k+1} 是下降方向. 如此下去, 只要 d_0 是下降方向, M_0(或 W_0) 是正定对称矩阵, 且每次迭代的步长 α_k 满足曲率条件, 就可以推出 M_k, W_k 的正定性及方向 d_k 的下降性.

综上所述, 我们证明了如下定理.

定理 7.3　设 f 是 $\mathbb{R}^n$ 上的连续可微函数, $\{x_k: \ k = 0, 1, 2, \cdots\}$ 是由 DFP 算法 Algorithm 32 产生的点列, 如果初始点 x_0 的梯度 $\nabla f(x_0) \neq 0$, 初始矩阵 W_0 是实正定对称矩阵, 且每次迭代的步长 α_k 满足曲率条件 (7.60), 则必有

$$W_k \succ 0, \quad M_k \succ 0, \quad d_k^{\mathrm{T}} \nabla f(x_k) < 0, \quad s_k^{\mathrm{T}} y_k > 0, \qquad \forall k = 0, 1, 2, \cdots. \tag{7.64}$$

一些研究者从逆 Hesse 矩阵的逼近的角度来设计拟牛顿算法, 提出解下列优化问题以寻找 W_k 的更新公式

$$\min \quad J(W) = \|G_k^{1/2}(W - W_k) G_k^{1/2}\|_F, \tag{7.65}$$

$$W \in \mathbf{S}_{\mathrm{y}}^n, \qquad W y_k = s_k, \tag{7.66}$$

其中, G_k 由式 (7.52) 定义. 这个优化问题存在唯一解

$$W_{k+1} = \left(I - \frac{s_k y_k^{\mathrm{T}}}{y_k^{\mathrm{T}} s_k}\right) W_k \left(I - \frac{y_k s_k^{\mathrm{T}}}{y_k^{\mathrm{T}} s_k}\right) + \frac{s_k s_k^{\mathrm{T}}}{y_k^{\mathrm{T}} s_k}, \tag{7.67}$$

整理后, 得

$$W_{k+1} = W_k - \frac{W_k y_k s_k^{\mathrm{T}} + s_k y_k^{\mathrm{T}} W_k}{y_k^{\mathrm{T}} s_k} + \left(1 + \frac{y_k^{\mathrm{T}} W_k y_k}{y_k^{\mathrm{T}} s_k}\right) \frac{s_k s_k^{\mathrm{T}}}{y_k^{\mathrm{T}} s_k}, \tag{7.68}$$

这就是著名的 BFGS 矩阵修正公式, 由 Broyden[85]、Fletcher[86]、Goldfarb[87] 及 Shannon[88] 在同一时期独立提出. 不难发现式 (7.68) 与式 (7.57) 非常相似, 事实上, 只要将式 (7.57) 中的 "M" 换成 "W", "s" 和 "y" 互换, 便得到了式 (7.68). 有些文献中称式 (7.68) 与式 (7.57) 互为对偶. 利用 Sherman-Morrison 公式 (E.1) 不难得到 M_k 的更新公式为

$$M_{k+1} = M_k - \frac{M_k s_k s_k^{\mathrm{T}} M_k}{s_k^{\mathrm{T}} M_k s_k} + \frac{y_k y_k^{\mathrm{T}}}{s_k^{\mathrm{T}} y_k}. \tag{7.69}$$

不难发现, 式 (7.69) 是式 (7.58) 的对偶公式.

通常把基于迭代公式 (7.67) 或式 (7.68) 或式 (7.69) 的拟牛顿法统称为 BFGS 算法. 算法 Algorithm 33 是基于迭代公式 (7.68) 的 BFGS 算法.

Algorithm 33 (基于公式 (7.68) 的 BFGS 算法)

Input:

The initial point $x_0 \in \mathbb{R}^n$ and the initial inverse Hessian approximation $W_0 \in \mathbf{S}_{y++}^n$;

The tolerance bound ε;

Output:

The approximation of the optimal point x_e

$x \leftarrow x_0$;

$W \leftarrow W_0$;

Compute the gradient $\nabla f(x)$;

while $\|\nabla f(x)\|_2 > \varepsilon$ **do**

  Compute search direction d: $d = -W\nabla f(x)$;

  Compute the step length α using line search;

  $x_1 \leftarrow x + \alpha d$;

  $s \leftarrow x_1 - x$;

  $y \leftarrow \nabla f(x_1) - \nabla f(x)$;

  Renew the inverse Hessian approximation W:

$$W \leftarrow W - \frac{Wys^{\mathrm{T}} + sy^{\mathrm{T}}W}{y^{\mathrm{T}}s} + \left(1 + \frac{y^{\mathrm{T}}Wy}{y^{\mathrm{T}}s}\right)\frac{ss^{\mathrm{T}}}{y^{\mathrm{T}}s};$$

  $x \leftarrow x_1$;

  Recompute the gradient $\nabla f(x)$;

end while

$x_e \leftarrow x$;

Output x_e;

与 DFP 算法一样, 只要初始点的梯度 $\nabla f(x_0) \neq 0$, 初始矩阵 $W_0 \succ 0$, 且每次迭代的步长 α_k 满足曲率条件, 就能保证 M_k 和 W_k 的正定性以及搜索方向 d_k 的下降性. 这就是下面的定理.

定理 7.4 设 f 是 $\mathbb{R}^n$ 上的连续可微函数, $\{x_k: k = 0, 1, 2, \cdots\}$ 是由 BFGS 算法 Algorithm 33产生的点列, 如果初始点 x_0 的梯度 $\nabla f(x_0) \neq 0$, 初始矩阵 W_0 是实正定对称矩阵, 且每次迭代的步长 α_k 满足曲率条件 (7.60), 则必有

$$W_k \succ 0, \quad M_k \succ 0, \quad d_k^{\mathrm{T}}\nabla f(x_k) < 0, \quad s_k^{\mathrm{T}}y_k > 0, \quad \forall k = 0, 1, 2, \cdots. \quad (7.70)$$

DFP 算法和 BFGS 算法都需要指定初始矩阵 W_0. 关于初始矩阵 W_0 选择, 最简单的方法是取 W_0 为单位矩阵 I. 另一种更有效的方法是在启动 DFP 或 BFGS 迭代之前先做一步梯度下降, 得到 $s_0 = x_1 - x_0$ 和 $y_0 = \nabla f(x_1) - \nabla f(x_0)$, 然后令

$$W_0 = \frac{y_0^{\mathrm{T}}s_0}{y_0^{\mathrm{T}}y_0}I. \quad (7.71)$$

实践证明这种方法很有效.

在一定的条件下, DFP 算法和 BFGS 算法是超线性收敛的, 这就是下列定理.

定理 7.5   设 f 二阶连续可微, 且其 Hesse 矩阵 $\nabla^2 f(x)$ 满足 Lipschitz 条件. 设 x^* 是 f 的极小点, 且 $\nabla^2 f(x^*) \succ 0$, 则 DFP 算法和 BFGS 算法局部超线性收敛于 x^*.

定理 7.5 的证明比较复杂, 这里不详述, 感兴趣的读者可参考袁亚湘院士的专著[31] 4.6 节.

7.2.3   计算实例

回到逻辑回归模型参数估计问题 (7.35), 7.2.2 节我们已经用牛顿法计算了回归参数, 本节我们用 SR1、DFP 和 BFGS 算法计算回归参数.

下面的 Algorithm 34 是逻辑回归参数估计的 SR1 算法.

Algorithm 34 (逻辑回归参数估计的 SR1 算法)

Input:

The training data $(x_i, y_i), x_i \in \mathbb{R}^n, y_i \in \{0, 1\}, i = 1, 2, \cdots, N$;

The initial point $\theta_0 \in \mathbb{R}^n$ and the initial inverse Hessian approximation $W_0 \in \mathbf{S}_{y++}^n$;

A very small positive parameters r (for example, $r = 10^{-8}$);

The tolerance bound ε;

Output:

The approximation of the optimal point θ_e

$\theta \leftarrow \theta_0$;

$W \leftarrow W_0$;

Compute the gradient: $\nabla f(\theta) = \sum_{i=1}^{N} \left(\sigma(\widetilde{x}_i^{\mathrm{T}} \theta) - y_i \right) \widetilde{x}_i$;

while $\|\nabla f(\theta)\|_2 > \varepsilon$ **do**

   Compute search direction d: $d = -W\nabla f(\theta)$;

   Compute the step length α using line search;

   $\theta_1 \leftarrow \theta + \alpha d$;

   $s \leftarrow \theta_1 - \theta$;

   $\eta \leftarrow \nabla f(\theta_1) - \nabla f(\theta)$;

   if $|(s - W\eta)^{\mathrm{T}} \eta| > r\|s - W\eta\|_2 \|\eta\|_2$ **then**

      Renew the inverse Hessian approximation W:

$$W \quad \leftarrow \quad W + \frac{(s - W\eta)(s - W\eta)^{\mathrm{T}}}{(s - W\eta)^{\mathrm{T}}\eta};$$

   end if

   $\theta \leftarrow \theta_1$;

   Renew the gradient $\nabla f(\theta)$;

end while

$\theta_e \leftarrow \theta$;

Output θ_e;

下面是用 SR1 算法计算逻辑回归模型参数的 MATLAB 代码, 其中调用了 LogicExactLS() 和 LogicLoss() 两个函数, 这两个函数的实现代码在 6.4 节已经给出.

```
function [theta_op,Cost,time]=LogicSR1(X,y)
%% 这个函数用SR1算法估计逻辑回归参数
```

```
%%输入参数：X--解释变量的样本数据，每一列代表一个样本
%%      y--被解释变量的样本数据，为一维行向量，取0或1，与X中的数据一一对应
%%输出参数：theta_op--模型参数的估计值，Cost--代价函数f的值
%%%%%%%%%%%%%%%%%%%%%%%%%%%%%%%%%%%%%%%%%%%%%
r=1e-8;                        %%这个参数的设置可以修改
[n,N]=size(X);                 %%算出样本数据的维数和样本的个数
X=[ones(1,N);X];               %%添加一行元素1放在矩阵X的最上面一行
y=y';                          %%将y转置成列向量
ep=1e-08;                      %%误差上界epsilon

theta=zeros(n+1,1);            %%初始化

grf=X*(sigm(X'*theta)-y);                      %%计算f的梯度向量
grfn=grf'*grf;                                 %%计算梯度范数的平方

theta1=theta+0.01*grf;
s=theta1-theta;
grf1=X*(sigm(X'*theta1)-y);
eta=grf1-grf;
W=((eta'*s)/(eta'*eta))*eye(n+1);              %%以上5行程序计算初始W
while grfn>ep
    d=-W*grf;                                  %%计算搜索方向
    alpha=LogicExactLS(theta,d,X,y);  %%调用精确线搜索函数LogicExactLS()
    theta1=theta+alpha*d;
    s=theta1-theta;
    grf1=X*(sigm(X'*theta1)-y);                %%计算f在点theta1的梯度向量
    eta=grf1-grf;
    e1=s-W*eta;
    a1=e1'*eta;
    a2=r*sqrt((e1'*e1)*(eta'*eta));
    if (abs(a1)>a2)
        W=W+(1/a1)*(e1*e1');                   %%更新W
    end
    theta=theta1;
    grf=grf1;
    grfn=grf'*grf;
end
theta_op=theta;
Cost=LogicLoss(theta,X,y);                     %%计算代价函数的值
end
```

下面的 Algorithm 35 是逻辑回归参数估计的 DFP 算法.

Algorithm 35 (逻辑回归参数估计的 DFP 算法)

Input:

The training data $(x_i, y_i), x_i \in \mathbb{R}^n, y_i \in \{0, 1\}, i = 1, 2, \cdots, N$;

The initial point $\theta_0 \in \mathbb{R}^n$ and the initial inverse Hessian approximation $W_0 \in \mathbf{S}_{y++}^n$;

The tolerance bound ε;

Output:

The approximation of the optimal point θ_e

$\theta \leftarrow \theta_0$;

$W \leftarrow W_0$;

Compute the gradient: $\nabla f(\theta) = \sum\limits_{i=1}^{N} \left(\sigma(\widetilde{x}_i^{\mathrm{T}} \theta) - y_i \right) \widetilde{x}_i$;

while $\|\nabla f(\theta)\|_2 > \varepsilon$ **do**

Compute search direction d: $d = -W\nabla f(\theta)$;

Compute the step length α using line search;

$\theta_1 \leftarrow \theta + \alpha d$;

$s \leftarrow \theta_1 - \theta$;

$\eta \leftarrow \nabla f(\theta_1) - \nabla f(\theta)$;

Renew the inverse Hessian approximation W:

$$W \quad \leftarrow \quad W - \frac{Wyy^{\mathrm{T}}W}{y^{\mathrm{T}}Wy} + \frac{ss^{\mathrm{T}}}{s^{\mathrm{T}}y};$$

$\theta \leftarrow \theta_1$;

Renew the gradient $\nabla f(\theta)$;

end while

$\theta_e \leftarrow \theta$;

Output θ_e;

下面是用 DFP 算法计算逻辑回归模型参数的 MATLAB 代码.

```
function [theta_op,Cost,time]=LogicDFP(X,y)
%%这个函数用DFP算法估计逻辑回归参数
%%输入参数：X--解释变量的样本数据，每一列代表一个样本
%%      y--被解释变量的样本数据，为一维行向量，取0或1，与X中的数据一一对应
%%输出参数：theta_op--模型参数的估计值，Cost--代价函数f的值
%%%%%%%%%%%%%%%%%%%%%%%%%%%%%%%%%%%%%%%%%%%%%%%%%
[n,N]=size(X);              %%算出样本数据的维数和样本的个数
X=[ones(1,N);X];            %%添加一行元素1放在矩阵X的最上面一行
y=y';                       %%将y转置成列向量
ep=1e-08;                   %%误差上界epsilon
theta=zeros(n+1,1);         %%初始化
grf=X*(sigm(X'*theta)-y);   %%计算f的梯度向量
grfn=grf'*grf;              %%计算梯度范数的平方

theta1=theta+0.01*grf;
```

```
s=theta1-theta;
grf1=X*(sigm(X'*theta1)-y);
eta=grf1-grf;
W=((eta'*s)/(eta'*eta))*eye(n+1);          %%以上5行程序计算初始W

while grfn>ep
    d=-W*grf;                              %%计算搜索方向
    alpha=LogicExactLS(theta,d,X,y);       %%调用精确线搜索函数LogicExactLS()
    theta1=theta+alpha*d;
    s=theta1-theta;
    grf1=X*(sigm(X'*theta1)-y);            %%计算f在点theta1的梯度向量
    eta=grf1-grf;
    W=W-(1/(eta'*W*eta))*((W*eta)*(W*eta)')+(1/(s'*eta))*(s*s');
    theta=theta1;
    grf=grf1;
    grfn=grf'*grf;

end
theta_op=theta;
Cost=LogicLoss(theta,X,y);                 %%计算代价函数的值
end
```

下面的 Algorithm 36 是逻辑回归参数估计的 BFGS 算法.

Algorithm 36 (逻辑回归参数估计的 BFGS 算法)

Input:

The training data $(x_i, y_i), x_i \in \mathbb{R}^n, y_i \in \{0,1\}, i = 1, 2, \cdots, N$;

The initial point $\theta_0 \in \mathbb{R}^n$ and the initial inverse Hessian approximation $W_0 \in \mathbf{S}_{y++}^n$;

The tolerance bound ε;

Output:

The approximation of the optimal point θ_e

$\theta \leftarrow \theta_0$;

$W \leftarrow W_0$;

Compute the gradient: $\nabla f(\theta) = \sum\limits_{i=1}^{N} \left(\sigma(\widetilde{x}_i^{\mathrm{T}} \theta) - y_i \right) \widetilde{x}_i$;

while $\|\nabla f(\theta)\|_2 > \varepsilon$ **do**

Compute search direction d: $d = -W\nabla f(\theta)$;

Compute the step length α using line search;

$\theta_1 \leftarrow \theta + \alpha d$;

$s \leftarrow \theta_1 - \theta$;

$\eta \leftarrow \nabla f(\theta_1) - \nabla f(\theta)$;

Renew the inverse Hessian approximation W:

$$W \leftarrow W - \frac{Wys^{\mathrm{T}} + sy^{\mathrm{T}}W}{y^{\mathrm{T}}s} + \left(1 + \frac{y^{\mathrm{T}}Wy}{y^{\mathrm{T}}s}\right)\frac{ss^{\mathrm{T}}}{y^{\mathrm{T}}s};$$

$\theta \leftarrow \theta_1;$

Renew the gradient $\nabla f(\theta)$;

end while

$\theta_e \leftarrow \theta;$

Output $\theta_e;$

下面是用 BFGS 算法计算逻辑回归模型参数的 MATLAB 代码.

```
function [theta_op,Cost,time]=LogicBFGS(X,y)
%%这个函数用BFGS算法估计逻辑回归参数
%%输入参数：X--解释变量的样本数据，每一列代表一个样本
%%      y--被解释变量的样本数据，为一维行向量，取0或1，与X中的数据一一对应
%%输出参数：theta_op--模型参数的估计值，Cost--代价函数f的值
%%%%%%%%%%%%%%%%%%%%%%%%%%%%%%%%%%%%%%%%%%%%%%%%%%%%
[n,N]=size(X);                  %%算出样本数据的维数和样本的个数
X=[ones(1,N);X];                %%添加一行元素1放在矩阵X的最上面一行
y=y';                          %%将y转置成列向量
ep=1e-08;                      %%误差上界epsilon
theta=zeros(n+1,1);            %%初始化
grf=X*(sigm(X'*theta)-y);      %%计算f的梯度向量
grfn=grf'*grf;                 %%计算梯度范数的平方

theta1=theta+0.01*grf;
s=theta1-theta;
grf1=X*(sigm(X'*theta1)-y);
eta=grf1-grf;
W=((eta'*s)/(eta'*eta))*eye(n+1);           %%以上5行程序计算初始W
while grfn>ep
    d=-W*grf;                               %%计算搜索方向
    alpha=LogicExactLS(theta,d,X,y);        %%调用精确线搜索函数LogicExactLS()
    theta1=theta+alpha*d;
    s=theta1-theta;
    grf1=X*(sigm(X'*theta1)-y);             %%计算f在点theta1的梯度向量
    eta=grf1-grf;
    a1=eta'*s;
    A1=W*eta*s';
    W=W-(1/a1)*(A1+A1')+((1+(eta'*W*eta)/a1)/a1)*(s*s');
    theta=theta1;
    grf=grf1;
    grfn=grf'*grf;
end
theta_op=theta;
```

```
Cost=LogicLoss(theta,X,y);          %%计算代价函数的值
end
```

接下来我们做一个实验, 分别用修改 Cholesky 分解的牛顿法 (Algorithm 30)、SR1 算法 (Algorithm 34)、DFP 算法 (Algorithm 35) 和 BFGS 算法 (Algorithm 36) 计算 6.4.3 节的逻辑回归参数估计问题, 即例 6.2. 后三种拟牛顿法用精确线搜索确定步长, 对于牛顿法, 在无法使用牛顿步的情况下也用精确线搜索确定步长. 取初始点为 $\theta_0 = (0,0,0,0)^{\mathrm{T}}$, 当代价函数的梯度值小于浮点数精度时停止循环并输出结果, 比较这三种算法的迭代次数、运算时间以及代价函数 (目标函数) 值 $f(\hat{\theta})$, 其中, 运算时间是相应程序段运行 100 次的平均时间. 结果如表 7.2 所示.

表 7.2　牛顿法和三种拟牛顿法的比较

算法	修改 Cholesky 分解牛顿法	SR1 算法	DFP 算法	BFGS 算法
迭代次数	15	6	6	6
运行时间/秒	4.1547×10^{-5}	4.974×10^{-4}	5.352×10^{-4}	5.1078×10^{-4}
$f(\hat{\theta})$	0	0	0	0

对于这个算例, 拟牛顿法没有表现出优势, 但对于维数很高的优化问题, 拟牛顿法有优势.

7.3　正交距离回归

7.3.1　变量带误差模型

给定变量 x 和 y 的测量数据

$$(x_i, y_i), \qquad x_i, y_i \in \mathbb{R}, i = 1, 2, \cdots, N, \tag{7.72}$$

需要用一个函数 $f(x; \beta)$ 来拟合变量 y 与 x 之间的关系, 其中 β 是参数. 传统的回归模型假定自变量 x 是可精确测量的, 因此有

$$y_i = f(x_i; \beta) + \varepsilon_i, \qquad i = 1, 2, \cdots, N, \tag{7.73}$$

其中, ε_i 是模型误差和 y 的测量误差之和. 但在很多应用场景中, 自变量 x 的测量也是不准确的, 存在测量误差, 因此模型应修改为

$$y_i = f(x_i + \delta_i; \beta) + \varepsilon_i \qquad i = 1, 2, \cdots, N, \tag{7.74}$$

其中, δ_i 代表由自变量测量误差所引起的摄动, 这就是**变量带误差模型 (error-in-variables model)**.

7.3.2　正交距离回归模型

为了估计模型参数, 必须对残差项 ε_i 及自变量的摄动项 δ_i 的概率分布做一些假设. 我们假设

$$\varepsilon_i \quad \sim \quad N(0, \sigma_1^2), \qquad \delta_i \quad \sim \quad N(0, \sigma_2^2) \tag{7.75}$$

且是独立的. 于是似然函数为

$$\ell(\beta, \delta) = \prod_{i=1}^{N} \frac{1}{2\pi\sigma_1\sigma_2} e^{-(y_i - f(x_i + \delta_i; \beta))^2/(2\sigma_1^2)} e^{-\delta_i^2/(2\sigma_2^2)}, \tag{7.76}$$

其中, $\delta = (\delta_1, \delta_2, \cdots, \delta_N)^{\mathrm{T}}$ 代表测量误差 (的实现), 由于我们并没有把测量误差从观察值 x_i 中分离出来, 因此事先是不知道的, 需要估计. 参数 β 和测量误差 δ 的极大似然估计可通过解似然函数最大化问题 $\max \ell(\beta, \delta)$ 得到, 但这个问题并不好解, 因此我们对似然函数取负对数得

$$-\ln \ell(\beta, \delta) = \frac{1}{2\sigma_1^2} \sum_{i=1}^{N} (y_i - f(x_i + \delta_i; \beta))^2 + \frac{1}{2\sigma_2^2} \sum_{i=1}^{N} \delta_i^2 + N \ln(2\pi\sigma_1\sigma_2), \tag{7.77}$$

因此似然函数最大化问题又等价于最小化问题

$$\min_{\beta, \delta} E(\beta, \delta) := \frac{1}{2\sigma_1^2} \sum_{i=1}^{N} (y_i - f(x_i + \delta_i; \beta))^2 + \frac{1}{2\sigma_2^2} \sum_{i=1}^{N} \delta_i^2, \tag{7.78}$$

这就是**正交距离回归模型 (orthogonal distance regression model)**. 至于 "正交距离回归" 这个名称的来由, 是因为当 $\sigma_1 = \sigma_2$ 时, 最小化问题 (7.78) 等价于最小化问题

$$\min_{\beta, \delta} J(\beta, \delta) := \frac{1}{2} \sum_{i=1}^{N} \left[(y_i - f(x_i + \delta_i; \beta))^2 + \delta_i^2 \right], \tag{7.79}$$

而这个优化问题又等价于优化问题

$$\min \quad \sum_{i=1}^{N} \left(\varepsilon_i^2 + \delta_i^2 \right), \tag{7.80}$$

$$\text{s.t.} \quad y_i = f(x_i + \delta_i; \beta) + \varepsilon_i, \qquad i = 1, 2, \cdots, N, \tag{7.81}$$

如果固定 β, 只允许 δ 变动, 则上述优化问题的最小值就是所有点 (x_i, y_i) 到曲线 $y = f(x; \beta)$ 的最短距离的平方和, 而点 (x_i, y_i) 到曲线 $y = f(x; \beta)$ 的最短距离自然是它到点 $(x_i + \delta_i, f(x_i + \delta_i; \beta))$ 的切线的正交距离, 因此优化问题 (7.79) 本质上是样本点到参数曲线的正交距离平方和最小化的问题.

7.3.3　参数估计算法

本小节通过一个具体的例子来讨论正交距离回归参数的估计问题.

设回归函数为下列二次多项式

$$f(x;\beta) = \beta_0 + \beta_1 x + \beta_2 x^2, \tag{7.82}$$

给定样本数据 $(x_i, y_i), i = 1, 2, \cdots, n$, 需要求解正交距离回归模型 (7.79). 此时代价函数 $J(\beta, \delta)$ 可以整理成

$$J(\beta, \delta) = \frac{1}{2} \sum_{i=1}^{N} \left[y_i - \beta_0 - \beta_1(x_i + \delta_i) - \beta_2(x_i + \delta_i)^2 \right]^2 + \frac{1}{2} \sum_{i=1}^{N} \delta_i^2$$

$$:= J_1 + J_2. \tag{7.83}$$

因此有

$$\frac{\partial J}{\partial \beta} = \frac{\partial J_1}{\partial \beta} = \sum_{i=1}^{N} \left[\beta_0 + \beta_1(x_i + \delta_i) + \beta_2(x_i + \delta_i)^2 - y_i \right] \begin{pmatrix} 1 \\ x_i + \delta_i \\ (x_i + \delta_i)^2 \end{pmatrix}$$

$$= \sum_{i=1}^{N} \left[f(x_i + \delta_i; \beta) - y_i \right] \begin{pmatrix} 1 \\ x_i + \delta_i \\ (x_i + \delta_i)^2 \end{pmatrix}, \tag{7.84}$$

$$\frac{\partial J_1}{\partial \delta} = \begin{pmatrix} (f(x_1 + \delta_1; \beta) - y_1) \cdot (2\beta_2(x_1 + \delta_1) + \beta_1) \\ (f(x_2 + \delta_2; \beta) - y_2) \cdot (2\beta_2(x_2 + \delta_2) + \beta_1) \\ \vdots \\ (f(x_N + \delta_N; \beta) - y_N) \cdot (2\beta_2(x_N + \delta_N) + \beta_1) \end{pmatrix}, \tag{7.85}$$

$$\frac{\partial J_2}{\partial \delta} = (\delta_1, \delta_2, \cdots, \delta_N)^{\mathrm{T}}, \tag{7.86}$$

为了表示方便, 记

$$\theta = \begin{pmatrix} \beta \\ \delta \end{pmatrix}, \qquad \frac{\partial J}{\partial \theta} = \begin{pmatrix} \dfrac{\partial J}{\partial \beta} \\ \dfrac{\partial J}{\partial \delta} \end{pmatrix}, \tag{7.87}$$

则有

$$\frac{\partial J}{\partial \theta} = \begin{pmatrix} \dfrac{\partial J_1}{\partial \beta} \\ \dfrac{\partial J_1}{\partial \delta} + \dfrac{\partial J_2}{\partial \delta} \end{pmatrix}. \tag{7.88}$$

一般的正交距离回归问题不一定是凸优化问题, 因此只能保证局部收敛性, 对于远离最优点的初始点 θ_0, 算法可能无法收敛到最优点. 为了保证算法的收敛性, 我们可以先取 $\delta = 0$, 解最小二乘问题

$$\min \quad J(\beta, 0) = \frac{1}{2} \sum_{i=1}^{N} \left[y_i - \beta_0 - \beta_1 x_i - \beta_2 x_i^2 \right]^2, \tag{7.89}$$

这是一个凸二次优化问题, 可以用共轭梯度法或牛顿法求解. 事实上, 我们还可以导出式 (7.89) 的解析解. 将 $J(\beta, 0)$ 分别对 $\beta_0, \beta_1, \beta_2$ 求偏导数, 然后令其等于零并整理得

$$\beta_0 + m_x \beta_1 + m_{x^2} \beta_2 = m_y, \tag{7.90}$$

$$m_x \beta_0 + m_{x^2} \beta_1 + m_{x^3} \beta_2 = m_{xy}, \tag{7.91}$$

$$m_{x^2} \beta_0 + m_{x^3} \beta_1 + m_{x^4} \beta_2 = m_{x^2 y}, \tag{7.92}$$

其中

$$m_{x^k} = \frac{1}{N} \sum_{i=1}^{N} x_i^k, \qquad m_{x^k y^l} = \frac{1}{N} \sum_{i=1}^{N} x_i^k y_i^l, \qquad k, l = 1, 2, \cdots \tag{7.93}$$

令

$$A = \begin{pmatrix} 1 & m_x & m_{x^2} \\ m_x & m_{x^2} & m_{x^3} \\ m_{x^2} & m_{x^3} & m_{x^4} \end{pmatrix}, \qquad c = (m_y, m_{xy}, m_{x^2 y})^{\mathrm{T}}, \tag{7.94}$$

则优化问题 (7.89) 的最优点为

$$\beta^{(0)} = A^{-1} c, \tag{7.95}$$

于是我们可以取初始点为

$$\theta_0 = \begin{pmatrix} \beta^{(0)} \\ 0 \end{pmatrix} = \begin{pmatrix} A^{-1} c \\ 0 \end{pmatrix}, \tag{7.96}$$

这样就能保证初始点离最优点不会太远.

算法 Algorithm 37 是用 BFGS 拟牛顿法估计正交距离回归参数的算法伪代码.

Algorithm 37 (正交距离回归参数估计的 BFGS 算法)

Input:

    The training data $(x_i, y_i), x_i, y_i \in \mathbb{R}, i = 1, 2, \cdots, N$;

    The initial point $\theta_0 \in \mathbb{R}^n$ and the initial inverse Hessian approximation $W_0 \in \mathbf{S}_{y++}^n$;

    The tolerance bound ε;

Output:

    The approximation of the optimal point θ_e

Compute θ_0 using formula (7.96);

$\theta \leftarrow \theta_0$;

$W \leftarrow W_0$;

Compute the gradient $\nabla J(\theta)$ using formula (7.88);

while $\|\nabla J(\theta)\|_2 > \varepsilon$ **do**

    Compute search direction d: $d = -W\nabla J(\theta)$;

    Compute the step length α using line search;

    $\theta_1 \leftarrow \theta + \alpha d$;

    $s \leftarrow \theta_1 - \theta$;

    $\eta \leftarrow \nabla J(\theta_1) - \nabla J(\theta)$;

    Renew the inverse Hessian approximation W:

$$W \;\leftarrow\; W - \frac{Wys^{\mathrm{T}} + sy^{\mathrm{T}}W}{y^{\mathrm{T}}s} + \left(1 + \frac{y^{\mathrm{T}}Wy}{y^{\mathrm{T}}s}\right)\frac{ss^{\mathrm{T}}}{y^{\mathrm{T}}s};$$

    $\theta \leftarrow \theta_1$;

    Renew the gradient $\nabla J(\theta)$;

end while

$\theta_e \leftarrow \theta$;

Output θ_e;

下面的 MATLAB 函数 quadraticODR() 是实现算法 Algorithm 37 的 MATLAB 代码, 其中调用了函数 quadraticLSestimator() 计算系数向量 β 的最小二乘估计, 调用了函数 quadraticODRgrad() 计算目标函数 $J(\theta)$ 的梯度, 调用了函数 quadODRExactLS() 做精确线搜索以确定最优步长, 这些函数的 MATLAB 实现代码都附在后面了.

```matlab
function [beta,delta,J]=quadraticODR(x,y)
%%这个函数的功能是实现二次正交距离回归, 参见7.3.3节
%%输入参数: x,y--样本数据
%%输出参数: beta--二次多项式的系数, delta--自变量的摄动量
%%          J--目标函数的最小值
%%%%%%%%%%%%%%%%%%%%%%%%%%%%%%%%%%%%%%%%%%%%%%%%%%%%%
N=size(x,2);
theta=zeros(N+3,1);
theta(1:3)=quadraticLSestmator(x,y);      %%最小二乘法求theta的初值
gradJ=quadraticODRgrad(theta,x,y);        %%求J的梯度
gradJn=gradJ'*gradJ;                       %%J的梯度的范数平方
theta1=theta+0.01*gradJ;
s=theta1-theta;
gradJ1=quadraticODRgrad(theta1,x,y);
eta=gradJ1-gradJ;
W=((eta'*s)/(eta'*eta))*eye(N+3);          %%以上5行程序计算初始W
ep=1e-12;
while gradJn>ep
    d=-W*gradJ;                             %%计算搜索方向
```

```
    alpha=quadODRExactLS(theta,d,x,y);          %%精确线搜索确定步长
    theta1=theta+alpha*d;
    s=theta1-theta;
    gradJ1=quadraticODRgrad(theta1,x,y);     %%计算J在点theta1的梯度
    eta=gradJ1-gradJ;
    a1=eta'*s;
    A1=W*eta*s';
    W=W-(1/a1)*(A1+A1')+((1+(eta'*W*eta)/a1)/a1)*(s*s');
    theta=theta1;
    gradJ=gradJ1;
    gradJn=gradJ'*gradJ;
end
beta=theta(1:3);
delta=theta(4:N+3);
e=beta(1)+beta(2)*(x+delta')+beta(3)*(x+delta').^2-y;
J=e*e'/2+delta'*delta/2;
end



function b=quadraticLSestmator(x,y)
%%这个函数用最小二乘法估计二次多项式b0+b1*x+b2*x^2的系数
%%输入参数：x--自变量采样数据，y--应变量的对应数据
%%输出参数：系数向量b=[b0,b1,b2]'
%%%%%%%%%%%%%%%%%%%%%%%%%%%%%%%%%%%%%%%%%%%%%%%%%%%%%
N=size(x,2);
A=zeros(3,3);
c=zeros(3,1);
A(1,1)=N;
A(1,2)=sum(x);
A(1,3)=sum(x.^2);
A(2,1)=A(1,2);
A(2,2)=A(1,3);
A(2,3)=sum(x.^3);
A(3,1)=A(2,2);
A(3,2)=A(2,3);
A(3,3)=sum(x.^4);
c(1)=sum(y);
c(2)=sum(x.*y);
c(3)=sum((x.^2).*y);
b=A\c;
end

function gradJ=quadraticODRgrad(theta,x,y)
%%这个函数的功能是计算7.3.3节正交距离回归问题目标函数的梯度
```

```
%%输入参数: theta=(b',d')', b--beta, d--delta, 都是列向量
%%          x,y---样本数据
%%%%%%%%%%%%%%%%%%%%%%%%%%%%%%%%%%%%%%%%%%%%%%%%%%%%%%
N=size(x,2);
b=theta(1:3);
d=theta(4:N+3);
db=zeros(3,1);
dd=zeros(N,1);
for i=1:N
    ef=b(1)+b(2)*(x(i)+d(i))+b(3)*(x(i)+d(i))^2-y(i);
    db=db+ef*[1;x(i)+d(i);(x(i)+d(i))^2];
    dd(i)=ef*(2*b(3)*(x(i)+d(i))+b(2))+d(i);
end

gradJ=[db;dd];
end


%%%%这个函数实现二次正交距离回归的对分法精确线搜索算法
function alpha=quadODRExactLS(theta,d,x,y)
%%输入参数: theta--当前点, d--当前搜索方向
%%X--解释变量数据,  行向量
%%y--应变量数据, 行向量
%%输出参数: alpha--最优步长
%%%%%%%%%%%%%%%%%%%%%%%%%%%%%%%%%%%%%%%%%%%%
epb=0.0000001;
s0=0;
s1=1;
dphi=d'*quadraticODRgrad(theta+s1*d,x,y);      %%计算phi在点s1的导数
while dphi<0
    s1=2*s1;
    dphi=d'*quadraticODRgrad(theta+s1*d,x,y);
end
B=1;
while s1-s0>=epb
    t=(s0+s1)/2;
    dphi=d'*quadraticODRgrad(theta+t*d,x,y);  %%计算phi在点t的导数
    if dphi<0
        s0=t;
    else
        if dphi==0
            alpha=t;
            B=0;
            break
        else
            s1=t;
```

```
        end
    end
end
if B==1
    alpha=(s0+s1)/2;
end

end
```

下面做一个具体实验, 给定如下样本数据

$$x = (1, 1.5, 2.0, 2.5, 3.0, 3.5, 4.0, 4.5, 5.0), \tag{7.97}$$

$$y = (7.8821, 4.7192, 2.6617, 1.8595, 0.8956, 1.7723, 3.1194, 5.8478, 9.7359), \tag{7.98}$$

将这些数据输入 MATLAB 函数 quadraticODR(), 经过 30 次迭代后计算出 β 和 δ 的正交距离回归估计量 $\widehat{\beta}$ 和 $\widehat{\delta}$ 为

$$\widehat{\beta} = (18.0877, -11.6610, 1.9861)^{\mathrm{T}},$$

$$\widehat{\delta} = (0.0690, 0.0599, 0.0121, -0.2024, -0.0155\ 0.0611, -0.0229, 0.0027, 0.0360)^{\mathrm{T}},$$

回归残差平方和为 0.0345, 比最小二乘模型的回归残差小了很多 (最小二乘模型的回归残差平方和为 0.2144). 图 7.1 是正交距离回归曲线与最小二乘回归曲线的对比图.

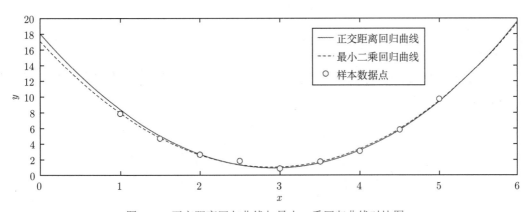

图 7.1　正交距离回归曲线与最小二乘回归曲线对比图

拓展阅读建议

本章介绍了牛顿法的原理、算法实现及收敛性分析, 几种常用的拟牛顿法及其算法实现, 以及正交距离回归模型及参数估计方法. 这些知识是学习更深入的优化算法的基础, 同时在统计学、图像处理、机器学习、大数据分析等众多领域中有广泛应用, 需要读者牢固掌握. 关于自和谐 (self-concordant) 函数优化问题的牛顿法的收敛性分析可参考文献 [6] 的

9.6 节; 关于拟牛顿法的更深入知识可参考文献 [31, 66-67]; 关于变量带误差模型和正交距离回归更系统的知识可参考文献 [66, 89]; 关于变量带误差模型在计量经济学中的应用, 可参考最近斯坦福大学网站上的一篇研究综述 [90].

第 7 章习题

1. 设 H 是 n 阶实对称矩阵, λ_1 是其最大的特征值, λ_n 是其最小的特征值, 且 $\lambda_1 > 0$.

i). 证明 $\lambda_n I \preceq H \preceq \lambda_1 I$.

ii). 证明

$$\frac{1}{\lambda_1} I \preceq H^{-1} \preceq \frac{1}{\lambda_n} I. \tag{7.99}$$

iii). 证明

$$\|H\|_{\mathrm{spec}} = \lambda_1, \qquad \|H^{-1}\|_{\mathrm{spec}} = \frac{1}{\lambda_n}. \tag{7.100}$$

2. 设

$$H = \begin{pmatrix} 5 & 1 & 2 & -1 \\ 1 & 6 & 1 & -1 \\ 2 & 1 & 7 & 2 \\ -1 & -1 & 2 & 8 \end{pmatrix},$$

设计一个计算实正定对称矩阵 Cholesky 分解的一般程序, 并以矩阵 H 作为输入验证程序的正确性.

3. 设计程序实现修改 Cholesky 算法 (Algorithm 27), 并用下列矩阵作为输入验证程序的正确性.

$$H = \begin{pmatrix} 8 & -12 & 5 & 13 \\ -12 & 72 & 38 & 9 \\ 5 & 38 & 49 & 62 \\ 13 & 9 & 62 & 77 \end{pmatrix}.$$

4. 考察下列线性不等式组解析中心问题:

$$\min_x f(x) = -\sum_{i=1}^m \ln(b_i - a_i^{\mathrm{T}} x), \tag{7.101}$$

其中, $a_i \in \mathbb{R}^n, b_i \in \mathbb{R}$, 决策变量 x 在 $\mathbb{R}^n$ 中取值.

i). 求此优化问题的定义域.

ii). 求目标函数 f 的梯度和 Hesse 矩阵.

iii). 取

$$A = (a_1, a_2, a_3) = \begin{pmatrix} 0.5 & 1 & -1 \\ 1 & 0.5 & 0.1 \end{pmatrix}, \quad b = \begin{pmatrix} b_1 \\ b_2 \\ b_3 \end{pmatrix} = \begin{pmatrix} 1 \\ 1 \\ 1 \end{pmatrix}, \quad x_0 = \begin{pmatrix} 0 \\ 0 \end{pmatrix},$$

设计程序用牛顿法计算解析中心问题 (7.101) 的数值解.

5. 在推导对称秩 1 公式 (7.50) 时, 我们假设修正矩阵 $(\delta M)_k$ 是形如 uu^{T} 的对称秩 1 矩阵, 如果假设修正矩阵 $(\delta M)_k$ 是形如 $auu^{\mathrm{T}} + bvv^{\mathrm{T}}$ 的秩 2 矩阵, 便得到了方程

$$M_{k+1} = M_k + auu^{\mathrm{T}} + bvv^{\mathrm{T}}, \tag{7.102}$$

设 M_k 是实正定对称矩阵, 试求 $a, b \in \mathbb{R}$ 及向量 $u, v \in \mathbb{R}^n$ 使得 M_{k+1} 满足拟牛顿方程 $M_{k+1} s_k = y_k$.

6. 在数据拟合问题中, 给定样本数据 $\{(t_i, y_i) : i = 1, 2, \cdots, m\}$, 需要用某种函数 $\phi(t; x)$ 来拟合数据, 其中, $x \in \mathbb{R}^n$ 为待定的参数, 这种模型可表示为

$$y_i = \phi(t_i; x) + r_i, \qquad i = 1, 2, \cdots, m, \tag{7.103}$$

其中, r_i 称为**残差 (residual)**, 是随机变量, 代表数据中不能被模型解释的那一部分变异性. 所谓**最小二乘问题 (least-squares problem)**, 就是寻找参数 x 使得残差平方和最小化, 也就是使得下列函数最小化:

$$f(x) = \frac{1}{2} \sum_{i=1}^m (\phi(t_i; x) - y_i)^2 = \frac{1}{2} \sum_{i=1}^m r_i^2(x) = \frac{1}{2} r^{\mathrm{T}}(x) r(x), \tag{7.104}$$

其中, $r(x) = (r_1(x), r_2(x), \cdots, r_m(x))^{\mathrm{T}}$, 称为**残差向量 (residual vector)**. 向量值函数 $r(x)$ 的 Jacobi 矩阵 (微分) 定义为

$$J = \left(\frac{\partial r_i}{\partial x_j} \right)_{i=1,2,\cdots,m, j=1,2,\cdots,n} = \begin{pmatrix} \nabla r_1(x)^{\mathrm{T}} \\ \nabla r_2(x)^{\mathrm{T}} \\ \vdots \\ \nabla r_m(x)^{\mathrm{T}} \end{pmatrix}. \tag{7.105}$$

i). 证明 $\nabla f = J^{\mathrm{T}} r$;

ii). 证明

$$\nabla^2 f = J^{\mathrm{T}} J + \sum_{i=1}^m r_i \nabla^2 r_i. \tag{7.106}$$

注: 当 x 很接近最小值点 x^* 时, $r(x)$ 和 $\nabla^2(x)$ 通常很小, 因此常常忽略式 (7.106) 中的第二项, 即用 $J^{\mathrm{T}} J$ 近似代替 $\nabla^2 f$, 这样可以大大简化计算量, 这就是**牛顿-高斯法**的基本思想, 这方面的详细论述可参见文献 [66] 的 10.3 节.

7. 设 A 是 n 阶可逆矩阵, u 和 v 是 n 维单位列向量.

i). 求 $(A+auu^{\mathrm{T}})^{-1}$.

ii). 求 $(A+auu^{\mathrm{T}}+bvv^{\mathrm{T}})^{-1}$.

8. 用基于 Wolfe 线搜索的牛顿法和拟牛顿法计算例 6.2 中的逻辑回归问题的参数, 并与基于精确线搜索的牛顿法和拟牛顿法加以比较.

9. 现有样本数据如表 7.3 所示.

表 7.3　样本数据

x	0.8786	1.8886	2.9993	4.1533	4.9230	6.0371	6.9774
y	1.9615	3.1777	5.8470	10.7195	17.7155	27.0976	37.9645
x	8.1117	8.8911	10.0033	11.0553	12.1101	13.1544	14.0086
y	50.9608	66.2839	83.0583	102.0396	123.3175	145.8391	171.1393
x	14.8508	15.9258	16.8938	18.2350	18.9384	20.0748	
y	198.1670	226.9513	258.0431	290.7668	325.7704	363.0210	

现在想用二阶多项式拟合数据, 请分别用最小二乘法和正交距离回归法估计模型参数, 并对二者进行比较分析.

线性规划与二次规划

8.1 线 性 规 划

8.1.1 线性规划的标准形式

所谓**线性规划 (linear programming)**, 就是指目标函数和约束函数都是线性函数的优化问题. 一般形式为

$$\min \quad f(x) = c^{\mathrm{T}}x, \tag{8.1}$$

$$\text{s.t.} \quad a_i^{\mathrm{T}}x = b_i, \qquad i \in \mathcal{E}, \tag{8.2}$$

$$a_j^{\mathrm{T}}x \leqslant b_j, \qquad j \in \mathcal{I}, \tag{8.3}$$

其中, $\mathcal{E}$ 和 $\mathcal{I}$ 分别表示等式约束和不等式约束的指标集. 通过引入松弛变量可将不等式约束 (8.3) 化为等价约束条件

$$a_j^{\mathrm{T}}x + s_j = b_j, \qquad s_j \geqslant 0, \tag{8.4}$$

再通过将 x_i 表示为

$$x_i = x_i^+ - x_i^-, \qquad x_i^+, x_i^- \geqslant 0, \tag{8.5}$$

便可将线性规划 (8.1)~(8.3) 表示为等价问题

$$\min \quad c^{\mathrm{T}}x^+ - c^{\mathrm{T}}x^- \tag{8.6}$$

$$\text{s.t.} \quad a_i^{\mathrm{T}}x^+ - a_i^{\mathrm{T}}x^- = b_i, \qquad i \in \mathcal{E}, \tag{8.7}$$

$$a_j^{\mathrm{T}}x^+ - a_j^{\mathrm{T}}x^- + s_j = b_j, \qquad j \in \mathcal{I}, \tag{8.8}$$

$$x^+, x^- \succeq 0, \quad s_j \geqslant 0, \qquad j \in \mathcal{I}. \tag{8.9}$$

因此线性规划的标准形式为

$$\min \quad f(x) = c^{\mathrm{T}}x, \tag{8.10}$$

$$\text{s.t.} \quad a_i^{\mathrm{T}}x = b_i, \qquad i = 1, 2, \cdots, m, \tag{8.11}$$

$$x \succeq 0. \tag{8.12}$$

如果令 $A^{\mathrm{T}} = (a_1, a_2, \cdots, a_m)$, 则等式约束 (8.11) 可表示为

$$Ax = b. \tag{8.13}$$

8.1.2 线性规划的对偶问题与最优性条件

标准线性规划 (8.10)~(8.12) 的 Lagrange 函数为

$$L(x, \lambda, \nu) = c^{\mathrm{T}}x - \lambda^{\mathrm{T}}x + \nu^{\mathrm{T}}(Ax - b) = (c - \lambda + A^{\mathrm{T}}\nu)^{\mathrm{T}}x - \nu^{\mathrm{T}}b,$$

因此其对偶函数为

$$L_D(\lambda, \nu) = \inf_{x \in \mathbb{R}^n} L(x, \lambda, \nu) = \begin{cases} -\nu^{\mathrm{T}}b, & c - \lambda + A^{\mathrm{T}}\nu = 0, \\ -\infty, & \text{其他}. \end{cases}$$

由于对偶函数中隐含了约束条件 $c - \lambda + A^{\mathrm{T}}\nu = 0$, 因此对偶函数最大化问题等价于

$$\max -\nu^{\mathrm{T}}b, \qquad \text{s.t.} \quad \lambda \succeq 0, \ \ c - \lambda + A^{\mathrm{T}}\nu = 0.$$

消去 λ 后得到等价问题

$$\min \nu^{\mathrm{T}}b, \qquad \text{s.t.} \quad A^{\mathrm{T}}\nu + c \succeq 0, \tag{8.14}$$

这就是标准线性规划 (8.10)~(8.12) 的对偶问题.

根据 KKT 定理, x^* 是线性规划 (8.10)~(8.12) 的最优点的必要条件是存在 $\lambda^* \in \mathbb{R}^n$ 及 $\nu^* \in \mathbb{R}^m$ 使得

$$\lambda^* - A^{\mathrm{T}}\nu^* = c, \quad Ax^* = b, \quad x^* \succeq 0, \quad \lambda^* \succeq 0, \quad \lambda_i^* x_i^* = 0, \quad i = 1, 2, \cdots, n. \tag{8.15}$$

事实上, 式 (8.15) 也是 x^* 为线性规划 (8.10)~(8.12) 的最优解的充分条件, 这就是下面的定理.

定理 8.1 x^* 是线性规划 (8.10)~(8.12) 的最优解的充分必要条件是存在 $\lambda^* \in \mathbb{R}^n$ 及 $\nu^* \in \mathbb{R}^m$ 使得式 (8.15) 成立.

证明 必要性是 KKT 定理的结论, 上文已经分析过, 现在只需证明充分性. 设 x 是线性规划 (8.10)~(8.12) 的任意一个可行点, 则有

$$f(x) - f(x^*) = c^{\mathrm{T}}(x - x^*) = (\lambda^* - A^{\mathrm{T}}\nu^*)^{\mathrm{T}}(x - x^*)$$

$$
\begin{aligned}
&= (\lambda^*)^{\mathrm{T}}x - (\lambda^*)^{\mathrm{T}}x^* - (\nu^*)^{\mathrm{T}}Ax + (\nu^*)^{\mathrm{T}}Ax^* \\
&= (\lambda^*)^{\mathrm{T}}x - 0 - (\nu^*)^{\mathrm{T}}b + (\nu^*)^{\mathrm{T}}b \\
&= (\lambda^*)^{\mathrm{T}}x, \quad\quad\quad\quad\quad\quad\quad\quad\quad\quad\quad\quad\quad\quad\quad (8.16)
\end{aligned}
$$

由于 $\lambda^* \succeq 0, x \succeq 0$, 因此 $(\lambda^*)^{\mathrm{T}}x \geqslant 0$, 从而 $f(x) - f(x^*) \geqslant 0$, 这就证明了 x^* 是全局最优点. $\square$

此外, 根据强对偶性定理 (定理 3.6) 及例 3.10 的结论, 原问题 (8.10)~(8.12) 和对偶问题 (8.14) 只要有一个有解, 则另一个必然有解, 而且原问题的最优值和对偶问题的最优值相等.

8.1.3 可行集的几何性质

本小节讨论标准线性规划 (8.10)~(8.12) 的可行集

$$
S_F := \{x \in \mathbb{R}^n : Ax = b, x \succeq 0\}, \quad A = \begin{pmatrix} a_1^{\mathrm{T}} \\ a_2^{\mathrm{T}} \\ \vdots \\ a_m^{\mathrm{T}} \end{pmatrix} \in \mathbb{R}^{m \times n}, \quad b = \begin{pmatrix} b_1 \\ b_2 \\ \vdots \\ b_m \end{pmatrix} \in \mathbb{R}^m \quad (8.17)
$$

的几何性质. 我们假设 $m < n$ 且 A 是行满秩的.

在 n 维空间中, 形如 $\{x \in \mathbb{R}^n : a_i^{\mathrm{T}}x = b_i\}$ 的点集称为**超平面 (hyperplane)**, 通常简单地用方程 $a_i^{\mathrm{T}}x = b_i$ 表示, 它是三维空间中平面的概念的推广. 一个或多个超平面的交集就是 1.4.1 节介绍的仿射集. 一个超平面 $a_i^{\mathrm{T}}x = b_i$ 将 $\mathbb{R}^n$ 分成两个**半空间 (half space)**

$$
\{x \in \mathbb{R}^n : a_i^{\mathrm{T}}x \leqslant b_i\}, \quad\quad \{x \in \mathbb{R}^n : a_i^{\mathrm{T}}x \geqslant b_i\}.
$$

仿射集和半空间都是凸集, 因此它们的交集也必然是凸集.

线性规划的可行集 S_F 是若干超平面和若干半空间的交集, 称为凸**多胞形 (polytope)**, 类似于凸多面体, 但又有些区别, 凸多胞形可以朝某个方向无限延伸, 可以是无界的.

称点 $v \in S_F$ 是 S_F 的**顶点 (vertex)**, 如果它满足下列条件: 不存在 $x, y \in S_F, x \neq y$ 及 $0 < \gamma < 1$, 使得 $v = (1 - \gamma)x + \gamma y$.

凸多胞形的顶点就类似于凸多面体的顶点. 可以证明, 如果线性规划有最优解, 则一定存在顶点 v^* 是其最优解. 因此我们只需在可行集 S_F 的顶点集中找最优解, 这就将搜索范围极大地缩小了, 这是单纯形法的基础.

如何用代数方法刻画顶点呢? 这就需要回到等式约束的系数矩阵 A. 设 $\alpha_1, \alpha_2, \cdots, \alpha_n \in \mathbb{R}^m$ 是 A 的全部列向量, 对于 $\{1, 2, \cdots, n\}$ 的子集 $\mathcal{B}$, 记 $A_{\mathcal{B}}$ 为以 $\alpha_i, i \in \mathcal{B}$ 为列向量组的矩阵.

对于点 $x \in S_F$, 如果存在恰有 m 个元素的指标集 $\mathcal{B} \subseteq \{1, 2, \cdots, n\}$ 使得 $\alpha_i, i \in \mathcal{B}$ 线性无关, 且

$$
Ax = b, \quad \text{且} \quad x_i = 0, \quad \forall i \in \mathcal{N} := \{1, 2, \cdots, n\} \setminus \mathcal{B}, \quad\quad (8.18)
$$

则称 x 是一个**基本可行点** (basic feasible point), 此时称 $\mathcal{B}$ 是可行集 S_F 的一个基, $A_{\mathcal{B}}$ 是**基矩阵** (basis matrix).

按照上面的定义, 每个基本可行点 x 都有相应的基 $\mathcal{B}$ (不一定唯一, 可能有多个). 对于给定的基 $\mathcal{B}$, 对应的基本可行点 x 则是唯一的. 这是因为如果记 $x_{\mathcal{B}}$ 是由分量 $x_i, i \in \mathcal{B}$ 组成的向量, 则有 $A_{\mathcal{B}} x_{\mathcal{B}} = b$, 由于 $A_{\mathcal{B}}$ 是可逆的, 因此这样的解 $x_{\mathcal{B}}$ 是唯一的.

对于基本可行点 $x \in S_F$, 设 $\mathcal{B}$ 是它的基, 如果

$$x_i > 0, \qquad \forall i \in \mathcal{B}, \tag{8.19}$$

则称 x 是**非退化的** (non-degenerate), 否则称其是**退化的** (degenerate).

如果 x 是非退化的基本可行点, 则有唯一的基与之对应.

那么基本可行点与可行集 S_F 的顶点又有什么关系呢? 下面的定理回答了这个问题.

定理 8.2 $x \in S_F$ 是 S_F 的顶点当且仅当它是基本可行点.

证明 先证充分性. 设 x 是基本可行点, $\mathcal{B}$ 是相应的基, $\mathcal{N} = \{1, 2, \cdots, n\} \setminus \mathcal{B}$, 则 $x_i = 0, \forall i \in \mathcal{N}$. 如果 x 不是 S_F 的顶点, 则存在 $y, z \in S_F, y \neq z$ 及 $0 < \gamma < 1$ 使得 $x = (1 - \gamma) y + \gamma z$, 于是必有 $y_i = z_i = 0, \forall i \in \mathcal{N}$, 从而有

$$A_{\mathcal{B}} x_{\mathcal{B}} = Ax = b, \qquad A_{\mathcal{B}} y_{\mathcal{B}} = Ay = b, \qquad A_{\mathcal{B}} z_{\mathcal{B}} = Az = b,$$

由于 $A_{\mathcal{B}}$ 是可逆矩阵, 因此必有 $x_{\mathcal{B}} = y_{\mathcal{B}} = z_{\mathcal{B}}$, 继而得到 $x = y = z$, 但这与 $y \neq z$ 矛盾.

接下来证必要性. 设 x 是 S_F 的顶点, 记 $\mathcal{B}' := \{i : x_i > 0\}$, 则 $\alpha_i, i \in \mathcal{B}'$ 是线性无关组. 下面用反证法证明这一点. 设若 $\alpha_i, i \in \mathcal{B}'$ 线性相关, 则存在不全为零的实数 $z_i, i \in \mathcal{B}'$ 使得 $\sum_{i \in \mathcal{B}'} z_i \alpha_i = 0$, 再补充定义 $z_i = 0, \forall i \in \{1, 2, \cdots, n\} \setminus \mathcal{B}'$, 就得到了向量 $z \in \mathbb{R}^n$. 注意到 $Az = \sum_{i \in \mathcal{B}'} z_i \alpha_i = 0$, 因此有

$$A(x \pm \varepsilon z) = Ax = b, \qquad \forall \varepsilon > 0. \tag{8.20}$$

再注意到当正数 ε 取得足够小时, 必有 $x \pm \varepsilon z \succeq 0$, 因此 $x \pm \varepsilon z \in S_F$, 且有

$$x = \frac{1}{2}(x + \varepsilon z) + \frac{1}{2}(x - \varepsilon z),$$

但这与 x 是 S_F 的顶点矛盾.

如果 $\mathcal{B}'$ 中恰好有 m 个元素, 则 $\mathcal{B}'$ 就是与 x 相应的基, 从而 x 是基本可行点; 如果 $\mathcal{B}'$ 仅有 $p < m$ 个元素, 则由于 $\mathrm{rank}(A) = m$, 因此可以从 A 的列向量中再挑出 $m - p$ 个向量 $\alpha_{j_1}, \alpha_{j_2}, \cdots, \alpha_{j_{m-p}}$, 使得 $\alpha_i, i \in \mathcal{B} := \mathcal{B}' \cup \{j_1, j_2, \cdots, j_{m-p}\}$ 是极大线性无关组, 因此 $\mathcal{B}$ 是 S_F 的相应于 x 的基, x 是基本可行点. $\square$

8.1.4 单纯形法

单纯形法的基本思想是从某个基本可行点出发, 通过迭代一步一步地向相邻基本可行点扩散, 直到找到最优点或判定线性规划无下界为止.

假设当前可行点为 $x^{(k)}$, 对应的基为 $\mathcal{B}^{(k)}$, 记 $\mathcal{N}^{(k)} = \{1, 2, \cdots, n\} \setminus \mathcal{B}^{(k)}$, 则有

$$b = Ax^{(k)} = A_{\mathcal{B}^{(k)}} x_{\mathcal{B}^{(k)}} + A_{\mathcal{N}^{(k)}} x_{\mathcal{N}^{(k)}} = A_{\mathcal{B}^{(k)}} x_{\mathcal{B}^{(k)}}, \tag{8.21}$$

因此有

$$x_{\mathcal{B}^{(k)}} = (A_{\mathcal{B}^{(k)}})^{-1} b, \qquad x_{\mathcal{N}^{(k)}} = 0. \tag{8.22}$$

我们选择 $\lambda^{(k)}$ 及 $\nu^{(k)}$ 满足

$$\lambda^{(k)}_{\mathcal{B}^{(k)}} = 0, \qquad \lambda^{(k)} - A^{\mathrm{T}} \nu^{(k)} = c, \tag{8.23}$$

由此得到

$$\nu^{(k)} = -(A_{\mathcal{B}^{(k)}})^{-\mathrm{T}} c_{\mathcal{B}^{(k)}}, \qquad \lambda^{(k)}_{\mathcal{N}^{(k)}} = (A_{\mathcal{N}^{(k)}})^{\mathrm{T}} \nu^{(k)} + c_{\mathcal{N}^{(k)}}. \tag{8.24}$$

这样得到的 $(x^{(k)}, \lambda^{(k)}, \nu^{(k)})$ 除了可能不满足 $\lambda^{(k)} \succeq 0$ 之外, 满足了式 (8.15) 所列的所有条件. 如果碰巧还有

$$\lambda^{(k)}_{\mathcal{N}^{(k)}} = (A_{\mathcal{N}^{(k)}})^{\mathrm{T}} \nu^{(k)} + c_{\mathcal{N}^{(k)}} \succeq 0, \tag{8.25}$$

则 $x^{(k)}$ 已经是最优点, 可以停止迭代了. 如果式 (8.25) 未能满足, 则一定存在 $i \in \mathcal{N}^{(k)}$ 使得 $\lambda^{(k)}_i < 0$, 此时可以通过增加分量 $x^{(k)}_i$ 的值来减小目标函数的值. 这是因为

$$\begin{aligned} f(x^{(k)}) &= c^{\mathrm{T}} x^{(k)} = \left(\lambda^{(k)} - A^{\mathrm{T}} \nu^{(k)}\right)^{\mathrm{T}} x^{(k)} = (\lambda^{(k)})^{\mathrm{T}} x^{(k)} - (\nu^{(k)})^{\mathrm{T}} A x^{(k)} \\ &= (\lambda^{(k)})^{\mathrm{T}} x^{(k)} - (\nu^{(k)})^{\mathrm{T}} b, \end{aligned} \tag{8.26}$$

因此如果只让 $x^{(k)}_i$ 变大, 而 $x^{(k)}$ 的其余分量不变, 则 $f(x^{(k)})$ 将变小.

设 $x^{(k+1)}$ 是迭代后的点, 则它应满足

$$x^{(k+1)}_i \geqslant 0, \qquad x^{(k+1)}_j = 0, \quad \forall j \in \mathcal{N}^{(k)} \setminus \{i\}, \tag{8.27}$$

$$b = Ax^{(k+1)} = A_{\mathcal{B}^{(k)}} x^{(k+1)}_{\mathcal{B}^{(k)}} + x^{(k+1)}_i \alpha_i, \tag{8.28}$$

由于 $A_{\mathcal{B}^{(k)}} x^{(k)}_{\mathcal{B}^{(k)}} = Ax^{(k)} = b$, 因此有

$$A_{\mathcal{B}^{(k)}} x^{(k+1)}_{\mathcal{B}^{(k)}} + x^{(k+1)}_i \alpha_i = A_{\mathcal{B}^{(k)}} x^{(k)}_{\mathcal{B}^{(k)}}, \tag{8.29}$$

方程两边左乘以 $(A_{\mathcal{B}^{(k)}})^{-1}$ 并移项, 得

$$x^{(k+1)}_{\mathcal{B}^{(k)}} = x^{(k)}_{\mathcal{B}^{(k)}} - x^{(k+1)}_i (A_{\mathcal{B}^{(k)}})^{-1} \alpha_i. \tag{8.30}$$

我们希望 $x^{(k+1)}_i$ 越大越好, 但为了保证 $x^{(k+1)}_{\mathcal{B}^{(k)}} \succeq 0$, 从式 (8.30) 可以看出 $x^{(k+1)}_i$ 的取值是有限制的. 记 $d := (A_{\mathcal{B}^{(k)}})^{-1} \alpha_i$, 如果 $d \preceq 0$, 则无论 $x^{(k+1)}_i$ 取多大的正数皆有 $x^{(k+1)}_{\mathcal{B}^{(k)}} \succeq 0$, 这说明目标函数可以趋于 $-\infty$, 因此线性规划无最优解, 否则 d 有正的分量, 记

$$\mathcal{P} = \{j \in \mathcal{B}^{(k)} : d_j > 0\}, \tag{8.31}$$

为了保证 $x_{\mathcal{B}^{(k)}}^{(k+1)} \succeq 0$, 必须令

$$x_j^{(k)} - x_i^{(k+1)} d_j \geqslant 0, \qquad \forall j \in \mathcal{P}, \tag{8.32}$$

因此 $x_i^{(k+1)}$ 最大能取

$$x_i^{(k+1)} = \min\left\{ x_j^{(k)}/d_j : j \in \mathcal{P} \right\}. \tag{8.33}$$

按照式 (8.30) 和式 (8.33) 确定 $x^{(k+1)}$ 时, 必存在 $l \in \mathcal{B}^{(k)}$ 使得 $x_l^{(k+1)} = 0$, 因此我们可以从 $\mathcal{B}^{(k)}$ 中去掉 l, 再加入 i, 得到新的基 $\mathcal{B}^{(k+1)}$, 完成基的更新.

我们将单纯形法一步迭代的过程归纳成算法 Algorithm 38.

Algorithm 38 (单纯形算法一步迭代)

Input:

The parameters that define the linear programming, including $A \in \mathbb{R}^{m \times n}, b \in \mathbb{R}^m, c \in \mathbb{R}^n$;

The current basic feasible point $x^{(k)}$, and the corresponding basis $\mathcal{B}^{(k)}$.

Output:

The next basic feasible point $x^{(k+1)}$, and the corresponding basis $\mathcal{B}^{(k+1)}$.

$\mathcal{N}^{(k)} \leftarrow \{1, 2, \cdots, n\} \setminus \mathcal{B}^{(k)}$;
$\lambda_{\mathcal{B}^{(k)}}^{(k)} \leftarrow 0$;
$\nu^{(k)} \leftarrow -(A_{\mathcal{B}^{(k)}})^{-\mathrm{T}} c_{\mathcal{B}^{(k)}}$;
$\lambda_{\mathcal{N}^{(k)}}^{(k)} \leftarrow (A_{\mathcal{N}^{(k)}})^{\mathrm{T}} \nu^{(k)} + c_{\mathcal{N}^{(k)}}$;

if $\lambda_{\mathcal{N}^{(k)}}^{(k)} \succeq 0$ **then**

    Output $x^{(k)}$ and stop the simplex algorithm; ($x^{(k)}$ is already optimal)

else

    Choose $i \in \mathcal{N}^{(k)}$ with $\lambda_i^{(k)} < 0$ as the entering index;
    $x_j^{(k+1)} \leftarrow 0$ for $j \in \mathcal{N}^{(k)} \setminus \{i\}$;
    $d \leftarrow (A_{\mathcal{B}^{(k)}})^{-1} \alpha_i$;

    if $d \preceq 0$ **then**

        stop the simplex algorithm; (The linear programming is not bounded below)

    else

        $x_i^{(k+1)} \leftarrow \min\{x_j^{(k)}/d_j : d_j > 0, j \in \mathcal{B}^{(k)}\}$;
        $x_{\mathcal{B}^{(k)}}^{(k+1)} \leftarrow x_{\mathcal{B}^{(k)}}^{(k)} - x_i^{(k+1)} (A_{\mathcal{B}^{(k)}})^{-1} \alpha_i$;
        Choose $l \in \mathcal{B}^{(k)}$ with $x_l^{(k+1)} = 0$ as the removing index;
        Output $x^{(k+1)}$;
        Output $\mathcal{B}^{(k+1)} = (\mathcal{B}^{(k)} \setminus \{l\}) \cup \{i\}$;
    end if
end if

8.1.5 启动点的计算

单纯形法需要有一个初始基本可行点 $x^{(0)}$ 才能启动, 这个初始基本可行点称为**启动点** **(starting point)**. 找启动点并不是一个简单任务, 需要解一个特殊线性规划来完成.

对于标准线性规划 (8.10)~(8.12)，为了找启动点，需要引进辅助变量 $z_1, z_2, \cdots, z_m$，求解线性规划

$$\min \quad z_1 + z_2 + \cdots + z_m \tag{8.34}$$

$$\text{s.t.} \quad a_i^{\mathrm{T}} x + \gamma_i z_i = b_i, \qquad \gamma_i = \begin{cases} 1, & b_i \geqslant 0, \\ -1, & b_i < 0. \end{cases} \qquad i = 1, 2, \cdots, m, \tag{8.35}$$

$$x \succeq 0, \qquad z \succeq 0. \tag{8.36}$$

如果 (x, z) 是线性规划 (8.34)~(8.36) 的最优点，则 x 是标准线性规划 (8.10)~(8.12) 的基本可行点。而且很容易找到线性规划 (8.34)~(8.36) 的一个基本可行点为

$$(0, 0, \cdots, 0, |b_1|, |b_2|, \cdots, |b_m|)^{\mathrm{T}}, \tag{8.37}$$

相应的基矩阵为 $\Gamma = \mathrm{diag}(\gamma_1, \gamma_2, \cdots, \gamma_m)$。因此可以先启动单纯形法求解线性规划 (8.34)~(8.36) 得到最优点 $(x^{(I)}, z^{(I)})$，再以 $x^{(I)}$ 作为启动点用单纯形法求解标准线性规划 (8.10)~(8.12)，这就是所谓的**二阶段法 (two-phase approach)** 的基本思想。

要编写一个完整的单纯形法解标准线性规划的程序还有许多细节问题需要解决，如当迭代遇到退化基本可行解时如何处理，如何避免陷入死循环，等等，要实现所有细节将使程序变得很复杂，我们不做深入讨论。想深入了解细节的读者可参见文献 [66] 第 13 章及所列的参考文献。

8.2　等式约束二次规划

8.2.1　等式约束二次规划及其最优性条件

所谓**二次规划 (quadratic programming, QP)**，就是目标函数是形如

$$f(x) = \frac{1}{2} x^{\mathrm{T}} G x + q^{\mathrm{T}} x + c \tag{8.38}$$

的二次函数，约束条件都是线性约束条件的优化问题。

本节考虑只含等式约束的二次规划

$$\min \quad f(x) = \frac{1}{2} x^{\mathrm{T}} G x + q^{\mathrm{T}} x + c, \tag{8.39}$$

$$\text{s.t.} \quad A x = b, \tag{8.40}$$

其中，G 是 n 阶实对称矩阵，$A \in \mathbb{R}^{m \times n}(m < n)$。二次规划 (8.39)~(8.40) 的 Lagrange 函数为

$$L(x, \nu) = \frac{1}{2} x^{\mathrm{T}} G x + q^{\mathrm{T}} x + c + \nu^{\mathrm{T}} (A x - b), \tag{8.41}$$

因此最优点 x^* 必须满足 KKT 条件

$$A x^* = b, \qquad G x^* + q + A^{\mathrm{T}} \nu^* = 0, \tag{8.42}$$

把这两个方程合并写成

$$\begin{pmatrix} G & A^{\mathrm{T}} \\ A & 0 \end{pmatrix} \begin{pmatrix} x^* \\ \nu^* \end{pmatrix} = \begin{pmatrix} -q \\ b \end{pmatrix},$$ (8.43)

称之为二次规划 (8.39)~(8.40) 的 **KKT 方程**, 称方程 (8.43) 左边的分块系数矩阵为二次规划 (8.39)~(8.40) 的 **KKT 矩阵**.

接下来需要解决的问题是 KKT 方程 (8.43) 何时有唯一解以及这个解是否为二次规划 (8.39)~(8.40) 的最优解. 先来看第一个问题, 设 $z_1, z_2, \cdots, z_{n-m}$ 是 $\mathcal{N}(A)$ (A 的零空间) 的基, 记 $Z = (z_1, z_2, \cdots, z_{n-m})$, 称矩阵

$$\widetilde{G} := Z^{\mathrm{T}} G Z$$ (8.44)

为二次规划 (8.39)~(8.40) 的**约化 Hesse 矩阵 (reduced Hessian matrix)**. 关于 KKT 方程的解有下列结论.

命题 8.1 在二次规划 (8.39)~(8.40) 中, 如果 G 是实对称矩阵, A 是行满秩的, 且约化 Hesse 矩阵 $\widetilde{G} = Z^{\mathrm{T}} G Z$ 是正定的, 则 KKT 矩阵

$$K := \begin{pmatrix} G & A^{\mathrm{T}} \\ A & 0 \end{pmatrix}$$ (8.45)

是非奇异的, 从而 KKT 方程 (8.43) 有唯一解.

证明 设若 (x, ν) 满足方程

$$\begin{pmatrix} G & A^{\mathrm{T}} \\ A & 0 \end{pmatrix} \begin{pmatrix} x \\ \nu \end{pmatrix} = 0,$$ (8.46)

则有

$$Gx + A^{\mathrm{T}}\nu = 0, \qquad Ax = 0,$$

由于 $Ax = 0$, 因此 $x \in \mathcal{N}(A)$, 从而存在 $\alpha \in \mathbb{R}^{n-m}$ 使得 $x = Z\alpha$, 于是有

$$\alpha^{\mathrm{T}} \widetilde{G} \alpha = \alpha^{\mathrm{T}} Z^{\mathrm{T}} G Z \alpha = x^{\mathrm{T}} G x = -x^{\mathrm{T}} A^{\mathrm{T}} \nu = -(Ax)^{\mathrm{T}} \nu = 0,$$ (8.47)

根据题设, 约化 Hesse 矩阵 $\widetilde{G}$ 是正定的, 因此必有 $\alpha = 0$, 从而 $x = Z\alpha = 0$, 由此推出 $A^{\mathrm{T}}\nu = -Gx = 0$. 又因为 A 是行满秩的, 因此 $A^{\mathrm{T}}\nu = 0$ 蕴含 $\nu = 0$. 这样, 我们证明了齐次线性方程 (8.46) 只有零解, 因此 KKT 矩阵 K 是非奇异的. □

由命题 8.1 可推出下列推论, 其证明留作课后练习.

推论 8.1 在二次规划 (8.39)~(8.40) 中, 如果 G 是正定的实对称矩阵, A 是行满秩的, 则 KKT 矩阵 K 是非奇异的, 从而 KKT 方程 (8.43) 有唯一解.

再来看第二个问题, 即 KKT 方程 (8.43) 的解 x^* 是否一定是二次规划 (8.39)~(8.40) 的最优解. 我们假设约化 Hesse 矩阵 $Z^{\mathrm{T}}GZ$ 是半正定的. 设 x 是任意一个可行点, 记 $u = x^* - x$, 则有 $Au = Ax^* - Ax = 0$. 注意到

$$
\begin{aligned}
f(x) &= \frac{1}{2}(x^* - u)^{\mathrm{T}}G(x^* - u) + q^{\mathrm{T}}(x^* - u) + c \\
&= f(x^*) + \frac{1}{2}u^{\mathrm{T}}Gu - u^{\mathrm{T}}Gx^* - q^{\mathrm{T}}u,
\end{aligned} \tag{8.48}
$$

由于 (x^*, ν^*) 满足 KKT 方程, 因此有 $Gx^* = -A^{\mathrm{T}}\nu^* - q$, 从而有

$$
u^{\mathrm{T}}Gx^* = -u^{\mathrm{T}}A^{\mathrm{T}}\nu^* - u^{\mathrm{T}}q = -u^{\mathrm{T}}q, \tag{8.49}
$$

将其代入式 (8.48) 得

$$
f(x) = f(x^*) + \frac{1}{2}u^{\mathrm{T}}Gu, \tag{8.50}
$$

既然 $u \in \mathcal{N}(A)$, 必然存在 $\alpha \in \mathbb{R}^{n-m}$ 使得 $u = Z\alpha$, 于是由 $Z^{\mathrm{T}}GZ$ 的半正定性得

$$
u^{\mathrm{T}}Gu = \alpha^{\mathrm{T}}Z^{\mathrm{T}}GZ\alpha \geqslant 0, \tag{8.51}
$$

从而有 $f(x) \geqslant f(x^*)$, 这就证明了 x^* 是二次规划 (8.39)~(8.40) 的全局最优解.

综上所述, 我们证明了下列定理.

定理 8.3　对于二次规划 (8.39)~(8.40), 如果约化 Hesse 矩阵 $Z^{\mathrm{T}}GZ$ 是半正定的, (x^*, ν^*) 是 KKT 方程 (8.43) 的解, 则 x^* 一定是方程 (8.39)~(8.40) 的全局最优解.

如果 KKT 方程 (8.43) 无解, 则二次规划 (8.39)~(8.40) 无下界, 从而没有最优值和最优解. 这是因为如果方程 (8.43) 无解, 根据本章习题 2 的结论, 存在 (x_0, ν_0) 使得

$$
Gx_0 + A^{\mathrm{T}}\nu_0 = 0, \qquad Ax_0 = 0, \qquad -q^{\mathrm{T}}x_0 + b^{\mathrm{T}}\nu_0 > 0, \tag{8.52}
$$

于是对任意可行点 x 及实数 t, 点 $x + tx_0$ 是可行点, 且有

$$
\begin{aligned}
f(x + tx_0) &= f(x) + t\left(x^{\mathrm{T}}Gx_0 + q^{\mathrm{T}}x_0\right) + \frac{1}{2}t^2 x_0^{\mathrm{T}}Gx_0 \\
&= f(x) + t\left(-x^{\mathrm{T}}A^{\mathrm{T}}\nu_0 + q^{\mathrm{T}}x_0\right) - \frac{1}{2}t^2\nu_0^{\mathrm{T}}Ax_0 \\
&= f(x) - t\left(-q^{\mathrm{T}}x_0 + b^{\mathrm{T}}\nu_0\right),
\end{aligned} \tag{8.53}
$$

因此当 $t \to \infty$ 时 $f(x + tx_0) \to -\infty$, 从而二次规划 (8.39)~(8.40) 无下界.

8.2.2　等式约束二次规划算法

对于等式二次规划 (8.39)~(8.40), 可以直接通过求解 KKT 方程 (8.43) 来计算最优点 x^*, 但当维数 n 很大、等式约束的个数很多时, 这种方法效率不高.

一种更有效的方法是**零空间法** (null space method). 设 $z_1, z_2, \cdots, z_{n-m}$ 是 $\mathcal{N}(A)$ 的基, 添加向量 $y_1, y_2, \cdots, y_m$ 使得

$$y_1, \quad y_2, \quad \cdots, \quad y_m, \quad z_1, \quad z_2, \quad \cdots, \quad z_{n-m} \tag{8.54}$$

构成 $\mathbb{R}^n$ 的基. 记 $Y = (y_1, y_2, \cdots, y_m)$, $Z = (z_1, z_2, \cdots, z_{n-m})$, 则任意向量 $x \in \mathbb{R}^n$ 皆可表示成下列形式:

$$x = Y w_Y + Z w_Z, \tag{8.55}$$

其中, $w_Y \in \mathbb{R}^m, w_Z \in \mathbb{R}^{n-m}$. 因此有

$$Ax = AY w_Y + AZ w_Z = AY w_Y, \tag{8.56}$$

我们可以先通过解方程 $AY w_Y = b$ 求得 w_Y, 再将 $x = Y w_Y + Z w_Z$ 代入方程 $Gx + A^{\mathrm{T}}\nu = -q$ 得

$$GY w_Y + GZ w_Z + A^{\mathrm{T}}\nu = -q, \tag{8.57}$$

用 Z^{T} 左乘以上方程, 得

$$Z^{\mathrm{T}}GY w_Y + Z^{\mathrm{T}}GZ w_Z + Z^{\mathrm{T}}A^{\mathrm{T}}\nu = -Z^{\mathrm{T}}q, \tag{8.58}$$

由于 $AZ = 0$, 因此上述方程可化简为

$$Z^{\mathrm{T}}GZ w_Z = -Z^{\mathrm{T}}GY w_Y - Z^{\mathrm{T}}q, \tag{8.59}$$

解这个方程便可得到系数向量 w_Z, 进而得到最优点 $x^* = Y w_Y + Z w_Z$.

有些时候还需用到对偶问题的最优点 λ^*, 为了计算 λ^* 的值, 可用 Y^{T} 左乘方程 $Gx^* + A^{\mathrm{T}}\lambda^* = -q$, 然后移项整理, 得

$$(AY)^{\mathrm{T}}\lambda^* = -Y^{\mathrm{T}}Gx^* - Y^{\mathrm{T}}q. \tag{8.60}$$

根据本章习题 3 的结论, $Ay_1, Ay_2, \cdots, Ay_m$ 线性无关, 因此 AY 是 $p \times p$ 的满秩矩阵, 从而方程 (8.60) 有唯一解, 通过解此方程可以求出对偶最优点 λ^*.

零空间法的伪代码描述如 Algorithm 39 所示.

Algorithm 39 (零空间法)

Input:

The parameters that define the equality constrained quadratic programming, including $G \in \mathbf{S}_y^n, q \in \mathbb{R}^n$, $A \in \mathbb{R}^{m \times n}, b \in \mathbb{R}^n$;

Output:

The optimal solution x^* and the dual optimal solution λ^*.

Compute a basis of the null space $\mathcal{N}(A)$: $z_1, z_2, \cdots , z_{n-m}$;

$Z \leftarrow (z_1, z_2, \cdots , z_{n-m})$;

Choose vectors $y_1, y_2, \cdots , y_m \in \mathbb{R}^n$ such that $y_1, y_2, \cdots , y_m, z_1, z_2, \cdots , z_{n-m}$ linearly independent;

$Y \leftarrow (y_1, y_2, \cdots , y_m)$;

Compute the coefficient vector w_Y by solving equation $AY w_Y = b$;

Compute the coefficient vector w_Z by solving equation $Z^{\mathrm{T}} G Z w_z = -Z^{\mathrm{T}} G Y w_Y - Z^{\mathrm{T}} q$;

Compute the optimal solution $x^* = Y w_Y + Z w_Z$;

Compute the dual optimal solution λ^* by solving equation $(AY)^{\mathrm{T}} \lambda^* = -Y^{\mathrm{T}} G x^* - Y^{\mathrm{T}} q$;

Output x^* and λ^*;

为了实现 Algorithm 39, 还必须求出 A 的零空间 $\mathcal{N}(A)$ 的基 $Z = (z_1, z_2, \cdots , z_{n-m})$, 以及 $Y = (y_1, y_2, \cdots , y_m)$, 这一任务可以通过计算 A^{T} 的 QR 分解实现. 设 A 是行满秩的, 其转置矩阵 A^{T} 的 QR 分解为

$$A^{\mathrm{T}} = \begin{pmatrix} Q_1 & Q_2 \end{pmatrix} \begin{pmatrix} R \\ 0 \end{pmatrix}, \tag{8.61}$$

其中, $Q_1 \in \mathbb{R}^{n \times m}, Q_2 \in \mathbb{R}^{n \times (n-m)}$, R 是对角元素非零的 m 阶上三角阵, 且满足

$$Q_1^{\mathrm{T}} Q_1 = I_m, \qquad Q_2^{\mathrm{T}} Q_2 = I_{n-m}, \qquad Q_1^{\mathrm{T}} Q_2 = 0. \tag{8.62}$$

不难验证 $AQ_2 = 0$, 因此 Q_2 的列向量就是 $\mathcal{N}(A)$ 的规范正交基, 且由于 $Q_1^{\mathrm{T}} Q_2 = 0$, 因此 Q_1 的列向量就是 $\mathcal{N}(A)^{\perp}$ 的规范正交基. 由此可见, 只需取 $Y = Q_1, Z = Q_2$ 即可. 将 QR 分解的步骤加入 Algorithm 39, 便得到了基于 QR 分解的零空间算法 Algorithm 40.

Algorithm 40 (基于 QR 分解的零空间法)

Input:

The parameters that define the equality constrained quadratic programming, including $G \in \mathbf{S}_{\mathrm{y}}^n, q \in \mathbb{R}^n$, $A \in \mathbb{R}^{m \times n}, b \in \mathbb{R}^n$;

Output:

The optimal solution x^* and the dual optimal solution λ^*.

Compute the QR decomposition of A^{T}:

$$A^{\mathrm{T}} = \begin{pmatrix} Q_1 & Q_2 \end{pmatrix} \begin{pmatrix} R \\ 0 \end{pmatrix};$$

$Y \leftarrow Q_1$;

$Z \leftarrow Q_2$;

Compute the coefficient vector w_Y by solving equation $AY w_Y = b$;

Compute the coefficient vector w_Z by solving equation $Z^{\mathrm{T}} G Z w_z = -Z^{\mathrm{T}} G Y w_Y - Z^{\mathrm{T}} q$;

Compute the optimal solution $x^* = Y w_Y + Z w_Z$;

Compute the dual optimal solution λ^* by solving equation $(AY)^{\mathrm{T}} \lambda^* = -Y^{\mathrm{T}} G x^* - Y^{\mathrm{T}} q$;

Output x^* and λ^*;

8.2.3 计算实例

本小节给出一个等式约束二次规划的计算实例.

例 8.1 考虑等式约束的二次规划 (8.39)~(8.40), 其中的参数如下:

$$G = \begin{pmatrix} 4.55 & 0 & -1.31 & -0.78 & -2.92 & 0.35 \\ 0 & 6.80 & -1.30 & 2.56 & 1.66 & -1.72 \\ -1.31 & -1.30 & 7.00 & -0.82 & 3.77 & -2.58 \\ -0.78 & 2.56 & -0.82 & 5.01 & 1.82 & 0.20 \\ -2.92 & 1.66 & 3.77 & 1.82 & 11.27 & -3.37 \\ 0.35 & -1.72 & -2.58 & 0.20 & -3.37 & 5.84 \end{pmatrix}, \tag{8.63}$$

$$q = (-1.09, 0.03, 0.55, 1.10, 1.54, 0.09)^{\mathrm{T}}, \qquad c = 2.50, \tag{8.64}$$

$$A = \begin{pmatrix} -1.49 & 2.35 & -0.19 & -1.40 & -0.18 & 0.29 \\ -0.74 & -0.62 & 0.89 & -1.42 & -0.20 & 0.20 \\ -1.06 & 0.75 & -0.76 & 0.49 & 1.42 & 1.59 \end{pmatrix}, \quad b = \begin{pmatrix} 0.29 \\ 0.76 \\ 0.75 \end{pmatrix}, \tag{8.65}$$

请用零空间法求该二次规划的最优解和最优值.

下面是实现 Algorithm 40 的 MATLAB 程序.

```
function [x_op,lambda_op,f_op]=eqConstraintQP(G,q,c,A,b)
%%这个函数的功能是用零空间法求解只含等式约束的二次规划
%%算法参见8.1.2节Algorithm 39
%%输入参数: G,q,c,A,b--定义二次规划的参数, 具体说明请参考8.1.1节
%%输出参数: x_op--最优点, lambda_op--对偶最优点, f_op--最优值
%%%%%%%%%%%%%%%%%%%%%%%%%%%%%%%%%%%%%%%%%%%%%%%%%%%%%%%%%%%%
[m,n]=size(A);
[Q,R]=qr(A');                    %%计算A'的QR分解
Y=Q(:,1:m);
Z=Q(:,m+1:n);
w_Y=(A*Y)\b;
w_Z=-(Z'*G*Z)\(Z'*G*Y*w_Y+Z'*q);
x_op=Y*w_Y+Z*w_Z;               %%计算最优点
lambda_op=(A*Y)'\(-Y'*G*x_op-Y'*q); %%计算对偶最优点
f_op=(1/2)*x_op'*G*x_op+q'*x_op+c;  %%计算最优值
end
```

计算结果为

$$x^* = (-0.0210, -0.1643, 0.0342, -0.3958, 0.2232, 0.4742)^{\mathrm{T}},$$
$$\lambda^* = (0.9939, -2.0094, -1.3218)^{\mathrm{T}},$$
$$f(x^*) = 3.6090.$$

8.3 不等式约束二次规划

8.3.1 不等式约束二次规划的最优性条件

本小节讨论含不等式约束的二次规划

$$\min \quad f(x) = \frac{1}{2}x^{\mathrm{T}}Gx + q^{\mathrm{T}}x, \tag{8.66}$$

$$\text{s.t.} \quad a_i^{\mathrm{T}}x = b_i, \qquad i \in \mathcal{E}, \tag{8.67}$$

$$a_j^{\mathrm{T}}x \leqslant b_j \qquad j \in \mathcal{I}. \tag{8.68}$$

其中, $\mathcal{E}$ 和 $\mathcal{I}$ 分别表示等式约束指标集和不等式约束指标集. 根据 KKT 定理, x^* 是二次规划 (8.66)~(8.68) 的局部最优点的必要条件是存在 $\lambda_i^* \in \mathbb{R}, i \in \mathcal{E}$ 及 $\lambda_i^* \geqslant 0, i \in \mathcal{A}(x^*) \cap \mathcal{I}$ 使得

$$Gx^* + q = -\sum_{i \in \mathcal{A}(x^*)} \lambda_i^* a_i, \tag{8.69}$$

$$a_i^{\mathrm{T}}x^* = b_i, \qquad \forall i \in \mathcal{A}(x^*), \tag{8.70}$$

$$a_i^{\mathrm{T}}x^* < b_i, \qquad \forall i \in \mathcal{I} \setminus \mathcal{A}(x^*), \tag{8.71}$$

$$\lambda_i^* \geqslant 0, \qquad \forall i \in \mathcal{I} \cap \mathcal{A}(x^*), \tag{8.72}$$

其中, $\mathcal{A}(x^*)$ 是点 x^* 的**积极集 (active set)**, 即

$$\mathcal{A}(x^*) = \mathcal{E} \cup \{i \in \mathcal{I} : a_i^{\mathrm{T}}x^* = b_i\}. \tag{8.73}$$

如果 G 是正定的, 则二次规划 (8.66)~(8.68) 是凸优化问题, KKT 条件 (8.69)~(8.72) 也是 x^* 为最优点的充分条件, 这就是下面的定理.

定理 8.4 设 G 是正定的实对称矩阵, 对于 x^*, 如果存在 $\lambda_i^* \in \mathbb{R}, i \in \mathcal{E}$ 及 $\lambda_i^* \geqslant 0, i \in \mathcal{A}(x^*) \cap \mathcal{I}$ 使得 KKT 条件 (8.69)~(8.72) 成立, 则 x^* 是二次规划 (8.66)~(8.68) 的唯一全局最优点.

证明 设 x^* 是满足题设条件的点, x 是任意一个不同于 x^* 的可行点, 则有

$$\begin{aligned}
f(x) - f(x^*) &= \frac{1}{2}x^{\mathrm{T}}Gx - \frac{1}{2}(x^*)^{\mathrm{T}}Gx^* + q^{\mathrm{T}}(x - x^*) \\
&= \frac{1}{2}(x - x^*)^{\mathrm{T}}G(x - x^*) + (x - x^*)^{\mathrm{T}}Gx^* + q^{\mathrm{T}}(x - x^*) \\
&= \frac{1}{2}(x - x^*)^{\mathrm{T}}G(x - x^*) + (x - x^*)^{\mathrm{T}}(Gx^* + q) \\
&= \frac{1}{2}(x - x^*)^{\mathrm{T}}G(x - x^*) - \sum_{i \in \mathcal{A}(x^*)} \lambda_i^*(x - x^*)^{\mathrm{T}}a_i \\
&= \frac{1}{2}(x - x^*)^{\mathrm{T}}G(x - x^*) - \sum_{i \in \mathcal{E}} \lambda_i^* a_i^{\mathrm{T}}(x - x^*) - \sum_{i \in \mathcal{A}(x^*) \setminus \mathcal{E}} \lambda_i^* a_i^{\mathrm{T}}(x - x^*)
\end{aligned}$$

$$= \frac{1}{2}(x - x^*)^{\mathrm{T}} G(x - x^*) - \sum_{i \in \mathcal{A}(x^*) \backslash \mathcal{E}} \lambda_i^*(a_i^{\mathrm{T}} x - b_i)$$

$$\geqslant \frac{1}{2}(x - x^*)^{\mathrm{T}} G(x - x^*) > 0, \tag{8.74}$$

因此 x^* 是二次规划 (8.66)∼(8.68) 的全局最优点, 又因为 f 是严格凸的, 因此最优点是唯一的. □

8.3.2 积极集方法

积极集方法 (active set method) 是一种用于解不等式约束二次规划的迭代算法, 每一步迭代求解一个等式约束二次规划, 经过若干次迭代后得到原不等式约束二次规划的解.

考虑二次规划 (8.66)∼(8.68), 我们假设 G 是正定对称矩阵, 因此这是一个严格凸的优化问题. 设 $x^{(k)}$ 是该二次规划的一个可行点, $\mathcal{A}(x^{(k)})$ 是该点的积极集, $\mathcal{W}^{(k)}$ 是 $\mathcal{A}(x^{(k)})$ 的一个子集, 且 $\mathcal{W}^{(k)} \supseteq \mathcal{E}$, 称为**工作集 (work set)**. 为了寻找搜索方向, 接下来需要求解等式约束子问题

$$\min \quad \frac{1}{2}(x^{(k)} + d)^{\mathrm{T}} G(x^{(k)} + d) + q^{\mathrm{T}}(x^{(k)} + d), \tag{8.75}$$

$$\mathrm{s.t.} \quad a_i^{\mathrm{T}}(x^{(k)} + d) = b_i, \qquad i \in \mathcal{W}^{(k)}. \tag{8.76}$$

由于 $x^{(k)}$ 是可行点, 不难把优化问题 (8.75)∼(8.76) 化简成等价形式

$$\min \quad \frac{1}{2}d^{\mathrm{T}} G d + (\eta^{(k)})^{\mathrm{T}} d, \qquad \eta^{(k)} = \nabla f(x^{(k)}) = G x^{(k)} + q, \tag{8.77}$$

$$\mathrm{s.t.} \quad a_i^{\mathrm{T}} d = 0, \qquad i \in \mathcal{W}^{(k)}. \tag{8.78}$$

二次规划 (8.77)∼(8.78) 的最优点记为 $d^{(k)}$, 对偶最优点记为 $\lambda^{(k)}$, 它们可以由 8.2 节介绍的算法 Algorithm 39 计算得到.

如果 $d^{(k)} = 0$, 则说明 $x^{(k)}$ 是下列等式约束二次规划的解:

$$\min \quad f(x) = \frac{1}{2}x^{\mathrm{T}} G x + q^{\mathrm{T}} x, \tag{8.79}$$

$$\mathrm{s.t.} \quad a_i^{\mathrm{T}} x = b_i, \qquad i \in \mathcal{W}^{(k)}, \tag{8.80}$$

根据 KKT 定理有

$$G x^{(k)} + q = - \sum_{i \in \mathcal{W}^{(k)}} \lambda_i^{(k)} a_i. \tag{8.81}$$

如果还有 $\lambda_i^{(k)} \geqslant 0, \forall i \in \mathcal{W}^{(k)} \cap \mathcal{I}$, 则只需定义

$$\widetilde{\lambda}_i^{(k)} := \begin{cases} \lambda_i^{(k)}, & i \in \mathcal{W}^{(k)} \\ 0, & i \in (\mathcal{I} \backslash \mathcal{W}^{(k)}) \end{cases}, \tag{8.82}$$

则 $(x^{(k)}, \widetilde{\lambda}^{(k)})$ 满足原二次规划 (8.66)~(8.68) 的 KKT 条件, 因此 $x^{(k)}$ 必是该问题的最优解.

如果 $d^{(k)} = 0$ 且存在 $j \in \mathcal{W}^{(k)} \cap \mathcal{I}$ 使得 $\lambda_j^{(k)} < 0$, 则可以证明在二次规划 (8.79)~(8.80) 中把等式约束 $a_j^{\mathrm{T}} x = b_j$ 去掉可以使最优值变小 (本章习题 7), 因此下一步我们将工作集 $\mathcal{W}^{(k)}$ 更新为

$$\mathcal{W}^{(k+1)} = \mathcal{W}^{(k)} \setminus \{j\}. \tag{8.83}$$

接下来讨论 $d^{(k)} \neq 0$ 的情形. 此时 $x^{(k)}$ 不是二次规划 (8.79)~(8.80) 的最优点, 沿着方向 $d^{(k)}$ 走可使目标函数减小, 因此令

$$x^{(k+1)} = x^{(k)} + \alpha_k d_k, \tag{8.84}$$

其中 α_k 是步长, 下面讨论步长 α_k 如何选取. 显然, 对任意 α_k, $x^{(k)} + \alpha_k d_k$ 都是满足等式约束 (8.67) 的, 关键是不等式约束. 如果

$$a_i^{\mathrm{T}}(x^{(k)} + d^{(k)}) \leqslant b_i, \qquad \forall i \in \mathcal{I}, \tag{8.85}$$

则 $x^{(k)} + d^{(k)}$ 是原二次规划 (8.66)~(8.68) 的可行点, 此时取 $\alpha_k = 1$ 是最佳选择, 因为这样能使目标函数下降得最多. 对于 $i \in \mathcal{W}^{(k)} \cap \mathcal{I}$, 由于 $a_i^{\mathrm{T}} d^{(k)} = 0$, 因此有

$$a_i^{\mathrm{T}}(x^{(k)} + d^{(k)}) \leqslant b_i, \qquad \forall i \in \mathcal{W}^{(k)} \cap \mathcal{I}. \tag{8.86}$$

如果

$$a_i^{\mathrm{T}} d^{(k)} \leqslant 0, \qquad \forall i \in \mathcal{I} \setminus \mathcal{W}^{(k)}, \tag{8.87}$$

则有

$$a_i^{\mathrm{T}}(x^{(k)} + d^{(k)}) \leqslant b_i + a_i^{\mathrm{T}} d^{(k)} \leqslant b_i, \qquad \forall i \in \mathcal{I} \setminus \mathcal{W}^{(k)}, \tag{8.88}$$

因此满足条件 (8.85), 此时应取 $\alpha_k = 1$. 如果存在 $j \in \mathcal{I} \setminus \mathcal{W}^{(k)}$ 使得 $a_j^{\mathrm{T}} d^{(k)} > 0$, 则为使 $x^{(k)} + \alpha_k d_k$ 是可行点, 必须满足

$$a_j^{\mathrm{T}}(x^{(k)} + \alpha_k d^{(k)}) \leqslant b_j, \tag{8.89}$$

由此解得

$$\alpha_k \leqslant \frac{b_j - a_j^{\mathrm{T}} x^{(k)}}{a_j^{\mathrm{T}} d^{(k)}}, \tag{8.90}$$

故此时应取

$$\alpha_k = \min \left\{ 1, \frac{b_j - a_j^{\mathrm{T}} x^{(k)}}{a_j^{\mathrm{T}} d^{(k)}} : j \in \mathcal{I} \setminus \mathcal{W}^{(k)}, a_j^{\mathrm{T}} d^{(k)} > 0 \right\}, \tag{8.91}$$

如果存在指标 $l \in \mathcal{I} \setminus \mathcal{W}^{(k)}$ 使得 $(b_l - a_l^{\mathrm{T}} x^{(k)})/(a_l^{\mathrm{T}} d^{(k)}) = \alpha_k$, 则说明不等式约束 $a_l^{\mathrm{T}} x \leqslant b_l$ 是 $x^{(k+1)}$ 的积极约束, 称这样的约束为**阻塞约束 (block constraint)**. 如果存在阻塞约束 l, 则需要将工作集 $\mathcal{W}^{(k)}$ 更新为 $\mathcal{W}^{(k+1)} = \mathcal{W}^{(k)} \cup \{l\}$.

下面给出积极集法的伪代码描述, 如 Algorithm 41 所示.

Algorithm 41 (不等式约束凸二次规划的积极集法)

Input:

The parameters that define the Inequality constrained convex quadratic programming, including $G \in \mathbf{S}_{y++}^n, q \in \mathbb{R}^n, \mathcal{E}, \mathcal{I}, a_i \in \mathbb{R}^n, i \in \mathcal{E} \cup \mathcal{I}$;

The starting point $x^{(0)}$, which is a feasible point, the initial work set $\mathcal{W}^{(0)}$ such that $\mathcal{E} \subseteq \mathcal{W}^{(0)} \subseteq \mathcal{A}(x^{(0)})$.

Output:

The optimal solution x^*.

$k \leftarrow 0$;

while $k < N$ **do**

  Compute the optimal point $d^{(k)}$ and dual optimal point $\lambda^{(k)}$ of the quadratic programming (8.77)~(8.78);

  if $d^{(k)} = 0$ **then**

    if $\lambda_i^{(k)} \geqslant 0$ for all $i \in \mathcal{W}^{(k)} \cap \mathcal{I}$ **then**

      Output $x^* = x^{(k)}$ and stop the algorithm; ($x^{(k)}$ is already optimal)

    else

      $j \leftarrow \underset{i \in \mathcal{W}^{(k)} \cap \mathcal{I}}{\arg\min} \lambda_i^{(k)}$;

      $\mathcal{W}^{(k+1)} \leftarrow \mathcal{W}^{(k)} \setminus \{j\}$;

      $x^{(k+1)} \leftarrow x^{(k)}$;

    end if

  else

    if $a_i^{\mathrm{T}} d^{(k)} \leqslant 0$ for all $i \in \mathcal{I} \setminus \mathcal{W}^{(k)}$ **then**

      $x^{(k+1)} \leftarrow x^{(k)} + d^{(k)}$;

      $\mathcal{W}^{(k+1)} \leftarrow \mathcal{W}^{(k)}$;

    else

$$\alpha_k \leftarrow \min \left\{ 1, \frac{b_j - a_j^{\mathrm{T}} x^{(k)}}{a_j^{\mathrm{T}} d^{(k)}} : j \in \mathcal{I} \setminus \mathcal{W}^{(k)}, a_j^{\mathrm{T}} d^{(k)} > 0 \right\};$$

      $x^{(k+1)} \leftarrow x^{(k)} + \alpha_k d^{(k)}$;

      if there exist blocking constraint l **then**

        $\mathcal{W}^{(k+1)} \leftarrow \mathcal{W}^{(k)} \cup \{l\}$;

      else

        $\mathcal{W}^{(k+1)} \leftarrow \mathcal{W}^{(k)}$;

      end if

    end if

  end if

  $k \leftarrow k + 1$;

end while

Output $x^* = x^{(k)}$;

8.3.3 启动点的计算

与线性规划的单纯形法一样, 二次规划的积极集法也需要一个启动点 $x^{(0)}$, 即满足约束条件 (8.67)~(8.68) 的可行点. 启动点的计算可采用 8.1.5 节介绍的方法, 也可以用消元法. 下面通过一个简单的例子来介绍消元法. 设某二次规划的约束条件为

$$2x_1 + 3x_2 - x_3 + 4x_4 = 6, \tag{8.92}$$

$$x_1 - 3x_2 + x_3 - 2x_4 = 1, \tag{8.93}$$

$$x_1 + x_2 - x_3 + 2x_4 \leqslant 10, \tag{8.94}$$

$$-x_1 + 2x_2 + x_3 - x_2 \leqslant 5. \tag{8.95}$$

先引进松弛变量 x_5, x_6 将不等式约束 (8.94)~(8.95) 化为等式约束

$$x_1 + x_2 - x_3 + 2x_4 + x_5 = 10, \tag{8.96}$$

$$-x_1 + 2x_2 + x_3 - x_2 + x_6 = 5, \tag{8.97}$$

$$x_5, x_6 \geqslant 0, \tag{8.98}$$

将由式 (8.92)、式 (8.93)、式 (8.96) 和式 (8.97) 组成的方程组的增广矩阵写出来, 即

$$\begin{pmatrix} 2 & 3 & -1 & 4 & 0 & 0 & 6 \\ 1 & -3 & 1 & -2 & 0 & 0 & 1 \\ 1 & 1 & -1 & 2 & 1 & 0 & 10 \\ -1 & 2 & 1 & -1 & 0 & 1 & 5 \end{pmatrix}, \tag{8.99}$$

经过行初等变换后增广矩阵化为

$$\begin{pmatrix} 1 & 0 & 0 & 0 & 5/3 & 2/3 & 56/3 \\ 0 & 1 & 0 & 0 & 7/6 & 2/3 & 79/6 \\ 0 & 0 & 1 & 0 & -19/6 & -2/3 & -163/6 \\ 0 & 0 & 0 & 1 & -5/2 & -1 & -49/2 \end{pmatrix}, \tag{8.100}$$

因此方程组的通解为

$$x_1 = -\frac{5}{3}x_5 - \frac{2}{3}x_6 + \frac{56}{3}, \tag{8.101}$$

$$x_2 = -\frac{7}{6}x_5 - \frac{2}{3}x_6 + \frac{79}{6}, \tag{8.102}$$

$$x_3 = \frac{19}{6}x_5 + \frac{2}{3}x_6 - \frac{163}{6}, \tag{8.103}$$

$$x_4 = \frac{5}{2}x_5 + x_6 - \frac{49}{2}, \tag{8.104}$$

其中, x_5, x_6 可在非负实数集中任取. 例如取 $x_5 = x_6 = 1$, 便得到可行点

$$x^{(0)} = (49/3, 34/3, -70/3, -21, 1, 1)^{\mathrm{T}}.$$

下面是用行初等变换消元的 MATLAB 程序.

```
function Me=rowtransf(M)
%%这个函数对线性方程组的增广矩阵做行初等变换消元
%%输入参数：M--线性方程组的增广矩阵
%%输出参数：Me--变换后的矩阵
%%%%%%%%%%%%%%%%%%%%%%%%%%%%%%%%%%%%%%%
[m,n]=size(M);
j=1;
c=1;
cp=zeros(1,n-1);
ps=0;
while (j<m&&c<n)
    L=0;
    i=j-1;
    while (L==0&&i<m)
        i=i+1;
        if abs(M(i,c))>0
            L=1;
        end
    end
    if(L==0)
        c=c+1;
    else
        if(i>j)
            row=M(i,:);
            M(i,:)=M(j,:);
            M(j,:)=row;
        end
        M(j,:)=M(j,:)/M(j,c);
        for l=j+1:m
            M(l,:)=M(l,:)-M(j,:)*M(l,c);
        end
        ps=ps+1;
        cp(ps)=c;
        j=j+1;
        c=c+1;
    end
end
L=0;
r=cp(ps)+1;
while (L==0&&r<n)
    if abs(M(j,r))>0
        M(j,:)=M(j,:)/M(j,r);
```

```
        ps=ps+1;
        cp(ps)=r;
        L=1;
    else
        r=r+1;
    end
end
cp=cp(1:ps);
for i=ps:-1:2
    for j=1:i-1
        M(j,:)=M(j,:)-M(i,:)*M(j,cp(i));
    end
end
Me=M;
end
```

将式 (8.100) 中的增广矩阵输入程序, 计算结果为

$$
\begin{pmatrix}
1.0000 & 0 & 0 & 0 & 1.6667 & 0.6667 & 18.6667 \\
0 & 1.0000 & 0 & 0 & 1.1667 & 0.6667 & 13.1667 \\
0 & 0 & 1.0000 & 0 & -3.1667 & -0.6667 & -27.1667 \\
0 & 0 & 0 & 1.0000 & -2.5000 & -1.0000 & -24.5000
\end{pmatrix}.
$$

拓展阅读建议

本章介绍了线性规划和二次规划的相关知识以及算法. 线性规划和二次规划应用非常广泛, 在几乎所有领域中都有应用, 同时也是更复杂优化算法的基础, 希望读者牢固掌握. 关于二次规划的零空间算法及积极集算法的更多细节和例子可参见文献 [66] 的第 16 章, 关于一般二次规划问题的研究可参见文献 [91].

第 8 章习题

1. 证明推论 8.1.

2. 设 A 是 n 阶实对称矩阵, $b \in \mathbb{R}^n$, 如果方程 $Ax = b$ 无解, 则存在 $x_0 \in \mathbb{R}^n$ 使得

$$
Ax_0 = 0, \qquad b^{\mathrm{T}} x_0 > 0. \tag{8.105}
$$

3. 设 $A \in \mathbb{R}^{m \times n}$, $\mathcal{N}(A)$ 是 A 的零空间, $z_1, z_2, \cdots, z_{n-k}$ 是 $\mathcal{N}(A)$ 的基, 将其扩充为 $\mathbb{R}^n$ 的基

$$
z_1, z_2, \cdots, z_{n-k}, y_1, y_2, \cdots, y_k,
$$

证明 $Ay_1, Ay_2, \cdots, Ay_k$ 线性无关.

4. 考虑线性规划问题

$$\min f(x) = x_1 - 2x_2, \tag{8.106}$$

$$\text{s.t. } 2x_1 + x_2 \geqslant 1, \qquad x_1 + 3x_2 \geqslant 1, \qquad x_1, x_2 \geqslant 0. \tag{8.107}$$

i). 画出其可行集.

ii). 求其最优点和最优值.

iii). 将其化成标准形式.

iv). 写出其对偶问题, 并求出对偶问题的最优点和最优值.

5. 考虑等式约束二次规划问题

$$\min f(x) = 3x_1^2 + 2x_1x_2 + x_1x_3 + \frac{5}{2}x_2^2 + 2x_2x_3 + 2x_3^2 - 8x_1 - 3x_2 - 3x_3, \tag{8.108}$$

$$\text{s.t. } x_1 + x_3 = 3, \qquad x_2 + x_3 = 0. \tag{8.109}$$

i). 写出其 KKT 方程.

ii). 求其最优先和最优值.

6. 考虑二次规划问题

$$\min f(x) = (x_1 - 1)^2 + \left(x_2 - \frac{5}{2}\right)^2, \tag{8.110}$$

$$\text{s.t. } x_1 - 2x_2 + 2 \geqslant 0, \qquad -x_1 - 2x_2 + 6 \geqslant 0,$$

$$-x_1 + 2x_2 + 2 \geqslant 0, \qquad x_1, x_2 \geqslant 0. \tag{8.111}$$

i). 画出其可行集.

ii). 用图示法求解此二次规划问题.

7. 考虑等式约束二次规划问题

$$\min f(x) = \frac{1}{2}x^{\mathrm{T}}Gx + q^{\mathrm{T}}x, \qquad \text{s.t. } a_i^{\mathrm{T}}x = b_i, \ i \in \mathcal{E}, \tag{8.112}$$

其中, G 是实对称正定矩阵, $a_i, i \in \mathcal{E}$ 线性无关. 设 $x^{(1)}$ 是二次规划问题 (8.114) 的最优解, 根据 KKT 定理, 存在实数 $\lambda_i, i \in \mathcal{E}$ 使得

$$Gx^{(1)} + q = -\sum_{i \in \mathcal{E}} \lambda_i a_i, \qquad a_i^{\mathrm{T}}x^{(1)} = b_i, \qquad i \in \mathcal{E}, \tag{8.113}$$

如果存在 $j \in \mathcal{E}$ 使得 $\lambda_j < 0$, 则设 $x^{(2)}$ 是下列二次规划问题的最优解:

$$\min f(x) = \frac{1}{2}x^{\mathrm{T}}Gx + q^{\mathrm{T}}x, \qquad \text{s.t. } a_i^{\mathrm{T}}x = b_i, \ i \in \mathcal{E} \setminus \{j\}, \tag{8.114}$$

试证明 $f(x^{(2)}) < f(x^{(1)})$.

第 **9** 章

约束非线性优化

1. 掌握等式约束凸优化问题的最优性条件.
2. 掌握等式约束凸优化问题的牛顿法及其收敛性分析.
3. 掌握含不等式约束的凸优化问题的内点法及其收敛性分析.
4. 理解二阶段法并能实现.
5. 掌握支持向量机与核支持向量机的数学原理.
6. 掌握支持向量机的对偶问题并会用内点法求解.

9.1 等式约束凸优化

9.1.1 等式约束凸优化的最优性条件

本小节我们考虑优化问题

$$\min \quad f(x), \tag{9.1}$$
$$\text{s.t.} \quad Ax = b, \tag{9.2}$$

其中, $f : \mathbb{R}^n \to \mathbb{R}$ 是二阶连续可微的凸函数, $A \in \mathbb{R}^{m \times n}, b \in \mathbb{R}^n$. 我们假设 $m < n$, 且 A 是行满秩的, 因此由此优化问题 (9.1)~(9.2) 是可行的. 根据定理 3.3, x^* 是凸优化问题 (9.1)~(9.2) 的最优解的充分必要条件是存在 $\nu^* \in \mathbb{R}^m$ 使得

$$Ax^* = b, \qquad \nabla f(x^*) + A^{\mathrm{T}}\nu^* = 0, \tag{9.3}$$

这正是凸优化问题 (9.1)~(9.2) 的 KKT 条件. 其中, 第二个方程 $\nabla f(x^*) + A^{\mathrm{T}}\nu^* = 0$ 称为**对偶可行性方程 (dual feasibility equation)**.

9.1.2 等式约束凸优化的牛顿法

设 x_k 是凸优化问题 (9.1)~(9.2) 的可行点, 在点 x_k 附近可以用二阶 Taylor 公式来逼近 f:

$$f(x_k + d) = f(x_k) + d^{\mathrm{T}}\nabla f(x_k) + \frac{1}{2}d^{\mathrm{T}}\nabla^2 f(x_k)d + o(\|d\|_2^2), \tag{9.4}$$

为了使 $x_k + d$ 是可行点, 还需令 $Ad = 0$. 如果采用迭代算法, 从当前点 x_k 出发, 需要选择搜索方向和步长, 使目标函数尽可能多地下降, 因此考虑子优化问题

$$\min \quad \psi(d) := f(x_k) + d^{\mathrm{T}}\nabla f(x_k) + \frac{1}{2}d^{\mathrm{T}}\nabla^2 f(x_k)d, \tag{9.5}$$

$$\text{s.t.} \quad Ad = 0. \tag{9.6}$$

这是一个等式约束二次规划, 可以通过解 KKT 方程

$$\begin{pmatrix} \nabla^2 f(x_k) & A^{\mathrm{T}} \\ A & 0 \end{pmatrix} \begin{pmatrix} d \\ \nu \end{pmatrix} = \begin{pmatrix} -\nabla f(x_k) \\ 0 \end{pmatrix} \tag{9.7}$$

得到其最优点 d_k^N, 称之为**牛顿步 (Newton step)**(这里 d_k^N 的上标 N 不代表幂指数, 而是 "Newton" 的首字母). 求牛顿步也可以用 8.2 节介绍的零空间算法实现. 当 $f(x)$ 与二次多项式很接近时, 牛顿步无疑是最佳搜索方向, 且步长取 1 是最佳选择.

再来看从点 x_k 出发, 沿着 d_k^N 方向走时目标函数的下降率. 利用 KKT 方程可得

$$\left.\frac{\mathrm{d}}{\mathrm{d}t}f(x_k + td_k^N)\right|_{t=0} = (d_k^N)^{\mathrm{T}}\nabla f(x_k) = (d_k^N)^{\mathrm{T}}(-\nabla^2 f(x_k)d_k^N) := -\lambda^2(x_k), \tag{9.8}$$

其中, $\lambda(x_k) := \left((d_k^N)^{\mathrm{T}}\nabla^2 f(x_k)d_k^N\right)^{1/2}$ 称为**牛顿减量 (Newton decrement)**. 当牛顿减量变得非常小时, 说明 $f(x_k)$ 已经很接近最优值 $p^* = f(x^*)$ 了, 常被用作牛顿法的停机准则.

现在给出等式约束凸优化的牛顿法, 如算法 Algorithm 42 所示.

Algorithm 42 (等式约束凸优化的牛顿法)

Input:

The parameters $A \in \mathbb{R}^{m \times n}$ and $b \in \mathbb{R}^n$, which define the equality constraints;

The initial feasible point x_0;

The tolerance ε;

Output:

The approximation of the optimal point x_e

$x \leftarrow x_0$;

Compute the gradient $\nabla f(x)$ and the Hessian matrix $\nabla^2 f(x)$;

Compute the Newton step d^N by solving the subproblem (9.5)~(9.6) with x_k replaced by x;

Compute the squared Newton decrement $\lambda^2(x) = (d^N)^{\mathrm{T}}\nabla^2 f(x)d^N$;

while $\lambda^2(x) > \varepsilon$ **do**

    Compute the step length α by line search;

    Renew the point $x : x \leftarrow x + \alpha d^N$;

    Recompute the gradient $\nabla f(x)$ and the Hessian matrix $\nabla^2 f(x)$;

    Recompute the Newton step d^N;

    Recompute the squared Newton decrement $\lambda^2(x) = (d^N)^{\mathrm{T}}\nabla^2 f(x)d^N$;

end while

$x_e \leftarrow x$;

Output x_e;

关于等式约束牛顿法的收敛性, 有着与无约束牛顿法几乎一样的结论, 当目标函数满足一定的条件, 且初始点 x_0 与最优点 x^* 足够靠近时, 等式约束牛顿法也是二阶收敛的. 详细的分析可参见文献 [6] 的 10.2 节.

算法 Algorithm 42 需要用户提供一个可行点 x_0 作为初始点, 由于约束条件都是线性的, 因此可使用 8.3.3 节介绍的消元法求初始点. 如果提供的初始点不是可行点, 则需要对算法进行修改, 具体内容放在 9.1.3 节介绍.

9.1.3　初始点不是可行点的牛顿法

对于优化问题 (9.1)~(9.2), 如果目标函数 f 的定义域不是 $\mathbb{R}^n$, 而是 $\mathbb{R}^n$ 的某个子集 D_f, 找可行点就相当于解可行性问题

$$\text{find } x \in D_f, \text{ s.t. } Ax = b, \tag{9.9}$$

通常是由不等式和方程组成的混合系统, 求解这种问题本身就很困难, 因此找一个可行点 x_0 作为牛顿法的初始点并不容易.

那么有什么好的解决办法呢? 是否可以从非可行的初始点 x_0 出发启动牛顿法呢? 下面我们来探讨这个问题.

我们的最终目标是寻找满足 KKT 条件 (9.3) 的点 (x^*, ν^*), 设当前点为 (x_k, ν_k), 其中 x_k 未必是可行点, ν_k 也未必是对偶可行点. 在 x_k 和 ν_k 上分别加上增量 δx 和 $\delta \nu$ 得到点 $(x_k + \delta x, \nu_k + \delta \nu)$, 我们希望它尽可能满足 KKT 条件, 即

$$A(x_k + \delta x) = b, \qquad \nabla f(x_k + \delta x) + A^{\mathrm{T}}(\nu_k + \delta \nu) = 0, \tag{9.10}$$

但其中第二个方程是非线性的, 不好求解, 因此对其取近似. 注意到当 δx 很小时有

$$\nabla f(x_k + \delta x) \approx \nabla f(x_k) + \nabla^2 f(x_k)\delta x, \tag{9.11}$$

因此式 (9.10) 可用下列方程组近似代替:

$$A(x_k + \delta x) = b, \qquad \nabla f(x_k) + \nabla^2 f(x_k)\delta x + A^{\mathrm{T}}(\nu_k + \delta \nu) = 0, \tag{9.12}$$

利用分块矩阵将其整理为下列形式:

$$\begin{pmatrix} \nabla^2 f(x_k) & A^{\mathrm{T}} \\ A & 0 \end{pmatrix} \begin{pmatrix} \delta x \\ \delta \nu \end{pmatrix} = -\begin{pmatrix} \nabla f(x_k) + A^{\mathrm{T}}\nu_k \\ Ax_k - b \end{pmatrix}, \tag{9.13}$$

对比方程 (9.7) 与 (9.13), 我们发现这两个方程很接近, 等号左边是一样的, 只是右边不同. 用 $((\delta x)_k, (\delta \nu)_k)$ 表示方程 (9.13) 的解, 有些文献中称之为**主-对偶牛顿步 (primal-dual Newton step)**, 但需与 9.1.2 节介绍的牛顿步 d_k^N 区分. 接下来将沿着主-对偶牛顿步的方向同时对主变量 x 和对偶变量 ν 进行搜索更新.

搜索方向确定了, 接下来就是确定搜索步长. 令 $\varphi(t) := f(x_k + t(\delta x)_k)$, 则有

$$\varphi'(0) = (\delta x)_k^{\mathrm{T}}\nabla f(x_k) = -(\delta x)_k^{\mathrm{T}}(\nabla^2 f(x_k)(\delta x)_k + A^{\mathrm{T}}(\nu_k + (\delta \nu)_k))$$

$$= -(\delta x)_k^{\mathrm{T}} \nabla^2 f(x_k)(\delta x)_k - (A(\delta x)_k)^{\mathrm{T}}(\nu_k + (\delta \nu)_k)$$

$$= -(\delta x)_k^{\mathrm{T}} \nabla^2 f(x_k)(\delta x)_k + (Ax_k - b)^{\mathrm{T}}(\nu_k + (\delta \nu)_k), \tag{9.14}$$

由于 x_k 不是可行点, 因此 $Ax_k - b \neq 0$, 从而不能保证 $\varphi'(0)$ 的符号, 也就是说 $(\delta x)_k$ 可能不是点 x_k 的目标函数下降方向. 因此前面介绍的以 f 下降为目标的线搜索算法无法直接使用.

这个问题如何解决呢? 需要引入新的衡量标准. 记

$$r(x, \nu) := \begin{pmatrix} \nabla f(x) + A^{\mathrm{T}}\nu \\ Ax - b \end{pmatrix}, \tag{9.15}$$

则由于最优点 x^* 满足 KKT 条件 (9.7), 因此有 $r(x^*, \nu^*) = 0$; 如果 x 不是最优点, 则 $r(x, \nu) \neq 0$. 因此我们可以用 $\|r\|_2^2$ 的大小来衡量 x 偏离最优点的程度, 这一点我们后面要用到. 我们称 $r(x, \nu)$ 为残差 (residual).

记 $r(t) := r(x_k + t(\delta x)_k, \nu_k + t(\delta \nu)_k)$, 则有

$$\frac{\mathrm{d}}{\mathrm{d}t}\|r(t)\|_2^2 = 2r(t)^{\mathrm{T}}r'(t), \tag{9.16}$$

$$r'(t) = \frac{\mathrm{d}}{\mathrm{d}t} \begin{pmatrix} \nabla f(x_k + t(\delta x)_k) + A^{\mathrm{T}}(\nu_k + t(\delta \nu)_k) \\ A(x_k + t(\delta x)_k) - b \end{pmatrix}$$

$$= \begin{pmatrix} \nabla^2 f(x_k + t(\delta x)_k)(\delta x)_k + A^{\mathrm{T}}(\delta \nu)_k \\ A(\delta x)_k \end{pmatrix}, \tag{9.17}$$

由于 $((\delta x)_k, (\delta \nu)_k)$ 是方程 (9.13) 的解, 因此有

$$r'(0) = \begin{pmatrix} \nabla^2 f(x_k) & A^{\mathrm{T}} \\ A & 0 \end{pmatrix} \begin{pmatrix} (\delta x)_k \\ (\delta \nu)_k \end{pmatrix} = -\begin{pmatrix} \nabla f(x_k) + A^{\mathrm{T}}\nu_k \\ Ax_k - b \end{pmatrix} = -r(0), \tag{9.18}$$

因此有

$$\frac{\mathrm{d}}{\mathrm{d}t}\|r(t)\|_2^2 \Big|_{t=0} = 2r(0)^{\mathrm{T}}r'(0) = -2r(0)^{\mathrm{T}}r(0) = -2\|r(0)\|_2^2 < 0, \tag{9.19}$$

这说明主-对偶牛顿步 $((\delta x)_k, (\delta \nu)_k)$ 是 $\|r(x, \nu)\|_2^2$ 在点 (x_k, ν_k) 的下降方向, 我们可以根据 $\|r(x, \nu)\|_2^2$ 最小化的准则来设计线搜索算法.

算法 Algorithm 43 是根据 $\|r(x, \nu)\|_2^2$ 最小化的准则设计的回溯线搜索算法.

Algorithm 43 (基于 $\|r(x, \nu)\|_2^2$ 最小化的回溯线搜索)

Input:

The parameters $A \in \mathbb{R}^{m \times n}$ and $b \in \mathbb{R}^n$, which define the equality constraints;

The current primal point x and dual point ν, not necessary feasible;

The primal-dual Newton step $(\delta x, \delta \nu)$;

The parameters $0 < \alpha < 1/2, 0 < \beta < 1$.

Output:

The step length t.

$t \leftarrow 1$;
while $\|r(x + t\delta x, \nu + t\delta\nu)\|_2 > (1 - \alpha t)\|r(x, \nu)\|_2$ **do**
　$t \leftarrow \beta t$;
end while
Output t;

算法 Algorithm 44 是初始点不是可行点的牛顿法.

Algorithm 44 (初始点不是可行点的牛顿法)

Input:

The parameters $A \in \mathbb{R}^{m \times n}$ and $b \in \mathbb{R}^n$, which define the equality constraints;

The initial primal point x_0 and dual point ν_0, not necessary feasible;

The tolerance $\varepsilon > 0$, and the parameters $0 < \alpha < 1/2, 0 < \beta < 1$ for backtracking line search.

Output:

The approximation of the optimal primal point x_{op} and dual point ν_{op}.

$x \leftarrow x_0, \quad \nu \leftarrow \nu_0$;
while $\|r(x, \nu)\|_2 > \varepsilon$ **do**
　Compute the primal-dual Newton step $(\delta x, \delta\nu)$ by solving equation (9.13) with x_k and ν_k replaced
　by x and ν, respectively;
　Compute step length t using backtracking line search algorithm 43 with parameters α and β;
　$x \leftarrow x + t\delta x, \quad \nu \leftarrow \nu + t\delta\nu$;
end while
$x_{op} \leftarrow x, \quad \nu_{op} \leftarrow \nu$;
Output x_{op} and ν_{op};

分析算法 Algorithm 44, 我们发现, 如果某一步迭代的步长 $t_k = 1$, 则由式 (9.12) 推出 $x_{k+1} = x_k + (\delta x)_k$ 是可行点, 继而推出后续迭代无论步长是否为 1, 得到的都是可行点. 因此只要某次迭代步长为 1, 后续迭代便可以切换为初始点是可行点的牛顿法 Algorithm 43.

如果迭代过程中一直不出现步长为 1 的情况又会怎么样呢? 这时根据回溯线搜索算法得 $0 < t_k \leqslant \beta < 1, k = 0, 1, 2, \cdots$, 再根据算法 Algorithm 44 及式 (9.12) 得

$$Ax_{k+1} - b = A(x_k + t_k(\delta x)_k) - b = A(x_k + (\delta x)_k) - b + (t_k - 1)A(\delta x)_k = (t_k - 1)A(\delta x)_k$$
$$= (1 - t_k)(Ax_k - b),$$

因此有

$$\|Ax_{k+1} - b\|_2 = (1 - t_k)\|Ax_k - b\|_2, \tag{9.20}$$

递归使用等式 (9.20) 得

$$\|Ax_k - b\|_2 = \prod_{k=0}^{k-1}(1 - t_k)\|Ax_0 - b\|_2, \tag{9.21}$$

由此推出 $\lim\limits_{k\to\infty} \|Ax_k - b\|_2 = 0$, 即迭代序列 $\{x_k\}$ 会无限地接近可行集, 如果能够证明 $\{x_k\}$ 收敛, 则它将收敛于某个可行点 x^*, 而且根据算法 Algorithm 44 得 $\lim\limits_{k\to\infty} \|r(x_k, \nu_k)\|_2 = 0$, 因此这个可行点满足 KKT 条件, 从而是最优点.

算法 Algorithm 44 的收敛性和收敛速度的估计比较复杂, 这里不详述, 感兴趣的读者可参见文献 [6] 的 10.3 节.

9.1.4 计算实例

本小节我们给出一个计算实例.

例 9.1   求下列优化问题的最优解:

$$\min \quad f(x) = -\sum_{i=1}^{n} \ln x_i, \tag{9.22}$$

$$\text{s.t.} \quad Ax = b, \tag{9.23}$$

其中, $n = 8$, $A \in \mathbb{R}^{4 \times 8}, b \in \mathbb{R}^4$ 的数据如下:

$$A = \begin{pmatrix} -1.36 & 0.55 & 0.66 & -0.30 & 1.53 & 0.18 & 0.14 & -0.16 \\ 0.46 & 1.04 & -0.07 & 0.02 & 0.47 & -1.03 & 0.52 & -0.15 \\ -0.85 & -1.12 & -0.20 & 0.05 & -0.21 & 0.95 & 0.26 & -0.53 \\ -0.33 & 1.26 & -0.22 & 0.83 & 0.63 & 0.31 & -0.94 & 1.68 \end{pmatrix}, \tag{9.24}$$

$$b = (-0.88, -0.48, -0.71, -1.17)^{\mathrm{T}}. \tag{9.25}$$

这个优化问题的目标函数 f 的定义域是 $\{x \in \mathbb{R}^8 : x_i > 0, i = 1, 2, \cdots, 8\}$, 因此可行集 S_F 是下列等式和不等式的公共解:

$$Ax = b, \qquad x_i > 0, i = 1, 2, \cdots, 8. \tag{9.26}$$

首先要判断可行集 S_F 是不是空集. 如何做到这一点呢? 可以考虑线性规划

$$\min \quad z, \qquad \text{s.t.} \quad Ax = b, \quad -x_i \leqslant z, \tag{9.27}$$

如果该线性规划的最优值 $p^* < 0$, 则 S_F 非空, 否则 S_F 是空集.

解线性规划已有很成熟的软件, 我们不再自己编写, 直接调用 MATLAB 中的 linprog() 函数实现. 计算结果表明线性规划 (9.27) 无下界, 即最优值 $p^* = -\infty$, 因此原优化问题 (9.22)~(9.23) 是可行的. 由于线性规划 (9.27) 无下界, linprog() 函数并未给出原问题的可行点, 因此只能在目标函数的定义域内选一个初始点 $x^{(0)}$, 我们取 $x^{(0)} = (1, 1, \cdots, 1)^{\mathrm{T}}$, 对偶初始点则取 $\nu^{(0)} = (0, 0, 0, 0)^{\mathrm{T}}$, 使用初始点不是可行点的牛顿法 Algorithm 44 进行计算. 计算过程中需要用到目标函数的梯度和 Hesse 矩阵, 公式为

$$\nabla f(x) = -(1/x_1, 1/x_2, \cdots, 1/x_n)^{\mathrm{T}}, \tag{9.28}$$

$$\nabla^2 f(x) = \operatorname{diag}(1/x_1^2, 1/x_2^2, \cdots, 1/x_n^2). \tag{9.29}$$

下面是用 Algorithm 44 计算优化问题 (9.22)~(9.23) 的 MATLAB 程序.

```matlab
function [x_op,nu_op,f_op]=Li9_1InfeasibleNeton(A,b)
%%这个函数的功能是用初始点不是可行点的算法 Algorithm 44 计算例 9.1 中的优化问题
%%输入参数：A,b--定义等式约束条件的矩阵和向量，见例9.1
%%输出参数：x_op--最优点，nu--对偶最优点，f_op最优值
%%%%%%%%%%%%%%%%%%%%%%%%%%%%%%%%%%%%%%%%%%%%%%%%%%%%%%%%%
[m,n]=size(A);
x=ones(n,1);
nu=zeros(m,1);
alpha=0.01;
beta=0.5;
ep=1e-12;
grf=-1./x;                   %%计算f的梯度
Hessf=diag(1./(x.*x));       %%计算f的Hesse矩阵
r=[grf+A'*nu;A*x-b];         %%计算残差向量r(x,nu)
rn=r'*r;                     %%残差范数的平方
while rn>ep
    K=[Hessf,A';A,zeros(m,m)];
    dy=-K\r;
    dx=dy(1:n);
    dnu=dy(n+1:n+m);
    t=1;
    x1=x+t*dx;
    nu1=nu+t*dnu;
    grf1=-1./x1;
    r1=[grf1+A'*nu1;A*x1-b];
    r1n=r1'*r1;
    while r1n>(1-alpha*t)^2*rn    %%回溯线搜索，见算法Algorithm 43
        t=beta*t;
        x1=x+t*dx;
        nu1=nu+t*dnu;
        grf1=-1./x1;
        r1=[grf1+A'*nu1;A*x1-b];
        r1n=r1'*r1;
    end
    x=x1;
    nu=nu1;
    Hessf=diag(1./(x.*x));
    r=r1;
    rn=r1n;
end
x_op=x;
```

```
nu_op=nu;
f_op=-sum(log(x));
end
```

程序经过 25 次迭代后停机输出 (近似) 最优点

$$x^* = (1.4811, 0.2377, 1.3962, 0.5932, 0.4360, 1.7546, 1.5753, 0.3966)^{\mathrm{T}},$$

最优值为 $f(x^*) = -126.9740$. 实际上, 第 2 次迭代时步长为 $t^{(2)} = 1$, 因此后续的 $x^{(3)}$, $x^{(4)}, \cdots, x^{(25)}$ 都是可行点.

9.2 内 点 法

9.2.1 一个具体的例子

本小节我们通过一个具体的例子学习内点法的基本思想和步骤.

考虑二次规划

$$\min \quad f(x) = \frac{1}{2}x^{\mathrm{T}}Gx + q^{\mathrm{T}}x, \tag{9.30}$$

$$\text{s.t.} \quad Ax \leqslant b, \tag{9.31}$$

其中,

$$G = \begin{pmatrix} 2 & 1 \\ 1 & 3 \end{pmatrix}, \qquad q = \begin{pmatrix} 7 \\ -2 \end{pmatrix}, \tag{9.32}$$

$$A^{\mathrm{T}} = \begin{pmatrix} -2 & -3 & 1 & 3 & 1 \\ 1 & -1 & -2 & -2 & 1 \end{pmatrix}, \qquad b = (2, -7, 0, 8, 11)^{\mathrm{T}}. \tag{9.33}$$

如果用 $a_i^{\mathrm{T}}, i = 1, 2, \cdots, 5$ 表示 A 的行向量, 则不等式约束 (9.31) 可表示为

$$a_i^{\mathrm{T}}x - b_i \leqslant 0, \qquad i = 1, 2, \cdots, 5. \tag{9.34}$$

由于约束条件 (9.34) 的存在, 我们无法直接使用前面学过的方法来求解.

有没有什么办法可以把不等式约束消去呢? 答案是肯定的. 我们定义函数 $I_\infty : \mathbb{R} \to \mathbb{R}$ 如下

$$I_\infty(u) = \begin{cases} 0, & u \leqslant 0, \\ \infty, & u > 0. \end{cases} \tag{9.35}$$

则二次规划 (9.30)~(9.31) 与下列无约束优化问题等价:

$$\min \quad f(x) + \sum_{i=1}^{5} I_\infty(a_i^{\mathrm{T}}x - b_i), \tag{9.36}$$

其中, $I_\infty(a_i^\mathrm{T}x - b_i)$ 可视为对违背约束条件 $a_i^\mathrm{T}x \leqslant b_i$ 的惩罚, 当 x 满足这个约束条件时, $I_\infty(a_i^\mathrm{T}x - b_i) = 0$, 不会受到惩罚; 当 x 偏离了约束条件 $a_i^\mathrm{T}x \leqslant b_i$ 时, $I_\infty(a_i^\mathrm{T}x - b_i) = \infty$, 代价无穷大. 正是这个性质保证了优化问题 (9.36) 的最小值点必须是二次规划 (9.30)~(9.31) 的最优点.

优化问题 (9.36) 固然没有约束条件, 但是其目标函数不连续, 当然更不可微, 因此无法使用梯度下降法、共轭梯度法等方法求解. 于是我们考虑用光滑的函数来逼近优化问题 (9.36) 的目标函数. 对于任意实数 $t > 0$, 定义

$$I_t(u) := -\frac{1}{t}\ln(-u), \qquad u < 0, \tag{9.37}$$

则有

$$\lim_{t \to \infty} I_t(u) = 0 = I_\infty(u), \qquad \forall\, u < 0, \tag{9.38}$$

且 $\lim\limits_{t \to 0^-} I_t(u) = \infty, \forall\, t > 0$, 因此 I_t 可视为 I_∞ 的光滑逼近. 通常称 I_t 为**对数障碍函数 (logarithmic barrier function)**. 图 9.1 给出了 $t = 0.5, 1, 2, 3$ 时对数障碍函数 I_t 的图像.

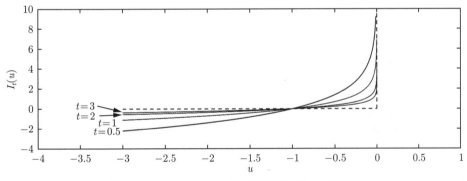

图 9.1　$t = 0.5, 1, 2, 3$ 时对数障碍函数 I_t 的图像

利用对数障碍函数 I_t 逼近 I_∞, 将优化问题 (9.36) 转换为目标函数光滑的无约束优化问题

$$\min \quad f(x) + \sum_{i=1}^{5} I_t(a_i^\mathrm{T}x - b_i), \tag{9.39}$$

设优化问题 (9.39) 的最优解为 $x^*(t)$, 则当 $t \to \infty$ 时, $x^*(t)$ 趋于原问题的最优解 x^*, 即

$$\lim_{t \to \infty} x^*(t) = x^*, \tag{9.40}$$

这就是**内点法 (interior method)**(也称**障碍法 (barrier method)**) 的基本思想.

接下来按照上面的思路求解二次规划 (9.30)~(9.31). 将优化问题 (9.39) 的目标函数记为 f_t, 即

$$f_t(x) := f(x) - \frac{1}{t}\sum_{i=1}^{5}\ln\big(b_i - a_i^{\mathrm{T}}x\big), \tag{9.41}$$

直接计算不难得到 f_t 的梯度和 Hesse 矩阵分别为

$$\nabla f_t(x) = (Gx + q) + \frac{1}{t}\sum_{i=1}^{5}\frac{a_i}{b_i - a_i^{\mathrm{T}}x}, \tag{9.42}$$

$$\nabla^2 f_t(x) = G + \frac{1}{t}\sum_{i=1}^{5}\frac{a_i a_i^{\mathrm{T}}}{(b_i - a_i^{\mathrm{T}}x)^2}. \tag{9.43}$$

对于给定的 t, 可以按照算法 Algorithm 45 计算优化问题 (9.39) 的最优点 $x^*(t)$. 这样的最优点称为**中心点 (central point)**, 求中心点的过程称为**中心步骤 (centering step)**.

Algorithm 45 (二次规划 (9.30)~(9.31) 的中心步骤)

Input:

The parameters G, q, A, b that define the quadratic programming (9.30)~(9.31);

The parameter t and the initial point x_0;

The tolerance ε;

Output:

The approximation of the central point x^*.

$x \leftarrow x_0$;

Compute the gradient $\nabla f_t(x)$ using formula (9.42);

while $\|\nabla f_t(x)\| > \varepsilon$ **do**

    Compute Hessian matrix $\nabla^2 f_t(x)$ using formula (9.43);

    Compute the Newton step v^N by solving the linear equation $\nabla^2 f_t(x)v^N = -\nabla f_t(x)$;

    Renew the point: $x \leftarrow x + v^N$;

end while

$x^*(t) \leftarrow x$;

Output $x^* = x^*(t)$;

也许有人想一次性解决问题, 一开始就将 t 取为一个很大的数, 如 $t = 10^{10}$, 这样, 经过一次中步骤便可求出二次规划 (9.30)~(9.31) 的解. 但实践证明这样做的效果并不好, t 取得太大时, $\nabla^2 f_t(x_0)$ 的条件数很大, 牛顿步 v^N 过长, 迭代序列跑出可行集的范围, 导致算法不收敛或无法收敛到最优点 x^*.

实践中常常采用逐次逼近的办法, 即先取一个较小的 t_1, 通过中心步骤计算出 $x^*(t_1)$, 然后把 t 放大为 $t_2 = \mu t_1$, 其中 μ 是一个大于 1 的常数, 以 $x^*(t_1)$ 作为初始点, 通过中心步骤计算 $x^*(t_2)$, 再将 t 放大为 $t_3 = \mu t_2$, 以 $x^*(t_2)$ 作为初始点, 通过中心步骤计算出 $x^*(t_3)$, 反复这样做, 经过若干次迭代后便可得到原二次规划的最优点 x^* (的高精度逼近).

现在给出计算二次规划 (9.30)~(9.31) 的中心点序列的 MATLAB 程序.

```
function [CP,CV]=chap9_2_1interior(G,q,A,b)
%%这个函数用内点法计算9.2.1节的二次规划
%%输入参数：G,q,A,b--二次规划(9.30)~(9.31)的参数
%%输出参数：CP--中心点序列，CV--中心点对应的目标函数值
%%%%%%%%%%%%%%%%%%%%%%%%%%%%%%%%%%%%%%%%%%%%%
x=[3,4]';                        %%初始点
t=0.01;
mu=2;
ep=1e-8;
numIter=22;                      %%迭代次数
s=1/t;
[m,n]=size(A);
CP=zeros(n,numIter);             %%用于保存中心点序列
CV=zeros(1,numIter);
grft=(G*x+q)+s*A'*(1./(b-A*x));  %%计算梯度向量
grftn=sqrt(grft'*grft);          %%梯度的范数
Hessft=G+s*A'*diag(1./(b-A*x).^2)*A; %%计算Hesse矩阵
for j=1:numIter
    while grftn>ep
        vN=-Hessft\grft;         %%计算牛顿步
        x=x+vN;
        grft=(G*x+q)+s*A'*(1./(b-A*x));
        grftn=sqrt(grft'*grft);
        Hessft=G+s*A'*diag(1./(b-A*x).^2)*A;
    end
    CP(:,j)=x;
    CV(j)=(1/2)*x'*G*x+q'*x;
    s=s/mu;
    grft=(G*x+q)+s*A'*(1./(b-A*x));
    grftn=sqrt(grft'*grft);
    Hessft=G+s*A'*diag(1./(b-A*x).^2)*A;
end
end
```

实验中我们取 $t_1 = 0.01, \mu = 2, \varepsilon = 10^{-8}$, 初始点为 $x_0 = (3,4)^{\mathrm{T}}$. 经过 22 次迭代后收敛于最优点 $x^* = (1.8696, 1.3914)^{\mathrm{T}}$, 最优值为 $p^* = 19.3044$. 图 9.2 给出了中心点序列的轨迹.

当然, 以上只是通过一个具体的例子介绍了内点法的基本思想和步骤, 实际上还有许多问题需要解决, 我们将在后续小节中讲述.

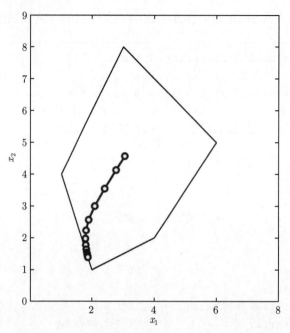

图 9.2　MATLAB 程序得到的中心点 $x^*(t)$ 的轨迹

9.2.2　凸优化问题的内点法

考虑一般凸优化问题

$$\min \quad f(x), \tag{9.44}$$

$$\text{s.t.} \quad g_i(x) \leqslant 0, \qquad i = 1, 2, \cdots, m, \tag{9.45}$$

$$Ax = b, \tag{9.46}$$

其中, $g_i : \mathbb{R}^n \to \mathbb{R}, i = 1, 2, \cdots, m$ 是凸函数, $A \in \mathbb{R}^{l \times n}, l < n$, 且 A 是行满秩的. 记 $a_i^{\mathrm{T}}, i = 1, 2, \cdots, l$ 为 A 的行向量组, 即 $A^{\mathrm{T}} = (a_1, a_2, \cdots, a_l)$.

我们还假设优化问题 (9.44)~(9.46) 是严格可行的, 即存在 $x \in \text{Dom}(f)$ 使得

$$g_i(x) < 0, \qquad i = 1, 2, \cdots, m, \qquad Ax = b.$$

于是根据凸优化问题的 KKT 定理 (定理 3.3), 对于最优点 x^*, 必存在对偶最优点 (λ^*, ν^*) 使得

$$\nabla f(x^*) = -\sum_{i=1}^{m} \lambda_i^* \nabla g_i(x^*) - \sum_{j=1}^{l} \nu_j a_j, \tag{9.47}$$

$$\lambda^* \succeq 0, \qquad \lambda_i^* g_i(x^*) = 0, \qquad i = 1, 2, \cdots, m, \tag{9.48}$$

$$Ax^* = b, \qquad g_i(x^*) \leqslant 0, \qquad i = 1, 2, \cdots, m, \tag{9.49}$$

而且最优值 $p^* = f(x^*)$ 和对偶最优值 $d^* = L_D(\lambda^*, \nu^*)$ 相等.

根据 9.2.1 节介绍的思想, 我们可以利用障碍函数消除不等式约束. 对于任意实数 $t > 0$, 考虑优化问题

$$\min \quad f_t(x) := f(x) + \sum_{i=1}^{m} I_t(g_i(x)), \tag{9.50}$$

$$\text{s.t.} \quad Ax = b, \tag{9.51}$$

记其最优点为 $x^*(t)$, 称为原优化问题 (9.44)∼(9.46) 的**中心点 (central point)**; 当 t 变化时, 动点 $x^*(t)$ 的轨迹称为**中心路径 (central path)**. 中心点必然是原优化问题的严格可行点, 此外, 还必须满足等式约束优化问题 (9.50)∼(9.51) 的 KKT 条件, 因此存在 $\nu^*(t)$ 使得

$$\nabla f_t(x^*(t)) = -A^{\mathrm{T}} \nu^*(t). \tag{9.52}$$

为了以后使用方便, 令

$$\phi(x) = \sum_{i=1}^{m} -\ln(-g_i(x)), \tag{9.53}$$

则有

$$f_t(x) = f(x) + \frac{1}{t}\phi(x). \tag{9.54}$$

求 f_t 的梯度和 Hesse 矩阵需要用到如下两个公式:

$$\nabla \phi(x) = -\sum_{i=1}^{m} \frac{1}{g_i(x)} \nabla g_i(x), \tag{9.55}$$

$$\nabla^2 \phi(x) = \sum_{i=1}^{m} \frac{1}{g_i^2(x)} \nabla g_i(x) \nabla g_i(x)^{\mathrm{T}} - \sum_{i=1}^{n} \frac{1}{g_i(x)} \nabla^2 g_i(x), \tag{9.56}$$

这两个公式可以用复合函数求导法则证明, 留作练习. 联立式 (9.52)、式 (9.54) 和式 (9.55) 得

$$\nabla f(x^*(t)) - \frac{1}{t} \sum_{i=1}^{m} \frac{1}{g_i(x^*(t))} \nabla g_i(x^*(t)) + A^{\mathrm{T}} \nu^*(t) = 0. \tag{9.57}$$

接下来我们需要对 $f(x^*(t))$ 与原问题的最优值 $p^* = f(x^*)$ 的间隔给出一个估计. 考察原优化问题 (9.44)∼(9.46) 的 Lagrange 函数

$$L(x, \lambda, \nu) = f(x) + \sum_{i=1}^{m} \lambda_i g_i(x) + \nu^{\mathrm{T}}(Ax - b), \tag{9.58}$$

对 x 求梯度, 得

$$\nabla_x L(x, \lambda, \nu) = \nabla f(x) + \sum_{i=1}^{m} \lambda_i \nabla g_i(x) + A^{\mathrm{T}} \nu, \tag{9.59}$$

如果令

$$\lambda_i^*(t) = -\frac{1}{t g_i(x^*(t))}, \qquad i = 1, 2, \cdots, m, \tag{9.60}$$

则根据式 (9.57) 及式 (9.59) 得

$$\nabla_x L(x^*(t), \lambda^*(t), \nu^*(t)) = 0, \tag{9.61}$$

因此关于 x 的函数 $L(x, \lambda^*(t), \nu^*(t))$ 在点 $x = x^*(t)$ 取得最小值, 从而原问题的对偶函数 $L_D(\lambda, \nu)$ 满足

$$L_D(\lambda^*(t), \nu^*(t)) := \inf_{x \in \mathcal{D}} L(x, \lambda^*(t), \nu^*(t)) = L(x^*(t), \lambda^*(t), \nu^*(t)), \tag{9.62}$$

其中, $\mathcal{D}$ 是原问题的定义域. 根据定理 3.5 得 $L_D(\lambda^*(t), \nu^*(t)) \leqslant p^*$, 因此有

$$p^* \geqslant L(x^*(t), \lambda^*(t), \nu^*(t)) = f(x^*(t)) - \frac{m}{t}, \tag{9.63}$$

由此立刻得到

$$f(x^*(t)) \leqslant p^* + \frac{m}{t}. \tag{9.64}$$

综上所述, 我们证明了下列重要结论.

定理 9.1 设 $p^* = f(x^*)$ 是凸优化问题 (9.44)~(9.46) 的最优值, 对任意实数 $t > 0$, 设 $x^*(t)$ 是优化问题 (9.50)~(9.51) 的最优点, 则次优性估计式 (9.64) 成立. 由此推出

$$\lim_{t \to \infty} f(x^*(t)) = p^*. \tag{9.65}$$

定理 9.1 肯定了我们之前的一个直观猜测, 即当 $t \to \infty$ 时, 对数障碍问题 (9.50)~(9.51) 的最优解 $x^*(t)$ 将趋于原问题 (9.44)~(9.46) 的最优解 x^*.

对数障碍问题 (9.50)~(9.51) 是只含等式约束的凸优化问题, 因此可以用 9.1 节介绍的算法求解.

凸优化问题 (9.44)~(9.46) 的内点法的步骤与 9.2.1 节给出的具体例子的求解步骤是一样的, 即先对较小的 $t = t_1$ 求解对数障碍问题 (9.50)~(9.51), 得到最优点 $x^*(t_1)$; 再将 t 放大为 $t_2 = \mu t_1$, 以 $x^*(t_1)$ 作为初始点求解对数障碍问题 (9.50)~(9.51), 得到最优点 $x^*(t_2)$; 再将 t 放大为 $t_3 = \mu t_2$, 以 $x^*(t_2)$ 作为初始点求解对数障碍问题 (9.50)~(9.51), 得到最优点 $x^*(t_3)$; 如此重复下去, 经过若干次迭代后便可得到原问题 (9.44)~(9.46) 的 (近似) 最优解 x^*.

凸优化问题的内点法的具体算法如 Algorithm 46 所示.

Algorithm 46 (凸优化 (9.44)~(9.46) 的内点法)

Input:

The parameters A, b that define the equality constraints;

The initial point x_0 and initial value t_0;

The parameter $\mu > 1$;

The tolerance ε;

The number of central steps N;

Output:

The approximation of the central point x^*.

$t \leftarrow t_0$;

for $i = 1, 2, \cdots, N$ **do**

    Solve the equality constrained problem (9.50)~(9.51) for central point $x^*(t)$, using algorithm 42

    or algorithm 44 according to whether the initial point x_0 is feasible;

    Renew the initial point $x_0 : x_0 \leftarrow x^*(t)$;

    Renew the parameter $t : t \leftarrow \mu t$;

end for

Output $x^* = x^*(t)$;

9.2.3 两阶段法

9.2.2 节介绍的内点法需要一个严格可行的启动点 $x^{(0)}$, 对于一般的凸优化问题, 这样一个启动点并不好找, 往往需要解若干不等式 (可能是非线性的) 和线性方程组成的系统, 这本身就是一个不简单的问题.

为了解决启动点的问题, 研究者提出了**二阶段法 (two-phase method)**, 其基本思想是在执行内点法之前先计算严格可行的启动点 $x^{(0)}$, 这个阶段称为阶段 I; 得到启动点 $x^{(0)}$ 后再执行内点法计算最优点 x^*, 这个阶段称为阶段 II.

阶段 I 需要求不等式及等式组成的系统

$$g_i(x) \leqslant 0, \qquad i = 1, 2, \cdots, m, \qquad Ax = b \tag{9.66}$$

的严格可行解. 考虑优化问题

$$\min \quad s, \tag{9.67}$$

$$\text{s.t.} \quad g_i(x) \leqslant s, \qquad i = 1, 2, \cdots, m, \tag{9.68}$$

$$Ax = b, \tag{9.69}$$

设 $(x^{(1)}, s^{(1)})$ 是优化问题 (9.67)~(9.69) 的解, 如果 $s^{(1)} < 0$, 则 $x^{(1)}$ 是式 (9.66) 的严格可行点; 如果 $s^{(1)} > 0$, 则式 (9.66) 无解.

优化问题 (9.67)~(9.69) 可用内点法求解, 相当于求解只含等式约束的优化问题

$$\min \quad s - \frac{1}{t} \sum_{i=1}^{m} \ln(s - g_i(x)), \tag{9.70}$$

$$\text{s.t.} \quad Ax = b, \tag{9.71}$$

如果能够找到 $x^{(0)} \in \cap_{i=1}^m \mathrm{Dom}(g_i)$, 则可取

$$s^{(0)} > \max\{g_i(x^{(0)}) : 1 \leqslant i \leqslant m\}, \tag{9.72}$$

此时点 $(x^{(0)}, s^{(0)})$ 必在目标函数 (9.70) 的定义域内, 因此可以以 $(x^{(0)}, s^{(0)})$ 为初始点, 用 9.1.3 节的算法 Algorithm 44 求解.

由于我们的目的是找阶段 II 的启动点, 因此并不需要很精确地求解 (9.67)~(9.69), 如果迭代到某一步得到点 $(x^{(1)}, s^{(1)})$, 其中 $s^{(1)} < 0$, 则 $x^{(1)}$ 已经是式 (9.66) 的严格可行解, 因此可以将其作为阶段 II 的启动点.

如果找初始点 $x^{(0)} \in \cap_{i=1}^m \mathrm{Dom}(g_i)$ 有困难, 则可以考虑引入变量 $z_1, z_2, \cdots, z_m$, 考虑优化问题

$$\min \quad s, \tag{9.73}$$

$$\text{s.t.} \quad g_i(x + z_i) \leqslant s, \quad i = 1, 2, \cdots, m, \tag{9.74}$$

$$Ax = b, \quad s = 0, \quad z_i = 0, \quad i = 1, 2, \cdots, m. \tag{9.75}$$

优化问题 (9.73)~(9.75) 的初始点可以这样取: 先任取 x 的初始值, 然后取 z_i 使得 $x + z_i \in \mathrm{Dom}(g_i)$, 再取

$$s > \max\{g_i(x + z_i) : 1 \leqslant i \leqslant m\}. \tag{9.76}$$

这样的初始点满足除了 $Ax = b$ 之外的所有条件. 接下来便可用 9.1.3 节的算法 Algorithm 44 求解优化问题

$$\min \quad s - \frac{1}{t}\sum_{i=1}^m \ln(s - g_i(x + z_i)), \tag{9.77}$$

$$\text{s.t.} \quad Ax = b, \quad s = 0, \quad z_i = 0, \quad i = 1, 2, \cdots, m. \tag{9.78}$$

9.3 支持向量机

9.3.1 支持向量机模型

本节讨论一个应用实例, 就是**支持向量机 (support vector machine, SVM)** 模型. 支持向量机最早由 Vapnik 等提出 [92-93]. 1968 年, Smith 提出了带松弛变量的支持向量机模型, 用于解决不是线性可分的样本数据的分类问题 [94]. 到 20 世纪 90 年代, 支持向量机方法快速发展, 出现了各种各样的改进和扩展算法, 广泛应用于模式识别和人工智能领域, 在工业应用中也取得了成功, 在深度学习算法流行之前, 它一直是机器学习的主流算法.

设有样本数据 $(x_i, y_i), i = 1, 2, \cdots, N$, 其中 $x_i \in \mathbb{R}^n$ 是分类对象的特征, $y_i \in \{-1, 1\}$ 是类别标签, 指明分类对象所属的类别. 如果存在 $w \in \mathbb{R}^n$ 及 $b \in \mathbb{R}$ 使得

$$y_i(w^\mathrm{T} x_i + b) > 0, \qquad \forall i = 1, 2, \cdots, N, \tag{9.79}$$

则称样本数据 $(x_i, y_i), i = 1, 2, \cdots, n$ 是**线性可分的 (linearly separable)**, 此时称超平面 $w^{\mathrm{T}}x + b = 0$ 是样本数据的一个**分离超平面**. 我们可以利用分离超平面构造一个线性分类器 h_θ $(\theta = (w, b))$ 为

$$h_\theta(x) = \mathrm{sgn}(w^{\mathrm{T}}x + b) = \begin{cases} 1, & w^{\mathrm{T}}x + b > 0 \\ -1, & w^{\mathrm{T}}x + b < 0 \end{cases}, \tag{9.80}$$

不难验证, 对于正样本 (标签 y_i 的值为 1 的样本) 有 $h_\theta(x_i) = 1$, 对于负样本 (标签 y_i 的值为 -1 的样本) 有 $h_\theta(x_i) = -1$, 因此 h_θ 能够正确分类样本数据中的两类样本.

　　一个好的分离超平面应该与所有样本点都有一定的间距, 才能保证分类器 h_θ 具有很好的推广能力. 为了计算样本点 x_i 到超平面 $w^{\mathrm{T}}x + b = 0$ 的垂直距离, 需在超平面上找一点 x_0 使得 $x_i - x_0$ 与法向量 w 平行, 即

$$x_i - x_0 = \lambda w, \qquad w^{\mathrm{T}}x_0 + b = 0, \tag{9.81}$$

用 w^{T} 左乘第一个方程得 $w^{\mathrm{T}}x_i - w^{\mathrm{T}}x_0 = \lambda\|w\|_2^2$, 将第二个方程代入后得到 $w^{\mathrm{T}}x_i + b = \lambda\|w\|_2^2$, 由此得到

$$\lambda = \frac{w^{\mathrm{T}}x_i + b}{\|w\|_2^2}, \tag{9.82}$$

因此 x_i 到超平面 $w^{\mathrm{T}}x + b = 0$ 的垂直距离为

$$\begin{aligned} \gamma_i &= \|x_i - x_0\|_2 = \|\lambda w\|_2 = |\lambda|\|w\|_2 = \frac{|w^{\mathrm{T}}x_i + b|}{\|w\|_2} \\ &= \mathrm{sgn}(w^{\mathrm{T}}x_i + b)\frac{w^{\mathrm{T}}x_i + b}{\|w\|_2} \\ &= y_i\frac{w^{\mathrm{T}}x_i + b}{\|w\|_2}. \end{aligned} \tag{9.83}$$

　　现在我们来讨论找最优分离超平面的问题. 式 (9.83) 给出了点 x_i 到超平面 $w^{\mathrm{T}}x + b = 0$ 的垂直间距, 记 $\gamma = \min\limits_{1 \leqslant i \leqslant N} \gamma_i$, 表示所有训练样本点到超平面的间距的最小值, 找最优分离超平面的问题便可表述为使 γ 最大化的问题, 即

$$\max \quad \gamma = \min_{1 \leqslant i \leqslant N} \gamma_i. \tag{9.84}$$

但这个优化问题目标函数不可导, 因此将其转换为优化问题

$$\max \quad \gamma, \tag{9.85}$$

$$\mathrm{s.t.} \quad y_i\frac{w^{\mathrm{T}}x_i + b}{\|w\|_2} \geqslant \gamma, \qquad i = 1, 2, \cdots, N. \tag{9.86}$$

约束条件 (9.86) 可变形为

$$y_i \frac{w^{\mathrm{T}} x_i + b}{\|w\|_2 \gamma} \geqslant 1, \qquad i = 1, 2, \cdots, N, \tag{9.87}$$

令 $w' = w/(\|w\|_2 \gamma), b' = b/(\|w\|_2 \gamma)$, 则 $w'^{\mathrm{T}} x + b' = 0$ 与 $w^{\mathrm{T}} x + b = 0$ 表示同一个超平面, 且 $\|w'\|_2 = 1/\gamma$, 因此找最优分离超平面的问题便转换为优化问题

$$\min \quad \frac{1}{2} \|w'\|_2^2, \tag{9.88}$$

$$\text{s.t.} \quad y_i (w'^{\mathrm{T}} x_i + b') \geqslant 1, \qquad i = 1, 2, \cdots, N. \tag{9.89}$$

为了表示简洁, 用 w 表示 w', 用 b 表示 b', 得到凸二次规划

$$\min \quad \frac{1}{2} \|w\|_2^2, \tag{9.90}$$

$$\text{s.t.} \quad y_i (w^{\mathrm{T}} x_i + b) \geqslant 1, \qquad i = 1, 2, \cdots, N. \tag{9.91}$$

但在实际应用中, 样本数据未必是线性分离的, 因此需要对模型 (9.90)~(9.91) 做一些修改. 研究者提出引入松弛变量 $\xi_i, i = 1, 2, \cdots, N$ 将约束条件 (9.91) 放松为

$$y_i (w^{\mathrm{T}} x_i + b) \geqslant 1 - \xi_i, \quad \xi_i \geqslant 0, \qquad i = 1, 2, \cdots, N, \tag{9.92}$$

同时在目标函数中加入惩罚项, 将其修改为

$$\frac{1}{2} \|w\|_2^2 + c \sum_{i=1}^{N} \xi_i, \tag{9.93}$$

其中, c 是一个正实数, 改变 c 的大小可以调节对违背分离性条件的样本点的惩罚力度. 联立式 (9.92) 与式 (9.93) 便得到了支持向量机模型

$$\min \quad \frac{1}{2} \|w\|_2^2 + c \sum_{i=1}^{N} \xi_i, \tag{9.94}$$

$$\text{s.t.} \quad y_i (w^{\mathrm{T}} x_i + b) \geqslant 1 - \xi_i, \qquad i = 1, 2, \cdots, N, \tag{9.95}$$

$$\xi_i \geqslant 0, \qquad i = 1, 2, \cdots, N. \tag{9.96}$$

9.3.2 求解方法

支持向量机模型 (9.90)~(9.91) 以及 (9.94)~(9.96) 直接求解并不方便, 特别是模型 (9.94)~(9.96), 用两阶段法求解比较复杂. 我们需要从对偶问题中寻找灵感.

先来看模型 (9.90)~(9.91), 其 Lagrange 函数为

$$L(w, b, \lambda) = \frac{1}{2} \|w\|_2^2 + \sum_{i=1}^{N} \lambda_i \left(1 - y_i (w^{\mathrm{T}} x_i + b) \right), \tag{9.97}$$

根据 KKT 定理, (w^*, b^*) 是模型 (9.90)～(9.91) 的最优解的必要条件是存在 $\lambda^* \in \mathbb{R}^N$ 使得

$$w^* - \sum_{i=1}^{N} \lambda_i^* y_i x_i = 0, \qquad -\sum_{i=1}^{N} \lambda_i^* y_i = 0, \tag{9.98}$$

$$\lambda^* \succeq 0, \qquad \lambda_i^* \left(1 - y_i((w^*)^{\mathrm{T}} x_i + b^*)\right) = 0, \qquad i = 1, 2, \cdots, N. \tag{9.99}$$

假如已经求出满足 KKT 条件的 $\lambda^* \succeq 0$, 则由式 (9.98) 的第一个方程得

$$w^* = \sum_{i=1}^{N} \lambda_i^* y_i x_i, \tag{9.100}$$

因此 $\lambda^* \neq 0$(否则 $w^* = 0$), 记 $S := \{1 \leqslant j \leqslant N : \lambda_j^* > 0\}$, 则对于 $j \in S$, 由式 (9.99) 中的第二个等式得

$$y_j((w^*)^{\mathrm{T}} x_j + b) = 1, \tag{9.101}$$

即点 x_j 到超平面 $(w^*)^{\mathrm{T}} x + b^* = 0$ 的间距是所有训练样本点到该超平面的间距的最小值, 换言之, 将该超平面沿法线方向上下平移时, 首先接触到的点便是这些 x_j. 在机器学习中, 称这样的样本点 (向量) 为**支持向量 (support vector)**, 这大概就是 "支持向量机" 这一术语的来由.

设 $j \in S$, 注意到 $y_j \in \{-1, 1\}$, 方程 (9.101) 乘以 y_j 得 $(w^*)^{\mathrm{T}} x_j + b = y_j$, 因此有 $b = y_j - (w^*)^{\mathrm{T}} x_j$. 综上所述, 如果已求出 λ^*, 则有

$$w^* = \sum_{i \in S} \lambda_i^* y_i x_i, \tag{9.102}$$

$$b^* = y_j - (w^*)^{\mathrm{T}} x_j, \qquad j \in S, \tag{9.103}$$

换言之, 超平面参数 w 和 b 实际上是由样本数据子集 $\{(x_j, y_j) : j \in S\}$ 决定的, 即由支持向量决定的. 如果支持向量不只一个, 为了使参数估计更稳健, 通常是对每个支持向量计算 b^* 的值, 再取平均, 即

$$b^* = \frac{1}{\sharp S} \sum_{j \in S} \left(y_j - (w^*)^{\mathrm{T}} x_j\right), \tag{9.104}$$

其中, $\sharp S$ 表示集合 S 的基数, 即包含元素的个数.

计算 λ^* 需要解 (9.85)～(9.86) 的对偶问题. 先求对偶函数

$$L_D(\lambda) = \inf_{w \in \mathbb{R}^n, b \in \mathbb{R}} L(w, b, \lambda)$$

$$= \inf_{w \in \mathbb{R}^n, b \in \mathbb{R}} \frac{1}{2} \|w\|_2^2 + \sum_{i=1}^{N} \lambda_i (1 - y_i w^{\mathrm{T}} x_i) - b \sum_{i=1}^{N} \lambda_i y_i, \tag{9.105}$$

当 $\sum_{i=1}^{N} \lambda_i y_i \neq 0$ 时, L 可以取到任意负数, 因此 $L_D(\lambda) = -\infty$; 当 $\sum_{i=1}^{N} \lambda_i y_i = 0$ 时,

$$L(w, b, \lambda) = \frac{1}{2}\|w\|_2^2 + \sum_{i=1}^{N} \lambda_i(1 - y_i w^{\mathrm{T}} x_i), \tag{9.106}$$

它是 w 的二次函数, 在点 $w = \sum_{i=1}^{N} \lambda_i y_i x_i$ 取得最小值

$$-\frac{1}{2}\sum_{i=1}^{N}\sum_{j=1}^{N} \lambda_i \lambda_j y_i y_j \langle x_i, x_j \rangle + \sum_{i=1}^{N} \lambda_i, \tag{9.107}$$

其中, $\langle x_i, x_j \rangle = x_i^{\mathrm{T}} x_j$ 表示向量 x_i 与 x_j 的欧几里得内积. 综上所述, 二次规划 (9.90)~(9.91) 的对偶函数为

$$L_D(\lambda) = \begin{cases} -\dfrac{1}{2}\displaystyle\sum_{i=1}^{N}\sum_{j=1}^{N} \lambda_i \lambda_j y_i y_j \langle x_i, x_j \rangle + \sum_{i=1}^{N} \lambda_i, & \displaystyle\sum_{i=1}^{N} \lambda_i y_i = 0 \\ -\infty, & \displaystyle\sum_{i=1}^{N} \lambda_i y_i \neq 0 \end{cases}. \tag{9.108}$$

按照定义, 优化问题 (9.90)~(9.91) 的对偶问题为

$$\max \quad L_D(\lambda), \qquad \lambda \succeq 0, \tag{9.109}$$

由于对偶函数 L_D 的表达式中隐含了约束条件 $\sum_{i=1}^{N} \lambda_i y_i = 0$, 因此式 (9.109) 与下列优化问题等价:

$$\min \quad \frac{1}{2}\sum_{i=1}^{N}\sum_{j=1}^{N} \lambda_i \lambda_j y_i y_j \langle x_i, x_j \rangle - \sum_{i=1}^{N} \lambda_i, \tag{9.110}$$

$$\text{s.t.} \quad \sum_{i=1}^{N} \lambda_i y_i = 0, \tag{9.111}$$

$$\lambda \succeq 0. \tag{9.112}$$

为了表示简洁, 记 $g_{ij} = y_i y_j \langle x_i, x_j \rangle, G = (g_{ij})_{i,j=1,2,\cdots,N}$, 用 $\mathbb{1}_{N\times 1}$ 表示元素全为 1 的 N 维列向量, 则式 (9.110) 中的目标函数可表示为

$$\frac{1}{2}\lambda^{\mathrm{T}} G \lambda - \mathbb{1}_{N\times 1}^{\mathrm{T}} \lambda. \tag{9.113}$$

用内点法计算二次规划 (9.110)~(9.112) 需要求解等式约束优化问题

$$\min \quad f_t(\lambda) := \frac{1}{2}\lambda^{\mathrm{T}} G \lambda - \mathbb{1}_{N\times 1}^{\mathrm{T}} \lambda - \frac{1}{t}\sum_{i=1}^{N} \ln \lambda_i, \tag{9.114}$$

$$\text{s.t.} \ \sum_{i=1}^{N} \lambda_i y_i = 0. \tag{9.115}$$

这个优化问题可用 9.1.3 节的算法 Algorithm 44 求解. 求解过程中需要用到 f_t 的梯度向量和 Hesse 矩阵, 计算公式为

$$\nabla f_t(\lambda) = G\lambda - \mathbb{1}_{N \times 1} - \frac{1}{t}\left(\frac{1}{\lambda_1}, \frac{1}{\lambda_2}, \cdots, \frac{1}{\lambda_N}\right)^{\mathrm{T}}, \tag{9.116}$$

$$\nabla^2 f_t(\lambda) = G + \frac{1}{t}\mathrm{diag}\left(\frac{1}{\lambda_1^2}, \frac{1}{\lambda_2^2}, \cdots, \frac{1}{\lambda_N^2}\right). \tag{9.117}$$

求解支持向量机模型 (9.90)~(9.91) 的完整过程的伪代码描述如算法 Algorithm 47 所示.

Algorithm 47 (支持向量机模型 (9.90)~(9.91) 的对偶求解法)

Input:

    The training data $(x_i, y_i), i = 1, 2, \cdots, N$;

    The starting point $\lambda^{(0)} \succ 0$ and initial value $t^{(0)}$;

    The parameter $\mu > 1$;

    The tolerance ε;

    The number of central steps K;

Output:

    The approximation of the optimal point (w^*, b^*).

    $G \leftarrow (y_i y_j \langle x_i, x_j \rangle)_{i,j=1,2,\cdots,N}$;

    $t \leftarrow t^{(0)}$;

    for $i = 1, 2, \cdots, K$ **do**

        Solve the equality constrained problem (9.114)~(9.115) for central point $\lambda^*(t)$, using algorithm 44(with f replaced by f_t, and x replaced by λ);

        Renew the initial point $\lambda^{(0)} : \lambda^{(0)} \leftarrow \lambda^*(t)$;

        Renew the parameter $t : t \leftarrow \mu t$;

    end for

    $\lambda^* \leftarrow \lambda^*(t)$;

    $S \leftarrow \{1 \leqslant j \leqslant N: \ \lambda_j^* > 0\}$;

    Compute $w^*: w^* \leftarrow \sum_{i \in S} \lambda_i^* y_i x_i$;

    Compute b^*: $b^* \leftarrow (1/\sharp S) \sum_{j \in S} \left(y_j - (w^*)^{\mathrm{T}} x_j\right)$;

    Output w^* and b^*.

再来看训练样本不线性分离的支持向量机模型 (9.94)~(9.96), 其 Lagrange 函数为

$$L(w, b, \xi, \lambda, \mu) = \frac{1}{2}\|w\|_2^2 + c\sum_{i=1}^{N}\xi_i + \sum_{i=1}^{N}\lambda_i\left(1 - \xi_i - y_i(w^{\mathrm{T}}x_i + b)\right) - \sum_{i=1}^{N}\mu_i\xi_i. \tag{9.118}$$

其中, $\lambda, \mu \in \mathbb{R}^N$ 是 Lagrange 乘数向量. 根据 KKT 定理, (w^*, b^*, ξ^*) 是二次规划 (9.94)~卡 (9.96) 的最优点的必要条件是存在 $\lambda^*, \mu^* \in \mathbb{R}^N$ 使得下列条件成立:

$$w^* - \sum_{i=1}^{N} \lambda_i^* y_i x_i = 0, \qquad \sum_{i=1}^{N} \lambda_i^* y_i = 0, \tag{9.119}$$

$$\begin{pmatrix} c - \lambda_1^* - \mu_1^* \\ c - \lambda_2^* - \mu_2^* \\ \vdots \\ c - \lambda_N^* - \mu_N^* \end{pmatrix} = 0, \qquad \lambda^* \succeq 0, \qquad \mu^* \succeq 0, \qquad \xi^* \succeq 0, \tag{9.120}$$

$$\lambda_i^* \left(1 - \xi_i^* - y_i((w^*)^{\mathrm{T}} x_i + b^*)\right) = 0, \qquad \mu_i^* \xi_i^* = 0, \qquad i = 1, 2, \cdots, N. \tag{9.121}$$

由式 (9.120) 中的第一个方程得

$$\mu_i^* = c - \lambda_i^*, \qquad i = 1, 2, \cdots, N, \tag{9.122}$$

由式 (9.119) 中的第一个方程得

$$w^* = \sum_{i=1}^{N} \lambda_i^* y_i x_i. \tag{9.123}$$

再来看如何确定参数 b^*. 如果能找到 j 使得 $0 < \lambda_j^* < c$, 则由式 (9.121) 不难得到

$$b^* = y_j - (w^*)^{\mathrm{T}} x_j. \tag{9.124}$$

但在某些情况下找不到这样的 j, 这就需要另觅他途.

当 $\lambda_i = 0$ 时, $\mu_i = c - \lambda_i > 0$, 根据式 (9.121) 中的第二个等式得 $\xi_i = 0$, 从而由式 (9.95) 得

$$y_i \left((w^*)^{\mathrm{T}} x_i + b^*\right) \geqslant 1, \tag{9.125}$$

由此得到

$$b^* \begin{cases} \geqslant 1 - (w^*)^{\mathrm{T}} x_i, & y_i = 1 \\ \leqslant -1 - (w^*)^{\mathrm{T}} x_i, & y_i = -1 \end{cases}. \tag{9.126}$$

当 $\lambda_i = c$ 时, 根据式 (9.121) 中的第一个等式得

$$1 - \xi_i^* - y_i((w^*)^{\mathrm{T}} x_i + b^*) = 0, \tag{9.127}$$

因此

$$y_i((w^*)^{\mathrm{T}} x_i + b^*) = 1 - \xi_i^* \leqslant 1, \tag{9.128}$$

由此得到

$$b^* \begin{cases} \leqslant 1 - (w^*)^{\mathrm{T}} x_i, & y_i = 1 \\ \geqslant -1 - (w^*)^{\mathrm{T}} x_i, & y_i = -1 \end{cases}. \tag{9.129}$$

记

$$b_L := \max \left\{ \max_{i:\ \lambda_i^*=0, y_i=1} 1 - (w^*)^{\mathrm{T}} x_i, \ \max_{i:\ \lambda_i^*=c, y_i=-1} -1 - (w^*)^{\mathrm{T}} x_i \right\}, \tag{9.130}$$

$$b_U := \min \left\{ \min_{i:\ \lambda_i^*=0, y_i=-1} -1 - (w^*)^{\mathrm{T}} x_i, \ \min_{i:\ \lambda_i^*=c, y_i=1} 1 - (w^*)^{\mathrm{T}} x_i \right\}, \tag{9.131}$$

则有

$$b_L \leqslant b^* \leqslant b_U, \tag{9.132}$$

因此, 如果不存在 j 使得 $0 < \lambda_j^* < c$, 则任取 $b^* \in [b_L, b_U]$ 即可.

以上是假设对偶最优点 λ^* 已经得到的前提下进行的, 计算 λ^* 需要解 (9.94)~(9.96) 的对偶问题. 将 Lagrange 函数 (9.118) 整理成下列形式:

$$L(w, b, \xi, \lambda, \mu) = \frac{1}{2} \|w\|_2^2 + \sum_{i=1}^{N} \lambda_i (1 - y_i w^{\mathrm{T}} x_i) - b \sum_{i=1}^{n} \lambda_i y_i + \sum_{i=1}^{N} (c - \lambda_i - \mu_i) \xi_i, \tag{9.133}$$

可见, 欲使 $\displaystyle\inf_{w \in \mathbb{R}^n, b \in \mathbb{R}, \xi \in \mathbb{R}^N} L(w, b, \xi, \lambda, \mu) > -\infty$ 必须满足

$$\sum_{i=1}^{n} \lambda_i y_i = 0, \qquad c \mathbb{1}_{N \times 1} - \lambda - \mu = 0. \tag{9.134}$$

当条件 (9.134) 满足时有

$$L(w, b, \xi, \lambda, \mu) = \frac{1}{2} \|w\|_2^2 + \sum_{i=1}^{N} \lambda_i (1 - y_i w^{\mathrm{T}} x_i), \tag{9.135}$$

对于给定的 λ 和 μ, 它是 w 的二次函数, 在点 $w = \sum_{i=1}^{N} \lambda_i y_i x_i$ 取得最小值 (9.107), 因此二次规划 (9.94)~(9.96) 的对偶函数为

$$L_D(\lambda, \mu) = \inf_{w \in \mathbb{R}^n, b \in \mathbb{R}, \xi \in \mathbb{R}^N} L(w, b, \xi, \lambda, \mu)$$

$$= \begin{cases} -\dfrac{1}{2} \sum_{i=1}^{N} \sum_{j=1}^{N} \lambda_i \lambda_j y_i y_j \langle x_i, x_j \rangle + \sum_{i=1}^{N} \lambda_i, & \sum_{i=1}^{N} \lambda_i y_i = 0, \ c \mathbb{1}_{N \times 1} - \lambda - \mu = 0 \\ -\infty, & \text{其他} \end{cases}. \tag{9.136}$$

由此得到二次规划 (9.94)~(9.96) 的对偶问题为

$$\max \quad -\frac{1}{2}\sum_{i=1}^{N}\sum_{j=1}^{N}\lambda_i\lambda_j y_i y_j \langle x_i, x_j \rangle + \sum_{i=1}^{N}\lambda_i, \tag{9.137}$$

$$\text{s.t.} \quad \sum_{i=1}^{N}\lambda_i y_i = 0, \quad c\mathbb{1}_{N\times 1} - \lambda - \mu = 0, \tag{9.138}$$

$$\lambda \succeq 0, \quad \mu \succeq 0. \tag{9.139}$$

消去 μ 后, 可转换为等价优化问题

$$\min \quad \frac{1}{2}\sum_{i=1}^{N}\sum_{j=1}^{N}\lambda_i\lambda_j y_i y_j \langle x_i, x_j \rangle - \sum_{i=1}^{N}\lambda_i, \tag{9.140}$$

$$\text{s.t.} \quad \sum_{i=1}^{N}\lambda_i y_i = 0, \tag{9.141}$$

$$0 \preceq \lambda \preceq c\mathbb{1}_{N\times 1}. \tag{9.142}$$

令 $g_{ij} = y_i y_j \langle x_i, x_j \rangle, G = (g_{ij})_{i,j=1,2,\cdots,N}$, 则上述优化问题中的目标函数可表示为式 (9.113) 的形式.

用内点法计算二次规划 (9.140)～(9.142) 需要求解等式约束优化问题

$$\min \quad \psi_t(\lambda) := \frac{1}{2}\lambda^{\mathrm{T}}G\lambda - \mathbb{1}_{N\times 1}^{\mathrm{T}}\lambda - \frac{1}{t}\left(\sum_{i=1}^{N}\ln\lambda_i + \sum_{i=1}^{N}\ln(c-\lambda_i)\right), \tag{9.143}$$

$$\text{s.t.} \quad \sum_{i=1}^{N}\lambda_i y_i = 0. \tag{9.144}$$

这个优化问题可用 9.1.3 节的算法 Algorithm 44 求解. 求解过程中需要用到 ψ_t 的梯度向量和 Hesse 矩阵, 计算公式为

$$\nabla\psi_t(\lambda) = G\lambda - \mathbb{1}_{N\times 1} - \frac{1}{t}\left(\frac{1}{\lambda_1} - \frac{1}{c-\lambda_1}, \frac{1}{\lambda_2} - \frac{1}{c-\lambda_2}, \cdots, \frac{1}{\lambda_N} - \frac{1}{c-\lambda_N}\right)^{\mathrm{T}}, \tag{9.145}$$

$$\nabla^2\psi_t(\lambda) = G + \frac{1}{t}\mathrm{diag}\left(\frac{1}{\lambda_1^2} + \frac{1}{(c-\lambda_1)^2}, \frac{1}{\lambda_2^2} + \frac{1}{(c-\lambda_2)^2}, \cdots, \frac{1}{\lambda_N^2} + \frac{1}{(c-\lambda_N)^2}\right). \tag{9.146}$$

求解支持向量机模型 (9.94)～(9.96) 的完整过程的伪代码描述如算法 Algorithm 48 所示.

Algorithm 48 (支持向量机模型 (9.94)～(9.96) 的对偶求解法)

Input:

The training data $(x_i, y_i), i = 1, 2, \cdots, N$;

The starting point $\lambda^{(0)} \succ 0$ and initial value $t^{(0)}$;

The parameter $\mu > 1$;

The tolerance ε;

The number of central steps K;

Output:

The approximation of the optimal point (w^*, b^*).

$G \leftarrow (y_i y_j \langle x_i, x_j \rangle)_{i,j=1,2,\cdots,N}$;

$t \leftarrow t^{(0)}$;

for $i = 1, 2, \cdots, K$ **do**

    Solve the equality constrained problem (9.143)~(9.143) for central point $\lambda^*(t)$, using algorithm 44(with f replaced by ψ_t, and x replaced by λ);

    Renew the initial point $\lambda^{(0)}: \lambda^{(0)} \leftarrow \lambda^*(t)$;

    Renew the parameter $t: t \leftarrow \mu t$;

end for

$\lambda^* \leftarrow \lambda^*(t)$;

$S \leftarrow \{1 \leqslant j \leqslant N: \ \lambda_j^* > 0\}$;

Compute $w^*: w^* \leftarrow \sum_{i \in S} \lambda_i^* y_i x_i$;

$T = \{j \in S: \ \lambda_j^* < c\}$

if $T \neq \varnothing$ **then**

    Choose $j \in T$ and compute b^*: $b^* = y_j - (w^*)^{\mathrm{T}} x_j$;

else

    Compute b_L and b_U using formula (9.130) and (9.131);

    Choose $b^* \in [b_L, b_U]$;

end if

Output w^* and b^*.

求解支持向量机模型 (9.94)~(9.96) 的算法还有许多, 如序列最小化法 (sequential minimal optimization, SMO)[95], 对偶坐标下降法 (dual coordinate descent, DCD)[96]. 限于篇幅, 这里不展开介绍, 感兴趣的读者可阅读所列参考文献原文.

9.3.3　核支持向量机

有些训练数据集无法用超平面分离, 但可以用非线性的超曲面分离, 于是有研究者提出了**非线性支持向量机**的想法. 1992 年, Boser、Guyon 和 Vapnik 利用核方法 (kernel method) 实现了非线性支持向量机, 即所谓的核支持向量机 (kernel support vector machine, KSVM)[97], 在应用中取得了巨大的成功, 后来核方法得到大力推广.

设有样本数据 $\{(x_i, y_i): \ x_i \in \mathbb{R}^n, y_i \in \{-1, 1\}, i = 1, 2, \cdots, N\}$, 它在 $\mathbb{R}^n$ 中不是线性可分的, 于是考虑作一个映射 $\phi: \mathbb{R}^n \to F$, 其中, F 是新的特征空间, 使得 $\{(\phi(x_i), y_i): i = 1, 2, \cdots, N\}$ 在 F 中是线性可分的, 这个映射称为**特征变换**.

在变换后的特征空间 F 中, 样本数据 $\{(\phi(x_i), y_i): \ i = 1, 2, \cdots, N\}$ 是线性可分的, 找最佳分离超平面的问题可表述为

$$\min \ \frac{1}{2} \|w\|^2, \tag{9.147}$$

$$\text{s.t.} \ \ y_i \left(\langle w, \phi(x_i) \rangle + b \right) \geqslant 1, \qquad i = 1, 2, \cdots, N. \tag{9.148}$$

其中, $w, \phi(x_i) \in F$, $\langle w, \phi(x_i) \rangle$ 表示 w 与 $\phi(x_i)$ 在 F 中的内积, $\|w\|^2 = \langle w, w \rangle$, 其对偶

问题为

$$\min \quad \frac{1}{2}\sum_{i=1}^{N}\sum_{j=1}^{N}\lambda_i\lambda_j y_i y_j \langle \phi(x_i),\phi(x_j)\rangle - \sum_{i=1}^{N}\lambda_i, \tag{9.149}$$

$$\text{s.t.} \quad \sum_{i=1}^{N}\lambda_i y_i = 0, \tag{9.150}$$

$$\lambda \succeq 0, \tag{9.151}$$

其中, $\langle \phi(x_i),\phi(x_j)\rangle$ 表示 $\phi(x_i)$ 与 $\phi(x_j)$ 在 F 中的内积. 与优化问题 (9.110)~(9.112) 相比, 唯一的差别就是将目标函数中的 $\langle x_i, x_j\rangle$ 替换成了 $\langle \phi(x_i),\phi(x_j)\rangle$, 因此优化问题 (9.149)~(9.151) 的求解方法与 (9.110)~(9.112) 是完全一样的.

但是在实际应用中, 变换后的特征空间 F 的维数 n' 要远大于原特征空间的维数 n, 甚至可能是 $n' = \infty$, 因此直接计算内积 $\langle \phi(x_i),\phi(x_j)\rangle$ 的时间开销太大. 为了解决这个问题, Vapnik 等提出了核方法.

设 $\Omega \subseteq \mathbb{R}^n$, 称连续函数 $\kappa: \Omega \times \Omega \to \mathbb{R}$ 是**核函数 (kernel function)**, 如果它满足下列性质:

i). **对称性**: $\kappa(x,z) = \kappa(z,x), \forall\, x,z \in \Omega$;

ii). **半正定性**: 对任意两两不同的点 $x_1, x_2, \cdots, x_l \in \Omega$, 矩阵 $(\kappa(x_i,x_j))_{i,j=1,2,\cdots,l}$ 都是半正定的.

例如,

$$\kappa_1(x,z) = (\gamma x^{\mathrm{T}} z + \beta)^k, \qquad \kappa_2(x,z) = \mathrm{e}^{-\|x-z\|_2^2/(2\sigma^2)}, \tag{9.152}$$

都是核函数, 后一个称为 **Gauss 核函数**.

利用核函数 κ 可以定义一个线性空间. 首先, 对于任意 $x \in \Omega$, 映射

$$\kappa(x,\cdot): \Omega \to \mathbb{R}, \qquad z \mapsto \kappa(x,z)$$

是 Ω 上的连续函数, 因此对任意正整数 l、点 $x_1, x_2, \cdots, x_l \in \Omega$ 及实数 $c_1, c_2, \cdots, c_l$, 有限线性组合

$$f := \sum_{i=1}^{l} c_i \kappa(x_i,\cdot) \tag{9.153}$$

也是 Ω 上的连续函数. 记 F' 是所有这样的有限线性组合的集合, 即

$$F' := \left\{ \sum_{i=1}^{l} c_i \kappa(x_i,\cdot) : l \in \mathbb{N}, x_i \in \Omega, c_i \in \mathbb{R}, i = 1, 2, \cdots, l \right\}, \tag{9.154}$$

则 F' 是一个线性空间, 其中的元素是 Ω 上的连续函数. 接下来我们要在 F' 上定义一个内积 $\langle \cdot, \cdot \rangle$. 首先, 对于任意 $x_1, x_2 \in \Omega$, 定义

$$\langle \kappa(x_1,\cdot), \kappa(x_2,\cdot) \rangle = \kappa(x_1, x_2), \tag{9.155}$$

然后将上述定义线性扩张到 F' 上去, 即对于 $f = \sum_{i=1}^{l_1} c_i \kappa(x_i, \cdot)$ 和 $g = \sum_{j=1}^{l_2} d_j \kappa(x_j, \cdot)$, 定义

$$\langle f, g \rangle := \sum_{i=1}^{l_1} \sum_{j=1}^{l_2} c_i d_j \kappa(x_i, x_j). \tag{9.156}$$

不难验证 $\langle \cdot, \cdot \rangle$ 是对称双线性运算, 且满足

$$\langle f, \kappa(z, \cdot) \rangle = \sum_{i=1}^{l_1} c_i \langle \kappa(x_i, \cdot), \kappa(z, \cdot) \rangle = \sum_{i=1}^{l_1} c_i \kappa(x_i, z) = f(z), \qquad \forall f \in F', z \in \Omega, \tag{9.157}$$

这个性质称为**再生性 (reproducing property)**. 为了证明 $\langle \cdot, \cdot \rangle$ 是 F' 上的内积, 还需证明它满足正定性. 由于 κ 满足半正定性, 因此对任意 $f \in F'$ 皆有

$$\langle f, f \rangle = \sum_{i=1}^{l} \sum_{j=1}^{l} c_i c_j \kappa(x_i, x_j) \geqslant 0, \tag{9.158}$$

因此 $\langle \cdot, \cdot \rangle$ 是半正定的, 从而满足 Cauchy-Schwarz 不等式

$$|\langle f, g \rangle| \leqslant \|f\| \cdot \|g\|, \qquad \forall f, g \in F', \tag{9.159}$$

其中,

$$\|f\| = \sqrt{\langle f, f \rangle}, \qquad \forall f \in F'. \tag{9.160}$$

如果 $\|f\| = 0$, 则由再生性得

$$|f(x)| = |\langle f, \kappa(x, \cdot) \rangle| \leqslant \|f\| \cdot \|\kappa(x, \cdot)\| = 0, \qquad \forall x \in \Omega, \tag{9.161}$$

因此 $f = 0$, 这就证明了 $\langle \cdot, \cdot \rangle$ 是 F' 上的内积, 从而由式 (9.160) 定义的 $\|\cdot\|$ 是 F' 上的范数.

设 $\{f_k: k = 1, 2, \cdots\} \subseteq F'$, 如果

$$\lim_{k \to \infty} \|f_{k+l} - f_k\| = 0, \qquad \forall l \in \mathbb{N}, \tag{9.162}$$

则称 $\{f_k: k = 1, 2, \cdots\}$ 是 F' 中的 **Cauchy 序列**.

对于 F' 中 Cauchy 序列 $\{f_k: k = 1, 2, \cdots\}$, 它有极限 $f = \lim_{k \to \infty} f_k$, 但这个极限可能不在 F' 中. 如果把每个 Cauchy 序列的极限都加进来, 得到的空间记作 F, 则 F 中每个 Cauchy 序列都在 F 中收敛, 我们把这样的空间称为**完备的内积空间**或 **Hilbert 空间**. 我们把 F 称为 F' 的**完备化空间**.

综上所述, 我们从一个核函数 κ 构造出一个内积空间 F', 再将其完备化得到一个 Hilbert 空间 F, 它就是我们要找的特征空间. 特征变换又如何定义呢? 可以这样定义特征变换 ϕ:

$$\phi: \quad \Omega \quad \to \quad F, \qquad x \mapsto \phi(x) = \kappa(x, \cdot), \tag{9.163}$$

则有

$$\langle \phi(x_i), \phi(x_j) \rangle = \langle \kappa(x_i, \cdot), \kappa(x_j, \cdot) \rangle = \kappa(x_i, x_j), \tag{9.164}$$

通过这种方式把特征空间 F 上的内积运算转化为求核函数 κ 的值的运算, 而不必先求出 $\phi(x_i)$ 和 $\phi(x_j)$, 再计算内积, 这样可以大大提高计算效率, 这正是核方法的精妙之处.

利用核函数 κ 可以把目标函数 (9.149) 表示成

$$\frac{1}{2} \sum_{i=1}^{N} \sum_{j=1}^{N} \lambda_i \lambda_j y_i y_j \kappa(x_i, x_j) - \sum_{i=1}^{N} \lambda_i, \tag{9.165}$$

如果令 $g_{ij} = y_i y_j \kappa(x_i, x_j), G = (g_{ij})_{i,j=1,2,\cdots,N}$, 则目标函数 (9.149) 可表示为 (9.113) 的形式, 因此只需对算法 Algorithm 47 稍做修改便可求解优化问题 (9.149)~(9.151).

求出对偶问题 (9.149)~(9.151) 的最优解 λ^* 后, 根据 KKT 条件可得

$$w^* = \sum_{i \in S} \lambda_i^* y_i \phi(x_i), \tag{9.166}$$

$$b^* = y_j - \langle w^*, \phi(x_j) \rangle, \qquad j \in S, \tag{9.167}$$

其中, $S := \{1 \leqslant j \leqslant N : \lambda_j^* > 0\}$. 对于未知类别的样本特征 x, 可以通过计算

$$h(x) := \operatorname{sgn}\left(\langle w^*, x \rangle + b^*\right)$$

$$= \operatorname{sgn}\left(\sum_{i \in S} \lambda_i^* y_i \langle \phi(x_i), x \rangle + y_j - \sum_{i \in S} \lambda_i^* y_i \langle \phi(x_i), \phi(x_j) \rangle \right)$$

$$= \operatorname{sgn}\left(\sum_{i \in S} \lambda_i^* y_i \kappa(x_i, x) + y_j - \sum_{i \in S} \lambda_i^* y_i \kappa(x_i, x_j) \right) \tag{9.168}$$

判定其类别. 纵观整个模型训练和新样本判类的过程, 只需用到核函数 κ, 并不需要显式地计算特征变换 ϕ, 这就避免了因特征空间 F 的高维数而带来的计算困难.

如果在特征空间 F 中, 训练样本也不是线性分离的, 则需要加入松弛变量 $\xi = (\xi_1, \xi_2, \cdots, \xi_N)^{\mathrm{T}}$, 考虑模型

$$\min \quad \frac{1}{2} \|w\|^2 + c \sum_{i=1}^{N} \xi_i, \tag{9.169}$$

$$\text{s.t.} \ \ y_i \left(\langle w, \phi(x_i) \rangle + b \right) \geqslant 1 - \xi_i, \qquad i = 1, 2, \cdots, N, \tag{9.170}$$

$$\xi \succeq 0. \tag{9.171}$$

其对偶问题为

$$\min \ \frac{1}{2} \sum_{i=1}^{N} \sum_{j=1}^{N} \lambda_i \lambda_j y_i y_j \langle \phi(x_i), \phi(x_j) \rangle - \sum_{i=1}^{N} \lambda_i, \tag{9.172}$$

$$\text{s.t.} \quad \sum_{i=1}^{N} \lambda_i y_i = 0, \tag{9.173}$$

$$0 \preceq \lambda \preceq c\mathbb{1}_{N \times 1}. \tag{9.174}$$

利用核方法求解 (9.172)~(9.174) 的过程与求解 (9.149)~(9.151) 的过程类似, 不再赘述.

9.3.4 计算实例

本节给出两个计算实例.

先来看样本数据线性可分的支持向量机模型 (9.85)~(9.86) 的计算实例. 给定样本数据

$$X = \begin{pmatrix} 0 & 1 & 0 & 0 & 2 & 0 & 0 & 3 & 4 \\ 0 & 0 & 1 & 0 & 0 & 2 & 0 & 3 & 2 \\ 0 & 0 & 0 & 1 & 0 & 0 & 2 & 3 & 4 \end{pmatrix}, \tag{9.175}$$

$$y = (1, 1, 1, 1, -1, -1, -1, -1, -1), \tag{9.176}$$

其中, X 是样本特征矩阵, 每一列代表一个训练样本的特征向量, y 是训练样本的标签, 与 X 对应. 计算最佳分离超平面的 MATLAB 程序如下:

```
function [lambda,w,b]=chap9_3_seperatedSVM(X,y)
%%%%%%%%%%%%%%%%%%%%%%%%%%%%%%%%%%%%%%%%
%%这个函数利用9.3.2节的算法Algorithm 47求解训练样本线性可分的支持向量机
%%模型(9.85)~(9.86)
%%输入参数:X--样本特征矩阵，每一列代表一个样本的特征
%%        y--类别标签，与X对应
%%输出参数: lambda--对偶最优解
%%        w,b--最佳分离超平面的法向量和常数项
%%%%%%%%%%%%%%%%%%%%%%%%%%%%%%%%%%%%%%%%
N=size(X,2);
lambda=10*ones(N,1);                  %%初始点
t=0.0005;
mu=2;
ep=1e-12;
numIter=30;              %%迭代次数
s=1/t;
nu=0;
alpha=0.01;
beta=0.5;

G=zeros(N,N);
for i=1:N
    for j=1:N
        G(i,j)=y(i)*y(j)*X(:,i)'*X(:,j);
    end
end
```

```
end
grft=G*lambda-ones(N,1)-s*(1./lambda);          %%计算梯度向量
Hessft=G+s*diag(1./lambda.^2);                  %%计算Hesse矩阵
r=[grft+y'*nu;y*lambda];                         %%计算残差向量r(lambda,nu)
rn=r'*r;                                          %%计算残差向量r的范数的平方
for j=1:numIter
    while rn>ep
        K=[Hessft,y';y,0];
        dw=-K\r;                       %%计算主-对偶牛顿步
        dlambda=dw(1:N);
        dnu=dw(N+1);
        t=1;
        lambda1=lambda+t*dlambda;
        nu1=nu+t*dnu;
        grft1=G*lambda1-ones(N,1)-s*(1./lambda1);
        r1=[grft1+y'*nu1;y*lambda1];
        r1n=r1'*r1;
        while r1n>(1-alpha*t)^2*rn    %%回溯线搜索, 见算法Algorithm 43
            t=beta*t;
            lambda1=lambda+t*dlambda;
            nu1=nu+t*dnu;
            grft1=G*lambda1-ones(N,1)-s*(1./lambda1);
            r1=[grft1+y'*nu1;y*lambda1];
            r1n=r1'*r1;
        end
        lambda=lambda1;       %%更新变量lambda
        nu=nu1;               %%更新变量nu
        Hessft=G+s*diag(1./lambda.^2);      %%重新计算Hesse矩阵
        r=r1;
        rn=r1n;
    end
    s=s/mu;
    grft=G*lambda-ones(N,1)-s*(1./lambda);
    Hessft=G+s*diag(1./lambda.^2);
    r=[grft+y'*nu;y*lambda];
    rn=r'*r;
end
S=find(lambda>0.00001);          %%找支持向量(的索引)
w=X(:,S)*(lambda(S).*y(S)');
nS=size(S,1);
b=(1/nS)*sum(y(S)-w'*X(:,S));
end
```

输入样本数据后, 计算得到

$$\lambda^* = (0.0000, 2.0000, 2.0000, 2.0000, 2.0000, 2.0000, 2.0000, 0.0000, 0.0000)^{\mathrm{T}}, \qquad (9.177)$$

$$w^* = (-2.0000, -2.0000, -2.0000)^{\mathrm{T}}, \qquad b^* = 3.0000. \qquad (9.178)$$

再来看样本数据不是线性可分的支持向量机模型 (9.94)~(9.96) 的计算实例. 利用算法 Algorithm 48 来估计最佳分类超平面的法向量 w^* 和常数项 b^*, 实现算法的 MATLAB 代码如下:

```matlab
function [lambda,w,b]=chap9_3_nonseparatedSVM(X,y)
%%%%%%%%%%%%%%%%%%%%%%%%%%%%%%%%%%%%%%%%%%%%
%%这个函数利用9.3.2节的算法Algorithm 48求解训练样本不是线性可分的支持
%%向量机模型(9.94)~(9.96)
%%输入参数:X--样本特征矩阵, 每一列代表一个样本的特征
%%        y--类别标签, 与X对应
%%输出参数: lambda--对偶最优解
%%        w,b--最佳分离超平面的法向量和常数项
%%%%%%%%%%%%%%%%%%%%%%%%%%%%%%%%%%%%%%%%%%%%
N=size(X,2);
c=10;
lambda=(c/2)*ones(N,1);                  %%初始点
t=0.002;
mu=2;
ep=1e-12;
numIter=30;                 %%迭代次数
s=1/t;
nu=0;
alpha=0.01;
beta=0.5;
G=zeros(N,N);
for i=1:N
    for j=1:N
        G(i,j)=y(i)*y(j)*X(:,i)'*X(:,j);
    end
end
grft=G*lambda-ones(N,1)-s*(1./lambda-1./(c-lambda));   %%计算梯度向量
Hessft=G+s*diag(1./lambda.^2+1./(c-lambda).^2);        %%计算Hesse矩阵
r=[grft+y'*nu;y*lambda];                      %%计算残差向量r(lambda,nu)
rn=r'*r;                                      %%计算残差向量r的范数的平方
for j=1:numIter
    while rn>ep
        K=[Hessft,y';y,0];
        dw=-K\r;                %%计算主-对偶牛顿步
        dlambda=dw(1:N);
        dnu=dw(N+1);
        t=1;
```

```
                lambda1=lambda+t*dlambda;
                nu1=nu+t*dnu;
                grft1=G*lambda1-ones(N,1)-s*(1./lambda1-1./(c-lambda1));
                r1=[grft1+y'*nu1;y*lambda1];
                r1n=r1'*r1;
                while r1n>(1-alpha*t)^2*rn        %%回溯线搜索，见算法Algorithm 43
                    t=beta*t;
                    lambda1=lambda+t*dlambda;
                    nu1=nu+t*dnu;
                    grft1=G*lambda1-ones(N,1)-s*(1./lambda1-1./(c-lambda1));
                    r1=[grft1+y'*nu1;y*lambda1];
                    r1n=r1'*r1;
                end
                lambda=lambda1;
                nu=nu1;
                Hessft=G+s*diag(1./lambda.^2+1./(c-lambda).^2);
                r=r1;
                rn=r1n;
            end
            s=s/mu;
            grft=G*lambda-ones(N,1)-s*(1./lambda-1./(c-lambda));
            Hessft=G+s*diag(1./lambda.^2+1./(c-lambda).^2);
            r=[grft+y'*nu;y*lambda];
            rn=r'*r;
end
S=find(lambda>0.00001);
w=X(:,S)*(lambda(S).*y(S)');
S1=find((lambda>0.00001)&(lambda<c-0.00001));
nS1=size(S1,1);
if nS1>0                        %%根据不同的情况计算常数项b
    b=(1/nS1)*sum(y(S1)-w'*X(:,S1));
else
    S2=find((lambda<0.00001)&(y'>0));
    S3=find((lambda<0.00001)&(y'<0));
    S4=find((lambda>c-0.00001)&(y'>0));
    S5=find((lambda>c-0.00001)&(y'<0));
    nS2=size(S2,1);
    if nS2>0
        bL1=max(1-w'*X(:,S2));
    else
        bL1=-inf;
    end
    nS5=size(S5,1);
    if nS5>0
        bL2=max(-1-w'*X(:,S5));
```

```
    else
        bL2=-inf;
    end
    bL=max([bL1,bL2]);
    nS3=size(S3,1);
    if nS3>0
        bU1=min(-1-w'*X(:,S3));
    else
        bU1=inf;
    end
    nS4=size(S4,1);
    if nS4>0
        bU2=min(1-w'*X(:,S4));
    else
        bU2=inf;
    end
    bU=min([bU1,bU2]);
    if bL>-inf
        b=bL;
    else
        if bU<inf
            b=bU;
        else
            b=0;
        end
    end
end
end
```

利用例 6.2 的数据做计算实验. 为了使用支持向量机, 输入数据之前, 需对标签数据 y 作变换, 把标签值 0 映射为 -1, 标签值 1 映射为 1, 这一步可以通过 $y \leftarrow 2(y - 1/2)$ 实现. 输入数计算后, 结果为

$$w^* = (1.8570, -3.5526, 4.7113)^{\mathrm{T}}, \qquad b^* = 0.3741. \tag{9.179}$$

拓展阅读建议

本章介绍了等式约束凸优化问题的数值算法、不等式约束凸优化问题的内点法以及支持向量机模型及其解法, 并给出了相应的计算实例. 这些内容是数值优化的基础, 也是学习优化理论与方法在机器学习、图像处理、系统控制、管理科学与工程、统计学、大数据等领域中应用的必备基础. 关于等式约束凸优化问题的收敛性分析可参考 Boyd 和 Vandenberghe 的著作 [6] 的 10.3 节. 关于启动点不是可行点的内点法以及二阶段法的更多内容可参见文献 [6, 66]. 关于支持向量机和核方法的系统内容可参见文献 [77-78, 98-100]. 广义不等式约

束凸优化问题也是一类重要的优化问题, 限于篇幅, 本书未展开介绍, 读者可参见文献 [6], 关于半定优化问题的综述文章可参见文献 [101].

第 9 章习题

1. 设

$$K = \begin{pmatrix} P & A^{\mathrm{T}} \\ A & 0 \end{pmatrix}, \tag{9.180}$$

其中, P 是 n 阶半正定对称矩阵, $A \in \mathbb{R}^{m \times n}$ 是行满秩矩阵, $m < n$. 证明下列 5 个命题彼此等价:

(I). K 是非奇异的.

(II). $\mathcal{N}(A) \cap \mathcal{N}(P) = \{0\}$, 其中 $\mathcal{N}(A)$ 表示 A 的零空间.

(III). $Ax = 0, x \neq 0 \ \Rightarrow \ x^{\mathrm{T}} P x > 0$.

(IV). 如果 $F \in \mathbb{R}^{n \times (n-m)}$ 满足 $\mathcal{R}(F) = \mathcal{N}(A)$, 则必有 $F^{\mathrm{T}} P F \succ 0$, 其中 $\mathcal{R}(F)$ 表示 F 的像空间.

(V). 存在 m 阶半正定对称矩阵 Q 使得 $P + A^{\mathrm{T}} Q A \succ 0$.

2. 考察优化问题:

$$\min f(x) = -\sum_{i=1}^{n} \ln x_i, \qquad \text{s.t.} \quad Ax = b, \tag{9.181}$$

其中, $A \in \mathbb{R}^{m \times n}, b \in \mathbb{R}^m, m < n$. 求其对偶函数, 并写出其对偶问题.

3. 设 f 是二阶连续可微的凸函数, 考察等式约束优化问题

$$\min f(x), \qquad \text{s.t.} \quad Ax = b, \tag{9.182}$$

其中, $A \in \mathbb{R}^{m \times n}, b \in \mathbb{R}^m, m < n$. 设 P 是 n 阶非奇异矩阵, 考察优化问题

$$\min \bar{f}(x) := f(Px), \qquad \text{s.t.} \quad APx = b. \tag{9.183}$$

i). 分别写出优化问题 (9.182) 和 (9.183) 的 KKT 方程.

ii). 求这两个优化问题的牛顿步和牛顿减量.

iii). 比较这两个优化问题的牛顿步和牛顿减量, 看看二者有何关系.

4. 请推导 9.2 节的式 (9.42) 和式 (9.43).

5. 请推导 9.2 节的式 (9.55) 和式 (9.56).

6. 请推导 9.3 节的式 (9.116) 和式 (9.117).

机器学习中常用的复合优化算法

10.1 增广 Lagrange 函数法

10.1.1 对偶上升法

考虑线性等式约束优化问题

$$\min \quad f(x), \quad x \in \mathbb{R}^n \qquad \text{s.t.} \quad Ax = b, \tag{10.1}$$

其中, $A \in \mathbb{R}^{m \times n}, b \in \mathbb{R}^m$. 优化问题 (10.1) 的 Lagrange 函数为

$$L(x, y) = f(x) + y^{\mathrm{T}}(Ax - b), \tag{10.2}$$

其对偶函数为

$$L_D(y) := \inf_x L(x, y) = -f^*(-A^{\mathrm{T}}y) - b^{\mathrm{T}}y, \tag{10.3}$$

其中, f^* 是 f 的共轭函数, 即

$$f^*(y) = \sup_x \left(y^{\mathrm{T}}x - f(x) \right). \tag{10.4}$$

如果优化问题 (10.1) 满足强对偶性 (例如 f 是凸函数且可行集非空), 则可以先通过解对偶问题

$$\max_y \quad L_D(y) \tag{10.5}$$

得到对偶最优点 y^*, 再通过解优化问题

$$\min \quad L(x, y^*) \tag{10.6}$$

得到原问题的最优点 x^*.

为了表述方便, 我们引入两个记号. 如果 x^* 是优化问题 $\min\limits_{x \in S} f(x)$ 的最优解 (之一), 则记

$$x^* = \underset{x \in S}{\operatorname{argmin}} f(x), \tag{10.7}$$

如果变量 x 的取值范围可通过上下文得知, 则简记

$$x^* = \underset{x}{\operatorname{argmin}} f(x). \tag{10.8}$$

同理, 如果 x^* 是优化问题 $\max\limits_{x \in S} f(x)$ 的解, 则记

$$x^* = \underset{x \in S}{\operatorname{argmax}} f(x), \tag{10.9}$$

如果变量 x 的取值范围可通过上下文得知, 则简记

$$x^* = \underset{x}{\operatorname{argmax}} f(x). \tag{10.10}$$

所谓**对偶上升法 (dual ascent method)**, 就是从某个初始点 $(x^{(0)}, y^{(0)})$ 出发, 交替执行下列迭代更新操作:

$$x^{(k+1)} = \underset{x}{\operatorname{argmin}} L(x, y^{(k)}), \tag{10.11}$$

$$y^{(k+1)} = y^k + s^{(k)} \nabla_y L(x^{(k+1)}, y^{(k)})$$

$$= y^k + s^{(k)}(Ax^{(k+1)} - b), \tag{10.12}$$

其中, $s^{(k)} > 0$ 是步长, 每一步迭代的步长可能不一样. 对偶变量 y 可理解为**影子价格 (向量)**, 式 (10.12) 称为**价格更新步骤**或**价格调整步骤**, 不断迭代将使对偶函数的值增加, 这种算法因此而得名.

当 f 满足若干条件时, 上述对偶上升算法是收敛的. 但在大多数应用场景中, 优化问题未必满足这些条件, 因此不能保证对偶上升法的收敛性.

10.1.2 增广 Lagrange 乘数法

为了能使对偶上升法在更宽松的条件下收敛, 同时提高算法的稳健性, Hestenes [102-103] 和 Powell[104] 等提出将 Lagrange 函数修改成下列形式:

$$L(x, y, \rho) = f(x) + y^{\mathrm{T}}(Ax - b) + \frac{\rho}{2}\|Ax - b\|_2^2, \tag{10.13}$$

这就是所谓的**增广 Lagrange 函数 (augmented Lagrangian function)**, 其中 $\rho > 0$ 是惩罚因子, ρ 取得越大, 表示对违背约束条件 $Ax = b$ 的惩罚越重. 换一个角度, 增广 Lagrange 函数 $L(x, y, \rho)$ 也可以看作下列优化问题的 (传统意义下)Lagrange 函数:

$$\min \quad f(x) + \frac{\rho}{2}\|Ax - b\|_2^2, \quad x \in \mathbb{R}^n \qquad \text{s.t.} \quad Ax = b. \tag{10.14}$$

优化问题 (10.14) 与 (10.1) 显然是等价的.

引入增广 Lagrange 函数有什么好处呢? 答案是它可以改进 Lagrange 函数的性质, 从而在更宽松的条件下保证迭代算法的收敛性. 例如, 在没有 f 的有界性和严格凸性的条件下, 也可以给出保证下列交替迭代算法收敛性的条件:

$$x^{(k+1)} = \underset{x}{\arg\min}\, L(x, y^{(k)}, \rho), \tag{10.15}$$

$$
\begin{aligned}
y^{(k+1)} &= y^{(k)} + \rho \nabla_y L(x^{(k+1)}, y^{(k)}, \rho) \\
&= y^{(k)} + \rho(Ax^{(k+1)} - b).
\end{aligned} \tag{10.16}
$$

至于为什么步长取为 ρ, 这是因为这样取步长可使

$$
\begin{aligned}
\nabla f(x^{(k+1)}) + A^{\mathrm{T}} y^{(k+1)} &= \nabla f(x^{(k+1)}) + A^{\mathrm{T}}\left(y^{(k)} + \rho(Ax^{(k+1)} - b)\right) \\
&= \nabla_x L(x^{(k+1)}, y^{(k)}, \rho) = 0,
\end{aligned} \tag{10.17}
$$

其中最后一个等号是因为式 (10.15), 因此 $(x^{(k+1)}, y^{(k+1)})$ 满足原优化问题 (10.1) 的 KKT 方程

$$\nabla f(x) + A^{\mathrm{T}} y = 0, \tag{10.18}$$

随着迭代次数的增加, 主残差 (primal residual)$Ax^{(k+1)} - b$ 收敛于 0, 从而最终满足原问题 (10.1) 的最优性条件.

增广 Lagrange 乘数法的应用范围当然不限于线性约束优化问题. 事实上, 对于一般的等式约束优化问题

$$\min \quad f(x), \quad x \in \mathbb{R}^n \qquad \text{s.t.} \quad g_i(x) = 0, \quad i = 1, 2, \cdots, m, \tag{10.19}$$

只需构造增广 Lagrange 函数

$$L(x, y, \rho) := f(x) + y^{\mathrm{T}} g(x) + \frac{\rho}{2}\|g(x)\|_2^2, \tag{10.20}$$

其中, $g = (g_1, g_2, \cdots, g_m)^{\mathrm{T}}$. 这种情况下的迭代算法为

$$x^{(k+1)} = \underset{x}{\arg\min}\, L(x, y^{(k)}, \rho), \tag{10.21}$$

$$y^{(k+1)} = y^{(k)} + \rho g(x^{(k+1)}). \tag{10.22}$$

对于不等式约束的优化问题

$$\min \quad f(x), \quad x \in \mathbb{R}^n \qquad \text{s.t.} \quad g_i(x) \leqslant 0, \quad i = 1, 2, \cdots, m, \tag{10.23}$$

可引入松弛变量 $z = (z_1, z_2, \cdots, z_m)^{\mathrm{T}}$, 将其转换为优化问题

$$\min \quad f(x), \quad x \in \mathbb{R}^n \qquad \text{s.t.} \quad g_i(x) + z_i = 0, \quad z_i \geqslant 0, \quad i = 1, 2, \cdots, m, \tag{10.24}$$

然后构造增广 Lagrange 函数

$$L(x, z, y, \rho) := f(x) + y^{\mathrm{T}}(g(x) + z) + \frac{\rho}{2} \|g(x) + z\|_2^2, \tag{10.25}$$

用下列迭代公式求解:

$$\left(x^{(k+1)}, z^{(k+1)}\right) = \underset{x}{\operatorname{argmin}} \, L(x, z, y^{(k)}, \rho), \qquad \text{s.t.} \quad z \succeq 0, \tag{10.26}$$

$$y^{(k+1)} = y^{(k)} + \rho \left(g(x^{(k+1)}) + z^{(k+1)}\right). \tag{10.27}$$

其中, 迭代步骤 (10.26) 可以用内点法或投影梯度法求解.

10.2 次梯度与次微分

10.2.1 扩展实值函数

在优化理论中, 我们经常需要通过对一族函数取上确界或下确界来定义一个新的函数, 这就会产生函数值取 $\pm\infty$ 的问题, 由于这种现象频繁出现, 因此有必要对传统函数的概念作一些拓展.

首先规定对任意实数 a 皆有 $-\infty < a < \infty$, 其次规定 $\pm\infty$ 满足下列运算规则:

$$\infty + a = \infty, \qquad -\infty + a = -\infty, \qquad \forall a \in \mathbb{R}, \tag{10.28}$$

$$0 \cdot (\pm\infty) = 0, \qquad a \cdot (\pm\infty) = \pm\infty, \qquad \forall a > 0, \tag{10.29}$$

$$b \cdot (\pm\infty) = \mp\infty, \qquad \forall b < 0. \tag{10.30}$$

所谓**扩展实值函数 (extended-real-valued function)** 就是形如 $f : \mathbb{R}^n \to \mathbb{R} \cup \{\pm\infty\}$ 的映射. 也就是说, 扩展实值函数可以取 $\pm\infty$.

例如, 对于 $C \subseteq \mathbb{R}^n$, 定义

$$\iota_C(x) := \begin{cases} 0, & x \in C \\ \infty, & x \notin C \end{cases}, \tag{10.31}$$

则 ι_C 就是一个扩展实值函数, 称为集合 C 的**示性函数 (indicator function)**.

对于扩展实值函数 $f : \mathbb{R}^n \to \mathbb{R} \cup \{\pm\infty\}$, 规定其 (有效) 定义域为

$$\mathrm{Dom}(f) := \{x \in \mathbb{R}^n : f(x) \neq \pm\infty\}. \tag{10.32}$$

例如, 示性函数 ι_C 的定义域为 C.

如果扩展实值函数 f 满足 $f(x) > -\infty, \forall x \in \mathbb{R}^n$, 且 $\mathrm{Dom}(f) \neq \varnothing$, 则称 f 是**正常的 (proper)**. 换句话说, 所谓正常函数就是至少有一点取有限值且不能取 $-\infty$ 的函数.

10.2.2　闭函数

考虑正常的扩展实值函数 $f : \mathbb{R}^n \to \mathbb{R} \cup \{\infty\}$, 其上图 $\mathrm{epi}(f)$ 和 α-下水平集 D_α 与传统函数的对应概念是一致的, 即

$$\mathrm{epi}(f) := \{(x, t) \in \mathrm{Dom}(f) \times \mathbb{R} : f(x) \leqslant t\},$$

$$D_\alpha := \{x \in \mathrm{Dom}(f) : f(x) \leqslant \alpha\}. \tag{10.33}$$

如果正常的扩展实值函数 $f : \mathbb{R}^n \to \mathbb{R} \cup \{\infty\}$ 的上图 $\mathrm{epi}(f)$ 是 $\mathbb{R}^{n+1}$ 中的闭集, 则称 f 是**闭函数 (closed function)**.

1.2.3 节定义了下半连续的概念, 根据命题 1.6, f 是下半连续的当且仅当对任意实数 α, 集合 $\{x \in \mathrm{Dom}(f) : f(x) > \alpha\}$ 是 $\mathrm{Dom}(f)$ 中的相对开集, 即下水平集 $D_\alpha = \{x \in \mathrm{Dom}(f) : f(x) \leqslant \alpha\}$ 是 $\mathrm{Dom}(f)$ 中的相对闭集.

如果 f 是闭函数, 则 $\mathrm{epi}(f)$ 是 $\mathbb{R}^{n+1}$ 中的闭集, 于是对任意实数 α, 集合

$$E_\alpha := \{(x, \alpha) : x \in \mathrm{Dom}(f), f(x) \leqslant \alpha\} = \mathrm{epi}(f) \cap \{(x, \alpha) : x \in \mathbb{R}^n\} \tag{10.34}$$

是 $\mathbb{R}^{n+1}$ 中的闭集, 将 E_α 投影到 $\mathbb{R}^n$ 上便得到下水平集 D_α, 因此 D_α 是 $\mathbb{R}^n$ 中的闭集, 从而 f 是下半连续的.

反之, 如果 f 是下半连续的, 则 $\mathrm{epi}(f)$ 一定是 $\mathbb{R}^{n+1}$ 中的闭集. 事实上, 对于 $\mathrm{epi}(f)$ 中的点列 $(x_k, y_k), k = 1, 2, \cdots$, 如果 $\lim_{k \to \infty}(x_k, y_k) = (x_0, y_0)$, 则必有 $\lim_{k \to \infty} x_k = x_0$, $\lim_{k \to \infty} y_k = y_0$, 于是由 f 的下半连续性得

$$f(x_0) \leqslant \varliminf_{k \to \infty} f(x_k) \leqslant \varliminf_{k \to \infty} y_k = y_0, \tag{10.35}$$

因此 $(x_0, y_0) \in \mathrm{epi}(f)$, 这就证明了 $\mathrm{epi}(f)$ 一定是 $\mathbb{R}^{n+1}$ 中的闭集.

综上所述, 我们证明了下列命题.

命题 10.1　正常的扩展实值函数 $f : \mathbb{R}^n \to \mathbb{R} \cup \{\infty\}$ 是闭函数当且仅当 f 在其定义域上是下半连续的.

10.2.3　次梯度与次微分

定义 10.1　对于扩展实值函数 $f : \mathbb{R}^n \to \mathbb{R} \cup \{\infty\}$, 设 $x \in \mathrm{Dom}(f)$, 如果存在 $v \in \mathbb{R}^n$ 使得

$$f(x') \geqslant f(x) + v^{\mathrm{T}}(x' - x), \qquad \forall x' \in \mathrm{Dom}(f), \tag{10.36}$$

则称 v 是 f 在点 x 的**次梯度 (subgradient)**. f 在点 x 的次梯度可能不唯一, 用 $\partial f(x)$ 表示 f 在点 x 的所有次梯度所构成的集合, 称为 f 在点 x 的**次微分 (subdifferential)**. 如果 $\partial f(x) \neq \varnothing$, 则称 f 在点 x 是**次可微的 (subdifferentiable)**.

如果 $x \in \mathbb{R}^n \setminus \mathrm{Dom}(f)$, 则规定 $\partial f(x) = \varnothing$, 即 f 的定义域之外的点都不是次可微的.

2.4.2 节的例 2.9 已经证明了 $f(x) = |x|$ 在 $x = 0$ 点存在次导数, 且闭区间 $[-1, 1]$ 中任何一个实数都是 f 的次导数, 因此其次微分为

$$\partial f(0) = \{x \in \mathbb{R} : -1 \leqslant x \leqslant 1\}. \tag{10.37}$$

例 10.1 设 $\|\cdot\|$ 是 $\mathbb{R}^n$ 上的任意一个范数, $f(x) = \|x\|$, 求次微分 $\partial f(0)$.

按照定义, f 在点 0 的次梯度 v 必须满足

$$v^{\mathrm{T}} x \leqslant \|x\|, \qquad \forall x \in \mathbb{R}^n, \tag{10.38}$$

变形后得到

$$v^{\mathrm{T}} \left(\frac{x}{\|x\|} \right) \leqslant 1, \qquad \forall x \in \mathbb{R}^n, \tag{10.39}$$

令 $u = x/\|x\|$, 得

$$v^{\mathrm{T}} u \leqslant 1, \qquad \forall u \in \mathbb{R}^n, \|u\| = 1, \tag{10.40}$$

设 $\|\cdot\|_*$ 是 $\|\cdot\|$ 的对偶范数, 则上式等价于

$$\|v\|_* \leqslant 1, \tag{10.41}$$

因此 f 在 0 点的次微分为

$$\partial f(0) = \{v \in \mathbb{R}^n : \|v\|_* \leqslant 1\}. \tag{10.42}$$

由于 $\|\cdot\|_1$ 的对偶范数是 $\|\cdot\|_\infty$, $\|\cdot\|_2$ 的对偶范数是它自己, 因此 $f_1(x) = \|x\|_1$ 和 $f_2(x) = \|x\|_2$ 在点 $x = 0$ 的次微分分别为

$$\partial f_1(0) = \{x \in \mathbb{R}^n : \|x\|_\infty \leqslant 1\}, \qquad \partial f_2(0) = \{x \in \mathbb{R}^n : \|x\|_2 \leqslant 1\}. \tag{10.43}$$

关于扩展实值函数的凸性, 是通过其上图 $\mathrm{epi}(f)$ 来定义的, 即如果 $\mathrm{epi}(f)$ 是凸集, 则称 f 是凸函数, 根据定理 2.8, 这个定义与第 2 章给出的凸函数的定义是相容的.

接下来讨论函数的次可微性. 对于一般的函数, 次梯度未必存在, 但对于凸函数, 在其定义域的内点处一定存在次梯度, 这就是下面的定理.

定理 10.1 (次梯度存在性定理)   如果扩展实值函数 $f : \mathbb{R}^n \to \mathbb{R} \cup \{\infty\}$ 是正常的凸函数, $D = \mathrm{Dom}(f)$, 则对任意 $x \in D^\circ$, 皆有 $\partial f(x) \neq \varnothing$.

证明   记 $C = \mathrm{epi}(f)$, 则 C 是非空凸集, 对任意点 $x \in \mathrm{Dom}(f)$, 点 $(x, f(x))$ 是 C 的边界点. 对于任意给定的 $x \in D^\circ$, 显然独点集 $\{(x, f(x))\}$ 与 $C^\circ(C$ 的内部) 不相交, 根据凸集分离定理, 存在不全为 0 的 $w \in \mathbb{R}^n$ 及 $b \in \mathbb{R}$ 使得

$$w^{\mathrm{T}} x' + by' \geqslant w^{\mathrm{T}} x + bf(x), \qquad \forall (x', y') \in C^\circ, \tag{10.44}$$

由于线性函数 $w^{\mathrm{T}} x' + by'$ 是连续函数, 且凸集 C 中的每一个点都是 C° 的聚点 (第 1 章习题 24), 因此有

$$w^{\mathrm{T}} x' + by' \geqslant w^{\mathrm{T}} x + bf(x), \qquad \forall (x', y') \in C. \tag{10.45}$$

在不等式 (10.45) 中取 $x' = x, y' \geqslant f(x)$, 得到

$$by' \geqslant bf(x), \qquad \forall y' \geqslant f(x), \tag{10.46}$$

因此必有 $b \geqslant 0$. 接下来证明 $b \neq 0$. 如果 $b = 0$, 则

$$w^{\mathrm{T}} x' \geqslant w^{\mathrm{T}} x, \qquad \forall\, x' \in D, \tag{10.47}$$

即

$$w^{\mathrm{T}}(x' - x) \geqslant 0, \qquad \forall\, x' \in D, \tag{10.48}$$

由于 $x \in D^{\circ}$, 因此存在 $\delta > 0$ 使得 $\overline{B}(x, \delta) \subseteq D$, 从而有

$$w^{\mathrm{T}}(x' - x) \geqslant 0, \qquad \forall\, x' \in \overline{B}(x, \delta), \tag{10.49}$$

由此推出 $w = 0$, 但这与 w 与 b 不全为 0 矛盾, 因此反设不成立, 从而 $b \neq 0$.

在不等式 (10.45) 中取 $(x', y') = (x', f(x'))$, 然后做等价变形, 得

$$f(x') \geqslant f(x) - \left(\frac{w}{b}\right)^{\mathrm{T}}(x' - x), \qquad \forall\, x' \in D, \tag{10.50}$$

因此 $-w/b \in \partial f(x)$, 这就证明了 $\partial f(x) \neq \varnothing$. □

10.2.4　次微分的性质

本小节讨论次梯度和次微分的性质.

定理 10.2 　设 $f : \mathbb{R}^n \to \mathbb{R} \cup \{\infty\}$ 是正常的凸函数, $D = \mathrm{Dom}(f)$, 则下列结论成立:

i). 对任意 $x \in D$, $\partial f(x)$ 是闭凸集 (可能是空集);

ii). 对任意 $x \in D^{\circ}$, $\partial f(x)$ 是非空的、有界的闭凸集.

证明　i). 如果 $\partial f(x) = \varnothing$, 结论显然成立. 现在设 $\partial f(x) \neq \varnothing$, 对于序列 $\{v_k\} \subseteq \partial f(x)$, 按照定义, 有

$$f(x') \geqslant f(x) + v_k^{\mathrm{T}}(x' - x), \qquad \forall\, x' \in D, \ k = 1, 2, \cdots. \tag{10.51}$$

如果 $\lim_{k \to \infty} v_k = v_0$, 则根据线性函数的连续性得

$$f(x') \geqslant f(x) + v_0^{\mathrm{T}}(x' - x), \qquad \forall\, x' \in D, \tag{10.52}$$

因此 $v_0 \in \partial f(x)$, 这就证明了 $\partial f(x)$ 是闭集. 如果 $v_1, v_2 \in \partial f(x), 0 \leqslant \lambda \leqslant 1$, 则

$$
\begin{aligned}
f(x) + ((1 - \lambda)v_1 + \lambda v_2)^{\mathrm{T}}(x' - x) &= (1 - \lambda)\left[f(x) + v_1^{\mathrm{T}}(x' - x)\right] + \lambda\left[f(x) + v_2^{\mathrm{T}}(x' - x)\right] \\
&\leqslant (1 - \lambda)f(x') + \lambda f(x') \\
&= f(x'),
\end{aligned}
\tag{10.53}
$$

因此 $(1 - \lambda)v_1 + \lambda v_2 \in \partial f(x)$, 这就证明了 $\partial f(x)$ 是凸集.

ii). 对任意 $x \in D^{\circ}$, 根据定理 10.1, $\partial f(x)$ 非空, 只需再证明其有界性即可. 如果 $x \in D^{\circ}$, 则存在 $\delta > 0$ 使得 $\overline{B}(x, \delta) \subseteq D$. 对任意 $v \in \partial f(x)$ 皆有

$$v^{\mathrm{T}}(x' - x) \leqslant f(x') - f(x), \qquad \forall\, x \in D, \tag{10.54}$$

于是

$$\|v\|_2 = \sup_{\|u\|_2=1} v^{\mathrm{T}} u = \sup_{x' \in \overline{B}(x,\delta)} v^{\mathrm{T}} \frac{x'-x}{\|x'-x\|_2} \leqslant \sup_{x' \in \overline{B}(x,\delta)} \frac{f(x')-f(x)}{\|x'-x\|_2} \leqslant L, \quad (10.55)$$

最后一个不等式用到了凸函数在其定义域的内部满足局部 Lipschitz 条件的性质 (定理 2.7),这就证明了 $\partial f(x)$ 是有界集. $\square$

如果凸函数 f 在点 x 可微, 那么 f 在点 x 的次微分又是什么呢? 下列命题回答了这个问题.

命题 10.2 设 $f: \mathbb{R}^n \to \mathbb{R} \cup \{\infty\}$ 是正常的凸函数, $D = \mathrm{Dom}(f), x \in D^{\circ}$, 如果 f 在点 x 可微, 则有 $\partial f(x) = \{\nabla f(x)\}$, 即次微分 $\partial f(x)$ 只有一个元素, 就是 f 在点 x 的梯度.

证明 首先, 根据定理 2.2 得 $\nabla f(x) \in \partial f(x)$, 接下来证明 $\partial f(x)$ 仅有这一个元素.

由于 f 在点 x 可微, 因此

$$f(x') = f(x) + \nabla f(x)^{\mathrm{T}}(x'-x) + o(\|x'-x\|_2), \qquad \forall x' \in D, \ x' \to x, \quad (10.56)$$

对任意 $v \in \partial f(x)$ 有

$$f(x') \geqslant f(x) + v^{\mathrm{T}}(x'-x), \qquad \forall x' \in D, \quad (10.57)$$

将式 (10.57) 减式 (10.56), 然后移项变形, 得

$$(v - \nabla f(x))^{\mathrm{T}}(x'-x) \leqslant o(\|x'-x\|_2), \qquad \forall x' \in D, \ x' \to x, \quad (10.58)$$

若 $w := v - \nabla f(x) \neq 0$, 取 $x' = x + tw$, 则由式 (10.58) 得

$$t\|w\|_2^2 \leqslant o(t), \qquad t \to 0, \quad (10.59)$$

因此必有 $w = 0$, 矛盾, 这就证明 $v = \nabla f(x)$. 由 $v \in \partial f(x)$ 的任意性得 $\partial f(x) = \{\nabla f(x)\}$. $\square$

接下来讨论凸函数在极值点的次可微性.

定理 10.3 设 $f: \mathbb{R}^n \to \mathbb{R} \cup \{\infty\}$ 是正常的凸函数, $D = \mathrm{Dom}(f)$, 则 x^* 是 f 在 D 上的极小值点当且仅当 $0 \in \partial f(x^*)$.

证明 如果 x^* 是 f 在 D 上的极小值点, 则

$$f(x) \geqslant f(x^*) = f(x^*) + 0^{\mathrm{T}}(x - x^*), \qquad \forall x \in D, \quad (10.60)$$

因此 $0 \in \partial f(x^*)$. 反之, 如果 $0 \in \partial f(x^*)$, 则

$$f(x) \geqslant f(x^*) + 0^{\mathrm{T}}(x - x^*) = f(x^*), \qquad \forall x \in D, \quad (10.61)$$

因此 x^* 是 f 在 D 上的极小值点. $\square$

对于扩展实值函数 f 也可以定义**方向导数** (directional derivative). 设 $D \subseteq \mathbb{R}^n$ 是 f 的定义域, $x \in D$, 对于方向 $d \in \mathbb{R}^n$, 如果存在 $\delta > 0$ 使得

$$x + td \in D, \qquad \forall\, t \in [0, \delta], \tag{10.62}$$

则记 $d \in F(D, x)$. 对于 $d \in F(D, x)$, 定义 f 在点 x 沿方向 d 的**方向导数**为

$$f'(x; d) := \lim_{t \to 0^+} \frac{f(x + td) - f(x)}{t}. \tag{10.63}$$

如果 f 在点 x 可微, 则不难得到

$$f'(x; d) = d^{\mathrm{T}} \nabla f(x), \tag{10.64}$$

这与我们在微积分中学过的方向导数是一致的.

如果 f 不是可微函数, 则方向导数未必存在. 但对于凸函数, 有下列结果.

定理 10.4　设 $f : \mathbb{R}^n \to \mathbb{R} \cup \{\infty\}$ 是正常的凸函数, $D = \mathrm{Dom}(f)$, $x \in D$, $d \in F(D, x)$, 且 f 在点 x 是次可微的, 则方向导数 $f'(x; d)$ 存在, 且有

$$f'(x; d) \geqslant \sup_{v \in \partial f(x)} v^{\mathrm{T}} d. \tag{10.65}$$

证明　首先, 由于 f 是凸函数, 根据引理 2.1, 关于实变量 t 的函数

$$\psi(t) := \frac{f(x + td) - f(x)}{t} \tag{10.66}$$

在开区间 $(0, \delta)$ 内是单调增加的, 且对任意 $v \in \partial f(x)$ 皆有

$$\psi(t) = \frac{f(x + td) - f(x)}{t} \geqslant \frac{tv^{\mathrm{T}} d}{t} = v^{\mathrm{T}} d, \tag{10.67}$$

因此 $\psi(t)$ 在开区间 $(0, t)$ 内有下界, 根据单调收敛定理, 极限 $\lim_{t \to 0^+} \psi(t)$ 存在, 即方向导数 $f'(x; d)$ 存在. 从式 (10.67) 可以看出

$$f(x; d) = \lim_{t \to 0^+} \psi(t) \geqslant v^{\mathrm{T}} d, \qquad \forall\, v \in \partial f(x). \tag{10.68}$$

$\square$

联合定理 10.1 和定理 10.4 可得出凸函数在其定义域的内点处沿任意方向都存在方向导数.

对于非凸函数 f, 即使它在点 x 处是可微的, 也可能不存在次梯度. 为了解决非凸函数次梯度不存在的问题, 需要引入一个新的概念.

设 $f : \mathbb{R}^n \to \mathbb{R} \cup \{\infty\}$ 是正常的函数, $D = \mathrm{Dom}(f)$, 对于 $x \in D$, 如果存在 $u \in \mathbb{R}^n$ 使得

$$\varliminf_{y \to x, y \in D} \frac{f(y) - f(x) - u^{\mathrm{T}}(y - x)}{\|y - x\|_2} \geqslant 0, \tag{10.69}$$

则称 u 是 f 在点 x 的 **Fréchet 次梯度**, f 在点 x 的所有 Fréchet 次梯度的集合记作 $\partial_{\mathcal{F}} f(x)$, 称为 f 在点 x 的 **Fréchet 次微分**.

如果 x 是 D 的内点, 且 f 在点 x 可微, 则有

$$\partial_{\mathcal{F}} f(x) = \{\nabla f(x)\}. \tag{10.70}$$

下面来证明这一点. 首先, 根据微分的定义不难得到 $\nabla f(x) \in \partial_{\mathcal{F}} f(x)$. 其次, 由于

$$f(y) - f(x) = \nabla f(x)^{\mathrm{T}}(y - x) + o(\|y - x\|_2), \qquad y \to x, \tag{10.71}$$

如果 $u \in \partial_{\mathcal{F}} f(x)$, 则式 (10.69) 成立, 将式 (10.71) 代入其中得

$$\varliminf_{y \to x, y \in D} (\nabla f(x) - u)^{\mathrm{T}} \frac{y - x}{\|y - x\|_2} \geqslant 0, \tag{10.72}$$

因此对任意给定的 $\varepsilon > 0$, 存在 $\delta > 0$, 使得当 $0 < \|y - x\| \leqslant \delta$ 时必有

$$(\nabla f(x) - u)^{\mathrm{T}} \frac{y - x}{\|y - x\|_2} \geqslant -\varepsilon, \tag{10.73}$$

如果 $u \neq \nabla f(x)$, 在式 (10.73) 中取 $y = x - \delta(\nabla f(x) - u)/\|\nabla f(x) - u\|_2$, 得

$$\|\nabla f(x) - u\|_2 \leqslant \varepsilon, \tag{10.74}$$

由 $\varepsilon > 0$ 的任意性得 $\|\nabla f(x) - u\| = 0$, 矛盾, 因此必有 $u = \nabla f(x)$.

如果 f 是凸函数, 则有 $\partial_{\mathcal{F}} f(x) = \partial f(x)$, 下面我们来证明这一点. 如果 $u \in \partial f(x)$, 则有

$$f(y) - f(x) \geqslant u^{\mathrm{T}}(y - x), \qquad \forall\, y \in D, \tag{10.75}$$

于是式 (10.69) 成立, 因此 $u \in \partial_{\mathcal{F}} f(x)$. 反之, 如果 $u \in \partial_{\mathcal{F}} f(x)$, 则式 (10.69) 成立, 因此对任意 $\varepsilon > 0$, 存在 $\delta > 0$, 使得

$$f(y) - f(x) - u^{\mathrm{T}}(y - x) \geqslant -\varepsilon \|y - x\|_2, \qquad \forall\, y \in D \cap \overline{B}(x, \delta). \tag{10.76}$$

对于一般的 $y \in D$, 当正实数 t 取得足够小时必有 $y_t := x + t(y - x) \in D \cap \overline{B}(x, \delta)$, 于是有

$$f(y_t) - f(x) - u^{\mathrm{T}}(y_t - x) \geqslant -\varepsilon \|y_t - x\|_2, \tag{10.77}$$

作等价变形后得到

$$\psi(t) := \frac{f(x + t(y - x)) - f(x)}{t} \geqslant u^{\mathrm{T}}(y - x) - \varepsilon \|y - x\|_2, \tag{10.78}$$

不妨设 $t < 1$, 根据引理 2.1, $\psi(t)$ 是单调增加的, 因此有

$$f(y) - f(x) = \psi(1) \geqslant \psi(t) \geqslant u^{\mathrm{T}}(y - x) - \varepsilon \|y - x\|_2, \tag{10.79}$$

由 $\varepsilon > 0$ 的任意性得 $f(y) - f(x) \geqslant u^{\mathrm{T}}(y - x)$, 因此 $u \in \partial f(x)$.

定理 10.5　设扩展实值函数 $f : \mathbb{R}^n \to \mathbb{R} \cup \{\infty\}$, $D = \mathrm{Dom}(f)$, 则 $x^* \in D$ 是 f 的局部极小值点的必要条件是 $0 \in \partial_{\mathcal{F}} f(x^*)$.

证明　如果 x^* 是 f 的局部极小值点, 则存在 $\delta > 0$ 使得

$$f(y) \geqslant f(x^*), \qquad \forall\, y \in D \cap \overline{B}(x^*, \delta), \tag{10.80}$$

于是

$$\frac{f(y) - f(x^*) - 0^{\mathrm{T}}(y - x^*)}{\|y - x^*\|_2} \geqslant 0, \qquad \forall\, y \in D \cap \overline{B}(x^*, \delta) \setminus \{x^*\}, \tag{10.81}$$

令 $y \to x^*$, 取下极限便得到

$$\lim_{y \to x^*, y \in D} \frac{f(y) - f(x^*) - 0^{\mathrm{T}}(y - x^*)}{\|y - x^*\|_2} \geqslant 0, \tag{10.82}$$

因此 $0 \in \partial_{\mathcal{F}} f(x^*)$. □

有时候, 我们需要考虑形如 $f(x) = g(x) + h(x)$ 的函数的局部极小点的性质, 其中, g 是 D 上的可微函数 (未必是凸函数), h 是 D 上的凸函数 (未必可微). 关于 f 取局部极小值的条件, 有下列结果.

定理 10.6　设 $f(x) = g(x) + h(x)$, 其中 g 是 D 上的可微函数 (在一个更大的集合上有定义), h 是 D 上的凸函数, $D \subseteq \mathbb{R}^n$ 是凸集. 则 $x^* \in D$ 是 f 的局部极小点的必要条件是

$$-\nabla g(x^*) \in \partial h(x^*). \tag{10.83}$$

证明　由于 x^* 是 f 的局部极小点, 因此存在 $\delta > 0$ 使得

$$f(x) \geqslant f(x^*), \qquad \forall\, x \in D \cap \overline{B}(x^*, \delta), \tag{10.84}$$

于是有

$$\begin{aligned}
0 &\leqslant \frac{f(x) - f(x^*)}{\|x - x^*\|_2} = \frac{g(x) - g(x^*)}{\|x - x^*\|_2} + \frac{h(x) - h(x^*)}{\|x - x^*\|_2} \\
&= \frac{\nabla g(x^*)^{\mathrm{T}}(x - x^*) + o(\|x - x^*\|_2)}{\|x - x^*\|_2} + \frac{h(x) - h(x^*)}{\|x - x^*\|_2} \\
&= \frac{h(x) - h(x^*) + \nabla g(x^*)^{\mathrm{T}}(x - x^*)}{\|x - x^*\|_2} + o(1), \qquad x \to x^*,
\end{aligned} \tag{10.85}$$

令 $x \to x^*$, 取下极限得

$$\lim_{x \to x^*, x \in D} \frac{h(x) - h(x^*) + \nabla g(x^*)^{\mathrm{T}}(x - x^*)}{\|x - x^*\|_2} \geqslant 0, \tag{10.86}$$

因此 $-\nabla g(x^*) \in \partial_{\mathcal{F}} h(x^*)$, 又因为对于凸函数 h 有 $\partial_{\mathcal{F}} h(x^*) = \partial h(x^*)$, 因此式 (10.83) 成立. □

10.2.5 次微分的运算法则

接下来我们不加证明地给出次微分的运算法则, 这些法则的证明可参考 Rockafellar 的凸分析专著 [13], 或刘浩洋等的中文著作 [67].

I. 两个凸函数的和的次微分: 设 $f_1, f_2 : \mathbb{R}^n \to \mathbb{R} \cup \{\infty\}$ 是正常的凸函数, 则对任意 $x \in \mathbb{R}^n$ 皆有

$$\partial f_1(x) + \partial f_2(x) \subseteq \partial(f_1 + f_2)(x). \tag{10.87}$$

若还有 $(\operatorname{Dom}(f_1) \cap \operatorname{Dom}(f_2))^\circ \neq \varnothing$, 则对任意 $x \in \mathbb{R}^n$ 皆有

$$\partial(f_1 + f_2)(x) = \partial f_1(x) + \partial f_2(x). \tag{10.88}$$

II. 凸函数的非负线性组合的次微分: 设 $f_1, f_2 : \mathbb{R}^n \to \mathbb{R} \cup \{\infty\}$ 是正常的凸函数, 且 $(\operatorname{Dom}(f_1) \cap \operatorname{Dom}(f_2))^\circ \neq \varnothing$, 则对任意 $x \in \operatorname{Dom}(f_1) \cap \operatorname{Dom}(f_2)$ 皆有

$$\partial(\alpha_1 f_1 + \alpha_2 f_2)(x) = \partial \alpha_1 f_1(x) + \alpha_2 \partial f_2(x), \qquad \forall \alpha_1, \alpha_2 \geqslant 0. \tag{10.89}$$

III. 凸函数取大运算的次微分: 设 $f_1, f_2, \cdots, f_k : \mathbb{R}^n \to \mathbb{R} \cup \{\infty\}$ 是正常的凸函数, 令

$$f(x) := \max_{1 \leqslant i \leqslant k} f_i(x), \qquad \forall x \in \mathbb{R}^n, \tag{10.90}$$

$$I(x) = \{i : f_i(x) = f(x)\}, \qquad \forall x \in \bigcap_{i=1}^k \operatorname{Dom}(f_i), \tag{10.91}$$

则有

$$\partial f(x) = \operatorname{conv}\left(\bigcup_{i \in I(x)} \partial f_i(x)\right), \qquad \forall x \in \bigcap_{i=1}^k (\operatorname{Dom}(f_i))^\circ. \tag{10.92}$$

IV. 凸函数与仿射函数的复合: 设 $h : \mathbb{R}^n \to \mathbb{R} \cup \{\infty\}$ 是正常的凸函数, $f(x) = h(Ax+b)$, 其中, $A \in \mathbb{R}^{n \times m}, b \in \mathbb{R}^n$, 且存在 $x_0 \in \mathbb{R}^m$ 使得 $Ax_0 + b \in (\operatorname{Dom}(h))^\circ$, 则有

$$\partial f(x) = A^{\mathrm{T}} \partial h(Ax + b), \qquad \forall x \in (\operatorname{Dom}(f))^\circ. \tag{10.93}$$

10.3 交替方向乘数法

10.3.1 算法

考虑优化问题

$$\min \quad f(x) + g(z), \tag{10.94}$$

$$\text{s.t.} \quad Ax + Bz = c, \tag{10.95}$$

其中, $x \in \mathbb{R}^n, z \in \mathbb{R}^m, A \in \mathbb{R}^{l \times n}, B \in \mathbb{R}^{l \times m}, c \in \mathbb{R}^l$. 这种优化问题的特点是目标函数可以写成若干变量分离的函数之和, 约束条件也可以写成变量分离的形式. 按照增广 Lagrange 函数法的思想, 我们先构造增广 Lagrange 函数

$$L(x, z, y, \rho) = f(x) + g(z) + y^{\mathrm{T}}(Ax + Bz - c) + \frac{\rho}{2}\|Ax + Bz - c\|_2^2, \tag{10.96}$$

增广 Lagrange 函数法就是交替执行下列迭代更新步骤:

$$(x^{(k+1)}, z^{(k+1)}) = \operatorname*{argmin}_{x, z} L(x, z, y^{(k)}, \rho), \tag{10.97}$$

$$y^{(k+1)} = y^{(k)} + \rho(Ax^{(k+1)} + Bz^{(k+1)} - c). \tag{10.98}$$

迭代更新步骤 (10.97) 要求增广 Lagrange 函数 L 对 (x, z) 的联合最小值, 这在很多情况下是比较困难的. 有没有办法简化这一步骤呢? 利用目标函数和约束条件的变量分离特性, Glowinski 和 Marrocco[105]、Gabay 和 Mercier[106] 提出了下列迭代更新算法:

$$x^{(k+1)} = \operatorname*{argmin}_{x} L(x, z^{(k)}, y^{(k)}, \rho), \tag{10.99}$$

$$z^{(k+1)} = \operatorname*{argmin}_{z} L(x^{(k+1)}, z, y^{(k)}, \rho), \tag{10.100}$$

$$y^{(k+1)} = y^{(k)} + \rho(Ax^{(k+1)} + Bz^{(k+1)} - c), \tag{10.101}$$

这就是所谓的**交替方向乘数法 (alternating direction method of multipliers, ADMM)**. 与增广 Lagrange 乘数法相比, 交替方向乘数法的迭代更新步骤 (10.99) 和 (10.100) 分别只需对变量 x 和 z 求解最小化问题, 这比求对 x 和 z 的联合最小化问题要简单很多.

为了表示简洁, 令 $r = Ax + Bz - c$, 则有

$$
\begin{aligned}
L(x, z, y, \rho) &= f(x) + g(z) + y^{\mathrm{T}}r + \frac{\rho}{2}\|r\|_2^2 \\
&= f(x) + g(z) + \frac{\rho}{2}\left(\|r\|_2^2 + \frac{2}{\rho}y^{\mathrm{T}}r + \frac{1}{\rho^2}\|y\|_2^2\right) - \frac{1}{2\rho}\|y\|_2^2 \\
&= f(x) + g(z) + \frac{\rho}{2}\left\|r + \frac{1}{\rho}y\right\|_2^2 - \frac{1}{2\rho}\|y\|_2^2,
\end{aligned}
\tag{10.102}
$$

令 $u = (1/\rho)y$, 则增广 Lagrange 函数可表示为

$$L = f(x) + g(z) + \frac{\rho}{2}\|r + u\|_2^2 - \frac{\rho}{2}\|u\|_2^2, \tag{10.103}$$

因此算法 (10.99)~(10.101) 可等价表述为

$$x^{(k+1)} = \operatorname*{argmin}_{x} f(x) + \frac{\rho}{2}\left\|Ax + Bz^{(k)} - c + u^{(k)}\right\|_2^2, \tag{10.104}$$

$$z^{(k+1)} = \operatorname*{argmin}_{z} g(z) + \frac{\rho}{2}\left\|Ax^{(k+1)} + Bz - c + u^{(k)}\right\|_2^2, \tag{10.105}$$

$$u^{(k+1)} = u^{(k)} + \left(Ax^{(k+1)} + Bz^{(k+1)} - c\right), \tag{10.106}$$

这个算法称为**尺度化的交替方向乘数法 (scaled form ADMM)**.

10.3.2 收敛性分析

关于交替方向乘数法的收敛性已有许多研究者进行了分析, 例如 Gabay[107]、Eckstein 和 Bertsekas[108]. 这里给出的分析是基于 Boyd 等的文献 [109].

我们先来分析优化问题 (10.94)~(10.95) 的最优性条件.

设 L_0 是优化问题 (10.94)~(10.95) 的 (传统意义下的)Lagrange 函数, 即

$$L_0(x, z, y) := L(x, z, y, 0) = f(x) + g(z) + y^{\mathrm{T}}(Ax + Bz - c). \tag{10.107}$$

类似于可微优化问题的 KKT 条件, 点 (x^*, z^*) 是优化问题 (10.94)~(10.95) 的最优点的条件是存在 $y^* \in \mathbb{R}^l$ 使得

$$Ax^* + Bz^* - c = 0, \tag{10.108}$$

$$0 \in \partial f(x^*) + A^{\mathrm{T}} y^*, \tag{10.109}$$

$$0 \in \partial g(z^*) + B^{\mathrm{T}} y^*. \tag{10.110}$$

设 $(x^{(k)}, z^{(k)}, y^{(k)})$ 是由交替方向乘数法 (10.99)~(10.101) 产生的序列, 主变量 $(x^{(k)}, z^{(k)})$ 偏离等式约束 (10.108) 的程度可用约束残差 $r^{(k)} := Ax^{(k)} + Bz^{(k)} - c$ 来度量, 如果 $r^{(k)} \to 0$, 则说明 $(x^{(k)}, z^{(k)})$ 最终无限接近可行点. 至于条件 (10.110), 根据式 (10.100) 得

$$z^{(k+1)} = \underset{z}{\operatorname{argmin}} \, g(z) + (y^{(k)})^{\mathrm{T}}(Ax^{(k+1)} + Bz - c) + \frac{\rho}{2} \left\| Ax^{(k+1)} + Bz - c \right\|_2^2, \tag{10.111}$$

因此有

$$\begin{aligned} 0 &\in \partial g(z^{(k+1)}) + B^{\mathrm{T}} y^{(k)} + \rho B^{\mathrm{T}} \left(Ax^{(k+1)} + Bz^{(k+1)} - c \right) \\ &= \partial g(z^{(k+1)}) + B^{\mathrm{T}} y^{(k+1)}, \qquad \forall k, \end{aligned} \tag{10.112}$$

因此 $(x^{(k)}, z^{(k)}, y^{(k)})$ 总是满足条件 (10.110) 的.

对于条件 (10.109), 根据式 (10.99), $x^{(k+1)}$ 是函数 $L(x, z^{(k)}, y^{(k)}, \rho)$ 的最小值点, 因此由定理 10.6 得

$$\begin{aligned} 0 &\in \partial f(x^{(k+1)}) + A^{\mathrm{T}} y^{(k)} + \rho A^{\mathrm{T}}(Ax^{(k+1)} + Bz^{(k)} - c) \\ &= \partial f(x^{(k+1)}) + A^{\mathrm{T}}(y^{(k)} + \rho r^{(k+1)} + \rho B(z^{(k)} - z^{(k+1)})) \\ &= \partial f(x^{(k+1)}) + A^{\mathrm{T}} y^{(k+1)} + \rho A^{\mathrm{T}} B(z^{(k)} - z^{(k+1)}), \end{aligned} \tag{10.113}$$

因此如果能够证明 $\rho A^{\mathrm{T}} B(z^{(k)} - z^{(k+1)}) \to 0$, 则表明当迭代次数 $k \to \infty$ 时, $(x^{(k)}, z^{(k)}, y^{(k)})$ 渐近满足条件 (10.109).

在正式给出交替方向乘数法的收敛性定理之前, 先介绍一个概念.

如果点 (x^*, z^*, y^*) 满足条件

$$L_0(x^*, z^*, y) \leqslant L_0(x^*, z^*, y^*) \leqslant L_0(x, z, y^*),$$

$$\forall \, x \in \mathrm{Dom}(f), z \in \mathrm{Dom}(g), y \in \mathbb{R}^l, \tag{10.114}$$

则称它是 L_0 的**鞍点 (saddle point)**.

须指出的是, 鞍点 (x^*, z^*, y^*) 一定满足等式约束 $Ax^* + Bz^* = c$. 这是因为由式 (10.114) 的前一个不等式得

$$y^{\mathrm{T}}(Ax^* + Bz^* - c) \leqslant (y^*)^{\mathrm{T}}(Ax^* + Bz^* - c), \qquad \forall\, y \in \mathbb{R}^l, \tag{10.115}$$

由此推出 $Ax^* + Bz^* - c = 0$.

定理 10.7　对于优化问题 (10.94)~(10.95), 如果下列假设条件成立:

C1). $f: \mathbb{R}^n \to \mathbb{R} \cup \{\infty\}$ 和 $g: \mathbb{R}^m \to \mathbb{R} \cup \{\infty\}$ 是闭的正常凸函数.

C2). 其 Lagrange 函数 L_0 有鞍点.

则由交替方向乘数法产生的序列 $(x^{(k)}, z^{(k)}, y^{(k)}), k = 1, 2, \cdots$ 满足下列性质:

i). 约束残差收敛于 0: $r^{(k)} = Ax^{(k)} + Bz^{(k)} - c \to 0, \quad k \to \infty$.

ii). 目标函数收敛于最优值: $f(x^{(k)}) + g(z^{(k)}) \to p^*, \quad k \to \infty$.

iii). 对偶变量的渐近最优性: 对任意自然数 k 皆有式 (10.112), 且有

$$\lim_{k \to \infty} \rho A^{\mathrm{T}} B(z^{(k)} - z^{(k+1)}) = 0, \tag{10.116}$$

因此对偶变量 $y^{(k)}$ 具有渐近最优性.

定理 10.7 的证明需要用到一些预备结果, 下面一一介绍.

设 (x^*, z^*, y^*) 是 L_0 的鞍点, $p^* = f(x^*) + g(z^*)$, $p^{(k)} = f(x^{(k)}) + g(x^{(k)})$. 首先证明不等式

$$p^* - p^{(k+1)} \leqslant (y^*)^{\mathrm{T}} r^{(k+1)}. \tag{10.117}$$

这是因为

$$
\begin{aligned}
p^* - p^{(k+1)} &= f(x^*) + g(z^*) - f(x^{(k+1)}) - g(z^{(k+1)}) \\
&= L_0(x^*, z^*, y^*) - L_0(x^{(k+1)}, z^{(k+1)}, y^*) + (y^*)^{\mathrm{T}} r^{(k+1)} \\
&\leqslant L_0(x^{(k+1)}, z^{(k+1)}, y^*) - L_0(x^{(k+1)}, z^{(k+1)}, y^*) + (y^*)^{\mathrm{T}} r^{(k+1)} \\
&= (y^*)^{\mathrm{T}} r^{(k+1)},
\end{aligned}
\tag{10.118}
$$

其中, 第二个等号是因为在鞍点处满足等式约束, "$\leqslant$" 是根据鞍点的定义得到的.

接下来证明不等式

$$p^{(k+1)} - p^* \leqslant -(y^{(k+1)})^{\mathrm{T}} r^{(k+1)} - \rho \left(B(z^{(k+1)} - z^{(k)}) \right)^{\mathrm{T}} \left(-r^{(k+1)} + B(z^{(k+1)} - z^*) \right). \tag{10.119}$$

根据式 (10.99), $x^{(k+1)}$ 是函数 $L(x, z^{(k)}, y^{(k)}, \rho)$ 的最小值点, 因此由定理 10.6 得

$$0 \in \partial f(x^{(k+1)}) + A^{\mathrm{T}} y^{(k)} + \rho A^{\mathrm{T}} \left(Ax^{(k+1)} + Bz^{(k)} - c \right). \tag{10.120}$$

由式 (10.101) 得

$$y^{(k)} = y^{(k+1)} - \rho r^{(k+1)}, \tag{10.121}$$

将式 (10.121) 代入式 (10.120) 得

$$0 \in \partial f(x^{(k+1)}) + A^{\mathrm{T}} \left(y^{(k+1)} - \rho B(z^{(k+1)} - z^{(k)}) \right), \tag{10.122}$$

注意到上式中 "$\in$" 右边的子式是凸函数 $\psi(x) := f(x) + (y^{(k+1)} - \rho B(z^{(k+1)} - z^{(k)}))^{\mathrm{T}} Ax$ 在点 $x^{(k+1)}$ 的次微分, 根据定理 10.3, $x^{(k+1)}$ 是 ψ 的全局极小点, 因此有

$$f(x^{(k+1)}) + (y^{(k+1)} - \rho B(z^{(k+1)} - z^{(k)}))^{\mathrm{T}} Ax^{(k+1)}$$
$$\leqslant f(x^*) + (y^{(k+1)} - \rho B(z^{(k+1)} - z^{(k)}))^{\mathrm{T}} Ax^*. \tag{10.123}$$

同理可证

$$g(z^{(k+1)}) + (y^{(k+1)})^{\mathrm{T}} Bz^{(k+1)} \leqslant g(z^*) + (y^{(k+1)})^{\mathrm{T}} Bz^*, \tag{10.124}$$

将不等式 (10.123) 与 (10.124) 相加, 同时注意到 $Ax^* + Bz^* = c$, 做等价变形后得到式 (10.119).

接下来介绍一个关键不等式. 定义

$$V^{(k)} = \frac{1}{\rho}\|y^{(k)} - y^*\|_2^2 + \rho\|B(z^{(k)} - z^*)\|_2^2, \tag{10.125}$$

则有不等式

$$V^{(k+1)} \leqslant V^{(k)} - \rho\|r^{(k+1)}\|_2^2 - \rho\|B(z^{(k+1)} - z^{(k)})\|_2^2. \tag{10.126}$$

这个不等式的证明如下: 将不等式 (10.117) 与 (10.119) 相加, 然后乘以 2, 并移项变形, 得

$$2(y^{(k+1)} - y^*)^{\mathrm{T}} r^{(k+1)} - 2\rho \left(B(z^{(k+1)} - z^{(k)}) \right)^{\mathrm{T}} r^{(k+1)}$$
$$+2\rho \left(B(z^{(k+1)} - z^{(k)}) \right)^{\mathrm{T}} B(z^{(k+1)} - z^*) \leqslant 0. \tag{10.127}$$

由式 (10.101) 得 $y^{(k+1)} = y^{(k)} + \rho r^{(k+1)}$, 因此有

$$2(y^{(k+1)} - y^*)^{\mathrm{T}} r^{(k+1)} = 2(y^{(k)} - y^*)^{\mathrm{T}} r^{(k+1)} + 2\rho\|r^{(k+1)}\|_2^2, \tag{10.128}$$

再注意到 $r^{(k+1)} = (1/\rho)(y^{(k+1)} - y^{(k)})$, 因此有

$$2(y^{(k+1)} - y^*)^{\mathrm{T}} r^{(k+1)} = \frac{2}{\rho}(y^{(k)} - y^*)^{\mathrm{T}}(y^{(k+1)} - y^{(k)}) + \frac{1}{\rho}\|y^{(k+1)} - y^{(k)}\|_2^2 + \rho\|r^{(k+1)}\|_2^2$$
$$= \frac{1}{\rho} \left(\|y^{(k+1)} - y^*\|_2^2 - \|y^{(k)} - y^*\|_2^2 \right) + \rho\|r^{(k+1)}\|_2^2. \tag{10.129}$$

记式 (10.127) 中不等号左边第二项和第三项的和为 I, 将 $z^{(k+1)} - z^* = (z^{(k+1)} - z^{(k)}) + (z^{(k)} - z^*)$ 代入其中, 得

$$I = -2\rho \left(B(z^{(k+1)} - z^{(k)}) \right)^{\mathrm{T}} r^{(k+1)} + 2\rho\left\| B(z^{(k+1)} - z^{(k)}) \right\|_2^2$$

$$+2\rho\left(B(z^{(k+1)}-z^{(k)})\right)^{\mathrm{T}}B(z^{(k)}-z^*)$$

$$=\rho\left\|r^{(k+1)}-B(z^{(k+1)}-z^{(k)})\right\|_2^2-\rho\|r^{(k+1)}\|_2^2+\rho\left\|B(z^{(k+1)}-z^{(k)})\right\|_2^2$$

$$+2\rho\left(B(z^{(k+1)}-z^{(k)})\right)^{\mathrm{T}}B(z^{(k)}-z^*)$$

$$=\rho\left\|r^{(k+1)}-B(z^{(k+1)}-z^{(k)})\right\|_2^2-\rho\|r^{(k+1)}\|_2^2+\rho\left\|B(z^{(k+1)}-z^*)\right\|_2^2$$

$$-\rho\left\|B(z^{(k)}-z^*)\right\|_2^2,\tag{10.130}$$

将式 (10.129) 和 (10.130) 代入式 (10.127), 得

$$\frac{1}{\rho}\left(\|y^{(k+1)}-y^*\|_2^2-\|y^{(k)}-y^*\|_2^2\right)+\rho\left\|r^{(k+1)}-B(z^{(k+1)}-z^{(k)})\right\|_2^2+\rho\left\|B(z^{(k+1)}-z^*)\right\|_2^2$$

$$-\rho\left\|B(z^{(k)}-z^*)\right\|_2^2\leqslant0,\tag{10.131}$$

利用 $V^{(k)}$ 的表达式得到

$$V^{(k+1)}-V^{(k)}+\rho\left\|r^{(k+1)}-B(z^{(k+1)}-z^{(k)})\right\|_2^2\leqslant0.\tag{10.132}$$

根据式 (10.100) 得

$$z^{(k+1)}=\underset{z}{\arg\min}\,L(x^{(k+1)},z,y^{(k)},\rho)$$

$$=\underset{z}{\arg\min}\,g(z)+(y^{(k)})^{\mathrm{T}}(Ax^{(k+1)}+Bz-c)+\frac{\rho}{2}\left\|Ax^{(k+1)}+Bz-c\right\|_2^2,$$

因此有

$$0\in\partial g(z^{(k+1)})+B^{\mathrm{T}}y^{(k)}+\rho B^{\mathrm{T}}\left(Bz^{(k+1)}+Ax^{(k+1)}-c\right)$$

$$=\partial g(z^{(k+1)})+B^{\mathrm{T}}\left(y^{(k)}+\rho(Ax^{(k+1)}+Bz^{(k+1)}-c)\right)$$

$$=\partial g(z^{(k+1)})+B^{\mathrm{T}}y^{(k+1)},\tag{10.133}$$

由此推出 $z^{(k+1)}$ 是函数 $g(z)+(y^{(k+1)})^{\mathrm{T}}Bz$ 的最小点, 从而有

$$g(z^{(k+1)})+(y^{(k+1)})^{\mathrm{T}}Bz^{(k+1)}\leqslant g(z^{(k)})+(y^{(k+1)})^{\mathrm{T}}Bz^{(k)},\tag{10.134}$$

同理可证

$$g(z^{(k)})+(y^{(k)})^{\mathrm{T}}Bz^{(k)}\leqslant g(z^{(k+1)})+(y^{(k)})^{\mathrm{T}}Bz^{(k+1)},\tag{10.135}$$

将不等式 (10.134) 与 (10.135) 相加并整理, 得

$$(y^{(k+1)}-y^{(k)})^{\mathrm{T}}B(z^{(k+1)}-z^{(k)})\leqslant0,\tag{10.136}$$

注意到 $y^{(k+1)}-y^{(k)}=\rho r^{(k+1)}$, 因此有

$$(r^{(k+1)})^{\mathrm{T}}B(z^{(k+1)}-z^{(k)})\leqslant0,\tag{10.137}$$

联立不等式 (10.132) 与 (10.137) 可得到式 (10.126).

现在可以给出定理 10.7 的证明了.

定理 10.7 的证明: 首先由不等式 (10.126) 得

$$V^{(k+1)} + \rho \left(\|r^{(k+1)}\|_2^2 + \|B(z^{(k+1)} - z^{(k)})\|_2^2 \right) \leqslant V^{(k)}, \qquad \forall k, \tag{10.138}$$

迭代使用上述等式可得

$$V^{(l+1)} + \rho \sum_{k=0}^{l} \left(\|r^{(k+1)}\|_2^2 + \|B(z^{(k+1)} - z^{(k)})\|_2^2 \right) \leqslant V^{(0)}, \qquad \forall l, \tag{10.139}$$

令 $l \to \infty$, 得

$$\rho \sum_{k=0}^{\infty} \left(\|r^{(k+1)}\|_2^2 + \|B(z^{(k+1)} - z^{(k)})\|_2^2 \right) \leqslant V^{(0)}, \tag{10.140}$$

因此必有

$$\lim_{k \to \infty} r^{(k+1)} = 0, \qquad \lim_{k \to \infty} B(z^{(k+1)} - z^{(k)}) = 0, \tag{10.141}$$

前一个等式即为结论 i); 联立不等式 (10.117)、(10.119) 与 (10.141) 可得到结论 ii); 至于结论 iii), 只需证明等式 (10.116), 而这个等式可以由 (10.141) 中的第二个等式直接得到. □

10.4 近似点算法

10.4.1 邻近算子

定义 10.2 设 h 是一个凸函数, 定义其**邻近算子 (proximal operator)** 为

$$\mathrm{prox}_h(x) := \underset{u \in \mathrm{Dom}(h)}{\mathrm{argmin}}\ h(u) + \frac{1}{2}\|u - x\|_2^2, \qquad \forall x \in \mathbb{R}^n. \tag{10.142}$$

从定义不难看出, 邻近算子 prox_h 在点 x 的值是一个距离 x 不太远且使得 h 较小的点.

对于上述定义, 有一个问题需要解答, 就是对于每一点 $x \in \mathbb{R}^n$, 邻近算子 prox_h 是否有唯一的取值? 下面的定理肯定地回答了这个问题.

定理 10.8 如果 h 是正常的闭凸函数, 且其定义域 D 至少含一个内点, 则对任意 $x \in \mathbb{R}^n$, $\mathrm{prox}_h(x)$ 存在且唯一.

证明定理 10.8 需要用到下列引理.

引理 10.1 设 f 是一个正常的闭函数, 假设下面三个条件中的任意一个成立:

(I) f 的定义域 D 是有界集;

(II) 存在一个常数 α, 使得下水平集 D_α 是非空且有界的;

(III) f 是**强制的**, 即对于任意满足 $\|x_k\|_2 \to \infty$ 的点列 $\{x_k\}$ 皆有

$$\lim_{k \to \infty} f(x_k) = \infty, \tag{10.143}$$

则 f 存在最小值点.

证明　首先, 对任意实数 α, f 的 α-下水平集 D_α 是闭集. 这是因为如果 $\{x_k\} \subseteq D_\alpha$ 是收敛的, 不妨设 $x_k \to x_0$, 则在 $\mathbb{R}^{n+1}$ 中有

$$(x_k, \alpha) \to (x_0, \alpha),$$

由于 f 是闭的, 因此其上图 $\mathrm{epi}(f)$ 是 $\mathbb{R}^{n+1}$ 中的闭集, 由于 $\{(x_k, \alpha)\} \subseteq \mathrm{epi}(f)$, 因此必有 $(x_0, \alpha) \in \mathrm{epi}(f)$, 从而有 $f(x_0) \leqslant \alpha$, 即 $x_0 \in D_\alpha$.

如果条件 (II) 成立, 则 D_α 是有界闭集, f 在 D_α 上必有下界, 否则存在 $\{x_k\} \subseteq D_\alpha$, $\lim\limits_{k \to \infty} f(x_k) = -\infty$, 根据 Bolzano-Weierstrass 定理 (定理 1.3), $\{x_k\}$ 有收敛子列, 不妨设它自己就是收敛的, $x_k \to x_0$, 则有 $x_0 \in D_\alpha \subseteq D$, 另一方面, 根据命题 10.1, f 是下半连续的, 因此有

$$f(x_0) \leqslant \lim_{k \to \infty} f(x_k) = -\infty,$$

但这与 $x_0 \in D$ 矛盾.

设 $p^* = \inf\limits_{x \in D} f(x)$, 则存在 $\{x_k\} \subseteq D_\alpha$, $\lim\limits_{k \to \infty} f(x_k) = p^*$, 根据 Bolzano-Weierstrass 定理, $\{x_k\}$ 有收敛子列, 不妨设它自己就是收敛的, $x_k \to x^*$, 则有 $x^* \in D_\alpha \subseteq D$, 因此有 $f(x^*) \geqslant p^*$, 另一方面, 由 f 的下半连续性得

$$f(x^*) \leqslant \lim_{k \to \infty} f(x_k) = p^*,$$

因此有 $f(x^*) = p^*$.

如果条件 (I) 成立, 则条件 (II) 显然成立, 从而定理结论成立;

如果条件 (III) 成立, 则对任意有限实数 α, 下水平集 D_α 必是有界集 (否则存在点列 $\{x_k\} \subseteq D_\alpha$, $\|x_k\|_2 \to \infty$, 与 f 的强制性矛盾), 从而条件 (II) 成立, 继而推出定理结论. □

现在可以证明定理 10.8 了.

定理 10.8 的证明: 设 v 是 D 的内点, 根据定理 10.1, h 在点 v 存在次梯度 $c \in \partial h(x)$, 于是有

$$h(u) \geqslant h(v) + c^{\mathrm{T}}(u - v), \qquad \forall\, u \in D, \tag{10.144}$$

从而有

$$\varphi(u) := h(u) + \frac{1}{2}\|u - x\|_2^2 \geqslant h(v) + c^{\mathrm{T}}(u - v) + \frac{1}{2}\|u - x\|_2^2, \qquad \forall\, u \in D, \tag{10.145}$$

由此不难看出 φ 是强制的, 根据引理 10.1, φ 必有最小值点 x^*, 而且由于 φ 是严格凸的, 因此其最小值点是唯一的. □

注: 在定理 10.8 中, "h 的定义域 D 含有内点" 这一条件不是必需的, 可以去掉. 其证明可参考文献 [110].

定理 10.9 (邻近算子与次梯度的关系)　设 h 是正常的闭凸函数, 则 $u = \mathrm{prox}_h(x)$ 当且仅当

$$x - u \in \partial h(u). \tag{10.146}$$

证明　必要性可由定理 10.6立刻得到, 下面证明充分性. 设若 $x - u \in \partial h(u)$, 则有

$$h(v) \geqslant h(u) + (x - u)^{\mathrm{T}}(v - u), \qquad \forall v \in \text{Dom}(h), \tag{10.147}$$

于是

$$\begin{aligned} h(v) + \frac{1}{2}\|v - x\|_2^2 &\geqslant h(u) + (x - u)^{\mathrm{T}}(v - u) + \frac{1}{2}\|v - x\|_2^2 \\ &= h(u) + (x - u)^{\mathrm{T}}(v - u) + \frac{1}{2}\|v - u + u - x\|_2^2 \\ &= h(u) + (x-u)^{\mathrm{T}}(v-u) + \frac{1}{2}\left\{\|v-u\|_2^2 + 2(u-x)^{\mathrm{T}}(v-u) + \|u-x\|_2^2\right\} \\ &= h(u) + \frac{1}{2}\|v - u\|_2^2 + \frac{1}{2}\|u - x\|_2^2 \\ &\geqslant h(u) + \frac{1}{2}\|u - x\|_2^2, \end{aligned} \tag{10.148}$$

因此 u 是 $\varphi(v) := h(v) + \frac{1}{2}\|v - x\|_2^2$ 的全局极小值点, 从而有 $\text{prox}_h(x) = u$. □

命题 10.3　邻近算子有下列性质:

i). 对任意 $\lambda > 0$ 皆有

$$\text{prox}_{\lambda h}(x) = \operatorname*{argmin}_{u} h(u) + \frac{1}{2\lambda}\|u - x\|_2^2. \tag{10.149}$$

ii). 如果 $f(u, w) = g(u) + h(w)$, 则有

$$\text{prox}_f(x, z) = (\text{prox}_g(x), \text{prox}_h(z)). \tag{10.150}$$

如果 $f(u_1, u_2, \cdots, u_n) = \sum\limits_{i=1}^{n} f_i(u_i)$, 则有

$$\text{prox}_f(x_1, x_2, \cdots, x_n) = (\text{prox}_{f_1}(x_1), \text{prox}_{f_2}(x_2), \cdots, \text{prox}_{f_n}(x_n)). \tag{10.151}$$

例 10.2　设 ι_C 是凸集 C 的示性函数, 求其邻近算子.

解

$$\text{prox}_{\iota_C}(x) = \operatorname*{argmin}_{u \in C} \iota_C(u) + \frac{1}{2}\|u - x\|_2^2 = \operatorname*{argmin}_{u \in C} \|u - x\|_2^2 = P_C(x), \tag{10.152}$$

其中, $P_C(x)$ 表示点 x 到凸集 C 上的投影, 即凸集 C 上离 x 最近的那一点.

例 10.3　设 $f(x) = \|x\|_1$, 求其邻近算子.

解　我们推导更一般的 $\text{prox}_{tf}(x)$ $(t > 0)$ 的计算公式. 注意到

$$tf(x) = \sum_{i=1}^{n} t|x_i|, \tag{10.153}$$

因此只需求出 $\varphi(u) = t|u|$ 的邻近算子即可. 由于

$$\partial\varphi(u) = \begin{cases} t, & u > 0 \\ \{c : \ |c| \leqslant t\}, & u = 0, \\ -t, & u < 0 \end{cases} \tag{10.154}$$

根据定理 10.9, $u = \text{prox}_{\varphi}(x)$ 当且仅当 $x - u \in \partial\varphi(u)$. 当 $|x| \leqslant t$ 时, $u = 0$ 满足此条件, 因此 $\text{prox}_{\varphi}(x) = 0$; 当 $x > t$ 时, $u = x - t$ 满足此条件, 因此 $\text{prox}_{\varphi}(x) = x - t$; 当 $x < -t$ 时, $u = x + t$ 满足此条件, 因此 $\text{prox}_{\varphi}(x) = x + t$. 综上所述, φ 的邻近算子为

$$\text{prox}_{\varphi}(x) = \begin{cases} x - t, & x > t \\ 0, & |x| \leqslant t, \ = \text{sgn}(x)\max\{|x| - t, 0\}, \\ x + t, & x < -t \end{cases} \tag{10.155}$$

其中, $\text{sgn}(\cdot)$ 是符号函数. 根据命题 10.3之性质 ii), 得

$$\text{prox}_{tf}(x) = (\text{prox}_{\varphi}(x_1), \text{prox}_{\varphi}(x_2), \cdots, \text{prox}_{\varphi}(x_n)), \tag{10.156}$$

即有

$$(\text{prox}_{tf}(x))_i = \text{sgn}(x_i)\max\{|x_i| - t, 0\}, \qquad i = 1, 2, \cdots, n, \tag{10.157}$$

有时也简单地表示为

$$\text{prox}_{t\|\cdot\|_1}(x) = \text{sgn}(x)\max\{|x| - t, 0\}, \tag{10.158}$$

此时应理解为运算是对 x 的每个分量逐一进行的.

例 10.4 设 $f(x) = \|x\|_2$, 求其邻近算子.

解 我们来推导 $\text{prox}_{tf}(x)$ $(t > 0)$ 的计算公式. 注意到当 $u \neq 0$ 时

$$\partial tf(u) = t\frac{u}{\|u\|_2}, \tag{10.159}$$

当 $u = 0$ 时,

$$\partial tf(0) = \{v : \ \|v\|_2 \leqslant t\}, \tag{10.160}$$

根据定理 10.9, $u = \text{prox}_{tf}(x)$ 当且仅当 $x - u \in \partial tf(u)$. 当 $\|x\|_2 \leqslant t$ 时, $u = 0$ 满足此条件, 因此当 $\|x\|_2 \leqslant t$ 时有

$$\text{prox}_{tf}(x) = 0. \tag{10.161}$$

当 $\|x\|_2 > t$ 时, 可通过方程

$$x - u = t\frac{u}{\|u\|_2} \tag{10.162}$$

求解 u. 注意到

$$x = \left(1 + \frac{t}{\|u\|_2}\right) u,$$

因此 u 与 x 同向, 可设 $u = \lambda x \ (\lambda > 0)$, 将其代入式 (10.162) 得

$$(1 - \lambda)x = \frac{t}{\|x\|_2}x, \quad \Rightarrow \quad 1 - \lambda = \frac{t}{\|x\|_2} \quad \Rightarrow \quad \lambda = 1 - \frac{t}{\|x\|_2}, \tag{10.163}$$

因此当 $\|x\|_2 > 1$ 时有

$$\operatorname{prox}_{tf}(x) = \left(1 - \frac{t}{\|x\|_2}\right) x. \tag{10.164}$$

综上所述, 函数 $tf(x) = t\|x\|_2$ 的邻近算子为

$$\operatorname{prox}_{t\|\cdot\|_2}(x) = \begin{cases} 0, & \|x\|_2 \leqslant t \\ \left(1 - \dfrac{t}{\|x\|_2}\right) x, & \|x\|_2 > t \end{cases}. \tag{10.165}$$

例 10.5 求下列二次函数的邻近算子:

$$f(x) = \frac{1}{2}x^{\mathrm{T}}Hx + q^{\mathrm{T}}x + c, \tag{10.166}$$

其中, $H \succ 0$.

解 f 是处处可微的函数, 因此有

$$\partial tf(u) = t(Hu + q),$$

根据定理 10.9, $u = \operatorname{prox}_{tf}(x)$ 当且仅当

$$x - u = t(Hu + q),$$

从此方程解得

$$u = (I + tH)^{-1}(x - tq),$$

因此有

$$\operatorname{prox}_{tf}(x) = (I + tH)^{-1}(x - tq), \qquad \forall\, x \in \mathbb{R}^n. \tag{10.167}$$

接下来介绍邻近算子的一些常用的运算性质.

命题 10.4 (邻近算子的运算性质) 邻近算子具有下列运算性质:

i). 如果 $h(x) = g(\lambda x + a) \ (\lambda \neq 0)$, 则有

$$\operatorname{prox}_h(x) = \frac{1}{\lambda}\left[\operatorname{prox}_{\lambda^2 g}(\lambda x + a) - a\right]. \tag{10.168}$$

ii). 如果 $h(x) = \lambda g(x/\lambda)$ $(\lambda > 0)$, 则有

$$\operatorname{prox}_h(x) = \lambda \operatorname{prox}_{\lambda^{-1}g}\left(\frac{x}{\lambda}\right). \tag{10.169}$$

iii). 如果 $h(x) = g(x) + a^{\mathrm{T}}x$, 则有

$$\operatorname{prox}_h(x) = \operatorname{prox}_g(x - a). \tag{10.170}$$

iv). 如果 $h(x) = g(x) + (u/2)\|x - a\|_2^2$ $(u > 0)$, 则有

$$\operatorname{prox}_h(x) = \operatorname{prox}_{\frac{1}{1+u}g}\left(\frac{1}{1+u}x + \frac{u}{1+u}a\right). \tag{10.171}$$

v). 如果 $h(x) = g(Ax + b)$, 其中 $A \in \mathbb{R}^{m \times n}$, 且 $AA^{\mathrm{T}} = (1/\alpha)I$ $(\alpha > 0)$, 则有

$$\operatorname{prox}_h(x) = (I - \alpha A^{\mathrm{T}}A)x + \alpha A^{\mathrm{T}}\left[\operatorname{prox}_{\alpha^{-1}g}(Ax + b) - b\right]. \tag{10.172}$$

证明　i)~iv) 不难验证, 我们只证 v). 根据邻近算子的定义, $u = \operatorname{prox}_h(x)$ 是下列优化问题的解:

$$\min_u g(Au + b) + \frac{1}{2}\|u - x\|_2^2, \tag{10.173}$$

引入中间变量 $y = Au + b$ 将其转换为下列等价优化问题:

$$\min_{u,y} g(y) + \frac{1}{2}\|u - x\|_2^2, \qquad \text{s.t. } Au + b = y. \tag{10.174}$$

如果固定 y, 则 $\|u - x\|_2^2$ 的最小值是点 x 到仿射集 $Au + b = y$ 的垂直距离 d 的平方, 下面来计算 d^2. 对于仿射集上任意两点 u', u'' 皆有 $A(u' - u'') = 0$, 即 $u' - u''$ 与 A^{T} 的所有列向量垂直, 如果 $x - u$ 与仿射集垂直, 则 $x - u$ 必落在 A^{T} 的列向量所张成的线性子空间中, 因此存在系数向量 c 使得 $x - u = A^{\mathrm{T}}c$, 方程两边左乘以 A, 得

$$Ax - Au = AA^{\mathrm{T}}c, \quad \Rightarrow \quad Ax + b - y = \frac{1}{\alpha}c, \quad \Rightarrow \quad c = \alpha(Ax + b - y), \tag{10.175}$$

于是有

$$d^2 = \|x - u\|_2^2 = c^{\mathrm{T}}AA^{\mathrm{T}}c = \frac{1}{\alpha}\|c\|_2^2 = \alpha\|Ax + b - y\|_2^2, \tag{10.176}$$

于是优化问题 (10.174) 等价于优化问题

$$\min_y g(y) + \frac{\alpha}{2}\|Ax + b - y\|_2^2, \tag{10.177}$$

即

$$\min_y \frac{1}{\alpha}g(y) + \frac{1}{2}\|Ax + b - y\|_2^2, \tag{10.178}$$

其解为

$$y = \text{prox}_{\frac{1}{\alpha}g}(Ax + b), \tag{10.179}$$

再注意到

$$u = x - A^{\mathrm{T}}c = x - \alpha A^{\mathrm{T}}(Ax + b - y) = (I - \alpha A^{\mathrm{T}}A)x + \alpha A^{\mathrm{T}}(y - b), \tag{10.180}$$

将式 (10.179) 代入式 (10.180), 得到优化问题 (10.173) 的解为

$$u = (I - \alpha A^{\mathrm{T}}A)x + \alpha A^{\mathrm{T}}\left(\text{prox}_{\frac{1}{\alpha}g}(Ax + b) - b\right). \tag{10.181}$$

$\square$

例 10.6 设 $h(x) = g(x_1 + x_2 + \cdots + x_n)$, 其中 g 是已知的单变量函数, 求 h 的邻近算子.

解 令 $A = (1, 1, \cdots, 1)$, 则有 $AA^{\mathrm{T}} = n$, 利用命题 10.4之 v) 得

$$\text{prox}_h(x) = \left(I - \frac{1}{n}\mathbb{1}_{n \times n}\right)x + \frac{1}{n}\mathbb{1}_{n \times 1}\text{prox}_{ng}(\mathbb{1}_{1 \times n}x), \tag{10.182}$$

其中, $\mathbb{1}_{m \times n}$ 表示所有元素皆为 1 的 $m \times n$ 矩阵. 如果用 $(\text{prox}_h(x))_i$ 表示 $\text{prox}_h(x)$ 的第 i 个分量, 则有

$$(\text{prox}_h(x))_i = x_i - \frac{1}{n}\sum_{j=1}^{n}x_j + \frac{1}{n}\text{prox}_{ng}\left(\sum_{j=1}^{n}x_j\right). \tag{10.183}$$

10.4.2 近似点梯度法

接下来考虑优化问题

$$\min \quad f(x) = g(x) + h(x), \tag{10.184}$$

其中, g 是可微的函数, h 是凸函数, 未必是可微的.

设当前点是 x_k, 由于 g 是可微的, 我们可以先沿着 g 的负梯度方向往前走一步到达 y_k, 即

$$y_k = x_k - s_k\nabla g(x_k), \tag{10.185}$$

然后在 y_k 附近找一点 x_{k+1} 使得 $h(x)$ 尽量小, 这一步可以通过解下列优化问题实现:

$$x_{k+1} = \underset{x}{\text{argmin}}\, h(x) + \frac{1}{2s_k}\|x - y_k\|_2^2, \tag{10.186}$$

不难看出, 这个优化问题的解正是

$$x_{k+1} = \text{prox}_{s_k h}(y_k), \tag{10.187}$$

将式 (10.185) 代入式 (10.187), 得

$$x_{k+1} = \text{prox}_{s_k h} \left(x_k - s_k \nabla g(x_k) \right), \tag{10.188}$$

这就是**近似点梯度法**的迭代公式. 近似点梯度法的算法框架如算法 Algorithm 49所示.

Algorithm 49 (近似点梯度法的算法框架)

Input:

　The initial point $x_0 \in \mathbb{R}^n$;

Output:

　The approximation of the minimum point x_k

　$k \leftarrow 0$;

　while the stopping criterion is not satisfied **do**

　　Perform iteration:　$x_{k+1} \leftarrow \text{prox}_{s_k h} \left(x_k - s_k \nabla g(x_k) \right)$;

　　$k \leftarrow k + 1$;

　end while

　Output x_k;

在算法 Algorithm 49中, 步长 s_k 的选取很关键. 如果 g 的梯度满足常数为 $L < 1$ 的 Lipschitz 条件, 即

$$\|\nabla g(x) - \nabla g(x')\|_2 \leqslant L\|x - x'\|_2, \qquad \forall x, x' \in \mathbb{R}^n, \tag{10.189}$$

可取固定步长 $s_k = s \leqslant 1/L$, 可以证明这样取步长的近似点梯度算法是收敛的, 收敛速度为 $O\left(\dfrac{1}{k}\right)^{[111]}$, 其中 k 是迭代次数. 当 Lipschitz 常数 L 未知时, Beck 和 Tebolle[112] 提出了下列线搜索算法用以确定步长 (算法 Algorithm 50):

Algorithm 50 (近似点梯度法步长线搜索算法)

Input:

　Current point x_k;

　The initial step size s_0;

　The contraction rate $0 < \beta < 1$.

Output:

　The step size s_k and the next point x_{k+1}.

　$s \leftarrow s_0$;

　$z \leftarrow \text{prox}_{sg}(x_k - s\nabla g(x_k))$;

　while $g(z) > \hat{g}_s(z, x_k)$ **do**

　　Contract the step size:　$s \leftarrow \beta s$;

　　$z \leftarrow \text{prox}_{sg}(x_k - s\nabla g(x_k))$;

　end while

　Output: $s_k \leftarrow s, x_{k+1} \leftarrow z$;

参数 $\beta \in (0,1)$ 是收缩率, 通常取 $\beta = \frac{1}{2}$; $\hat{g}_s(z, x_k)$ 的定义为

$$\hat{g}_s(z, x_k) = g(x_k) + (z - x_k)^{\mathrm{T}} \nabla g(x_k) + \frac{1}{2s} \|z - x_k\|_2^2, \tag{10.190}$$

它是凸函数, 满足 $\hat{g}_s(x_k, x_k) = g(x_k)$, 且当 $s \in (0, 1/L]$ 时有 $\hat{g}_s(z, x_k) \geqslant g(z)$.

有时为了减少线搜索的迭代次数, 取初始步长 s_0 为近似点梯度法上一次迭代的步长 s_{k-1}.

上面介绍的近似点梯度法算法 Algorithm 49 的收敛速度只有 $O\left(\frac{1}{k}\right)$, 为了提升收敛速度, 研究者对它做了改进, 提出了以下**快速近似点梯度算法** [113-114].

Algorithm 51 (快速近似点梯度法的算法框架)

Input:

The initial point $x_0 \in \mathbb{R}^n$;

Output:

The approximation of the minimum point x_k

$k \leftarrow 0$;

while the stopping criterion is not satisfied **do**

    $y_{k+1} \leftarrow x_k + \omega_k(x_k - x_{k-1})$;

    $x_{k+1} \leftarrow \mathrm{prox}_{s_k h}(y_{k+1} - s_k \nabla g(y_{k+1}))$;

    $k \leftarrow k + 1$;

end while

Output x_k;

其中, ω_k 依赖于 k, Vandenberghe 提出了以下简单取法 [115]:

$$\omega_k = \frac{k}{k+3}. \tag{10.191}$$

可以证明, 快速近似点梯度法的收敛速度是 $O\left(\frac{1}{k^2}\right)$.

10.4.3　LASSO 回归问题

在统计学中, 常常需要研究被解释变量 y 和一组解释变量 $x_1, x_2, \cdots, x_n$ 之间的关系, 描述这种关系的最简单的模型是线性回归模型

$$y_i = \sum_{j=1}^{n} \theta_j x_{ij} + \varepsilon_i, \qquad i = 1, 2, \cdots, m, \tag{10.192}$$

其中, y_i 表示被解释变量 y 的第 i 个采样值, x_{ij} 表示解释变量 x_j 的第 i 个采样值, ε_i 表示回归残差. 令

$$y = (y_1, y_2, \cdots, y_m)^{\mathrm{T}}, \qquad X = (x_{ij})_{m \times n}, \qquad \varepsilon = (\varepsilon_1, \varepsilon_2, \cdots, \varepsilon_m)^{\mathrm{T}}, \tag{10.193}$$

则线性回归模型 (10.192) 可表示为

$$y = X\theta + \varepsilon. \tag{10.194}$$

所谓最小二乘法, 就是通过求解如下优化问题来估计参数 θ:

$$\min \quad \|X\theta - y\|_2^2, \tag{10.195}$$

将目标函数对 θ 求偏导数, 并令偏导数等于 0, 得到方程

$$X^{\mathrm{T}}X\theta = X^{\mathrm{T}}y, \tag{10.196}$$

当 $X^{\mathrm{T}}X$ 可逆 (X 为满秩) 时, 上述方程有唯一解

$$\theta = (X^{\mathrm{T}}X)^{-1}X^{\mathrm{T}}y, \tag{10.197}$$

这就是参数 θ 的最小二乘估计.

　　但是如果解释变量的个数很多, 而样本数据的数量又很少, 则会出现 X 不是满秩的情况, 此时 $X^{\mathrm{T}}X$ 不可逆, 从而无法用式 (10.197) 求 θ 的最小二乘估计. 为了解决这个问题, Tikhonov 提出对解的 ℓ^2-范数加以限制的正则化思想, 即求解优化问题

$$\min \quad \|X\theta - y\|_2^2 + \lambda\|\theta\|_2^2, \tag{10.198}$$

其中, λ 是一个正实数, 称为**正则化参数**, λ 取得越大, 则式 (10.198) 对解的 ℓ^2-范数惩罚越重, 从而其解的 ℓ^2-范数越小. 称优化问题 (10.198) 为岭回归 (**ridge regression**) 问题. 通过对式 (10.198) 的目标函数求偏导可得到一阶条件

$$(X^{\mathrm{T}}X + \lambda I)\theta = X^{\mathrm{T}}y, \tag{10.199}$$

矩阵 $X^{\mathrm{T}}X + \lambda I$ 总是可逆的, 因此优化问题 (10.198) 有唯一解

$$\theta = (X^{\mathrm{T}}X + \lambda I)^{-1}X^{\mathrm{T}}y. \tag{10.200}$$

　　Tibshrani 考虑如何从众多解释变量 x_j 中选出真正与被解释变量相关的变量, 即所谓的特征选择问题. 为了保证解的稀疏性, 他用 ℓ^1-范数取代岭回归模型中的 ℓ^2-范数, 提出了下列模型:

$$\min \quad \frac{1}{2}\|X\theta - y\|_2^2 + \lambda\|\theta\|_1, \tag{10.201}$$

这就是著名的 LASSO(the least absolute shrinkage and selection operator) 回归模型 [116]. 这是一个凸优化问题, 存在极小值点, 但是没有解析表达式, 只能求数值解.

　　令 $f(\theta) = g(\theta) + h(\theta)$, 其中

$$g(\theta) = \frac{1}{2}\|X\theta - y\|_2^2, \qquad h(\theta) = \lambda\|\theta\|_1, \tag{10.202}$$

则有

$$\nabla g(\theta) = X^{\mathrm{T}} X \theta - X^{\mathrm{T}} y = X^{\mathrm{T}}(X\theta - y), \tag{10.203}$$

$$\left(\mathrm{prox}_{s_k h}(\theta)\right)_i = \mathrm{sgn}(\theta_i) \max\{|\theta_i| - s_k \lambda, 0\}, \qquad i = 1, 2, \cdots, n. \tag{10.204}$$

对于实数 $t > 0$, 定义**软阈值算子 (soft thresholding operator)**$S_t(\cdot)$ 为

$$(S_t(x))_i = \mathrm{sgn}(x_i) \max\{|x_i| - t, 0\} = \left\{ \begin{array}{ll} x_i - t, & x_i > t \\ 0, & |x_i| \leqslant t, \\ x_i + t, & x_i < -t \end{array} \right. \tag{10.205}$$

$$\forall x = (x_1, x_2, \cdots, x_n)^{\mathrm{T}} \in \mathbb{R}^n, \ i = 1, 2, \cdots, n, \tag{10.206}$$

则式 (10.204) 可以简单地表示为

$$\mathrm{prox}_{s_k h}(\theta) = S_{s_k \lambda}(\theta). \tag{10.207}$$

将算法 Algorithm 49稍做修改便得到了求解 LASSO 问题的近似点梯度法, 如算法 Algorithm 52所示.

Algorithm 52 (LASSO 问题的近似点梯度法)

Input:

The initial point $\theta_0 \in \mathbb{R}^n$;

Output:

The approximation of the minimum point θ_k

$k \leftarrow 0$;

while the stopping criterion is not satisfied **do**

$\quad \tilde{\theta}_k \leftarrow \theta_k - s_k X^{\mathrm{T}}(X\theta_k - y)$;

$\quad \theta_{k+1} \leftarrow S_{s_k \lambda}(\tilde{\theta}_k)$;

$\quad k \leftarrow k + 1$;

end while

Output θ_k;

在图像处理中, 上述算法也称为**迭代阈值收缩算法 (iterative shrinkage-thresholding algorithm, ISTA)**[117-119].

在算法 Algorithm 52中, 初始步长可取为 $s_0 = \dfrac{1}{L}$, 其中 L 为矩阵 $X^{\mathrm{T}} X$ 的最大特征值. 后续步长可通过线搜索求得, 线搜索的停机准则为

$$g(\theta_{k+1}) \leqslant \hat{g}_s(\theta_{k+1}, \theta_k), \tag{10.208}$$

其中,

$$\hat{g}_s(\theta, \theta_k) = g(\theta_k) + (\theta - \theta_k)^{\mathrm{T}} \nabla g(\theta_k) + \frac{1}{2s} \|\theta - \theta_k\|_2^2$$

$$= \frac{1}{2}\|X\theta_k - y\|_2^2 + (\theta - \theta_k)^{\mathrm{T}} X^{\mathrm{T}}(X\theta_k - y) + \frac{1}{2s}\|\theta - \theta_k\|_2^2. \qquad (10.209)$$

将算法 Algorithm 51稍做修改便得到了求解 LASSO 问题的快速近似点梯度法, 如算法 Algorithm 53所示.

Algorithm 53 (LASSO 问题的快速近似点梯度法)

Input:

The initial point $\theta_0 \in \mathbb{R}^n$;

Output:

The approximation of the minimum point θ_k

$k \leftarrow 0$;

while the stopping criterion is not satisfied **do**

 $\tilde{\theta}_k \leftarrow \theta_k + \omega_k(\theta_k - \theta_{k-1})$;

 $\tilde{\theta}_{k+1} \leftarrow \tilde{\theta}_k - s_k X^{\mathrm{T}}(X\tilde{\theta}_k - y)$;

 $\theta_{k+1} \leftarrow S_{s_k\lambda}(\tilde{\theta}_k)$;

 $k \leftarrow k + 1$;

end while

Output θ_k;

其中, ω_k 的取法与 10.4.2 节相同, 步长 s_k 的选取与前一种算法相同. 在图像处理中, 上述算法也称为**快速迭代阈值收缩算法 (fast iterative shrinkage-thresholding algorithm, FISTA)**[120-121].

接下来我们给一个计算实例.

例 10.7 用 MATLAB 生成一个正态随机矩阵 $X \in \mathbb{R}^{20\times80}$ 及一个稀疏向量 $\theta_{\text{True}} \in \mathbb{R}^{80}$, 其中, θ_{True} 只有 10 个元素非零, 然后令 $y = X\theta_{\text{True}}$, 并保存矩阵 X 和向量 y. 考虑 LASSO 回归问题 (10.201), 取正则化参数 $\lambda = 0.01$, 用前面介绍的几种算法计算求解这个优化问题, 并比较这几种算法的收敛速度.

生成的矩阵 X 和向量 y 已经保存在数据文件 LASSOproblem.mat 中, 并已将其放在本章附件中, 将其复制至 MATLAB 当前工作目录下, 载入即可调用 X 与 y. 下面的 MATLAB 函数实现固定步长和自适应步长迭代阈值收缩算法 (ISTA), 即算法 Algorithm 52.

```
function [theta,iterN,f]=LASSOista(X,y,lambda,iterN,smode)
%%%%%%%%%%%%%%%%%%%%%%%%%%%%%%%%%%%%
%%这个函数实现LASSO问题的迭代阈值收缩算法(ISTA), 即10.4.3节中的
%%算法Algorithm 52.
%%输入参数: X--解释变量的数据(矩阵), 每一行对应一个样本数据, 每一列对应一
%%个变量
%%          y--被解释变量的数据(向量), 每个值与X的一个样本数据对应
%%          lambda--正则化参数
%%          iterN--迭代次数
```

```
%%           smode--步长模式，smode==0代表固定步长，smode==1代表自适应步长，
%%           即用算法Algorithm 50确定步长
%%输出参数：theta--回归系数向量，iterN--迭代次数
%%           f--保存了每次迭代后的目标函数f的值，是一个向量
%%%%%%%%%%%%%%%%%%%%%%%%%%%%%%%%%%%%%%%%%%%
beta=0.5;
k=0;
theta=zeros(size(X,2),1);    %%给theta赋初值
f=zeros(1,iterN);            %%用于存储每次迭代的代价函数f的值
if smode==0                  %%固定步长ISTA
    s=0.0062;                %%取固定步长s=1/L，其中L是X'*X的最大特征值
    while k<iterN
        thetaT=theta-s*X'*(X*theta-y);
        theta=sign(thetaT).*max(abs(thetaT)-s*lambda,0);
        k=k+1;
        f(k)=0.5*(X*theta-y)'*(X*theta-y)+lambda*sum(abs(theta));
    end
end


if smode==1                  %%自适应步长ISTA
    while k<iterN
        s=0.1;               %%初始步长
        thetaT=theta-s*X'*(X*theta-y);
        thetaNext=sign(thetaT).*max(abs(thetaT)-s*lambda,0);
        gh=ghat(thetaNext,theta,s,X,y);
        while 0.5*(X*thetaNext-y)'*(X*thetaNext-y)>gh
            s=s*beta;
            thetaT=theta-s*X'*(X*theta-y);
            thetaNext=sign(thetaT).*max(abs(thetaT)-s*lambda,0);
            gh=ghat(thetaNext,theta,s,X,y);
        end
        theta=thetaNext;
        k=k+1;
        f(k)=0.5*(X*theta-y)'*(X*theta-y)+lambda*sum(abs(theta));
    end
end
end


function gh=ghat(theta,thetak,s,X,y)
%%这个函数实现10.4.3节中的式(10.210)
%%%%%%%%%%%%%%%%%%%%%%%%%%%%%%%%%%%%%%%%%%%%%%%%%%%%
gh=0.5*(X*thetak-y)'*(X*thetak-y)+(theta-thetak)'*X'*(X*thetak-y)...
    +(1/(2*s))*(theta-thetak)'*(theta-thetak);
end
```

固定步长法和自适应步长法各迭代 100 次, 目标函数的收敛情况如图 10.1 所示, 可以看出, 自适应步长法的收敛速度更快.

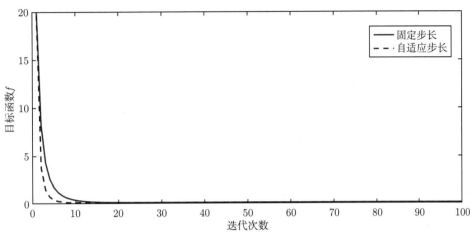

图 10.1 固定步长 ISTA 和自适应步长 ISTA 收敛速度对比图

下面的 MATLAB 函数实现固定步长和自适应步长快速迭代阈值收缩算法 (FISTA), 即算法 Algorithm 53.

```
function [theta,iterN,f]=LASSOfista(X,y,lambda,iterN,smode)
%%%%%%%%%%%%%%%%%%%%%%%%%%%%%%%%%
%%这个函数实现LASSO问题的快速迭代阈值收缩算法(FISTA)，即10.4.3节中的
%%算法Algorithm 53.
%%输入参数：X--解释变量的数据(矩阵)，每一行对应一个样本数据，每一列对应一
%%个变量
%%        y--被解释变量的数据(向量)，每个值与X的一个样本数据对应
%%        lambda--正则化参数
%%        iterN--迭代次数
%%        smode--步长模式，smode==0代表固定步长，smode==1代表自适应步长，
%%        即用算法Algorithm 50确定步长
%%输出参数：theta--回归系数向量，iterN--迭代次数
%%         f--保存了每次迭代后的目标函数f的值，是一个向量
%%%%%%%%%%%%%%%%%%%%%%%%%%%%%%%%%%%%%%
beta=0.5;
k=0;
theta0=zeros(size(X,2),1);    %%给theta赋初值
f=zeros(1,iterN);             %%用于存储每次迭代的代价函数f的值

if smode==0                   %%固定步长FISTA
    s=0.0062;                 %%取固定步长s=1/L,其中L是X'*X的最大特征值
    thetaT0=theta0-s*X'*(X*theta0-y);
    theta1=sign(thetaT0).*max(abs(thetaT0)-s*lambda,0);
    k=k+1;
```

```
    f(k)=0.5*(X*theta1-y)'*(X*theta1-y)+lambda*sum(abs(theta1));
    while k<iterN
        thetaT0=theta1+(k/(k+3))*(theta1-theta0);
        thetaT1=thetaT0-s*X'*(X*thetaT0-y);
        theta0=theta1;
        theta1=sign(thetaT1).*max(abs(thetaT1)-s*lambda,0);
        k=k+1;
        f(k)=0.5*(X*theta1-y)'*(X*theta1-y)+lambda*sum(abs(theta1));
    end
    theta=theta1;
end

if  smode==1          %%自适应步长FISTA
    s=0.0062;
    thetaT0=theta0-s*X'*(X*theta0-y);
    theta1=sign(thetaT0).*max(abs(thetaT0)-s*lambda,0);
    k=k+1;
    f(k)=0.5*(X*theta1-y)'*(X*theta1-y)+lambda*sum(abs(theta1));
     while k<iterN
        s=0.1;    %%初始步长
        thetaT0=theta1+(k/(k+3))*(theta1-theta0);
        thetaT1=thetaT0-s*X'*(X*thetaT0-y);
        thetaT2=sign(thetaT1).*max(abs(thetaT1)-s*lambda,0);
        gh=ghat(thetaT2,theta1,s,X,y);
        while 0.5*(X*thetaT2-y)'*(X*thetaT2-y)>gh
            s=s*beta;
            thetaT1=thetaT0-s*X'*(X*thetaT0-y);
            thetaT2=sign(thetaT1).*max(abs(thetaT1)-s*lambda,0);
            gh=ghat(thetaT2,theta1,s,X,y);
        end
        theta0=theta1;
        theta1=thetaT2;
        k=k+1;
        f(k)=0.5*(X*theta1-y)'*(X*theta1-y)+lambda*sum(abs(theta1));
    end
    theta=theta1;
end
end
```

其中, 自适应步长法调用了函数 ghat(), 这个函数的实现代码在前文已经给出. 图 10.2 给出了固定步长 ISTA 和固定步长 FISTA 的收敛速度对比图, 可以看出, FISTA 的收敛速度更快.

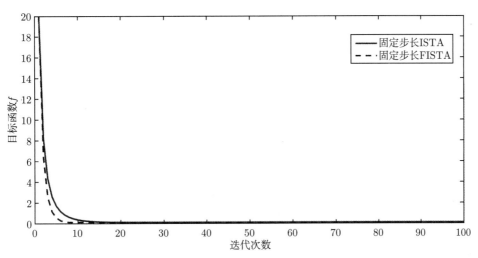

图 10.2   固定步长 ISTA 和固定步长 FISTA 收敛速度对比图

10.5   坐标下降法与分块坐标下降法

10.5.1   坐标下降法

我们通过一个简单的例子来介绍坐标下降法的基本思想. 考虑优化问题

$$\min \quad f(x,y) = 2x^2 - xy + y^2 - 3x + 5y - 6. \tag{10.210}$$

从某一点 $(x^{(0)}, y^{(0)})$ 出发, 先沿着 x-轴方向搜索一元函数 $f(x, y^{(0)})$ 的最小值点, 即求解子优化问题

$$x^{(1)} = \underset{x}{\arg\min} f(x, y^{(0)}), \tag{10.211}$$

由于

$$\frac{\partial f}{\partial x} = 4x - y - 3, \tag{10.212}$$

因此子优化问题 (10.211) 有唯一解

$$x^{(1)} = \frac{y^{(0)} + 3}{4}. \tag{10.213}$$

接下来沿着 y-轴方向搜索一元函数 $f(x^{(1)}, y)$ 的最小值点, 即求解子优化问题

$$y^{(1)} = \underset{y}{\arg\min} f(x^{(1)}, y), \tag{10.214}$$

由于

$$\frac{\partial f}{\partial y} = 2y - x + 5, \tag{10.215}$$

因此子优化问题 (10.214) 有唯一解

$$y^{(1)} = \frac{x^{(1)} - 5}{2}. \tag{10.216}$$

接下来交替执行迭代更新

$$x^{(k+1)} = \underset{x}{\arg\min}\, f(x, y^{(k)}), \tag{10.217}$$

$$y^{(k+1)} = \underset{y}{\arg\min}\, f(x^{(k+1)}, y), \tag{10.218}$$

随着迭代次数的增加, $(x^{(k)}, y^{(k)})$ 不断趋于 $f(x, y)$ 的最小值点 $\left(\dfrac{1}{7}, -\dfrac{17}{7}\right)$, 如图 10.3 所示.

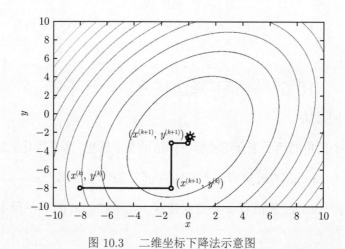

图 10.3　二维坐标下降法示意图

对于多元函数的优化问题

$$\min\quad f(x), \qquad x = (x_1, x_2, \cdots, x_n)^{\mathrm{T}} \in \mathbb{R}^n, \tag{10.219}$$

也可以用类似的方法求解. 从某点 $x^{(0)} = (x_1^{(0)}, x_2^{(0)}, \cdots, x_n^{(0)})^{\mathrm{T}}$ 出发, 依次轮流沿着各坐标轴方向搜索一元函数的最小值点:

$$x_1^{(1)} = \underset{x_1}{\arg\min}\, f(x_1, x_2^{(0)}, x_3^{(0)}, \cdots, x_n^{(0)}),$$

$$x_2^{(1)} = \underset{x_2}{\arg\min}\, f(x_1^{(1)}, x_2, x_3^{(0)} \cdots, x_n^{(0)}),$$

$$x_3^{(1)} = \underset{x_2}{\arg\min}\, f(x_1^{(1)}, x_2^{(1)}, x_3 \cdots, x_n^{(0)}),$$

$$\cdots$$

经过若干轮后, $x^{(k)} = (x_1^{(k)}, x_2^{(k)}, \cdots, x_n^{(k)})^{\mathrm{T}}$ 便会很接近函数 f 的最小值点 x^*, 这就是多元函数优化问题的**坐标下降法**. 坐标下降法的算法框架如算法 Algorithm 54所示.

Algorithm 54 (坐标下降法的算法框架)

Input:

The initial point $x^{(0)} = (x_1^{(0)}, x_2^{(0)}, \cdots, x_n^{(0)})^{\mathrm{T}}$.

Output:

The approximation of the optimal point $x^{(k)} = (x_1^{(k)}, x_2^{(k)}, \cdots, x_n^{(k)})^{\mathrm{T}}$.

$k \leftarrow 0$;

while the stopping criterion is not satisfied **do**

    for $i = 1, 2, \cdots, n$ **do**

$$x_i^{(k+1)} = \operatorname*{argmin}_{x_i} f(x_1^{(k+1)}, \cdots, x_{i-1}^{(k+1)}, x_i, x_{i+1}^{(k)}, \cdots, x_n^{(k)}) \tag{10.220}$$

    end for

    $k \leftarrow k+1$;

end while

Output $x^{(k)} = (x_1^{(k)}, x_2^{(k)}, \cdots, x_n^{(k)})^{\mathrm{T}}$;

例 10.8   考虑 LASSO 回归问题

$$\min \quad f(x) = \frac{1}{2}\|Ax - b\|_2^2 + \lambda\|x\|_1, \tag{10.221}$$

其中, $x = (x_1, x_2, \cdots, x_n)^{\mathrm{T}} \in \mathbb{R}^n$. 为了使用坐标下降法, 需考虑一维优化问题

$$\min_{x_i} \quad \phi_i(x_i) := f(x_1, \cdots, x_{i-1}, x_i, x_{i+1}, \cdots, x_n), \tag{10.222}$$

即把除 x_i 之外的其余 $n-1$ 个变量冻结, 将 f 视为 x_i 的单变量函数, 求其极小值. 根据定理 10.6, x_i 是 ϕ_i 的极值点的必要条件是

$$-\frac{\partial}{\partial x_i}\left(\frac{1}{2}\|Ax - b\|_2^2\right) \in \partial h(x_i), \tag{10.223}$$

其中, $h(x_i) = \lambda\|x\|_1 = \lambda\sum_{k=1}^n |x_k|$(视为 x_i 的单变量函数), $\partial h(x_i)$ 表示 h 在点 x_i 的次微分. 注意到

$$\frac{1}{2}\|Ax - b\|_2^2 = \frac{1}{2}(Ax - b)^{\mathrm{T}}(Ax - b) = \frac{1}{2}(x^{\mathrm{T}}A^{\mathrm{T}}Ax - 2x^{\mathrm{T}}A^{\mathrm{T}}b + b^{\mathrm{T}}b), \tag{10.224}$$

因此

$$\nabla\left(\frac{1}{2}\|Ax - b\|_2^2\right) = A^{\mathrm{T}}Ax - A^{\mathrm{T}}b, \tag{10.225}$$

从而有

$$\frac{\partial}{\partial x_i}\left(\frac{1}{2}\|Ax - b\|_2^2\right) = \sum_{j=1}^n (a_i^{\mathrm{T}}a_j)x_j - a_i^{\mathrm{T}}b, \tag{10.226}$$

其中, $a_1, a_2, \cdots, a_n$ 是 A 的列向量. 再注意到

$$\partial h(x_i) = \begin{cases} \lambda, & x_i > 0 \\ \{c: \ |c| \leqslant \lambda\}, & x_i = 0 \ , \\ -\lambda, & x_i < 0 \end{cases} \tag{10.227}$$

当 $x_i > 0$ 时, $\partial h(x_i) = \{\lambda\}$, 因此条件 (10.223) 等价于

$$-\sum_{j=1}^{n}(a_i^{\mathrm{T}}a_j)x_j + a_i^{\mathrm{T}}b = \lambda, \tag{10.228}$$

解得

$$x_i = \frac{a_i^{\mathrm{T}}\left(b - \sum_{j \neq i} a_j x_j\right) - \lambda}{\|a_i\|_2^2}, \tag{10.229}$$

为使 $x_i > 0$, 必须令

$$a_i^{\mathrm{T}}\left(b - \sum_{j \neq i} a_j x_j\right) > \lambda. \tag{10.230}$$

当 $x_i < 0$ 时, $\partial h(x_i) = \{-\lambda\}$, 因此条件 (10.223) 等价于

$$-\sum_{j=1}^{n}(a_i^{\mathrm{T}}a_j)x_j + a_i^{\mathrm{T}}b = -\lambda, \tag{10.231}$$

解得

$$x_i = \frac{a_i^{\mathrm{T}}\left(b - \sum_{j \neq i} a_j x_j\right) + \lambda}{\|a_i\|_2^2}, \tag{10.232}$$

为使 $x_i < 0$, 必须令

$$a_i^{\mathrm{T}}\left(b - \sum_{j \neq i} a_j x_j\right) < -\lambda. \tag{10.233}$$

当 $x_i = 0$ 时, $\partial h(x_i) = \{c: \ |c| \leqslant \lambda\}$, 因此条件 (10.223) 等价于

$$-\lambda \leqslant -\sum_{j=1}^{n}(a_i^{\mathrm{T}}a_j)x_j + a_i^{\mathrm{T}}b \leqslant \lambda, \tag{10.234}$$

解得

$$\frac{a_i^{\mathrm{T}}\left(b-\sum\limits_{j\neq i}a_jx_j\right)-\lambda}{\|a_i\|_2^2}\leqslant x_i\leqslant\frac{a_i^{\mathrm{T}}\left(b-\sum\limits_{j\neq i}a_jx_j\right)+\lambda}{\|a_i\|_2^2},\tag{10.235}$$

为使上述不等式的解集包含点 $x_i=0$, 必须令

$$\left|a_i^{\mathrm{T}}\left(b-\sum_{j\neq i}a_jx_j\right)\right|\leqslant\lambda.\tag{10.236}$$

综上所述, 优化问题 (10.222) 的解为

$$x_i^*=\psi_i(x):=\begin{cases}\dfrac{a_i^{\mathrm{T}}\left(b-\sum\limits_{j\neq i}a_jx_j\right)-\lambda}{\|a_i\|_2^2}, & a_i^{\mathrm{T}}\left(b-\sum\limits_{j\neq i}a_jx_j\right)>\lambda\\[4mm]\dfrac{a_i^{\mathrm{T}}\left(b-\sum\limits_{j\neq i}a_jx_j\right)+\lambda}{\|a_i\|_2^2}, & a_i^{\mathrm{T}}\left(b-\sum\limits_{j\neq i}a_jx_j\right)<-\lambda\\[4mm]0, & \left|a_i^{\mathrm{T}}\left(b-\sum\limits_{j\neq i}a_jx_j\right)\right|\leqslant\lambda\end{cases}.\tag{10.237}$$

用坐标下降法求解 LASSO 回归问题 (10.221) 的算法框架如算法 Algorithm 55 所示.

Algorithm 55 (LASSO 问题的坐标下降法)

Input:

　The initial point $x^{(0)}=(x_1^{(0)},x_2^{(0)},\cdots,x_n^{(0)})^{\mathrm{T}}$.

Output:

　The approximation of the optimal point $x=(x_1,x_2,\cdots,x_n)$.

　$k\leftarrow 0$;
　$x\leftarrow x^{(0)}$;
　while the stopping criterion is not satisfied **do**
　　for $i=1,2,\cdots,n$ **do**
　　　Renew the i-th component x_i:　$x_i\leftarrow\psi_i(x)$;
　　end for
　　$k\leftarrow k+1$;
　end while
　Output $x=(x_1,x_2,\cdots,x_n)$;

10.5.2 分块坐标下降法

如果 $f(x)$ 具有下列形式:

$$f(x) = f(x_1, x_2, \cdots, x_s), \tag{10.238}$$

其中, 每个 x_i 代表一个变量块, $x_i \in \mathbb{R}^{n_i}, i = 1, 2, \cdots, s$, 则可以用**分块坐标下降法**求解优化问题

$$\min \quad f(x_1, x_2, \cdots, x_s). \tag{10.239}$$

算法与坐标下降法完全类似, 依次轮流执行更新

$$x_i^{(k+1)} = \underset{x_i}{\arg\min} f_i(x_i) := f(x_1^{(k+1)}, \cdots, x_{i-1}^{(k+1)}, x_i, x_{i+1}^{(k)}, \cdots, x_s^{(k)}), \tag{10.240}$$

只不过此时最小化是对变量块 x_i 取的, 而不是对单个变量取的.

为了保证迭代算法的收敛性, 常常在目标函数后加一项近似点项, 用下面的迭代公式代替公式 (10.240):

$$x_i^{(k+1)} = \underset{x_i}{\arg\min} f_i(x_i) + \frac{L_i^{(k)}}{2} \|x_i - x_i^{(k)}\|_2^2, \tag{10.241}$$

其中, $L_i^{(k)}$ 是自适应的参数, 也可以取定值. 如果目标函数形如

$$f(x_1, x_2, \cdots, x_s) = g(x_1, x_2, \cdots, x_s) + \sum_{i=1}^{s} r_i(x_i), \tag{10.242}$$

其中 g 是可微的函数, 每一个 r_i 是正常的闭凸函数, 但不一定可微, 则可以将可微函数 g 局部线性化 (取切映射), 并使用 Nesterov 加速技巧得到算法

$$x_i^{(k+1)} = \underset{x_i}{\arg\min} \left\{ (x_i - \hat{x}_i^{(k)})^{\mathrm{T}} \nabla g_i(x_i) + \frac{L_i^{(k)}}{2} \|x_i - x_i^{(k)}\|_2^2 + r_i(x_i) \right\}, \tag{10.243}$$

其中, $g_i(x_i)$ 的定义与前面的 $f_i(x_i)$ 类似,

$$\hat{x}_i^{(k)} = x_i^{(k)} + \omega_i^{(k)} \left(x_i^{(k)} - x_i^{(k-1)} \right), \tag{10.244}$$

$\omega_i^{(k)}$ 是外推权重. 设 ∇g 满足常数为 L 的 Lipschitz 条件, 如果 $L_i^{(k)}$ 和 $\omega_i^{(k)}$ 满足

$$\left| L_i^{(k)} \right| \leqslant \frac{1}{L}, \tag{10.245}$$

$$\frac{\left(\omega_i^{(k)} \right)^2}{L_i^{(k)}} = O\left(\frac{1}{k^2} \right), \tag{10.246}$$

则算法 (10.243) 的收敛速度为 $O\left(\dfrac{1}{k^2}\right)$. 当 ∇g_i 的 Lipschitz 常数未知时, 可使用回溯线搜索确定 $L_i^{(k)}$. $\omega_i^{(k)}$ 的选取方法有多种, 最简单的取法是 $\omega_i^{(k)} = \dfrac{2}{k+1}$.

关于算法 (10.241) 和 (10.243) 的收敛性证明以及更多的参数选取细节可参见文献 [67, 122-123].

10.5.3　应用

例 10.9 (非负矩阵分解)　在图像分析的应用中常常需要从众多的样本数据 (图像) 中提取特征, 以便用精简的方式表示数据, 提高图像识别的效率. 设有样本数据 $v_1, v_2, \cdots, v_m$ $\in \mathbb{R}^n$, 我们希望从中提取 r $(r < m)$ 个特征 $x_1, x_2, \cdots, x_r$, 以使每个样本数据皆可由这 r 个特征的线性组合来表示 (或逼近):

$$v_i \approx y_{1i} x_1 + y_{2i} x_2 + \cdots + y_{ri} x_r, \qquad i = 1, 2, \cdots, m, \tag{10.247}$$

令 $V = (v_1, v_2, \cdots, v_m), X = (x_1, x_2, \cdots, x_r), Y = (y_{li})_{r \times m}$, 则上述特征提取问题可表述为优化问题

$$\min_{X,Y} \frac{1}{2}\|XY - V\|_F^2, \qquad X \in \mathbb{R}^{n \times r}, \ Y \in \mathbb{R}^{r \times m}. \tag{10.248}$$

但图像数据是非负的, 如果特征矩阵 X 或系数矩阵 Y 的元素为负数, 则特征的含义不明确, 于是有研究者提出非负矩阵分解模型[124-125]:

$$\min_{X,Y} \frac{1}{2}\|XY - V\|_F^2, \qquad X \in \mathbb{R}^{n \times r}, \ Y \in \mathbb{R}^{r \times m}, \tag{10.249}$$

$$\text{s.t.} \ \ X \geqslant 0, \ Y \geqslant 0, \tag{10.250}$$

其中, $X \geqslant 0$ 表示矩阵 X 的每一个元素都是非负的. 记 $\mathbb{R}_+^{n \times r} = \{X \in \mathbb{R}^{n \times r} : X \geqslant 0\}$, 并用 $\iota_{\mathbb{R}_+^{n \times r}}(\cdot)$ 表示其示性函数, 则优化问题 (10.249)~(10.250) 等价于优化问题

$$\min_{X,Y} \frac{1}{2}\|XY - V\|_F^2 + \iota_{\mathbb{R}_+^{n \times r}}(X) + \iota_{\mathbb{R}_+^{r \times m}}(Y). \tag{10.251}$$

优化问题 (10.251) 可以用分块坐标下降法求解:

$$X^{(k+1)} = \underset{X}{\arg\min} \ \frac{1}{2}\|XY^{(k)} - V\|_F^2 + \iota_{\mathbb{R}_+^{n \times r}}(X), \tag{10.252}$$

$$Y^{(k+1)} = \underset{Y}{\arg\min} \ \frac{1}{2}\|X^{(k+1)}Y - V\|_F^2 + \iota_{\mathbb{R}_+^{r \times m}}(Y). \tag{10.253}$$

以上迭代格式每一步都是求解凸优化问题, 可以用 10.4 节介绍的近似点梯度法求解. 记

$$g(X,Y) := \frac{1}{2}\|XY - V\|_F^2, \qquad h_1(X) = \iota_{\mathbb{R}_+^{n \times r}}(X), \qquad h_2(Y) = \iota_{\mathbb{R}_+^{r \times m}}(Y),$$

则有

$$\nabla_X g(X, Y) = \frac{\partial g}{\partial X} = (XY - V)Y^{\mathrm{T}}, \quad \nabla_Y g(X, Y) = \frac{\partial g}{\partial Y} = X^{\mathrm{T}}(XY - V), \quad (10.254)$$

$$\mathrm{prox}_{sh_1}(X) = \mathop{\mathrm{argmin}}_{U \geqslant 0} \frac{1}{2s} \|U - X\|_F^2 = P_{\mathbb{R}_+^{n \times r}}(X) = \max\{X, 0\}, \quad (10.255)$$

$$\mathrm{prox}_{sh_2}(Y) = \mathop{\mathrm{argmin}}_{U \geqslant 0} \frac{1}{2s} \|U - Y\|_F^2 = P_{\mathbb{R}_+^{r \times m}}(Y) = \max\{Y, 0\}. \quad (10.256)$$

于是由近似点梯度法得到迭代格式

$$
\begin{aligned}
X^{(k+1)} &= \mathrm{prox}_{s_X^{(k)} h_1} \left(X^{(k)} - s_X^{(k)}(X^{(k)}Y^{(k)} - V)(Y^{(k)})^{\mathrm{T}} \right) \\
&= \max \left\{ X^{(k)} - s_X^{(k)}(X^{(k)}Y^{(k)} - V)(Y^{(k)})^{\mathrm{T}}, 0 \right\}, \quad (10.257)
\end{aligned}
$$

$$
\begin{aligned}
Y^{(k+1)} &= \mathrm{prox}_{s_Y^{(k)} h_2} \left(Y^{(k)} - s_Y^{(k)}(X^{(k+1)})^{\mathrm{T}}(X^{(k+1)}Y^{(k)} - V) \right) \\
&= \max \left\{ Y^{(k)} - s_Y^{(k)}(X^{(k+1)})^{\mathrm{T}}(X^{(k+1)}Y^{(k)} - V), 0 \right\}, \quad (10.258)
\end{aligned}
$$

其中, $s_X^{(k)}$ 和 $s_Y^{(k)}$ 是迭代步长, 可以取定值, 也可以用回溯线搜索法自适应地确定步长. 具体地说, 就是通过回溯线搜索寻找步长 $s_X^{(k)}$ 和 $s_Y^{(k)}$ 满足下列充分下降条件:

$$g(X^{(k)}, Y^{(k)}) - g(X^{(k+1)}, Y^{(k)}) \geqslant -\sigma \left\langle X^{(k+1)} - X^{(k)}, \nabla_X g(X^{(k)}, Y^{(k)}) \right\rangle_F, \quad (10.259)$$

$$g(X^{(k+1)}, Y^{(k)}) - g(X^{(k+1)}, Y^{(k+1)}) \geqslant -\sigma \left\langle Y^{(k+1)} - Y^{(k)}, \nabla_Y g(X^{(k+1)}, Y^{(k)}) \right\rangle_F, \quad (10.260)$$

其中, $0 < \sigma < 1$. 关于上述迭代算法的收敛性分析, 可参考 Lin 的文章 [126].

例 10.10 (字典学习) 考虑大规模的样本数据集 $a_i \in \mathbb{R}^n, i = 1, 2, \cdots, m$, 我们希望从中学习到一些称为 "原子 (atom)" 的基本模式 $d_j, j = 1, 2, \cdots, k$, 以使每一个样本数据 a_i 都可以由这些原子稀疏表示:

$$a_i = x_{1i} d_1 + x_{2i} d_2 + \cdots + x_{ki} d_k + \varepsilon_i, \qquad i = 1, 2, \cdots, m, \quad (10.261)$$

其中, ε_i 表示随机误差. 所谓 "稀疏", 意思是系数向量 $x_i = (x_{1i}, x_{2i}, \cdots, x_{ki})^{\mathrm{T}}$ 仅有很少的分量非 0, 大部分分量等于 0(或很接近 0). 向量 x_i 的稀疏性大致可以用其 ℓ^1- 范数来度量, $\|x_i\|_1$ 越小, 则 x_i 越稀疏. 令

$$A = (a_1, a_2, \cdots, a_m), \qquad D = (d_1, d_2, \cdots, d_k), \qquad X = (x_1, x_2, \cdots, x_m),$$

其中, D 称为**字典 (dictionary)**. 所谓字典学习, 就是从大规模的样本数据集中学习一个精简的字典, 使得样本数据能够用这个字典稀疏表示. 字典学习可表述为优化问题

$$\min_{D, X} f(D, X) = \frac{1}{2n} \|DX - A\|_F^2 + \lambda \|X\|_1. \quad (10.262)$$

但很快发现

$$f\left(cD, \frac{1}{c}X\right) = \frac{1}{2n}\|DX - A\|_F + \frac{1}{c}\lambda\|X\|_1, \tag{10.263}$$

因此 c 取得越大, 目标函数 f 的值越小, 当 $c \to \infty$ 时, f 的值最小. 由此可见, f 的极小值点处必然有 $X = 0$, 这样的解显然毫无意义, 因此我们对字典 D 的范数作限制, 要求 $\|D\|_F \leqslant 1$, 得到优化问题

$$\min_{D,X} f(D, X) = \frac{1}{2n}\|DX - A\|_F^2 + \lambda\|X\|_1, \tag{10.264}$$

$$\text{s.t.}\quad \|D\|_F^2 \leqslant 1. \tag{10.265}$$

后来有研究者考虑用惩罚项代替约束条件 $\|D\|_F^2 \leqslant 1$, 提出优化问题

$$\min_{D,X} g(D, X) = \frac{1}{2n}\|DX - A\|_F^2 + \lambda\|X\|_1 + \frac{\mu}{2}\|D\|_F^2. \tag{10.266}$$

可以证明, 在一定的条件下, 优化问题 (10.266) 与优化问题 (10.264)~(10.265) 是等价的.

字典学习问题 (10.266) 可用分块坐标下降法求解:

$$D^{(k+1)} = \underset{D}{\operatorname{argmin}}\, g(D, X^{(k)}), \tag{10.267}$$

$$X^{(k+1)} = \underset{X}{\operatorname{argmin}}\, g(D^{(k+1)}, X). \tag{10.268}$$

注意到

$$\frac{\partial g}{\partial D^{\mathrm{T}}} = \frac{1}{n}X(X^{\mathrm{T}}D^{\mathrm{T}} - A^{\mathrm{T}}) + \mu D^{\mathrm{T}}, \tag{10.269}$$

令其等于 0, 解得

$$D = AX^{\mathrm{T}}\left(XX^{\mathrm{T}} + n\mu I\right)^{-1}, \tag{10.270}$$

因此子优化问题 (10.267) 有解析解

$$D^{(k+1)} = A(X^{(k)})^{\mathrm{T}}\left(X^{(k)}(X^{(k)})^{\mathrm{T}} + n\mu I\right)^{-1}. \tag{10.271}$$

在式 (10.269) 中, 之所以对 D^{T} 求梯度而不是对 D 求梯度, 是因为这样得到的稳定点表达式 (10.270) 中的 XX^{T} 是阶数较低的方阵 ($k << m$), 可以大大节省求逆矩阵的计算量.

再来看子优化问题 (10.268), 这本质上是 LASSO 问题, 可以用 10.4 节介绍的近似点梯度法求解. 由于

$$\frac{\partial}{\partial X}\frac{1}{2n}\|DX - A\|_F^2 = \frac{1}{n}D^{\mathrm{T}}(DX - A),$$

因此近似点梯度法的迭代格式为

$$X^{(k+1)} = \operatorname{prox}_{s_k\lambda\|\cdot\|_1}\left(X^{(k)} - \frac{s_k}{n}(D^{(k+1)})^{\mathrm{T}}\left(D^{(k+1)}X^{(k)} - A\right)\right), \tag{10.272}$$

其中, s_k 是步长, $\mathrm{prox}_{s_k\lambda\|\cdot\|_1}$ 是函数 $s_k\lambda\|\cdot\|_1$ 的近似点算子. 根据例 10.3, $s_k\lambda\|\cdot\|_1$ 的近似点算子是软阈值函数

$$S_{s_k\lambda}(X) := \mathrm{sgn}(X)\max\{|X| - s_k\lambda, 0\}. \tag{10.273}$$

综上所述, 字典学习问题 (10.266) 的分块坐标下降法可通过交替执行下列迭代步骤实现:

$$D^{(k+1)} = A(X^{(k)})^{\mathrm{T}}\left(X^{(k)}(X^{(k)})^{\mathrm{T}} + n\mu I\right)^{-1}, \tag{10.274}$$

$$X^{(k+1)} = S_{s_k\lambda}\left(X^{(k)} - \frac{s_k}{n}(D^{(k+1)})^{\mathrm{T}}\left(D^{(k+1)}X^{(k)} - A\right)\right). \tag{10.275}$$

拓展阅读建议

本章介绍了机器学习领域的一些常用的复合优化算法, 包括增广 Lagrange 函数法、交替方向乘数法、近似点算法、坐标下降法和分块坐标下降法等, 这些算法在机器学习、图像处理、人工智能、统计学、大数据分析等领域有广泛应用, 读者应掌握其核心思想、数学原理及实现方法. 关于增广 Lagrange 函数法的更系统的内容可参考文献 [81]; 关于交替方向乘数法及其在分布式优化中的应用可参见文献 [109]; 关于近似点算法及其收敛性分析更系统的知识可参见文献 [67]; 关于坐标下降法和分块坐标下降法的更多内容可参见文献 [67].

第 10 章习题

1. 设 $A \in \mathbb{R}^{n\times m}, b \in \mathbb{R}^n$. 证明下列梯度公式:

$$\nabla_x\|Ax - b\|_2^2 = 2A^{\mathrm{T}}(Ax - b). \tag{10.276}$$

2. 设 h 是凸集 $\mathbb{R}^n$ 上的凸函数, $x \in \mathbb{R}^n$, 证明 $\varphi(u) := h(u) + \frac{1}{2}\|u - x\|_2^2$ 是严格凸函数.

3. 证明命题 10.3.

4. 考虑小波分解模型

$$\min_{x\in\mathbb{R}^n}\|\lambda \odot (Wx)\|_1 + \frac{1}{2}\|Ax - b\|_2^2, \tag{10.277}$$

其中, $\lambda \in \mathbb{R}^m, \lambda \succ 0, W \in \mathbb{R}^{m\times n}, A \in \mathbb{R}^{n\times n}$ 为已知, "$\odot$" 表示两个同维度的向量 (或矩阵) 对应分量逐个相乘的运算, 我们假设 W 满足 $W^{\mathrm{T}}W = I$. 为了将问题简化, 令 $Wx = y$, 则 $x = W^{\mathrm{T}}y$, 原问题转换为

$$\min_{y\in\mathbb{R}^m}\|\lambda \odot y\|_1 + \frac{1}{2}\|AW^{\mathrm{T}}y - b\|_2^2. \tag{10.278}$$

i). 求函数 $h(y) = \|\lambda \odot y\|_1$ 的邻近算子.

ii). 请写出用近似点梯度法求解优化问题 (10.278) 的迭代格式.

5. 推导证明命题 10.4的 i)~iv).

6. 设 X 和 Y 分别是 $n \times r$ 和 $r \times m$ 的实矩阵, V 和 W 是 $n \times m$ 的实矩阵, 请推导下列求导公式:

$$\frac{\partial}{\partial V} \langle V, W \rangle_F = W, \tag{10.279}$$

$$\frac{\partial}{\partial V} \|V\|_F^2 = 2V, \tag{10.280}$$

$$\frac{\partial}{\partial X} \|XY - V\|_F^2 = 2(XY - V)Y^{\mathrm{T}}, \tag{10.281}$$

$$\frac{\partial}{\partial Y} \|XY - V\|_F^2 = 2X^{\mathrm{T}}(XY - V). \tag{10.282}$$

特征值与特征值分解定理

矩阵的特征值分解是优化理论与应用领域的基本工具, 本附录介绍这方面的基本知识.

A.1　特征值与特征向量

考虑 $\mathbb{R}^n$ 上的线性变换, 最简单的莫过于 $v \mapsto \lambda v$ 了, 用矩阵表示就是 λI. 当然, 不能奢望所有的线性变换都具有这种形式, 但我们会发现把一般的线性变换 $A: \mathbb{R}^n \to \mathbb{R}^n$ 限制在 $\mathbb{R}^n$ 的某一子空间 V_λ 上时, 确实具有上述简单结构. 为了研究这样的 λ 和子空间 V_λ, 我们引入特征值和特征向量的概念.

设 A 是一个 n 阶方阵, 如果存在实数 λ 和非零向量 v 使得

$$Av = \lambda v, \tag{A.1}$$

则称 λ 是 A 的**特征值**, v 是关于特征值 λ 的**特征向量**.

设 λ 是 A 的特征值, 记

$$V_\lambda = \{v \in \mathbb{R}^n : Av = \lambda v\}, \tag{A.2}$$

称为 A 的关于特征值 λ 的**特征子空间**. 线性变换 A 限制在 V_λ 上就是简单的数量乘法 $v \mapsto \lambda v$.

矩阵 A 的特征向量有下列性质.

定理 A.1　设 A 是一个 n 阶方阵, $\lambda_1, \lambda_2, \cdots, \lambda_m$ 是 A 的不同特征值, $v_1, v_2, \cdots, v_m$ 分别是关于特征值 $\lambda_1, \lambda_2, \cdots, \lambda_m$ 的特征向量, 则 $v_1, v_2, \cdots, v_m$ 一定是线性无关的, 即 A 的关于不同特征值的特征向量构成线性无关组.

证明　我们对 m 使用数学归纳法. 当 $m = 1$ 时, 只有一个特征向量, 定理显然成立. 设若命题对 $m - 1$ 成立, 往证定理对 m 也成立. 事实上, 如果

$$c_1 v_1 + c_2 v_2 + \cdots + c_m v_m = 0, \tag{A.3}$$

用矩阵 A 左乘等式 (A.3) 两边, 得

$$c_1 Av_1 + c_2 Av_2 + \cdots + c_m Av_m = 0, \tag{A.4}$$

由于 v_i 是关于特征值 λ_i 的特征向量, 因此 $Av_i = \lambda_i v_i, i = 1, 2, \cdots, m$, 于是得到

$$\lambda_1 c_1 v_1 + \lambda_2 c_2 v_2 + \cdots + \lambda_m c_m v_m = 0, \tag{A.5}$$

式 (A.3) 乘以 λ_m, 再减去式 (A.5), 得

$$(\lambda_m - \lambda_1)c_1 v_1 + (\lambda_m - \lambda_2)c_2 v_2 + \cdots + (\lambda_m - \lambda_{m-1})c_{m-1}v_{m-1} = 0, \tag{A.6}$$

根据归纳假设, $v_1, v_2, \cdots, v_{m-1}$ 是线性无关的, 因此有

$$(\lambda_m - \lambda_i)c_i = 0, \qquad i = 1, 2, \cdots, m-1, \tag{A.7}$$

又因为 $\lambda_1, \lambda_2, \cdots, \lambda_m$ 互不相同, 因此 $\lambda_m - \lambda_i \neq 0$, 从而 $c_i = 0, i = 1, 2, \cdots, m-1$, 将其代入等式 (A.3), 推出 $c_m = 0$. □

A.2　n 阶方阵的特征分解

设 $V_1, V_2, \cdots, V_m$ 和 W 都是向量空间 V 的子空间, 如果对任意 $w \in W$, 皆存在唯一的表示

$$w = v_1 + v_2 + \cdots + v_m, \qquad v_i \in V_i, \ i = 1, 2, \cdots, m, \tag{A.8}$$

则称 W 是子空间 $V_1, V_2, \cdots, V_m$ 的**直和**, 记作

$$W = V_1 \oplus V_2 \oplus \cdots \oplus V_m. \tag{A.9}$$

设 $B_i = \{v_1^{(i)}, v_2^{(i)}, \cdots, v_{n_i}^{(i)}\}$ 是子空间 V_i 的基, 则 $B_1 \cup B_2 \cup \cdots \cup B_m$ 是直和空间 W 的基, 因此有

$$\dim W = \dim V_1 + \dim V_2 + \cdots + \dim V_m. \tag{A.10}$$

设 A 是一个 n 阶方阵, $\lambda_1, \lambda_2, \cdots, \lambda_m$ 是 A 所有不相同的特征值, $V_{\lambda_i}, i = 1, 2, \cdots, m$ 是相应的特征子空间, 如果

$$\sum_{i=1}^{m} \dim V_{\lambda_i} = n, \tag{A.11}$$

则由定理 A.1 不难得到

$$V = V_{\lambda_1} \oplus V_{\lambda_2} \oplus \cdots \oplus V_{\lambda_m}. \tag{A.12}$$

设 $B_i = \{v_1^{(i)}, v_2^{(i)}, \cdots, v_{n_i}^{(i)}\}$ 是特征子空间 V_{λ_i} 的基, 则 $B = \cup_{i=1}^{m} B_i$ 是 $\mathbb{R}^n$ 的基, 且

$$Av_j^{(i)} = \lambda_i v_j^{(i)}, \qquad i = 1, 2, \cdots, m, \ \ j = 1, 2, \cdots, n_i, \tag{A.13}$$

如果用 I_{n_i} 表示 n_i 阶的单位矩阵, 并记

$$\Lambda := \begin{pmatrix} \lambda_1 I_{n_1} & 0 & \cdots & 0 \\ 0 & \lambda_2 I_{n_2} & \cdots & 0 \\ \vdots & \vdots & \ddots & \vdots \\ 0 & 0 & \cdots & \lambda_m I_{n_m} \end{pmatrix}, \tag{A.14}$$

$$P := \left(v_1^{(1)}, v_2^{(1)}, \cdots, v_{n_1}^{(1)}, v_1^{(2)}, \cdots, v_{n_2}^{(2)}, \cdots, v_1^{(m)}, \cdots, v_{n_m}^{(m)} \right), \tag{A.15}$$

则可将式 (A.13) 表示为

$$AP = P\Lambda, \tag{A.16}$$

由于 B 是 $\mathbb{R}^n$ 的基, P 是由 B 中的元素作为列向量构成的矩阵, 因此 P 是可逆的. 用 P^{-1} 左乘式 (A.16), 得

$$P^{-1}AP = \Lambda, \tag{A.17}$$

即 A 相似于对角矩阵 Λ, 或者说 A 可以相似对角化. 如果把式 (A.17) 变形为方程

$$A = P\Lambda P^{-1}, \tag{A.18}$$

则称为矩阵 A 的特征分解.

设 λ 是 n 阶方阵 A 的特征值, 则齐次线性方程组 $(\lambda I - A)v = 0$ 有非零解, 从而必有 $\det(\lambda I - A) = 0$, 我们称多项式

$$p_A(\lambda) := \det(\lambda I - A) \tag{A.19}$$

为矩阵 A 的**特征多项式**. 矩阵 A 的特征值可以通过求特征方程 $p_A(\lambda) = 0$ 的根得到.

设 $A = (a_{ij})_{n \times n}$, 则有

$$\begin{aligned}
p_A(\lambda) = \det(\lambda I - A) &= \begin{vmatrix} \lambda - a_{11} & -a_{12} & \cdots & -a_{1n} \\ -a_{21} & \lambda - a_{22} & \cdots & -a_{2n} \\ \vdots & \vdots & \ddots & \vdots \\ -a_{n1} & -a_{n2} & \cdots & \lambda - a_{nn} \end{vmatrix} \\
&= \lambda^n - (a_{11} + a_{22} + \cdots + a_{nn})\lambda^{n-1} + \cdots + (-1)^n \det A \\
&= \lambda^n - (\operatorname{tr} A)\lambda^{n-1} + \cdots + (-1)^n \det A, \tag{A.20}
\end{aligned}$$

通常称

$$\operatorname{tr} A := a_{11} + a_{22} + \cdots + a_{nn} \tag{A.21}$$

为矩阵 A 的**迹**.

例 **A.1**　设

$$A = \begin{pmatrix} -2 & 1 & 1 \\ 0 & 2 & 0 \\ -4 & 1 & 3 \end{pmatrix}, \tag{A.22}$$

求 A 的特征值和特征向量, 并将其相似对角化.

　　解　A 特征值可以通过解下列特征方程求出来:

$$p_A(\lambda) := \det(\lambda I - A) = 0, \tag{A.23}$$

特征多项式可分解为 $p_A(\lambda) = (\lambda + 1)(\lambda - 2)^2$, 因此 A 有两个不同的特征值: $\lambda_1 = -1, \lambda_2 = 2$, 线性方程组 $(\lambda_1 I - A)v = 0$ 的基础解系为 $v_1 = (1, 0, 1)^{\mathrm{T}}$, 因此

$$V_{\lambda_1} = \mathrm{Span}\left\{ \begin{pmatrix} 1 \\ 0 \\ 1 \end{pmatrix} \right\}. \tag{A.24}$$

线性方程组 $(\lambda_2 I - A)v = 0$ 的基础解系为 $v_2 = (0, 1, -1)^{\mathrm{T}}, v_3 = (1, 0, 4)^{\mathrm{T}}$, 因此

$$V_{\lambda_2} = \mathrm{Span}\left\{ \begin{pmatrix} 0 \\ 1 \\ -1 \end{pmatrix}, \begin{pmatrix} 1 \\ 0 \\ 4 \end{pmatrix} \right\}. \tag{A.25}$$

令

$$P = (v_1, v_2, v_3) = \begin{pmatrix} 1 & 0 & 1 \\ 0 & 1 & 0 \\ 1 & -1 & 4 \end{pmatrix}, \tag{A.26}$$

则有

$$P^{-1}AP = \begin{pmatrix} -1 & 0 & 0 \\ 0 & 2 & 0 \\ 0 & 0 & 2 \end{pmatrix}. \tag{A.27}$$

须指出的是, 并不是每一个方阵都是可以相似对角化的, 例如

$$A = \begin{pmatrix} 1 & 2 & 1 \\ 2 & 0 & -2 \\ -1 & 2 & 3 \end{pmatrix}, \tag{A.28}$$

它有两个不同的特征值: $\lambda_1 = -2$, $\lambda_2 = 2$, 相应的特征子空间为

$$
V_{\lambda_1} = \mathrm{Span}\left\{\begin{pmatrix} 1 \\ -1 \\ 1 \end{pmatrix}\right\}, \qquad V_{\lambda_2} = \mathrm{Span}\left\{\begin{pmatrix} 1 \\ 0 \\ 1 \end{pmatrix}\right\}, \tag{A.29}
$$

两个特征子空间的维数之和小于 3, 因此 A 不可对角化.

A.3　实对称矩阵的对角化与特征分解

接下来讨论实对称矩阵的特征分解问题. 我们说一个 n 阶方阵 A 是**对称的**, 是指它满足 $A^\mathrm{T} = A$. 我们首先证明下列结论.

定理 A.2　实对称矩阵 A 的特征值一定是实数.

证明　对于任何一个复矩阵 B, 记 $\overline{B}$ 为其共轭矩阵, 即将 B 的每一个元素取共轭得到的矩阵; 记

$$
B^\sharp := \left(\overline{B}\right)^\mathrm{T}, \tag{A.30}
$$

称之为 B 的共轭转置矩阵. 如果 B 是实矩阵, 则有 `$B^\sharp = B^\mathrm{T}$; 如果 B 是实对称矩阵, 则有 $B^\sharp = B$; 对于 n 维复列向量 $v = (v_1, v_2, \cdots, v_n)^\mathrm{T}$, 记

$$
\|v\|_2 = \sqrt{v^\sharp v} = \sqrt{\sum_{i=1}^{n} |v_i|^2}, \tag{A.31}
$$

称之为复向量 v 的范数. 如果令 $u = v/\|v\|_2$, 则 $\|u\|_2 = 1$. 现在设 λ 是实对称矩阵 A 的任意一个特征值, u 是相应的单位特征向量 (可能是复向量), 则有

$$
u^\sharp A u = u^\sharp \lambda u = \lambda u^\sharp u = \lambda \|u\|_2^2 = \lambda, \tag{A.32}
$$

因此有

$$
\overline{\lambda} = \lambda^\sharp = \left(u^\sharp A u\right)^\sharp = u^\sharp A u = \lambda, \tag{A.33}
$$

从而 λ 是实数. □

实对称矩阵的特征向量还具有下列性质.

定理 A.3　实对称矩阵 A 的关于不同特征值的特征向量彼此正交.

证明　设 λ_1 和 λ_2 是 A 的两个不同特征值, v_1 和 v_2 分别是关于这两个特征值的特征向量, 则

$$
\lambda_1 \langle v_1, v_2 \rangle = \langle \lambda_1 v_1, v_2 \rangle = \langle A v_1, v_2 \rangle = \langle v_1, A v_2 \rangle = \langle v_1, \lambda_2 v_2 \rangle = \lambda_2 \langle v_1, v_2 \rangle, \tag{A.34}
$$

由此立刻推出 $\langle v_1, v_2 \rangle = 0$. □

前面已经讲过, 一个 n 阶方阵 A 不一定能相似对角化, 但如果 A 是一个实对称矩阵, 则一定能够相似对角化. 这就是下面的定理.

定理 A.4   设 A 是一个实对称矩阵, 则一定存在正交矩阵 U 使得 $\Lambda = U^{\mathrm{T}} A U$ 是对角矩阵, 即 A 可以相似对角化.

证明   对 A 的阶数 n 用数学归纳法. 当 $n = 1$ 时, 定理结论显然成立. 设若对 $n - 1$ 定理结论成立, 往证对 n 定理结论亦成立. 设 λ 是 A 的任意一个特征值, v 是关于 λ 的一个单位特征向量, 将其扩充为 $\mathbb{R}^n$ 的规范正交基 $\{v, w_1, w_2, \cdots, w_{n-1}\}$, 并令 $Q = (v, w_1, w_2, \cdots, w_{n-1})$, 则有

$$AQ = (Av, Aw_1, Aw_2, \cdots, Aw_{n-1})$$

$$= (v, w_1, w_2, \cdots, w_{n-1}) \begin{pmatrix} \lambda & b_{1,1} & \cdots & b_{1,n-1} \\ 0 & b_{2,1} & \cdots & b_{2,n-1} \\ \vdots & \vdots & \ddots & \vdots \\ 0 & b_{n,1} & \cdots & b_{n,n-1} \end{pmatrix}$$

$$= Q \begin{pmatrix} \lambda & b^{\mathrm{T}} \\ 0 & B \end{pmatrix}, \tag{A.35}$$

其中, $b = (b_{1,1}, b_{1,2}, \cdots, b_{1,n-1})^{\mathrm{T}}$, B 是一个 $n - 1$ 阶实方阵, 下面说明 $b = 0$ 且 B 是对称的. 由于 Q 是一个正交矩阵, 用 Q^{T} 左乘式 (A.35) 两端得

$$Q^{\mathrm{T}} A Q = \begin{pmatrix} \lambda & b^{\mathrm{T}} \\ 0 & B \end{pmatrix}, \tag{A.36}$$

由于 A 是实对称矩阵, 因此式 (A.36) 中等号右边的分块矩阵也是实对称矩阵, 从而有

$$\begin{pmatrix} \lambda & b^{\mathrm{T}} \\ 0 & B \end{pmatrix} = \begin{pmatrix} \lambda & 0^{\mathrm{T}} \\ b & B^{\mathrm{T}} \end{pmatrix}, \tag{A.37}$$

由此立刻得到 $b = 0$, $B = B^{\mathrm{T}}$, 因此 B 是实对称矩阵. 根据归纳假设, 存在 $n - 1$ 阶正交矩阵 P 使得 $\Lambda_{n-1} = P^{\mathrm{T}} B P$ 是对角矩阵, 于是

$$A = Q \begin{pmatrix} \lambda & b^{\mathrm{T}} \\ 0 & B \end{pmatrix} Q^{\mathrm{T}} = Q \begin{pmatrix} \lambda & 0^{\mathrm{T}} \\ 0 & P \Lambda_{n-1} P^{\mathrm{T}} \end{pmatrix} Q^{\mathrm{T}}$$

$$= Q \begin{pmatrix} 1 & 0^{\mathrm{T}} \\ 0 & P \end{pmatrix} \begin{pmatrix} \lambda & 0^{\mathrm{T}} \\ 0 & \Lambda_{n-1} \end{pmatrix} \begin{pmatrix} 1 & 0^{\mathrm{T}} \\ 0 & P^{\mathrm{T}} \end{pmatrix} Q^{\mathrm{T}}, \tag{A.38}$$

令

$$U = Q \begin{pmatrix} 1 & 0^{\mathrm{T}} \\ 0 & P \end{pmatrix}, \tag{A.39}$$

则 U 是正交矩阵, 且有

$$U^{\mathrm{T}}AU = \begin{pmatrix} \lambda & 0^{\mathrm{T}} \\ 0 & \Lambda_{n-1} \end{pmatrix}. \tag{A.40}$$

$\square$

根据定理 A.4, 任何一个实对称矩阵 A 皆可分解为 $A = U\Lambda U^{\mathrm{T}}$, 其中 U 是正交矩阵, Λ 是对角矩阵, 不难验证 Λ 对角线上的元素正是 A 的特征值, U 的列向量是相应的单位特征向量. 于是有

$$A = (u_1, u_2, \cdots, u_n) \begin{pmatrix} \lambda_1 & 0 & \cdots & 0 \\ 0 & \lambda_2 & \cdots & 0 \\ \vdots & \vdots & \ddots & \vdots \\ 0 & 0 & \cdots & \lambda_n \end{pmatrix} \begin{pmatrix} u_1^{\mathrm{T}} \\ u_2^{\mathrm{T}} \\ \cdots \\ u_n^{\mathrm{T}} \end{pmatrix}$$

$$= \sum_{i=1}^{n} \lambda_i u_i u_i^{\mathrm{T}}, \tag{A.41}$$

这就是 A 的特征分解.

例 A.2 设

$$A = \begin{pmatrix} 17 & -2 & -2 \\ -2 & 14 & -4 \\ -2 & -4 & 14 \end{pmatrix}, \tag{A.42}$$

求其特征分解.

解 A 的特征多项式为

$$p_A(\lambda) = \det(\lambda I - A) = -(\lambda - 18)^2(\lambda - 9), \tag{A.43}$$

因此 A 有两个不同的特征值: $\lambda_1 = 18$, $\lambda_2 = 9$. 线性方程组 $(\lambda_1 I - A)v = 0$ 的基础解系为

$$v_1 = (-2, 1, 0)^{\mathrm{T}}, \qquad v_2 = (-2, 0, 1)^{\mathrm{T}}, \tag{A.44}$$

利用 Gram-Schmidt 正交化方法将其正交规范化, 得到正交规范化的特征向量组

$$u_1 = (-2/\sqrt{5}, 1/\sqrt{5}, 0)^{\mathrm{T}}, \qquad u_2 = (-2/\sqrt{45}, -4/\sqrt{45}, 5/\sqrt{45})^{\mathrm{T}}, \tag{A.45}$$

线性方程组 $(\lambda_2 I - A)v = 0$ 的基础解系为 $v_3 = (1, 2, 2)^{\mathrm{T}}$, 规范化后得到

$$u_3 = (1/3, 2/3, 2/3)^{\mathrm{T}}, \tag{A.46}$$

令

$$U = (u_1, u_2, u_3) = \begin{pmatrix} \dfrac{-2}{\sqrt{5}} & \dfrac{-2}{\sqrt{45}} & \dfrac{1}{3} \\[2mm] \dfrac{1}{\sqrt{5}} & \dfrac{-4}{\sqrt{45}} & \dfrac{2}{3} \\[2mm] 0 & \dfrac{5}{\sqrt{45}} & \dfrac{2}{3} \end{pmatrix}, \qquad \Lambda = \begin{pmatrix} 18 & 0 & 0 \\ 0 & 18 & 0 \\ 0 & 0 & 9 \end{pmatrix}, \tag{A.47}$$

则有

$$A = U\Lambda U^{\mathrm{T}}. \tag{A.48}$$

例 A.3 设 I 是 n 阶单位矩阵, $v_1 \in \mathbb{R}^n$ 是 n 维单位列向量, 求行列式 $\det\left(I + tv_1v_1^{\mathrm{T}}\right)$.

解 将 v_1 扩充为 $\mathbb{R}^n$ 的规范正交基 $v_1, v_2, \cdots, v_n$, 则有

$$I + tv_1v_1^{\mathrm{T}} = \sum_{i=1}^{n} v_iv_i^{\mathrm{T}} + tv_1v_1^{\mathrm{T}} = (1+t)v_1v_1^{\mathrm{T}} + \sum_{i=2}^{n} v_iv_i^{\mathrm{T}},$$

因此矩阵 $I + tv_1v_1^{\mathrm{T}}$ 的一个特征值是 $1+t$, 其余特征值是 1, 从而有

$$\det\left(I + tv_1v_1^{\mathrm{T}}\right) = 1 + t. \tag{A.49}$$

A.4 实正定对称矩阵与二次型

设 A 是一个实对称矩阵, 如果 A 的所有特征值都大于 0, 则称 A 是**正定的** (positive definite); 如果 A 的所有特征值都是非负的, 则称 A 是**非负定的** (nonnegative definite) 或**半正定的** (semi-positive definite); 如果 A 的所有特征值都小于零, 则称 A 是**负定的** (negative definite).

对于每一个实对称矩阵 A, 可定义一个 $\mathbb{R}^n$ 上的函数 $Q_A(x)$ 如下

$$Q_A(x) := x^{\mathrm{T}}Ax, \qquad x \in \mathbb{R}^n, \tag{A.50}$$

称之为由 A 决定的**二次型** (quadratic form).

对于二次型 $Q_A(x)$, 如果 $Q_A(x) > 0, \forall x \in \mathbb{R}^n \setminus \{0\}$, 则称它是**正定的**; 如果 $Q_A(x) \geqslant 0, \forall x \in \mathbb{R}^n$, 则称它是**非负定的**或**半正定的**; 如果 $Q_A(x) < 0, \forall x \in \mathbb{R}^n \setminus \{0\}$, 则称它是**负定的**.

定理 A.5 设 A 是 n 阶的实对称矩阵, Q_A 是由 A 决定的二次型, 则 Q_A 是正定的 (半正定的、负定的) 当且仅当 A 是正定的 (半正定的、负定的).

证明 如果 Q_A 是正定的, 对于 A 的任意一个特征值 λ, 设 v 是关于 λ 的单位特征向量, 则有

$$\lambda = \lambda v^{\mathrm{T}}v = v^{\mathrm{T}}(\lambda v) = v^{\mathrm{T}}Av = Q_A(v) > 0. \tag{A.51}$$

反之, 如果 A 是正定的, 则其特征值严格大于零, 设 A 的特征分解为

$$A = \sum_{i=1}^{n} \lambda_i u_iu_i^{\mathrm{T}}, \tag{A.52}$$

其中, 特征向量组 $\{u_1, u_2, \cdots, u_n\}$ 构成 $\mathbb{R}^n$ 的标准正交基. 任意非零向量 $x \in \mathbb{R}^n$ 皆可表示为

$$x = \sum_{j=1}^{n} c_ju_j, \tag{A.53}$$

其中, 系数向量 $c = (c_1, c_2, \cdots, c_n)^{\mathrm{T}} \neq 0$. 于是有

$$Q_A(x) = x^{\mathrm{T}} A x = \sum_{i=1}^{n} \lambda_i x^{\mathrm{T}} u_i u_i^{\mathrm{T}} x = \sum_{i=1}^{n} \lambda_i \langle x, u_i \rangle \langle u_i, x \rangle$$

$$= \sum_{i=1}^{n} \lambda_i c_i^2 > 0. \tag{A.54}$$

其余两种情况的证明完全类似, 从略. $\square$

设 A 是 $n \times n$ 的矩阵, $E \subseteq \{1, 2, \cdots, n\}$, 记

$$A_E = (a_{ij})_{i \in E, j \in E}. \tag{A.55}$$

例如

$$A = \begin{pmatrix} 2 & 1 & 5 & 4 \\ 3 & 9 & 8 & 9 \\ 0 & 4 & 9 & 7 \\ 11 & 2 & 7 & 6 \end{pmatrix}, \tag{A.56}$$

若 $E = \{1, 3, 4\}, F = \{2, 4\}$, 则有

$$A_E = \begin{pmatrix} 2 & 5 & 4 \\ 0 & 9 & 7 \\ 11 & 7 & 6 \end{pmatrix}, \qquad A_F = \begin{pmatrix} 9 & 9 \\ 2 & 6 \end{pmatrix}. \tag{A.57}$$

对于任意非空的 $E \subseteq \{1, 2, \cdots, n\}$, 称 $\det A_E$ 为 A 的**主子式 (principal minor)**, 如果 E 的基数 (所包含的元素个数) 为 k, 则称 $\det A_E$ 为 A 的 k **阶主子式**.

对于 n 维列向量 x 及 $E \subseteq \{1, 2, \cdots, n\}$, 记 x_E 为将分量 $x_i, i \notin E$ 置为 0 后所得到的向量. 例如 $x = (2, 3, 5, 7, 2)^{\mathrm{T}}, E = \{1, 2, 5\}$, 则

$$x_E = (2, 3, 0, 0, 2)^{\mathrm{T}}.$$

定理 A.6 设 A 是 n 阶实对称矩阵. 如果 A 是半正定的, 则它的各阶主子式都大于或等于 0; 如果 A 是正定的, 则它的各阶主子式都大于 0.

证明 首先, 对任意一个实对称矩阵 M, 如果 M 是正定的, 则其特征值 $\lambda_i > 0, i = 1, 2, \cdots, n$, 因此 $\det M = \prod_{i=1}^{n} \lambda_i > 0$. 同理, 如果 M 是半正定的, 则 $\det M \geqslant 0$.

如果实对称矩阵 A 是半正定的, 对任意非空的 $E \subseteq \{1, 2, \cdots, n\}$ 及任意 $x \in \mathbb{R}^n$ 皆有

$$\sum_{i \in E} \sum_{j \in E} a_{ij} x_i x_j = x_E^{\mathrm{T}} A x_E \geqslant 0, \tag{A.58}$$

不妨设 $E = \{i_1, i_2, \cdots, i_k\}$, 并记 $y = (x_{i_1}, x_{i_2}, \cdots, x_{i_k})^{\mathrm{T}}$, 则有

$$\sum_{i \in E} \sum_{j \in E} a_{ij} x_i x_j = \sum_{l=1}^{k} \sum_{m=1}^{k} a_{i_l, i_m} x_{i_l} x_{i_m} = y^{\mathrm{T}} A_E y, \tag{A.59}$$

从而有 $y^{\mathrm{T}} A_E y \geqslant 0, \forall y \in \mathbb{R}^k$, 这说明矩阵 A_E 是半正定的, 从而有 $\det A_E \geqslant 0$. 这就证明了半正定矩阵的各阶主子式都大于或等于 0.

同理可证, 正定矩阵 A 的各阶主子式都大于 0. $\square$

推论 A.1 设 A 是 n 阶实对称矩阵. 如果 A 是半正定的, 则其主对角线上的元素是非负的; 如果 A 是正定的, 则其主对角线上的元素大于 0.

记 $E_k = \{1, 2, \cdots, k\}$ $(k \leqslant n)$, 称 A_{E_k} 为 A 的 k 阶**顺序主子矩阵** (ordered leading **principal submatrix**), 称 $\det A_{E_k}$ 为 A 的 k 阶**顺序主子式** (ordered leading principal **minor**). 例如, 式 (A.56) 给出的矩阵 A 的 1、2、3、4 阶顺序主子式依次为

$$2, \quad \det \begin{pmatrix} 2 & 1 \\ 3 & 9 \end{pmatrix}, \quad \det \begin{pmatrix} 2 & 1 & 5 \\ 3 & 9 & 8 \\ 0 & 4 & 9 \end{pmatrix}, \quad \det A.$$

定理 A.7 设 A 是 n 阶实对称矩阵. 则 A 是正定的当且仅当 A 各阶顺序主子式都大于 0.

证明 必要性由定理 A.6直接得到, 只需证明充分性. 对阶数 n 做数学归纳. 当 $n = 1$ 时结论显然成立. 现在假设对阶数小于 n 的实对称矩阵结论已成立, 往证对 n 阶实对称矩阵结论亦成立.

由于 $a_{11} > 0$, 可定义矩阵

$$L := \begin{pmatrix} 1 & 0 & 0 & \cdots & 0 \\ -a_{21}/a_{11} & 1 & 0 & \cdots & 0 \\ -a_{31}/a_{11} & 0 & 1 & \cdots & 0 \\ \vdots & \vdots & \vdots & \ddots & \vdots \\ -a_{n1}/a_{11} & 0 & 0 & \cdots & 1 \end{pmatrix}, \tag{A.60}$$

则有

$$L A L^{\mathrm{T}} = \begin{pmatrix} a_{11} & 0^{\mathrm{T}} \\ 0 & B \end{pmatrix}, \tag{A.61}$$

其中, B 是 $n-1$ 阶实对称矩阵, 根据行列式的性质, $L A L^{\mathrm{T}}$ 的各阶顺序主子式与 A 的各阶顺序主子式对应相等, 由此推出 B 的各阶顺序主子式大于 0, 从而由归纳假设推出 B 是正定的. 设 x 是 $\mathbb{R}^n$ 中任意非零向量, 则有

$$x^{\mathrm{T}} A x = x^{\mathrm{T}} L^{-1} \begin{pmatrix} a_{11} & 0^{\mathrm{T}} \\ 0 & B \end{pmatrix} (L^{\mathrm{T}})^{-1} x := y^{\mathrm{T}} \begin{pmatrix} a_{11} & 0^{\mathrm{T}} \\ 0 & B \end{pmatrix} y, \tag{A.62}$$

其中, $y = (L^{\mathrm{T}})^{-1} x$, 由于 x 非零, 因此 y 也非零. 设 $y = \begin{pmatrix} y_1 \\ z \end{pmatrix}$, 则有

$$x^{\mathrm{T}}Ax = y^{\mathrm{T}}\begin{pmatrix} a_{11} & 0^{\mathrm{T}} \\ 0 & B \end{pmatrix}y = a_{11}y_1^2 + z^{\mathrm{T}}Bz > 0, \tag{A.63}$$

这就证明了 A 的正定性. □

　　至于半正定性的判定, 仅仅是顺序主子式非负是不够的, 需要所有主子式都非负才能保证原矩阵的半正定性.

奇异值与奇异值分解定理

B.1 奇异值与奇异向量

设 A 是一个 $m \times n$ 的实矩阵, 对于非负实数 σ, 如果存在非零向量 $u \in \mathbb{R}^m$ 及 $v \in \mathbb{R}^n$ 使得

$$Av = \sigma u, \qquad A^{\mathrm{T}}u = \sigma v, \tag{B.1}$$

则称 σ 是 A 的**奇异值 (singular value)**, u 和 v 分别是 A 的关于奇异值 σ 的左、右**奇异向量 (singular vector)**.

须指出的是, 同一个奇异值的左、右奇异向量并不唯一, 如果 u、v 是关于奇异值 σ 的左、右奇异向量, 则 cu、cv 也是关于奇异值 σ 的左、右奇异向量, 即左、右奇异向量拉伸相同的倍数还是左、右奇异向量.

命题 B.1 设 A 是一个 $m \times n$ 的实矩阵, σ 是 A 的奇异值, u 和 v 分别是 A 的关于 σ 的左、右奇异向量.

i). 如果 $\sigma \neq 0$, 则一定有 $\|u\|_2 = \|v\|_2$;

ii). 如果 $\sigma = 0$, 则对任意非零实数 α, β, αu 和 βv 是 A 的关于 σ 的左、右奇异向量.

证明 i). 只需注意到

$$\sigma\|u\|_2^2 = u^{\mathrm{T}}(\sigma u) = u^{\mathrm{T}}Av, \qquad \sigma\|v\|_2^2 = (\sigma v)^{\mathrm{T}}v = (A^{\mathrm{T}}u)^{\mathrm{T}}v = u^{\mathrm{T}}Av, \tag{B.2}$$

由此得到 $\sigma\|u\|_2^2 = \sigma\|v\|_2^2$, 又因为 $\sigma \neq 0$, 因此必有 $\|u\|_2 = \|v\|_2$.

ii). 如果 u 和 v 分别是 A 关于奇异值 $\sigma = 0$ 的左、右奇异向量, 则有 $Av = 0, A^{\mathrm{T}}u = 0$, 由此立刻得到

$$A(\beta v) = \beta Av = 0, \qquad A^{\mathrm{T}}(\alpha u) = \alpha A^{\mathrm{T}}u = 0, \tag{B.3}$$

因此 αu 和 βv 是 A 的关于 $\sigma = 0$ 左、右奇异向量. $\square$

正因为左、右奇异向量具有上述性质, 以后我们总可以对奇异向量做规范化处理, 使其具有单位长度.

如果 A 是实对称矩阵, 则 A 的特征值 γ 的绝对值 $\sigma = |\gamma|$ 就是 A 的奇异值. 事实上, 如果 $\gamma \geqslant 0$ 是 A 的特征值, u 是相应的特征向量, 则

$$Au = \gamma u, \qquad A^{\mathrm{T}}u = Au = \gamma u, \tag{B.4}$$

因此 γ 是 A 的奇异值, u 既是左奇异向量, 又是右奇异向量. 如果 $\gamma < 0$ 是 A 的特征值, u 是相应的特征向量, 则

$$A(-u) = -\gamma u = |\gamma|u, \qquad A^{\mathrm{T}}u = Au = \gamma u = |\gamma|(-u), \tag{B.5}$$

因此 $|\gamma|$ 是 A 的奇异值, u 和 $-u$ 是相应的左、右奇异向量.

B.2 奇异值的存在性及性质

接下来要解决的是奇异值的存在性问题, 解决思路是将奇异值和特征值联系起来. 令 $H = A^{\mathrm{T}}A, K = AA^{\mathrm{T}}$, 则 H 和 K 都是半正定的实对称矩阵. 这是因为如果 λ 是 H 的特征值, 相应的单位特征向量为 v, 则有

$$\lambda = \lambda\langle v, v\rangle = \langle \lambda v, v\rangle = \langle Hv, v\rangle = \langle A^{\mathrm{T}}Av, v\rangle = \langle Av, Av\rangle = \|Av\|_2^2 \geqslant 0, \tag{B.6}$$

因此 H 的每一个特征值都是非负的. 同理可证, K 的每一个特征值都是非负的.

设 σ 是 A 的奇异值, 相应的左、右奇异向量分别为 u 和 v, 则有

$$Hv = A^{\mathrm{T}}Av = A^{\mathrm{T}}(\sigma u) = \sigma A^{\mathrm{T}}u = \sigma^2 v, \tag{B.7}$$
$$Ku = AA^{\mathrm{T}}u = A(\sigma v) = \sigma Av = \sigma^2 u, \tag{B.8}$$

因此 σ^2 是 H 和 K 的特征值, 相应的特征向量分别为 v 和 u. 这让我们不禁猜测 H 和 K 的共有特征值的平方根就是 A 的奇异值. 下面的命题断言这个猜测是正确的.

命题 B.2　设 A 是一个 $m \times n$ 的实矩阵, $H = A^{\mathrm{T}}A, K = AA^{\mathrm{T}}$, 如果 λ 是 H 和 K 的共有特征值, 则 $\sqrt{\lambda}$ 是 A 的奇异值.

证明　设 λ 是 H 和 K 的共有特征值, 往证 $\sqrt{\lambda}$ 是 A 的奇异值.

如果 $\lambda \neq 0$, 设 v 是 H 的关于特征值 λ 的特征向量, 则 $Av \neq 0$. 这是因为 $v \neq 0$, 所以

$$\|Av\|_2^2 = \langle Av, Av\rangle = v^{\mathrm{T}}A^{\mathrm{T}}Av = v^{\mathrm{T}}Hv = v^{\mathrm{T}}\lambda v = \lambda\|v\|_2^2 > 0. \tag{B.9}$$

令 $u = \dfrac{1}{\sqrt{\lambda}}Av$, 则

$$Av = \sqrt{\lambda}u,$$
$$A^{\mathrm{T}}u = A^{\mathrm{T}}\left(\frac{1}{\sqrt{\lambda}}Av\right) = \frac{1}{\sqrt{\lambda}}A^{\mathrm{T}}Av = \frac{1}{\sqrt{\lambda}}Hv = \frac{1}{\sqrt{\lambda}}\lambda v = \sqrt{\lambda}v,$$

因此 $\sqrt{\lambda}$ 是 A 的奇异值.

如果 $\lambda = 0$, 设 v 是 H 的关于特征值 0 的特征向量, u 是 K 的关于特征值 0 的特征向量, 则 $Hv = 0, Ku = 0$, 于是

$$\|Av\|_2^2 = \langle Av, Av \rangle = v^{\mathrm{T}} A^{\mathrm{T}} Av = v^{\mathrm{T}} Hv = 0, \qquad \Rightarrow \qquad Av = 0,$$
$$\|A^{\mathrm{T}} u\|_2^2 = \langle A^{\mathrm{T}} u, A^{\mathrm{T}} u \rangle = u^{\mathrm{T}} AA^{\mathrm{T}} u = u^{\mathrm{T}} Ku = 0, \qquad \Rightarrow \qquad A^{\mathrm{T}} u = 0,$$

因此 0 是 A 的奇异值. □

还有一个问题需要解决, 那就是 H 和 K 有没有公共的特征值, 以及哪些特征值是公共的.

命题 B.3 设 A 是一个 $m \times n$ 的实矩阵, $H = A^{\mathrm{T}} A, K = AA^{\mathrm{T}}$, 如果 $m \leqslant n$, 则 K 的特征值都是 H 的特征值; 如果 $m \geqslant n$, 则 H 的特征值都是 K 的特征值; 而且 H 和 K 的非零特征值是共享的.

证明 我们先证明 H 和 K 的非零特征值是共享的. 设 $\lambda \neq 0$ 是 K 的特征值, u 是 K 的关于特征值 λ 的特征向量, 则 $A(A^{\mathrm{T}} u) = Ku = \lambda u \neq 0$, 因此 $v := A^{\mathrm{T}} u \neq 0$, 且有

$$Hv = A^{\mathrm{T}} Av = A^{\mathrm{T}} AA^{\mathrm{T}} u = A^{\mathrm{T}} (Ku) = \lambda A^{\mathrm{T}} u = \lambda v, \tag{B.10}$$

因此 λ 也是 H 特征值. 反之, 设 $\lambda \neq 0$ 是 H 的特征值, v 是 H 的关于特征值 λ 的特征向量, 则 $A^{\mathrm{T}} (Av) = Hv = \lambda v \neq 0$, 因此 $u := Av \neq 0$, 且有

$$Ku = AA^{\mathrm{T}} Av = A(Hv) = \lambda Av = \lambda u, \tag{B.11}$$

因此 λ 也是 K 的特征值.

接下来我们证明如果 $m \leqslant n$, 则 K 的零特征值也必是 H 的零特征值. 如果 $\lambda = 0$ 是 K 的特征值, u 是 K 的关于特征值 0 的特征向量, 则 $Ku = 0$, 因此 $\mathrm{rank}(K) < m$, 但注意到 $\mathrm{rank}(K) = \mathrm{rank}(A) = \mathrm{rank}(H)$, 因此 $\mathrm{rank}(H) < m \leqslant n$, 从而存在非零向量 $v \in \mathbb{R}^n$ 使得 $Hv = 0$, 即 0 也是 H 的特征值. $m \geqslant n$ 的情形证明完全类似, 从略. □

思考: 为什么会有 $\mathrm{rank}(A) = \mathrm{rank}(A^{\mathrm{T}} A)$?

解答: 我们可以这样思考这个问题, 根据线性代数中的维数定理得

$$\mathrm{rank}(A) + \dim \mathcal{N}(A) = n = \mathrm{rank}(A^{\mathrm{T}} A) + \dim \mathcal{N}(A^{\mathrm{T}} A), \tag{B.12}$$

如果能够证明 $\mathcal{N}(A) = \mathcal{N}(A^{\mathrm{T}} A)$, 则一定有 $\mathrm{rank}(A) = \mathrm{rank}(A^{\mathrm{T}} A)$. 那么如何证明 $\mathcal{N}(A) = \mathcal{N}(A^{\mathrm{T}} A)$ 呢? 如果 $Ax = 0$, 则 $A^{\mathrm{T}} Ax = 0$, 因此 $\mathcal{N}(A) \subseteq \mathcal{N}(A^{\mathrm{T}} A)$; 如果 $A^{\mathrm{T}} Ax = 0$, 则 $\|Ax\|_2^2 = x^{\mathrm{T}} A^{\mathrm{T}} Ax = 0$, 必有 $Ax = 0$, 从而 $\mathcal{N}(A) \supseteq \mathcal{N}(A^{\mathrm{T}} A)$. 联合以上两个包含关系得 $\mathcal{N}(A) = \mathcal{N}(A^{\mathrm{T}} A)$.

综合以上讨论, 我们实际上证明了如下定理.

定理 B.1 设 A 是一个 $m \times n$ 的实矩阵, $H = A^{\mathrm{T}} A, K = AA^{\mathrm{T}}$, 如果 $m \leqslant n$, 则 K 特征值也是 H 和 K 共有的特征值; 如果 $m \geqslant n$, 则 H 特征值也是 H 和 K 共有的特征值, 且这些公共特征值的平方根是 A 的全部奇异值.

B.3 奇异值分解定理

现在我们给出本附录中最重要的一个定理.

定理 B.2 (奇异值分解定理) 设 A 是一个 $m \times n$ 的实矩阵, $\mathrm{rank}(A) = r$, 则存在一个 m 阶的正交方阵 U 和一个 n 阶的正交方阵 V, 使得

$$A = U \begin{pmatrix} \Sigma_r & 0 \\ 0 & 0 \end{pmatrix} V^{\mathrm{T}}, \qquad \text{其中}, \qquad \Sigma_r = \begin{pmatrix} \sigma_1 & 0 & \cdots & 0 \\ 0 & \sigma_2 & \cdots & 0 \\ \vdots & \vdots & \ddots & \vdots \\ 0 & 0 & \cdots & \sigma_r \end{pmatrix}, \tag{B.13}$$

$\sigma_1, \sigma_2, \cdots, \sigma_r$ 是 A 的非零奇异值.

证明 设 $H = A^{\mathrm{T}}A, K = AA^{\mathrm{T}}$, A 的非零奇异值是 $\sigma_1, \sigma_2, \cdots, \sigma_r$, 根据定理 B.1, H 和 K 的非零特征值是 $\lambda_i = \sigma_i^2, i = 1, 2, \cdots, r$, 因此存在特征分解

$$K = \sum_{i=1}^{r} \lambda_i u_i u_i^{\mathrm{T}}, \tag{B.14}$$

其中, $\{u_1, u_2, \cdots, u_m\}$ 是 K 的单位正交特征向量组. 记 $v_i = \dfrac{1}{\sigma_i} A^{\mathrm{T}} u_i, i = 1, 2, \cdots, r$, 则

$$\begin{aligned} \langle v_i, v_j \rangle &= \frac{1}{\sigma_i \sigma_j} \langle A^{\mathrm{T}} u_i, A^{\mathrm{T}} u_j \rangle = \frac{1}{\sigma_i \sigma_j} u_i^{\mathrm{T}} A A^{\mathrm{T}} u_j = \frac{1}{\sigma_i \sigma_j} u_i^{\mathrm{T}} K u_j \\ &= \frac{\sigma_j}{\sigma_i} u_i^{\mathrm{T}} u_j = \delta_{ij}, \end{aligned} \tag{B.15}$$

$$H v_i = \frac{1}{\sigma_i} A^{\mathrm{T}} A A^{\mathrm{T}} u_i = \frac{1}{\sigma_i} A^{\mathrm{T}} K u_i = \frac{\lambda_i}{\sigma_i} A^{\mathrm{T}} u_i = \lambda_i v_i, \tag{B.16}$$

因此 v_i 是 H 的关于特征值 λ_i 的特征向量, $\{v_1, v_2, \cdots, v_r\}$ 是 H 的单位正交特征向量组, 将其扩充为 $\mathbb{R}^n$ 的规范正交基 $\{v_1, \cdots, v_r, \cdots, v_n\}$, 则向量 $v_{r+1}, \cdots, v_n$ 必然是 H 的属于特征值 0 的特征向量, 于是 $H v_i = 0, i = r+1, \cdots, n$, 继而得到

$$\|A v_i\|_2^2 = v_i^{\mathrm{T}} A^{\mathrm{T}} A v_i = v_i^{\mathrm{T}} H v_i = 0, \qquad \Rightarrow \qquad A v_i = 0, \quad i = r+1, \cdots, n. \tag{B.17}$$

现在令

$$U = (u_1, u_2, \cdots, u_m), \qquad V = (v_1, v_2, \cdots, v_n), \tag{B.18}$$

则 U 和 V 分别是 m 阶和 n 阶的正交矩阵, 且

$$U \begin{pmatrix} \Sigma_r & 0_{r \times (n-r)} \\ 0_{(m-r) \times r} & 0_{(m-r) \times (n-r)} \end{pmatrix} V^{\mathrm{T}} = \sum_{i=1}^{r} \sigma_i u_i v_i^{\mathrm{T}}, \tag{B.19}$$

接下来只需证明 $A = \sum\limits_{i=1}^{r} \sigma_i u_i v_i^{\mathrm{T}}$ 即可. 注意到 V 是正交矩阵, 因此

$$\sum_{i=1}^{n} v_i v_i^{\mathrm{T}} = VV^{\mathrm{T}} = I, \tag{B.20}$$

从而有

$$\sum_{i=1}^{r} \sigma_i u_i v_i^{\mathrm{T}} = \sum_{i=1}^{n} A v_i v_i^{\mathrm{T}} \qquad (\text{因为 } A v_i = 0, i = r+1, \cdots, n)$$

$$= A \sum_{i=1}^{n} v_i v_i^{\mathrm{T}} = AI = A. \tag{B.21}$$

$\square$

从证明的过程可以看出, 奇异值分解公式也可以表示为下列形式:

$$A = \sum_{i=1}^{r} \sigma_i u_i v_i^{\mathrm{T}}, \tag{B.22}$$

其中, $\sigma_1, \sigma_2, \cdots, \sigma_r$ 是 A 的非零奇异值, u_i 和 v_i 分别是关于 σ_i 的左、右奇异向量, 且 $\{u_1, u_2, \cdots, u_r\}$ 和 $\{v_1, v_2, \cdots, v_r\}$ 是规范正交向量组. 式 (B.22) 也可以表示成下列形式:

$$A = U_0 \Sigma_r V_0^{\mathrm{T}}, \tag{B.23}$$

其中, $U_0 = (u_1, u_2, \cdots, u_r)$ 是由 r 个非零奇异值对应的左奇异向量作为列所构成的 $m \times r$ 矩阵, $V_0 = (v_1, v_2, \cdots, v_r)$ 是由 r 个非零奇异值对应的右奇异向量作为列所构成的 $n \times r$ 矩阵. 式 (B.23) 称为**精简型的奇异值分解公式**.

在奇异值分解公式 (B.22) 中, 每一个 $B_i := u_i v_i^{\mathrm{T}}$ 都是与 A 同型的矩阵, 因此这个公式本质上是将 A 分解为 $B_1, B_2, \cdots, B_r$ 的线性叠加. 在 Frobenius 内积的意义下, $B_1, B_2, \cdots, B_r$ 是一个规范正交组. 事实上

$$\begin{aligned}
\langle B_i, B_j \rangle_F &= \mathrm{tr}(B_i^{\mathrm{T}} B_j) = \mathrm{tr}(v_i u_i^{\mathrm{T}} u_j v_j^{\mathrm{T}}) \\
&= \delta_{ij} \, \mathrm{tr}(v_i v_j^{\mathrm{T}}) \\
&= \delta_{ij} \, \mathrm{tr}(v_j^{\mathrm{T}} v_i) \\
&= \delta_{ij},
\end{aligned} \tag{B.24}$$

其中, 倒数第二个等号用到了矩阵的迹的一个性质:$\mathrm{tr}(AB) = \mathrm{tr}(BA)$, 前提是 AB 和 BA 皆有意义.

利用 $B_1, B_2, \cdots, B_r$ 的规范正交性得到

$$\|A\|_F^2 = \left\langle \sum_{i=1}^{r} \sigma_i B_i, \sum_{i=1}^{r} \sigma_i B_i \right\rangle = \sum_{i=1}^{r} \sigma_i^2. \tag{B.25}$$

B.4 矩阵的低秩逼近

奇异值分解的第一个常见的应用就是矩阵的低秩逼近. 设 A 是一个 $m \times n$ 的矩阵, $\sigma_1 \geqslant \sigma_2 \geqslant \cdots \geqslant \sigma_r$ 是 A 的非零奇异值, 则式 (B.22) 成立, 由于排在后面的奇异值非常小, 可取这个展开式的前 $k(k < r)$ 项之和作为矩阵 A 的逼近:

$$A^{(k)} := \sum_{i=1}^{k} \sigma_i u_i v_i^{\mathrm{T}}, \tag{B.26}$$

矩阵 $A^{(k)}$ 的秩为 k, 比 A 的秩 r 低, 因此称 $A^{(k)}$ 为 A 的**低秩逼近 (low rank approximation)**. 用 $A^{(k)}$ 逼近 A 的误差可以用 $A - A^{(k)}$ 的 Frobenius 范数来度量, 利用式 (B.22)、式 (B.24) 和式 (B.25) 可得到

$$\|A - A^{(k)}\|_F^2 = \left\|\sum_{i=k+1}^{r} \sigma_i u_i v_i^{\mathrm{T}}\right\|_F^2 = \sum_{i=k+1}^{r} \sigma_i^2. \tag{B.27}$$

当 $\sigma_{k+1}, \sigma_{k+2}, \cdots, \sigma_r$ 很小时, 这个误差可以忽略. 不仅如此, $A^{(k)}$ 还是所有秩不超过 k 的 $m \times n$ 矩阵中与 A 最接近的一个, 这就是下列定理.

定理 B.3 (Schmidt-Mirsky 定理) 设 A 是一个 $m \times n$ 的实矩阵, $\sigma_1 \geqslant \sigma_2 \geqslant \cdots \geqslant \sigma_n$ 是 A 的所有奇异值, $A^{(k)}$ 由式 (B.26) 定义, 则有

$$\|A - A^{(k)}\|_F \leqslant \|A - B\|_F, \qquad \forall B = (b_{ij})_{m \times n}, \ \mathrm{rank}(B) \leqslant k. \tag{B.28}$$

证明定理 B.3需要用到以下两个引理.

引理 B.1 (Bessel 不等式) 设 $v_1, v_2, \cdots, v_k$ 是 $\mathbb{R}^n$ 中的规范正交组, $x \in \mathbb{R}^n$, 则有

$$\sum_{i=1}^{k} |\langle x, v_i \rangle|^2 \leqslant \|x\|_2^2. \tag{B.29}$$

证明 只需注意到

$$0 \leqslant \left\|x - \sum_{i=1}^{k} \langle x, v_i \rangle v_i\right\|_2^2 = \left\langle x - \sum_{i=1}^{k} \langle x, v_i \rangle v_i, x - \sum_{i=1}^{k} \langle x, v_i \rangle v_i \right\rangle$$

$$= \|x\|_2^2 - \sum_{i=1}^{k} |\langle x, v_i \rangle|^2, \tag{B.30}$$

移项后立刻得到要证明的不等式. $\square$

引理 B.2 (Von Neumann 迹不等式) 设 A 和 B 都是 $m \times n$ 的实矩阵, $m \geqslant n$, A 和 B 的奇异值分解为

$$A = \sum_{i=1}^{n} \sigma_i(A) u_i v_i^{\mathrm{T}}, \qquad B = \sum_{i=1}^{n} \sigma_i(B) x_i y_i^{\mathrm{T}}, \tag{B.31}$$

其中, $\sigma_1(A) \geqslant \sigma_2(A) \geqslant \cdots \geqslant \sigma_n(A)$ 是 A 的奇异值, $\sigma_1(B) \geqslant \sigma_2(B) \geqslant \cdots \geqslant \sigma_n(B)$ 是 B 的奇异值, u_i, v_i, x_i, y_i 是相应的奇异向量, 则有

$$|\langle A, B \rangle_F| \leqslant \sum_{i=1}^{n} \sigma_i(A)\sigma_i(B). \tag{B.32}$$

证明 首先注意到

$$A = \sum_{i=1}^{n} \sigma_i(A)u_iv_i^{\mathrm{T}} = \sum_{i=1}^{n-1}(\sigma_i(A) - \sigma_{i+1}(A))\sum_{l=1}^{i} u_lv_l^{\mathrm{T}} + \sigma_n(A)\sum_{l=1}^{n} u_lv_l^{\mathrm{T}}, \tag{B.33}$$

$$B = \sum_{i=1}^{n} \sigma_i(B)x_iy_i^{\mathrm{T}} = \sum_{i=1}^{n-1}(\sigma_i(B) - \sigma_{i+1}(B))\sum_{l=1}^{i} x_ly_l^{\mathrm{T}} + \sigma_n(B)\sum_{l=1}^{n} x_ly_l^{\mathrm{T}}, \tag{B.34}$$

记

$$\alpha_i = \sigma_i(A) - \sigma_{i+1}(A), \qquad i = 1, 2, \cdots, n-1, \qquad \alpha_n = \sigma_n(A), \tag{B.35}$$

$$\beta_i = \sigma_i(B) - \sigma_{i+1}(B), \qquad i = 1, 2, \cdots, n-1, \qquad \beta_n = \sigma_n(B), \tag{B.36}$$

$$A_i = \sum_{l=1}^{i} u_lv_l^{\mathrm{T}}, \qquad B_i = \sum_{l=1}^{i} x_ly_l^{\mathrm{T}}, \qquad i = 1, 2, \cdots, n, \tag{B.37}$$

$$\Sigma_A = \begin{pmatrix} \sigma_1(A) & 0 & \cdots & 0 \\ 0 & \sigma_2(A) & \cdots & 0 \\ \vdots & \vdots & \ddots & \vdots \\ 0 & 0 & \cdots & \sigma_n(A) \end{pmatrix}, \quad \Sigma_B = \begin{pmatrix} \sigma_1(B) & 0 & \cdots & 0 \\ 0 & \sigma_2(B) & \cdots & 0 \\ \vdots & \vdots & \ddots & \vdots \\ 0 & 0 & \cdots & \sigma_n(B) \end{pmatrix}, \tag{B.38}$$

$$P_k = \begin{pmatrix} I_k & 0_{k \times (n-k)} \\ 0_{(n-k) \times k} & 0_{(n-k) \times (n-k)} \end{pmatrix}, \qquad k = 1, 2, \cdots, n, \tag{B.39}$$

则

$$A = \sum_{i=1}^{n} \alpha_i A_i, \qquad B = \sum_{i=1}^{n} \beta_i B_i, \tag{B.40}$$

$$\langle A, B \rangle_F = \mathrm{tr}(A^{\mathrm{T}}B) = \mathrm{tr}\left(\sum_{i=1}^{n}\sum_{j=1}^{n} \alpha_i\beta_j A_i^{\mathrm{T}} B_j\right)$$

$$= \sum_{i=1}^{n}\sum_{j=1}^{n} \alpha_i\beta_j \,\mathrm{tr}(A_i^{\mathrm{T}} B_j), \tag{B.41}$$

$$\sum_{i=1}^{n} \sigma_i(A)\sigma_i(B) = \mathrm{tr}(\Sigma_A\Sigma_B) = \mathrm{tr}\left(\left(\sum_{i=1}^{n} \alpha_i P_i\right)\left(\sum_{j=1}^{n} \beta_j P_j\right)\right)$$

$$= \sum_{i=1}^{n}\sum_{j=1}^{n} \alpha_i\beta_j \,\mathrm{tr}(P_i P_j)$$

$$= \sum_{i=1}^{n} \sum_{j=1}^{n} \alpha_i \beta_j \min\{i, j\}, \tag{B.42}$$

根据式 (B.41)、式 (B.42) 及绝对值不等式, 我们只需证明下列不等式就足够了:

$$|\operatorname{tr}(A_i^{\mathrm{T}} B_j)| \leqslant \min\{i, j\}, \qquad \forall i, j = 1, 2, \cdots, n. \tag{B.43}$$

下面证明不等式 (B.43). 不失一般性, 可设 $i \leqslant j$, 则有

$$
\begin{aligned}
\left|\operatorname{tr}(A_i^{\mathrm{T}} B_j)\right| &= \left|\operatorname{tr}\left(\left(\sum_{k=1}^{i} v_k u_k^{\mathrm{T}}\right)\left(\sum_{l=1}^{j} x_l y_l^{\mathrm{T}}\right)\right)\right| \\
&= \left|\operatorname{tr}\left(\sum_{k=1}^{i} \sum_{l=1}^{j} v_k u_k^{\mathrm{T}} x_l y_l^{\mathrm{T}}\right)\right| \\
&= \left|\sum_{k=1}^{i} \sum_{l=1}^{j} \operatorname{tr}(v_k u_k^{\mathrm{T}} x_l y_l^{\mathrm{T}})\right| \\
&= \left|\sum_{k=1}^{i} \sum_{l=1}^{j} \langle u_k, x_l \rangle \langle v_k, y_l \rangle\right| \\
&\leqslant \sum_{k=1}^{i} \sum_{l=1}^{j} |\langle u_k, x_l \rangle| |\langle v_k, y_l \rangle| \\
&\leqslant \sum_{k=1}^{i} \left(\sum_{l=1}^{j} |\langle u_k, x_l \rangle|^2\right)^{1/2} \left(\sum_{l=1}^{j} |\langle v_k, y_l \rangle|^2\right)^{1/2} \\
&\leqslant \sum_{k=1}^{i} \|u_k\|_2 \cdot \|v_k\|_2 \\
&= i, \tag{B.44}
\end{aligned}
$$

其中, 第二个不等式用了 Cauchy 不等式, 第三个不等式用了 Bessel 不等式. □

现在可以证明定理 B.3 了.

定理 B.3 的证明: 对于任意秩不超过 k 的 $m \times n$ 实矩阵 B, 设其奇异值为 $\sigma_1(B) \geqslant \sigma_2(B) \geqslant \cdots \geqslant \sigma_n(B)$, 则排在后面的 $n - k$ 个奇异值必为 0, 根据引理 B.2 得

$$
\begin{aligned}
\|A - B\|_F^2 &= \langle A - B, A - B \rangle_F = \|A\|_F^2 - 2\langle A, B \rangle_F + \|B\|_F^2 \\
&\geqslant \|A\|_F^2 - 2\sum_{i=1}^{n} \sigma_i(A) \sigma_i(B) + \|B\|_F^2 \\
&= \sum_{i=1}^{n} \sigma_i^2(A) - 2\sum_{i=1}^{n} \sigma_i(A) \sigma_i(B) + \sum_{i=1}^{n} \sigma_i^2(B) \\
&= \sum_{i=1}^{n} (\sigma_i(A) - \sigma_i(B))^2
\end{aligned}
$$

$$= \sum_{i=1}^{k} (\sigma_i(A) - \sigma_i(B))^2 + \sum_{i=k+1}^{n} \sigma_i^2(A)$$

$$\geqslant \sum_{i=k+1}^{n} \sigma_i^2(A) = \|A - A^{(k)}\|_F^2. \tag{B.45}$$

$\square$

B.5 超定线性方程组与矩阵的伪逆

线性方程组是在各个领域应用最广泛的工具, 其重要性不言而喻. 设 A 是一个 $m \times n$ 的实矩阵, 在线性代数中详细地研究了线性方程组 $Ax = b$ 的解法, 但当 $\text{rank}(A) < n$ 或者独立方程的个数大于未知数的个数时, 这个问题是没有严格意义上的解的, 称之为**超定线性方程组 (over determined linear system)**. 对于超定线性方程组, 可以考虑最小二乘问题

$$\min_{x \in \mathbb{R}^n} \|Ax - b\|_2^2, \tag{B.46}$$

下面我们来探索这个最小二乘问题的解. 设 A 的奇异值分解为

$$A = USV^{\mathrm{T}} = (U_1, U_2) \begin{pmatrix} \Sigma_r & 0 \\ 0 & 0 \end{pmatrix} \begin{pmatrix} V_1^{\mathrm{T}} \\ V_2^{\mathrm{T}} \end{pmatrix}, \tag{B.47}$$

其中, U 和 V 分别是 m 阶和 n 阶正交方阵, Σ_r 是以 A 的非零奇异值为对角元素的 r 阶对角方阵, U_1 和 U_2 是 U 的分块, 分别由 U 的前 r 个和后 $m - r$ 个列向量组成, V_1 和 V_2 是 V 的分块, 分别由 V 的前 r 列和后 $n - r$ 列组成. 于是有

$$\|Ax - b\|_2^2 = \|USV^{\mathrm{T}}x - b\|_2^2 = \|SV^{\mathrm{T}}x - U^{\mathrm{T}}b\|_2^2 = \left\| \begin{pmatrix} \Sigma_r V_1^{\mathrm{T}}x \\ 0 \end{pmatrix} - \begin{pmatrix} U_1^{\mathrm{T}}b \\ U_2^{\mathrm{T}}b \end{pmatrix} \right\|_2^2$$

$$= \|\Sigma_r V_1^{\mathrm{T}}x - U_1^{\mathrm{T}}b\|_2^2 + \|U_2^{\mathrm{T}}b\|_2^2, \tag{B.48}$$

上式中第二项是与 x 无关的定值, 因此第一项取 0 时 $\|Ax - b\|^2$ 最小, 即当 x 满足

$$\Sigma_r V_1^{\mathrm{T}}x = U_1^{\mathrm{T}}b \tag{B.49}$$

时 $\|Ax - b\|^2$ 最小. 以 Σ_r^{-1} 左乘方程 (B.49) 得

$$V_1^{\mathrm{T}}x = \Sigma_r^{-1} U_1^{\mathrm{T}}b, \tag{B.50}$$

这个方程的解不唯一, 利用 V 的正交性不难得到其通解为

$$x = V_1 \Sigma_r^{-1} U_1^{\mathrm{T}}b + V_2 c, \tag{B.51}$$

其中, c 可以取任意 $n-r$ 维列向量. 我们希望找到一个范数最小的解, 注意到

$$\|x\|_2^2 = (V_1\Sigma_r^{-1}U_1^{\mathrm{T}}b + V_2c)^{\mathrm{T}}(V_1\Sigma_r^{-1}U_1^{\mathrm{T}}b + V_2c) = \left\|V_1\Sigma_r^{-1}U_1^{\mathrm{T}}b\right\|_2^2 + \|c\|_2^2, \tag{B.52}$$

因此当 c 取 0 时 x 的范数最小, 即超定线性方程组 $Ax = b$ 在最小二乘意义下的**最小范数解**为

$$x = V_1\Sigma_r^{-1}U_1^{\mathrm{T}}b. \tag{B.53}$$

设 Σ_r 是一个可逆的对角矩阵, 对于矩阵

$$S = \begin{pmatrix} \Sigma_r & 0_{r\times(n-r)} \\ 0_{(m-r)\times r} & 0_{r\times r} \end{pmatrix}, \tag{B.54}$$

定义

$$S^+ = \begin{pmatrix} \Sigma_r^{-1} & 0_{r\times(m-r)} \\ 0_{(n-r)\times r} & 0_{r\times r} \end{pmatrix}. \tag{B.55}$$

对于一般的 $m\times n$ 的矩阵 A, 设 A 的奇异值分解为 $A = USV^{\mathrm{T}}$, 定义

$$A^+ = VS^+U^{\mathrm{T}}, \tag{B.56}$$

称之为 A 的**伪逆 (Moore-Penrose pseudoinverse)**. 利用伪逆可以将最小二乘问题 (B.46) 的最小范数解 (B.53) 简单地表示为

$$x = A^+b. \tag{B.57}$$

如果 A 是一个可逆的方阵, 则显然有 $A^+ = A^{-1}$. 如果 $m > n$ 且 A 是列满秩的, 则有

$$A^+A = I_n, \qquad A^+ = (A^{\mathrm{T}}A)^{-1}A^{\mathrm{T}}. \tag{B.58}$$

如果 $m < n$ 且 A 是行满秩的, 则有

$$AA^+ = I_m, \qquad A^+ = A^{\mathrm{T}}(AA^{\mathrm{T}})^{-1}. \tag{B.59}$$

此外还有

$$A^+ = \operatorname*{argmin}_{X\in\mathbb{R}^{m\times n}} \|AX - I_m\|_F = \operatorname*{argmin}_{X\in\mathbb{R}^{n\times m}} \|XA - I_n\|_F, \tag{B.60}$$

其中, $\mathbb{R}^{m\times n}$ 表示所有 $m\times n$ 的实矩阵所成之集合. 下面我们来证明第一个等式. 注意到一个矩阵左乘或右乘以一个正交矩阵是不会改变其 Frobenius 范数的, 因此有

$$\begin{aligned} \|AX - I_m\|_F &= \|U^{\mathrm{T}}(AX - I_m)U\|_F = \|U^{\mathrm{T}}USV^{\mathrm{T}}XU - I_m\|_F \\ &= \|SV^{\mathrm{T}}XU - I_m\|_F, \end{aligned} \tag{B.61}$$

设 $\mathrm{rank}(A) = r$, 根据定理 B.3得

$$\left\| \begin{pmatrix} I_r & 0 \\ 0 & 0 \end{pmatrix} - I_m \right\|_F = \min_{B \in \mathbb{R}^{m \times m}, \mathrm{rank}(B) \leqslant r} \|B - I_m\|_F, \tag{B.62}$$

因此当

$$SV^{\mathrm{T}}XU = \begin{pmatrix} I_r & 0 \\ 0 & 0 \end{pmatrix} \tag{B.63}$$

时, $\|AX - I_m\|_F$ 最小, 即当 $V^{\mathrm{T}}XU = S^+$ 时, $\|AX - I_m\|_F$ 最小, 由此立刻推出当 $X = VS^+U^{\mathrm{T}} = A^+$ 时, $\|AX - I_m\|_F$ 最小.

矩阵函数的导数与微分

在优化理论与应用领域, 常常会遇到一些矩阵函数求导的问题, 本附录介绍这方面的常用公式.

设 $x = (x_1, x_2, \cdots, x_p)^{\mathrm{T}}$ 是自变量, $f(x) = (f_1(x), f_2(x), \cdots, f_q(x))^{\mathrm{T}}$ 是向量值函数, 定义

$$\frac{\partial f_j}{\partial x^{\mathrm{T}}} = \left(\frac{\partial f_j}{\partial x_1}, \frac{\partial f_j}{\partial x_2}, \cdots, \frac{\partial f_j}{\partial x_p}\right), \qquad \frac{\partial f_j}{\partial x} = \left(\frac{\partial f_j}{\partial x^{\mathrm{T}}}\right)^{\mathrm{T}}, \tag{C.1}$$

$$\frac{\partial f}{\partial x_i} = \left(\frac{\partial f_1}{\partial x_i}, \frac{\partial f_2}{\partial x_i}, \cdots, \frac{\partial f_q}{\partial x_i}\right)^{\mathrm{T}}, \tag{C.2}$$

$$\frac{\partial f}{\partial x} = \left(\frac{\partial f_1}{\partial x}, \frac{\partial f_2}{\partial x}, \cdots, \frac{\partial f_q}{\partial x}\right)^{\mathrm{T}}, \tag{C.3}$$

其中, $\partial f/\partial x$ 称为 f 的 **Jacobi 矩阵**. 通常称 $\partial f_j/\partial x$ 为 f_j 的**梯度 (gradient)**, 记作 ∇f_j. 对于向量值函数 f, 其梯度就是其 Jacobi 矩阵.

设 $Y = (y_{ij}(x))_{m \times n}$ 是矩阵值函数, 则定义

$$\frac{\partial Y}{\partial x_k} = \left(\frac{\partial y_{ij}}{\partial x_k}\right)_{m \times n}. \tag{C.4}$$

对于一个 $m \times n$ 的矩阵 $Y = (y_{ij})$, 定义其微分为

$$\mathrm{d}Y = (\mathrm{d}y_{ij})_{m \times n}. \tag{C.5}$$

不难验证矩阵的微分具有下列运算性质: 设 a, b 是常数, C 是常数矩阵, Y, Z 是矩阵值函数, 则有

$$\mathrm{d}(aY + bZ) = a\mathrm{d}Y + b\mathrm{d}Z, \qquad \mathrm{d}(CY) = C(\mathrm{d}Y), \qquad \mathrm{d}(YZ) = (\mathrm{d}Y)Z + Y(\mathrm{d}Z). \tag{C.6}$$

接下来分析导数与微分的关系. 对于实值函数 $f(x)$ 有

$$\mathrm{d}f = \sum_{i=1}^{p} \frac{\partial f}{\partial x_i}\mathrm{d}x_i = \frac{\partial f}{\partial x^{\mathrm{T}}}\mathrm{d}x, \tag{C.7}$$

或者用梯度的符号表示为

$$\mathrm{d}f = (\nabla f(x))^{\mathrm{T}}\mathrm{d}x = \mathrm{d}x^{\mathrm{T}}\nabla f(x). \tag{C.8}$$

例 C.1 设 A 是 n 阶常数方阵, $y = x^{\mathrm{T}}Ax$, 求 $\partial y/\partial x$.

解 由微分的运算法则得

$$\mathrm{d}y = (\mathrm{d}x^{\mathrm{T}})Ax + x^{\mathrm{T}}\mathrm{d}(Ax) = (\mathrm{d}x)^{\mathrm{T}}Ax + x^{\mathrm{T}}A\mathrm{d}x = x^{\mathrm{T}}A^{\mathrm{T}}\mathrm{d}x + x^{\mathrm{T}}A\mathrm{d}x$$
$$= (x^{\mathrm{T}}A^{\mathrm{T}} + x^{\mathrm{T}}A)\mathrm{d}x, \tag{C.9}$$

因此有 $\partial y/\partial x^{\mathrm{T}} = x^{\mathrm{T}}A^{\mathrm{T}} + x^{\mathrm{T}}A$, 从而得到

$$\frac{\partial y}{\partial x} = (x^{\mathrm{T}}A^{\mathrm{T}} + x^{\mathrm{T}}A)^{\mathrm{T}} = Ax + A^{\mathrm{T}}x. \tag{C.10}$$

当 A 是对称矩阵时, 有 $\partial y/\partial x = 2Ax$; 当 A 取单位矩阵时得到

$$\frac{\partial(\|x\|^2)}{\partial x} = 2x, \qquad \frac{\partial(\|x\|)}{\partial x} = \frac{1}{2\sqrt{\|x\|^2}}\frac{\partial(\|x\|^2)}{\partial x} = \frac{x}{\|x\|}. \tag{C.11}$$

接下来推导逆矩阵的微分公式. 设 $Y = Y(\theta)$ 是一个 n 阶方阵, 且是可逆的, 则根据微分的运算法则得

$$0 = \mathrm{d}I = \mathrm{d}(YY^{-1}) = (\mathrm{d}Y)Y^{-1} + Y(\mathrm{d}Y^{-1}), \tag{C.12}$$

因此有

$$\mathrm{d}Y^{-1} = -Y^{-1}(\mathrm{d}Y)Y^{-1}, \tag{C.13}$$

设 $Y = (y_{ij})_{n \times n}, Y^{-1} = (y^{ij})_{n \times n}$, 则有

$$\mathrm{d}y^{ij} = -\sum_{l,k=1}^{n} y^{il}(\mathrm{d}y_{lk})y^{kj} = -\sum_{l,k=1}^{n} y^{il}\frac{\partial y_{lk}}{\partial \theta^{\mathrm{T}}}y^{kj}\mathrm{d}\theta, \qquad i,j = 1,2,\cdots,n, \tag{C.14}$$

由此得到

$$\frac{\partial y^{ij}}{\partial \theta} = -\sum_{l,k=1}^{n} y^{il}\frac{\partial y_{lk}}{\partial \theta}y^{kj}, \qquad i,j = 1,2,\cdots,n. \tag{C.15}$$

对于 n 阶方阵 $Y = (y_{ij})$, 记 $\mathrm{tr}(Y) = \sum_{i=1}^{n} y_{ii}$, 称为 Y 的**迹**. 不难验证对于常数 a、b, 常数矩阵 C 及 n 阶矩阵值函数 Y, Z 有

$$\mathrm{tr}(aY + bZ) = a\,\mathrm{tr}(Y) + b\,\mathrm{tr}(Z), \tag{C.16}$$

$$\mathrm{d}\,\mathrm{tr}(Y) = \mathrm{tr}(\mathrm{d}Y), \qquad \mathrm{d}\,\mathrm{tr}(CY) = \mathrm{tr}(C\mathrm{d}Y), \tag{C.17}$$

$$d \operatorname{tr}(YZ) = \operatorname{tr}(d(YZ)) = \operatorname{tr}((dY)Z + YdZ), \tag{C.18}$$

$$\frac{\partial \operatorname{tr}(Y)}{\partial Y} = I. \tag{C.19}$$

此外, 利用式 (C.13) 还可以得到

$$d \operatorname{tr}(Y^{-1}) = \operatorname{tr}(d(Y^{-1})) = \operatorname{tr}(-Y^{-1}(dY)Y^{-1}) = \operatorname{tr}(Y^{-1}(-Y^{-1})dY)$$
$$= \operatorname{tr}(-Y^{-2}dY), \tag{C.20}$$

因此有

$$\frac{\partial \operatorname{tr}(Y^{-1})}{\partial Y} = -(Y^{-2})^{\mathrm{T}}. \tag{C.21}$$

设 C 是 n 阶常数矩阵, 则有

$$d \operatorname{tr}(CY^{-1}) = \operatorname{tr}(Cd(Y^{-1})) = \operatorname{tr}(-CY^{-1}(dY)Y^{-1})$$
$$= \operatorname{tr}(-Y^{-1}CY^{-1}dY), \tag{C.22}$$

从而有

$$\frac{\partial \operatorname{tr}(CY^{-1})}{\partial Y} = -(Y^{-1})^{\mathrm{T}}C^{\mathrm{T}}(Y^{-1})^{\mathrm{T}}. \tag{C.23}$$

再来看行列式的导数和微分. 设 $Y = (y_{ij})_{n \times n}$ 是一个 n 阶方阵, $\det A$ 表示其行列式, 则有展开式

$$\det Y = \sum_{j=1}^{n} y_{ij}\gamma_{ij}, \qquad i = 1, 2, \cdots, n, \tag{C.24}$$

其中, γ_{ij} 表示 y_{ij} 所对应的**代数余子式 (cofactor)**. 于是有

$$\frac{\partial \det Y}{\partial y_{ij}} = \gamma_{ij}, \qquad i, j = 1, 2, \cdots, n, \tag{C.25}$$

这些公式组织成矩阵形式为

$$\frac{\partial \det Y}{\partial Y} = \Gamma = (Y^*)^{\mathrm{T}}, \tag{C.26}$$

其中, $\Gamma = (\gamma_{ij})$, $Y^* = \Gamma^{\mathrm{T}}$ 是 Y 的**伴随矩阵 (adjoint matrix)**. $\det Y$ 的微分为

$$d(\det Y) = \sum_{i,j=1}^{n} \frac{\partial \det Y}{\partial y_{ij}} dy_{ij} = \sum_{i,j=1}^{n} \gamma_{ij}dy_{ij} = \operatorname{tr}(\Gamma^{\mathrm{T}}dY) = \operatorname{tr}(Y^*dY), \tag{C.27}$$

由于伴随矩阵满足 $Y^* = (\det Y)Y^{-1}$, 因此有

$$d(\det Y) = (\det Y) \operatorname{tr}(Y^{-1}dY). \tag{C.28}$$

由式 (C.28) 可以得到公式

$$d\ln(\det Y) = \frac{1}{\det Y}d(\det Y) = \mathrm{tr}(Y^{-1}dY), \qquad (C.29)$$

设 $Y^{-1} = (y^{ij})_{n\times n}$，则有

$$d\ln(\det Y) = \sum_{i,j=1}^{n} y^{ji}dy_{ij}, \quad \Rightarrow \quad \frac{\partial\ln(\det Y)}{\partial y_{ij}} = y^{ji}, \quad i,j = 1,2,\cdots,n, \qquad (C.30)$$

写成矩阵的形式为

$$\frac{\partial\ln(\det Y)}{\partial Y} = (Y^{-1})^{\mathrm{T}}. \qquad (C.31)$$

接下来寻找 $f(Y) := \ln(\det Y)$ 的高阶逼近. 对于一个单变量的实值函数 $\varphi(t)$，如果它在 $[0,a]$ 上具有连续的 k 阶导数，则有 Taylor 公式

$$\varphi(a) = \varphi(0) + \varphi'(0)a + \frac{1}{2!}\varphi''(0)a^2 + \cdots + \frac{1}{k!}\varphi^{(k)}(0)a^k + R_k, \qquad (C.32)$$

其中余项 $R_k(a) = o(a^k)$.

设 $Y \in \mathbf{S}_{++}^n$，则存在 $\delta > 0$，使得当 $Z \in S_n$ 且 $\|S_n\|_{\mathrm{spec}} < \delta$ 时恒有 $Y + Z \in \mathbf{S}_{++}^n$，其中 $\|\cdot\|_{\mathrm{spec}}$ 表示矩阵的谱范数. 为了简洁，在本附录中用 $\|\cdot\|_s$ 代替 $\|\cdot\|_{\mathrm{spec}}$. 谱范数 $\|\cdot\|_s$ 有下列性质：

$$\|A\|_s \leqslant \|A\|_F \leqslant \sqrt{n}\|A\|_s, \qquad \forall A \in \mathbb{R}^{n\times n}, \qquad (C.33)$$

$$\|AB\|_s \leqslant \|A\|_s\|B\|_s, \qquad \forall A, B \in \mathbb{R}^{n\times n}, \qquad (C.34)$$

其中，$\|\cdot\|_F$ 表示矩阵的 Frobenius 范数. 设 $\{A_k : k = 1,2,\cdots\}$ 是一个矩阵序列，如果

$$\lim_{n\to\infty} \|A_k - A\|_s = 0, \qquad (C.35)$$

则称 $\{A_k\}$ 收敛于 A，记作 $A_k \to A, k \to \infty$ 或

$$\lim_{k\to\infty} A_k = A. \qquad (C.36)$$

利用式 (C.33) 不难推出 $\{A_k\}$ 收敛于 A 当且仅当 A_k 的每一个矩阵元素收敛于 A 的对应元素. 对于级数

$$\sum_{k=1}^{\infty} A_k, \qquad (C.37)$$

如果其部分和

$$B_m := \sum_{k=1}^{m} A_k \to B, \qquad m \to \infty, \qquad (C.38)$$

则称该级数收敛于 B. 例如下列级数

$$\sum_{k=0}^{\infty} A^k = I + A + A^2 + A^3 + \cdots, \tag{C.39}$$

当 $\|A\|_s < 1$ 时, 它是收敛的. 这是因为其部分和序列 $\{S_m\}$ 满足

$$\begin{aligned}
\|S_{m+p} - S_m\|_s &= \|A^{m+1} + A^{m+2} + \cdots + A^{m+p}\|_s \\
&\leqslant \|A\|_s^{m+1} + \|A\|_s^{m+2} + \cdots + \|A\|_s^{m+p} \\
&\leqslant \sum_{k=m+1}^{\infty} \|A\|_s^k \\
&= \frac{\|A\|_s^{m+1}}{1 - \|A\|_s} \to 0, \qquad m \to \infty,
\end{aligned} \tag{C.40}$$

其中, 第一个不等式用到了范数的三角不等式和性质 (C.34). 根据 Cauchy 收敛原理, $\{S_m\}$ 是收敛的, 即级数 (C.39) 是收敛的. 利用这个级数可以求出当 $\|A\|_s < 1$ 时 $(I - A)$ 的逆矩阵, 只需注意到

$$(I - A)(I + A + A^2 + \cdots + A^m) = I - A^{m+1}, \tag{C.41}$$

令 $m \to \infty$, 等号两边取极限得

$$(I - A)\left(\sum_{k=0}^{\infty} A^k\right) = I, \tag{C.42}$$

即

$$(I - A)^{-1} = \sum_{k=0}^{\infty} A^k = I + A + A^2 + A^3 + \cdots. \tag{C.43}$$

在等式 (C.43) 中以 $-A$ 代替 A 便得到

$$(I + A)^{-1} = \sum_{k=0}^{\infty} (-1)^k A^k = I - A + A^2 - A^3 + \cdots. \tag{C.44}$$

现在回到 $f(Y) := \ln(\det Y)$ 的高阶逼近问题. 当 $Z \in S^n$ 满足 $\|Z\|_s < \delta$ 时, 令 $U = Z/\|Z\|_s$, 则函数

$$\varphi(t) := f(Y + tU) \tag{C.45}$$

在 $[0, \|Z\|_s]$ 上具有任意阶连续导数, 因此可以对 $\varphi(t)$ 在区间 $[0, \|Z\|_s]$ 上使用 Taylor 公式 (C.32), 于是得到

$$f(Y + Z) = \varphi(\|Z\|_s)$$

$$= \varphi(0) + \varphi'(0)\|Z\|_s + \frac{\varphi''(0)}{2!}\|Z\|_s^2 + \cdots + \frac{\varphi^{(k)}(0)}{k!}\|Z\|_s^k + o(\|Z\|_s^k). \quad \text{(C.46)}$$

接下来需要计算 φ 的各阶导数.

记 $\nabla f(Y) := \partial f(Y)/\partial Y$, 利用式 (C.31) 和式 (C.44) 得

$$\begin{aligned}
\varphi'(t) &= \langle U, \nabla f(Y + tU) \rangle_F = \operatorname{tr}\left(U^{\mathrm{T}}\nabla f(Y + tU)\right) = \operatorname{tr}\left(U(Y + tU)^{-1}\right) \\
&= \operatorname{tr}\left(UY^{-1/2}(I + tY^{-1/2}UY^{-1/2})^{-1}Y^{-1/2}\right) \\
&= \operatorname{tr}\left[UY^{-1/2}\left(\sum_{k=0}^{\infty}(-1)^k t^k (Y^{-1/2}UY^{-1/2})^k\right)Y^{-1/2}\right] \\
&= \operatorname{tr}\left[UY^{-1/2}\left(I - tY^{-1/2}UY^{-1/2} + t^2(Y^{-1/2}UY^{-1/2})^2\right.\right. \\
&\qquad \left.\left. - t^3(Y^{-1/2}UY^{-1/2})^3 + \cdots\right)Y^{-1/2}\right] \\
&= \operatorname{tr}(UY^{-1}) - t\operatorname{tr}(UY^{-1}UY^{-1}) + t^2\operatorname{tr}(UY^{-1}UY^{-1}UY^{-1}) \\
&\qquad - t^3\operatorname{tr}(UY^{-1}UY^{-1}UY^{-1}UY^{-1}) + \cdots,
\end{aligned} \quad \text{(C.47)}$$

因此有

$$\begin{aligned}
\varphi''(t) &= -\operatorname{tr}(UY^{-1}UY^{-1}) + 2t\operatorname{tr}(UY^{-1}UY^{-1}UY^{-1}) \\
&\qquad - 3t^2\operatorname{tr}(UY^{-1}UY^{-1}UY^{-1}UY^{-1}) + \cdots,
\end{aligned} \quad \text{(C.48)}$$

$$\varphi^{(3)}(t) = 2\operatorname{tr}(UY^{-1}UY^{-1}UY^{-1}) - 6t\operatorname{tr}(UY^{-1}UY^{-1}UY^{-1}UY^{-1}) + \cdots, \quad \text{(C.49)}$$

将 $t = 0$ 代入这些表达式便得到

$$\varphi(0) = \ln(\det Y), \qquad \varphi'(0) = \operatorname{tr}(UY^{-1}), \qquad \varphi''(0) = -\operatorname{tr}(UY^{-1}UY^{-1}), \quad \text{(C.50)}$$

$$\varphi^{(3)}(0) = 2\operatorname{tr}(UY^{-1}UY^{-1}UY^{-1}), \quad \text{(C.51)}$$

再将以上结果代入式 (C.46) 得到

$$\begin{aligned}
f(Y + Z) &= \ln(\det Y) + \operatorname{tr}(UY^{-1})\|Z\|_s - \frac{1}{2}\operatorname{tr}(UY^{-1}UY^{-1})\|Z\|_s^2 \\
&\qquad + \frac{1}{3}\operatorname{tr}(UY^{-1}UY^{-1}UY^{-1})\|Z\|_s^3 + o(\|Z\|_s^3),
\end{aligned} \quad \text{(C.52)}$$

再注意到 $\|Z\|_s U = Z$, 便得到

$$\begin{aligned}
f(Y + Z) &= \ln(\det Y) + \operatorname{tr}(ZY^{-1}) - \frac{1}{2}\operatorname{tr}(ZY^{-1}ZY^{-1}) \\
&\qquad + \frac{1}{3}\operatorname{tr}(ZY^{-1}ZY^{-1}ZY^{-1}) + o(\|Z\|_s^3),
\end{aligned} \quad \text{(C.53)}$$

这就是 $f(Y)$ 的三阶 Taylor 公式.

反函数定理与隐函数存在定理

优化理论中的一些重要结果的证明需要用到反函数定理和隐函数存在定理, 本附录介绍这两个定理.

一个向量值函数 (也称为映射)$f : U(\subseteq \mathbb{R}^n) \to \mathbb{R}^m$ 可以表示为下列形式:

$$f : U(\subseteq \mathbb{R}^n) \to \mathbb{R}^m, \qquad x = (x_1, x_2, \cdots, x_n) \quad \mapsto \quad (f_1(x), f_2(x), \cdots, f_m(x))^{\mathrm{T}}, \quad \text{(D.1)}$$

我们称 $f_i, i = 1, 2, \cdots, m$ 为 f 的分量. 如果 f 的每个分量是连续可微的, 则称 f 是连续可微的.

对于向量值函数 f, 定义其导数 (微分) 为

$$Df := \begin{pmatrix} \dfrac{\partial f_1}{\partial x_1} & \dfrac{\partial f_1}{\partial x_2} & \cdots & \dfrac{\partial f_1}{\partial x_n} \\[2mm] \dfrac{\partial f_2}{\partial x_1} & \dfrac{\partial f_2}{\partial x_2} & \cdots & \dfrac{\partial f_2}{\partial x_n} \\[2mm] \vdots & \vdots & \ddots & \vdots \\[2mm] \dfrac{\partial f_m}{\partial x_1} & \dfrac{\partial f_m}{\partial x_2} & \cdots & \dfrac{\partial f_m}{\partial x_n} \end{pmatrix}, \qquad \text{(D.2)}$$

即 f 的 Jacobi 矩阵. 不难发现, Df 的第 i 个行向量的转置正是 f_i 的梯度向量 ∇f_i.

设 U 和 V 是 $\mathbb{R}^n$ 中的开集, $f : U \to V$ 是 (向量值) 函数, 如果存在 $g : V \to U$ 使得

$$g(f(x)) = x, \qquad f(g(y)) = y, \qquad \forall x \in U, y \in V, \qquad \text{(D.3)}$$

则称 g 是 f 的**反函数 (inverse function)**, 记作 f^{-1}. 如果 f 和 f^{-1} 都是连续可微的, 则称 f 是 U 到 V 的**微分同胚 (diffeomorphism)**.

定理 D.1 (反函数定理) 设 U 是 $\mathbb{R}^n$ 中的开集, $f : U \to \mathbb{R}^n$ 是连续可微的, 点 $z \in U$, 若 $Df(z)$ 非奇异, 则必存在 z 的某个邻域 V, 使得 $f : V \to f(V)$ 是微分同胚.

证明 通过变换 $\widetilde{f}(x) = f(x+z) - f(z)$ 可使 $\widetilde{f}(0) = 0$, 因此我们不妨设 $z = 0$ 并假设 f 满足 $f(0) = 0, Df(0)$ 非奇异; 更进一步, 既然 $Df(0)$ 非奇异, 如果令 $\widetilde{f}(x) = [Df(0)]^{-1} f(x)$, 则 $D\widetilde{f}(0) = I$(n 阶单位矩阵), 因此不妨假设 $f(0) = 0$ 且 $Df(0) = I$. 接下来我们需证明存在 0 的某个邻域 V 使得 f 是 V 到 $W = f(V)$ 微分同胚. 令

$$g(x) = f(x) - Df(0)x = f(x) - x, \qquad \text{(D.4)}$$

则 $Dg(0) = 0$, 由于 g 有 1 阶连续偏导数, 因此存在 $r > 0$, 使得当 $x \in B(0, r) = \{x : \|x\|_2 < r\}$ 时恒有 $\|Dg(x)\|_F < 1/2$, 从而有 $\|Dg(x)\|_{\text{spec}} < 1/2$. 下面我们证明对任意 $y \in B(0, r/2)$, 存在唯一的 $x \in B(0, r)$ 使得 $f(x) = y$. 令

$$x^{(0)} = 0, \quad x^{(k+1)} = y - g(x^{(k)}), \qquad k = 1, 2, 3, \cdots, \tag{D.5}$$

则

$$
\begin{aligned}
\|x^{(k+1)} - x^{(k)}\|_2 &= \|g(x^{(k)}) - g(x^{(k-1)})\|_2 \\
&= \left\|Dg((1-\theta)x^{(k)} + \theta x^{(k-1)}) \cdot \left(x^{(k)} - x^{(k-1)}\right)\right\|_2 \\
&\leqslant \frac{1}{2}\|x^{(k)} - x^{(k-1)}\|_2 \\
&\leqslant \frac{1}{2^2}\|x^{(k-1)} - x^{(k-2)}\|_2 \\
&\leqslant \cdots \\
&\leqslant \frac{1}{2^k}\|x^{(1)} - x^{(0)}\|_2,
\end{aligned}
\tag{D.6}
$$

其中, 第二个等号用到了微分中值定理, $0 < \theta < 1$, 第一个不等号用到了矩阵谱范数的性质. 继而得到

$$
\begin{aligned}
\left\|x^{(k+l)} - x^{(k)}\right\|_2 &\leqslant \sum_{i=k}^{k+l-1} \left\|x^{(i+1)} - x^{(i)}\right\|_2 \leqslant \sum_{i=k}^{k+l-1} \frac{1}{2^i}\|x^{(1)} - x^{(0)}\|_2 \\
&< \sum_{i=k}^{\infty} \frac{1}{2^i}\|x^{(1)} - x^{(0)}\|_2 \\
&= \frac{1}{2^{k-1}}\|x^{(1)} - x^{(0)}\|_2 \to 0, \qquad k \to \infty,
\end{aligned}
\tag{D.7}
$$

因此 $\{x^{(k)} : k = 0, 1, 2, \cdots\}$ 是 $\mathbb{R}^n$ 中的 Cauchy 点列, 根据 Cauchy 收敛原理 (定理 1.2), $\{x^{(k)}\}$ 必收敛, 不妨设 $\lim\limits_{k \to \infty} x^{(k)} = x$, 则由式 (D.5) 得 $x = y - g(x)$, 移项后得到 $y = x + g(x) = f(x)$, 且

$$\|x\|_2 \leqslant \sum_{k=1}^{\infty} \|x^{(k)} - x^{(k-1)}\|_2 \leqslant \sum_{k=1}^{\infty} \frac{1}{2^{k-1}}\|x^{(1)} - x^{(0)}\|_2 = 2\|y\|_2 < r. \tag{D.8}$$

因此 $f : V = B(0, r) \cap f^{-1}(B(0, r/2)) \to B(0, r/2)$ 是可逆的, 设 f 的逆映射为 φ, 下面我们证明 φ 是连续可微的.

首先, 由于当 $x \in V$ 时 $\|Df(x) - I\|_{\text{spec}} = \|Dg(x)\|_{\text{spec}} < 1/2$, 因此 $Df(x)$ 在 V 上非奇异. 对于 $y', y'' \in B(0, r/2)$, 设 $x' = \varphi(y'), x'' = \varphi(y'')$, 则有

$$y'' - y' = f(x'') - f(x') = Df(x')(x'' - x') + h(x', x''), \tag{D.9}$$

其中, $h(x', x'') = o(\|x'' - x'\|_2)$, $\|x'' - x'\|_2 \to 0$. 由此得到

$$x'' - x' = [Df(x')]^{-1}(y'' - y') - [Df(x')]^{-1}h(x', x''). \tag{D.10}$$

由于

$$x' = y' - g(x'), \qquad x'' = y'' - g(x''), \tag{D.11}$$

因此

$$\|y'' - y'\|_2 = \|x'' - x' + g(x'') - g(x')\|_2 \geqslant \|x'' - x'\|_2 - \|g(x'') - g(x')\|_2$$
$$\geqslant \|x'' - x'\|_2 - \frac{1}{2}\|x'' - x'\|_2$$
$$= \frac{1}{2}\|x'' - x'\|_2, \tag{D.12}$$

因此

$$\frac{h(x', x'')}{\|y'' - y'\|_2} = \frac{h(x', x'')}{\|x'' - x'\|_2}\frac{\|x'' - x'\|_2}{\|y'' - y'\|_2} \leqslant 2\frac{h(x', x'')}{\|x'' - x'\|_2}, \tag{D.13}$$

当 $\|y'' - y'\|_2 \to 0$ 时, 由式 (D.12) 得 $\|x'' - x'\|_2 \to 0$, 由 $h(x', x'') = o(\|x'' - x'\|_2)$ 及式 (D.13) 得

$$\frac{h(x', x'')}{\|y'' - y'\|_2} \to 0, \tag{D.14}$$

因此当 $\|y'' - y'\|_2 \to 0$ 时 $h(x', x'') = o(\|y'' - y'\|_2)$, 从而

$$\varphi(y'') - \varphi(y') = x'' - x' = [Df(x')]^{-1}(y'' - y') + o(\|y'' - y'\|_2), \quad \|y'' - y'\|_2 \to 0. \tag{D.15}$$

这就证明了当 f 连续可微时其逆映射 φ 也连续可微. □

推论 D.1 (隐函数存在定理) 设 $\Omega \subseteq \mathbb{R}^k \times \mathbb{R}^l$ 是开集, $f : \Omega \to \mathbb{R}^l$ 是连续可微的函数, 如果 $(x^{(0)}, y^{(0)}) \in \Omega$ 使得

$$f(x^{(0)}, y^{(0)}) = 0, \qquad \det D_y f(x^{(0)}, y^{(0)}) \neq 0, \tag{D.16}$$

其中, $D_y f$ 表示 f 对 y 的微分, 则存在从 $x^{(0)}$ 的邻域 V 到 $y^{(0)}$ 的邻域 W 的连续可微函数 g 使得 $g(x^{(0)}) = y^{(0)}$ 且

$$f(x, g(x)) = 0, \qquad \forall x \in V, \tag{D.17}$$

且这样的 g 在 $x^{(0)}$ 的充分小的邻域内是唯一的.

证明 定义 $F : \mathbb{R}^k \times \mathbb{R}^l \to \mathbb{R}^k \times \mathbb{R}^l$ 如下

$$F(x, y) = (x, f(x, y)), \tag{D.18}$$

则

$$DF(x^{(0)}, y^{(0)}) = \begin{pmatrix} I_k & 0 \\ D_x f(x^{(0)}, y^{(0)}) & D_y f(x^{(0)}, y^{(0)}) \end{pmatrix}, \tag{D.19}$$

因此 $DF(x^{(0)}, y^{(0)})$ 非奇异, 根据反函数定理, F 存在局部逆 h 使得

$$F \circ h(x, y) = (x, y), \tag{D.20}$$

令 $h = (h_1, h_2)$, 其中 $h_1 : \mathbb{R}^k \times \mathbb{R}^l \to \mathbb{R}^k$ 和 $h_2 : \mathbb{R}^k \times \mathbb{R}^l \to \mathbb{R}^l$ 分别表示 h 的前 k 个分量和后 l 个分量所组成的向量值函数, 则式 (D.20) 等价于

$$(h_1(x, y), f(h_1(x, y), h_2(x, y))) = (x, y), \tag{D.21}$$

由此得到

$$h_1(x, y) = x, \qquad f(x, h_2(x, y)) = y, \tag{D.22}$$

令 $y = 0$, 得

$$f(x, h_2(x, 0)) = 0, \tag{D.23}$$

令 $g(x) = h_2(x, 0)$, 则 $f(x, g(x)) = f(x, h_2(x, 0)) = 0$, 且由于 $F(x_0, y_0) = (x_0, f(x_0, y_0)) = (x_0, 0)$, 因此

$$(h_1(x_0, 0), h_2(x_0, 0)) = F^{-1}(x_0, 0) = (x_0, y_0), \tag{D.24}$$

由此得到 $g(x_0) = h_2(x_0, 0) = y_0$, 这就验证了 g 满足定理所需要求. 至于唯一性则是因为在 (x_0, y_0) 的某个邻域内 $d_y f(x, y) \neq 0$, 因此 $\varphi_x(y') = f(x, y')$ 在 y 的某个邻域内是单射, 从而 g 是唯一的. $\square$

Sherman-Morrison公式与 Woodbury公式

拟牛顿法的一些迭代公式的推导需要用到形如 $(A + uv^T)$ 和 $(A + UV^T)$ 的矩阵的逆矩阵公式, 这就是著名的 Sherman-Morrison 公式和 Woodbury 公式, 本附录介绍这两个公式.

定理 E.1 (Sherman-Morrison 公式[127]) 设 A 是一个 n 阶可逆矩阵, u、v 是 n 维列向量, 则矩阵 $A + uv^T$ 可逆的充要条件是 $1 + v^T A^{-1} u \neq 0$. 当此条件满足时有

$$\left(A + uv^T\right)^{-1} = A^{-1} - \frac{A^{-1} uv^T A^{-1}}{1 + v^T A^{-1} u}. \tag{E.1}$$

证明 考虑线性方程组

$$(A + uv^T)x = b, \tag{E.2}$$

由于

$$(A + uv^T)x = Ax + uv^T x, \tag{E.3}$$

令 $v^T x = s$, 则方程组 (E.2) 与下列线性方程组等价:

$$\begin{cases} Ax + su = b \\ v^T x - s = 0 \end{cases}, \tag{E.4}$$

以 $-v^T A^{-1}$ 左乘上式的第一个方程, 再与第二个方程相加, 得

$$-s v^T A^{-1} u - s = -v^T A^{-1} b, \tag{E.5}$$

由此得到

$$s = \frac{v^T A^{-1} b}{1 + v^T A^{-1} u}, \tag{E.6}$$

将其代入式 (E.4) 的第一个方程, 得到

$$x = A^{-1}(b - su) = A^{-1}b - \frac{v^T A^{-1} b}{1 + v^T A^{-1} u} A^{-1} u = A^{-1}b - \frac{A^{-1} uv^T A^{-1} b}{1 + v^T A^{-1} u}$$

$$= \left(A^{-1} - \frac{A^{-1}uv^{\mathrm{T}}A^{-1}}{1 + v^{\mathrm{T}}A^{-1}u}\right)b, \tag{E.7}$$

因此 Sherman-Morrison 公式 (E.1) 成立. □

Woodbury 证明了一个更一般的矩阵恒等式, 就是下面的定理.

定理 **E.2** (Woodbury 公式[128-129])　设 A 是 $n \times n$ 的可逆矩阵, C 是 $k \times k$ 的可逆矩阵, U 是 $n \times k$ 的矩阵, V 是 $k \times n$ 的矩阵, 则有

$$(A + UCV)^{-1} = A^{-1} - A^{-1}U(C^{-1} + VA^{-1}U)^{-1}VA^{-1}. \tag{E.8}$$

证明　首先证明等式

$$(I + XY)^{-1} = I - X(I + YX)^{-1}Y. \tag{E.9}$$

当 $I + P$ 可逆时有

$$I = (I + P)^{-1}(I + P) = (I + P)^{-1} + (I + P)^{-1}P, \tag{E.10}$$

因此有

$$(I + P)^{-1} = I - (I + P)^{-1}P, \tag{E.11}$$

同理可证

$$(I + P)^{-1} = I - P(I + P)^{-1}. \tag{E.12}$$

再注意到

$$X(I + YX) = (I + XY)X, \tag{E.13}$$

上式先左乘以 $(I + XY)^{-1}$, 再右乘以 $(I + YX)^{-1}$, 得到

$$(I + XY)^{-1}X = X(I + YX)^{-1}. \tag{E.14}$$

联立式 (E.11)、式 (E.12) 与式 (E.14), 得

$$(I + XY)^{-1} = I - (I + XY)^{-1}XY = I - X(I + YX)^{-1}Y, \tag{E.15}$$

这就证明了等式 (E.9). 在等式 (E.9) 中, 令 $X = A^{-1}U, Y = CV$, 则其左边为

$$(I + XY)^{-1} = (A^{-1}A + A^{-1}UCV)^{-1} = (A + UCV)^{-1}A, \tag{E.16}$$

右边为

$$\begin{aligned} I - X(I + YX)^{-1}Y &= A^{-1}A - A^{-1}U(CC^{-1} + CVA^{-1}U)^{-1}CV \\ &= A^{-1}A - A^{-1}U(C^{-1} + VA^{-1}U)^{-1}C^{-1}CV \end{aligned}$$

$$= A^{-1}A - A^{-1}U(C^{-1} + VA^{-1}U)^{-1}V, \tag{E.17}$$

因此有

$$(A + UCV)^{-1}A = A^{-1}A - A^{-1}U(C^{-1} + VA^{-1}U)^{-1}V, \tag{E.18}$$

以 A^{-1} 右乘等式 (E.18), 立刻得到 Woodbury 公式 (E.8). □

再来看两个有用的推论. 在 Woodbury 等式 (E.8) 中取 $C = 1$, u, v 是列向量, 便得到了前面的 Sherman-Morrison 恒等式. 此外还有推论

$$(A + B)^{-1} = (A + IBI)^{-1} = A^{-1} - A^{-1}(B^{-1} + A^{-1})^{-1}A^{-1}$$
$$= A^{-1} - A^{-1}(AB^{-1} + I)^{-1}, \tag{E.19}$$

进一步还可以得到华氏恒等式 (华罗庚, Hua's identity)

$$(A + B)^{-1} = A^{-1} - (AB^{-1}A + A)^{-1}. \tag{E.20}$$

部分习题答案

第 1 章习题答案

3. 证明: 记 $y = Ax$, 则有

$$y_i = \sum_{j=1}^{n} a_{ij} x_j, \qquad i = 1, 2, \cdots, m,$$

于是

$$
\begin{aligned}
\|Ax\|_2^2 = \|y\|_2^2 = \sum_{i=1}^{m} y_i^2 &= \sum_{i=1}^{m} \left(\sum_{j=1}^{n} a_{ij} x_j \right)^2 \\
&\leqslant \sum_{i=1}^{m} \left(\sum_{j=1}^{n} a_{ij}^2 \right) \left(\sum_{j=1}^{n} x_j^2 \right) \\
&= \|x\|_2^2 \sum_{i=1}^{m} \left(\sum_{j=1}^{n} a_{ij}^2 \right) \\
&= \|x\|_2^2 \|A\|_F^2, \qquad\qquad\qquad\qquad \text{(ANS.1)}
\end{aligned}
$$

其中的不等号用到了 Cauchy-Schwarz 不等式. 将上述不等式开方便得到了要证明的不等式.

23. 证明: 对任意 $x, y \in (1, 2]$ 皆有

$$\left| f(x) - f(y) \right| = \left| \frac{y - x}{xy} \right| = \frac{|x - y|}{|x||y|} < |x - y|,$$

因此对任意 $\varepsilon > 0$, 只需取 $\delta = \varepsilon$, 则当 $x, y \in (1, 2]$ 且 $|x - y| < \delta$ 时便有

$$\left| f(x) - f(y) \right| < \delta = \varepsilon,$$

因此 $f(x)$ 在 $(1, 2]$ 上一致连续.

令 $x_n = 1/(n+1), y_n = 1/n$, 则 $x_n, y_n \in (0, 2], n = 1, 2, \cdots$, 且

$$|x_n - y_n| = \frac{1}{n(n+1)} \to 0, \qquad n \to \infty,$$

但

$$|f(x_n) - f(y_n)| = \left| \frac{1}{x_n} - \frac{1}{y_n} \right| = 1,$$

由此得出 $f(x)$ 在区间 $(0, 2]$ 上必不是一致收敛的.

24. 证明: 对于任意 $y \in C$, 取 $x \in C^\circ$, 则存在 $\delta > 0$ 使得 $B(x, \delta) \subseteq C^\circ$, 由于 C 是凸集, 必有

$$D := \mathrm{conv}(B(x, \delta) \cup \{y\}) \subseteq C, \tag{ANS.2}$$

因此 $D^\circ \subseteq C^\circ$, 从而有

$$\lambda x + (1 - \lambda)y \in D^\circ \subseteq C^\circ, \qquad \forall 0 < \lambda < 1, \tag{ANS.3}$$

取

$$\lambda_n = \frac{1}{n}, \qquad x_n = \lambda_n x + (1 - \lambda_n)y, \qquad n = 1, 2, \cdots \tag{ANS.4}$$

则有 $\{x_n\} \subseteq C^\circ$, $\lim\limits_{n \to \infty} x_n = y$, 因此 y 是 C° 的聚点.

30. 证明: 只需证明存在 $\delta > 0$ 使得 $B(\lambda_1 x + \lambda_2 y, \delta) \subseteq K$ 即可. 由于 $x, y \in K^\circ$, 因此存在 $\delta_1 > 0$ 使得

$$B(x, \delta_1) \subseteq K, \qquad B(y, \delta_1) \subseteq K,$$

取 $\delta = (\lambda_1 + \lambda_2)\delta_1$, 则当 $\|u\|_2 < \delta$ 时有

$$\left\| \frac{u}{\lambda_1 + \lambda_2} \right\|_2 = \frac{1}{\lambda_1 + \lambda_2} \|u\|_2 < \delta_1, \tag{ANS.5}$$

于是有

$$x - \frac{u}{\lambda_1 + \lambda_2} \in B(x, \delta_1) \subseteq K, \qquad y - \frac{u}{\lambda_1 + \lambda_2} \in B(y, \delta_1) \subseteq K, \tag{ANS.6}$$

从而有

$$\lambda_1 x + \lambda_2 y - u = \lambda_1 \left(x - \frac{u}{\lambda_1 + \lambda_2} \right) + \lambda_2 \left(y - \frac{u}{\lambda_1 + \lambda_2} \right) \in K, \tag{ANS.7}$$

这就证明了 $B(\lambda_1 x + \lambda_2 y, \delta) \subseteq K$.

31. 证明: i). 可直接由定义得到.

ii). 由题设得 $y - x \in K^\circ, z - y \in K^\circ$, 利用本章习题 30 的结论得

$$z - x = (z - y) + (y - x) \in K^\circ,$$

因此 $x \prec_K z$.

iii). 由于正常锥 K 是尖的, 因此 $x - y \in K^\circ$ 和 $y - x \in K^\circ$ 不能同时成立.

iv). 显然.

v). 由题设得 $y - x \in K^\circ, v - u \in K^\circ$, 于是利用本章习题 30 的结论得

$$y + v - (x + u) = (y - x) + (v - u) \in K^\circ,$$

从而有 $x + u \prec_K y + v$.

vi). 如果 $x \prec_K y$, 则 $y - x \in K^\circ$, 又因为 $\lambda > 0$, 利用本章习题 30 的结论得 $\lambda(y - x) \in K^\circ$, 因此有 $\lambda x \prec_K \lambda y$.

vii). 显然.

34. 证明: 先证必要性. 若 $x \prec_K y$, 则 $y - x \in K^\circ$, 于是对 $\lambda \in K^* \backslash \{0\}$ 有 $\lambda^{\mathrm{T}}(y - x) \geqslant 0$, 下面用反证法证明 $\lambda^{\mathrm{T}}(y - x) > 0$. 如果不然, 则 $\lambda^{\mathrm{T}}(y - x) = 0$, 由于 $y - x$ 是 K 的内点, 因此当正数 ε 取得足够小时必有 $y - x - \varepsilon\lambda \in K$, 但

$$\lambda^{\mathrm{T}}(y - x - \varepsilon\lambda) = -\varepsilon\|\lambda\|_2^2 < 0, \tag{ANS.8}$$

这与 $\lambda \in K^*$ 矛盾.

再来看充分性. 如果对任意 $\lambda \in K^* \backslash \{0\}$ 皆有 $\lambda^{\mathrm{T}}(y - x) > 0$, 则 $y - x \neq 0$, 记 $u = (y - x)/\|y - x\|_2$, 如果能证明 $u \in K^\circ$, 则 $y - x \in K^\circ$. 下面证明 $u \in K^\circ$. 考察函数 $\varphi_u(\lambda) = \lambda^{\mathrm{T}}u$, 它在有界闭集 $F = \{\lambda \in K^* : \|\lambda\|_2 = 1\}$ 上必能取到最小值, 设 $\lambda_0 \in F$ 使得

$$\varphi_u(\lambda_0) = \min_{\lambda \in F} \varphi_u(\lambda),$$

则 $\varphi_u(\lambda_0) > 0$, 即 $\lambda_0^{\mathrm{T}}u > 0$, 取 $\delta = \lambda_0^{\mathrm{T}}u/2$, 则当 $\|v - u\|_2 < \delta$ 时, 有

$$\lambda^{\mathrm{T}}v = \lambda^{\mathrm{T}}(u + v - u) = \lambda^{\mathrm{T}}u + \lambda^{\mathrm{T}}(v - u) \geqslant \lambda_0^{\mathrm{T}}u - \|v - u\|_2$$
$$> \frac{1}{2}\lambda_0^{\mathrm{T}}u > 0, \qquad \forall \lambda \in F,$$

由此推出 $\lambda^{\mathrm{T}}v \geqslant 0, \forall \lambda \in K^*$, 从而有 $v \in K$, 这就证明了 $B(u, \delta) \subseteq K$, 因此 $u \in K^\circ$.

35. 证明: 用反证法. 如果不然, 则 x 是 S 的内点, 于是存在 $\delta > 0$ 使得 $B(x, \delta) \subseteq S$, 取 $y \in K \backslash \{0\}$ 使得 $\|y\| < \delta$, 则 $x - y \in B(x, \delta) \subseteq S$, $x - y \preceq_K x$ 且 $x - y \neq x$, 与 x 是 S 的极小元矛盾.

第 2 章习题答案

1. 证明: 对任意 $x, y \in C$ 及 $0 < \theta < 1$, 需证

$$f(x + \theta(y - x)) \leqslant f(x) + \theta[f(y) - f(x)]. \tag{ANS.9}$$

我们按照如下方式构造一个数列 $\{\theta_n\}$: 先取 $\theta_1 = 1/2$; 接下来如果 $\theta \in [0, \theta_1]$, 则取 $\theta_2 = \theta_1/2$, 否则取 $\theta_2 = (\theta_1 + 1)/2$; 再接下来将区间 $[\theta_1, \theta_2]$ 等分, 取 $\theta_3 = (\theta_1 + \theta_2)/2$, 然后判断 θ 是落在 $[\theta_1, \theta_3]$ 还是 $[\theta_3, \theta_2]$, 再将 θ 所属的小区间继续二等分, 如此下去, 便得到一个数列 $\{\theta_n\}$, 它满足

$$\theta_{n+2} = \frac{1}{2}(\theta_n + \theta_{n+1}), \qquad n = 1, 2, \cdots, \tag{ANS.10}$$

且有 $\lim\limits_{n \to \infty} \theta_n = \theta$. 注意到中点凸性条件等价于

$$f\left(x + \frac{1}{2}(y - x)\right) \leqslant f(x) + \frac{1}{2}\left[f(y) - f(x)\right], \tag{ANS.11}$$

由于 $\theta_1 = 1/2$, 因此有

$$f\left(x + \theta_1(y - x)\right) \leqslant f(x) + \theta_1\left[f(y) - f(x)\right]. \tag{ANS.12}$$

如果 $\theta_2 = 1/4$, 则有

$$\begin{aligned}
f(x + \theta_2(y - x)) = f\left(x + \frac{1}{2}\theta_1(y - x)\right) &\leqslant f(x) + \frac{1}{2}\left[f(x + \theta_1(y - x)) - f(x)\right] \\
&\leqslant f(x) + \frac{1}{2}\left[f(x) + \theta_1(f(y) - f(x)) - f(x)\right] \\
&= f(x) + \theta_2\left[f(y) - f(x)\right],
\end{aligned} \tag{ANS.13}$$

如果 $\theta = 3/4$, 则有

$$\begin{aligned}
f(x + \theta_2(y - x)) = f\left(\frac{x + y}{2} + \frac{1}{2}\left(y - \frac{x + y}{2}\right)\right) &\leqslant f\left(\frac{x + y}{2}\right) + \frac{1}{2}\left[f(y) - f\left(\frac{x + y}{2}\right)\right] \\
&= \frac{1}{2}f\left(\frac{x + y}{2}\right) + \frac{1}{2}f(y) \\
&\leqslant \frac{1}{4}f(x) + \frac{1}{4}f(y) + \frac{1}{2}f(y) \\
&= f(x) + \theta_2(f(y) - f(x)).
\end{aligned} \tag{ANS.14}$$

由于 $\theta_3 = (\theta_1 + \theta_2)/2$, 因此有

$$\begin{aligned}
f(x + \theta_3(y - x)) = f\left(\frac{x + \theta_1(y - x)}{2} + \frac{x + \theta_2(y - x)}{2}\right) \\
\leqslant \frac{1}{2}f(x + \theta_1(y - x)) + \frac{1}{2}f(x + \theta_2(y - x)) \\
\leqslant \frac{1}{2}\left[f(x) + \theta_1(f(y) - f(x))\right] + \frac{1}{2}\left[f(x) + \theta_2(f(y) - f(x))\right] \\
= f(x) + \frac{\theta_1 + \theta_2}{2}\left[f(y) - f(x)\right]
\end{aligned}$$

$$= f(x) + \theta_3[f(y) - f(x)]. \qquad \text{(ANS.15)}$$

用数学归纳法可以证明

$$f(x + \theta_n(y - x)) \leqslant f(x) + \theta_n[f(y) - f(x)], \qquad n = 1, 2, \cdots, \qquad \text{(ANS.16)}$$

由于 f 在 C 上连续, 令 $n \to \infty$ 便得到了不等式 (ANS.9).

2. i) 证明: 取 $\lambda = \dfrac{b-x}{b-a}$, 则 $1 - \lambda = \dfrac{x-a}{b-a}$, $x = \lambda a + (1-\lambda)b$, 于是由凸函数的定义得

$$f(x) \leqslant \frac{b-x}{b-a}f(a) + \frac{x-a}{b-a}f(b), \qquad \forall\, a < x < b. \qquad \text{(ANS.17)}$$

ii). 证明: 由 (ANS.17) 得

$$\frac{f(x) - f(a)}{x - a} \leqslant \frac{\dfrac{b-x}{b-a}f(a) + \dfrac{x-a}{b-a}f(b) - f(a)}{x - a} = \frac{f(b) - f(a)}{b - a},$$

另一个不等式可用同样的方法证明.

iii). 证明: 记 $\psi(x) = \dfrac{f(x) - f(a)}{x - a}$, 根据 ii) 的结论, ψ 在 $(a, +\infty)$ 上单调增加, 如果 f 在 $\mathbb{R}$ 上可微, 则有

$$\psi(x) \geqslant \lim_{x \to a^+} \psi(x) = f'(a), \qquad \forall\, x > a,$$

特别地, 有

$$\frac{f(b) - f(a)}{b - a} = \psi(b) \geqslant f'(a),$$

这就证明了第一个不等式; 为了证明第二个不等式, 考虑函数 $\varphi(x) = \dfrac{f(x) - f(b)}{x - b}$, 对于 $y < x < b$, 由 ii) 的结论得

$$\varphi(y) = \frac{f(b) - f(y)}{b - y} \leqslant \frac{f(b) - f(x)}{b - x} = \varphi(x), \qquad \text{(ANS.18)}$$

因此 φ 在区间 $(-\infty, b)$ 上是单调增加的, 因此有

$$\varphi(x) \leqslant \lim_{x \to b^-} \varphi(x) = f'(b), \qquad \forall\, x < b,$$

特别地, 有

$$\frac{f(b) - f(a)}{b - a} = \varphi(a) \leqslant f'(b),$$

这就证明了第二个不等式.

4. 证明: 先证必要性. 注意到

$$\int_0^1 f(x) + \lambda(f(y) - f(x))\mathrm{d}\lambda = \frac{f(x) + f(y)}{2}, \tag{ANS.19}$$

因此条件 (2.288) 等价于

$$\int_0^1 f(x + \lambda(y - x))\mathrm{d}\lambda \leqslant \int_0^1 f(x) + \lambda(f(y) - f(x))\mathrm{d}\lambda, \tag{ANS.20}$$

这个不等式可由凸函数的定义直接得到.

再来看充分性. 由 (ANS.20) 得

$$\int_0^1 [f(x + \lambda(y - x)) - f(x) - \lambda(f(y) - f(x))]\,\mathrm{d}\lambda \leqslant 0, \tag{ANS.21}$$

记上式左边的被积函数为 $\varphi(\lambda)$, 接下来证明对任意 $0 < \lambda < 1$ 皆有 $\varphi(\lambda) \leqslant 0$ 即可. 根据题设, f 连续, 因此 φ 也连续, 如果存在 $0 < \lambda_0 < 1$ 使得 $\varphi(\lambda_0) > 0$, 则 λ_0 的左右两边皆有 φ 的零点, 记 λ_1 为 λ_0 的左边的与 λ_0 最靠近的零点, λ_2 为 λ_0 右边与 λ_0 最靠近的零点, 则有

$$\varphi(\lambda_1) = \varphi(\lambda_2) = 0, \qquad \varphi(\lambda) > 0, \qquad \forall \lambda_1 < \lambda < \lambda_2. \tag{ANS.22}$$

令

$$x_1 = x + \lambda_1(y - x), \quad x_2 = x + \lambda_2(y - x), \tag{ANS.23}$$

则由 $\varphi(\lambda_1) = \varphi(\lambda_2) = 0$ 得

$$f(x_1) = f(x + \lambda_1(y - x)) = f(x) + \lambda_1(f(y) - f(x)), \tag{ANS.24}$$

$$f(x_2) = f(x + \lambda_2(y - x)) = f(x) + \lambda_2(f(y) - f(x)), \tag{ANS.25}$$

于是

$$\int_{\lambda_1}^{\lambda_2} f(x) + \lambda(f(y) - f(x))\mathrm{d}\lambda$$

$$= (\lambda_2 - \lambda_1)f(x) + \frac{\lambda_2^2 - \lambda_1^2}{2}(f(y) - f(x))$$

$$= (\lambda_2 - \lambda_1)\left[f(x) + \frac{\lambda_1 + \lambda_2}{2}(f(y) - f(x))\right]$$

$$= (\lambda_2 - \lambda_1)\left[\frac{f(x) + \lambda_1(f(y) - f(x))}{2} + \frac{f(x) + \lambda_2(f(y) - f(x))}{2}\right]$$

$$= (\lambda_2 - \lambda_1)\frac{f(x_1) + f(x_2)}{2}. \tag{ANS.26}$$

再注意到

$$
\begin{aligned}
\int_{\lambda_1}^{\lambda_2} f(x + \lambda(y - x))\mathrm{d}\lambda &= \int_{\lambda_1}^{\lambda_2} f\left(x_1 + \frac{\lambda - \lambda_1}{\lambda_2 - \lambda_1}(x_2 - x_1)\right)\mathrm{d}\lambda \\
&= \int_0^1 f(x_1 + \lambda'(x_2 - x_1))(\lambda_2 - \lambda_1)\mathrm{d}\lambda' \quad \left(\text{做变量代换 } \lambda' = \frac{\lambda - \lambda_1}{\lambda_2 - \lambda_1}\right) \\
&\leqslant (\lambda_2 - \lambda_1)\frac{f(x_1) + f(x_2)}{2}, \quad\quad\quad\quad\quad\quad\quad\quad\quad\quad\quad\quad (\text{ANS.27})
\end{aligned}
$$

其中, 最后一个不等式用到了条件 (2.288). 联立 (ANS.26) 与 (ANS.27) 得

$$
\int_{\lambda_1}^{\lambda_2} \varphi(\lambda)\mathrm{d}\lambda \leqslant 0, \tag{ANS.28}
$$

但另一方面, 由于 φ 在开区间 (λ_1, λ_2) 上恒大于 0, 因此有

$$
\int_{\lambda_1}^{\lambda_2} \varphi(\lambda)\mathrm{d}\lambda > 0, \tag{ANS.29}
$$

矛盾. 这就证明了 φ 在区间 $(0, 1)$ 上小于或等于 0.

6. 证明: 不妨设 $f(0) = 0$(否则用 $g(x) = f(x) - f(0)$ 代替 $f(x)$ 即可). 如果存在 $x_0 \in \mathbb{R}^n$ 使得 $f(x_0) \neq 0$, 由于

$$
0 = f(0) = f\left(\frac{-x_0 + x_0}{2}\right) \leqslant \frac{1}{2}\left(f(-x_0) + f(x_0)\right),
$$

因此 $f(-x_0)$ 与 $f(x_0)$ 二者之中必有一个大于 0, 不妨设 $f(x_0) > 0$, 则由凸函数的性质得

$$
f(x_0) = f\left(\frac{0}{2} + \frac{2x_0}{2}\right) \leqslant \frac{1}{2}\left(f(0) + f(2x_0)\right) = \frac{1}{2}f(2x_0), \tag{ANS.30}
$$

由此推出

$$
f(2x_0) \geqslant 2f(x_0), \tag{ANS.31}
$$

这个不等式对任意 x_0 都成立, 反复利用这个不等式得

$$
f(2^2 x_0) = f(2 \cdot 2x_0) \geqslant 2f(2x_0) \geqslant 2^2 f(x_0),
$$
$$
f(2^3 x_0) = f(2 \cdot 2^2 x_0) \geqslant 2f(2^2 x_0) \geqslant 2^3 f(x_0),
$$
$$
\cdots \tag{ANS.32}
$$
$$
f(2^n x_0) = f(2 \cdot 2^{n-1} x_0) \geqslant 2f(2^{n-1} x_0) \geqslant 2^n f(x_0), \tag{ANS.33}
$$

于是有

$$
\lim_{n \to \infty} f(2^n x_0) = \infty, \tag{ANS.34}
$$

但这与 f 有上界矛盾, 故反设不成立, 从而必有 $f(x) = f(0), \forall x \in \mathbb{R}^n$, 即 f 在 $\mathbb{R}^n$ 上为常数.

9. 证明: i). 注意到

$$
\begin{aligned}
H(X,Y) - H(X) - H(Y) &= \sum_{x \in \mathcal{X}, y \in \mathcal{Y}} p(x,y) \log_2 \frac{1}{p(x,y)} - \sum_{x \in \mathcal{X}} p_X(x) \log_2 \frac{1}{p_X(x)} \\
&\quad - \sum_{y \in \mathcal{Y}} p_Y(y) \log_2 \frac{1}{p_Y(y)} \\
&= \sum_{x \in \mathcal{X}, y \in \mathcal{Y}} p(x,y) \log_2 \frac{1}{p(x,y)} - \sum_{x \in \mathcal{X}, y \in \mathcal{Y}} p(x,y) \log_2 \frac{1}{p_X(x)} \\
&\quad - \sum_{x \in \mathcal{X}, y \in \mathcal{Y}} p(x,y) \log_2 \frac{1}{p_Y(y)} \\
&= \sum_{x \in \mathcal{X}, y \in \mathcal{Y}} p(x,y) \log_2 \left[\frac{p_X(x) p_Y(y)}{p(x,y)} \right] \\
&\leqslant \log_2 \left[\sum_{x \in \mathcal{X}, y \in \mathcal{Y}} p(x,y) \frac{p_X(x) p_Y(y)}{p(x,y)} \right] \\
&= \log_2 \left[\sum_{x \in \mathcal{X}, y \in \mathcal{Y}} p_X(x) p_Y(y) \right] \\
&= \log_2 1 = 0, \quad \text{(ANS.35)}
\end{aligned}
$$

其中不等号用到了 $f(t) := \log_2 t$ 是凹函数的性质. 由 (ANS.35) 立刻得到 $H(X,Y) \leqslant H(X) + H(Y)$.

ii). 由的定义得

$$
\begin{aligned}
H(X,Y) &= - \sum_{x \in \mathcal{X}, y \in \mathcal{Y}} p(x,y) \log_2 p(x,y) = - \sum_{x \in \mathcal{X}, y \in \mathcal{Y}} p_Y(y) p(x|y) \left(\log_2 p_Y(y) + \log_2 p(x|y) \right) \\
&= - \sum_{x \in \mathcal{X}, y \in \mathcal{Y}} p(x,y) \log_2 p_Y(y) - \sum_{x \in \mathcal{X}, y \in \mathcal{Y}} p_Y(y) p(x|y) \log_2 p(x|y) \\
&= \sum_{y \in \mathcal{Y}} p_Y(y) \log_2 p_Y(y) - \sum_{y \in \mathcal{Y}} p_Y(y) \sum_{x \in \mathcal{X}} p(x|y) \log_2 p(x|y) \\
&= H(Y) + H(X|Y). \quad \text{(ANS.36)}
\end{aligned}
$$

iii). 如果 X 与 Y 独立, 则 $p(x|y) = p_X(x)$, 因此

$$
H(X|Y) = - \sum_{y \in \mathcal{Y}} p_Y(y) \sum_{x \in \mathcal{X}} p_X(x) \log_2 p_X(x) = \sum_{y \in \mathcal{Y}} p_Y(y) H(X) = H(X), \quad \text{(ANS.37)}
$$

从而有 $H(X,Y) = H(X) + H(Y)$.

iv). 由 i) 及 ii) 得

$$H(Y) + H(X) \geqslant H(X, Y) = H(Y) + H(X|Y), \tag{ANS.38}$$

由此立刻得到 $H(X|Y) \leqslant H(X)$.

11. 证明: i). 由第 2 章习题 9 之 ii) 得

$$H(X|Y) = H(X, Y) - H(Y), \qquad H(Y|X) = H(X, Y) - H(X), \tag{ANS.39}$$

因此有

$$\begin{aligned}
I(X;Y) &= H(X) - H(X|Y) = H(X) - H(X, Y) + H(Y) = H(Y) - (H(X, Y) - H(X)) \\
&= H(Y) - H(Y|X) = I(Y;X).
\end{aligned}$$

ii). 由定义得

$$\begin{aligned}
I(X;Y) &= H(X) - H(X|Y) = -\sum_{x \in \mathcal{X}} p_X(x) \log_2 p_X(x) + \sum_{x \in \mathcal{X}, y \in \mathcal{Y}} p_Y(y) p(x|y) \log_2 p(x|y) \\
&= -\sum_{x \in \mathcal{X}, y \in \mathcal{Y}} p(x, y) \log_2 p_X(x) + \sum_{x \in \mathcal{X}, y \in \mathcal{Y}} p(x, y) \log_2 \frac{p(x, y)}{p_Y(y)} \\
&= \sum_{x \in \mathcal{X}, y \in \mathcal{Y}} p(x, y) \log_2 \frac{p(x, y)}{p_X(x) p_Y(y)}.
\end{aligned}$$

iii). 注意到 $H(X|Y) = H(X, Y) - H(Y)$, 因此有

$$I(X;Y) = H(X) - H(X|Y) = H(X) + H(Y) - H(X, Y). \tag{ANS.40}$$

iv). 我们只需证明式 (2.308), 至于式 (2.309), 可以用数学归纳法得到. 由条件互信息的定义及条件熵的性质得

$$\begin{aligned}
I(X, Y; Z) &= H(X, Y) - H(X, Y|Z) = H(X) + H(Y|X) - [H(X, Y, Z) - H(Z)] \\
&= H(X) + H(Y|X) - [H(X) + H(Z|X) + H(Y|X, Z)] + H(Z) \\
&= [H(Z) - H(Z|X)] + [H(Y|X) - H(Y|X, Z)] \\
&= I(Z;X) + I(Y;Z|X) \\
&= I(X;Z) + I(Y;Z|X).
\end{aligned}$$

12. i). 证明: 由于 $f(t) := -\log_2 t$ 是凸函数, 因此有

$$\begin{aligned}
D(p\|q) &= -\sum_{x \in \mathcal{X}} p(x) \log_2 \frac{q(x)}{p(x)} \geqslant -\log_2 \left(\sum_{x \in \mathcal{X}} p(x) \frac{q(x)}{p(x)} \right) \\
&= -\log_2 \left(\sum_{x \in \mathcal{X}} q(x) \right)
\end{aligned}$$

$$= -\log_2 1 = 0. \tag{ANS.41}$$

ii). 由 Kullback-Leibler 散度的定义得

$$D(p\|q) = p(0) \log_2 \frac{p(0)}{q(0)} + p(1) \log_2 \frac{p(1)}{q(1)} = \frac{1}{2} \log_2 \frac{2}{3} + \frac{1}{2} \log_2 2 \approx 0.207519$$

$$D(q\|p) = q(0) \log_2 \frac{q(0)}{p(0)} + q(1) \log_2 \frac{q(1)}{p(1)} = \frac{3}{4} \log_2 \frac{3}{2} + \frac{1}{4} \log_2 \frac{1}{2} \approx 0.188722,$$

因此 $D(p\|q) \neq D(q\|p)$.

iii). 证明: 由于 $f(t) := t \log_2 t$ 是凸函数, 因此对任意正数 $a_i, b_i, i = 1, 2, \cdots, n$ 皆有

$$\sum_{i=1}^{n} a_i \log_2 \frac{a_i}{b_i} = \left(\sum_{i=1}^{n} b_i \right) \sum_{i=1}^{n} \frac{b_i}{\sum_{i=1}^{n} b_i} \frac{a_i}{b_i} \log_2 \frac{a_i}{b_i}$$

$$= \left(\sum_{i=1}^{n} b_i \right) \sum_{i=1}^{n} \frac{b_i}{\sum_{i=1}^{n} b_i} f \left(\frac{a_i}{b_i} \right)$$

$$\geqslant \left(\sum_{i=1}^{n} b_i \right) f \left(\sum_{i=1}^{n} \frac{b_i}{\sum_{i=1}^{n} b_i} \frac{a_i}{b_i} \right)$$

$$= \left(\sum_{i=1}^{n} b_i \right) f \left(\frac{\sum_{i=1}^{n} a_i}{\sum_{i=1}^{n} b_i} \right)$$

$$= \left(\sum_{i=1}^{n} a_i \right) \log_2 \frac{\sum_{i=1}^{n} a_i}{\sum_{i=1}^{n} b_i}, \tag{ANS.42}$$

这个不等式称为**对数和不等式 (log sum inequality)**. 由对数和不等式得

$$\lambda p_1(x) \log_2 \frac{\lambda p_1(x)}{\lambda q_1(x)} + (1-\lambda) p_2(x) \log_2 \frac{(1-\lambda) p_2(x)}{(1-\lambda) q_2(x)}$$

$$\geqslant (\lambda p_1(x) + (1-\lambda) p_2(x)) \log_2 \frac{\lambda p_1(x) + (1-\lambda) p_2(x)}{\lambda q_1(x) + (1-\lambda) q_2(x)} \tag{ANS.43}$$

因此有

$$D(p\|q) = \sum_{x \in \mathcal{X}} p(x) \log_2 \frac{p(x)}{q(x)} = \sum_{x \in \mathcal{X}} (\lambda p_1(x) + (1-\lambda) p_2(x)) \log_2 \frac{\lambda p_1(x) + (1-\lambda) p_2(x)}{\lambda q_1(x) + (1-\lambda) q_2(x)}$$

$$\leqslant \sum_{x \in \mathcal{X}} \left[\lambda p_1(x) \log_2 \frac{\lambda p_1(x)}{\lambda q_1(x)} + (1-\lambda) p_2(x) \log_2 \frac{(1-\lambda) p_2(x)}{(1-\lambda) q_2(x)} \right]$$

$$= \lambda \sum_{x \in \mathcal{X}} p_1(x) \log_2 \frac{p_1(x)}{q_1(x)} + (1 - \lambda) \sum_{x \in \mathcal{X}} p_2(x) \log_2 \frac{p_2(x)}{q_2(x)}$$

$$= \lambda D(p_1 \| q_1) + (1 - \lambda) D(p_2 \| q_2). \tag{ANS.44}$$

13. 证明: 对任意 $x \in \mathbb{R}^n$, 记 $y = Ax$, 则由 Cauchy-Schwarz 不等式得

$$y_i^2 = \left(\sum_{j=1}^{n} a_{ij} x_j \right)^2 \leqslant \left(\sum_{j=1}^{n} a_{ij}^2 \right) \left(\sum_{j=1}^{n} x_j^2 \right) = \left(\sum_{j=1}^{n} a_{ij}^2 \right) \|x\|_2^2, \tag{ANS.45}$$

因此

$$\|Ax\|_2^2 = \sum_{i=1}^{n} y_i^2 \leqslant \sum_{i=1}^{n} \left(\sum_{j=1}^{n} a_{ij}^2 \right) \|x\|_2^2 = \|A\|_F^2 \|x\|_2^2, \tag{ANS.46}$$

由此立刻得到 $\|A\|_{\mathrm{spec}} \leqslant \|A\|_F$.

再来看第二个不等式. 记 a_i 为矩阵 A 的第 i 个行向量的转置, 即

$$a_i = (a_{i1}, a_{i2}, \cdots, a_{in})^{\mathrm{T}},$$

再令 $b_i = a_i / \|a_i\|_2$, 则 $\|b_i\|_2 = 1$. 注意到列向量 Ab_i 的第 i 个分量为 $a_i^{\mathrm{T}} b_i$, 因此有

$$\|Ab_i\|_2^2 \geqslant (a_i^{\mathrm{T}} b_i)^2 = (a_i^{\mathrm{T}} a_i)^2 / \|a_i\|_2^2 = \|a_i\|_2^2, \tag{ANS.47}$$

由此推出

$$\|A\|_{\mathrm{spec}}^2 \geqslant \|a_i\|_2^2, \qquad i = 1, 2, \cdots, n \tag{ANS.48}$$

将这 n 个不等式相加, 得

$$n \|A\|_{\mathrm{spec}}^2 \geqslant \sum_{i=1}^{n} \|a_i\|_2^2 = \sum_{i=1}^{n} \sum_{j=1}^{n} a_{ij}^2 = \|A\|_F^2, \tag{ANS.49}$$

开方后得到

$$\sqrt{n} \|A\|_{\mathrm{spec}} \geqslant \|A\|_F. \tag{ANS.50}$$

14. 证明: 设 A 的特征分解为

$$A = U \Lambda U^{\mathrm{T}}, \tag{ANS.51}$$

其中, U 是正交矩阵, Λ 是对角矩阵, 对线上的元素为特征值 $\lambda_1, \lambda_2, \cdots, \lambda_n$. 根据 Frobenius 范数的定义得

$$\|A\|_F^2 = \mathrm{tr}(A^{\mathrm{T}} A) = \mathrm{tr}(U \Lambda^2 U^{\mathrm{T}}) = \mathrm{tr}(\Lambda^2) = \sum_{i=1}^{n} \lambda_i^2, \tag{ANS.52}$$

开方后得到第一个等式.

再来看第二个等式. 对任意 $x \in \mathbb{R}^n$, 令 $y = U^{\mathrm{T}}x$, 由于 U 是正交矩阵, 因此 $\|y\|_2 = \|x\|_2$. 注意到

$$\|Ax\|_2^2 = (Ax)^{\mathrm{T}}(Ax) = x^{\mathrm{T}}U\Lambda U^{\mathrm{T}}U\Lambda U^{\mathrm{T}}x = y^{\mathrm{T}}\Lambda^2 y = \|\Lambda y\|_2^2 \leqslant \lambda_1^2\|y\|_2^2 = \lambda_1^2\|x\|_2^2, \quad \text{(ANS.53)}$$

因此 $\|A\|_{\mathrm{spec}} \leqslant |\lambda_1|$; 再注意到对 U 的第一个列向量 u_1(λ_1 所对应的特征向量) 有

$$\|Au_1\|_2 = \|\lambda_1 u_1\|_2 = |\lambda_1|\|u_1\|_2, \quad \text{(ANS.54)}$$

因此有 $\|A\|_{\mathrm{spec}} = |\lambda_1|$.

15. 证明: 设若 x 和 y 都是方程 $\nabla f(x) = a$ 的解, 且 $x \neq y$, 则有 $\nabla f(x) = \nabla f(y) = a$, 由于 f 是严格凸的, 根据定理 2.2 得

$$f(y) > f(x) + (y-x)^{\mathrm{T}}\nabla f(x) = f(x) + (y-x)^{\mathrm{T}}a,$$
$$f(x) > f(y) + (x-y)^{\mathrm{T}}\nabla f(y) = f(y) + (x-y)^{\mathrm{T}}a,$$

联合以上两式得

$$f(y) > f(y) + (x-y)^{\mathrm{T}}a + (y-x)^{\mathrm{T}}a = f(y), \quad \text{(ANS.55)}$$

矛盾.

第 3 章习题答案

3. 证明: 设 H 的特征分解为

$$H = \sum_{i=1}^{r} \lambda_i u_i u_i^{\mathrm{T}}, \quad \text{(ANS.56)}$$

其中 r 是 H 的秩, $\lambda_1, \lambda_2, \cdots, \lambda_r$ 是 H 的非零特征值, $u_1, u_2, \cdots, u_r$ 是相应的单位特征向量. 如果 v 与 $u_1, u_2, \cdots, u_r$ 都正交, 则有

$$Hv = \sum_{i=1}^{r} \lambda_i u_i u_i^{\mathrm{T}} v = 0, \quad \text{(ANS.57)}$$

因此如果 $v \neq 0$, 则 v 必是 H 的关于特征值 $\lambda = 0$ 的特征向量.

5. 证明: 既然 $v_1, v_2, \cdots, v_n$ 是 $\mathbb{R}^n$ 的规范正交基, $\mathbb{R}^n$ 中的任意一个向量 x 皆可表示为 $x = \sum_{i=1}^{n} \langle x, v_i \rangle v_i$, 于是有

$$\|x\|^2 = \langle x, x \rangle = \left\langle \sum_{i=1}^{n} \langle x, v_i \rangle v_i, \sum_{i=1}^{n} \langle x, v_i \rangle v_i \right\rangle = \sum_{i=1}^{n} |\langle x, v_i \rangle|^2. \quad \text{(ANS.58)}$$

6. 证明:

$$\operatorname{tr}(C) = \operatorname{tr}(WW^{\mathrm{T}}C) = \operatorname{tr}(W^{\mathrm{T}}CW) \qquad (W = (w_1, w_2, \cdots, w_n))$$

$$= \operatorname{tr}\left(\begin{pmatrix} w_1^{\mathrm{T}} \\ w_2^{\mathrm{T}} \\ \vdots \\ w_n^{\mathrm{T}} \end{pmatrix} (Cw_1, Cw_2, \cdots, Cw_n)\right)$$

$$= \sum_{i=1}^{n} w_i^{\mathrm{T}} C w_i$$

$$= \sum_{i=1}^{n} \langle Cw_i, w_i \rangle. \tag{ANS.59}$$

12. 证明: 我们只证明性质 (B.58), 另一个是类似的. 由于 $m > n$ 且 A 是列满秩的, 因此 A 的奇异值分解为

$$A = USV^{\mathrm{T}}, \qquad S = \begin{pmatrix} \Sigma_n \\ 0_{(m-n)\times n} \end{pmatrix}, \tag{ANS.60}$$

于是

$$A^+ = VS^+U^{\mathrm{T}} = V\left(\begin{array}{cc} \Sigma_n^{-1} & 0_{n\times(m-n)} \end{array}\right)U^{\mathrm{T}}, \tag{ANS.61}$$

从而有

$$A^+A = VS^+U^{\mathrm{T}}USV^{\mathrm{T}} = VS^+SV^{\mathrm{T}} = VV^{\mathrm{T}} = I_n, \tag{ANS.62}$$

$$A^{\mathrm{T}}A = VS^{\mathrm{T}}U^{\mathrm{T}}USV^{\mathrm{T}} = V\Sigma_n^2V^{\mathrm{T}}, \tag{ANS.63}$$

$$(A^{\mathrm{T}}A)^{-1}A^{\mathrm{T}} = V\Sigma_n^{-2}V^{\mathrm{T}}VS^{\mathrm{T}}U^{\mathrm{T}} = V\Sigma_n^{-2}S^{\mathrm{T}}U^{\mathrm{T}}$$

$$= VS^+U^{\mathrm{T}} = A^+. \tag{ANS.64}$$

13. 证明: 如果 B 是 A 的伪逆, 用定义不难验证性质 (a)~(d) 是成立的. 现在我们来证明如果性质 (a)~(d) 成立, 则 $B = A^+$. 利用上一步的结论得

$$AA^+A = A, \qquad A^+AA^+ = A^+, \qquad (AA^+)^{\mathrm{T}} = AA^+, \qquad (A^+A)^{\mathrm{T}} = A^+A, \tag{ANS.65}$$

于是有

$$AB = (AB)^{\mathrm{T}} = B^{\mathrm{T}}A^{\mathrm{T}} = B^{\mathrm{T}}(AA^+A)^{\mathrm{T}} = B^{\mathrm{T}}A^{\mathrm{T}}(A^+)^{\mathrm{T}}A^{\mathrm{T}}$$

$$= (AB)^{\mathrm{T}}(AA^+)^{\mathrm{T}}$$

$$= (AB)(AA^+)$$

$$= (ABA)A^+$$

$$= AA^+, \tag{ANS.66}$$

同理可证 $BA = A^+A$, 因此有

$$B = BAB = B(AA^+) = (BA)A^+ = (A^+A)A^+ = A^+AA^+ = A^+. \tag{ANS.67}$$

第 4 章习题答案

1. i) 证明: 对任意 $x, y \in C, x \preceq_K y$ 及实数 $0 \leqslant t \leqslant 1$ 皆有 $x + t(y - x) \in C$, 令 $\varphi(t) = f(x + t(y - x))$, 由于 $\nabla f(x + t(y - x)) \in K^*, y - x \in K$, 因此有

$$\varphi'(t) = (y - x)^{\mathrm{T}} \nabla f(x + t(y - x)) \geqslant 0,$$

因此 φ 是单调增加的, 从而有

$$f(y) = \varphi(1) \geqslant \varphi(0) = f(x),$$

因此 f 是单调增加的.

ii) 证明: 对任意 $x, y \in C, x \preceq_K y, x \neq y$ 及实数 $0 \leqslant t \leqslant 1$ 皆有 $x + t(y - x) \in C$, 令 $\varphi(t) = f(x + t(y - x))$, 则有

$$\varphi'(t) = (y - x)^{\mathrm{T}} \nabla f(x + t(y - x)),$$

由于 $\nabla f(x + t(y - x)) \succ_{K^*} 0$, 根据 1.6 节推论 1.5 和定理 1.14 得

$$\varphi'(t) = (y - x)^{\mathrm{T}} \nabla f(x + t(y - x)) > 0, \forall 0 < t \leqslant 1,$$

因此 φ 严格单调增加, 从而有

$$f(y) = \varphi(1) > \varphi(0) = f(x),$$

因此 f 是严格单调增加的.

2. 证明: i). 由题设得 $x \succeq y, y \succeq z$ 且 $x \preceq y, y \preceq z$, 由偏好关系的传递性得 $x \succeq z$ 且 $x \preceq z$, 因此 $x \sim z$.

ii). 由题设得

$$y \preceq x, \qquad x \not\preceq y, \qquad z \preceq y,$$

利用偏好关系的传递性得 $z \preceq x, x \not\preceq z$ (否则由传递性推出 $x \preceq y$, 矛盾), 因此 $x \succ z$.

3. 证明: i). 由独立性公理得

$$\lambda x + (1 - \lambda)u \preceq \lambda y + (1 - \lambda)u, \tag{ANS.68}$$

又因为

$$\lambda y + (1 - \lambda)v - [\lambda y + (1 - \lambda)u] = (1 - \lambda)(v - u),$$

由 shapley-Baucells 引理 (引理 4.1) 得

$$\lambda y + (1-\lambda)v \succeq \lambda y + (1-\lambda)u, \tag{ANS.69}$$

联合广义不等式 (ANS.68) 与 (ANS.68), 利用偏好关系的传递性, 得

$$\lambda x + (1-\lambda)u \preceq \lambda y + (1-\lambda)v. \tag{ANS.70}$$

ii). 由 i) 直接导出.

4. 证明: 注意到对任意 $x \in \mathbb{R}^p$ 和 $y \in \mathbb{R}^q$ 皆有

$$(x^{\mathrm{T}}, y^{\mathrm{T}})B \begin{pmatrix} x \\ y \end{pmatrix} = sx^{\mathrm{T}}x + x^{\mathrm{T}}Ay + y^{\mathrm{T}}A^{\mathrm{T}}x + sy^{\mathrm{T}}y$$

$$= s\|x\|_2^2 + 2\langle x, Ay \rangle + s\|y\|_2^2, \tag{ANS.71}$$

如果 $A^{\mathrm{T}}A \preceq s^2 I$, 则 $y^{\mathrm{T}}A^{\mathrm{T}}Ay \leqslant s^2 y^{\mathrm{T}}y$, 由此推出 $\|Ay\|_2 \leqslant s\|y\|_2$, 于是

$$(x^{\mathrm{T}}, y^{\mathrm{T}})B \begin{pmatrix} x \\ y \end{pmatrix} \geqslant s\|x\|_2^2 - 2\|x\|_2\|Ay\|_2 + s\|y\|_2^2$$

$$\geqslant s\|x\|_2^2 - 2s\|x\|_2\|y\|_2 + s\|y\|_2^2$$

$$= s\left(\|x\|_2 - \|y\|_2\right)^2 \geqslant 0, \tag{ANS.72}$$

因此 $B \succeq 0$. 反之, 如果 $B \succeq 0$, 则

$$s\|x\|_2^2 + 2\langle x, Ay \rangle + s\|y\|_2^2 \geqslant 0, \qquad \forall x \in \mathbb{R}^p, \ y \in \mathbb{R}^q. \tag{ANS.73}$$

当 $s=0$ 时, 在不等式 (ANS.73) 中令 $x=-Ay$ 得 $y^{\mathrm{T}}A^{\mathrm{T}}Ay \leqslant 0$, 因此 $A^{\mathrm{T}}A \preceq 0 \ (=sI)$, 结论成立; 当 $s>0$ 时, 在不等式 (ANS.73) 中令 $x=-(Ay)/s$ 得

$$\frac{1}{s^2}\|Ay\|_2^2 - \frac{2}{s^2}\|Ay\|_2^2 + \|y\|_2^2 \geqslant 0, \tag{ANS.74}$$

即 $\|Ay\|_2^2 \leqslant s^2\|y\|_2^2$, 因此有

$$y^{\mathrm{T}}A^{\mathrm{T}}Ay \leqslant s^2 y^{\mathrm{T}}y, \qquad \forall y \in \mathbb{R}^q, \tag{ANS.75}$$

由此推出 $A^{\mathrm{T}}A \preceq s^2 I$.

第 5 章习题答案

1. 证明: 在 U 中任取一点 x_0, 并令

$$x_1 = f(x_0), \qquad x_2 = f(x_2), \quad \cdots, \quad x_{k+1} = f(x_k), \quad \cdots$$

下面证明 $\{x_k\}$ 是 Cauchy 点列, 从而是收敛的. 首先注意到

$$\|x_{k+1} - x_k\|_2 = \|f(x_k) - f(x_{k-1})\|_2 \leqslant L\|x_k - x_{k-1}\|_2 = L\|f(x_{k-1}) - f(x_{k-2})\|_2$$
$$\leqslant L^2\|x_{k-1} - x_{k-2}\|_2$$
$$\leqslant \cdots$$
$$\leqslant L^k\|x_1 - x_0\|_2,$$

于是对任意正整数 k, p 皆有

$$\|x_{k+p} - x_k\|_2 = \|x_{k+p} - x_{k+p-1} + x_{k+p-1} - x_{k+p-2} + \cdots + x_{k+1} - x_k\|_2$$
$$\leqslant \sum_{i=k}^{k+p-1} \|x_{i+1} - x_i\|_2$$
$$\leqslant \sum_{i=k}^{k+p-1} L^i\|x_1 - x_0\|_2$$
$$\leqslant \|x_1 - x_0\|_2 \sum_{i=k}^{\infty} L^i$$
$$= \frac{L^k}{1-L}\|x_1 - x_0\|_2,$$

因此有

$$\lim_{k \to \infty} \|x_{k+p} - x_k\|_2 = 0, \qquad \forall p,$$

这就证明了 $\{x_k\}$ 是 Cauchy 点列. 设 $\{x_k\}$ 收敛于 x^*, 则有

$$\|x^* - f(x^*)\|_2 = \|x^* - x_{k+1} + x_{k+1} - f(x^*)\|_2$$
$$\leqslant \|x^* - x_{k+1}\|_2 + \|x_{k+1} - f(x^*)\|_2$$
$$= \|x^* - x_{k+1}\|_2 + \|f(x_k) - f(x^*)\|_2$$
$$\leqslant \|x^* - x_{k+1}\|_2 + L\|x_k - x^*\|_2 \to 0, \quad k \to \infty,$$

因此有 $f(x^*) = x^*$. 接下来证明不动点的唯一性. 设若还有一点 $x' \in \mathbb{R}^n$ 满足 $f(x') = x'$, 则有

$$\|x^* - x'\|_2 = \|f(x^*) - f(x')\|_2 \leqslant L\|x^* - x'\|_2, \tag{ANS.76}$$

由于 $0 < L < 1$, 因此必有 $\|x^* - x'\|_2 = 0$, 从而 $x' = x^*$, 这就证明了不动点的唯一性.

    5. 证明: 对任意 $x, y \in \mathbb{R}^n, x \neq y$, 考察函数

$$\varphi(t) := f((1-t)x + ty) = f(x + t(y - x)), \tag{ANS.77}$$

对其求导, 得

$$\varphi'(t) = (y - x)^{\mathrm{T}} \nabla f(x + t(y - x)), \tag{ANS.78}$$

对于任意 $0 \leqslant \alpha < \beta \leqslant 1$ 皆有

$$\varphi'(\beta) - \varphi'(\alpha) = (y-x)^{\mathrm{T}} \left(\nabla f(x + \beta(y-x)) - \nabla f(x + \alpha(y-x)) \right)$$

$$= \frac{1}{\beta - \alpha} \langle \nabla f(u) - \nabla f(v), u - v \rangle$$

$$\geqslant \frac{1}{\beta - \alpha} \eta \|u - v\|_2^2$$

$$= (\beta - \alpha) \|y - x\|_2^2 > 0,$$

其中, $u = x + \beta(y-x), v = x + \alpha(y-x)$, 因此 φ' 在区间 $[0,1]$ 上严格单调增加, 从而 φ 在区间 $[0,1]$ 上是严格凸函数, 于是

$$\varphi(\lambda) = \varphi((1-\lambda) \cdot 0 + \lambda \cdot 1) < (1-\lambda)\varphi(0) + \lambda\varphi(1)$$

$$= (1-\lambda)f(x) + \lambda f(y), \qquad \forall\, 0 < \lambda < 1,$$

即

$$f((1-\lambda)x + \lambda y) < (1-\lambda)f(x) + \lambda f(y), \qquad \forall\, x,y \in \mathbb{R}^n, x \neq y, 0 < \lambda < 1,$$

这就证明了 f 是 $\mathbb{R}^n$ 上的严格凸函数.

第 6 章习题答案

1. i). 解: 注意到 $\nabla f((1-s)x + sy) = \nabla f(x + s(y-x))$, 记

$$\psi_i(s) = f_i'(x + s(y-x)), \qquad i = 1, 2, \cdots, n,$$

则有

$$\psi_i'(s) = \left(\nabla f_i'(x + s(y-x)) \right)^{\mathrm{T}} (y - x), \qquad i = 1, 2, \cdots, n,$$

于是有

$$\psi'(s) = \begin{pmatrix} \psi_1'(s) \\ \psi_2'(s) \\ \vdots \\ \psi_n'(s) \end{pmatrix} = \begin{pmatrix} (\nabla f_1'(x + s(y-x)))^{\mathrm{T}} \\ (\nabla f_2'(x + s(y-x)))^{\mathrm{T}} \\ \vdots \\ (\nabla f_n'(x + s(y-x)))^{\mathrm{T}} \end{pmatrix} (y-x) = \nabla^2 f(x + s(y-x))(y-x).$$

ii). 证明: 注意到 $\psi(0) = \nabla f(x), \psi(1) = \nabla f(y)$, 于是由牛顿-莱布尼茨公式得

$$\nabla f(y) - \nabla f(x) = \psi(1) - \psi(0) = \int_0^1 \psi'(s)\mathrm{d}s$$

$$= \int_0^1 \nabla^2 f(x + s(y-x))(y-x)\mathrm{d}s.$$

iii). 证明: 由 ii) 和连续型的 Minkowsky 不等式得

$$\|\nabla f(y) - \nabla f(x)\|_2 = \left\|\int_0^1 \nabla^2 f(x + s(y - x))(y - x)\mathrm{d}s\right\|_2$$

$$\leqslant \int_0^1 \|\nabla^2 f(x + s(y - x))(y - x)\|_2 \mathrm{d}s$$

$$\leqslant \int_0^1 \|\nabla^2 f(x + s(y - x))\|_{\mathrm{spec}} \|y - x\|_2 \mathrm{d}s$$

$$\leqslant \int_0^1 M\|y - x\|_2 \mathrm{d}s$$

$$= M\|y - x\|_2.$$

iv). 证明: 根据题设, f 是强凸的, 因此存在常数 $\eta > 0$ 使得

$$\nabla^2 f(x) \succeq \eta I, \qquad \forall x \in C.$$

利用 ii) 得

$$(y - x)^{\mathrm{T}}\left[\nabla f(y) - \nabla f(x)\right] = (y - x)^{\mathrm{T}} \int_0^1 \nabla^2 f(x + s(y - x))(y - x)\mathrm{d}s$$

$$= \int_0^1 (y - x)^{\mathrm{T}} \nabla^2 f(x + s(y - x))(y - x)\mathrm{d}s$$

$$\geqslant \int_0^1 \eta\|y - x\|_2^2 \mathrm{d}s$$

$$= \eta\|y - x\|_2^2,$$

因此 f 在 C 上是一致凸的.

3. 证明: 首先注意到 $\varphi(s) := f(x_k + sd_k)$ 在点 $\alpha = \alpha_k$ 取得最小值, 因此有 $\varphi'(s_k) = 0$, 由此得到

$$0 = \varphi'(s_k) = d_k^{\mathrm{T}} \nabla f(x_k + s_k d_k) = d_k^{\mathrm{T}} \nabla f(x_{k+1}) = d_k^{\mathrm{T}} \eta_{k+1}.$$

由于

$$\eta_{k+1} = \nabla f(x_{k+1}) = Hx_{k+1} - g = H(x_k + s_k d_k) - g = (Hx_k - g) + s_k Hd_k = \eta_k + s_k Hd_k,$$

因此有

$$d_{k-1}^{\mathrm{T}} \eta_{k+1} = d_{k-1}^{\mathrm{T}}(\eta_k + s_k Hd_k) = d_{k-1}^{\mathrm{T}} \eta_k + s_k d_{k-1}^{\mathrm{T}} Hd_k$$

$$= d_{k-1}^{\mathrm{T}} \eta_k + s_k\langle d_{k-1}, d_k\rangle_H, \tag{ANS.79}$$

由于面的构造步骤已保证 $d_{k-1}^{\mathrm{T}} \eta_k = 0$, $d_1, d_2, \cdots, d_k$ 是 H-共轭向量组, 因此由 (ANS.79) 得到 $d_{k-1}^{\mathrm{T}} \eta_{k+1} = 0$. 同理可得

$$d_{k-2}^{\mathrm{T}} \eta_{k+1} = d_{k-2}^{\mathrm{T}}(\eta_k + s_k Hd_k) = d_{k-2}^{\mathrm{T}} \eta_k + s_k\langle d_{k-2}, d_k\rangle_H = 0.$$

反复利用以上技巧便可证明式 (6.85).

第 7 章习题答案

1. i). 证明: 考察优化问题

$$\min f(x) := x^{\mathrm{T}} H x, \qquad \text{s.t.} \ \ \|x\|_2^2 = 1, \tag{ANS.80}$$

其 Lagrange 函数为

$$L(x, \lambda) = x^{\mathrm{T}} H x + \lambda(1 - \|x\|_2^2),$$

因此在最小值点处必须满足

$$\frac{\partial L}{\partial x} = 2Hx - \lambda x = 0, \qquad \|x\|_2^2 = 1, \tag{ANS.81}$$

即最小值点 x_n 必须是 H 的单位特征向量, 且有 $f(x_n) = x_n^{\mathrm{T}} H x_n = \lambda x_n^{\mathrm{T}} x_n = \lambda$, 因此 λ 必须是 H 的最小的特征值 λ_n, 即优化问题 (ANS.80) 的最小值是 λ_n, 于是有

$$f(x) \geqslant \lambda_n, \qquad \forall x \in \mathbb{R}^n, \ \|x\|_2 = 1,$$

由此立刻得到

$$x^{\mathrm{T}} H x = \left(\frac{x}{\|x\|_2}\right)^{\mathrm{T}} H \left(\frac{x}{\|x\|_2}\right) \cdot \|x\|_2^2 \geqslant \lambda_n \|x\|_2^2, \qquad \forall x \in \mathbb{R}^n, \tag{ANS.82}$$

因此有 $H \succeq \lambda_n I$. 同理可证 $H \preceq \lambda_1 I$.

ii). 证明: 如果 $\lambda \neq 0$ 是 H 的特征值, 则 $1/\lambda$ 必是 H^{-1} 的特征值, 因此 H^{-1} 的最大特征值是 $1/\lambda_n$, 最小特征值是 $1/\lambda_1$, 利用结论 i) 得到

$$\frac{1}{\lambda_1} I \preceq H^{-1} \preceq \frac{1}{\lambda_n} I.$$

iii). 证明: 由于 λ_1^2 是 H^2 的最大特征值, 由 i) 得

$$\|Hx\|_2^2 = x^{\mathrm{T}} H^2 x \leqslant \lambda_1^2 \|x\|_2^2, \qquad \forall x \in \mathbb{R}^n,$$

两边开方, 得

$$\|Hx\|_2 \leqslant \lambda_1 \|x\|_2, \qquad \forall x \in \mathbb{R}^n,$$

再注意到对于 H 的关于特征值 λ_1 的特征向量 x_1 有

$$\|Hx_1\|_2 = \|\lambda_1 x_1\|_2 = \lambda_1 \|x\|_2,$$

因此有

$$\|H\|_{\mathrm{spec}} = \sup_{x \in \mathbb{R}^n \setminus \{0\}} \frac{\|Hx\|_2}{\|x\|_2} = \lambda_1.$$

由于 H^{-1} 的最大特征值为 $1/\lambda_n$, 利用上面已证明的结论可得

$$\|H^{-1}\|_{\text{spec}} = \frac{1}{\lambda_n}.$$

5. 解: 将式 (7.103) 代入拟牛顿方程得

$$\left(M_k + auu^{\text{T}} + bvv^{\text{T}}\right) s_k = y_k,$$

整理后得

$$a(u^{\text{T}}s_k)u + b(v^{\text{T}}s_k)v = y_k - M_k s_k, \tag{ANS.83}$$

使得方程 (ANS.83) 成立的 a, b, u, v 有很多, 其中最简单的解使得

$$a(u^{\text{T}}s_k) = 1, \quad u = y_k, \quad b(v^{\text{T}}s_k) = -1, \quad v = M_k s_k,$$

由此得到

$$a = \frac{1}{y_k^{\text{T}}s_k}, \quad u = y_k, \quad b = -\frac{1}{s_k^{\text{T}}M_k s_k}, \quad v = M_k s_k, \tag{ANS.84}$$

此时迭代公式 (7.103) 化为

$$M_{k+1} = M_k + \frac{y_k y_k^{\text{T}}}{y_k^{\text{T}}s_k} - \frac{M_k s_k s_k^{\text{T}} M_k}{s_k^{\text{T}}M_k s_k}, \tag{ANS.85}$$

这正是 BFGS 公式.

第 8 章习题答案

1. 证明: 只需证明约化 Hesse 矩阵 $Z^{\text{T}}GZ$ 的正定性即可. 根据题设, G 是正定的, 因此对任意 $\alpha \in \mathbb{R}^{n-m} \setminus \{0\}$ 皆有

$$\alpha^{\text{T}}Z^{\text{T}}GZ\alpha = (Z\alpha)^{\text{T}}G(Z\alpha) > 0,$$

从而 $Z^{\text{T}}GZ$ 是正定的.

2. 证明: 由于 $Ax = b$ 无解, 因此 $b \notin \mathcal{R}(A)$, 根据点与闭凸集严格分离定理 (定理 1.11), 存在 $x_0 \in \mathbb{R}^n$ 及 $c \in \mathbb{R}$ 使得

$$x_0^{\text{T}}y < c < x_0^{\text{T}}b, \qquad \forall y \in \mathcal{R}(A),$$

即

$$x_0^{\text{T}}Ax < c < x_0^{\text{T}}b, \qquad \forall x \in \mathbb{R}^n,$$

因此必有 $x_0^{\text{T}}A = 0, x_0^{\text{T}}b > c > 0$, 由于 A 是对称矩阵, 因此 $Ax_0 = A^{\text{T}}x_0 = (x_0^{\text{T}}A)^{\text{T}} = 0$.

3. 证明: 用反证法. 设若 $Ay_1, Ay_2, \cdots, Ay_k$ 线性相关, 则存在不全为零的实数 $c_1,$ $c_2, \cdots, c_k$ 使得 $c_1 Ay_1 + c_2 Ay_2 + \cdots + c_k Ay_k = 0$, 于是

$$A(c_1 y_1 + c_2 y_2 + \cdots + c_k y_k) = 0,$$

由此推出 $c_1 y_1 + c_2 y_2 + \cdots + c_k y_k \in \mathcal{N}(A)$, 于是存在实数 $d_1, d_2, \cdots, d_{n-k}$ 使得

$$c_1 y_1 + c_2 y_2 + \cdots + c_k y_k = d_1 z_1 + d_2 z_2 + \cdots + d_{n-k} z_{n-k},$$

由于 $z_1, z_2, \cdots, z_{n-k}, y_1, y_2, \cdots, y_k$ 线性无关, 因此必有

$$c_1 = c_2 = \cdots = c_k = d_1 = d_2 = \cdots = d_{n-k} = 0,$$

与 $c_1, c_2, \cdots, c_k$ 不全为零矛盾.

7. 证明: 由于 $a_i, i \in \mathcal{E}$ 线性无关, 且

$$Gx^{(1)} + q = -\sum_{i \in \mathcal{E}} \lambda_i a_i,$$

其中 $\lambda_j \neq 0$, 因此不可能存在实数 $\lambda_i, i \in \mathcal{E} \setminus \{j\}$ 使得

$$Gx^{(1)} + q = -\sum_{i \in \mathcal{E} \setminus \{j\}} \lambda_i a_i,$$

故 $x^{(1)}$ 不满足二次规划问题 (8.114) 的 KKT 条件, 从而不是二次规划问题 (8.114) 的最优点, 于是有 $f(x^{(2)}) < f(x^{(1)})$.

第 9 章习题答案

1. 证明: 首先证明对于半正定矩阵 P 有 $\mathcal{N}(P) = \mathcal{N}(P^{\frac{1}{2}})$. 事实上, 如果 $P^{\frac{1}{2}}x = 0$, 则有

$$Px = P^{\frac{1}{2}} P^{\frac{1}{2}} x = P^{\frac{1}{2}} 0 = 0, \tag{ANS.86}$$

反之, 如果 $Px = 0$, 则有

$$\left\| P^{\frac{1}{2}} x \right\|_2^2 = x^T P^{\frac{1}{2}} P^{\frac{1}{2}} x = x^{\mathrm{T}} Px = 0, \tag{ANS.87}$$

因此 $\mathcal{N}(P) = \mathcal{N}(P^{\frac{1}{2}})$.

(I)⇒(II). 用反证法, 如果存在非零的向量 $x \in \mathcal{N}(A) \cap \mathcal{N}(P)$, 则 $Ax = Px = 0$, 于是

$$K \begin{pmatrix} x \\ 0 \end{pmatrix} = \begin{pmatrix} P & A^{\mathrm{T}} \\ A & 0 \end{pmatrix} \begin{pmatrix} x \\ 0 \end{pmatrix} = \begin{pmatrix} Px \\ Ax \end{pmatrix} = 0,$$

但这与 K 的非奇异性矛盾.

(I)⇐(II). 如果

$$K \begin{pmatrix} x \\ y \end{pmatrix} = \begin{pmatrix} Px + A^{\mathrm{T}}y \\ Ax \end{pmatrix} = 0,$$

则有

$$Px + A^{\mathrm{T}}y = 0, \qquad Ax = 0, \tag{ANS.88}$$

从 (ANS.88) 中的第二个等式可以看出 $x \in \mathcal{N}(A)$; 再从第一个等式得到

$$\left\| P^{\frac{1}{2}}x \right\|_2^2 = x^{\mathrm{T}}P^{\frac{1}{2}}P^{\frac{1}{2}}x = x^{\mathrm{T}}Px = -x^{\mathrm{T}}A^{\mathrm{T}}y = -(Ax)^{\mathrm{T}}y = 0,$$

因此 $P^{\frac{1}{2}}x = 0$, 由此推出 $x \in \mathcal{N}(P^{\frac{1}{2}}) = \mathcal{N}(P)$, 又因为 $\mathcal{N}(A) \cap \mathcal{N}(P) = \{0\}$, 因此 $x = 0$, 将其代入 (ANS.88) 中第一个等式得 $A^{\mathrm{T}}y = 0$, 由于 A 是行满秩的, 因此 $y = 0$, 从而 K 是非奇异矩阵.

(II)⇒(III). 如果 $Ax = 0$ 且 $x \neq 0$, 则 $x \notin \mathcal{N}(P)$, 再注意到 $\mathcal{N}\left(P^{\frac{1}{2}}\right) = \mathcal{N}(P)$, 因此 $x \notin \mathcal{N}\left(P^{\frac{1}{2}}\right)$, 从而有 $P^{1/2}x \neq 0$, 由此得到

$$x^{\mathrm{T}}Px = x^{\mathrm{T}}P^{\frac{1}{2}}P^{\frac{1}{2}}x = \left(P^{1/2}x\right)^{\mathrm{T}}\left(P^{\frac{1}{2}}x\right) = \left\| P^{\frac{1}{2}}x \right\|_2^2 > 0.$$

(II)⇐(III). 对任意 $x \in \mathcal{N}(A) \cap \mathcal{N}(P)$, 如果 $x \neq 0$, 则由 (III) 得 $x^{\mathrm{T}}Px > 0$, 于是 $\left\| P^{\frac{1}{2}}x \right\|_2^2 > 0$, 因此 $x \notin \mathcal{N}(P^{\frac{1}{2}}) = \mathcal{N}(P)$, 这与 $x \in \mathcal{N}(A) \cap \mathcal{N}(P)$ 矛盾.

(III)⇒(IV). 对任意 $y \in \mathbb{R}^{n-m} \setminus \{0\}$ 皆有 $x = Fy \in \mathcal{R}(F) = \mathcal{N}(A)$, 且由于

$$\mathrm{rank}(F) = \dim \mathcal{R}(F) = \dim \mathcal{N}(A) = n - m,$$

因此 F 是列满秩的, 从而 $x = Fy \neq 0$, 于是有

$$y^{\mathrm{T}}F^{\mathrm{T}}PFy = x^{\mathrm{T}}Px > 0,$$

因此 $F^{\mathrm{T}}PF \succ 0$.

(III)⇐(IV). 如果 $Ax = 0$ 且 $x \neq 0$, 则 $x \in \mathcal{N}(A) \setminus \{0\}$, 设 $z_1, z_2, \cdots, z_{n-m}$ 是 $\mathcal{N}(A)$ 的基, 并令 $Z = (z_1, z_2, \cdots, z_{n-m})$, 则存在非零向量 α 使得 $x = Z\alpha$, 由于 $\mathcal{R}(Z) = \mathcal{N}(A)$, 根据 (IV) 得 $Z^{\mathrm{T}}PZ \succ 0$, 因此有

$$x^{\mathrm{T}}Px = \alpha^{\mathrm{T}}Z^{\mathrm{T}}PZ\alpha > 0.$$

(II)⇒(V). 取 $Q = I_m (m$ 阶单位矩阵), 证明 $P + A^{\mathrm{T}}A$ 的正定性即可. 注意到

$$x^{\mathrm{T}}(P + A^{\mathrm{T}}A)x = x^{\mathrm{T}}Px + x^{\mathrm{T}}A^{\mathrm{T}}Ax = x^{\mathrm{T}}P^{\frac{1}{2}}P^{\frac{1}{2}}x + \|Ax\|_2^2$$

$$= \left\| P^{\frac{1}{2}}x \right\|_2^2 + \|Ax\|_2^2, \tag{ANS.89}$$

对任意非零的 n 维向量 x, 如果 $x \in \mathcal{N}(P)$, 则 $x \notin \mathcal{N}(A)$, 此时有

$$x^{\mathrm{T}}(P + A^{\mathrm{T}}A)x \geqslant \|Ax\|_2^2 > 0,$$

如果 $x \notin \mathcal{N}(P)$, 则由于 $\mathcal{N}(P^{\frac{1}{2}}) = \mathcal{N}(P)$, 因此 $x \notin \mathcal{N}(P^{\frac{1}{2}})$, 从而 $P^{\frac{1}{2}}x \neq 0$, 由此得到

$$x^{\mathrm{T}}(P + A^{\mathrm{T}}A)x \geqslant \left\|P^{\frac{1}{2}}x\right\|_2^2 > 0,$$

无论哪种情况发生皆有 $x^{\mathrm{T}}(P + A^{\mathrm{T}}A)x > 0$, 因此 $P + A^{\mathrm{T}}A$ 是正定的.

(II)⇐(V). 设若存在 m 阶半正定对称矩阵 Q 使得 $P + A^{\mathrm{T}}QA \succ 0$, 则有

$$0 < x^{\mathrm{T}}(P + A^{\mathrm{T}}QA)x = x^{\mathrm{T}}Px + x^{\mathrm{T}}A^{\mathrm{T}}QAx$$

$$= \left\|P^{\frac{1}{2}}x\right\|_2^2 + \left\|Q^{\frac{1}{2}}Ax\right\|_2^2, \qquad \forall\, x \in \mathbb{R}^n \setminus \{0\}, \tag{ANS.90}$$

因此对于非零向量 x, 要么有 $P^{\frac{1}{2}}x \neq 0$, 要么有 $Q^{\frac{1}{2}}Ax \neq 0$; 如果是前者, 则 $x \notin \mathcal{N}(P^{\frac{1}{2}}) = \mathcal{N}(P)$; 如果是后者, 则 $x \notin \mathcal{N}(Q^{\frac{1}{2}}A)$, 且显然有 $\mathcal{N}(A) \subseteq \mathcal{N}(Q^{\frac{1}{2}}A)$, 因此 $x \notin \mathcal{N}(A)$; 无论哪种情况都有 $x \notin \mathcal{N}(A) \cap \mathcal{N}(P)$, 因此 $\mathcal{N}(A) \cap \mathcal{N}(P) = \{0\}$.

第 10 章习题答案

1. 证法 1: 令 $y = Ax - b$, 设 $\alpha_1, \alpha_2, \cdots, \alpha_n$ 是 A 的行向量, 则有

$$y_i = \alpha_i x - b_i, \qquad i = 1, 2, \cdots, n,$$

因此有 $\partial y_i / \partial x = \alpha_i^{\mathrm{T}}$, 由复合函数求导的链式法则得

$$\nabla_x \|Ax - b\|_2^2 = \sum_{i=1}^{n} \frac{\partial \|y\|_2^2}{\partial y_i} \frac{\partial y_i}{\partial x} = \sum_{i=1}^{n} 2y_i \alpha_i^{\mathrm{T}} = 2A^{\mathrm{T}}y = 2A^{\mathrm{T}}(Ax - b).$$

证法 2: 注意到

$$\|Ax - b\|_2^2 = (Ax - b)^{\mathrm{T}}(Ax - b) = x^{\mathrm{T}}A^{\mathrm{T}}Ax - 2b^{\mathrm{T}}Ax + b^{\mathrm{T}}b,$$

利用附录 C 中的向量函数求导公式得

$$\nabla_x \|Ax - b\|_2^2 = \frac{\partial}{\partial x}\left(x^{\mathrm{T}}A^{\mathrm{T}}Ax - 2b^{\mathrm{T}}Ax + b^{\mathrm{T}}b\right) = 2A^{\mathrm{T}}Ax - 2A^{\mathrm{T}}b = 2A^{\mathrm{T}}(Ax - b).$$

4. i). 证明: 由于

$$\|\lambda \odot y\|_1 = \sum_{i=1}^{m} \lambda_i |y_i|,$$

因此只需求出 $\varphi(y_i) = \lambda_i |y_i|$ 的邻近算子即可. 根据例 10.3 得

$$\mathrm{prox}_\varphi(y_i) = \mathrm{sgn}(y_i)\max\{|y_i| - \lambda_i, 0\}, \qquad i = 1, 2, \cdots, m, \tag{ANS.91}$$

因此有

$$\text{prox}_h(y) = \text{sgn}(y) \max\{|y| - \lambda, 0\}. \tag{ANS.92}$$

ii). 令 $g(y) = \dfrac{1}{2}\|AW^{\mathrm{T}}y - b\|_2^2$, 则有

$$\nabla g(y) = WA^{\mathrm{T}}(AW^{\mathrm{T}}y - b),$$

因此用近似点梯度法求解优化问题 (10.278) 的迭代格式为

$$z^{(k)} = y^{(k)} - s^{(k)}\nabla g(y^{(k)}) = y^{(k)} - s^{(k)}WA^{\mathrm{T}}(AW^{\mathrm{T}}y^{(k)} - b), \tag{ANS.93}$$

$$y^{(k+1)} = \text{prox}_{s_k h}(z^{(k)}) = \text{sgn}(z^{(k)}) \max\{|z^{(k)}| - s^{(k)}\lambda, 0\}, \tag{ANS.94}$$

其中, $s^{(k)}$ 是迭代步长.

4. 证明: 注意到

$$\langle V + \mathrm{d}V, W\rangle_F - \langle V, W\rangle_F = \langle \mathrm{d}V, W\rangle_F,$$

因此有

$$\mathrm{d}(\langle V, W\rangle_F) = \langle \mathrm{d}V, W\rangle_F, \qquad \frac{\partial}{\partial V}\langle V, W\rangle_F = W.$$

注意到

$$\begin{aligned}
\|V + \mathrm{d}V\|_F^2 - \|V\|_F^2 &= \langle V + \mathrm{d}V, V + \mathrm{d}V\rangle_F - \langle V, V\rangle_F \\
&= 2\langle \mathrm{d}V, V\rangle_F + \langle \mathrm{d}V, \mathrm{d}V\rangle_F,
\end{aligned}$$

取其线性部分, 得

$$\mathrm{d}\left(\|V\|_F^2\right) = 2\langle \mathrm{d}V, V\rangle_F,$$

因此有

$$\frac{\partial}{\partial V}\|V\|_F^2 = 2V.$$

注意到

$$\begin{aligned}
&\|(X + \mathrm{d}X)Y - V\|_F^2 - \|XY - V\|_F^2 \\
&= \langle XY - V + (\mathrm{d}X)Y, XY - V + (\mathrm{d}X)Y\rangle_F - \langle XY - V, XY - V\rangle_F \\
&= 2\langle (\mathrm{d}X)Y, XY - V\rangle_F + \langle (\mathrm{d}X)Y, (\mathrm{d}X)Y\rangle_F,
\end{aligned}$$

取其线性部分, 得

$$\begin{aligned}
\mathrm{d}\left(\|XY - V\|_F^2\right) &= 2\langle (\mathrm{d}X)Y, XY - V\rangle_F \\
&= 2\,\text{tr}\left(Y^{\mathrm{T}}(\mathrm{d}X)^{\mathrm{T}}(XY - V)\right)
\end{aligned}$$

$$= 2 \operatorname{tr} \left((\mathrm{d}X)^{\mathrm{T}} (XY - V) Y^{\mathrm{T}} \right)$$
$$= \langle \mathrm{d}X, (XY - V) Y^{\mathrm{T}} \rangle_F,$$

因此有

$$\frac{\partial}{\partial X} \| XY - V \|_F^2 = 2(XY - V) Y^{\mathrm{T}}.$$

注意到

$$\| X(Y + \mathrm{d}Y) - V \|_F^2 - \| XY - V \|_F^2$$
$$= \langle XY - V + X\mathrm{d}Y, XY - V + X\mathrm{d}Y \rangle_F - \langle XY - V, XY - V \rangle_F$$
$$= 2 \langle X\mathrm{d}Y, XY - V \rangle_F + \langle X\mathrm{d}Y, X\mathrm{d}Y \rangle_F,$$

取其线性部分, 得

$$\mathrm{d} \left(\| XY - V \|_F^2 \right) = 2 \langle X\mathrm{d}Y, XY - V \rangle_F$$
$$= 2 \operatorname{tr} \left((\mathrm{d}Y)^{\mathrm{T}} X^{\mathrm{T}} (XY - V) \right)$$
$$= \langle \mathrm{d}Y, X^{\mathrm{T}} (XY - V) \rangle_F,$$

因此有

$$\frac{\partial}{\partial Y} \| XY - V \|_F^2 = 2 X^{\mathrm{T}} (XY - V).$$

参 考 文 献

[1] 陈纪修, 於崇华, 金路. 数学分析 (上、下册)[M]. 北京: 高等教育出版社, 2004.

[2] 周民强. 实变函数论 [M]. 北京：北京大学出版社，2001.

[3] 熊金城. 点集拓扑讲义 [M]. 北京：高等教育出版社，2011.

[4] 杨寿渊. 测度论与实分析基础 [M]. 上海: 复旦大学出版社, 2019.

[5] Rudin W. Principles of Mathematical Analysis[M]. 3rd ed. McGraw-Hill Education, 1976.

[6] Boyd S, Vandenberghe L. Convex Optimization [M]. Cambridge University Press, 2004.

[7] Torre F D, Black M J. A Framework for Robust Subspace Learning[J]. International Journal of Computer Vision, 2003, 54(1): 117-142.

[8] G. Liu, Z. Lin, and Y. Yu, Robust Subspace Segmentation by Low-Rank Representation[C]. The 27th International Conference on Machine Learning (ICML 2010), June 21-24, 2010.

[9] Y. Zheng, G. Liu, S. Sugimoto, S. Yan, and M. Okutomi. Practical low-rank matrix approximation under robust L 1-norm[C]. Proceedings of the 25th IEEE Computer Society Conference Computer Vision and Pattern Recognition (CVPR2012), pp. 1410-1417, June 16-21, 2012.

[10] J. Geng, L. Wang, Y. Xu, and X. Wang. A weighted nuclear norm method for tensor completion[J]. International Journal of Signal Processing, Image Processing and Pattern Recognition, 2014, 7(1): 1-12.

[11] Q. Zhao, L. Zhang, and A. Cichocki. Bayesian CP Factorization of Incomplete Tensors with Automatic Rank Determination[J]. IEEE Transactions on Pattern Analysis and Machine Intelligence, 2015, 37(9): 1751-1763.

[12] Fazel M. Matrix Rank Minimization with Applications[D]. Stanford University, 2002.

[13] R. T. Rockafellar. Convex Analysis[M]. Princeton University Press, 1970.

[14] A. W. Roberts, and D. E. Varberg. Convex Functions[M]. Academic Press, 1973.

[15] J. van Tiel. Convex Analysis[M]. An Introductory Text. John Wiley & Sons, 1984.

[16] J. Stoer, and C. Witzgall. Convexity and Optimization in Finite Dimensions I[M]. Springer-Verlag, 1970.

[17] B. Hiriart-Urruty, and C. Lemaréchal. Convex Analysis and Minimization Algorithms[M]. Springer, 1993.

[18] G. Strang. Linear Algebra and Its Applications[M]. 4th ed. Brooks Cole, 2004.

[19] Leon S J. Linear Algebra with Applications[M]. 9th ed. 北京: 机械工业出版社, 2017.

[20] G. Strang. Linear Algebra and Learning from Data [M]. London: Wellesley-Cambridge Press, 2019.1

[21] G. H. Golub, and C. F. V. Loan. Matrix Computations (3rd Ed.) [M]. Baltimore: Johns Hopkins University Press, 1996.

[22] 张贤达. 矩阵分析与应用 [M]. 北京: 清华大学出版社, 2004.

[23] 方保镕, 周继东, 李医民. 矩阵论 [M]. 2 版. 北京: 清华大学出版社, 2013.

[24] 杨明, 刘先忠. 矩阵论 [M]. 2 版. 武汉: 华中科技大学出版社, 2005.

[25] 徐仲, 张凯院, 陆全, 冷国伟. 矩阵论简明教程 [M]. 3 版. 北京: 中国科学出版社, 2014.

[26] C. K. Li, and G. Strang. An elementary proof of Mirsky's low rank approximation theorem [J]. Electronic Journal of Linear Algebra, 2020, 36, 694-697.

[27]　Cover T M, Thomas J A. Elements of Information Theory[M]. 2nd ed. Wiley Interscience, 2006.

[28]　O. L. Mangasarian, S. Fromovitz. The Fritz John necessary optimality conditions in the presence of equality and inequality constraints[J]. Journal of Mathematical Analysis and Applications, 1967, 17, 37-47.

[29]　Dimitri P. Bertsekas. Convex Optimization Theory[M]. Belmont: Athena Scientific, 2009, 6.

[30]　S. Artstein-Avidan, and V. Milman. The concept of duality in convex analysis,and the characterization of the Legendre transform[J]. Annals of Mathematics, 2009, 169, 661-674.

[31]　袁亚湘. 非线性优化计算方法 [M]. 北京: 科学出版社, 2008, 2.

[32]　Peterson D. W. A Review of Constraint Qualifications in Finite-dimensional Spaces[J]. SIAM Review, 1973, 15(3), 639-654.

[33]　J. V. Burke. Constraint Qualifications for Nonlinear Programming. Numerical Optimization Course Notes, AMath/Math 516, University of Washington, Spring Term 2012.

[34]　J. R. Ortega, and W. C. Rheinboldt. Iterative Solution of Nonlinear Equations in Several Variables[M]. London: Academic Press, 1970.

[35]　M. J. D. Powell. Some global convergence properties of a variable metric algorithm for minimization without exact line search [M]. Nonlinear programming(SIAM-AMS proceedings, R. W. Cottle, C. E. Lemke eds., vol. IX), pp. 53-72, SIAM publications, 1976 Philadelphia.

[36]　J. Barzilai, and J. M. Borwein. Two-point step size gradient methods [J]. IMA Journal of Numerical Analysis, 1988, 8(1), 141-148.

[37]　G. Debreu. Representation of a preference relation by a numerical function, in R. M. Thrall, C. H. Coombs, and R. L. Davis, eds., Decision Process, New York, Wiley, 1954.

[38]　G. Debreu. Continiuty properties of paretian utility [J]. International Economic Review, 1964, 5, 285-293.

[39]　T. Rader. The existence of a utility function to represent preferences [J]. Riew of Economic studies, 1963, 30, 229-232.

[40]　J. Y. Jaffray. Existence of a continuous utility function: an element proof [J]. Econometrica, 1975, 43(5-6), 981-983.

[41]　H. Sahai. On the Mathematics of Utility Theory[J]. Rose-Hulman Undergraduate Mathematics, 2015, 16(1), Article 10.

[42]　J. von Neumann, and O. Morgenstern. Theory of Games and Economic Behavior[M]. Princeton: Princeton University Press, 1947.

[43]　H. M. Markowitz. Portfolio selection [J]. The Journal of Finance, 1952, 7(1): 77-91.

[44]　Debreu G. Theory of Value[M]. New York: John Wiley & Sons. Inc, 1959.

[45]　Y. Nesterov and A. Nemirovskii. Interior-Point Polynomial Methods in Convex Programming[M]. Society for Industrial and Applied Mathematics, 1994.

[46]　A. Ben-Tal and A. Nemirovski. Lectures on Modern Convex Optimization. Analysis, Algorithms, and Engineering Applications[M]. Society for Industrial and Applied Mathematics, 2001.

[47]　Alizadeh F. Combinatorial Optimization with Interior-Point Methods and Semi-Definite Matrices[D]. University of Minnesota, 1991.

[48]　S. Boyd, L. El Ghaoui, E. Feron, and V. Balakrishnan. Linear Matrix In- equalities in System and Control Theory [M]. Society for Industrial and Applied Mathematics, 1994.

[49]　C. Scherer, P. Gahinet, and M. Chilali. Multiobjective output-feedback control via LMI optimization [J]. IEEE Transactions on Automatic Control, 1997, 42(7), 896-906.

[50]　G. E. Dullerud and F. Paganini. A Course in Robust Control Theory: A Convex Approach [M]. Springer, 2000.

[51] Z.-Q. Luo. Applications of convex optimization in signal processing and digital communication [J]. Mathematical Programming Series B, 2003, 97, 177-207, 2003.

[52] T. N. Davidson, Z.-Q. Luo, and K. M. Wong. Design of orthogonal pulse shapes for communications via semidefinite programming [J]. IEEE Transactions on Signal Processing, 2000, 48(5), 1433-1445.

[53] W.-K. Ma, T. N. Davidson, K. M. Wong, Z.-Q. Luo, and P.-C. Ching. Quasi- maximum-likelihood multiuser detection using semi-definite relaxation with application to synchronous CDMA [J]. IEEE Transactions on Signal Processing, 2002, 50, 912-922.

[54] M. X. Goemans and D. P. Williamson. Improved approximation algorithms for maximum cut and satisfiability problems using semidefinite programming [J]. Journal of the Association for Computing Machinery, 1995, 42(6), 1115-1145.

[55] V. Pareto. Manual of Political Economy [M]. A. M. Kelley Publishers, 1971. Translated from the French edition. First published in Italian in 1906.

[56] D. G. Luenberger. Microeconomic Theory [M]. McGraw-Hill, 1995.

[57] P. C. Fishburn. Utility Theory for Decision Making [M]. New York: Wiley, 1970.

[58] P. C. Fishburn. Nonlinear Preference and Utility Theory[M]. Baltimore: The Johns Hopkins University Press, 1988.

[59] D. M. Kreps. Microeconomic Foundations I: Choice and Competitive Markets[M]. Princeton University Press, 2012.

[60] C. Gollier. The Economics of Risk and Time [M]. Mit Press, 2004.

[61] I. Gilboa. Theroy of Decision under Uncertainty[M], Cambridge University Press, 2009.

[62] C. Langley, B. I. Cirstea, F. Cuzzolin, and B. J. Sahakian. Theory of Mind and Preference Learning at the Interface of Cognitive Science, Neuroscience, and AI: A Review [J]. Front. Artif. Intell, 2022, 5: Article 778852.

[63] K. J. Arrow, and F. H. Hahn. General Competitive Analysis [M]. San Francisco: Holden Day, 1971.

[64] M. Quinzii. Increasing Returns and Efficiency [M]. Oxford University Press, 1992.

[65] A. Mas-Colell, M. D. Whinston, and J. Green. Microeconomic Theory[M]. Oxford University Press, 1995.

[66] J. Nocedal, and S. J. Wright. Numerical Optimization (2nd Ed.) [M]. New York: Springer-Verlag, 2006.1.

[67] 刘浩洋, 户将, 李勇锋, 等. 最优化: 建模、算法与理论 [M]. 北京: 高等教育出版社, 2020.

[68] J. E. Dennis JR., and R. B. Schnabel. Numerical methods for uncon- strained optimization and nonlinear equations [M]. Philadelphia: SIAM,1996.

[69] R.Fletcher, and C.M.Reeves. Function minimization by conjugategradients [J]. Computer Journal, 1964, 7, 149-154.

[70] E. Polak, and G. Ribière. Note sur la convergence de méthodes de directions conjuguées [J]. Revue Française d' Informatique et de Recherche Opérationnelle, 1969, 16, 35-43.

[71] Y. H. Dai, and Y. Yuan. A nonlinear conjugate gradient with a strong global convergence property [J]. SIAM Journal on Optimization, 1999, 10(1), 177-182.

[72] M. J. D. Powell. Restart procedures for the conjugate gradient method [J]. Mathematical Programming, 1977, 12, 241-254.

[73] J. J. Moré and D. C. Sorensen. Computing a trust region step [J]. SIAM Journal on Scientific and Statistical Computing, 1983, 4(3), 553-572.

[74] Ph L. Toint. Towards an efficient sparsity exploiting Newton method for minimization [A]. I.

Duff, and S. Lain Eds, Sparse Matrices and Their Uses. London: Academic Press, 1981: 57-88.

[75] T. S. Teihaug. The conjugate gradient method and trust regions in large scale optimization [J]. SIAM Journal on Numerical Analysis, 1983, 20(3), 626-637.

[76] I. H. Witten, and E. Frank. Data Mining: Practical Machine Learning Tools and Techniques(2nd edition) [M]. Morgan Kaufmann, 2005.

[77] 李航. 统计学习方法 [M]. 北京: 清华大学出版社, 2012.

[78] 周志华. 机器学习 [M]. 北京: 清华大学出版社, 2016.

[79] K. Levenberg. A method for the solution of certain nonlinear problems in least squares [J]. Quarterly Journal of Applied Mathmatics, 1994, 2(2), 164-168.

[80] D. W. Marquardt. An algorithm for least-squares estimation of nonlinear inequalities [J]. SIAM Journal of Applied Mathematics , 1963, 11(3), 431-441.

[81] P. E. Gill, W. Murray, and M. H. Wright. Practical Optimization[M], Academic Press, 1981.

[82] J. J. Moré and D. C. Sorensen. Newton's method[A]. B. Scaife, Studies in Numerical Analysis, vol. 24 of MAA Studies in Mathematics, The Mathematical Association of America, 1984, pp. 29-82.

[83] W. C. Davidon. Variable metric method for minimization [J]. SIAM Journal on Optimization, 1991, 1(1), 1-17.

[84] J. E. Dennis, and J. J. Moré. Quasi-Newton method, motivation and theory [J]. SIAM Review, 1977, 19(1), 46-89.

[85] C. G. Broyden. The convergence of a class of double-rank minimization algorithms II: the new algorithm [J]. Journal of the Institute of Mathematics and Its Applications, 1970, 6(1), 222-231.

[86] R. Fletcher. A new approach to variable metric algorithms [J]. The Computer Journal, 1970, 13(3), 317-322.

[87] D. Goldfarb. A family of variable metric methods derived by variational means [J]. Mathematics of Computation, 1970, 24(109), 23-26.

[88] D. F. Shanno. Conditioning of quasi-Newton methods for function minimization [J]. Mathematics of Computation, 1970, 24(111), 647-656.

[89] G. A. F. Seber, and C. J. Wild. Nonlinear Regression [M]. John Wiley & Sons, New York, 1989.

[90] X. Chen, H, Hong, and D. Nekipelov. Measurement error models [R]. From https://www.web. stanford.edu/~doubleh/eco273B/survey-jan27chenhandenis-07.pdf.

[91] P.E., Gill, and E. Wong. Methods for convex and general quadratic programming [J]. Mathematical Programming Computation, 2015, 7, 71-112.

[92] V. N. Vapnik, and A. Y. Lerner. Recognition of patterns with help of generalized portraits [J]. Avtomat. i Telemekh, 1963, 24(6), pp.774-780.

[93] V. N. Vapnik, and A. Chervonenkis. A note on one class of perceptrons [J]. Automation and Remote Control, 1964, 25(1).

[94] F. W. Smith. Pattern classifier design by linear programming [J]. IEEE Transactions on Computers, 1968, C-17(4), 367-372.

[95] J. Platt. Sequential minimal optimization: A fast algorithm for training support vector machines [R]. Micriosoft Research, 1998.

[96] C. J. Hsieh, K. W. Chang, C. J. Lin, S. S. Keerthi, S. Sundararajan. A dual coordinate descent method for large-scale linear SVM [C]. The 25th International Conference on Machine Learning (ICML 2008), pp. 408-415, July 5-9, 2008.

[97] B. E. Boser, I. M. Guyon, and V. N. Vapnik. A training algorithm for optimal margin classifiers [C]. In Proceedings of the fifth annual workshop on Computational learning theory, pp. 144-152,

Pittsburgh, Pennsylvania, July 27-29, 1992. ACM Press.

[98]   V. Vapnik. Statistical learning theory[M]. New York: John Wiley, 1998.

[99]   J. S. Taylor, and N. Cristianini. Kernel Methods for Pattern Analysis [M]. Cambridge University Press, 2004.

[100] T. Hofmann, B. Schölkopf, and A. J. Smola. Kernel Methods in Machine Learning [J]. The Annals of Statistics, 2008, 36(3), 1171-1220.

[101] L. Vandenberghe, and S. Boyd. Semidefinite Programming [J]. SIAM Review, 1996, 38(1), 49-95.

[102] M. R. Hestenes. Multiplier and gradient methods [J], Journal of Optimization Theory and Applications,1969, 4(5), 302-320.

[103] M. R. Hestenes. Multiplier and gradient methods [C]. in Computing Methods in Optimization Problems, (L. A. Zadeh, L. W. Neustadt, and A. V. Balakrishnan, eds.), Academic Press, 1969.

[104] M. J. D. Powell. A method for nonlinear constraints in minimization problems [J]. in Optimization, (R. Fletcher, ed.), Academic Press, 1969.

[105] R. Glowinski, and A. Marrocco. Sur l'approximation, par elements finis d'ordre un, et la resolution, par penalisation-dualité, d'une classe de problems de Dirichlet non lineares [J]. Revue Française d'Automatique, Informatique, et Recherche Opérationelle, 1975, 9(2), 41-76.

[106] D. Gabay, and B. Mercier. A dual algorithm for the solution of nonlinear variational problems via finite element approximations [J]. Computers and Mathematics with Applications, 1976, 2(1), 17-40.

[107] D. Gabay. Applications of the method of multipliers to variational inequalities[C]. in Augmented Lagrangian Methods: Applications to the Solution of Boundary-Value Problems, (M. Fortin and R. Glowinski, eds.), North-Holland: Amsterdam, 1983.

[108] J. Eckstein, and D. P. Bertsekas. On the Douglas-Rachford splitting method and the proximal point algorithm for maximal monotone operators [J]. Mathematical Programming, 1992, 55(1), 293-318.

[109] S. Boyd, N. Parikh, E. Chu, B. Peleato, and J. Eckstein. Distributed optimization and statistical learning via the alternating direction method of multipliers [J]. Foundations and Trends in Machine Learning, 2010, 3(1), 1-122.

[110] H. H. Bauschke, and P. L. Combettes. Convex Analysis and Monotone Operator Theory in Hilbert Spaces [M]. New York: Springer, 2011.

[111] P. Combettes, and J.-C. Pesquet. Proximal splitting methods in signal processing[J]. Fixed-Point Algorithms for Inverse Problems in Science and Engineering, pp. 185-212, 2011.

[112] A. Beck, and M. Teboulle. Gradient-based algorithms with applications to signal recovery problems[A]. in Convex Optimization in Signal Processing and Communications[C], (D. Palomar and Y. Eldar, eds.), pp. 42-88, Cambribge University Press, 2010.

[113] Y. Nesterov. A method of solving a convex programming problem with convergence rate $O(1/k2)$[J]. Soviet Mathematics Doklady, 1983, 27(2), 372-376.

[114] A. Beck, and M. Teboulle. A fast iterative shrinkage-thresholding algorithm for linear inverse problems[J]. SIAM Journal on Imaging Sciences, 2009, 2(1), 183-202.

[115] L. Vandenberghe. Fast proximal gradient methods[R]. From http://www.ee.ucla.edu/~vandenbe/236C/lectures/fgrad.pdf, 2010.

[116] R. Tibshirani. Regression shrinkage and selection via the LASSO [J]. Journal of the Royal Statistical Society (Series B), 1996, 58(1), 267-288.

[117] A. Chambolle, R. A. DeVore, N. Y. Lee, and B. J. Lucier. Nonlinear wavelet image processing: Variational problems, compression, and noise removal through wavelet shrinkage[J]. IEEE Trans.

Image Process., 1988, 7(3), 319-335.

[118] F. Facchinei, and J.-S. Pang. Finite-Dimensional Variational Inequalities and Complementarity Problems[C], Vol. II, Springer Ser. Oper. Res., Springer-Verlag, New York, 2003.

[119] I. Daubechies, M. Defrise, and C. D. Mol. An iterative thresholding algorithm for linear inverse problems with a sparsity constraint[J], Comm. Pure Appl. Math., 2004, 57(11), 1413-1457.

[120] A. Beck, and M. Teboulle. A fast Iterative Shrinkage-Thresholding Algorithm with application to wavelet-based image deblurring[C]. Proceedings of the IEEE International Conference on Acoustics, Speech, and Signal Processing, ICASSP 2009, 19-24 April 2009, Taipei, Taiwan. IEEE, 2009.

[121] Chambolle A, Dossal C. On the Convergence of the Iterates of the "Fast Iterative Shrinkage/Thresholding Algorithm"[J]. Journal of Optimization Theory and Applications, 2015, 166(3): 968-982.

[122] Nesterov Y. On an approach to the construction of optimal methods of minimization of smooth convex functions [J]. Ekonomika i Mateaticheskie Metody, 1988, 24(3): 509-517.

[123] Nesterov Y. Smooth minimization of non-smooth functions [J]. Mathematical Programming, 2005, 103(1): 127-152.

[124] Paatero P, Tapper U. Positive matrix factorization: A non- negative factor model with optimal utilization of error estimates of data values [J]. Environmetrics, 1994, 5(2): 111-126.

[125] D. D. Lee, and H. S. Seung. Learning the parts of objects by non-negative matrix factorization [J]. Nature, 1999, 401(6755), 788-791.

[126] C. J. Lin. Projected gradient methods for nonnegative matrix factorization [J]. Neural Computation, 2007, 19(10), 2756-2779.

[127] J. Sherman, and W. J. Morrison. Adjustment of an inverse matrix corresponding to a change in one element of a given matrix [J]. Annals of Mathematical Statistics, 1950, 21(1): 124-127.

[128] M. A. Woodbury. The Stability of Out-Input Matrices. Chicago, Ill., 1949. 5 pp.

[129] M. A. Woodbury. Inverting modified matrices, Memorandum Rept. 42, Statistical Research Group, Princeton University, Princeton, NJ, 1950, 4pp.

图书资源支持

感谢您一直以来对清华版图书的支持和爱护。为了配合本书的使用，本书提供配套的资源，有需求的读者请扫描下方的"书圈"微信公众号二维码，在图书专区下载，也可以拨打电话或发送电子邮件咨询。

如果您在使用本书的过程中遇到了什么问题，或者有相关图书出版计划，也请您发邮件告诉我们，以便我们更好地为您服务。

我们的联系方式：

清华大学出版社计算机与信息分社网站：https://www.shuimushuhui.com/

地　　址：北京市海淀区双清路学研大厦 A 座 714

邮　　编：100084

电　　话：010-83470236　　010-83470237

客服邮箱：2301891038@qq.com

QQ：2301891038（请写明您的单位和姓名）

资源下载：关注公众号"书圈"下载配套资源。

资源下载、样书申请

书 圈

图书案例

清华计算机学堂

观看课程直播